Jürgen Weber, Volker Hafkesbrink (Hrsg.)

Bauwerksabdichtung in der Altbausanierung

Jürgen Weber, Volker Hafkesbrink (Hrsg.)

Bauwerksabdichtung in der Altbausanierung

Verfahren und juristische Betrachtungsweise

Herausgegeben von:
Dipl.-Ing. Dipl.-Ing. (FH) Jürgen Weber und
Rechtsanwalt Volker Hafkesbrink

Unter Mitarbeit von:
Dipl.-Ing. Ines Goschka
Dipl.-Ing. Stefan Hemmann
Rechtsanwalt Ulrich Kühne
Uwe Wild

Teubner

Bibliografische Information Der Deutschen Bibliothek
Die Deutsche Bibliothek verzeichnet diese Publikation in der Deutschen Nationalbibliografie; detaillierte bibliografische Daten sind im Internet über <http://dnb.ddb.de> abrufbar.

Dipl.-Ing. Dipl.-Ing. (FH) Jürgen Weber, öffentlich bestellter und vereidigter Sachverständiger der HWK zu Leipzig

RA Volker Hafkesbrink, Rechtsanwalt mit Schwerpunkt Privates Baurecht und Architektenrecht

1. Auflage Juni 2006

Lektorat: Dipl.-Ing. Ralf Harms, Sabine Koch

Der B.G. Teubner Verlag ist ein Unternehmen von Springer Science+Business Media.
www.teubner.de

Umschlaggestaltung: Ulrike Weigel, www.CorporateDesignGroup.de
Druck und buchbinderische Verarbeitung: Strauss Offsetdruck, Mörlenbach
Gedruckt auf säurefreiem und chlorfrei gebleichtem Papier.
Printed in Germany

ISBN-10 3-519-00460-7
ISBN-13 978-3-519-00460-8

Vorwort

Die Bauwerkssanierung hat durch die Verlagerung der Bauaktivitäten in den Altbaubereich an wirtschaftlichem Gewicht gewonnen. Dieser Prozess wird sich mit Sicherheit fortsetzen. Parallel hierzu werden auch die Anforderungen an das Fachwissen der Architekten, der Ingenieure sowie der bauausführenden Unternehmen steigen. Diese können sich wegen planerischer Vorgaben von einer Haftung nur in Ausnahmefällen befreien.

Gerade bei der nachträglichen Bauwerksabdichtung von erdberührten Bauteilen entwickelt sich der Stand der Technik fortlaufend. Dabei ist die Zeit für den selbstständigen Planer knapp bemessen, um ständig den Überblick auf diesem Gebiet zu behalten oder gar Neuerungen ernsthaft zu beobachten. Genau dies verlangt aber die Rechtssprechung der Zivilgerichte sowohl von den Planern als auch von den ausführenden Unternehmen.

Das vorliegende Fachbuch soll vor allem dem Einzelnen oder den in kleinen Gruppen am Bau Beschäftigten die Grundlagen der Planung und Ausführung von nachträglichen Bauwerksabdichtungen im Rahmen der Bausanierung nahe bringen. Es soll eine baupraktische Hilfe darstellen, damit vermeidbare Fehler in der Bauwerkstrockenlegung nicht unbemerkt bleiben.

Wert wurde vor allem auf die kritische Betrachtung aller möglichen Abdichtungs- und Entfeuchtungstechniken gelegt. Selbst die sonst so stiefmütterlich in der Fachliteratur behandelten Techniken mit zumindest diskutierbarem physikalischen Hintergrund nehmen einen ausreichenden Platz ein. Durch die eigenen Erfahrungen der technischen Autoren, welche allesamt öffentlich bestellt und vereidigte Sachverständige auch auf dem Gebiet der Bauwerksabdichtung sind, ist das kritische Meinungsbild gegenüber allen Trockenlegungs- und Entfeuchtungsverfahren nicht nur von theoretischer Natur. Die langjährige praktische Arbeit als Sachverständige für private und gerichtliche Auftraggeber bilden den Hintergrund der Beurteilung.

Im deutschen Bauwesen zeichnet sich seit längerem die Entwicklung ab, dass technische Entscheidungen in der Planung und Ausführung immer stärker auch zu einer rechtlichen Bewertung führen. Dies beginnt bei der Frage, ob und inwieweit nun eine bestimmte Bauleistung Vertragsinhalt ist oder nicht. Hiermit eng verbunden ist natürlich das Problem der Baukosten. Zentraler „Kriegsschauplatz“ ist immer auch die Frage, inwieweit Sachmängelansprüche gegenüber den eingangs genannten Beteiligten im Zusammenhang mit Planung und Ausführung der Bauwerksabdichtung vorliegen.

Ein im wesentlichem technisch ausgebildeter Planer muss zwangsläufig davon ausgehen, dass sein Handeln immer einer juristischen Bewertung standhalten muss. Gleiches gilt natürlich auch für den Bauausführenden. Von daher widmet sich ein durchaus umfangreiches Kapitel rechtlichen Schwerpunkten. Der Leser ist somit in der Lage, dass rechtliche Umfeld seines Handelns als Baubeteiligter grob einzuschätzen.

Die Fachautoren haben die manchmal recht schwierige Rechtslage dem Techniker einfühlsam versucht darzulegen und hoffen, dass dies gelungen ist.

Letztlich ist das Fachbuch ein „gewollter Zwitter“ zwischen der Darstellung regelmäßig angewandter, spezieller und teilweise diskutierter Bautechnik einerseits sowie der rechtlichen Klärung der Grundlagen von Handlungsweisen der am Bau Beschäftigten andererseits. Wenn der einzelne Leser durch Beachtung des Buchinhaltes eine technisch mangelfreie Planung und Ausführung seinem Auftraggeber abliefern kann und zudem mögliche Fallstricke der Rechtsanwendung erkennt- so hat das Buch seinen Sinn erfüllt.

Jürgen Weber *Volker Hafkesbrink*

Vorwort

Autorenverzeichnis

Dipl.-Ing. Ines Goschka

Studium des Bauingenieurwesens an der TH Leipzig. 1992-1996 Bauleitertätigkeit in einem Ingenieurbüro. 1997-2005 freiberufliche Mitarbeit in der Bürogemeinschaft für Bausachverständige in Leipzig. 2003 von der Handwerkskammer Halle für das Holz- und Bautenschutzgewerbe öffentlich bestellt und vereidigt und seitdem als Sachverständige in Sachsen-Anhalt tätig.

Email: ines.goschka@freenet.de

Rechtsanwalt Volker Hafkesbrink

1986-1991 Studium der Rechtswissenschaften an der Universität Trier, Referendariat 1991-1994 in Trier/Koblenz, seit 1995 als Rechtsanwalt in Leipzig tätig auf dem Gebiet des privaten Baurechts und Architektenrechts.

Internet: www.Hafkesbrink-Kuehne.de

Email: Hafkesbrink@Hafkesbrink-Kuehne.de

Dipl.-Ing. (FH) Stefan Hemmann

1970-1972 Lehre als Malerfacharbeiter, 1975-1978 Studium an der Ingenieurschule für Bauwesen Leipzig, seit 1995 Mitglied im WTA, ab 2000 öffentlich bestellter und vereidigter Sachverständiger der IHK zu Leipzig für Schäden an Gebäuden – besonders Altbauten, seit 2001 Mitglied der Bürogemeinschaft für Bausachverständige.

Internet: www.svbuero-bau.de

Email: info@svbuero-bau.de

Rechtsanwalt Ulrich Kühne

1995-2001 Studium der Rechtswissenschaften an der Friedrich-Schiller-Universität Jena, 2001-2003 Referendariat in Leipzig, seit 2003 als Rechtsanwalt in Leipzig tätig auf dem Gebiet des privaten Baurechts, gewerblichen Mietrechts und WEG-Rechts sowie Architektenrechts.

Internet: www.Hafkesbrink-Kuehne.de

Email: Kuehne@Hafkesbrink-Kuehne.de

Dipl.-Ing. Dipl.-Ing. (FH) Jürgen Weber

1973-1975 Lehre als Säureschutzfacharbeiter, ab 1980 Studium in der Fachrichtung Hochbau und ab 1985 Studium der Technologie der Bauproduktion in Leipzig, ab 1990 selbstständig, ab 1993 öffentlich bestellt und vereidigter Sachverständiger der Handwerkskammer zu Leipzig für Mauerwerk-, Beton- und Stahlbetonbau sowie Holz- und Bautenschutz, 1994 Mitbegründer der Bürogemeinschaft für Bausachverständige in Leipzig.

Internet: www.svbuero-bau.de

Email: info@svbuero-bau.de

Uwe Wild

Berufsausbildung als Steinmetz. Mitarbeit in der „Bürogemeinschaft für Bausachverständige“ in Leipzig seit 1998, zunächst als freier Sachverständiger. Von der Handwerkskammer zu Leipzig öffentlich bestellt und vereidigter Sachverständiger für das Bautrocknungsgewerbe seit 2002. Erweiterung des Bestellungsgebietes seit 2005 durch die Handwerkskammer zu Leipzig als öffentlich bestellt und vereidigter Sachverständiger für das Holz- und Bautenschutzgewerbe. Fachbuchautor.

Internet: www.svbuero-bau.de
www.wasserschaden-bautrocknung.de

Email: info@svbuero-bau.de

Inhaltsverzeichnis

1 Danksagung

Dank an die technischen Kollegen, welche mit Rat und Tat zur Verfügung standen und somit zum Gelingen der speziellen Themen im Punkt 8.0 beigetragen haben:

- Dr.- Ing. Michael Balak (Österreichisches Forschungsinstitut für Chemie u. Technik, Wien)
- Dipl.- Geologe Michael Link (Institut f. Paläontologie Uni Erlangen-Nürnberg)
- Dipl.- Ing. (FH) Werner Schwille (Fa. Schwille- Elektronik, Kirchheim b. München)
- Gerhard Diglas (Fa. Kerasan GmbH Co KG, Wien)

Weiterhin danken wir Herrn Harms (Teubner Verlag) und Bettina Weiland (Leipzig), dass sie Beide ständig den Autoren hilfreich zur Seite standen.

Dank auch an die Firma Novartis AG, Basel, die die wertvollen Fotos in Punkt 8.5.2 und in Punkt 8.5.3 die Bilder 8.5.3-3 und 8.5.3-4 aus dem Firmenarchiv zur Verfügung gestellt hat.

Umfangreiches Bildmaterial haben auch die Haböck und Weinzierl GmbH, die Sopro Bauchemie GmbH sowie die PRINZ GmbH zur Verfügung gestellt.

Jürgen Weber

2 Geschichtliche Entwicklung der Bauwerksabdichtung

von Stefan Hemmann

Verfolgt man die Geschichte der menschlichen Entwicklung, so war es von je her Bestreben der Menschen, ihre Bauwerke vor äußeren Einflüssen, wie Feuchtigkeit, Wind, Kälte und Sonne zu schützen. Dem vorbeugenden Schutz vor Feuchtigkeit fällt dabei eine besondere Rolle zu.

So sind schon aus dem Altertum erste Abdichtungstechniken bekannt, die überwiegend mit Naturprodukten ausgeführt wurden. Außer den vorbeugenden Maßnahmen, wie z.B. Gründungen von Hütten oder Gebäuden auf Pfählen gegen eindringende Feuchtigkeit von unten, oder großen Dachüberständen gegen eindringende Feuchtigkeit von oben, wurden Wände mit Lehm verstrichen oder auch mit verschiedenen Schutzanstrichen, wie z.B. Gips gemischt mit Leinöl, Silberglätte und Wachs, gegen Feuchtigkeit geschützt.

Herodot beschreibt zum Beispiel die Verwendung von Bitumen bei Bauten im alten Ägypten. Das Material wurde wahrscheinlich aus Erdöl, das an die Erdoberfläche ausgetreten ist gewonnen. Durch Sonneneinstrahlungen verdunsten die flüchtigen Bestandteile und ein bitumenähnliches Produkt bleibt zurück. Es sind auch Abdichungen aus der Frühzeit der Menschheit mit Pechanstrichen bekannt, worunter Naturaspahltprodukte zu verstehen sind, die aus Bitumen aus der Aufbereitung von Naturasphaltgesteinen mit verschiedenen nicht klassifizierten Beimengungen entstehen.

Das öffentliche Bad der Stadt Moendscho-Daro im heutigen Pakistan ist eines der ältesten bekannten Bauwerke, dass unseren heutigen bituminösen Abdichtungen sehr nahe kommt. Eine ausführlichere Beschreibung dazu ist auch in [1] nachzulesen.

Abdichtungsmaßnahmen waren überwiegend auf diejenigen Bauwerke beschränkt, deren Nutzung für die Speicherung oder den Transport von Wasser bestimmt waren, wie Bäder, Wasserbehälter, Wasserleitungen und auch dem Schiffsbau.

Am bekanntesten sind wohl die römischen Zisternen und Wasserleitungen aus dem 1.–2. Jhd. nach Chr., die mit einem wasserundurchlässigen Mörtel hergestellt wurden und teilweise auf Brücken- den sogenannten Aquädukten- über Täler bis in die Städte geführt wurden. Eines der berühmtesten Aquädukte ist die noch heute bestehende Pont du Gard bei Nimes in Frankreich.

Bild **2.1** Pont du Gard in Nimes-Südfrankreich 1. Jhd. v. Chr. von Römern erbaut, 19.Jhrd. restauriert

Erst mit zunehmenden Anstieg der Bevölkerung im 18. Jhd. und der weiteren Entwicklung des Handwerks und des Handels und der Entwicklung von Industriezweigen, wurden mehr Wohngebäude, Fabriken und Hallen notwendig, die auch teilweise schon mit Keller errichtet wurden. Um keine unerwünschte Feuchtigkeit in die Gemäuer zu bekommen, wurden anfangs Bauwerke im erdberührten Bereich mit sehr dichten Naturbaustoffen aus der jeweiligen Region errichtet, wie zum Beispiel Granitmauerwerk. Das bedeutete, dass ein gewisser unschädlicher Anteil an Feuchtigkeit in dem Kellermauerwerk geduldet, ja sogar gewollt war, damit eingelagertes Gemüse, Obst und Kartoffeln möglichst lange haltbar blieben.

Damit die vorhandene Restfeuchte nicht in die oberen Etagen aufsteigen konnte, wurden später auch waagerechte Abdichtungen unterhalb der Kellerdecken eingebaut. Diese Bauart findet man noch oft in Bauwerken der Jahrhundertwende.

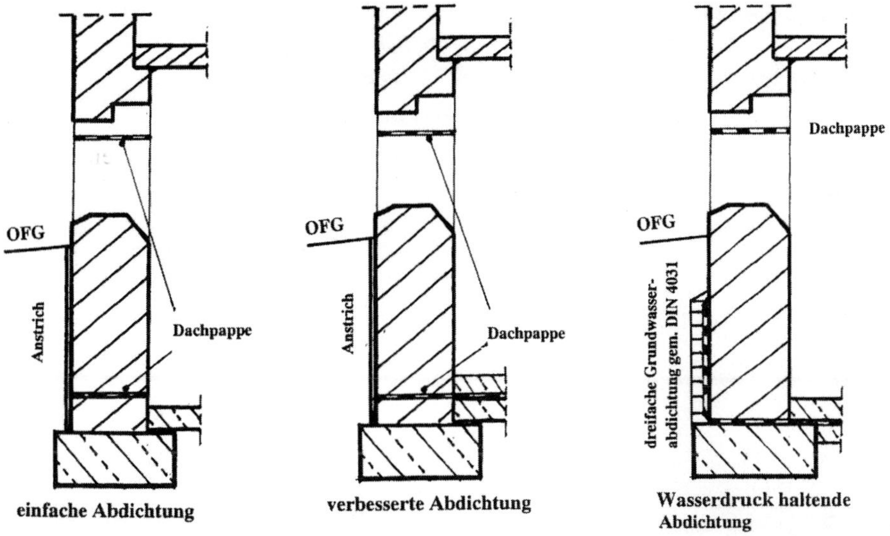

Skizze **2**.1

Die zunehmende Industrieentwicklung Anfang des 18. Jhd. (ca. 1828) machte es möglich, aus Teer, einem Abfallprodukte der Verkokung von Steinkohle, zu gewinnen.

Gegen 1890 entstanden die heute noch unter der Bezeichnung Teerpech und Teerpappe bekannten ersten industriell hergestellten Abdichtungsprodukte, die in Gebäuden der Jahrhundertwende teilweise erhalten geblieben sind. Aber auch Metallabdichtungen wurden verwendet, wie der Einsatz von Walzbleitafeln für erste waagerechte Abdichtungen, Kupfereinlagen in Teerpappen und Blechtröge als Abdichtungen gegen drückendes Wasser.

Bei höherwertigen Gebäuden, wie z.B. Villen oder Wohnhäusern der Baumeister, wurden die Ziegelwände bei Unterkellerungen auch mit verschiedenen Varianten von Isoliergräben zur Hinterlüftung des Mauerwerks, mit dichtenden Anstrichen aus Teeranstrichen oder Teerpappen versehen, oder aus dichten Klinkermaterial hergestellt. Auch in kunstvoll ausgestatten Treppenhauseingängen, die oftmals mit hochwertigen Holztäfelungen verkleidet wurden, sind Falzpappen aus Teerfilzpappen zur Abdichtung der Mauerwerksfeuchtigkeit verwendet worden. Aus Kostengründen kamen diese Maßnahmen aber im einfachen Wohnungsbau bis ca. Ende des 18.Jhd. nur sehr selten vor.

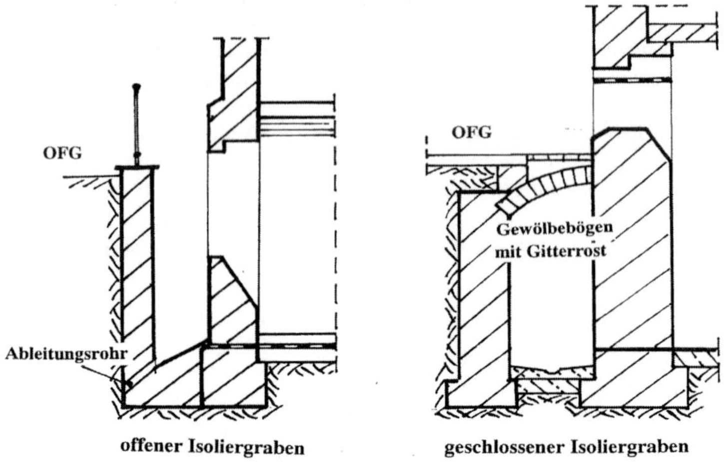

Skizze **2**.2

Bild **2**.2
Villa in Berlin offener Isoliergraben vor Wohnnutzung im Keller

Bitumenbahnen wurden in Amerika bereits Mitte des 19.Jhd. hergestellt, als in Deutschland noch die Teerabdichtungen vorherrschend waren.

Erst durch den wirtschaftlichen Aufschwung Ende des 18. Jhd. in Verbindung mit der Stahlentwicklung, dem sprunghaften Anstieg der Bevölkerungszahl und der weiteren technischen Entwicklung in Deutschland, kam auch die Bitumenherstellung in Deutschland voran. So wurde ca. 1920 zur Gewinnung von Treibstoff für die neu entstandene Auto- und Flugzeugindustrie Erdöl destilliert.

Ein Abfallprodukt dieser Destillation war Bitumen, dass der industriellen Entwicklung von Bitumenbahnen einen Aufschwung bescherte und die Verbreitung von Bitumen in der Bauwerksabdichtung beförderte.

Mit dem Bau der U-Bahn in Berlin wurden erstmals Bitumendachbahnen für den Einsatz gegen drückendes Wasser und den Tunnelbau eingesetzt. Wurden vorher überwiegend nur Vertikalabdichtungen verwendet, werden etwa zur gleichen Zeit des U-Bahnbaus auch die ersten waagerechten Abdichtungen aus Bitumenbahnen verwendet. Vorher wurden für waagerechte Abdichtungen unter anderem Bleitafeln, Schieferplatten, Glasscherben, Teerpappen, Asphaltschichten und dichte Zementbetone verwendet.

Mit der Entwicklung von Teerprodukten und Bitumenprodukten war es erstmals möglich, Bauwerksabdichtungsprodukte mit einem vertretbaren technischen und finanziellen Aufwand industriell herzustellen und Abdichtungsmaßnahmen gezielt bei der Errichtung von Wohn- und Industriegebäuden anzuwenden.

Durch die gewonnenen Erkenntnisse der ersten technisch hergestellten Abdichtungsmaterialien und der Weiterentwicklung der Erdölindustrie, erfuhr die Herstellung von Abdichtungen in den 30iger Jahren einen weiteren rasanten Aufstieg. So wurden die ersten Kunststofffolien ca. 1935 entwickelt (Oppanol, Igelit).

Der Einsatz und die Verarbeitung der vorhandenen Abdichtungsprodukte aus Teer und Bitumen, auch im einfachen Wohnungsbau und Industriebau, hat verschiedene Anwendungsmöglichkeiten mit einer großen Variantenvielfalt hervorgebracht, die überwiegend auf Erfahrungswerten, aber auch auf ingenieurtechnischen Wissen beruhen. Einheitliche Vorschriften gab es bis auf Regelungen und Vorschriften von großen Industriezweigen, Baubehörden oder Landesbehörden nicht. Ingenieure, Baumeister und auch die Industrie forderten eine einheitliche Herstellung (Herstellerrichtlinien) und Anwendung (Anwendungsrichtlinien) der Abdichtungsprodukte.

Mit Gründung des Normenausschusses der Deutschen Industrie e.V (DIN) im Jahre 1917 und des Deutschen Normen Ausschusses (DNA) im Jahre 1932, wurden Institutionen geschaffen, die entsprechende unterschiedliche Arten von Normen ausarbeiteten und veröffentlichten. Damit wurde auch der Aufbau der zahlreichen verschiedenen Abdichtungsarten und Abdichtungsmaterialien durch technische Vorschriften und Regelwerke einheitlich vorgeschrieben.

1931 entstand die erste Richtlinie zur Abdichtung von Bauwerken, die „Vorläufige Anweisung für Abdichtungen von Ingenieurbauwerken" (AIB) der ehemaligen Deutschen Reichsbahn. Weitere Vorschriften und Richtlinien folgten und werden bis heute ständig überarbeitet und aktualisiert. Die Entwicklung der Normung für die Abdichtungsarbeiten soll an einigen Beispielen auf gezeigt werden, die aber keine vollständige Auflistung darstellen und nicht den aktuellen Stand der Abdichtungsnormung berücksichtigen:

1931 – AIB der Deutschen Reichsbahn – „Vorläufige Anweisung für Abdichtungen von Ingenieurbauwerken"
1932 – DIN 4031 – „Wasserdruckhaltende bituminöse Abdichtungen für Bauwerke; Richtlinien für Bemessung und Ausführung"
1950 – DIN 4117 „Abdichtung von Bauwerken gegen Bodenfeuchtigkeit; Richtlinien für die Ausführung"
1968 – DIN 4122 „Abdichtung von Bauwerken gegen nicht drückendes Oberflächenwasser und Sickerwasser mit bituminösen Stoffen, Metallbändern und Kunststoff Folien; Richtlinie"
1983 – DIN 18195 „Bauwerksabdichtungen"
1997 – Richtlinie für die Planung und Ausführung von Abdichtungen mit Kunststoffmodifizierten Bitumendickbeschichtungen (KMB)
2000 – Überarbeite DIN 18195

Nach dem 2. Weltkrieg wurden bituminöse Bahnen mit Glasfaser und Glasgewebeeinlagen sowie neue Kunststoffbahnen entwickelt. Neue Verarbeitungstechniken, wie z.B. Spritzbitumen mit Fasereinlagen, Schweißtechniken und kunststoffmodifizierte Bitumendickbeschichtungen sind auch heute noch Basis für die Bauwerksabdichtungsprodukte. Mit zunehmenden Forschungs- und Entwicklungskenntnissen, wurde auch die Anzahl der Abdichtungstechniken und Abdichtungsmaterialien, zu denen auch wasserundurchlässiger Beton, Sperrmörtel und Dichtungsschlämmen gehören, umfangreicher und spezieller, sodass die DIN 4031 durch die DIN 18195 „Bauwerksabdichtungen" im Jahre 1983 abgelöst wurde. Mit dieser neuen Abdichtungsnorm wurden viele Unklarheiten in Fachkreisen beseitigt und die bis dato vorhandene Lücke zwischen Baupraxis und Regelwerken geschlossen. Diese neue Abdichtungsnorm wurde 2000 durch die sechsteilige DIN 18195 noch einmal aktualisiert und 2003 ergänzt.

Die Kenntnisse aus der Geschichte und die Entwicklung der Bauwerksabdichtung sind besonders bei der heutigen Instandsetzung und Modernisierung der noch erhaltenen Altbauten von Wichtigkeit, um die technisch richtigen Maßnahmen ableiten und ergreifen zu können. Da die Entwicklung immer weiter gehen wird, auch die Normungen sich der Entwicklung ständig anpassen müssen, ist jeder Planer oder Ausführender von Abdichtungsarbeiten gut beraten, sich vorher über den jeweiligen aktuellen Stand der Entwicklung bzw. dem aktuellen Stand der Technik sachkundig zu machen.

2.1 Literaturverzeichnis

[1] Lufsky Bauwerksabdichtungen, 5.Auflage, Erich Cziesielski (Hrsg.), B.G. Teubner Verlag 2001

[2] Scarre, C.; „Die siebzig Weltwunder, die geheimnissvollen Bauwerke der Menschheit und wie sie errichtet wurden", Verlag zweitausendeins, Frankfurt/M.

[3] Lufsky, „Bauwerksabdichtung, Bitumen und Kunststoffe in der Abdichtungstechnik", B.G. Teubner Verlag Stuttgart

[4] Moormann, Trockenlegung von Mauerwerk, Zentralblatt der Bauverwaltung (1882)

[5] Zeitschrift für Bauwesen (1851), „Bemerkungen über Mittel, die Trockenlegung der Gebäude zu befördern"

[6] Hensler, J., „Ein neues Verfahren zur Austrocknung feuchter Kellermauern bei bestehenden Gebäuden", Deutsche Bauzeitung (1903)

[7] Flügge, R., „Die Feuchtigkeit im Hochbau", Halle (Sale), Verlag C. Marhold 1953

[8] Otto Frick und Prof.Karl Knöll, „Die Konstruktion von Hochbauten, ein Fachbuch für den Baufachmann", Verlag und Druck B.G. Teubner-Verlag Leipzig-Berlin

[9] Lehrbuch für Maurer 1949

[10] Prof. R. Stegemann, „Die Abdichtung von Wohnungs- und Siedlungsbauten mit Bitumen Anstrich", Berlin

[11] Prof. Dr.-Ing. A. Hummel, „ Die Abdichtung von Hochbauten gegen Grundfeuchtigkeit durch Anstriche unter besonderer Berücksichtigung von Teererzeugnissen", Materialprüfungsanstalt mbH Max Lipfert 1948; Berlin W 8

[12] Deutsche Reichsbahn DV 835, „Anweisung für Abdichtung von Ingenieurbauwerken (AIB) gültig ab 1.5.1964; VEB Landesdruckerei Sachsen, Dresden A

[13] Lehrbrief Bauwerksabdichtungen Band 1 1995, Hauptverband der Deutschen Bauindustrie e.V. Wiesbaden

Tagungsband „Forum Bauwerksabdichtung 5. und 6. Mai 1999", FBE-Forum Bauwerks Erhaltung e.V.

3 Bauphysikalische und chemische Grundlagen

von Ines Goschka

3.1 Chemie des Wassers

In der Antike sah man das Wasser als eigenständiges Element an, das die Grundlage aller Flüssigkeiten ist. In vielen Kulturen der Erde nahm Wasser als symbolischer Urbeginn der Welt eine zentrale Rolle in den jeweiligen Schöpfungsmythen ein.

Erst 1804 wiesen Joseph Louis Gay-Lussac und Alexander von Humboldt nach, dass Wasser aus zwei Teilen Wasserstoff und einem Teil Sauerstoff besteht, was in der bis heute gültigen Formel H_2O ausgedrückt wird.

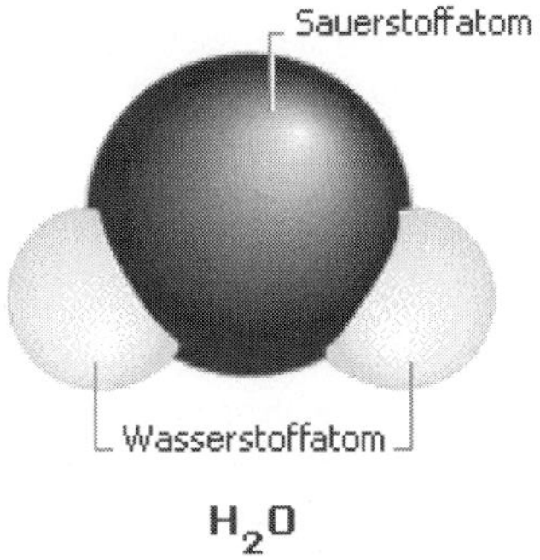

Zuvor synthetisierte der Brite Henry Cavendish 1781 Wasser, indem er eine Mischung aus Wasserstoff und Luft zur Explosion brachte. Das Ergebnis dieses Experiments konnte aber erst 1783 durch den Farnzosen Antoine Laurent Lavoisier richtig ausgelegt werden, der davon ausging, dass Wasser kein Element, sondern die Verbindung von Wasserstoff und Sauerstoff ist.

Wasserstoff und Sauerstoff verbinden sich zu Wasser, da beide Stoffe bestrebt sind, ihre freien Elektronenplätze (Wasserstoff - 1; Sauerstoff - 2) zu füllen. Die beiden Wasserstoffatome binden sich an das Sauerstoffatom in einem Winkel von genau 104,5 Grad.

Durch die asymmetrische Verteilung des Wasserstoffs wirkt das Wassermolekül wie ein kleiner Magnet, der auf der Wasserstoffseite positiv und auf der Sauerstoffseite negativ geladen ist. Die unterschiedlich geladenen Pole ziehen benachbarte Wassermoleküle an und verbinden sich mit ihnen über sogenannte „Wasserstoffbrücken" zu langen Molekülketten. Experten gehen schon seit längerer Zeit davon aus, dass hier aber nicht nur das Wasserstoffatom des einen Moleküls mit dem freien Elektronenpaar des Sauerstoffatoms des anderen Moleküls in Wechselwirkung tritt, sondern auch die kovalenten Bindungen zwischen dem Sauerstoffatom und den beiden Wasserstoffatomen innerhalb eines Moleküls für die Wasserstoffbrücke eine Rolle spielen. Die Wasserstoffbrückenbindungen sind eine Ursache für kapillare Wassertransporte. Die Wassermoleküle bauen zu der Porenwand Wasserstoffbrücken, mit denen sie sich über die Wasseroberfläche hinaus an der Wand „hochziehen".

Es gibt Versuche, den Kapillartransporten im Mauerwerk durch Änderung des Bindungswinkels des im Mauerwerk befindlichen Wassers entgegenzuwirken. Anhand der Erfahrungen der Verfasser sind diese Versuche erst im Experimentierstadium, keinesfalls jedoch praxistauglich, auch wenn derartige Geräte bereits vertrieben werden.

3.1.1 Destilliertes Wasser

Destilliertes, also reines Wasser, ist eine farblose, geruchs- und geschmacksneutrale Flüssigkeit. Unter Druck kann Wasser zu einem Gel werden und eine höhere Viskosität als im herkömmlichen Zustand aufweisen. Bei Normaldruck liegt der Gefrierpunkt des Wassers bei 0° C und der Siedepunkt bei 100° C.

Wasser erreicht seine größte Dichte bei einer Temperatur von 4° C. Beim Gefrieren vergrößert sich sein Volumen. Die physikalischen Eigenschaften des Wassers dienten ursprünglich als Ausgangspunkt, um Temperaturskalen festzulegen und um im metrischen System die Einheit der Masse (das Gramm) zu definieren.

Wasser lässt sich elektrolytisch in seine Komponenten Wasserstoff und Sauerstoff zerlegen. Mit Hilfe eines speziellen Katalysators gelingt diese Reaktion bereits durch Einwirkung von Sonnenlicht.

Wassermoleküle sind sowohl im Festkörper (Eis) als auch in der Flüssigkeit über so genannte Wasserstoffbrückenbindungen miteinander verbunden.

Da Wasser zahlreiche Substanzen in großen Mengen zu lösen vermag, kommt es in der Natur selten in reiner Form vor.

3.1.2 Wasser im Mauerwerk

Mit Wasser lassen sich Stoffe (z.B. wasserlösliche Salze) in Ionen zerlegen (elektrolytische Dissoziation). Mit einigen Salzen bildet Wasser Hydrate. Da die meisten Substanzen in Wasser zumindest etwas löslich sind, wird es häufig als ein Universallösungsmittel angesehen. Es reagiert mit einigen Metalloxiden zu Säuren und fungiert bei vielen chemischen Reaktionen als Katalysator.

Bei der Kondensation und beim Niederschlag absorbieren Regen oder Schnee veränderliche Mengen an Kohlendioxid und anderen Gasen, auch Spuren von organischen und anorganischen Substanzen aus der Atmosphäre.

Beim Kontakt mit der Erdkruste reagiert Wasser mit den Mineralien im Boden und in den Gesteinen. Im Oberflächen- und Grundwasser sind in erster Linie Sulfate, Chloride und Hydrogencarbonate von Natrium und Kalium sowie Calcium und Magnesium enthalten. Das Oberflächenwasser (z.B. in Flachbrunnen) kann außerdem große Mengen an Stickstoffverbindungen und Chloriden enthalten, die aus Fäkalien bzw. Tausalz stammen. Das Grundwasser enthält dagegen im Allgemeinen nur gelöste Mineralien. In fast allen natürlichen Trinkwasserreservoiren befinden sich Fluoride in veränderlichen Mengen.

Aus oben genanntem ergibt sich, dass es sich bei Wasser im Mauerwerk immer um eine Lösung handelt. Welche Stoffe hier in welcher Konzentration gelöst sind und ob diese ggf. einen Einfluss auf den angestrebten Sanierungserfolg haben, ist in der Bauzustandsanalyse abzuklären.

3.1.3 Wasser aus baupraktischer Sicht

Wasser kann in allen 3 Aggregatzuständen im und am Mauerwerk vorkommen und birgt in jedem Zustand ein Schadensrisiko in sich.

Baupraktisch stellt Wasser den Schadensverursacher Nummer 1 an Gebäuden dar. Durch Frost-Tauwechsel kommt es, aufgrund der Volumenvergrößerung des Wassers beim Gefrieren, zu Abplatzungen von Baustoffen. Dies ist vor allem im Fassadenbereich von Belang.

Da Wasser baupraktisch nie in reiner Form vorkommt, dient es weiterhin als Transportmittel für Salze. Salze haben die Eigenschaft ihr Volumen bei der Hydratation und der Kristallisation teilweise erheblich zu vergrößern. Die dabei entstehenden Drücke führen ebenfalls zu Festigkeitsverlusten an Baustoffen.

Weiterhin ist Wasser ein guter Wärmeleiter, weshalb durchfeuchtete Baustoffe eine schlechtere Wärmedämmung aufweisen, als trockene.

Zu guter Letzt stellt Wasser auch die Lebensgrundlage für viele Organismen dar. Nur bei Vorhandensein von Wasser (in unterschiedlicher Quantität) kann es zur Schimmelpilzbildung, zum Pilzbefall an Holzkonstruktionen oder zur Algenbesiedelung kommen.

Eine wirksame Abdichtung von Gebäuden gegen Wasser ist deshalb Voraussetzung für eine lange Lebensdauer des Gebäudes, aber auch Grundlage für ein gesundes Wohnen.

Bild **3.1**
Schäden aufgrund von Salzen

Bild **3.2**
Feuchteschäden aufgrund einer undichten Terrassenabdichtung

3.2 Poren und Porensysteme

Das Vermögen von Baustoffen, Wasser aufzunehmen ist bekanntermaßen sehr unterschiedlich. Grund hierfür sind die verschiedenen Porensysteme. Aus diesem Grund werden im Folgendem die verschiedenen Poren und Porensysteme einer Betrachtung unterzogen.

3.2.1 Porenarten

Poren werden zum einen hinsichtlich ihrer Form und zum anderen nach ihrer Größe unterschieden. Größe und Form haben Einfluss auf die Möglichkeit und den Umfang von Wassertransporten.

Hinsichtlich der Porengeometrie werden folgende Porenarten unterschieden:

1 durchgehende Poren
2 geschlossene Poren
3 Sackporen
4 Flaschenhalsporen

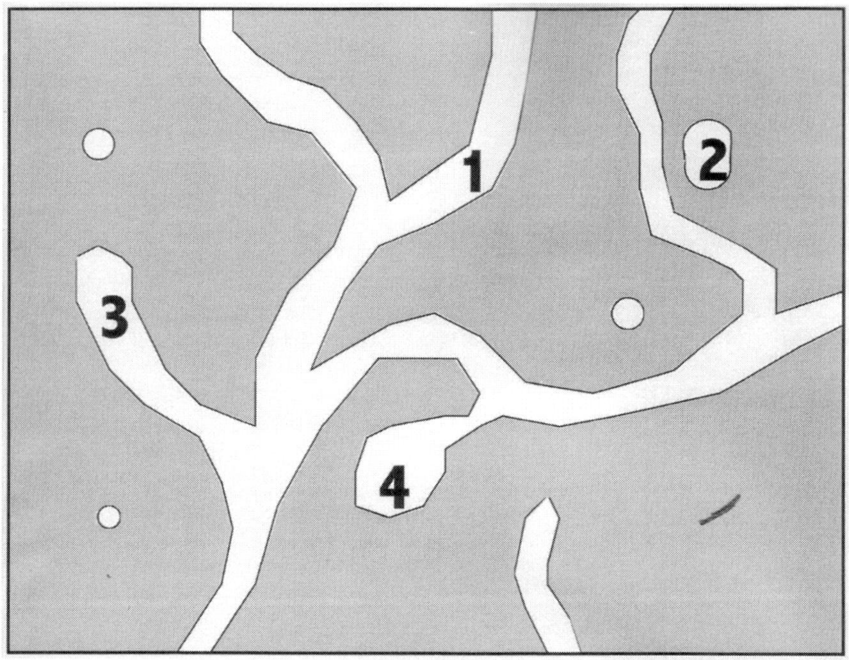

Skizze 3.1 Porenarten im Baustoff

Die Porengeometrie hat erheblichen Einfluss auf deren Wasseraufnahmefähigkeit. Lediglich die durchgehenden Poren können sich über die kapillare Aufnahme von Wasser füllen. Die Flaschenhalsporen und die Sackporen füllen sich nur unter Druck mit Wasser, das sich hier ein Gegendruck aufgrund der eingeschlossenen Luft aufbaut. In geschlossene Poren kann nur Wasserdampf eindringen. Durch Kondensation des Dampfes kann es zu einer, zumindest teilweisen, Befüllung kommen.

Hinsichtlich der Porengröße wird folgende Unterteilung vorgenommen:

1	Mikroporen oder Gelporen	kleiner 10^{-7} m
2	Makroporen oder Kapillarporen	größer 10^{-7} m; kleiner 10^{-4} m
3	Luftporen	größer 10^{-4} m

Tabelle **3**.1 Beispiele für vorherrschende Porengrößen in Baustoffen und den damit verbundenen hauptsächlichen Wasseraufnahmemechanismen:

Ziegel	Makroporen	kapillare und hygroskopische Wasseraufnahme, Kondensation, Kapillarkondensation
Zementstein	Gelporen	Kondensation, Kapillarkondensation
Porenbeton	Luftporen	Druckwasser, hygroskopische Feuchteaufnahme, Kondensation, Kapillarkondensation
Sanierputz, Wärmedämmputz	Luftporen	Druckwasser, hygroskopische Feuchteaufnahme, Kondensation, Kapillarkondensation
Beton	Gelporen (abhängig vom WZ-Wert)	Kondensation, Kapillarkondensation

Eine kapillare Wasseraufnahme erfolgt lediglich in den Makroporen, weshalb sie üblicherweise auch als Kapillarporen bezeichnet werden. Mikorporen sind zu klein, um Wassermoleküle aufzunehmen, sie sind lediglich zugänglich für Wasserdampf. Luftporen wiederum sind für eine kapillare Wasseraufnahme zu groß, sie haben kapillarbrechende Eigenschaften, sind aber für Wasserdampf zugänglich.

Die Frage des Wasseraufnahmevermögens von Poren hat einerseits Bedeutung für den möglichen Umfang der Feuchtebelastung der verschiedenen Baustoffe, ist andererseits aber auch von großer Bedeutung in Hinblick auf die Wirksamkeit von Injektionsmitteln bzw. auf die Auswahl des geeigneten Injektionsgutes und -verfahrens.

3.2.2 Porenvolumen

Da lediglich die Poren eines Baustoffes mit Wasser oder einem anderen Stoff gefüllt werden können, ist das Porenvolumen zur Einschätzung der Feuchtebelastung, aber auch zur Einschätzung der notwendigen Menge des Injektionsgutes bei einer geplanten nachträglichen Abdichtung im Injektionsverfahren von wesentlicher Bedeutung.

Eine eindeutige Bestimmung des Gesamtporenvolumens erfolgt über eine Quecksilberdruckporosimetrie. Dabei werden die Poren unter Druck mit Quecksilber verfüllt. Eine derartige Untersuchung wird von verschiedenen Laboren angeboten, baupraktisch wird jedoch üblicherweise auf Tabellenwerte oder auf Messwerte von langfristig unter Wasser gelagerten Probekörpern zurückgegriffen.

Für die Bewertung von durchfeuchteten Baustoffen ist eine Unterscheidung zwischen scheinbarem und tatsächlichem Porenvolumen wesentlich. Während das tatsächliche Porenvolumen oder auch Gesamtporenvolumen alle Poren, also auch die für Wasser nicht zugänglichen Poren wie die geschlossenen Poren, beinhaltet, versteht man unter dem scheinbaren Porenvolumen das Volumen aller Poren, welche über die Kapillarität mit Wasser gefüllt werden können.

Wenn alle Poren mit Wasser gefüllt sind (Gesamtporenvolumen) hat der Baustoff seine (materialspezifische) Sättigungsfeuchte erreicht. Von Wasserkapazität oder freiwilligem Wassergehalt spricht man, wenn lediglich die kapillar zugänglichen Poren betrachtet werden (scheinbares Porenvolumen).

Beispiel

Ziegel mit einem tatsächlichem Porenvolumen von 29 % und einem scheinbaren Porenvolumen von 19 % können maximal 190 *l* Wasser pro m^3 kapillar aufnehmen, unter Druck jedoch maximal 290 *l*.

Die Differenz von 100 *l* ist von Bedeutung, wenn eine Einschätzung der Möglichkeit einer Druckinjektionen erfolgen soll.

3.3 Wasseraufnahmemechanismen

3.3.1 Kapillare Wasseraufnahme

Die häufigste Art der Wasseraufnahme von Baustoffen ist die kapillare Wasseraufnahme. Sofern die Poren eines Baustoffes groß genug für Wassermoleküle sind (Makroporen) und dieser Baustoff mit Wasser in Berührung kommt, erfolgt eine Wasseraufnahme auf kapillarem Wege.

Die kapillare Wasseraufnahme wird durch den baustoffspezifischen Wasseraufnahmekoeffizienten w dargestellt. Er wird experimentell nach DIN 52617 bestimmt:

$$w = \text{Wasseraufnahme}/\sqrt{t} \cdot [\text{kg/m}^2\text{h}^{0,5}]$$

Baupraktisch kann hier jedoch auf Tabellenwerte oder Herstellerangaben zurückgeriffen werden.

Tabelle **3**.2 Beispiele für Wasseraufnahmekoeffizient nach [1] Tabelle 3.1

Material		Rohdichte [kg/m³]	W Wasseraufnahme-Koeffizient [kg/m² s^0,5]	[kg/m² h^0,5]	B Wassereindring-Koeffizient [m/s^0,5] x 10⁻³	Φ_k Wasserkapazität [m³/m³]	Φ_s Sättigungsfeuchtigkeitsgehalt [m³/m³]
Vollziegel	A	1750	0,420	25,1	2,24	0,19	0,29
	B	2175	0,049	2,9	0,56	0,09	0,13
Hochlochziegel	C	1155	0,138	8,3	0,73	0,19	0,22
	D	1165	0,148	8,9	0,81	0,18	0,18
Kalksandstein	A	1635	0,123	7,7	0,46	0,27	0,36
	B	1755	0,050	3,0	0,21	0,24	0,34
	C	1760	0,091	5,5	0,42	0,22	0,35
	D	1795	0,087	5,4	0,39	0,22	0,32
	E	1880	0,053	3,2	0,29	0,18	0,27
	F	1920	0,053	3,2	0,26	0,20	0,27
Schwerbeton	A	2290	0,030	1,8	0,22	0,14	
	B	2410	0,018	1,1	0,09	0,19	0,22
Bimsbeton	A	845	0,483	2,9			
	B	1085	0,032	1,9			0,40
Gasbeton	A	630	0,077	4,6	0,28	0,28	0,72
	B	600	0,071	4,2	0,25	0,28	0,71
	C	530	0,066	4,0	0,23	0,29	0,74
	D	620	0,110	6,5	0,38	0,29	0,72
	E	640	0,128	7,7	0,45	0,28	0,60
Gipsbauplatte	A	900	1,16	69	2,36	0,49	
	B	600	0,64	38	1,80	0,36	
Weißkalkputz			0,17	7,0			
Kalkzementputz	A		0,03	2,0			
	B		0,06	4,0			
Zementputz	A		0,03	2,0			
	B		0,05	3,0			
Kunststoffdispersionsbeschichtung	A		0,001	0,05			
	B		0,003	0,2			

Die kapillare Wasseraufnahme wird durch 2 Gesetze beschrieben:

1. Die maximale Steighöhe von Wasser kann näherungsweise wie folgt berechnet werden:

   $H_{\text{max}} = 0{,}15/\text{Porenradius in cm.}$

2. Die Sauggeschwindigkeit zu Beginn des Saugvorganges wird wie folgt ermittelt, wobei die Konstante K die Oberflächenspannung, das spezifische Gewicht, die Erdbeschleunigung und die Viskosität des Baustoffes enthält:

   $V = K \times \text{Porenradius [m/s]}$

Materialspezifisch unterschiedlich ist die Geschwindigkeit und die maximale Steighöhe des Wassers bei diesem Wassseraufnahmemechanismus. Diese sind abhängig von den Porengrößen des Baumaterials.

Großporige Baustoffe weisen eine hohe Sauggeschwindigkeit, aber eine geringe Steighöhe auf, während Baustoffe mit kleinen Poren eine geringere Sauggeschwindigkeit bei einer größeren Steighöhe zeigen.

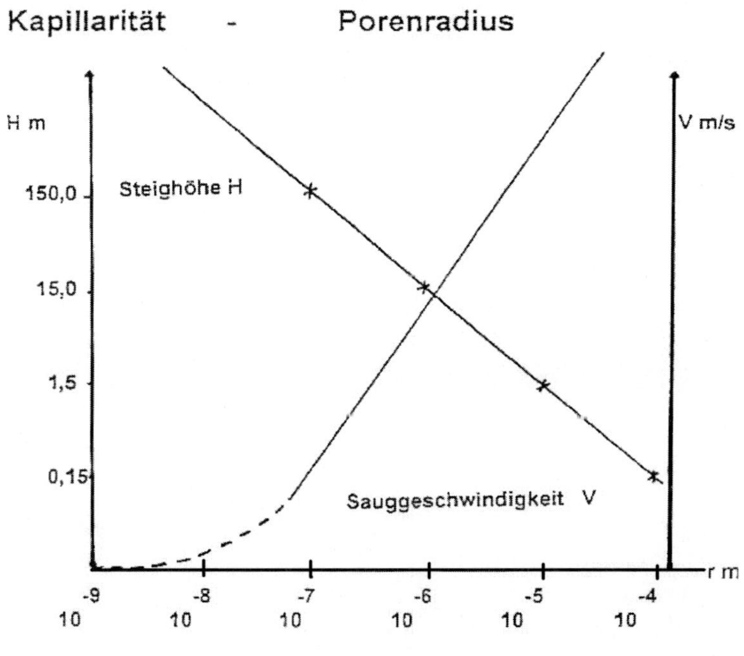

Skizze 3.2 Steighöhe und Sauggeschwindigkeit sind umgekehrt abhängig von der Porengröße Quelle [1].

Anhand obiger Grafik ist erkennbar, dass durch Einsatz sehr kleinporiger Materialien (Sauggeschwindigkeit geht gegen Null) oder sehr großporiger Materialien (Saughöhe geht gegen Null), eine kapillare Wasseraufnahme verhindert bzw. eingeschränkt werden kann.

3

Beispiele:

kleinporige Materialien	großporige Materialien
Dichtungsschlämmen	Wärmedämmputz
Beschichtungen: Glasuren, Lackierungen	Sanierputz
bituminöse Stoffe	Porenbeton
Natursteine, wie Granit	Natursteine, wie Basalt

Dem Erreichen der maximalen Steighöhe wirkt zusätzlich die Verdunstung entgegen. Je besser die Verdunstungsmöglichkeit am Mauerwerk ist, um so geringer ist die Wahrscheinlichkeit, dass die maximale Steighöhe erreicht wird. Dieser Zusammenhang bewirkt auch die typischen Schadensbilder an Sockelbereichen, wo als „Sanierungsmaßnahme" für Feuchteschäden lediglich eine weitestgehend wasserdichte Beschichtung, z.B. durch Fliesen, Dichtungsschlämme, Zementputz, Kunststoffbeschichtung oder ähnlichem aufgebracht wurde. In diesen Fällen kommt es kurz bis mittelfristig zu einer Vergrößerung der Steighöhe und der damit verbundenen Verlagerung der Feuchteschäden.

Bild 3.3
Vergrößerung der Steighöhe durch Anbringung eines Buntsteinputzes

Bild 3.4
Vergrößerung der Steighöhe durch Anbringung von Fliesen

3.3.2 Wasseraufnahme unter Druck

Durch anstehendes Druckwasser wird die kapillare Wasseraufnahme von Baustoffen hinsichtlich der Steighöhe und Geschwindigkeit verstärkt. Zusätzlich kann eine Befüllung der Poren, die sonst kapillar nicht zugänglich wären, also der Luftporen, Sackporen und Flaschenhalsporen erfolgen. Im ungünstigsten Fall sind alle Poren mit Wasser gefüllt, ist also die Sättigungsfeuchte erreicht.

Bei anstehendem Druckwasser ist es deshalb um so wichtiger durch Probennahme und -untersuchung zu klären, ob und mit welchen Material eine nachträgliche Horizontalsperrung im Injektionsverfahren möglich ist. Ggf. sind hier zusätzliche Maßnahmen zu planen.

Die Wasseraufnahme unter Druck wird durch das Darcy´sche Gesetz beschrieben:

$$I = k \times d_p / d_x \quad I = \text{Massenstromdichte [g/s]}$$

k = experimentell ermittelte materialspezifische Durchlässigkeit (Tabellenwert)
d_p = Druckunterschied des anstehenden Wassers [N/m^2]
d_x = Dicke des Bauteil [m]

3.3.3 Hygroskopische Wasseraufnahme

Bei der hygroskopischen Wasseraufnahme handelt es sich um die Aufnahme von Wasser in einem Baustoff in gasförmigen Zustand.

In der Umgebungsluft des Bauteils ist immer Wasser in gasförmigen Zustand vorhanden. Sind nun im Baustoff Salze eingelagert, sind diese in der Lage Feuchtigkeit aus der Umgebungsluft aufzunehmen.

Zu Salzen in Baustoffen kommt es aufgrund von chemischen Umwandlungen aber vor allem aufgrund von kapillaren Wassertransporten, da, wie bereits erläutert, Wasser als Lösung am Gebäude ansteht.

In Abhängigkeit von der Menge und der Art der eingelagerten Salze kann die hygroskopisch verursachte Feuchtebelastung an einem Mauerwerk größer sein als die Feuchtebelastung durch kapillare Wassertransporte. Dies ist insofern von Bedeutung, da die hygroskopische Feuchteaufnahme durch nachträgliche Abdichtungsmaßnahmen **nicht** verringert wird. Im Zuge der Sanierungsplanung ist es deshalb unbedingt erforderlich eine Bauzustandsanalyse inklusive einer Feuchtebilanz durchzuführen, um die für das konkrete Objekt tatsächlich notwendigen Sanierungsleistungen festlegen zu können.

Typisch für eine vorrangig hygroskopische Feuchtebelastung in der Altbausanierung sind Bauteile an undichten Abwassergruben, Wände an ehemaligen Außen-WC´s und Stallgebäude. Grund hierfür ist der in Abwässern und Fäkalien hohe Nitratgehalt. Nitrate sind stark hygroskopisch, eine Feuchteaufnahme erfolgt durch Nitratsalze bereits ab einer relativen Luftfeuchte von 50 %.

In der Altbausanierung sind neben den Nitraten vorrangig noch Chloride und Sulfate anzutreffen und in der Bauzustandsanalyse zu beachten. Auch diese Salzverbindungen wirken hygroskopisch, wobei diese aber den Nitraten deutlich nachstehen.

Aus diesem Grund erfolgt die Einschätzung und Bewertung von Salzen im Mauerwerk im WTA-Merkblatt 4-5-99 „Mauerwerks diagnostik“ in Abhängigkeit von der Salzart und des Salzgehaltes wie folgt:

3

Tabelle **3**.3 Bewertung der schadensverursachenden Wirkung verschiedener Salzionen in Mauerwerkskörpern (Angabe in Masse-%) nach Tabelle 8 aus [4]

Chloride [1]	< 0,2	0,2 – 0,5	> 0,5
Nitrate	< 0,1	0,1 – 0,3	> 0,3
Sulfate [2]	< 0,5	0,5 – 1,5	> 1,5
Bewertung [3]	Belastung gering-Maßnahmen im Ausnahmefall erforderlich	Belastung mittel-Weitergehende Untersuchungen zum Gesamtsalzgehalt (Salzverbindung, Kationnenbestimmung) erforderlich Maßnahme im Einzelfall erforderlich	Belastung hoch-Weitergehende Untersuchungen zum Gesamtsalzgehalt (Salzverbindung, Kationnenbestimmung) erforderlich Maßnahmen erforderlich

1) Bei tragwerksichernden Maßnahmen, wie dem Einbau von Ankern/Nadeln, ist bei Chloridbelastungen < 0,1 M-% auf die Auswahl besonderer Stahlgüten und speziell rezeptierter Verpress-/Verfüllmörtel zu achten.

2) Beurteilung bezogen auf leicht lösbare Sulfate; besonders zu bewerten sind sulfathaltige Baustoffe.

3) Für die Entscheidung über das Erfordernis von Maßnahmen sind nicht allein die Ergebnisse der Salzuntersuchung ausschlaggebend.

3.3.4 Kondensation

Die Kondensation beschreibt den Übergang eines Stoffes von dem gasförmigen in den flüssigen (oder auch festen) Aggregatzustand, aufgrund von Abkühlung.

Im hier angesprochenen Themenfeld handelt es sich bei der Kondensation um eine Wasseraufnahme aus der Raumluft aufgrund von geringen Bauteiltemperaturen.

Zur Einschätzung dieses Mechanismus ist es erforderlich, den Feuchtegehalt der Luft genauer zu betrachten. Dieser wird üblicherweise als relative Luftfeuchtigkeit angegeben.

Die relative Luftfeuchtigkeit wird ermittelt aus dem Verhältnis zwischen dem tatsächlichen Feuchtegehalt und dem maximalen Feuchtegehalt der Luft.:

rel. Luftfeuchte [%] = tat. Feuchtegehalt [g/m^3]/max. Feuchtegehalt [g/m^3] × 100

Der maximale Feuchtegehalt, auch Sättigungsfeuchte, ist die Menge Wasser, welche die Umgebungsluft als Wasserdampf maximal aufnehmen kann und ist abhängig von der Lufttemperatur. Je höher die Lufttemperatur ist, um so mehr Wasser kann aufgenommen werden bzw. umgekehrt je geringer die Temperatur ist, um so weniger Wasser ist erforderlich, um die Sättigungsfeuchte zu erreichen.

Tabelle **3**.4 Sättigungsmenge W_s von Wasserdampf in g/m^3 in Luft der Temperatur ν°C; Auszug aus der Tafel **10**.21a [11]

ν	– 6	– 2	0	2	6	8	10	12	14	16	18	20	25
Ws	2,99	4,13	4,80	5,60	7,30	8,30	9,40	10,7	12,1	13,6	15,4	17,3	23,0

Durch Veränderung der Temperatur kommt es daher bei gleichem tatsächlichem Feuchtegehalt zu einer Veränderung der relativen Luftfeuchte.

Wird die Temperatur nach Erreichen der Sättigungsfeuchte (rel. Luftfeuchte = 100 %) weiter abgekühlt, erfolgt die Kondensation des Wassers. Die Temperatur, bei welcher eine relative Luftfeuchte von 100 % erreicht wird, nennt man den Taupunkt.

Da der Taupunkt von der Lufttemperatur und der Menge des in der Luft befindlichen Wassers abhängig ist, ist es zu empfehlen, zur Einschätzung der Kondenswassergefährdung entsprechende Tabellen heranzuziehen:

Tabelle **3.5** Taupunkttemperaturen in Abhängigkeit von Raumtemperatur und relativer Luftfeuchte nach Tafel **10.**21b aus [11]

Näherungsgleichung für ϑ und $\vartheta_s \geq 0$: $\vartheta_s = (\varphi/100)^{0,1247}\,(109,8 + \vartheta) - 109,8$

ϑ °C	Taupunkttemperatur ϑ_s in °C bei einer relativen Luftfeuchte φ von 30 %	35 %	40 %	45 %	50 %	55 %	60 %	65 %	70 %	75 %	80 %	85 %	90 %	95 %
30	10,5	12.9	14.9	16.8	18.4	20.0	21.4	22.7	23.9	25.1	26.2	27.2	28.2	29.1
29	9,7	12.0	14.0	15.9	17.5	19.0	20.4	21.7	23.0	24.1	25.2	26.2	27.2	28.1
28	8,8	11.1	13.1	15.0	16.6	18.1	19.5	20.8	22.0	23.2	24.2	25.2	26.2	27.1
27	8.0	10.2	12.2	14.1	15.7	17.2	18.6	19.9	21.1	22.2	23.3	24.3	25.2	26.1
26	7.1	9.4	11.4	13.2	14.8	16.3	17.6	18.9	20.1	21.2	22.3	23.3	24.2	25.1
25	6,2	8.5	10.5	12.2	13.9	15.3	16.7	18.0	19.1	20.3	21.3	22.3	23.2	24.1
24	5,4	7.6	9.6	11.3	12.9	14.4	15.8	17.0	18.2	19.3	20.3	21.3	22.3	23.1
23	4,5	6.7	8.7	10.4	12.0	13.5	14.8	16.1	17.2	18.3	19.4	20.3	21.3	22.2
22	3.6	5.9	7.8	9.5	11.1	12.5	13.9	15.1	16.3	17.4	18.4	19.4	20.3	21.2
21	2,8	5.0	6.9	8.6	10.2	11.6	12.9	14.2	15.3	16.4	17.4	18.4	19.3	20.2
20	1.9	4.1	6.0	7.7	9.3	10.7	12.0	13.2	14.4	15.4	16.4	17.4	18.3	19.2
19	1,0	3.2	5.1	6.8	8.3	9.8	11.1	12.3	13.4	14.5	15.5	16.4	17.3	18.2
18	0.2	2.3	4.2	5.9	7.4	8.8	10.1	11.3	12.5	13.5	14.5	15.4	16.3	17.2
17	−0,6	1.4	3.3	5.0	6.5	7.9	9.2	10.4	11.5	12.5	13.5	14.5	15.3	16.2
16	−1.4	0.5	2.4	4.1	5.6	7.0	8.2	9.4	10.5	11.6	12.6	13.5	14.4	15.2
15	−2,2	−0.3	1.5	3.2	4.7	6,1	7.3	8.5	9.6	10.6	11.6	12.5	13.4	14,2
14	−2.9	−1.0	0.6	2.3	3.7	5.1	6.4	7.5	8.6	9.6	10.6	11.5	12.4	13.2
13	−3.7	−1.9	−0.1	1.3	2.8	4.2	5.5	6.6	7.7	8.7	9.6	10.5	11.4	12.2
12	−4.5	−2.6	−1.0	0.4	1.9	3.2	4.5	5.7	6.7	7.7	8.7	9.6	10.4	11.2
11	−5,2	−3.4	−1.8	−0.4	1.0	2.3	3.5	4.7	5.8	6.7	7.7	8.6	9.4	10.2
10	−6,0	−4.2	−2,6	−1.2	0.1	1.4	2.6	3.7	4.8	5.8	6.7	7.6	8.4	9.2

Beispiel 1:

In einem Altbaukeller werden 70 % relative Luftfeuchte bei einer Raumtemperatur von 14° C gemessen. Entsprechend obiger Tabelle liegt der Taupunkt bei diesen Bedingungen bei 8,6° C. Sofern nun Wandflächen oder Wandbereiche (z.B. Außenecken) diese in Altbaukellern nicht unübliche Oberflächentemperatur aufweisen oder unterschreiten, kommt es hier zu einem Wassereintrag aufgrund von Kondensation.

Beispiel 2:

Die Nutzer o.g. Altbaukellers lüften in den Sommermonaten ihren Keller, da dieser „feucht und muffig" ist. Im Außenbereich herrscht eine relative Luftfeuchte von 40 % bei einer Lufttemperatur von 25° C. Durch Abkühlung dieser Luft im Keller auf 14° C wird dadurch eine relative Luftfeuchte von ca. 76 % künstlich erzeugt. Die Taupunkttemperatur liegt hierfür bei 9,8° C. Das heißt, dass es nunmehr auch an Wandflächen zur Kondenswasserbildung kommt, an denen ohne Lüftung kein Wasser ausgefallen wäre. Der Keller wurde durch die Lüftung zusätzlich mit Feuchtigkeit belastet.

Rechengang:

Sättigungsfeuchte bei 25° C 23,0 g/m³
Wassergehalt bei 40 % rel. Luftfeuchte 9,2 g/m³
Sättigungsfeuchte bei 14° C 12,1 g/m³

$$\frac{12,1}{100\,\%} = \frac{9,2}{x\,\%}$$

relative Luftfeuchte im Raum in Prozent = 9,2 × 100 %/12,1
= 76,03 %

Der Taupunkt bei 76 % relativer Luftfeuchte und einer Raumtemperatur von 14° C liegt entsprechend obiger Tabelle bei 9,8° C.

Aus obigem Beispiel ist ersichtlich, dass eine Kellerlüftung zur Feuchtereduzierung nicht abhängig von der relativen Luftfeuchte ist, sondern vielmehr auf Grundlage des tatsächlichen Feuchtegehaltes der Luft durchgeführt werden muss. Während dieser Sachverhalt in den Wintermonaten eher zu vernachlässigen ist, empfiehlt sich eine Lüftung in den Sommermonaten daher vorrangig in den Morgenstunden:

Bei einer Außentemperatur von 10° C und einer relativen Luftfeuchte von 85 % kommt es durch Erwärmung dieser Luft im Keller zu einer Verringerung des Feuchtegehaltes der Kellerluft.

Rechengang:

Sättigungsfeuchte bei 10° C	9,4 g/m^3
Wassergehalt bei 80 % rel. Luftfeuchte	7,52 g/m^3
Sättigungsfeuchte bei 14° C	12,1 g/m^3
Wassergehalt bei 70 % rel. Luftfeuchte	8,47 g/m^3

Durch einen Luftaustausch würde dadurch die relative Luftfeuchte auf ca. 62 % verringert werden. Der Taupunkt würde nun bei ca. 7° C liegen.

3.3.5 Kapillarkondensation

Eine Sonderform der Kondensation ist die Kapillarkondensation. In sehr feinen Kapillaren, d.h. Kapillaren mit einem Durchmesser von ca. 10^{-3} bis 10^{-7} m, kommt es bereits vor dem Erreichen der Sättigungsfeuchte zur Kondensation und damit zum Abscheiden von Wasser.

Dieser Wasseraufnahmemechanismus ist mitverantwortlich für die Ausgleichsfeuchte eines Bauteils.

3.4 Wasserbewegungen

Zur Einschätzung von Feuchtigkeitsbewegungen in Bauteilen ist es erforderlich die Möglichkeiten der Bewegungen von Wasser zu betrachten.

3.4.1 Osmose

Osmose ist ein physikalischer Mechanismus, bei dem eine Flüssigkeit durch eine „halbdurchlässige“ Wand hindurchtritt. Voraussetzung hierfür ist, dass das Wasser auf beiden Seiten der Wand in unterschiedlicher Konzentration Lösungsstoffe enthält.

Dabei fließt Wasser aus der weniger stark konzentrierten Lösung durch die halbdurchlässige Wand und verdünnt die stärker konzentrierte Lösung bis zum Konzentrationsausgleich.

Baupraktisch ist dieser Vorgang vorrangig in Hinblick auf salzbelastetes Mauerwerk von Bedeutung. In den Verdunstungszonen ist naturgemäß eine höher konzentrierte Salzlösung vorhanden, als in den angrenzenden Bereichen. Mit dem Ziel des Konzentrationsausgleiches fließt nun zusätzlich zum kapillaren Wassertransport und zur hygroskopischen Feuchteaufnahme Wasser in diese Bereiche.

Die Erläuterung der „Elektro-Osmose“ erfolgt im Abschnitt 8.3.3

3.4.2 Diffusion

Diffusion ist die selbstständig verlaufende Vermischung von miteinander in Berührung stehenden Stoffen (z.B. Gase, Flüssigkeiten oder Lösungen) verschiedener Konzentration infolge von Molekularbewegungen. Auch dieser Mechanismus findet bis zum Konzentrationsausgleich statt.

Der Widerstand, den ein Material der Diffusion von Wasserdampf entgegensetzt, hängt hauptsächlich von seiner Porigkeit ab. Je mehr offene Poren, desto geringer der Widerstand. Die Porengröße spielt, wie unter 2.3 bereits erläutert, für Wasserdampfmoleküle so gut wie keine Rolle, da diese kleiner und leichter als fast alle anderen Luftmoleküle sind.

Der Diffusionswiderstand eines Materials wird, in Abhängigkeit von der Materialdicke als „diffusionsäquivalente Luftschichtdicke", dem s_D-Wert angegeben:

$$s_D = \mu \times s$$

μ = Wasserdampfdiffusionswiderstandszahl

s = Schichtendicke in m

In Bezug auf das hier bearbeitete Themenfeld ist dieser Mechanismus insofern von Bedeutung, als dass die nachträglich abgedichteten Bauteile bestrebt sind durch Diffusion ihre eingelagerte Feuchtigkeit abzugeben. Voraussetzung hierfür ist jedoch, dass die relative Luftfeuchte vor dem Bauteil entsprechend gering ist, dass ein Konzentrationausgleich möglich ist, aber auch, dass das Bauteil möglichst nicht oder nur mit Materialien mit einem geringen s_D-Wert, also einem großen Porenanteil, beschichtet wird.

Beispiel 1 – s_D-Wert von Beschichtungen

Material	s in mm	μ	s_D-Wert
Zementputz	20	35	0,7
Kalkzementputz	20	35	0,7
Wärmedämmputz	35	20	0,7
Trockenputz – Gipskartonbauplatten	11,5	8	0,09
Silicatfarbe	0,3	10	0,03
Dispersionsfarbe	0,3	1000	3

Beispiel 2 – Minderung der Wasserdampfdurchlässigkeit durch Anstriche

Material	Wirkstoff	Wirkstoffgehalt in %	Minderung der Wasserdampfdurchlässigkeit in %
Siliconharze	Methylpolysiloxan	5	5 – 8
Siloxane	Polysiloxane	8 – 10	5 – 8
Silicate mit hydrophobierenden Zusätzen	Alkalisilicate	5 – 10	5 – 10
Kieselsäureester mit hydrophobierenden Zusätzen	Tetraethylsilicat/Silan	60 – 75	15 – 30

3.4.3 Phorese

Der Begriff „Phorese“ ist griechischen Ursprungs und bedeutet „tragen“.

Der Vollständigkeit halber und in Beachtung des noch folgenden Kapitels „elektrophysikalische Verfahren“ wird an dieser Stelle auch kurz auf den Mechanismus Phorese, speziell Elektrophorese eingegangen.

Die im Mauerwerk befindliche Lösung wird einem elektrischen Spannungsfeld ausgesetzt. Die dadurch erzeugte Wanderung elektrisch geladener Teilchen wird Elektrophorese genannt.

Die Wanderungsgeschwindigkeit ist dabei proportional der Feldstärke und der Ionenladung sowie umgekehrt proportional dem Teilchenradius und der Viskosität der Lösung.

3.5 Salze

In der Altbausanierung wird häufig salzbelastetes Mauerwerk vorgefunden. Typisch hierfür sind die Salzausblühungen am Mauerwerk, welche umgangssprachlich gern als „Salpeter“ bezeichnet werden. Dass es sich dabei nicht zwangsläufig um Salze der Salpetersäure, also um Ammoniumnitrat, Natriumnitrat, Kaliumnitrat, Magnesiumnitrat oder Calciumnitrat handeln muss, wird im Folgenden noch erläutert.

Bild 3.5 – Salzausblühungen an einem Gebäudesockel

Sofern Ausblühungen vorhanden sind, ist bereits für Laien erkennbar, dass hier eine Salzbelastung vorliegt. Aber auch wenn keine Salzkristalle sichtbar sind, ist im Zuge der Bauzustandsanalyse unbedingt eine Probennahme zur Salzanalyse durchzuführen, da die Salze an der Oberfläche, zum Beispiel durch Kondenswasser gelöst sein können.

Bei den bauschädigenden Salzen handelt es sich im Wesentlichen um Nitrat-, Chlorid- und Sulfatverbindungen, da diese leicht in Wasser löslich sind. Je wasserlöslicher Salze sind, umso größer ist deren Gefahrenpotential für Baustoffe.

Tabelle **3.6** **Beispiele** für bauschädigende Salze:

Verbindungen	Salze	Formel
Nitratverbindungen	Calciumnitrat	$Ca(NO_3)_2$
	Magnesiumnitrat	$Mg(NO_3)_2$
Chloridverbindungen	Calciumchlorid	$CaCl_2$
	Kochsalz	$NaCl$
Sulfatverbindungen	Bittersalz	$MgSO_4$
	Gips	$CaSO_4$
	Glaubersalz	Na_2So_4

Tabelle **3.7** **Beispiele** für die Löslichkeit von Salzen in Wasser:

Salze	Formel	Löslichkeit des Salzes in kaltem Wasser in g/100 ml
Calciumnitrat, Salpeter	$Ca(NO_3)_2$	266
Magnesiumnitrat	$Mg(NO_3)_2$	125
Calciumchlorid	$CaCl_2$	75
Kochsalz	$NaCl$	36
Bittersalz	$MgSO_4$	71
Gips	$CaSO_4$	0,24
Glaubersalz	Na_2SO_4	11
Soda	Na_2CO_3	21
Kalk	$CaCO_3$	0,0015
Pottasche	K_2CO_3	112

Wie bereits ausgeführt, ist die bauschädigende Wirkung von Salzen umso größer, je leichter löslich es im Wasser ist. Entsprechend obiger Tabelle sind Nitrate besonders leicht löslich und in der Altbausanierung in Verbindung mit undichten Abwasserleitungen und -gruben häufig anzutreffen. Aus obiger Tabelle ist aber ebenfalls ersichtlich, dass sich auch andere Salze recht gut in Wasser lösen lassen, weshalb es sich bei sichtbaren Ausblühungen nicht zwangsläufig um den umgangssprachlichen „Salpeter" handeln muss.

Die Salzanalyse ist hauptsächlich aus folgenden Gründen unerlässlich:

1. Salze sind Ursache für die hygroskopische Feuchtigkeitsaufnahme und
2. Salze bergen ein großes Zerstörungspotential in sich.

Auf beide Sachverhalte soll im Folgenden ausführlich eingegangen werden.

3.5.1 Hygroskopische Wasseraufnahme durch Salze

Zum besseren Verständnis des Einflusses und der Auswirkungen von Salzen im Mauerwerk ist es erforderlich, die Vorgänge in einem nicht abgedichteten Mauerwerk in ihrer Gesamtheit zu betrachten:

An der erdberührten Seite der Wand liegt Wasser an, in welchem Salze gelöst sind. Durch Kapillartransporte dringt diese Lösung in das Bauteil ein und steigt, entsprechend der vorhandenen Porendurchmesser und der Verdunstungsmöglichkeit (siehe kapillare Wasseraufnahme), bis zu einer gewissen Höhe. Das System ist damit im Gleichgewicht, da die Menge des eindringenden Wassers der Menge des in der Verdunstungszone an die Raumluft abgegebenen Wassers entspricht.

In der Verdunstungszone steigt nun die Konzentration der Salze in der im Mauerwerk befindlichen Lösung, da nur das Wasser verdunsten kann und durch Kapillartransporte neue Salze zugeführt werden. (Zum Mechanismus der hygroskopischen Wasseraufnahme siehe 3.3.3.) Ab einem gewissen Grad der Konzentration (abhängig von der Art der Salze) kommt es nun zur Aufnahme von Wasser über den hygroskopischen Wasseraufnahmemechanismus und damit zu einer Störung des bisher vorhandenen Gleichgewichtes. Zur Wiederherstellung des Gleichgewichtes ist es nunmehr erforderlich, dass eine größere Menge Wasser verdunstet, was nur über eine Vergrößerung der Verdunstungszone möglich ist. Das heißt, dass sich die Durchfeuchtungshöhe zwangsläufig ausdehnt.

Da es sich hier um einen stetig ablaufenden Prozess handelt, verschiebt sich mit der Zeit das Verhältnis von kapillar aufsteigendem Wasser zu hygroskopisch aufgenommenen ggf. bis die hygroskopisch aufgenommene Wassermenge deutlich überwiegt.

Zur Festlegung der notwendigen Sanierungsmaßnahmen ist es daher unerlässlich im Zuge der Feuchtebilanz die hygroskopische Gleichgewichtsfeuchte und den hygroskopischen Durchfeuchtungsgrad zu ermitteln, um sämtliche der Sanierung zum Erfolg verhelfende Maßnahmen festlegen zu können. Wie bereits erläutert, sind nachträgliche Abdichtungsmaßnahmen zur Sanierung von Feuchteschäden aufgrund von Salzen nicht geeignet.

3.5.2 Zerstörungsmechanismen von Salzen

Neben der oben erläuterten Vergrößerung der Verdunstungszone verursachen Salze auch Schäden an und in den Baustoffen selbst.

Typische Schadensbilder sind zum Beispiel Abplatzungen von Putz und Anstrichen, Aussandungen von Fugen und Abplatzungen an Ziegeln.

Bild 3.6
Fugenaussandungen bis 12 cm an einem ehemaligen Stallgebäude

Bild 3.7
Abplatzungen an Ziegeln an einem ehemaligen Stallgebäude

Grund für derartige Schäden, ist das Vermögen bauschädigender Salze ihr Volumen zu ändern. Ist eine Pore (nahezu) mit Salz gefüllt und erfolgt eine Volumenvergrößerung kann diese Pore zerstört werden. Ein häufiger Volumenwechsel führt zur Zerstörung des Baumaterials.

Volumenvergrößerungen von bauschädigenden Salzen erfolgen im Zuge von Kristallisations- und Hydratationsprozessen.

Unter Kristallisation versteht man einen Vorgang, bei dem die in einer Lösung befindlichen Salze aufgrund von Feuchteentzug in den festen Aggregatzustand wechseln. Die dabei entstehenden Kristalle weisen ein größeres Volumen auf, als das gelöste Salz. Der dabei entstehende Kristallisationsdruck ist für die Gefügezerstörungen in den Bauteilen verantwortlich.

Tabelle **3**.8 Kristallisationsdrücke einiger Salze in Abhängigkeit von der Temperatur und der Übersättigung der Lösung nach [1]

Salz	Molvolumen	Kristallisationsdruck bei c/cs = 2 und 0° C	Kristallisationsdruck bei c/cs = 10 und 0° C
Gips	55	28,2	93,8
Bittersalz	147	10,5	35,0
Glaubersalz	220	29,2	97,0
Kochsalz	28	55,4	184,5
Soda	199	7,8	25,9

c/cs ist der Wert für die Übersättigung der Lösung

Bei höheren Temperaturen sind höhere Drücke festzustellen.

Viele Salze sind jedoch nicht nur in der Lage, ihr Volumen durch Kristallisation zu vergrößern, sondern auch in der Lösung selbst. In Abhängigkeit von der Temperatur wird an die Moleküle Wasser angelagert, was ebenfalls zu einer Volumenzunahme führt. Man spricht hier von der Hydratation. Den bei der Volumenvergrößerung entstehenden Druck nennt man den Hydratationsdruck.

Beispiele:

Hydratationsdruck einiger Salze in Abhängigkeit von der Temperatur und der relativen Luftfeuchte

Hydratation von Gips

relative Luftfeuchte	Druck bei 0° C	Druck bei 20° C	Druck bei 60° C
100 %	219,0	175,5	92,6
70 %	160,0	114,5	25,4
50 %	107,2	57,5	0

Hydratation von Bittersalz

relative Luftfeuchte	Druck bei 10° C	Druck bei 20° C	Druck bei 30° C
100 %	14,6	11,7	9,2
70 %	9,7	6,8	4,0
50 %	5,0	1,9	0

Hydratation von Soda

relative Luftfeuchte	Druck bei 0° C	Druck bei 20° C	Druck bei 30° C
100 %	93,8	61,1	43,0
80 %	63,7	28,4	9,6

Quelle [1]

3.6 Literaturverzeichnis

[1] Prof. Dr. Weber — Instandsetzung von feuchte- und salzgeschädigten Mauerwerk

[2] Venzmer — Altbauinstandsetzung 7/8 Huss-Medien Berlin, 2004

[3] Venzmer — Sanierung feuchter und versalzener Wände; Verlag für Bauwesen Berlin; 1991

[4] WTA-Merkblatt 4-5-99 — Mauerwerksdiagnostik

[5] Klopfer. — Wassertransport und Diffusion in Feststoffen; Bauverlag Wiesbaden-Berlin; 1974

[6] WTA-Merkblatt 3-13-01/D — Zerstörungsfreies Entsalzen von Naturstein und anderen porösen Baustoffen mittels Kompressen

[7] www.baustoffchemie.de

[8] www.wasser-lexikon.de

[9] www.die-schaedlingsbekaempfer.com

[10] ibr-online.de

[11] Schneider Bautabellen mit Berechungshinweise, Beispielen und europaischen Vorschriften; 10 Auflage, Werner-Werlag, 1992

4 Voruntersuchung und Konzept

von Jürgen Weber

4.1 Vorbemerkungen

Der Erfolg oder Misserfolg der Bausanierung ist im Wesentlichen von einer ausreichend sensiblen und durch Fachkenntnis gekennzeichneten Planung abhängig. Der Spagat zwischen einer vom Bauherren gewünschten kostengünstigen Planung und der Ausarbeitung eines fachlich fundierten Sanierungskonzeptes wird immer wieder in Folge des Kostendruckes „ausgereizt". Durch falsch verstandene Kosteneinsparungen werden Fehler in der Planung von Abdichtungsarbeiten an Bestandsbauten vorgenommen, die sich in der Ausführung selbst, aber auch im Nutzungszeitraum nur noch durch erhebliche Kosten- und Zeitaufwendungen wieder revidieren lassen. Die Verhältnisse im letzten Bauschadensbericht der Bundesregierung weisen eindeutig auf diesen Umstand hin.

Um den Bauherren eine fundierte Entscheidungshilfe und dem Bauausführenden eine fachlich vollständige Vorgabe unterbreiten zu können, ist eine qualitativ ausgereifte Bestandsuntersuchung und Mauerwerksdiagnostik entscheidend. Daher werden in den Veröffentlichungen von WTA-Publikationen und in den WTA-Merkblättern grundsätzlich Bestandsuntersuchungen vorgeschrieben.

Als Grundlage der Planung von Abdichtungsarbeiten kann keine DIN- Norm herangezogen werden. Es gibt keine Norm für die Bauwerksanalyse. Im Gegensatz zu Deutschland besitzt Österreich eine Önorm [1] in welcher grundsätzliche Planungshinweise vorgegeben werden.

Gerade bei der Planung von nachträglichen Horizontalabdichtungen ist konsequenterweise eine Voruntersuchung der örtlichen Gegebenheiten Stand der Bautechnik. Ziel der Untersuchung ist die zwingende Notwendigkeit, die möglichen Abdichtungsverfahren und erfolgsversprechenden Abdichtungsstoffe bei dem abzudichtenden Bauteil festzulegen.

Wenn man sich für die Anwendung eines Injektionsverfahren entscheidet, sind das jeweilige Injektionsmittel und die jeweiligen Technologien (ohne oder mit Druck; Impulsverfahren) auf den Einzelfall abzustimmen, um damit das Versagensrisiko einer nachträglichen Horizontalabdichtung ausreichend zu minimieren. Bei der Berücksichtigung eines mechanischen Verfahrens ist die Auswahl des Abdichtungsmaterials nicht von den vorliegenden physikalischen und chemischen Gegebenheiten im Bauteil abhängig. In diesem Fall stehen die statischen Zustände im Bauteil im Vordergrund des Interesses.

Werden keine ausreichenden bauwerksdiagnostischen Untersuchungen vorgenommen und wird die Bestands- und Schadensaufnahme nicht aktenkundig vermerkt, hat der Planer den Stand der Technik bereits verletzt. Kommt es zum Versagen der Abdichtung sind dann entsprechende rechtliche Ansprüche gegen den Planer möglich und zu erwarten. In diesem Zusammenhang wird darauf hingewiesen, dass auch aus rechtlicher Sicht Fachfirmen, die Angebote abgeben und damit Planungstätigkeiten übernehmen, eventuell die Konsequenzen einer fehlerhaften Planung zu tragen haben.

Dabei kommt erschwerend hinzu, dass viele in dem Bereich der Abdichtung arbeitenden Sanierungsfirmen nicht das zu verwendende Material auf Grundlage der Bauwerksdiagnostik, sondern aus vertragrechtlichen Beziehungen zu ihrem Baustoffhändler festlegen. Zudem wird die Technologie der Injektion von der in der Firma vorhandenen Gerätetechnik abhängig gemacht. Hierin zum Beispiel liegen das Versagen von nachträgliche eingebrachten Horizontalsperren mittels Injektionen öfters begründet.

Grundlagen der Planung von nachträglichen Horizontalabdichtungen sollten immer die entsprechenden WTA-Merkblätter, DIN 4108 sowie DIN EN ISO 12570: 1996/8 „Bestimmung des Feuchtegehaltes durch Trocknen bei erhöhter Temperatur" sein.

4.2 Bestandsanalyse des Gebäudes und der Umgebung

Jedes Bestandsobjekt ist ein Unikat nicht nur in der architektonischen Gestaltung, sondern auch in seiner Geschichte, seinen Baustoffen und seiner Bauweise. Um die notwendigen physikalischen und chemischen Untersuchungen zur Vorbereitung auf das festzulegende Sanierungskonzept wirtschaftlich in Art und Umfang bestimmen zu können, muss ein allgemeiner Überblick über das Gebäude und die Umgebung gewonnen werden.

Objektbezogene Bestandsaufnahme

Damit der Planer ein „Gefühl" für das zu sanierende Objekt bekommt und gleichzeitig die ersten Schadensbilder erkennt, kann eine allseitige Betrachtung der Fassaden des Objektes hilfreich sein.

Bild **4.1** Feuchteschaden an der Hauseingangstür

Die Beschaffung der objektrelevanten Dokumente vom Bauherren und der Bauämter ist der erste Schritt der Voruntersuchung. Die folgenden Unterlagen sollten zur Vorbereitung und Festlegung der weiteren planerischen Schritte herangezogen und ausgewertet werden:

- Bautagebücher früherer Sanierungsarbeiten
- Baupläne und Baubeschreibungen
- Baugenehmigungen
- Bauhistorische Unterlagen
- Früher gefertigte Gutachten über die Bausubstanz und Schäden
- Statische Unterlagen

Die Informationen über die tatsächlich vorliegenden statischen Verhältnisse (z.B. Gründung), den Wandaufbau und der verwendeten Wandbaustoffe ist von entscheidender Bedeutung, um eine verbindliche Planung der Sanierungsarbeiten vornehmen zu können. Aus den Unterlagen kann im Einzelfall auch entnommen werden, ob, wie und wann eine Vertikal- und Horizontalsperre am Objekt eingebaut wurde. Die Sperren sind bei der Inaugenscheinnahme stellenweise durch den vorhandenen Verputz überhaupt nicht sichtbar. Durch das Wissen um die Sperren kann dann grob der Grad der Funktionstüchtigkeit der selben eingeschätzt werden. Zur genaueren Bewertung sind dann allerdings die Sperren freizulegen oder eventuell vorhandene Vorsatzschalen, die Feuchteschäden meistenteils verdecken, zu entfernen.

Der Wandaufbau ist oft aus den Bauunterlagen erkenntlich und es kann auch ohne zerstörende Untersuchung festgestellt werden, ob es sich um ein ein- oder zweischaliges Mauerwerk handelt und welche Materialien verwendet wurden. Kann dies den Unterlagen nicht entnommen werden, sollte der Sachverhalt durch mindestens eine Kernbohrung aufgeklärt werden. Die bloße Inaugenscheinnahme der Mauerwerksoberfläche führt zwar zu ersten Ergebnissen, kann aber einen späteren Überraschungseffekt in der Ausführungsphase nicht ausschließen. Bei der Einschätzung der Oberfläche können die Homogenität, die eingebauten Materialien (Ziegel, Bruchstein, Mörtel) und die Festigkeit des Mauerwerkes über den Wandquerschnitt nur vermutet werden.

Aus den statischen Unterlagen sind die zu erwartende Gründung des Gebäudes und die übrigen statisch relevanten Informationen zu übernehmen. Es sollten jedoch trotzdem durch mindestens eine Schürfgrube die örtlichen Gegebenheiten mit den vorliegenden Unterlagen verglichen werden.

Die Einsichtnahme früherer Gutachten und Schadensberichte hat zum Ziele, visuell verdeckte Schadbilder oder Abweichungen von den üblichen und ansonsten zu vermuteten Bauweisen festzustellen. Die Inaugenscheinnahme des Gebäudes ist nicht allumfassend. Zwar können Feuchteschäden verursachende defekte Wasser- und Fallrohre bzw. Dächer erkennbar sein, aber bei vorgenommenem Um- und Ausbau sind die früheren Gegebenheiten nicht immer sichtbar.

Die ehemalige Nutzung bzw. die Geschichte der interessierenden Gebäudebereiche sind von großen Interesse, da auf dieser Grundlage u.a. die Schadstoffbelastung im Mauerwerk grob abgeschätzt werden kann. Zum Beispiel ist bei Kirchen bekannt, dass zu Kriegszeiten das Vieh in die Kirchen getrieben und Getreide gelagert wurde, sodass durchaus mit Nitraten im Mauerwerk zu rechnen ist. Die gleiche Vermutung erfolgt, wenn in einem Mehrfamilienhaus alte Fallleitungen der WC am Mauerwerk verliefen.

Ebenso ist die zukünftig geplante Nutzung eine wichtige Grundlage bei der Erstellung eines Sanierungskonzeptes. Ist der zu sanierende erdberührte Gebäudebereich weiter als Keller mit einer untergeordneten Bedeutung vorgesehen, so werden geringere Sanierungsleistungen notwendig als bei einem Umbau zur hochwertigen Nutzung des ehemaligen Kellers.

Bei der geringwertigen Nutzung kommt es vor allem auf die Bestandssicherung der Konstruktion und auf die Einhaltung durchschnittlicher relativer Luftfeuchten an, um die Funktion als Lagerraum abzusichern. Hingegen sind bei einer hochwertigen Umnutzung des Kellers Vorkehrungen zu treffen, die unter Nutzungsbedingungen eine übliche Raumlufttemperatur, ca. 50 % relative Raumluftfeuchte und ausreichende Oberflächentemperatur der Außen- und Innenwände gewährleisten. Das die Wand- und Deckenflächen zudem einen makellosen Eindruck über den gesamten Nutzungszeitraum haben müssen, ist sicher keine unbedeutende Forderung.

Umgebungbezogene Bestandsaufnahme

Bild **4**.2
Eindeutiger Wasserstand auch ohne Gutachten

Wie bei der objektbezogenen Untersuchung lohnt auch hier ein sachkundiger Blick in die Umgebung. Bereits die Beachtung von Flüssen, Bächen und Seen weisen auf bestimmte ortspezifische Gegebenheiten hin. Zudem gibt die Geländeneigung und der Bewuchs der Umgebung weiter Aufschlüsse.

Die Beschaffung der auf die Umgebung bezogenen Dokumente vom Bauherren und Bauämtern ist der zweite Schritt der Voruntersuchung. Die folgenden Unterlagen sind insbesondere für die Festlegung der Abdichtungsverfahren und Beachtung der Randbedingung in der Sanierungsphase von wesentlicher Bedeutung:

- Bodengutachten mit dem Bemessungswasserstand und Wasserbelastung
- Topografische Unterlagen der Umgebung
- Gründungsart der angrenzenden Häuser

Die wohl wichtigste Information zum Zwecke der verbindlichen Festlegung von Abdichtungsarbeiten ist das Wissen um den Bemessungswasserstand, das Vorliegen von Grund- und Schichtenwasser und den vorhandenen Schichtenaufbau im Baugrund. Ohne diese Parameter ist es einfach nicht möglich, eine sachgerechte mangelfreie Planung von Abdichtungsleistungen vorzunehmen. Kann im Einzelfall auf ein hydrologisches Gutachten verzichtet werden, so ist der auf dem Grundstück anliegende Bemessungswasserstand zweifelsfrei zu erkunden. Die Daten sollten bei den entsprechenden ortsansässigen Bodengutachtern aktenkundig abgefragt werden.

Zwischen dem Bemessungswasserstand und dem auf dem Grundstück eventuell festgestellten Wasserpegel ist grundsätzlich zu unterscheiden. Gleichfalls ist vor Untersuchungen der Wasserbelastung auf einem Grundstück mittels Schürfgrube zu warnen, da die damit gewonnenen Erkenntnisse erheblich von den tatsächlichen Wasserverhältnissen aufgrund erheblicher jahreszeitlicher Schwankungen abweichen können. Grundlage der Planung und Ausführung von Abdichtungen ist und bleibt aus technischer aber auch aus rechtlicher Sicht immer der Bemessungswasserstand.

In den letzten Jahren häufen sich die rechtsanhängigen Fälle, in denen bei durchgeführten Sanierungsarbeiten das Nachbargebäude tatsächlich oder nur vorgeschoben zu Schaden kommt. Um diese Problematik von vornherein auszuschließen, sollte der Planer zumindest eine private Beweissicherung an den angrenzenden Nachbargebäuden vor Beginn der Bauarbeiten durchführen. Der Umfang der Beweissicherung richtet sich nach der Baugrubentiefe, den zu erwartenden Schwingungen durch Bauleistungen im Baugrund und den konstruktiven Gegebenheiten der Nachbarbebauung selbst.

4.3 Feuchtemessverfahren

4.3.1 Grundlagen

Grundsätzlich können die Feuchtemessverfahren auf der Basis der Aussagen über die Baustofffeuchte den direkten und indirekten Messmethoden zugeordnet werden. Die Verfahren unterscheiden sich erheblich in der Qualität der Messergebnisse aber auch im zeitlich und finanziellen Aufwand. Insofern ist die notwendige Aussagekraft der Feuchteangaben, die Objektgröße und der Schwierigkeitsgrad Grundlage der Bestimmung des zu verwendenden Messverfahrens.

Bei der Voruntersuchung eines Einfamilienhauses ist gegenüber einem großflächigen Denkmalobjekt ein anderer messtechnischer Aufwand erforderlich, um ein wirtschaftliches und erfolgversprechendes Sanierungskonzept erarbeiten zu können. Daher ist die Auswahl der Messverfahren Objektbezogenfestzulegen sowie der Geräteaufwand im vorhinein grob einzuschätzen.

Bei den direkten Feuchtemessmethoden wird quantitativ die Baustofffeuchte bzw. der Wassergehalt direkt am Messgerät abgelesen, ohne dass weitere Eichmessungen oder Kalibrierungstabellen zur Hilfe genommen werden müssen. Derzeit sind in der Baupraxis nur die

- Darr- Methode und
- die CM-Methode

als direkte Feuchtemessmethoden bekannt. Beide haben gemeinsam, dass es sich hierbei um zerstörende Untersuchungen handelt, da Materialentnahmen unumgänglich sind. Dafür gilt die gravimetrische Bestimmung der Feuchte (Darr- Methode) als exakte quantitative Messung. Bei der CM- Methode sind hingegen Abweichungen bis ca. 1,0 M- % möglich, was aus baupraktischer Sicht zu vernachlässigen ist.

Bei den indirekten Messmethoden handelt es sich im Wesentlichen um zerstörungsfreie Prüfverfahren, die allerdings die direkte Bestimmung des Feuchtegehaltes der Baustoffe nicht zulassen. Bei diesen Verfahren wird ein Wert innerhalb eines bestimmten Volumens vom zu messenden Baustoff bestimmt. Das berücksichtigte Volumen bei der Messung ist von den entsprechenden Gerätetypen stark abhängig. Es kann jedoch letztendlich immer nur die Konstruktion und nicht der einzelne Baustoff bewertet werden. Daher ist eine isolierte Betrachtung des Feuchtegehaltes eines Baustoffes mit diesem Verfahren baupraktisch nicht möglich.

Da durch die Messung die physikalischen Eigenschaften der Konstruktion oder im speziellen der Baustoffe nicht bekannt sind, handelt es sich bei diesen indirekten Messungen nur um qualitative Aussagen. Nur durch eine stoffspezifische Kalibrierung kann die Qualität der Messung erhöht werden.

Teilweise können erfahrene Baupraktiker die qualitativen Aussagen bei der indirekten Messmethode dazu nutzen, einen Überblick über die Feuchtebelastung des Mauerwerkes bei bauchemisch einfachen bzw. ansonsten überschaubaren Objekten zu erlangen. Die Funktionsweisen sind allerdings auf die Auswirkung im Einzelfall zu überprüfen.

Bei salzbelasteten Konstruktionen sind Feuchtemessungen vor Ort mit zerstörungsfreien elektrischen Handmessgeräten nicht anzuraten. Allerdings sind die salzbelasteten Bauteile gerade in der Altbausanierung anzutreffen. Die Messergebnisse bei diesen Untergründen sind somit vielfach nicht brauchbar bzw. interpretierbar. Diese Einschätzung wurde durch eine Untersuchung einzelner Handmessgeräte und durch Fachveröffentlichungen in der Tendenz bestätigt [11].

4.4 Mauerwerksdiagnostik

4.4.1 Vorbemerkungen

Die Untersuchungen im Rahmen der Mauerwerksanalyse sind zum überwiegenden Teil zerstörende Verfahren. Gerade an Denkmalobjekten oder bei Gebäuden mit skeptischen Bauherren bezüglich der Materialentnahmen am Baukörper werden in der Praxis öfters auf umfängliche Probeentnahmen verzichtet. Der Grund ist die Weigerung der Bauherren, ihre Bauwerke nicht „durchlöchern" zu lassen, die Uneinsichtigkeit der Notwendigkeit in die Untersuchungen und der letztendlich sich ergebende Kostenaufwand für die Vorarbeiten der Sanierungsplanung.

Dies führt in einigen Fällen dazu, dass zum Beispiel nur Feuchtemessungen im oberflächennahen Bereich des Mauerwerkes erfolgen und auf deren Grundlage Rückschlüsse über die Feuchteverteilung über den Mauerwerksquerschnitt hinweg erfolgen. Die Brauchbarkeit solcher Aussagen sind vermutlich sehr gering und stimmen nur als Zufallstreffer mit der Realität überein.

Eine zweifelsfrei nachvollziehbare Einschätzung einer solchen Feuchteverteilung und die darauf basierende Einschätzung der hauptsächlichen Ursache der Feuchtebelastung kann nur über eine

Feuchtemessung über den Mauerwerksquerschnitt erfolgen. Zum einen kann dies mit den Luftfeuchte-Ausgleichverfahren als zerstörungsarme Methode am Objekt geschehen. Zum anderen wird mittels einer quer zur Oberfläche erfolgenden Kernbohrung die Materialprobe entnommen und dann abschnittsweise der Bohrkern auf die Feuchtebelastung hin untersucht. In beiden baupraktisch erprobten Verfahren wird dann das ermittelte Feuchteverteilungsprofil mit den bekannten theoretischen 4 Querschnittsverteilungen verglichen. Trotz der in der Praxis häufig anzutreffenden Überlagerungen der möglichen Feuchteursachen ist zum überwiegenden Teil eine fachlich fundamentierte Aussage erhältlich.

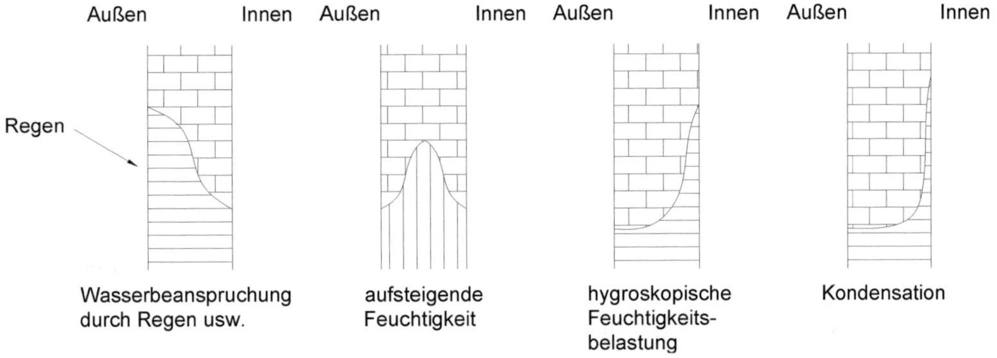

Bild **4**.3 Feuchteverteilung über den Mauerwerksquerschnitt nach C. Arendt

4.4.2 Bestimmung des Wassergehaltes

Der Wassergehalt u_m stellt das Verhältnis der Masse des trockenen Baustoffs zur Masse des physikalisch gebundenen und freien Wassers dar. Er wird üblicherweise in der Baupraxis in Masse-%, angegeben. Die Angabe in Volumen-% ist aber auch möglich.

1 massebezogener Wassergehalt der unmittelbar nach Entnahme gewogen wurde [9]

$$u_m = \frac{m_{\text{Baustoff, feucht}} - m_{\text{Baustoff, trocken}}}{m_{\text{Baustoff, trocken}}} \times 100\ \%$$

u_m = Wassergehalt in Masse- %
$m_{\text{Baustoff, feucht}}$ = Masse von der feuchten Materialprobe mit gebundenen und freien Wasser
$m_{\text{Baustoff, trocken}}$ = Masse der bis auf die Massekonstanz getrocknete Materialprobe

2 massebezogener Wassergehalt bei Proben die dampfdicht verschlossen waren [4]

$$u_m = \frac{m_{\text{V, feucht}} - m_{\text{trocken}} - m_{\text{V}}}{m_{\text{trocken}}} \times 100\ \%$$

u_m = Wassergehalt in Masse- %
$m_{\text{V, feucht}}$ = Masse von der feuchten Materialprobe mit gebundenem und freiem Wasser und dem Verpackungsmaterial
m_{trocken} = Masse der bis auf die Massekonstanz getrocknete Materialprobe
m_{V} = Masse des trockenen Verpackungsmaterials

3 volumenbezogener Wassergehalt [9]

$$u_v = u_m \times \frac{\rho_{Baustoff}}{\rho_{Wasser}}$$

u_v = Wassergehalt in Volumen- %; geometrische Hohlräume der Baustoffe werden nicht berücksichtigt (Z.B. Luftkammern der Ziegel)
u_m = Wassergehalt in Masse- %
$\rho_{Baustoff}$ = Rohdichte vom trockenen Baustoff in kg/m^3
ρ_{Wasser} = Rohdichte vom Wasser = 1000 kg/m^3

Durch die Bestimmung des Wassergehaltes kann relativ einfach eingeschätzt werden, ob ein mineralischer Baustoff über die Ausgleichsfeuchte (Sorptionsfeuchte) mit Wasser belastet ist. Gleichzeitig wird er für die Berechnung des Durchfeuchtungsgrades benötigt.

Bei mineralischen Baustoffen ist der genaue Wassergehalt nur über das „Darr- Wäge- Verfahren" und der o.g. Gleichung zu errechnen. Unter Genauigkeitsverlust kann er auch direkt am Manometer des Messgerätes bei der CM- Methode ermitteln werden.

Beispiel

Die aus dem zu untersuchenden Mauerwerk entnommene Materialprobe wurde unmittelbar vor Ort mit 250 g gewogen. Nach der Trocknung der Probe bis auf Massekonstanz im Trockenschrank wog die Probe 225 g.

$$u_m = \frac{m_{Baustoff,\ feucht} - m_{Baustoff,\ trocken}}{m_{Baustoff,\ trocken}} \times 100\ \% = \frac{250 - 225}{225} \times 100\ \% = 11{,}1\ M - \%$$

4.4.3 Feststellung des maximalen Wassergehaltes

Die maximale Wasseraufnahme eines Baustoffes ist bei der erfolgten maximal möglichen Wasseraufnahme unter Druck oder bei langfristiger Lagerung des Probekörpers unter Wasser erreicht. Das gesamte Porengefüge des Baustoffes ist dann mit Wasser gefüllt und eine weitere Wasseraufnahme in den Poren nicht möglich. Die maximale Wasseraufnahme wird für die Bestimmung des Durchfeuchtungsgrades benötigt.

Die Feststellung der Sättigungsfeuchte sollte beginnend mit einer 24-stündigen Wasserlagerung, einem anschließenden Kochvorgang in einem Zeitraum von 120 Minuten und einer abschließenden 4-stündigen Wasserlagerung bestimmt werden. Die so ermittelten Werte sind für die Baupraxis als ausreichend genau einzustufen.

Nach der Önorm aus Österreich ist eine 24-stündige Wasserlagerung, anschließende 240 Minuten Kochzeit mit nachfolgender Auskühlzeit und einer nochmalig abschließenden 2-stündigen Kochzeit notwendig, um die Sättigungsfeuchte zu bestimmen.

Bei beiden Verfahren ist das Haftwasser von der Materialprobe vor dem Wiegen zu entfernen.

Die Sättigungsfeuchte wird dann berechnet:

$$u_{max} = \frac{m_{Baustoff,\ gesättigt} - m_{Baustoff,\ trocken}}{m_{Baustoff,\ trocken}}$$

u_{max} = maximale Wasseraufnahme in Masse- %
$m_{Baustoff,\ feucht}$ = Sättigungsmasse von der Materialprobe mit gebundenem und freiem Wasser
$m_{Baustoff,\ trocken}$ = Masse der bis auf die Massekonstanz getrockneten Materialprobe

Beispiel

Die aus dem zu untersuchenden Mauerwerk entnommene Materialprobe wurde unmittelbar vor Ort mit 250 g gewogen. Nach der Trocknung der Probe bis auf Massekonstanz im Trockenschrank wog die Probe 225 g. Daraus ergab sich ein Wassergehalt von 11,1 M- %.

Nunmehr wird die Materialprobe bis zur Massekonsistenz abwechselnd im Wasserbad gelagert und 120 Minuten gekocht. Nach Feststellung der maximalen Wasseraufnahme bei der Probe wird die Sättigungsmasse mit 270 g gemessen. Die Sättigungsfeuchte bzw. maximale Wasseraufnahme ergibt sich wie folgt:

$$u_m = \frac{m_{\text{Baustoff, gesättigt}} - m_{\text{Baustoff, trocken}}}{m_{\text{Baustoff, trocken}}} \times 100\,\% = \frac{270-225}{225} \times 100\,\% = 20\,\%$$

4.4.4 Feststellung des kapillaren Durchfeuchtungsgrades

Der kapillare Durchfeuchtungsgrad gibt den prozentualen Anteil des mit Wasser gefüllten zugänglichen Porenvolumens zum Zeitpunkt der Entnahme der Materialprobe aus dem Bauteil an. Das heißt, es wird das Verhältnis zwischen dem mit Wasser gefüllten und dem mit Luft gefüllten Porenvolumen in Prozent angegeben.

Der Durchfeuchtungsgrad ist ein wesentlicher Wert zur Festlegung des anwendbaren Verfahrens für die nachträgliche Horizontalabdichtung und der Einschätzung des Versagensrisikos der möglichen Varianten. Zugleich kann durch den Wert das zu verwendende Injektionsmittel bestimmt werden, wenn ein Injektionsverfahren geplant wird. Ohne der Bestimmung des Durchfeuchtungsgrades ist eine fachgerechte Planung der nachträglichen Horizontalabdichtung nicht möglich [9].

$$\text{DFG} = \frac{u_m}{u_{max}} \times 100$$

DFG = Durchfeuchtungsgrad in %
u_m = Wassergehalt in Masse- % bei Materialentnahme am Objekt
u_{max} = maximale Wasseraufnahme in Masse- %

Beispiel:

Die aus dem zu untersuchenden Mauerwerk entnommene Materialprobe wurde unmittelbar vor Ort mit 250 g gewogen. Nach der Trocknung der Probe bis auf Massekonstanz im Trockenschrank wog die Probe 225g. Daraus ergab sich ein Wassergehalt von 11,1 M- %.

Danach wurde die Sättigungsmasse bei maximal möglicher Wasseraufnahme mit 270 g gemessen, woraus sich die maximale Wasseraufnahme mit 20 Masse- % ergab. Unter Berücksichtigung von u_m und u_{max} kann der Durchfeuchtungsgrad nun wie folgt berechnet werden:

$$\text{DFG} = \frac{u_m}{u_{max}} \times 100 = \frac{11{,}1}{20{,}0} \times 100 = 55{,}5\,\%$$

Mit dem ermittelten Durchfeuchtungsgrad kann dann dass anzuwendende Verfahren bzw. über die Herstellerinformationen das mögliche einzusetzende Injektionsmittel durch den Planer festgelegt werden. Bei hohen DFG (80 … 95 M-%) sollte eine Vertrocknung erfolgen.

4.4.5 Feststellung der Reststaugfähigkeit

Die Restsaugfähigkeit ist die Differenz zwischen der maximalen Wasseraufnahme und dem tatsächlichen Feuchtegehalt der Materialprobe.

$$R = u_{max} - u_m$$

R = Restsaugfähigkeit in %
u_{max} = maximale Wasseraufnahme in Masse- %
u_m = Wassergehalt in Masse- %

4.4.6 Feststellung der hygroskopischen Feuchte

Jeder mineralische Baustoff steht in Wechselwirkung zu seinem Wassergehalt und der relativen Luftfeuchte der umgebenden Luft. Diese Wechselwirkung und die daraus resultierenden Veränderungen werden durch die „Sorptionsisothermen“ des jeweiligen Baustoffes beschrieben. Die baustoffbezogenen Sorptionsisotherme verändern sich entsprechend einer Salzbelastung im Baustoff erheblich in ihrer Wasseraufnahme nach oben.

Bei einer bestimmten relativen Luftfeuchte der den Baustoff umgebenden Luft stellt sich im Baustoff selbst ein zugehöriger Wassergehalt in Masse- % ein. Dabei handelt es sich um die hygroskopische Feuchte, welche in der Praxis auch Ausgleichs- bzw. Gleichgewichtsfeuchte benannt wird.

Tabelle **4**.1 Hygroskopische Ausgleichsfeuchten unterschiedlicher Baustoffe nach WTA [5]

Baustoff	**Hygroskopische Ausgleichsfeuchten in Masse- % (entsprechende relative Luftfeuchte)**	
historische Vollziegel	< 2 bis 3 (75 % rel. LF)	
Vollziegel (Rohdichte 1900)	< 1 (80 % rel. LF)	
porosierter Hochlochziegel (Rohd. 800)	0,75 (80 % rel. LF)	
Kalkputz, -mörtel	< 0,5 (75 % rel. LF)	
Kalkzementputz	< 1,5 (75 % rel. LF)	
Kalksandstein (Rohdichte 1900)	1,3 (80 % rel. LF)	
vulkanischer Tuff (Kassel)	<6 (75 % rel. LF)	< 10 (95 % rel. LF)
Rheinischer Tuff	< 2 (75 % rel. LF)	< 4 (95 % rel. LF)
toniger Sandstein	< 1,3 (75 % rel. LF)	< 2 (95 % rel. LF)
quarzitischer Sandstein		< 0,2 (95 % rel. LF)
karbonatischer Sandstein	< 0,8 (75 % rel.LF)	< 1,3 (95 % rel. LF)
Granit	< 0,1 (75 % rel. LF)	< 0,2 (95 % rel. LF)
Marmor	< 0,01 (75 % rel. LF)	< 0,05 (95 % rel. LF)

Bei konstanter relativer Luftfeuchtigkeit stellt sich ein entsprechender Feuchtegehalt im Baustoff ein. Verändert sich die relative Luftfeuchte nach oben oder unten, so nimmt der Baustoff Wasser auf oder gibt Wasser ab. Das Verhältnis zwischen relativer Feuchte in der Luft und dem Wassergehalt des Baustoffes, wie auch die jeweiligen Veränderungen des Wassergehaltes infolge von Veränderungen der relativen Luftfeuchte, sind abhängig vom Baustoff und seiner eventuellen Salzbelastung.

Auf Grund der deutlichen Erhöhung der Wasseraufnahme aus der umgebenden Luft bei Salzbelastung des Baustoffes ist es wichtig, die Salzbelastung und die daraus resultierenden spezielle Ausgleichsfeuchte im Einzelnen zu kennen. Sicher wäre es notwendig, die sich einstellende Ausgleichsfeuchte mit den in der Nutzung zu erwartenden relativen Luftfeuchten (ca. 30 bis 85 %) zu bestimmen. In der Praxis ist dies ein kaum vertretbarer Aufwand und ist in den meisten Fällen auch nicht erforderlich, um eine Grundlage zur fachgerechten Planung der Abdichtung zu erstellen.

Die Probe sollte vor der ersten Trocknung in einem Klimaschrank bei 20° C und ca. 80 – 85 % relativer Luftfeuchte eingelagert werden. Wenn es der Kosten- und Zeitaufwand ermöglicht und die Qualität des Ergebnisses erhöht werden soll, so können drei Ausgleichsfeuchten bei 23° C und mit jeweils 75 %, ca. 80 % und 85 % bestimmt werden. Der Einlagerungszeitraum ist davon abhängig, wann sich die Masse der Probe zwischen 2 Wägungen innerhalb von 24 Stunden nicht größer als 0,1 % verändert. Dieser Umstand dürfte sich in 20 bis 30 Tagen einstellen.

Danach kann die hygroskopische Feuchte über die Verhältnisgleichung berechnet werden, wenn anschließend an die Feststellung der Masse vom hygroskopisch eingestellten Probematerial die Trockenmasse ermittelt ist:

$$u_{hyg} = \frac{m_{\text{Baustoff, Klimalagerung}} - m_{\text{Baustoff, trocken}}}{m_{\text{Baustoff, trocken}}} \times 100\ \%$$

u_{hyg} = hygroskopische Feuchte in Masse- %
$m_{\text{Baustoff, Klimalagerung}}$ = Masse von der Materialprobe nach Lagerung im Klimaschrank
$m_{\text{Baustoff, trocken}}$ = Masse der bis auf die Massekonstanz getrockneten Materialprobe

Die Probeentnahme des Materials zur Bestimmung der hygroskopischen Feuchte hat in dem Bereich der Verdunstungszone zu erfolgen, da der Entnahmeort erheblich das Ergebnis beeinflusst und in diesem Bereich die Salzbelastung üblicherweise am höchsten und daher Bewertungsgrundlage ist [13].

Die Ausgleichsfeuchte sollte jedoch immer ausreichend genau ermittelt und dem Wassergehalt u_m gegenübergestellt werden. Aus diesem Verhältnis ist ersichtlich, ob es sich im vorliegenden Einzelfall um eine aufsteigende oder/und um hygroskopische Feuchtebelastung im Baustoff handelt. Eine grobe Untergliederung kann auf Basis des Wassergehaltes um zu u_{hyg} wie folgt vorgenommen werden:

u_{hyg} = um nur hygroskopische Feuchte; kein aufsteigender kapillarer Wassertransport
u_{hyg} < um aufsteigende Feuchtigkeit, Einfluss von hygroskopischer Feuchte möglich
u_{hyg} ≪ um überwiegend aufsteigende Feuchtigkeit

4.4.7 Hygroskopischer Durchfeuchtungsgrad

Der hygroskopische Durchfeuchtungsgrad wird aus der hygroskopischen Ausgleichsfeuchte und der maximalen Wasseraufnahme berechnet. Dieser Wert gibt den minimal erreichbaren Durchfeuchtungsgrad an und wird zu gegebener Veranlassung im Einzelfall ermittelt.

$$DFG_{hyg} = \frac{u_{hyg}}{u_{max}} \times 100\ \%$$

DFG_{hyg} = Hygroskopischer Durchfeuchtungsgrad in %
u_{hyg} = hygroskopische Feuchte in Masse- %
u_{max} = maximale Wasseraufnahme in Masse- %

4.4.8 Freiwilliger Wassergehalt

Bei dem freiwilligen Wassergehalt u_f handelt es sich um die Wassermenge, die ein Baustoff aufnimmt, wenn er einer drucklosen Wasserbelastung zeitweise ausgesetzt ist. Die Bestimmung ist unter Beachtung von DIN 52103, Stand 1988 „Bestimmung von Wasseraufnahme und Sättigungswert“ vorzunehmen.

In der Praxis wird der Wert eher selten berücksichtigt. Er ist jedoch für die Ermittlung des „Feuchtezustandes" von Bedeutung.

4.4.9 Feuchtezustand

Der Feuchtezustand ist der Quotient aus dem Wassergehalt u_m und dem freiwilligen Wassergehalt u_f des Baustoffes. Der freiwillige Wassergehalt, welcher auf druckloser Wassereinwirkung basiert, ersetzt hierbei den unter Druck oder langfristiger Lagerung unter Wasser sich ergebende Sättigungsfeuchte u_{max} bei der Ermittlung des Durchfeuchtungsgrades.

4

$$\text{Feuchtezustand} = \frac{u_m}{u_f} \times 100$$

u_m = Wassergehalt in % bei Materialentnahme am Objekt
u_f = Freiwilliger Wassergehalt in %

Durch die Bestimmung des Feuchtezustandes sind Hinweise auf die Dauer und Art der Wassereinwirkung auf den Baustoff erhältlich. Ist der Quotient größer 100 % so ist dies ein Indiz für eine länger Wassereinwirkung, einer Wasserbelastung aus hydrostatischem Druck oder einer Wasserdampfdiffusion im Temperaturgefälle mit Tauwasserbildung [9]. In jedem Fall können für die Planung wertvolle Hinweise bei Beachtung des Feuchtezustandes entstehen.

4.4.10 Praktischer Wassergehalt

In der Praxis wird der Wassergehalt von einem eingebauten Baustoff dann „praktisch" genannt, wenn er mit einer Wahrscheinlichkeit von 90 % immer in der Nutzungsphase unterschritten wird. Es handelt sich hierbei in der Regel um die Ausgleichsfeuchte auf der Basis der relativen Luftfeuchte von ca. 80 % bis 85 % [9]. In der DIN V 4108, Teil 4, Anhang A sind für einige im Bauwesen verwendeten Baustoffe die praktischen Wassergehalte praxisverwertbar in Näherungen angegeben.

Für Ziegel ist nach der DIN 4108 zum Beispiel ein massebezogener Wassergehalt von 1,0 % angegeben. Wenn ein Wassergehalt von ca. 6,0 Masse-% bei einer Materialentnahme gemessen wird, so handelt es sich um eine erhöhte Feuchtebelastung des Baustoffes, wobei allerdings das Problem der hygroskopischen Feuchte und damit der Salzbelastung noch nicht berücksichtigt wird.

Wenn eine genaue Bewertung bei einem Baustoff erfolgen muss, so kann dies nur über Messungen am interessierenden Stoff ermittelt werden. Die praktischen Wassergehalte besitzen durch die Baustoffzusammensetzung im Einzelfall zu große Streubreiten.

4.4.11 Elektrophysikalische Untersuchung

Über die Wichtigkeit Untersuchungen der elektrophysikalischen Verhältnisse im Mauerwerk anzustellen, um ausreichende Kenntnis von den Gegebenheiten zu erhalten, ist kaum etwas bekannt. Dies liegt zum einen an der relativ geringen wissenschaftlichen Aufarbeitung und den damit im Zusammenhang stehenden wenigen Erkenntnisse auf dem Spezialgebiet. Zum anderen sind Architekten und Bauingenieure üblicherweise nicht einmal ansatzweise mit der Elektrophysik in ihrer Ausbildung und in der Baupraxis in Berührung gekommen.

Dass bei einem kapillaren Wassertransport im Mauerwerk Potenziale entstehen, somit ein Strom fließt und dadurch die Durchfeuchtung intensiviert wird, ist dem Wissenschaftler, aber kaum dem Baupraktiker, bekannt. Gleiches gilt auch für die Mauerwerksbereiche, in denen infolge unterschiedlicher ph-Werte, Potenziale entstehen. Lediglich die Potenzialunterschiede bei der elektrochemischen Spannungsreihe der Metalle (z.B. Zink- Kupfer) gehören derzeit zum baupraktischen Fachwissen.

In Bezug auf eine erfolgreiche Bauwerkstrockenlegung wird sich der Einfluss der Elektrophysik und Elektrochemie vermutlich verstärken. Dies um so mehr, wenn die elektrophysikalischen Verfahren der Mauerwerksentfeuchtung in ihrem Wirkprinzip und den Einsatzbedingungen allgemein bekannt sind und umfangreicher zum Einsatz kommen. Bei mechanischen Verfahren sowie bei den Injektionsverfahren werden derartige Untersuchungen auf Basis des derzeitigen bautechnischen Wissensstandes kaum oder nur im Einzelfall für notwendig erachtet.

Die Untersuchungen zur Feststellung der elektrophysikalischen Verhältnisse im Mauerwerk sollten beim derzeitigen Stand der Technik nur dann durchgeführt werden, wenn der Einsatz von elektrophysikalische Verfahren geplant ist. Die Durchführung und Auswertung ist einem auf dem Spezialgebiet ausgebildeten Sachkundigen zu überlassen, welcher nicht mit einem Anbieter dieser Systeme in wirtschaftlicher Verbindung steht. Die Ergebnisse sind nachvollziehbar und aktenkundig der Planung beizugeben.

Lediglich zu Kontrollmessungen vor, während und nach der Trockenlegungsmaßnahme hinsichtlich der Tendenz der Reduzierung der Feuchtebelastung im Mauerwerk ist die Berücksichtigung von elektrischen Potenzial- bzw. Strömungspotenzialmessungen denkbar. Dies kann mit einem im Handel erhältlichen Spannungsmesser, der über einen mV- Bereich verfügt, erfolgen. Allerdings sollte die Messung nur mit Bürstenelektroden durchgeführt werden, welche in ein 6 mm breiten Bohrloch einzusetzen sind. Stichelektroden führen stellenweise zu verfälschen Ergebnisse infolge der Druckunterschiede auf die Elektroden im Messvorgang.

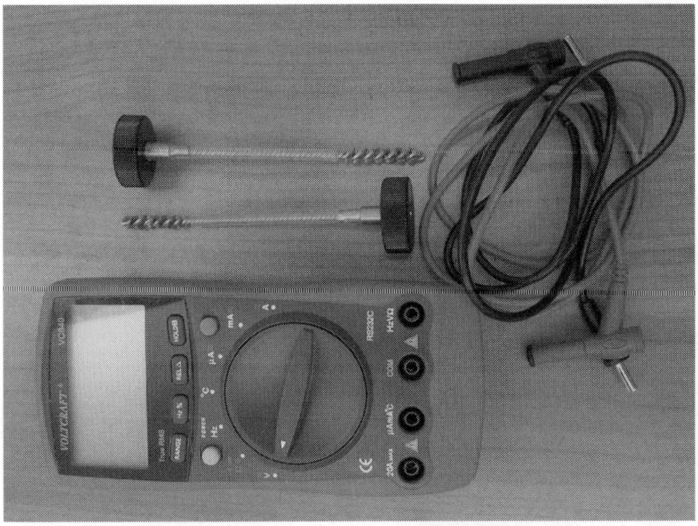

Bild **4**.4.11-1 Handelsübliches Multimeter

4.4.12 Salzanalyse

Nicht das Wissen um die Feuchtebeaufschlagung in Art und Umfang sind für eine zweifelsfreie Bewertung der örtlichen Gegebenheiten zum Zwecke einer fachlich fundierten Planung notwendig, sondern gerade die Kenntnis über die Salzbelastung in Art und Umfang ist von wesentlicher Bedeutung. Somit ist nicht nur eine Feuchtediagnostik der Erstellung des Sanierungsobjektes voranzustellen, sondern es ist grundsätzlich eine qualitative oder quantitative Salzbestimmung durchzuführen. An Gewicht gewinnt die Salzbestimmung vor allem dann, wenn die Anwendung von Injektionsverfahren oder elektrophysikalischen Entfeuchtungsverfahren mit zu den Sanierungsmöglichkeiten im Einzelfall zählen sollen.

Die Salzbestimmung sollte sich zumindest auf Sulfate, Chloride und Nitrate beziehen, wobei die jeweilige Löslichkeit des Salzes in Wasser die entscheidende Rolle bei der Wertigkeit der jeweiligen Salze bestimmt. Insofern ist dem Nitrat, sofern es in dem überprüften Baustoff vorkommt, eine besondere Bedeutung zuzuschreiben.

Prinzipiell kann die Bestimmung des Salzgehaltes in

- halbquantitative Analyse
- quantitative Analyse
- qualitative Analyse

durchgeführt werden. Abgesehen von der halbquantitativen Analyse sind die übrigen Methoden nur in einem Labor und von speziell ausgebildeten Fachleuten durchzuführen.

Da die Salzbelastung über den Mauerwerksquerschnitt nicht gleichmäßig sondern in Form von Salzgradienten verteilt ist, muss für eine fachgerechte Salzanalyse die Probeentnahme mit besonderer Sorgfalt in verschiedenen Höhen und in verschiedenen Tiefen am Mauerwerk entnommen werden. Die Messachsen der einzelnen Entnahmestellen sollten aktenkundig zum Zwecke des späteren Verständnisses und der Einordnung der Ergebnisse dokumentiert werden.

Die entnommenen Proben sind dann möglichst dampfdicht in Metall- oder Plastikdosen oder ähnliche Behältnisse zu verpacken.

Bei der halbquantitativen Analyse werden üblicherweise die Anionen von Chlorid, Sulfat und Nitrat bestimmt. Diese Methode gibt zumindest praxisverwertbare Daten über die vorliegende Salzbelastung. Die Nitrate und Sulfate werden mittels Teststreifen nachgewiesen. Die Chloride hingegen werden durch die aufwendigere Ausfallreaktion bestimmt.

Die Proben (mit möglichst gleichen Mengen) werden zerkleinert und bestenfalls pulverisiert. Mit ca. 10g des Probematerials wird eine Stammlösung durch den Zusatz von 100 ml destillierten Wasser angesetzt, ausreichend aufgerührt und dann filtriert. Die so erhältliche Stammlösung ist dazu geeignet, mittels Teststäbchen die jeweiligen Nachweise hinsichtlich Nitrat und Sulfat zu ermitteln. Durch die Farbumschläge auf dem Teststäbchen können dann die jeweiligen Werte grob abgelesen werden. Bei der Bestimmung des Chlorides erfolgt der Nachweis durch tropfenweise Zugabe von Chemikalien.

Bild **4**.4.12-1
Handelsübliche Teststreifen

Die halbquantitative Methode kann bereits vor Ort unmittelbar auf der Baustelle durchgeführt werden. Sie ist relativ einfach in der Handhabung und preiswert, erfordert jedoch einen gewissen Zeitaufwand und Erfahrung im Umgang mit chemischen Analysen. Die notwendigen Teststäbchen und die dazugehörigen Utensilien sind als kompletter „Labor-Koffer“ oder in einzelnen Packungen im Handel erhältlich.

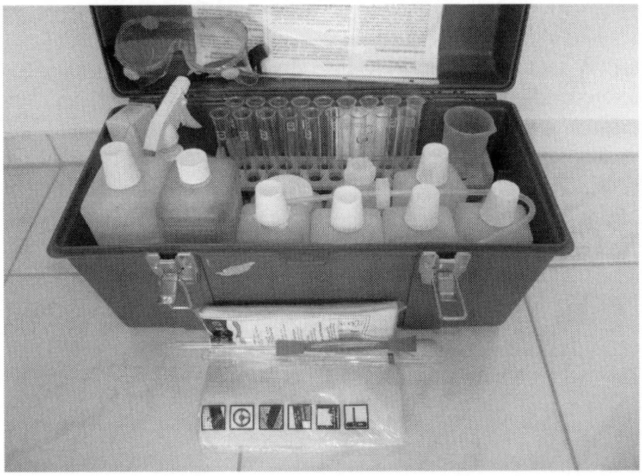

Bild **4**.4.12-2
Handelsüblicher „Labor-Koffer“

Falls die halbquantitative Analyse zu ungenau erscheint und keine verwertbaren Ergebnisse bringt, verbleibt zur Feststellung der Salzbelastung die quantitative und qualitative Analyse. Diese Verfahren können nur in einem spezialisierten Labor durchgeführt werden und erfordern einen teilweise hohen messtechnischen Aufwand. Für einen am Bau beteiligten Ingenieur oder Architekten ist die Durchführung derartiger Analyseverfahren und deren Auswertung ungeeignet, sodass spezielle Labore damit zu beauftragen sind.

In einem WTA-Merkblatt (2-9-05/D „Sanierputzsysteme“) sind tabellarisch Konzentrationen bauschädlicher Salze in Masse-% bewertet, die aus baupraktischer Sicht verwertbare Aussagen und Hilfestellungen hinsichtlich der Erstellung von Sanierungskonzepten machen.

4.4.12- 3: Tabelle zur Bewertung bauschädlicher Salze (Versalzungsgrad) nach WTA-Merkblatt 2-9-04 „Sanierputzsysteme“

Salze	Salzgehalte in Masse-%		
Chloride (Cl^-)	< 0,2	0,2 bis 0,5	> 0,5
Nitrate (NO_3^-)	<0,1	0,1 bis 0,3	> 0,3
Sulfate (SO_4^{2-})	<0,5	0,5 bis 1,5	> 1,5
Bewertung	Geringe Belastung	Mittlere Belastung	Hohe Belastung
Der ermittelte höchste Gehalt an Salz- Ionen (unabhängig der einzelnen Salzart) ist maßgebend.			

4.4.13 Feststellung statischer Gegebenheiten

Die Tragwerksuntersuchung als Voruntersuchung zur Erstellung eines Sanierungskonzeptes hat nicht zum Ziel, eine Überprüfung der Statik im Sinne der zweifelsfreien Standsicherheit des Objektes vorzunehmen. Lediglich das lokale Tragverhalten in den interessierenden Wandbereichen, wo die Horizontalsperren planmäßig eingebaut werden sollen, soll dabei überprüft werden. Bei der Vermutung von Versagensrisiken sind ausgebildete Statiker als Sonderfachleute hinzuzuziehen.

Die jeweiligen lokalen konstruktiven Elemente sind in der ersten Phase auf eine gestörte Lastabtragung visuell zu überprüfen. Hierbei handelt es sich vornehmlich um Innen- und Außenwände sowie Säulen, Pfeiler und Gewölbe.

Abgesehen von dem zu überprüfenden Zustand der Qualität von Steinen und Mörtel, die im Wesentlichen die Mauerwerksfestigkeit beeinflussen, ist auch das Mauerwerk auf Ein- bzw. Zweischaligkeit zu kontrollieren. Gleichfalls sind inhomogene Mauerwerksbereiche in Art und Umfang festzustellen.

4

Letztendlich sind alle Hohlräume, Fehlstellen und Risse sowie Materialwechsel in den lokal interessierenden Konstruktionselementen aktenkundig zu dokumentieren. Wenn Zweifel an der Standsicherheit noch nicht grundsätzlich durch die groben Untersuchungen ausgeschaltet werden können, sollten mittels Kernbohrungen, endoskopischen Untersuchungen und zerstörungsarmen Prüfungen mit dem Rückprallhammer die Erkenntnisse über die örtlichen Gegebenheiten in der zweiten Phase erfolgen. Falls dies dann immer noch nicht zur überschlägigen Einschätzung der konstruktiven Gegebenheiten ausreichend erscheint, sind weitere geeignete Prüfungen dem zuständigen Statiker zu überlassen.

Letztendlich ist vor jeder Instandsetzung eines Mauerwerkes vorher festzustellen, ob während oder nach den geplanten Instandsetzungsarbeiten die Standsicherheit des Bauteils gefährdet wird. Auf das WTA-Merkblatt [5] oder der Önorm [1] wird verwiesen. Alles Weitere ist dem statisch ausgebildeten Personenkreis zu überlassen.

4.5 Sanierungskonzept

Das Sanierungskonzept ist die letzte Vorstufe zur fachgerechten Planung des nachträglichen Einbaus von Horizontalsperren und Abdichtungsarbeiten. Bei kleineren bzw. untergeordneten Objekten ist das Konzept in der Baupraxis vielfach die Ausführungsgrundlage selbst. Gerade wenn Anbieter

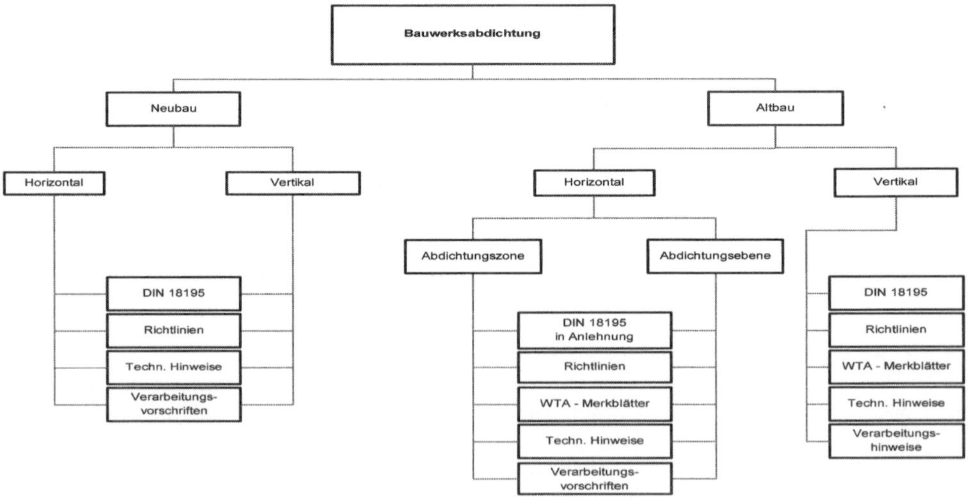

Bild **4.**4 Skizze über die zu beachtenden Planungsgrundlagen

von Abdichtungsleistungen Angebote dem Bauherren unterbreiten, so geht der Planungsumfang kaum über ein skizzenartiges Abdichtungskonzept und dem eigentlichen Preisangebot hinaus. Dabei wird vielfach nicht beachtet, dass die Abgabe eines Preisangebotes bereits rechtlich mit der Planung im Zusammenhang steht.

In einem Sanierungskonzept sind die Ergebnisse aus der Bestandsuntersuchung sowie der Feuchte- und Salzanalyse auszuwerten und die Anwendung von Sanierungsverfahren vorzuschlagen. Die Verfahren sind nach dem Prinzip der Erfolgsaussichten im Einzelfall, der technischen Mindestvorgaben aus Normen und anerkannten technischen Richtlinien sowie aus wirtschaftlichen Gesichtspunkten festzulegen (siehe Tabelle **4**.4.6-1).

Bei allen Verfahren ist mindestens der Stand der Bautechnik, besser noch die allgemeine Regel der Bautechnik, einzuhalten. Wenn Verfahren auf Grundlage des Standes der Wissenschaft geplant und ausgeführt werden, ist eine vorhandene aktenkundig Belehrung vorteilhaft, um die Beachtung der üblichen Prüfungs- und Beratungspflichten gegebenenfalls nachweisen zu können (siehe Tabelle **4**.4.6-2).

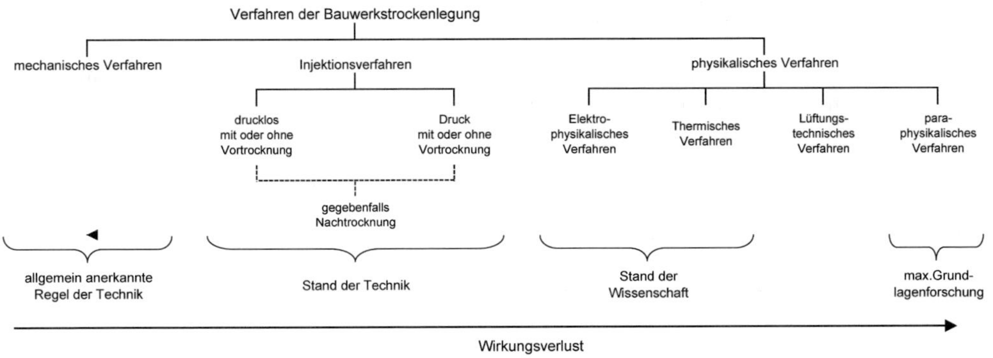

Bild **4**.5 Verfahren mit Einordnung und Wirkung aus techn. Sicht

Bei der Beantwortung der Fragestellung, ob eine Berücksichtigung einer Horizontalsperre im Sanierungskonzept überhaupt sinnvoll ist, ist u.a. grundsätzlich das Verhältnis zwischen Ausgleichsfeuchte u_{hyg} und dem Wassergehalt u_m (Punkt 4.4.6) abzuklären:

Bei $u_{hyg} = u_m$ ist von einer erheblichen Salzbelastung im zu sanierenden Bauteil auszugehen. Der Einbau einer nachträglichen Horizontalsperre ist dann nicht sinnvoll, [13, 14, 15] da an dem hygroskopischen Verhalten des Baustoffes nichts geändert wird und somit eine Feuchtebelastung verbleibt. Der wirtschaftliche Unsinn bezüglich Einbau einer Horizontalsperre unter diesen Gegebenheiten wird jedoch durch Unkenntnis der Verhältnisse und falscher Einschätzung öfters praktiziert. In diesem Fall sollte eher mit einem Sanierputz eine „Kaschierung" vorgenommen werden oder mit einem erfolgversprechenden Verfahren im Einzelfall eine Salzreduzierung versucht werden.

Wenn eine überwiegende aufsteigende Feuchtigkeit mit $u_{hyg} \ll u_m$ diagnostiziert wird, so ist es nach Abklärung der örtlichen Randbedingungen (defekte Rohrleitungen u.a.) ratsam, eine nachträgliche Horizontalsperre zum Zwecke der Unterbrechung des wassertransportierenden Kapillarsystems mit den entsprechenden flankierenden Maßnahmen zu planen und auszuführen.

Bei einem nicht eindeutigen Verhältnis von u_{hyg}/u_m sind weitere Untersuchungen zum Zwecke der Bestimmung der Feuchteursachen notwendig.

4

Bei den nachträglichen Horizontalsperren sind die mechanischen Verfahren zur allgemein anerkannten Regel der Bautechnik zweifelsfrei zu zählen. Die WTA- Merkblätter [7, 8] und hilfsweise die Önorm aus Österreich [1] bieten eine ausreichende Planungssicherheit.

Die Injektionsverfahren sind wissenschaftlich begründet und seit Jahrzehnten in der Anwendung. Die Versagensquote ist jedoch gegenüber den mechanischen Verfahren relativ hoch. Zur Verbesserung der Situation sind in den letzten Jahren verschiedene Veränderungen in Bezug auf das Material und der Technologie vorgenommen worden, um im Wesentlichen die Ausbreitung des Injektionsmittels im Baustoff zu erhöhen. Seit Kurzem können die Injektionsmittel in anerkannten neutralen Laboren geprüft werden.

Die drucklosen Injektionsverfahren bei der nachträglichen Herstellung einer Horizontalsperre sollten bis zu einem Durchfeuchtungsgrad von ca. 50 % angewendet werden [14, 15]. Bei höheren Durchfeuchtungsgraden sind die Injektionsverfahren unter Druck zu favorisieren, um eine größere Ausbreitung im Baustoff und damit eine höhere Sicherheit in der Funktion zu erreichen.

Die Techniken und Materialien der Vertikalabdichtung sind grundsätzlich zu den allgemein anerkannten Regeln der Technik zu zählen, wenn die verwendeten Baustoffe in der DIN 18195 berücksichtigt sind.

Die Umsetzung des Sanierungskonzeptes und die Überwachung der Sanierungsmaßnahmen ist grundsätzlich von einem neutralen und unabhängigen Sachkundigen vorzunehmen.

Die Wirksamkeit des Sanierungskonzeptes ist als erreicht einzustufen, wenn die vorgegebenen Planungsziele in einem Zeitraum von 2 – 3 Jahren erreicht sind. Im Einzelfall kann nach Vereinbarung von diesem Zeitraum abgewichen werden.

In Deutschland sind noch keine allgemeingültigen Regeln zur Bewertung von nachträglich erfolgten Sanierungsmaßnahmen gegen aufsteigende Feuchtigkeit festgelegt. Um den Nachweis zu erhalten, sollte unter Anwendung der österreichischen Önorm in einem definierten Zeitraum die Feuchteveränderung im sanierten Bauteil überprüft werden. Die Kriterien der Nachkontrolle sind allerdings in den Bauverträgen rechtswirksam zu benennen, da es sich nicht um ein deutsches Regelwerk handelt.

Bei der Überprüfung der Wirksamkeit der Sanierungsmaßnahmen gegen rein kapillar aufsteigende Feuchte kann der Nachweis über nachfolgende Formel [1] erbracht werden:

$$W_{\mathrm{Rest}} = \frac{u_{\mathrm{m,v}} - u_{\mathrm{m,n}}}{u_{\mathrm{m,v}} - u_{\mathrm{hyg}}} \times 100\,\%$$

W_{Rest} = Wirksamkeit in %
$u_{\mathrm{m,\,v}}$ = Feuchtigkeitsgehalt vor Durchführung der Maßnahme
$u_{\mathrm{m,\,n}}$ = Feuchtigkeitsgehalt vor Durchführung der Maßnahme
u_{hyg} = hygroskopische Feuchte in Masse- % (Ausgleichsfeuchte), kann bei gering salzbelasteten Baustoffen = 0 gesetzt werden.

Der Erfolg der Sanierungsmaßnahme ist dann eingetreten, wenn im Zeitraum von ca. 2 – 3 Jahren die Wirksamkeit $W_{\mathrm{Rest}} > 70\,\%$ oder der Durchfeuchtungsgrad maximal 20 % beträgt [1]. Andere Sanierungsziele sind in der Planungsphase mit dem Bauherren aktenkundig festzulegen.

4.6 Literaturverzeichnis

Sanierungskonzept

[1] Önorm 3355, Teil 1, „Trockenlegung von feuchtem Mauerwerk-Bauwerksdiagnostik und Planungsgrundlagen“, Österreichisches Normungsinstitut, 1999

[2] Önorm 3355, Teil 2, „Trockenlegung von feuchtem Mauerwerk-Maßnahmen gegen aufsteigende Feuchtigkeit im Mauerwerk“, Österreichisches Normungsinstitut, 1999

[3] DIN 52103 „Bestimmung von Wasseraufnahme und Sättigungswert „ Deutsches Institut für Normung e.V., 10/1988

[4] DIN EN ISO 12 570 „Bestimmung des Feuchtegehaltes durch Trocknung bei erhöhter Temperatur“, Deutsches Institut für Normung e.V., 04/2000

[5] WTA-Merkblatt 4-5-99/D „Beurteilung von Mauerwerk-Mauerwerksdiagnostik“, Wissenschaftlich-Technische Arbeitsgemeinschaft für Bauwerkserhaltung und Denkmalpflege e.V., 1999

[6] WTA-Merkblatt 4-11-02/D “Messung der Feuchte von mineralischen Baustoffen“, Wissenschaftlich-Technische Arbeitsgemeinschaft für Bauwerkserhaltung und Denkmalpflege e.V., 2002

[7] WTA-Merkblatt 4-7-02/D „Nachträgliche Mechanische Horizontalsperren“, Wissenschaftlich-Technische Arbeitsgemeinschaft für Bauwerkserhaltung und Denkmalpflege e.V., 2002

[8] WTA-Merkblatt 4-6-05/D „Nachträgliches Abdichten erdberührter Bauteile“, Wissenschaftlich-Technische Arbeitsgemeinschaft für Bauwerkserhaltung und Denkmalpflege e.V., 2002

[9] WTA-Sachstandsbericht “Messung der Feuchte von mineralischen Baustoffen“, Autorenkollektiv unter Leitung. Prof. Günter Rieche, Wissenschaftlich-Technische Arbeitsgemeinschaft für Bauwerkserhaltung und Denkmalpflege e.V., 2002

[10] Frössel, Frank „Mauerwerkstrockenlegung und Kellersanierung“ 2. durchgesehene Auflage, Frauenhofer IRB Verlag, 2002

[11] Arendt, Claus/Seele, Jörg „Feuchte und Salze in Gebäuden-Ursache, Sanierung, Vorbeugung“, Verlagsanstalt Alexander Koch, 2001

[12] Venzemr, Helmut u. Autoren „Praxishandbuch Mauerwerkssanierung von A – Z“, Verlag Bauwesen, 2001

[13] Balak, Michael/Pech, Anton , „Mauerwerkstrockenlegung“ Springer Verlag Wien, 2003

[14] Kabrede, Hans-Axel; Spirgatis „Abdichtung erdberührter Bauteile-Gebäudeinstandsetzung Band 1“, Frauenhofer IRB Verlag, 2003

[15] Weber, Jürgen/Wild, Uwe „Mangelfreie Abdichtung – Teil 2“ Praxis-Check, WEKA Verlag 10/2004

[16] Bockner, Matthias „Aussagen der elektrischen Leitfähigkeit im Mauerwerk“ Diplomarbeit an der MTWK Leipzig Matrikel 92, BI. 3

[17] Latzel, Peter, beigebrachte Unterlagen ZILA-Elektronik GmbH und www.zila.de

[18] Göller, Dr.-Ing. A. beigebrachte Unterlagen „hf sensor GmbH Leipzig“, www.feuchtediagnose.de

5 Nachträgliche mechanische Horizontalsperre

von Uwe Wild

5.1 Allgemeine Vorbemerkungen

Bei den hier näher erläuterten mechanischen Verfahren wird das Mauerwerk in der vom Fachplaner festgelegten Dichtungsebene mechanisch getrennt und eine wasserundurchlässige Sperrschicht eingebaut. Die einzelnen Verfahren untergliedern sich nach der Art und Weise der mechanischen Trennung sowie nach der Materialart der einzubauenden Sperrschicht.

Man spricht von einstufigen Verfahren, wenn der Einbau der Sperrschicht im gleichen Arbeitsgang zusammen mit der „Öffnung" des Mauerwerks erfolgt (z.B. Blecheinschlagverfahren). Die Verfahren, bei denen zwei getrennte Arbeitsschritte für die Öffnung und für den Einbau der Sperrschicht notwendig sind, werden den zwei- oder mehrstufigen Verfahren zugeordnet (z.B. Sägeverfahren).

Die mechanischen Verfahren zum nachträglichen Einbau als Horizontalsperre haben gegenüber den Mauerwerksinjektionen einen entscheidenden Vorteil.

Selbst bei umsichtiger und sorgfältiger Herangehensweise ist bei den Mauerwerksinjektionen eine direkte Kontrolle der Funktionstüchtigkeit zum Zeitpunkt der Bauausführung bzw. zur Abnahme nicht möglich. Beim Injektionsverfahren kann der Ausführende und der Bauüberwacher lediglich die technischen Parameter, wie beispielsweise den Bohrlochabstand und -tiefe sowie die Anordnung der Bohrlochketten durch Inaugenscheinnahme kontrollieren und die erforderlichen Randbedingungen und Grundvoraussetzungen wie beispielsweise Kenndatenermittlung und Vortrocknung schaffen. Eine Kontrolle der Verteilung des Injektionsmittels im Baustoff als wesentliche Voraussetzung des Abdichtungserfolges, kann allerdings baupraktisch nicht erfolgen.

Somit ist zum Zeitpunkt der Ausführung und zur Bauabnahme noch völlig unklar, ob die durchgeführte Injektion tatsächlich erfolgreich war. Dies ist auf den zweifelsohne vorhandenen „Unsicherheitsfaktor" hinsichtlich der Verteilung im zu injizierenden Baustoff zurückzuführen. Schlussendlich wird dann eine Horizontalsperre an den Bauherren übergeben, bei der zwar alle Forderungen der im Einzelfalle heranzuziehenden WTA-Merkblätter [6, 10] eingehalten sind, jedoch keiner der Beteiligten mit Sicherheit eine Erfolgsgarantie übernehmen kann.

Die in diesem Kapitel abgehandelten Horizontalsperren unterscheiden sich genau in diesem Punkt von den anderen Verfahrenstechniken zur horizontalen Feuchtigkeitssperre im Mauerwerk. Denn wenn die Sperrlage vollflächig im Wandbildner eingebaut und die einzelnen Platten, Bahnen, Bleche oder Mörtelschichten ausreichend überlappen, kann Wasser auf dem Kapillarwege über die nachträglich eingebaute Sperrlage hinweg nicht mehr aufsteigen. Der Vorteil der mechanischen Horizontalsperre liegt also in der direkten Kontrollierbarkeit für den Anwender und für den Bauüberwacher [15]. Im Zusammenspiel von sach- und fachgerechter Ausführung sowie unter Beachtung der hier interessierenden WTA-Merblätter [5, 6] kann durchaus von einer wirksamen Sperre und somit vom Erfolg der Maßnahme ausgegangen werden.

Natürlich ist beim nachträglichen Einbau von mechanischen Horizontalsperren die Standsicherheit von großer Bedeutung, da das Aufsägen der Wände immer einen statischen Eingriff darstellt. Hier sollte der Fachplaner gegebenenfalls mit einem Statiker eng zusammenarbeiten, um Risse, Setzungserscheinungen und Verschiebungen oder im allerschlimmsten Falle einen Einsturz einzelner Bauteile sicher zu vermeiden.

Bauherren, Architekten und nicht zuletzt die Abdichtungsbetriebe sollten sich über die jeweiligen Vor- und Nachteile der Verfahren im klaren sein und für das betreffende Objekt unter Berücksichtigung der örtlichen Gegebenheiten die optimale Variante auswählen.

Die Auswahl des Verfahrens muss hauptsächlich auf die Frage hinsichtlich der zu erwartenden bzw. zu erreichenden Erfolgsaussichten im Verhältnis zum handwerklichen (und finanziellen) Aufwand ausgerichtet sein. Nicht selten kommt der Fachplaner nach Beantwortung dieser Frage zu der Entscheidung, ein mechanisches Verfahren zur Mauerwerkssperre gegen kapillar aufsteigende Feuchtigkeit einzusetzen.

In diesem Kapitel werden die zur Verfügung stehenden einzelnen mechanischen Verfahren erläutert und die notwendigen Randbedingungen für den erfolgreichen Einsatz näher beschrieben.

5.2 Prinzip der Mechanischen Horizontalsperre

Die Mechanischen Verfahren sind durch den vollflächigen Einbau einer durchgehenden Sperrschicht gekennzeichnet. Um die Sperrschichten einbauen zu können, wird die betreffende Wand zunächst horizontal gesägt, gefräst, gebohrt oder Teile des Mauerwerks manuell entnommen und nach dem Einbau der Sperrlagen wieder verpresst oder wieder mit Mauerwerk vervollständigt.

Die Mechanischen Verfahren werden wie folgt grob eingeteilt:

- Schneide- und Sägeverfahren (Untergruppierung nach den Sägewerkzeugen in widiabestückte und diamantbestückte Werkzeuge)
- V-Schnittverfahren
- Blecheinschlagverfahren oder Rammverfahren
- Maueraustauschverfahren
- Kernbohrverfahren

Im Gegensatz zu den Injektionen, ist der Durchfeuchtungsgrad des Wandbildners für den Einbau einer Mechanischen Horizontalsperre unerheblich. Vielmehr ist bei der Auswahl des Verfahrens das Augenmerk auf die statischen Gegebenheiten zu richten. Nur wenn die Auswirkungen der vorgesehenen Arbeiten auf die Standsicherheit des Gebäudes ausreichend bekannt sind und keine Schädigung des Mauerwerks aus Sicht des Statikers zu erwarten sind, können die in diesem Kapitel erläuterten mechanischen Verfahren geplant und auf der Baustelle dementsprechend umgesetzt werden.

Die in der Vergangenheit vereinzelt festgestellten Probleme dieser Art wären für einen Statiker immer voraussehbar gewesen, wenn man einen solchen vor Bauausführung hinzugezogen hätte. Die Ausführung von Mechanischen Horizontalsperren ohne Hinzuziehung eines Statikers ist mit einem erhöhten Risiko verbunden.

Die generelle Ablehnung oder skeptische Betrachtung der Mechanischen Verfahren aufgrund von Bedenken hinsichtlich eventueller Rissbildungen und Setzungserscheinungen sind bei sach- und fachgerechter Planung und Ausführung jedenfalls nicht begründet.

Leider war in der Vergangenheit immer wieder zu beobachten, dass Gebäude zwar saniert wurden, auf die notwendige Bauwerksabdichtung jedoch zunächst verzichtet wurde. Bei der nachträglichen Bauwerksabdichtung sind in Einzelfällen Risse in verschiedenen Größenordnungen in den sanierten Fassadenbereichen entstanden. Aus diesem Grund sollten insbesondere mechanische Horizontalsperren nach Möglichkeit vor Durchführung der Fassadensanierung und Innenputzarbeiten erfolgen.

Auf Grund von (eigentlich vermeidbaren) Rissbildungen in der Vergangenheit werden die Mechanischen Verfahren teilweise von einzelnen Planern ungerechtfertigter Weise leider äußerst skeptisch betrachtet.

5

5.3 Klassifizierung der Mechanischen Verfahren

5.3.1 Einteilung der zur Verfügung stehenden Verfahren

Die Mechanischen Verfahren unterteilen sich nach der jeweiligen Einbauweise der Abdichtung sowie nach den verwendeten Werkzeugen und Materialien der Sperrlagen.

Tabelle **5**.1 Mechanische Verfahren und ihre Anwendungsgrenzen

Verfahren	Kurzbeschreibung	Vorteile	Anwendungsgrenzen
Schneide- und Sägeverfahren	Seilsägeverfahren: Die Wand wird mit Seilsägen abschnittsweise aufgeschnitten, eine Sperrlage eingebaut und die Schnittfuge verkeilt. Die Sägeseile sind mit Diamanten bestückt. Zur Kühlung und Abtransport des Sägemehles wird Wasser im unmittelbaren Schnittbereich zugegeben.	Durchgehende Lagerfugen sind nicht notwendig. Es kann auch unregelmäßiges Natursteinmauerwerks gesägt werden. Es wurden bereits Mauerdicken bis 6m erfolgreich gesägt [14]. Natursteine oder Mörtel der Mörtelgruppe PIII sind in der Regel als unproblematisch einzustufen.	Kühlung der Sägen mit Wasser, was eventuell vorhandene bauschädliche Salze anlöst und aktiviert. Durch Kühlwassereintrag Eventuell technische Bautrocknung im Anschluss notwendig. Mauerwerk muss von beiden Seiten zugänglich sein und entsprechender Arbeitsraum für die Säge, Umlenkrollen und Antriebsaggregat zur Verfügung stehen. Das Verfahren ist relativ kostenaufwendig.
	Ketten- oder Schwertsägenverfahren mit Hartmetallwerkzeugen: Ketten-, oder Schwertsägen trennen den Wandbildner in einer durchgehenden Lagerfuge auf. Die Sägeketten sind mit Hartmetall bestückt. Kühlwasser wird nicht zugeführt.	Keine Durchfeuchtung des Mauerwerks. Kostengünstiger als das Seilsägeverfahren.	Eine durchgehende Lagerfuge ist erforderlich. Mauerdicken ab 1,00m sind als problematisch einzustufen. Gegebenfalls können von zwei Seiten bis ca. 1,50m dicke Wände gesägt werden. Der Mörtel in der Sägefuge sollte Mörtelgruppe PII aufweisen.

Fortsetzung Tabelle **5**.1

Verfahren	Kurzbeschreibung	Vorteile	Anwendungsgrenzen
	Ketten-, Schwert-, oder Wandsägenverfahren mit Diamantwerkzeugen: Ketten-, Schwert-, oder Wandsägen trennen den Wandbildner ohne durchgehende Lagerfuge auf. Die Sägeketten oder Sägeblätter sind mit Diamanten bestückt. Kühlwasser wird zugeführt.	Eine durchgehende Lagerfuge ist nicht erforderlich. Natursteine oder Mörtel der Mörtelgruppe PIII sind in der Regel als unproblematisch	Mauerdicken ab 1,00m sind als problematisch einzustufen. Gegebenfalls kann von zwei Seiten bis ca. 1,50m dicke Wände gesägt werden. Ein gewisser Feuchteeintrag ist unvermeidbar, da Wasser zur Kühlung der Diamantsegmente benötigt wird.
V-Schnittverfahren	Das Mauerwerk wird zunächst von einer Seite mit einem Winkel von ca. 10° bis 30° bis zur Mittelachse eingeschnitten und der Sägeschlitz anschließend mit Sperrmörtel verfüllt. Nach Erhärtung des Sperrmörtels wird dieser Arbeitsgang auf der gegenüberliegenden Wandseite wiederholt, sodass sich die Sperren in der Mitte etwa 3 cm überschneiden (Verfahren wird eher selten angewendet.)	Lastübertragung wird zu keinem Zeitpunkt (über den gesamten Querschnitt) unterbrochen. Keine durchgehenden Lagerfugen notwendig	Mauerwerk muss von beiden Seiten zugänglich sein und entsprechender Arbeitsraum zur Verfügung stehen. Gefahr des Brechens der Wand beim Einschneiden über 50 % der Wanddicke (Grundbruch). Kühlung der Sägen mit Wasser, was eventuell vorhandene bauschädliche Salze anlöst und im Wandbildner transportiert. Eventuell technische Bautentrocknung notwendig.
Blecheinschlagverfahren oder Rammverfahren	Eine pneumatische Ramme treibt profilierte Chromstahlplatten in eine durchgehende Lagerfuge ein. Der in der Fuge enthaltene Mörtel wird dabei entsprechend verdichtet.	Lastübertragung wird zu keinem Zeitpunkt unterbrochen (ein stufiges Verfahren)	Es muss eine durchgehende Lagerfuge vorhanden sein. Schäden bei Versatz der Lagerfuge im nicht einsehbaren Bereich vereinzelt möglich. Ecken können bei engen Fugen nicht immer überlappend hergestellt werden. Mauerdicke begrenzt (maximal ca. 100 cm). Mögliche Rissbildungen durch Vibration im Einzelfall. Eine Prüfung hinsichtlich eventuell an den Platten ausfallendem Tauwasser kann erforderlich sein (je nach geplanter Nutzung).

5

Fortsetzung Tabelle **5**.1

Verfahren	Kurzbeschreibung	Vorteile	Anwendungsgrenzen
Maueraustauschverfahren	Mauerwerkaustausch in Teilabschnitten mit Einbau einer Sperrlage (Bitumenbahn oder Kunststoffplatten)	Mit Schadsalzen behaftetes Mauerwerk und Mauermörtel wird im Zuge der Maßnahme entfernt. (Schadsalzreduzierung als positiver „Nebeneffekt") Mit der Maßnahme ist ein relativ geringer Feuchteintrag verbunden.	Kosten- und Zeitaufwendig
Kernbohrverfahren	Kernbohrungen werden mit einigen cm Abstand in die Wand eingearbeitet, mit Sperrmörtel verfüllt und nach Erhärtung die „Stege" zwischen den vorhandenen Bohrungen ebenfalls aufgebohrt und mit Sperrmörtel verfüllt. Es entsteht eine durchgängige Sperrschicht.	Es treten keine Erschütterungen auf. Lastübertragung wird zu keinem Zeitpunkt vollständig unterbrochen Durchgehende Lagerfuge ist nicht notwendig.	Mauerwerk muss von beiden Seiten zugänglich sein und entsprechender Arbeitsraum zur Verfügung stehen Kühlung der Sägen mit Wasser, löst bauschädliche Salze an und transportiert diese im Wandbildner Eventuell technische Bautentrocknung notwendig

Die einzelnen mechanischen Verfahren sind je nach den anzutreffenden örtlichen Gegebenheiten mit der Zielstellung einer durchgehenden Sperre zu erstellen. Im Einzelfalle kann auch eine Kombination mit einem Injektionsverfahren zweckmäßig sein. Die Anwendung von verschiedenen Verfahren kommt beispielsweise dann in Frage, wenn die Zugänglichkeit bei schwierigen geometrischen Gegebenheiten nicht uneingeschränkt möglich ist, oder verschiedene Abdichtungsebenen miteinander verbunden werden müssen.

Bei dünneren, nicht tragenden Wänden kann der Abbruch und die Neuerstellung der Wand unter Umständen kostengünstiger sein als der nachträgliche Einbau einer (mechanischen) Horizontalsperre. Welche Wände schlussendlich mit den verschiedenen Verfahren bearbeitet werden, hat der Fachplaner auf der Grundlage der Kenndatenermittlung (siehe Pkt. „5.4.2 Vorbereitungsphase – Bauzustandsanalyse –") zu entscheiden.

5.3.2 Schneide- Sägeverfahren

Hierbei wird der Wandbildner mit Seilsägen, Kettensägen, Fräsen oder mit Schwertsägen abschnittsweise horizontal aufgesägt. Die Größe der einzelnen Abschnitte legt der Fachplaner unter Berücksichtigung der örtlichen Gegebenheiten fest. Hierbei spielen auch die Homogenität des zu bearbeitenden Wandbildners eine wesentliche Rolle. Änderungen der diesbezüglichen Planungsvorgaben müssen je nach den gewonnenen Erkenntnissen während des Sägevorganges nochmals den Bedingungen des Mauerwerks entsprechend angepasst werden.

Um ein „Nachrutschen" von einzelnen Mauerwerksteilen zu vermeiden, ist nicht selten eine Verpressung des Mauerwerks mit Zementsuspension vor den Schneidearbeiten notwendig.

Bild **5.1**
Seilsäge in Betrieb (das Antriebsaggregat befindet sich außerhalb des Bildes)

Nach dem Sägevorgang innerhalb eines Abschnittes ist es oft notwendig, einzelne Steinchen aus dem Sägeschlitz zu entfernen, um die Sperrbahnen einlegen zu können. Hierzu bedient sich der Ausführende des sogenannten Räumschwertes.

Nach Herstellung eines durchgängigen Sägeschlitzes und Beseitigung von störenden Mauerwerksteilchen werden die Sperrbahnen sukzessive in die aufgesägte Wand eingeschoben und nach den Vorgaben des WTA-Merkblattes 4-7-02/D [5] ausreichend überlappt (Bild **5**.2).

Bild **5.2**
Einbringen der Sperrbahn

Unmittelbar nach dem Einbau der Sperrbahnen werden Keile eingetrieben, um Setzungserscheinungen und damit verbundene Rissbilder im Mauerwerk sicher zu vermeiden (Bild **5**.3).

Bild **5.3**
Eintreiben von Kunststoffkeilen

Zug um Zug werden so die Wände aufgesägt, Sperrlagen eingebaut und zum Zwecke der Lastabtragung verkeilt. Im Anschluss erfolgt die Verpressung des offenen Sägeschlitzes mit einem Quellmörtel, schwindarmen Zementmörtel (P III) oder schwindfreien Sperr- bzw. Dichtmörtel. Hierbei sind Hohlräume unbedingt zu vermeiden (Bild **5**.4).

Bild **5**.4
Hohlraumfreies Verpressen des Sägeschlitzes mit schwindarmen Mörtel (Foto „Prinz GmbH")

Bei der Planung einer Horizontalsperre im Schneide- und Sägeverfahren ist unter anderem zu beachten, dass die Zugänglichkeit des Mauerwerks und die notwendige Baufreiheit von beiden Seiten der Wand gegeben ist.

Die Schneide- und Sägeverfahren werden nochmals in zwei Gruppierungen nach der Art der Schneidwerkzeuge (in widiabestückte und diamantbestückte Werkzeuge) klassifiziert (siehe Bild 1-33). Die beiden wesentlichsten Unterschiede werden im Folgenden dargestellt:

***Widiabestückte Werkzeuge*:**

- Die widiabestückten Werkzeuge sind kostengünstiger als Diamantwerkzeuge, was sich in der Kalkulation des Einheitspreises spürbar bemerkbar macht. Des Weiteren ist kein Kühlwasser notwendig, was die Gefahr der Aktivierung von Schadsalzen von vornherein ausschließt.
- Die zu bearbeitende Wanddicke ist mit Widiawerkzeugen bis auf ca. 1,20 m beschränkt. Im Einzelfall kann von beiden Seiten eingeschnitten und so die zu bearbeitende Wanddicke noch entsprechend erweitert werden. Letzteres ist allerdings oftmals mit Schwierigkeiten verbunden, da schon bei geringen Versätzen der beidseitigen Sägeschnitte die Sperrlagen nicht eingebracht werden können. Je dicker die zu bearbeitende Wand ist, um so größer ist der handwerkliche und finanzielle Aufwand.
- Eine wichtige Voraussetzung für den Einsatz von Widiawerkzeugen ist eine durchgehende Lagerfuge. Unregelmäßiges Natursteinmauerwerk stellt die Anwendungsgrenze dieses Verfahrens dar. Schwierigkeiten treten erfahrungsgemäß auch dann auf, wenn der Mörtel der Mörtelgruppe MG III zuzuordnen ist.

Diamantbestückte Werkzeuge

- Wanddicken von bis zu 2 m sind bei historischen Bauwerken keine Seltenheit. An alten Gebäuden ist Naturstein als einer der ältesten und bewährten Baustoff immer wieder anzutreffen. Die Steine, ob Granit, Sandstein oder Porphyr sind höchstens grob behauen und als Bruchstein-, Zykloben- und Findlingsmauerwerk zusammengefügt. Eine durchgehende horizontale Lagerfuge ist bei diesen Mauerwerksarten naturgemäß nicht vorhanden. Da Wasser auf dem Kapillarwege insbesondere über das Fugennetz im Wandbildner aufsteigt, ist eine Horizontalsperre dennoch notwendig. Hier kommen diamantbestücke Werkzeuge zum Einsatz (Bild **5**.5), welche den Wandbildner ohne Vorhandensein einer Lagerfuge auftrennen kann. Das Verfahren kann auch unabhängig von der Mörtelgruppe des Mauermörtels eingesetzt werden.

- Die Anwendung von Diamantwerkzeugen ist jedoch auf Grund des Werkzeugeinsatzes kostenaufwendiger als der Einsatz von widiabestückten Werkzeugen. Trockenschnitt ist nicht möglich, da Wasser zur Kühlung und zum Abtransport von Sägemehl in den unmittelbaren Schnittbereich erforderlich ist. Eine Bautrocknung als abschließende Maßnahme kann auf Grund des Feuchteeintrages durch Kühlwasser eventuell erforderlich sein.

Bild **5**.5
Diamantbestücktes Sägeseil

- Mit diamantbestückten Werkzeugen, wie beispielsweise Seilsägen, können mehrer Meter dicke Wände erfolgreich geschnitten werden [14], was gegenüber den anderen Verfahren zur mechanischen Horizontalsperre einen nicht zu unterschätzenden Vorteil in der Sanierung von Baudenkmälern mit sich bringt.

Leider wird aus Sicht des Autors beim Aufstellen von Planungsvorgaben und Leistungsverzeichnissen der möglichen Klassifizierung von widiabestückten und diamantbestückten Werkzeugen viel zu wenig Beachtung geschenkt. Für den Ausführenden hingegen ist die Art des Werkzeugeinsatzes neben dem Lohnanteil von großer Bedeutung, unterscheidet sich doch der finanzielle Aufwand erheblich.

Bedauerlicherweise überlässt nicht selten der Planer schlussendlich die Entscheidung über den Einsatz von widia- oder diamantbestückten Werkzeugen allein dem Ausführenden. Völlig abweichende Preisangaben zwischen den einzelnen Bietern sind dann nicht mehr verwunderlich, wenn der Planer allgemein ein Sägeverfahren ausschreibt ohne darauf einzugehen ob trocken mit widiabestücktem oder nass mit diamantbestückten Schneidewerkzeug gearbeitet werden soll.

Bild **5**.6
Diamantsägeseil beim Schneidevorgang (Foto „Prinz GmbH")

5

Es wurden in der Vergangenheit bereits Mauerdicken von mehreren Metern erfolgreich gesägt. Eine allgemein gültige maximal zu bearbeitende Mauerdicke kann naturgemäß nicht benannt werden, da der Mauerwerksaufbau und die Mauerwerksfestigkeit entscheidenden Einfluss auf die Durchführbarkeit und den notwendigen Aufwand der Sägearbeiten haben. Die in der Altbausanierung üblicherweise zu bearbeitenden Wanddicken stellen für die Schneide- und Sägeverfahren in der Regel kein Problem dar.

Die Sägeverfahren werden seit ca. 100 Jahren zum nachträglichen Einbau von wasserundurchlässigen Sperrschichten angewendet [13].

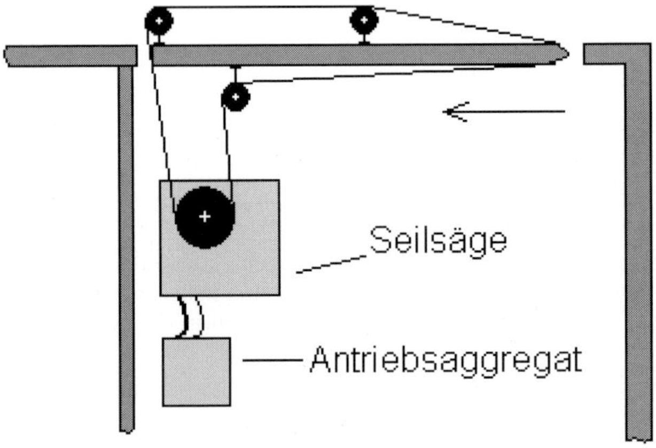

Bild **5**.7 Prinzipskizze vereinfacht dargestellte Funktionsweise einer Seilsäge

Bild **5**.8
Das Diamantsägeseil läuft auf mehreren Umlenkrollen. Der benötigte Platzbedarf in der Baugrube ist einzuplanen (Foto „Prinz GmbH")

Bild **5.**9
Das Diamantsägeseil läuft auf mehreren Umlenkrollen. Der benötigte Platzbedarf in der Baugrube ist einzuplanen (Foto „Prinz GmbH")

Bild **5.**10
Lufsägen einer durchgehenden Lagerfuge mit der Schwertsäge (Foto „Prinz GmbH")

Bild **5.**11
Eine Schwertsäge auf der gegenüberliegenden Wandseite beim Schneidevorgang (Foto „Prinz GmbH")

Bild **5.**12
Die Schnittfuge wird mit einem Räumschwert von kleinen Mörtel- und Steinteilen gereinigt und anschließend mit Pressluft ausgeblasen (Foto „Prinz GmbH“)

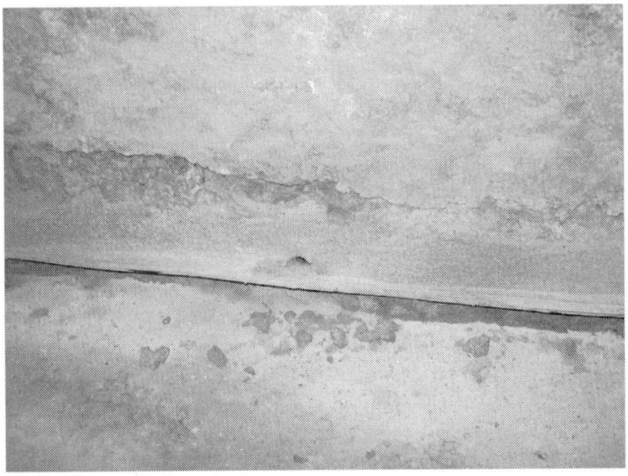

Bild **5.**13
Vermörtelter Sägeschnitt noch vor dem Verpressen (Foto „Prinz GmbH“)

Bild **5.**14
Eingebaute Sperrlage mit vermörtelter und hohlraumfrei verpresster Schnittfuge (Foto „Prinz GmbH“)

Bei der Schwertsäge (Kettensäge) mit Wideawerkzeugen ist eine durchgehende Lagerfuge notwendig. Dies ist bei Ziegelmauerwerk in der Regel gegeben, weshalb die Schwertsäge fast ausschließlich bei Ziegelmauerwerk zum Einsatz kommt.

Je nach den Eigenschaften der verwendeten Ziegel können mit Wideawerkzeugen eventuell in partiellen ***Kleinstbereichen*** auch einzelne Steine geschnitten werden.

Wenn zum Beispiel die Horizontalsperre auf Grund des Fußbodenniveaus in der Einbauhöhe variiert, müssen zur Vermeidung von „Feuchtebrücken" vertikale Verbindungen geschaffen werden. Bedingt durch den Mauerwerksverband sind jedoch keine vertikalen durchgehenden Fugen vorhanden. Im Einzelfall kann in Abhängigkeit der verwendeten Ziegelsteine das Durchschneiden einzelner Steine mit der wideabestückten Schwertsäge erfolgen. Dies ist jedoch nicht generell möglich, weshalb ein Probeschnitt zur Beurteilung der Durchführbarkeit erfolgen muss.

Mit Blick auf den handwerklichen Aufwand und des Werkzeugverschleißes wird dies nur in Ausnahmefällen für begrenzte Teilbereiche empfohlen, um zusätzlichen Aufwand für ein zweites Verfahren (Transport-, Einrichte- und Vorhaltekosten) zu vermeiden.

Schwert- und Kettensägen mit diamantbestückten Werkzeugen können auch ohne durchgehende Lagerfuge angewendet werden. Das Schneiden von Mauersteinen ist bei dieser Verfahrensweise ohne Weiteres möglich.

Das Schneiden mittels Diamanttrennscheibe erfolgt mit Sägevorrichtungen, wie sie beim Sägen von Beton zur Anwendung kommen. Dabei handelt es sich um eine Wandsäge, welche durch an der Wand befestigte Schienen geführt wird und mit einem Diamantsägeblatt bestückt ist (Bild **5**.15).

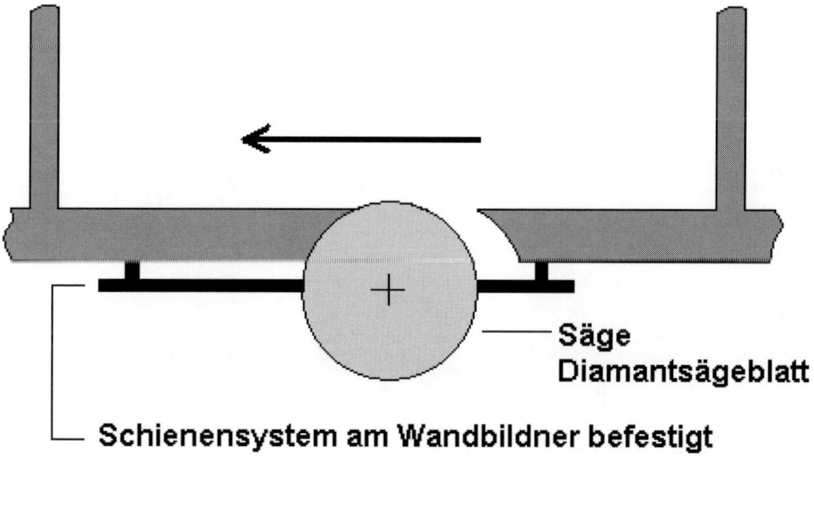

Bild **5**.15 Prinzipskizze vereinfacht dargestellte Funktionsweise beim Sägen mittels Diamantsägeblatt

In der Regel wird mit einer kleineren Diamanttrennscheibe (z.B. Durchmesser 800 mm) vorgeschnitten und direkt im Anschluss mit einer größeren Trennscheibe (z.B. Durchmesser 1.200 mm) nachgeschnitten. Das Vorschneiden des Wandbildners mit einem kleineren Sägeblatt ist erforderlich, um den benötigten Platzbedarf in der Wand für die anschließende Montage des größeren Sägeblattes zu schaffen.

Bei diesem Verfahren wird jedoch Kühlwasser in den Wandbildner eingetragen, was insbesondere an Baudenkmalen einen entscheidenden Nachteil darstellt. Anwendungsgrenzen sind auch durch die Montage der Laufschienen gesetzt, welche nur geradlinige Schnitte zulassen. Bereits bei kleinsten geometrischen Versätzen ist meist ein Umbau der Sägevorrichtung erforderlich, womit ein nicht unerheblicher Zeitaufwand einhergeht. Obwohl Trennscheiben mit einem Durchmesser von 1.200 mm üblicherweise eingesetzt werden, beträgt die maximal zu bearbeitende Wanddicke ca. 600 mm, bei größeren Sägeblättern bis 800 mm. Darüber hinausgehende Wanddicken werden vorzugsweise mit anderen Verfahren geschnitten.

5.3.3 V-Schnittverfahren

Das V-Schnittverfahren unterscheidet sich von den zuvor beschriebenen Sägeverfahren insbesondere dadurch, dass der Sägeschnitt nicht horizontal durchgängig, sondern V-förmig in zwei Schritten in den Wandbildner eingearbeitet wird (Bild **5**.16).

Das Prinzip der Sägetechnik ist ähnlich des Mauersägens mittels Diamantsägeblatt (Bild **5**.15). (Der Sägeschnitt wird jedoch beim V-Schnittverfahren leicht geneigt von beiden Seiten bis jeweils zur Wandmitte eingearbeitet.)

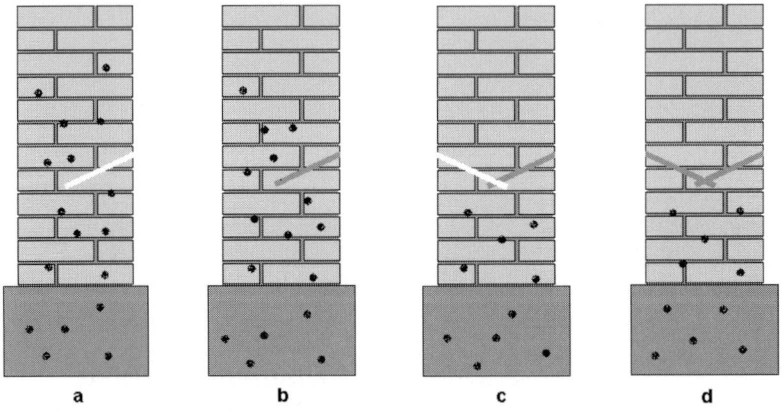

Bild **5**.16 **a bis d** Prinzipskizze über das V-Schnittverfahren

Das Mauerwerk wird zunächst von einer Seite in einem Winkel von ca.10° bis 30 ° bis ca. 3 cm über die Mittelachse der Wand hinweg eingeschnitten (siehe Bild 5-16 a). Die Lastabtragung erfolgt zu diesem Zeitpunkt im Regelfall allein über den auf der gegenüberliegenden Seite bestehenden Teil der Wand, welcher noch nicht aufgesägt ist. Hier kann dennoch je nach Einzelfall erfahrungsgemäß eine Verkeilung notwendig sein. Vereinzelt kam es in der Vergangenheit bei diesen Verfahren zum Grundbruch, da die Lastabtragung auf Grund von vorhandener Inhomogenität in der Wand oder nach zu weitem Einschneiden (mehr als ca. 3 cm über die Mittelachse hinaus) nicht gesichert war.

In den einseitigen Sägeschlitz wird ein quellfähiger Zementmörtel (Sperrmörtel) eingebracht, wobei Hohlräume zu vermeiden sind (Bild **5**.16b). Nach ausreichender Erhärtung erfolgt das Einschneiden der gegenüberliegenden Wandseite, ebenfalls bis ca. 3 cm über die Mittelachse hinweg (siehe Bild **5**.16c). Der Sägeschlitz wird gleichfalls mit Sperrmörtel vergossen, sodass schlussendlich eine durchgängige Sperrschicht in der Wand vorhanden ist (Bild **5**.16d).

Grundvoraussetzung für die Anwendung des V-Schnittverfahrens ist, dass die betreffende Wand von beiden Seiten zugänglich ist. Problematisch sind deshalb Wandanschlüsse (z.B. Anschluss zwischen Innenwand und Außenwand).

Des Weiteren ist der notwendige Arbeitsraum für die Sägetechnik bei der Planung einer derartigen Maßnahme zu beachten.

Es sind keine durchgehenden Lagerfugen notwendig, da ohnehin nicht horizontal sondern schräg mit einem Anstellwinkel zwischen 10° und 30° in das Mauerwerk geschnitten wird.

Es kommen diamantbestückte Trennscheiben zum Einsatz, welche durch die Zugabe von Wasser beim Schneiden ausreichend gekühlt werden. Die Zugabemenge des Wassers ist nach Möglichkeit auf das unbedingt notwendige Maß zu beschränken. Eventuell in der Bausubstanz eingelagerte bauschädliche Salze können angelöst und wieder aktiviert werden.

Eine technische Bautentrocknung kann im Nachgang erforderlich sein.

5.3.4 Blecheinschlagverfahren oder Rammverfahren

Gewellte Chromstahlplatten werden mit einer pneumatischen Ramme in eine Lagerfuge eingetrieben. Es handelt sich hierbei um ein einstufiges Verfahren, bei dem die Lastabtragung im Wandbildner zu keinem Zeitpunkt unterbrochen ist. Grundvoraussetzung für die Anwendung des Verfahrens ist eine durchgehende Lagerfuge im Mauerwerk.

Bild **5**.17
Modell eines Wandbildners mit eingebauter Sperrebene aus Chromstahlblech (Foto Haböck & Weinzierl GmbH)

Die Einsatzmöglichkeiten sind daher im Wesentlichen auf Mauerwerk mit durchgehender Lagerfuge beschränkt. Bereits kleinste Versätze in der Lagerfuge können Schäden beim Eintreiben der Bleche hervorrufen. So kann es zum Verkeilen der Bleche kommen. Wenn dann ein Blech nochmals entfernt werden muss, ist dies meist nur nach Umsätzen der Technik durch „Herausschieben“ von der gegenüberliegenden Wandseite aus möglich.

Die Chromstahlplatten werden mit Presslufthämmern „eingeschlagen“ bzw. „eingerammt“. Die Frequenz beträgt ca. zwischen 1.000 und 1.500 Schlägen pro Minute. Der Fugenmörtel wird im Zuge des Eintreibens der Chromstahlplatten entsprechend verdichtet (Bild **5**.19).

Bild **5**.18
Einbau von Chromstahlblechen mittels speziellem Presslufthammer (Foto Haböck & Weinzierl GmbH)

Bild **5**.19
Einschlagen von Edelstahlplatten von außen (Foto „Haböck & Weinzierl GmbH)

In geraden Wandbildnern wird die ausreichende Überlappung der Chromstahlplatten durch Überlappung von mindestens 2 Wellen abgesichert (Bild **5**.21). Es gibt auch Platten mit hakenförmigen Enden, welche ineinander greifen (Bild **5**.22).

Bild **5**.19
Gewellte Edelstahlplatten als Sperrlage (Foto „Haböck & Weinzierl GmbH)

Bild **5**.21
Überlappung zweier Edelstahlplatten durch wellenförmige Profilierung (Foto „Haböck & Weinzierl GmbH)

Bild **5**.22 Überlappung zweier Edelstahlplatten durch „Ineinandergreifen“

Da die Bleche profiliert sind, werden durchgehende Mörtelfugen mit einer Breite von mindestens ca. 1 cm bis 1,5 cm benötigt. Mit dem Blecheinschlagverfahren oder Rammverfahren können Wanddicken bis ca. 100 cm bearbeitet werden. Beim Einschlagen der Bleche von zwei Seiten können durchaus dickere Wände bearbeitet werden. Allerdings ist dann in der Mitte des Wandquerschnittes eine Überlappung der beidseitig eingeschlagenen Platten nicht mehr gegeben.

Bei Fugenversatz können eventuell beim Eintreiben der Bleche einzelne Steine auf der gegenüberliegenden Wandseite herausgeschoben werden. Ein partielles Ausmauern der entstandenen Fehlstellen ist im Anschluss in diesem Fall notwendig.

Sehr fester Mörtel in der Lagerfuge erschwert das Eintreiben der Bleche in die Wand, was sich auf die Tagesleistung negativ auswirkt Bei zu erwartenden Schwierigkeiten beim Eintreiben der Bleche kann ein Vorbohren die Arbeit wesentlich erleichtern. Durch Einarbeiten von Bohrlöchern ca. alle 5 bis 8 cm in die Lagerfuge verringert sich der Widerstand, da zusätzlicher „Verdrängungsraum“ geschaffen wird.

Bild **5**.23
Überlappung zweier Edelstahlplatten im Eckbereich (Foto „Haböck & Weinzierl GmbH)

Chromstahlplatten mit spitzer Vorderkante erleichtern das Eintreiben der Platten ebenfalls, da die Reibung entsprechend verringert wird.

Ebenfalls problematisch ist die Eckausbildung im Mauerwerk. Durch die Profilierung der Platten ist eine Überlappung bei Richtungswechseln in Einzelfällen erschwert oder sogar unmöglich. Das bereits erwähnte Aufweiten der Fuge durch ein Vorbohren hat sich auch bei Eckausbildung, welche mitunter auf Grund der Profilierung der Bleche problematisch ist, bewährt.

5

Bild **5**.24
Anwendung bei rundem Mauerquerschnitt (Foto „Haböck & Weinzierl GmbH)

Die Bezeichnung und chemische Zusammensetzung der Edelstahlplatten ist gemäß WTA-Merkblatt 4-7-02/D [5] in der Tabelle 5-2 dargestellt:

Tabelle **5**.2 Bezeichnung und chemische Zusammensetzung der Edelstahlplatten nach WTA-Merkblatt 4-7-02/D [5]

Werk-stoff- Nr.	Kurzname nach EN 10 088-2	Chemische Zusammensetzung						
		C [%]	Si [%]	Mn [%]	Cr [%]	Ni [%]	Mo [%]	Sonstige [%]
			höchstens					
1.4016	X8 Cr 17	≤ 0,10	≤ 1,0	≤ 1,0	15,5/17,5	–	–	–
1.4301	X5 CrNi18-10	≤ 0,07	≤ 1,0	≤ 2,0	17,0/20,0	8,0/10,5	–	N: ≤ 0,11
1.4401	X5 CrNiMo 17-12-2	≤ 0,07	≤ 1,0	≤ 2,0	16,5/18,5	10,0/13,0	2,0/2,5	N: ≤ 0,11
1.4436	X3 CrNiMo 17-13-3	≤ 0,07	≤ 1,0	≤ 2,0	16,5/18,5	11,5/14,0	2,5/3,0	–
1.4571	X6 CrNiMoTi 17-12-2	≤ 0,10	≤ 1,0	≤ 2,0	16,5/18,5	10,5/13,5	2,0/2,5	Ti: 5°C bis 0,70

Ferner weisen die Chromstahlplatten einen gewellten Querschnitt auf und sind chemisch und mechanisch beständig. Die Wellenlänge beträgt ca. zwischen 35 mm bis 45 mm bei einer Höhe von 5 mm. Die Dicke der Chromstahlplatten beträgt in der Regel 1,5 mm. Durch die Profilierung wird ein Einknicken der Platten beim Eintreiben in den Wandbildner verhindert.

Für die „Platzierung" der Chromstahlbleche wird nach Möglichkeit oftmals die Lagerfuge genutzt, welche bereits eine eventuell vorhandene Abdichtungsbahn enthält. Die Nutzung der Fuge mit einer bereits vorhandenen Abdichtung hat den Vorteil, dass man im Regelfall von einer durchgehenden Lagerfuge ausgehen kann, was eine Grundvoraussetzung zur Anwendung des Blecheinschlagverfahrens darstellt.

Das Eintreiben von Edelstahlblechen kann sowohl von innen als auch von außen erfolgen. Oftmals erfolgt das Einschlagen der Bleche im erdberührten Bereich aus dem Gebäudeinneren heraus, da dann der Platzbedarf in der Baugrube in der Regel nicht gewährleistet ist. Der benötigte Arbeitsraum ergibt sich aus dem Maß der Wanddicke zuzüglich der Länge des pneumatischen Einschlaggerätes.

Bild **5.**19
Das Eintreiben der Edelstahlplatten erfolgt mit speziellen Presslufthämmern (Foto „Haböck & Weinzierl GmbH)

Beim Zuschneiden der Platten ist unter anderem auf die Wärmeentwicklung im Schnittbereich zu achten. Beim Erreichen einer bestimmten Temperatur wird die Korrosionsbeständigkeit der Edelstahlplatten beeinträchtigt. Gegebenenfalls sind partielle Verfärbungen im Schnittbereich sorgfältig abzuschleifen. Dabei ist durch die Wahl des Werkzeugs eine Erhitzung der Stahlplatten zu vermeiden.

Die Sperrlagen aus Edelstahl müssen derart beschaffen sein, dass durch die mechanische Beanspruchung beim Einschlagen die Korrosionsbeständigkeit nicht beeinträchtigt wird.

Bei hohem Chloridgehalt, welcher im Rahmen der Voruntersuchungen halbquantitativ zu ermitteln ist, sind ausschließlich widerstandfähige hartgewalzte (salzresistente) Chromnickelmolybdänstähle einzusetzen.

Das Verfahren wird seit ca. 30 Jahren angewendet. Im Jahr 1975 wurde es unter der Bezeichnung „H & W-Verfahren" patentiert (Patent Nr. DE 2635597 C2). Die Buchstaben H und W weisen auf die Nachnahmen der Entwickler, Herr Herwig Haböck und Herr Bruno Weinzierl aus Österreich hin. Das Verfahrenspatent ist nach 18 Jahren ausgelaufen.

Darüber hinaus wurde von den Entwicklern ein Europa-Patent für die bereits erwähnten Chromstahlplatten mit spitzer Vorderkante (Euro-Patent Nr. 0544639), ein spezieller Schlaghammer (Euro-Patent Nr. 0475932) sowie ein Schlageisen für schmale Mörtelfugen (Patent Nr. AT 401 248 und DE 195 40 729) angemeldet.

Heute sind auch weitere abgewandelte Varianten des Verfahrens auf den Baustellen anzutreffen, welche sich im Wesentlichen in der Art der verwendeten Stahlbleche und der Profilierung im Überlappungsbereich unterscheiden. Hier sollten jedoch bei der Auswahl der Edelstahlplatten, wie bereits erwähnt, hartgewalzte Chromnickelmolybdänstähle bevorzugt eingesetzt werden, da hohe Chloridgehalte durch die Verwendung von Tausalzen recht häufig bei der Sanierung von Altbauten anzutreffen sind.

5

5.3.5 Maueraustauschverfahren

Das Mauerwerk wird in Teilbereichen Zug um Zug ausgewechselt und eine Sperrlage (Kunststoffbahn oder Bitumenbahn) eingelegt und ausreichend überlappt. Die Größe der zu bearbeitenden Teilabschnitte sind in Zusammenarbeit mit einem Statiker festzulegen.

Die Abdichtung wird auf einem Mörtelglattstrich aufgebracht und gemäß WTA-Merkblatt [5] mindestens 5 cm überlappt (siehe Tabelle **5**.3).

Durch den Mauerwerksaustausch ist eine Beseitigung von eingelagerten Schadsalzen zwangsläufig als positiver „Nebeneffekt" zu verzeichnen. Der Gesamt-Salzgehalt wird somit zumindest reduziert. Ebenso kann marodes Bestandsmauerwerk im Zusammenhang mit der „Trockenlegungsmaßnahme" entfernt bzw. ausgetauscht werden.

Das Verfahren ist in finanzieller Hinsicht und mit Blick auf die entstehenden Kosten im Vergleich zu den anderen mechanischen Verfahren als relativ aufwendig zu beurteilen. Aus denkmalpflegerischer Sicht wird die Beseitigung von historischem Bestandsmauerwerk nur in Ausnahmefällen befürwortet. Das Maueraustauschverfahren ist den mehrstufigen Verfahren zuzuordnen.

5.3.6 Kernbohrverfahren

Horizontal angeordnete Kernbohrungen werden mit einigen Zentimetern Abstand in den Wandbildner durchgängig eingearbeitet. Zwischen den Bohrungen bleiben zunächst „Stege" stehen, welche die Vertikalkräfte aufnehmen (1. Serie siehe Bild **5**.26a).

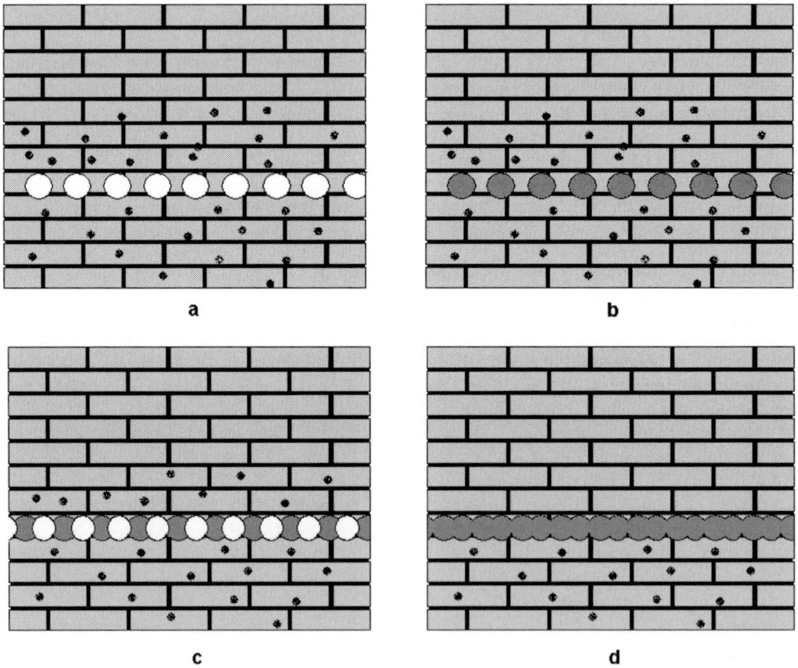

Bild **5**.26 a bis d Prinzipskizze Kernbohrverfahren

Die Bohrlöcher werden anschließend mit Sperrmörtel hohlraumfrei verfüllt (siehe Bild **5**.26b). Nach ausreichender Erhärtung des Mörtels werden Bohrlöcher zwischen den verfüllten Löchern eingearbeitet (2. Serie siehe Bild **5**.26c). Nach dem Verfüllen der Bohrlöcher der 2. Serie mit Sperrmörtel, ist eine durchgängige und vollflächige Sperrschicht in der Wand eingebracht (siehe Bild **5**.26d).

Erschütterungen treten bei der Anwendung des Kernbohrverfahrens nicht auf. Des Weiteren kann das Verfahren unabhängig vom Fugenverlauf im Mauerwerk zur Anwendung kommen, da durchgehende Lagerfugen nicht Voraussetzung sind. Da der Arbeitsablauf mehrere Schritte umfasst, gehört das Kernbohrverfahren zu den mehrstufigen Verfahren.

Dieses Verfahren wird eher seltener und oftmals in Kombination mit anderen Verfahren nur für Teilbereiche ergänzend angewendet. Das Kernbohrverfahren wird beispielsweise partiell an Eckbereichen in Kombination mit anderen mechanischen Verfahren angewendet oder kommt bei kleineren Abschnitten zu sperrender Mauerwerksquerschnitte in Betracht.

5.4 Planung und Ausführung

5.4.1 Heranzuziehende Richtlinien und Erkenntnisquellen zur Planung, Ausführung und Bewertung mechanischer Horizontalsperren

Die einzelnen Verfahren, Werkstoffe und erforderlichen Randbedingungen sind im WTA-Merkblatt 4-7-02/D „Nachträgliche Mechanische Horizontalsperre" [5] erläutert. Das genannte WTA-Merkblatt wurde von der „Wissenschaftlichen Technische Arbeitsgemeinschaft für Bauwerkserhaltung und Denkmalpflege e.V." im März 2002 zunächst als Entwurf (Gelbdruck) und im Dezember 2002 schlussendlich als Endfassung herausgegeben.

Mit Blick auf die darin enthaltene Gliederung, den beschriebenen Verfahren und den zu verwendenden Abdichtungsstoffen stellt das genannte WTA-Merkblatt [5] in Bezug auf die nachträglich einzubringenden mechanischen Horizontalsperren eine wesentliche Erkenntnisquelle dar und ist bei der Planung, Durchführung und Bewertung von derartigen Horizontalabdichtungen als eine wichtige Grundlage zu bewerten.

Weitere Merkblätter sind zusätzlich je nach Objekt und vorgesehenem Verfahren zusätzlich zu beachten:

- WTA-Merkblatt 4-6-05 „Nachträgliches Abdichten erdberührter Bauteile" [6]
- WTA-Merkblatt 4-11-02/D „Messung der Feuchte von mineralischen Baustoffen" [7]
- WTA-Merkblatt 4-5-99/D „Beurteilung von Mauerwerk-Mauerwerksdiagnostik" [3]

5.4.2 Vorbereitungsphase (Bauzustandsanalyse)

Wie bei allen Maßnahmen an Bestandsbauten sind auch bei einem geplanten Einbau einer nachträglichen Horizontalsperre Voruntersuchungen notwendig. Für die allgemeine Mauerwerksdiagnostik ist das WTA-Merkblatt 4-5-99/D [3] heranzuziehen, welches die anerkannten Untersuchungsmethoden darstellt. Die in dem genannten Merkblatt erläuterten Maßnahmen bilden das „Grundgerüst" zur Bauzustandsanalyse. Hierzu sind Freilegungsmaßnahmen und Probenentnahmen unverzichtbar. Darüber hinaus sind entsprechend dem vorgesehenen Verfahren weitere ergänzende Maßnahmen vorzusehen bzw. der Schwerpunkt der Untersuchungen ist unter Umständen nach der vorgesehenen Verfahrensweise und den jeweiligen örtlichen Gegebenheiten auszurichten.

Da jedes Objekt verschiedene Untersuchungsschwerpunkte dem Sachverständigen oder Fachplaner abverlangt, kann eine allgemeingültige „Checkliste“ nicht aufgestellt werden. Vielmehr werden im nachfolgenden rein exemplarisch einige Untersuchungen aufgeführt, welche schlussendlich für jedes einzelne Objekt hinsichtlich der Wichtigkeit und des Untersuchungsumfangs entsprechend angepasst werden müssen. Es können im speziellen Einzelfall auch Untersuchungen notwendig werden, welche in der folgenden Aufstellung nicht berücksichtigt sind.

- Untersuchung, Bewertung und Dokumentation von eventuell bereits vorhandenen Schäden
- Ermittlung von Feuchtegehalt und hygroskopischer Ausgleichsfeuchte unter Beachtung des WTA-Merkblattes [7] und des WTA-Sachstandberichtes [11], (Der Durchfeuchtungsgrad kann z.B. für flankierende Maßnahmen oder für Vergleichsmessungen zur Überprüfung des Trocknungserfolges von Bedeutung sein)
- Untersuchung der örtlichen (geometrischen) Gegebenheiten wie beispielsweise Wanddicke, Versätze und Versprünge, Anschlüsse
- Untersuchung von eventuell bereits vorhandenen Abdichtungen und gegebenenfalls deren Funktionstüchtigkeit
- Untersuchung der Mauerwerksart
- Untersuchung der Homogenität des interessierenden Mauerwerks sowie einer eventuellen Mehrschaligkeit
- Untersuchung des Schadsalzgehaltes im Mauerwerk gemäß WTA-Merkblatt [3] (qualitative und halbquantitative Salzanalyse)
- Untersuchung des Baugrundes, insbesondere in Bezug auf den höchsten zu erwartenden Grundwasserstand (HGW) sowie den auf die geplante Bauwerksabdichtung einwirkenden Lastfalles.
- Untersuchung der Standsicherheit mit den erschütterungsrelevanten Risiken (Gutachterliche Stellungnahme eines Statikers)

Von besonderer Bedeutung ist die Untersuchung und Beurteilung der Standsicherheit (Bild **5**.27). Rissbildungen können mit einer genauen Untersuchung der Statik ausgeschlossen oder zumindest die Wahrscheinlichkeit von Rissbildungen entsprechend minimiert werden. Leider waren in der Vergangenheit vereinzelt diesbezügliche Schäden zu verzeichnen, welche aber immer auf eine unzureichende Prüfung der Standsicherheit ursächlich zurückzuführen waren.

Bild **5**.27
Vor Beginn der Sägearbeiten sind in diesem Fall besondere Maßnahmen notwendig, um Rissbildungen oder Teileinsturz zu vermeiden. Die technische Beurteilung erfolgt im Vorfeld stets durch einen Statiker.

5.4.3 Planungsphase (Fachplanung)

Die Planung einer mechanischen Horizontalsperre basiert auf der Grundlage der Voruntersuchungen. Insbesondere sind die Hinweise und Empfehlungen des hinzugezogenen Statikers zu beachten.

Für die Planung der nachträglichen horizontalen Abdichtung sind weitere Voraussetzungen zu prüfen:

- Klärung des zur Verfügung stehenden Arbeitsraumes und Aufstellmöglichkeiten der Sägetechnik und gegebenenfalls separater Antriebsaggregate.
- Vorgaben zu den Anschlüssen an Durchdringungen (Rohre und Leitungen) in der Abdichtungsebene
- Beachtung des zuvor eingeholten statischen Nachweises bei der Festlegung des jeweiligen Verfahrens und der Schnittlängen der einzelnen zu bearbeitenden Teilabschnitte
- Abstimmung der Abdichtungsmaterialien untereinander (Vertikalabdichtung und Horizontalabdichtung über dem Grundriss)
- Vorgaben zu Anschlüssen an andere Abdichtungen (Vertikalabdichtung und Horizontalabdichtung über dem Grundriss)
  (Nicht selten werden die äußerst wichtigen Detailpunkte dem Ausführenden überlassen, woraus dann oftmals eine nicht ausreichend durchdachte und mangelhafte Ausführung resultiert.)
- Beachtung des höchstmöglichen Grundwasserstandes bei der Festlegung der Höhe der Abdichtungsebene

Die Einbauhöhe der Mechanischen Horizontalsperre richtet sich unter anderem nach dem höchsten anzunehmenden Grundwasserstand (HGW). Gemäß dem WTA-Merkblatt [5] ist die Abdichtungsebene mindestens 30 cm oberhalb des höchsten anzunehmenden Grundwasserstandes (HGW) anzuordnen (siehe Bild **5.**28 a und b). Die Lage der Sperre ist mindestens 30 cm oberhalb des HGW anzuordnen [5].

Ebenfalls von Bedeutung ist die Beschaffenheit des Mauerwerks zur Festlegung der Einbauhöhe der Sperrlagen. Bei der Anordnung der Horizontalsperre im Fußpunktbereich ist sicherzustellen, das ein Verkeilen des Sägeschlitzes noch möglich ist. Bei zu tief festgelegtem Sägeschnitt ist eine sichere Verkeilung bzw. Lastabtragung nicht mehr gegeben, da in diesem Falle einzelne Mauerwerksteile nach unten „weggedrückt" werden können.

Der Anschluss zwischen Vertikalabdichtung und der horizontalen Sperrlagen kann bei kunststoffmodifizierten Bitumendickbeschichtungen durch das Einarbeiten einer Nut im Bereich des Sägeschlitzes erfolgen. Die Nut wird mit einer Schenkellänge von ca. 3 cm mit Sperrmörtel oder 2-komponentiger KMB verschlossen, sodass ein Überlappungsbereich zwischen der Sperrlage und der vertikalen Abdichtung gewährleistet ist (siehe Bild **5.**28a).

Des Weiteren, kann eine flexible Dichtungsbahn in die Schnittfuge mit mindestens 5 cm Überlappung eingelegt und mit der Vertikalabdichtung verbunden werden (siehe Bild 5-28 b).

Eine druckwasserdichte Verbindung zwischen Horizontalsperre und Vertikalabdichtung ist zwar im Einzelfall mit sehr hohem handwerklichen Aufwand grundsätzlich möglich, mit Blick auf die bloße Überlappung der Sperrlage im Wandquerschnitt allerdings kaum zweckmäßig. Ein hydrostatischer Druck im Anschlussbereich zwischen Horizontal- und funktionstüchtiger Vertikalabdichtung ist ohnehin nicht zu erwarten, wenn das WTA-Merkblatt [5] ausreichend Beachtung findet und die Sperre mindestens 30 cm oberhalb des höchsten anzunehmenden Grundwasserstandes (HGW) eingebaut wird (siehe Bild 28 a und b).

Die Möglichkeiten für die Anschlüsse der Horizontalsperre zur Vertikalabdichtung sind in den Prinzipskizzen Bild **5.**28 a und b dargestellt.

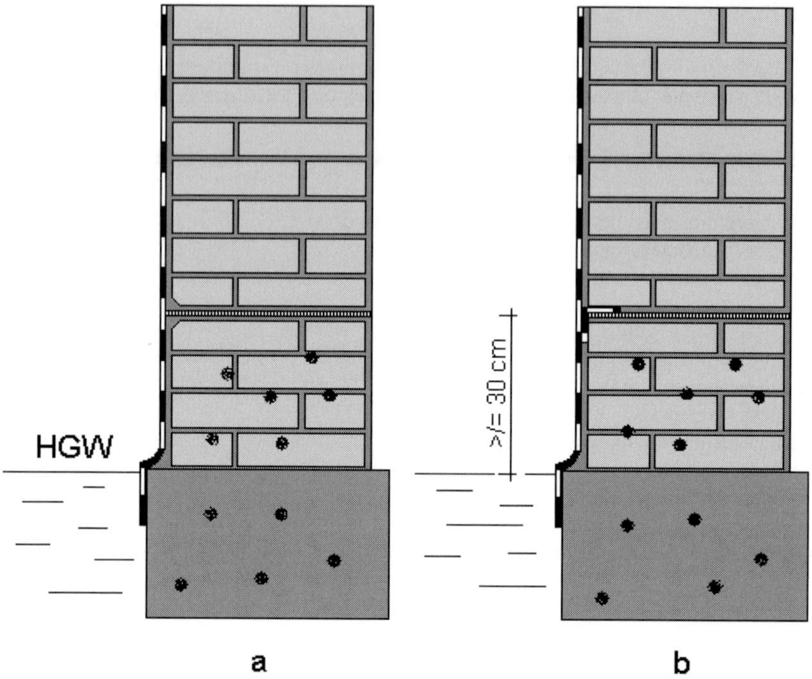

Bild **5**.28 **a und b** Möglichkeiten für den Anschluss der Sperrlagen (a Anschluss mittels eingearbeiteter Nut; b Anschluss durch eingelegten Streifen Dichtungsbahn)

Eine unzureichende Planungsvorgabe und Bauüberwachung führt oftmals zu einer Vernachlässigung der Anschlussproblematik, insbesondere dann, wenn die Horizontalabdichtung und die Vertikalabdichtung von zwei verschiedenen Abdichtungsbetrieben erstellt werden. Aus Gründen der Gewährleistung sollte die Vertikalabdichtung und die Horizontalsperre vom selben Fachbetrieb ausgeführt werden.

Wenn Schubkräfte zu erwarten sind, beispielsweise bei Gewölbeschub, kann im Einzelfall der Einsatz von besandeten Sperrlagen sinnvoll sein, um einem eventuellen Gleitverhalten entgegenzuwirken.

Metall ist naturgemäß ein Baustoff mit sehr guter Wärmeleitung, was sich unter gewissen Umständen bei der Verwendung von Chromstahlplatten je nach vorgesehener Nutzung bauphysikalisch nachteilig auswirken kann. Bei der Planung von mechanischen Horizontalsperren mit Edelstahlplatten ist daher zu prüfen, ob unter Beachtung der vorgesehenen Nutzung und der daraus resultierenden Temperaturen im Wandquerschnitt eventuell Tauwasser an den Chromstahlblechen ausfallen kann. Letzteres würde zu einem Feuchteeintrag im Wandbildner führen und ist daher unbedingt zu vermeiden. Aus Sicht des Autors ist Tauwasserausfall im Zusammenhang mit Chromstahlplatten eher selten zu erwarten, jedoch auch nicht generell auszuschließen. Der Fachplaner sollte deshalb diesen Sachverhalt aus bauphysikalischer Betrachtungsweise mit berücksichtigen.

5.4.4 Besonderheiten bei der Kalkulation

Im Regelfall gibt der Fachplaner genaue Vorgaben hinsichtlich des vorgesehenen Verfahrens und der einzusetzenden Werkzeuge (Art der Säge oder des Verfahrens) und Besonderheiten des spezifischen Einzelfalles (siehe Punkt „5.6 Leistungsverzeichnis“).

Bei der Kalkulation von mechanischen Horizontalsperren bestehen jedoch dennoch erhebliche Unsicherheitsfaktoren. Dies ist darin begründet, dass im Regelfall durch Voruntersuchungen und Inaugenscheinnahme des interessierenden Objektes Ungewissheiten hinsichtlich der Einflussfaktoren zur Preisbildung zwar verringert, jedoch nicht vollständig beseitigt werden können.

Es verbleiben Kalkulationsrisiken, da selbst mit relativ umfangreichen Bauzustandsanalysen vereinzelte, visuell nicht erkennbare, ungünstige Gegebenheiten im zu bearbeitenden Mauerwerk angetroffen werden können. Hier sind beispielsweise lockeres Gefüge im Wandquerschnitt sowie Inhomogenitäten zu benennen. Der Fachplaner sollte gegebenenfalls Eventualpositionen für das Verpressen von Hohlräumen mit Zementsuspension in das Leistungsverzeichnis aufnehmen (siehe Pkt. „5.6 Leistungsverzeichnis“).

Ein vom Fachplaner gut ausgearbeitetes Leistungsverzeichnis gibt auf der Grundlage der im Vorfeld durchgeführten Bauzustandsanalyse gemäß WTA-Merkblätter [3, 5] detaillierte Vorgaben zu den anzuwendenden Verfahren, Materialien und Werkzeugen sowie zur Ausführung von geometrischen „Problempunkten“. Die Ergebnisse der Bauzustandsanalyse sollten dem Ausführenden zur Kalkulation mit zur Verfügung gestellt werden, um die bestehenden „Kostenrisiken“ so weit wie möglich zu verringern. Welche Untersuchungen zur Bauzustandsanalyse speziell bei einer geplanten mechanischen Horizontalsperre zu tätigen sind, wird in Pkt. „5.4.2 Vorbereitungsphase (Bauzustandsanalyse)“ beschrieben.

5.4.5 Ausführung

Beim Einbau der Sperrlagen ist unter anderem auf ausreichende Überlappung zu achten. Im WTA-Merkblatt 4-7-02/D [5] sind die Überlappungen in Abhängigkeit des jeweiligen Verfahrens wie folgt geregelt:

Tabelle **5**.3 Geforderte Überlappung der Sperrlagen gemäß WTA-Merkblatt 4-7-02/D [5]

Verfahren	**geforderte Überlappung gemäß WTA-Merkblatt 4-7-02/D [5]**
Schneide-und Sägeverfahren	mindestens 10 cm Überlappung
V-Schnittverfahren	keine Vorgaben im WTA-MB (3 cm Überschneidung ist empfehlenswert)
Blecheinschlagverfahren	mindestens 2 cm Überlappung (jedoch mindestens 2 Wellenlängen)
Maueraustauschverfahren	mindestens 5 cm Überlappung
Kernbohrverfahren	Durchmesser der Bohrungen und der Achsabstand sind so zu wählen, dass eine Überschneidung gewährleistet ist.

Bild **5**.29
Unzureichende Überlappung einer Kunststoffbahn (Sägeverfahren) – nach WTA-Merkblatt-4-7-02/D [5] sind mindestens 10 cm Überlappung zu gewährleisten!

Das Abdichtungskonzept muss immer auf eine durchgängige Abdichtungsebene abzielen. Im WTA-Merkblatt [6] wird deshalb als Zielstellung der Bauwerksabdichtung eine ***„wannenartige Ausbildung der Abdichtung“*** gefordert. Daraus folgt, dass alle Dichtungsebenen mit ausreichender Überlappung miteinander verbunden werden müssen. Dies setzt jedoch voraus, dass der Fachplaner durch eine aufeinander abgestimmte Materialwahl die sich im Anschlussbereich ergebenden Detailausbildungen genau vorgibt.

In der Altbausanierung werden als Vertikalabdichtung häufig kunststoffmodifizierte Bitumendickbeschichtungen (KMB) nach der KMB Richtlinie [12], aber teilweise auch Bitumenbahnen eingesetzt. Daraus ergibt sich die Notwendigkeit, eine Materialverträglichkeit zu den eingebauten Sperrlagen sicherzustellen. Wenn beispielsweise PEHD-Platten in die horizontale Schnittfuge eingebaut werden, ist die Verträglichkeit mit Bitumen unbedingt zu gewährleisten. Dies kann mit einem Prüfzeugnis ohne Weiteres nachgewiesen werden. Ein Hinweis im Leistungsverzeichnis klärt im Vorfeld die notwendige Beschaffenheit der Sperrlage ab (siehe Pkt. „5.6 Leistungsverzeichnis“).

Die Bauwerksabdichtung ist „wannenartig“ zu erstellen. Alle Abdichtungen müssen derart miteinander verbunden sein, dass keine „Feuchtebrücken“ entstehen.

Bei den Schneideverfahren müssen in die Schnittfuge Keile eingetrieben werden, um Setzungserscheinungen zu vermeiden. Hierzu stehen Kunststoffkeile in verschiedenen Dicken zur Verfügung (Bild **5**.30).

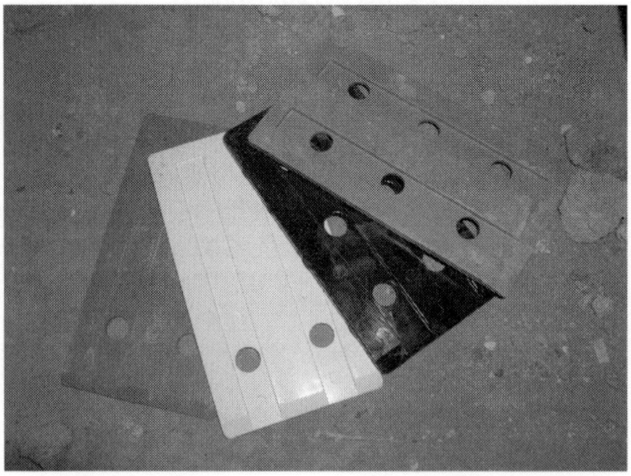

Bild **5**.30
Kunststoffkeile in verschiedenen Dicken zum Verkeilen der Schnittfuge (abschnittsweise). „Behelfsmaterialien“ sind nicht geeignet.

Bild **5**.31
Metallplatten wurden in der Vergangenheit zum „Verkeilen“ benutzt, entsprechen aber seit längerer Zeit nicht mehr dem Stand der Technik.

5.5 Flankierende Maßnahmen

Mit dem nachträglichen Einbau einer Mechanischen Horizontalabdichtung ist im erdberührten Bereich noch kein zufriedenstellender Zustand zu erlangen. Erst mit der Planung und Ausführung von verschiedenen flankierenden Maßnahmen ist eine hochwertige Nutzung des Kellergeschosses sowie eine Vermeidung von längeren Austrocknungszeiten möglich.

Vertikalabdichtung

Die Fläche zur Aufnahme von Feuchtigkeit wird zwar bei vorhandener Horizontalsperre als alleinige Maßnahme reduziert, führt aber in Abhängigkeit der Wanddicke und der Außenwandfläche im erdberührten Bereich ohne eine funktionstüchtige Vertikalabdichtung kaum zu einer nennenswerten Verbesserung.

Eine Horizontalsperre ohne Vertikalabdichtung ist nur dann sinnvoll, wenn die Abdichtungsebene in den Außenwänden oberhalb der Geländeoberkante angeordnet wird und „Feuchtebrücken“ im Sockelbereich ausgeschlossen sind. An den Innenwänden kann eine Anordnung der Abdichtungsebene einige cm über dem Fußboden erfolgen. Beide Dichtungsebenen sind in den Anschlussbereichen zwischen Innen- und Außenwänden vertikal beispielsweise im Injektionsverfahren zu verbinden.

In diesem Falle würden die erdberührten Außenwände durchfeuchtet und lediglich ein kapillarer Anstieg der Feuchtigkeit bis in das Erdgeschoss verhindert. Die Nutzung des Kellergeschosses ist dann nur eingeschränkt als untergeordneter Lagerraum möglich.

Wenn aber ein „trockenes“ Kellergeschoss vom Eigentümer/Bauherr gewünscht wird, ist als flankierende Maßnahme eine Vertikalabdichtung im erdberührten Bereich der Außenwände unerlässlich. Auf die einzelnen Verfahren, Materialien und Ausführungskriterien wird an dieser Stelle nicht weiter eingegangen (s. Kapitel „7 Nachträgliche Vertikalabdichtung“).

Innenabdichtung (vertikal)

Die Horizontalsperre muss gemäß WTA-Merkblatt [5] mindestens 30 cm oberhalb des höchsten anzunehmenden Grundwasserstandes (HGW) angeordnet werden (siehe Bild 5-32). Dies kann dazu führen, dass Feuchtebrücken unterhalb der Abdichtungsebene entstehen, obwohl an der Wandaußenseite eine vollflächige Vertikalabdichtung vorhanden ist.

In diesem Fall muss zusätzlich eine Innenabdichtung geplant und ausgeführt werden. Letztere muss mit der Abdichtung über den Kellergrundriss sach- und fachgerecht verbunden sein und bis mindestens 10 cm über die mechanische Sperrlage hinweg an der Wandinnenseite heraufgeführt werden (siehe Bild 5-32). Die Innenabdichtung ist vor mechanischen Beschädigungen im Sinne der DIN 18 195-10 [1] (in Anlehnung) zu schützen.

Mit der Durchfeuchtung des Wandbildners entsteht gegebenenfalls eine konstruktive „Wärmebrücke", was wiederum weitere Maßnahmen nach sich zieht. Hier ist in Abhängigkeit der vorgesehenen Nutzung unter Beachtung der DIN 4108 [2] (in Anlehnung) eventuell eine Wärmedämmung an der Wandinnenseite vorzusehen und der Ausfall von Tauwasser durch entsprechende Vorkehrungen zu vermeiden.

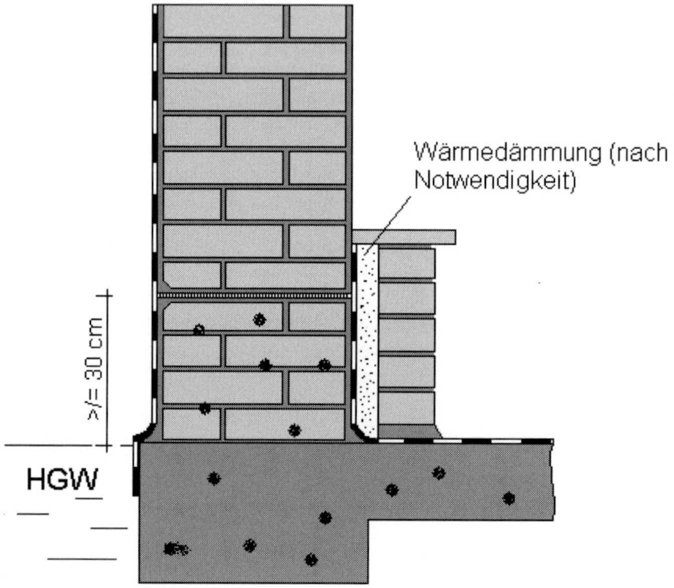

Bild **5**.32 Schematische Darstellung einer Innenabdichtung (vereinfacht)

Nachfolgend werden die wesentlichsten flankierenden Maßnahmen genannt und grob erläutert.

Sanierputz nach WTA

Schadsalze gelangen in gelöster Form im Zuge des Austrocknungsprozesses in den oberflächennahen Bereich, kristallisieren aus und der entstehende Kristallisationsdruck führt zu Ausplatzungen in der Oberfläche.

Je nach vorgesehener Nutzung kann ein Sanierputz gemäß WTA-Merkblätter [8, 9] aufgebracht werden. Durch sein Porengefüge mit einer Porosität des Festmörtels von mindestens 40 Vol- % ist der Sanierputz in der Lage im Mauerwerk enthaltene bauschädliche Salze über einen gewissen Zeitraum hinweg einzulagern, ohne dass es zu Putzschädigungen kommt. Der Sanierputz kann auch zur Vermeidung von Oberflächenkondensation kurzzeitig als „Feuchtepuffer" fungieren. Nähere Erklärungen sind im Kapitel „9.2 Sanierputze" enthalten.

Entfeuchtung

Nach erfolgreichem Einbau einer Mechanischen Horizontalsperre und gegebenenfalls einer Vertikalsperre ist die „Feuchtezufuhr" auf dem Kapillarwege unterbrochen. Die über viele Jahre hinweg im Kellermauerwerk „eingelagerte“ Feuchtigkeit ist jedoch noch vorhanden. In der Praxis wird diesem Sachverhalt oftmals zu wenig Beachtung geschenkt. Problematisch sind zeitlich eng gefasste Bauzeitenpläne, welche die notwendige Entfeuchtung nicht berücksichtigen.

Wenn das Mauerwerk nach der durchgeführten Abdichtungsmaßnahme einen Putz erhalten soll und das Kellergeschoss anschließend möglichst zeitnah in die geplante Nutzung übergeht, ist eine technische Entfeuchtung des Mauerwerks unbedingt erforderlich. Bei der heutigen schnellen Bauweise scheidet ein „Trocknen“ durch Abgabe der Feuchtigkeit an die Raumluft aus, da dieser Vorgang in Abhängigkeit des ursprünglichen Durchfeuchtungsgrades, des Wandaufbaus und der Wanddicke durchaus mehrere Jahre in Anspruch nehmen kann.

Eine Technische Bautrocknung trägt erheblich zur Verkürzung des Trocknungszeitraumes bei. Hierbei kommen folgende Verfahren in Betracht:

- Mikrowellentrocknung
- Kondensationstrockner mit zusätzlichen Turbinen zur Luftumwälzung
- Adsorptionstrockner mit zusätzlichen Turbinen zur Luftumwälzung und gegebenenfalls mit Abplanung

Die Technische Bautrocknung ist ausschließlich von ausgewiesenen Fachbetrieben durchzuführen. Der Erfolg der Trocknung ist durch vergleichende Feuchtigkeitsmessungen vor und nach der Trocknung zu ermitteln und entsprechend zu protokollieren.

5.6 Leistungsverzeichnis

Nachfolgend wurde rein exemplarisch und ohne Anspruch auf Vollständigkeit ein Leistungsverzeichnis aufgestellt. Die hier dargestellten Leistungspositionen können nicht auf beliebige Objekte übertragen werden, sondern sollen lediglich eine Möglichkeit aufzeigen und verdeutlichen, welche Angaben für eine angemessene Preisbildung mindestens notwendig sind.

Mauersägeverfahren horizontal

Einbau einer nachträglichen Horizontalabdichtung in Innen- und Außenwänden als Mischmauerwerk, teilweise unregelmäßig und ohne durchgehende horizontale Mauerwerksfuge, Schnittführung teilweise im Steinbereich, Ausführung mit Spezialsägen und mit Einsatz von Wasserkühlung, Behinderung durch mehrere Innenwandanschlüsse. Grundlage für die Ausführung sind die beigefügten Prinzipskizzen HA 1 bis HA 5.

Ausführung wie folgt:

Herstellen eines Sägeschlitzes zur horizontalen Mauerwerkstrennung über den gesamten Querschnitt des Mauerwerkes im Seilsägeverfahren einschl. aller erforderlichen Bohrungen zur Einführung des Sägeseiles, Aufstellort der Seilsäge im Keller (Raum 05). Die Lage der Abdichtungsebene ist aus der Zeichnung HA 1 zu entnehmen.

Einbringen einer Sperrschicht nach WTA-Merkblatt 4-7-02/D.

Ausführung mit Kunststoffplatten

Dicke: 2 mm

Prüfzeugnis ist zu übergeben. Einschieben der Sperrbahnen in die Schnittfugen kontinuierlich zum Fortgang der Sägearbeiten. Ausführung mit mindestens 10 cm Überdeckung, Überstand an den Maueraußenseiten so, dass nach Ausführung der späteren Putzarbeiten kein kapillares Aufsteigen von Feuchtigkeit möglich ist. Ausführung einschl. mechanischer Reinigung des Sägeschlitzes von Mörtelresten und kleineren Steinen mit einem Raumschwert.

Einschlagen von Kunststoff-Keilen im Abstand von ca. 30 cm über die gesamte Mauerdicke zur Wiederherstellung des statischen Kraftschlusses. Ausführung rechteckig, aus hochfestem Kunststoff, im vorderen Teil angefasst. Dicke jeweils an die Breite des Sägeschlitzes angepasst. je Meter Sägeschlitz etwa 4 Keilreihen von der Innenseite bis zur Außenseite der Wand einschlagen, Keilbreite ca. 10 cm.

Hydraulisches Auspressen der Restfugen mit einem Verpressmörtel mit Quellmittelzusatz über Injektions-Packer.

Wasser- und Schlammrückstände sowie anfallendes Material werden Eigentum des AN und sind zu beseitigen.

Ausführung abschnittsweise in Abstimmung mit dem Statiker, i.d.R. ca. 1,00 m Abrechnung je m^2 gedichtete Fläche (Wandquerschnitt) Schnittrichtung: horizontal Wanddicken bis ca. 40 cm

42 m^2 ....€ ....€

wie vor, jedoch

Wanddicken bis ca. 55cm

22 m^2 ....€ ....€

wie vor, jedoch

Wanddicken bis ca. 65cm

45 m^2 ....€ ....€

Eventualposition Verpressung mit Zementsuspension

Zulage zu vorbeschriebener Leistung für die Ausführung im Bereich porösen, nicht standfesten Mauerwerkes. Ausführung als Verpressen des Mauerquerschnittes mit Zementsuspension. Ausführung vor Ausführung der Sägearbeiten (Abrechnung nach Länge des Mauerabschnittes × Mauerdicke)

1 m^2 ....€ nur EP

Eventualposition Mauerwerksaustausch

Zulage zu vorbeschriebener Leistung für die Ausführung im Bereich porösen, nicht standfesten Mauerwerkes. Ausführung als Ausräumen, Nachstemmen. und Ausmauern abgebrochener Teile des Mauerquerschnittes. Ausführung im Zuge der Sägearbeiten (Abrechnung nach Länge des Mauerabschnittes × Mauerdicke)

1 m^2 ....€ nur EP

5.7 Zusammenfassende Schlussbemerkung

Die Mechanischen Verfahren sind bei sach- und fachgerechter Ausführung eine zuverlässige Methode zur nachträglichen Unterbrechung des kapillaren Wassertransportes innerhalb von Mauerwerk. Wenn die Sperrlagen vollflächig und ausreichend überlappend eingebaut sind, ist ein kapillarer Feuchtetransport über die Sperrebene hinweg ausgeschlossen. Der Erfolg der Maßnahme ist daher bereits durch Inaugenscheinnahme für den Ausführenden, für den Bauüberwacher und nicht zuletzt für den Bauherren direkt kontrollierbar.

Die hier erläuterten mechanischen Verfahren zur nachträglichen Erstellung von Horizontalsperren entsprechen aus hiesiger Sicht den allgemein anerkannten Regeln der Technik.

Nach Einholung einer Stellungnahme hinsichtlich der Statik und Einhaltung der enthaltenen Hinweise und Empfehlungen, sind Rissbildungen nicht zu erwarten. Eventuell vor Beginn der Arbeiten vorhandene Risse sollten schriftlich, zeichnerisch und fotografisch dokumentiert oder bei Notwendigkeit mittels Rissmonitor „beobachtet“ werden, da eine Veränderung des Rissbildes nicht generell ausgeschlossen werden kann.

Der Fachplaner sollte in den Planungsunterlagen detaillierte Vorgaben hinsichtlich der erforderlichen Anschlüsse, der Art des einzusetzenden mechanischen Verfahrens und der Werkzeuge sowie der zu verwendeten Materialien genau vorgeben.

Da die mechanischen Verfahren beim Einsatz in der Altbausanierung im jeweiligen Einzelfall von den örtlichen Gegebenheiten abhängig sind, ist die Auswahl eines ausgewiesenen Fachbetriebes mit entsprechender Erfahrung von besonderer Wichtigkeit. Die Auswahl des Bieters ausschließlich über den Angebotspreis mit einem unvollständigen Leistungsverzeichnis oder fehlenden Detailvorgaben ist beim Einbau einer mechanischen Horizontalsperre besonders risikobehaftet.

Für die Planung und Ausführung ist das WTA-Merkblatt 4-7-02/D „Nachträgliche Mechanische Horizontalsperre“ [5] zu beachten.

Zur besseren Veranschaulichung sind die zu klassifizierenden mechanischen Verfahren mit ihren Untergruppen grafisch dargestellt und die wesentlichsten Auswahlkriterien genannt (Bild **5**.33).

Die Auswahl des geeignetesten mechanischen Verfahrens sollte nicht ausschließlich über den angebotenen Preis erfolgen, sondern im Vorfeld bei der Planung unter Berücksichtigung der folgenden örtlichen Gegebenheiten vom Fachplaner verbindlich festgelegt werden.

- Art des Mauerwerks
- Geometrische Gegebenheiten und Platzverhältnisse zum Einrichten der Technik
- Härte der Steine und des Mörtels
- Statische Gegebenheiten
- Mögliche Wasserbeaufschlagung (Nass- oder Trockenschnitt)
- Durchgehende Lagerfugen

Alle Abdichtungen müssen miteinander „wannenartig“ verbunden werden, sodass keine Feuchtebrücken entstehen. Aus diesem Grund hat der Fachplaner die erforderlichen Detailausbildungen genau vorzugeben. Nach Möglichkeit sollte die Vertikal- und die Horizontalabdichtung vom selben Fachbetrieb ausgeführt werden. Dies ist schon aus Gewährleistungsgründen empfehlenswert, denn der Nachweis, ob für einen Feuchteschaden die Horizontal- oder die Vertikalabdichtung verantwortlich ist, kann in der Regel nur durch bauwerksdiagnostische Untersuchungen mit ausreichender Genauigkeit erfolgen.

5

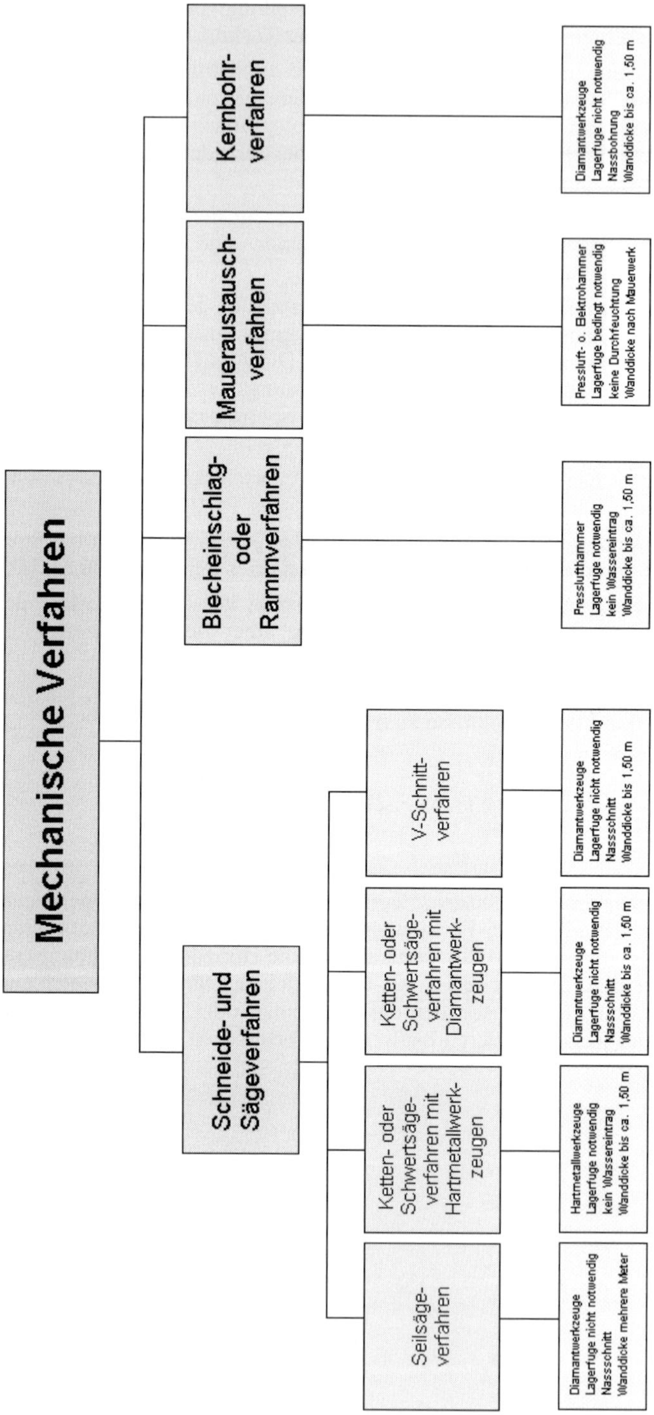

Bild **5**.33 Übersicht der mechanischen Verfahren, und ihre wichtigsten Eigenschaften

5.8 Literaturverzeichnis

Mechanische Horizontalsperren

[1] DIN 18 195, Teile 1 bis 10 „Bauwerksabdichtungen“ Teile 1 bis 10, Stand 03/2004

[2] DIN 4108 Teil 1 bis 7 „Wärmeschutz im Hochbau“ Teil 1 Stand 2001

[3] WTA-Merkblatt 4-5-99/D „Beurteilung von Mauerwerk-Mauerwerksdiagnostik“, Wissenschaftlich- Technische Arbeitsgemeinschaft für Bauwerkserhaltung und Denkmalpflege e.V., 1999

[4] WTA-Merkblatt 4-11-02/D „Messung der Feuchte von mineralischen Baustoffen“, Wissenschaftlich- Technische Arbeitsgemeinschaft für Bauwerkserhaltung und Denkmalpflege e.V., 2003

[5] WTA-Merkblatt 4-7-02/D „Nachträgliche Mechanische Horizontalsperre“, Wissenschaftlich- Technische Arbeitsgemeinschaft für Bauwerkserhaltung und Denkmalpflege e.V., 2002

[6] WTA-Merkblatt 4-6-05/D „Nachträgliches Abdichten erdberührter Bauteile“, Wissenschaftlich-Technische Arbeitsgemeinschaft für Bauwerkserhaltung und Denkmalpflege e.V., 2005

[7] WTA-Merkblatt 4-11-02/D „Messung der Feuchte von mineralischen Baustoffen“, Wissenschaftlich- Technische Arbeitsgemeinschaft für Bauwerkserhaltung und Denkmalpflege e.V., 2003

[8] WTA-Merkblatt 2-2-91 „Sanierputzsysteme“, Wissenschaftlich-Technische Arbeitsgemeinschaft für Bauwerkserhaltung und Denkmalpflege e.V., 1991

[9] WTA-Merkblatt 2-6-99/D „Ergänzung zum Merkblatt 2-2-91/D -Sanierputzsysteme-“, Wissenschaftlich- Technische Arbeitsgemeinschaft für Bauwerkserhaltung und Denkmalpflege e.V., 2000

[10] WTA-Merkblatt 4-4-04/D „Mauerwerksinjektion gegen kapillare Feuchtigkeit“, Wissenschaftlich- Technische Arbeitsgemeinschaft für Bauwerkserhaltung und Denkmalpflege e.V., 2003

[11] WTA- Sachstandsbericht „Messung der Feuchte von mineralischen Baustoffen“, Autorenkollektiv unter Leitung. Prof. Günter Rieche, Wissenschaftlich-Technische Arbeitsgemeinschaft für Bauwerkserhaltung und Denkmalpflege e.V., 2002

[12] „Richtlinie für die Planung und Ausführung von Abdichtungen mit kunststoffmodifizierten Bitumendickbeschichtungen (KMB) -erdberührter Bauteile-“, Stand November 2001, herausgegeben vom „Deutschen Bauchemie e.V.“

[13] Frössel, Frank „Mauerwerkstrockenlegung und Kellersanierung“ 2. durchgesehene Auflage, Frauenhofer IRB Verlag, 2002

[14] Balak, Michael/Pech, Anton , „Mauerwerkstrockenlegung“ Springer Verlag Wien, 2003

[15] Weber Jürgen/Wild Uwe „Mangelfreie Abdichtung Teil 2“ Praxis-Check, WEKA Verlag, 10/2004

6 Injektionsverfahren

von Ines Goschka

6.1 Wirkprinzip der Injektionsverfahren

Unter Injektion versteht man das Einbringen einer flüssigen Substanz in ein Bauteil. Das Einbringen der Substanz erfolgt mit oder ohne Druck mit dem Ziel der vollständigen Verteilung über dem Bauteilquerschnitt.

Das Injektionsverfahren ist in erster Linie ein Verfahren zum nachträglichen Einbringen einer horizontalen Sperrung in Wände. Stellenweise wird es auch zur Herstellung einer vertikalen Abdichtung, z.B. als Baugrundvergelung, oder zum senkrechten Abdichten von an Außenwände anschließende Innenwände (siehe Negativabdichtung) angewandt.

Zur Herstellung einer funktionstüchtigen Abdichtung ist es erforderlich, sämtliche, für Wasser zugängliche Poren mit dem Injektionsgut zu erreichen. Auf physikalischem Weg baut es in den Poren dann seine Wirksamkeit auf.

Die Sperrschicht gegen kapillar eindringende Feuchtigkeit kann über folgende Wirkprinzipien aufgebaut werden:

1. Die Wirkstoffe lagern sich so im von Wasser Porensystem ab, dass ein vollständiger Verschluss der Poren erfolgt und der Kapillartransport verhindert wird. Es handelt sich hierbei um die sogenannte **Kapillarverstopfung**.
2. Die Wirkstoffe lagern sich so im Porensystem ab, dass die Porenradien reduziert werden. Durch diese Maßnahme sollen Kapillarporen in kleinere Poren umgewandelt werden,. welche für Kapillarwasser nicht zugänglich sind, bzw. bei denen die Sauggeschwindigkeit gegen „Null" läuft (siehe Abschnitt kapillare Wasseraufnahme). Es handelt sich hierbei um das Prinzip der **Kapillarverengung**.
3. Die Wirkstoffe lagern sich an den Kapillarwänden ab und bilden in Verbindung mit dem Baustoff eine wasserabweisende Schicht. Bei den Wirkstoffen handelt es sich um sogenannte Hydrophobierungsmittel. Durch eine **Hydrophobierung** der Kapillarwände entsteht eine nicht mit Wasser benetzbare Schicht, durch die kapillare Wassertransporte verhindert werden.

   Im Abschnitt „3.3.1 kapillare Wasseraufnahme" wurde die Formel für die maximale Steighöhe mit H_{max} = 0,15 / Porenradius in cm angegeben. Die Konstante 0,15 beinhaltet neben der Viskosität, dem spezifischen Gewicht und der Erdbeschleunigung auch den Kosinus des Benetzungswinkels.

   Bei unbehandelten mineralischen und damit sehr saugfähigen Baustoffen liegt der Benetzungswinkel zwischen 0 und 90°, der Kosinus ist positiv. Durch eine Vergrößerung des Benetzungswinkels auf 90 – 180° wird der Kosinus negativ, was mathematisch in obiger Formel zu einer negativen Steighöhe führt. Baupraktisch kommt hierdurch die kapillare Wasseraufnahme zum Erliegen. Durch Abstellen der Saugfähigkeit des behandelten Baustoffes kommt somit zu der gewünschten abdichtenden Wirkung gegen kapillar eindringende Feuchtigkeit.
4. Bei dem 4. Wirkprinzip handelt es sich um eine Kombination aus Kapillarverengung und Hydrophobierung.

Im WTA-Merkblatt 4-4-96 werden die Wirkprinzipien wie folgt schematisch dargestellt:

Die Auswahl des Injektionsmittels erfolgt in Abhängigkeit davon, welches der Wirkprinzipien zur Anwendung kommen soll, der Porosität der zu tränkenden Baustoffe und des in der Bauzustandsanalyse ermittelten Durchfeuchtungsgrades.

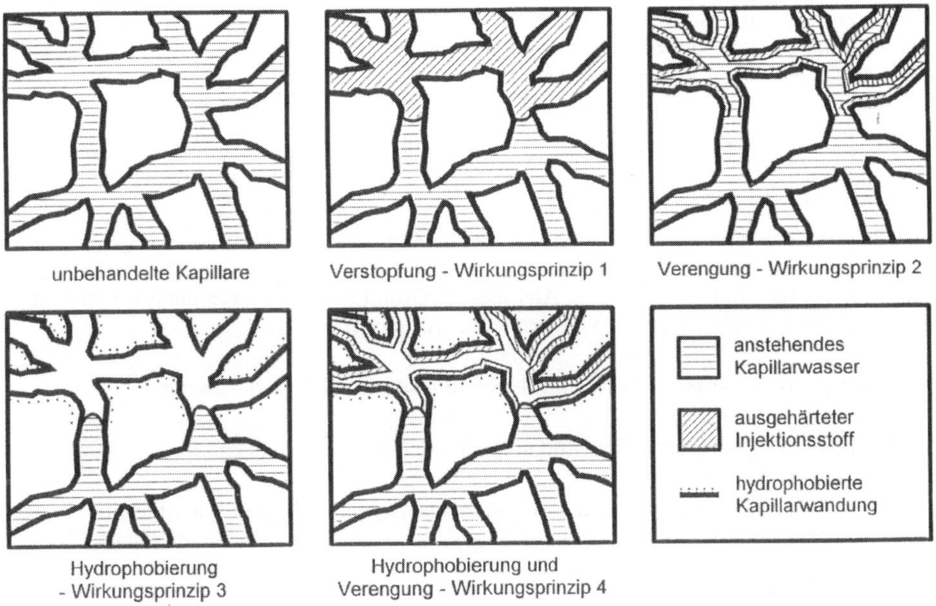

Bild **6.1** Wirkungsprinzipien der Feuchtereduzierung – schematische Darstellungen

6.2 Injektionsmittel und ihre Wirkungsweise

Injektionsmittel müssen sich, um eine durchgängig vollständige Sperrschicht aufzubauen, gut in einem zumindest teilweise mit Wasser gefüllten Porensystem verteilen. Aus diesem Grund müssen sie folgende Eigenschaften aufweisen:

- niederviskos
- niedermolekular
- wasserverträglich
- salzverträglich

Auf dem Markt sind eine Vielzahl an Produkten erhältlich. Im Folgendem soll kurz auf die verwendeten Wirkstoffe und ihre Wirkungsweisen eingegangen werden.

Alkalisilikatlösungen

Dieses Injektionsmittel wird unter Zufuhr von Kohlendioxid in Kieselgel umgewandelt. Durch Ablagerung des Kieselgels in den Poren kommt es zu einer Kapillarverengung und im Idealfall zu einer Kapillarverstopfung.

Problematisch bei Wassergläsern ist die Notwendigkeit der CO_2-Zufuhr. Aus diesem Grund sind die in der Altbausanierung sehr häufig anzutreffenden dicken Mauern mit einem hohen Durchfeuchtungsgrad nicht bzw. nicht ohne zusätzliche Maßnahmen durch diese Mittel abzudichten, da das Kohlendioxid aus der Luft in die tieferen Bereiche nicht gelangen kann.

Grundvoraussetzung für die Beständigkeit der Sperre ist zusätzlich das ständige Vorhandensein von Wasser, da Kieselgel durch Wasserabgabe schwindet. Unter Umständen bildet sich hier ein neues Porensystem mit kapillar leitfähigen Poren.

Ein weiterer Nachteil des Injektionsmittels ist das bei der chemischen Umwandlung entstehende Kaliumcarbonat. Bei diesem Salz handelt es sich um ein leichtlösliches und damit bauschädigendes Salz (siehe auch hygroskopische Feuchte).

Alkalimethylsiliconatlösungen

Diese Injektionsmittel bilden, ebenfalls unter Zufuhr von Kohlendioxid, eine Polymethylkieselsäure und Carbonate.

Durch die Polymethylkieselsäure werden die Porenwände hydrophobiert.

Auch hier sind, wie bei den Alkalisilikatlösungen, die Nachteile in der Gewährleistung der CO_2-Zufuhr und der Salzbildung zu sehen. Aus diesem Grund ist eine Anwendung bei dicken, stark durchfeuchteten und salzbelasteten Wänden nicht erfolgversprechend.

Kombination aus Alkalimethylsiliconatlösungen und Alkalisilikatlösungen

Eine Kombination beider Wirkstoffe führt zu einer Kapillarverengung und einer Hydrophobierung. Das heißt, dass auch beim Schwinden des Kieselgels eine wirksame Sperrung aufgrund der Hydrophobierung vorhanden ist.

Der höheren Sicherheit hinsichtlich des Abdichtungserfolges steht aber auch hier die Voraussetzung des Vorhandenseins von Kohlendioxid und der sich bildenden leichtlöslichen Karbonate entgegen.

Alkalipropylsilikonate

Diese Injektionsmittel bilden hydrophobierend wirkende Substanzen und benötigen hierzu kein Kohlendioxid.

Aus diesem Grund sind diese Stoffe für größere Mauerdicken mit entsprechend hohen Durchfeuchtungsgraden geeignet. Bei einem sehr hohen Durchfeuchtungsgrad empfiehlt sich die Kombination mit einem kapillarverengenden oder -verstopfenden Injektionsmittel, da hier eine Abdichtung nur durch Hydrophobierung kaum erreicht werden kann.

Bitumenlösungen/Bitumenemulsionen

Es handelt sich hierbei um Injektionsmittel, welche unter Druck eingebracht werden und eine Kapillarverstopfung bewirken sollen. Problematisch ist die vollständige Verteilung des Materials über den Mauerwerksquerschnitt. Sofern diese, ggf. durch Nachverpressungen, gewährleistet wird, kann eine funktionstüchtige Sperrung, ohne Bildung von bauschädigenden Salzen hergestellt werden. In der Baupraxis wird das Material allerdings seit Jahren kaum mehr eingesetzt.

Epoxidharze

Es handelt sich hier um eine organische Harzlösung, welche unter Druck in das abzudichtende Bauteil mit dem Ziel der Kapillarverstopfung eingebracht wird.

Epoxidharze sind härtbare Reaktionsharze und bestehen aus zwei Komponenten, dem Harz und dem Härter. Je nach Zusammensetzung und Temperatur erfolgt innerhalb von wenigen Minuten bis mehreren Wochen die Aushärtung des ursprünglich flüssigen Gemischs mittels Polymerisation durch Polyaddition.

Epoxidharze weisen einen geringen Schwund durch entsprechende Zusätze auf, weshalb es zu einer dauerhaften Kapillarverstopfung kommt.

Nachteilig für die Herstellung einer durchgängigen Sperrschicht ist die relative hohe Viskosität und die Wasserempfindlichkeit des Harzes, was einer gleichmäßigen Verteilung im Porensystem des durchfeuchteten Mauerwerks entgegensteht.

Polyurethanharze

Auch hierbei handelt es sich um eine (2-komponentische) organische Harzlösung, welche zum Zwecke der Kapillarverstopfung unter Druck in das abzudichtende Bauteil eingebracht wird.

Der Vorteil gegenüber dem Epoxidharz ist die geringere Viskosität und die geringere Feuchteempfindlichkeit.

Gegenüber anderen Injektionsmitteln ist die Gewährleistung der vollständigen Verteilung über den gesamten Bauteilquerschnitt aber als schwieriger einzuschätzen, sodass diese Produkte vor allem in der Rissverpressung eingesetzt werden.

Silane

Silane sind Verbindungen, die aus Silizium und Wasserstoff bestehen. Sie sind die Grundbausteine für Siloxane und Siliconharze und werden als Hydrophobierungsmittel verwendet. Silane werden in Kohlenwasserstoffen gelöst.

Die organische Funktionalität der Silane erlaubt die Reaktion zu Polymeren aller Art. Ein Vorteil ist die Reaktion von Silanen untereinander. Diese Eigenschaft macht sie zu einem hochwirksamen Vernetzungsadditiv.

Aufgrund ihrer besonderen Struktur verbessern Silane signifikant die Haftung zwischen organischen und anorganischen Materialien. Das Eindringen von Wasser zwischen den Grenzflächen wird erheblich erschwert.

Der Nachteil ist das ökologisch und gesundheitlich bedenkliche Lösungsmittel, weshalb bei der Verarbeitung unbedingt Schutzmaßnahmen einzuhalten sind.

Siloxane – Siliconmikroemulsionen

Siloxane werden als Kohlenwasserstofflösung verarbeitet und als Hydrophobierungsmittel eingesetzt. Sie sind relativ niedermolekular und dringen deshalb in Baustoffe gut ein. Von Nachteil ist hier natürlich, genau wie bei den Silanen, der Lösemittelgehalt.

Dieser Nachteil ist bei der Siliconmikroemulsion abgestellt. Es handelt sich dabei um reines Siloxan oder modifizierte Siloxanverbindungen, die in einer feinteiligen Form als Mikroemulsionen vorliegen. Bei diesem Injektionsmittel handelt es sich um eine wässrige Lösung von selbstemulgierenden Wirkstoffen mit Teilchengrößen im Nanometerbereich, welche hydrophobierend wirken.

Da die Siliconmikroemulsionskonzentrate alkalifrei sind, findet hier auch keine Salzbildung statt

Der Nachteil ist die Notwendigkeit eines alkalischen Milieus als Voraussetzung zum Aufbau der Wirksamkeit. Dieses Milieu kann in der Altbausanierung nicht vorausgesetzt werden, weshalb unbedingt eine Aktivierung des Mittels durch Injektion eines alkalischen Wirkstoffes erforderlich ist.

Dies geschieht über eine Mehrstufeninjektion als eine Form des Druckverfahrens. Die Mehrstufeninjektion kann wie folgt beschrieben werden:

1. Stufe – Injektion einer Zementsuspension zur Hohlraumverfüllung
2. Stufe – Injektion der Siliconmikroemulsion
3. Stufe – Injektion des alkalischen Aktivierungsmittels

Ausgeführt werden entweder Stufe 1 und 2 oder Stufe 2 und 3. Sofern eine Hohlraumverfüllung durchgeführt werden muss, kann auf die Injektion des Aktivierungsmittels verzichtet werden, da die Zementsuspension das notwendige alkalische Milieu gewährleistet. Vor Ablauf einer Stunde nach Einbringen der Suspension sollte Stufe 2 durchgeführt werden. Bei hohlraumfreien Bauteilen erfolgt ca. 24 Stunden nach der Injektion der Mikroemulsion das Einbringen des Aktivierungsmittels über die selben Bohrlöcher.

Paraffine

Paraffine (Alkane) sind gesättigte, relativ reaktionsträge Kohlenwasserstoffe.

Vor Einbringung in das abzudichtende Bauteil werden Paraffine geschmolzen. Um eine gleichmäßige Verteilung im Bauteil zu erreichen, ist es erforderlich dieses aufzuheizen und vorzutrocknen.

Das sich im Porensystem verteilende Paraffin wirkt kapillarverstopfend.

Das Risiko bei diesem Injektionsmittel ist die Gewährleistung einer Temperatur von mindestens 80°C (in der Literatur wird teilweise bis 150° C angegeben) über den gesamten Bauteilquerschnitt. Bei den in der Altbausanierung häufig anzutreffenden sehr dicken Wänden und deren Inhomogenität ist dies mit einem sehr hohen Arbeits-, Energie- und Kontrollaufwand verbunden.

Zementsuspensionen

Zementsuspentionen wurden als kleinporiges Material, als kapillarverengender Abdichtungsstoff eingesetzt. Problematisch war hier jedoch die notwendige Verteilung des Materials im Bauteilquerschnitt, weshalb diese Mikrozemente ihre Bedeutung als Abdichtungsmittel verloren haben.

Heute werden die Zementsuspensionen als Vorbereitung für die eigentliche Injektion des Wirkstoffes verwendet. Durch Druckinjektion werden die Mikrozemente in das Bauteil eingebracht, um Hohlräume, durch die das eigentliche Injektionsmittel abfließen würde, zu verschließen.

Zur besseren Übersicht werden die oben aufgeführten gängigen Injektionsmaterialien kurz tabellarisch zusammengefasst:

Tabelle **6.1** Injektionsmittel ihre Wirkungsweise

Material	vorrangiges Einbringverfahren	vorrangiges Wirkprinzip	Einsatzgrenzen
Alkalisilikatlösungen	drucklos mit Druck	1 und 2	max. DFG 60 % schlanke Bauteile
Alkalimethyl-siliconatlösungen	drucklos mit Druck	3	max. DFG 60 % schlanke Bauteile
Alkalipropylsiliconate	drucklos mit Druck	3	max. DFG 90 %
Bitumenemulsionen	mit Druck	1 und 2	schlanke Bauteile
Epoxidharze	mit Druck	1 und 2	max. DFG 40 %
Polyurethanharze	mit Druck	1 und 2	Einbringdruck über 5 bar erforderlich
Silane	drucklos mit Druck	3	max. DFG 60 %
Siloxane-Siliconmikroemulsion	drucklos mit Druck	3	max. DFG 60 % alkalisches Milieu
Paraffine	drucklos	2	Vortrocknung und Aufheizung des Bauteils notwendig
Zementsuspension	mit Druck	1 und 2	vorrangig für Hohlraumfüllung

6.3 Ausführung des Verfahrens

Ist ein Injektionsverfahren vorgesehen, bedarf es einer intensiven Planung auf Grundlage der geltenden WTA-Merkblätter. Weiterhin ist im Vorfeld abzuklären, ob das Injektionsverfahren aus statischer Sicht am konkreten Bauwerk oder Bauteil und ggf. mit welchen Einschränkungen anwendbar ist. Um festlegen zu können, welches Injektionsmittel geeignet ist und ob es mit Druck oder drucklos einzubringen ist, sind folgende Faktoren abzuklären:

- Wasserbelastung am Bauteil

  Die Wirkprinzipien der Injektionstechnik zielen auf Kapillartransporte ab. Eine Abdichtung gegen Druckwasser ist nur bedingt und äußerst eingeschränkt durch kapillarverstopfende Mittel möglich.

  Sofern aus dem Baugrundgutachten hervorgeht, dass mit Druckwasser zu rechnen ist, sollte auf eine Injektion verzichtet werden oder die Injektionsebene oberhalb des Bemessungswasserstandes, also in dem Bereich der Kapillartransporte, angelegt werden.

- Durchfeuchtungsgrad des Bauteils

  Bei hohen Durchfeuchtungsgraden ist das Porensystem entsprechend mit Wasser gefüllt, was das Einbringen bzw. die Verteilung des Injektionsmittels erschwert.

  Hier ist zu überprüfen, ob flankierende Maßnahmen, wie das Vor- und Nachtrocknen, erfolgversprechend sind. In der letzten Zeit gewinnt die Vortrocknung bei Durchfeuchtungsgraden über 65 % an Bedeutung. Auch die Festlegung der Bohrlochabstände und die Entscheidung, ob mit Druck oder drucklos gearbeitet wird, sollte anhand des Durchfeuchtungsgrades getroffen werden.

- Salzbelastung des Bauteils – hygroskopischer Durchfeuchtungsgrad

  Bei einer hohen Belastung des Bauteils durch bauschädigende Salze kommt es zur hygroskopischen Wasseraufnahme. Weiterhin kommt es im Zuge der Abtrocknung zur Kristallisation der Salze, was zu Schäden an Wand und Wandverkleidungen führen kann.

  Bei einer Sanierung von salzgeschädigten Bauteilen sind umfangreiche Maßnahmen zur Vermeidung dieser Schäden erforderlich. Es ist daher sinnvoll, hier ein Injektionsmittel auszuwählen, bei dem keine leichtlöslichen Salze zusätzlich entstehen, um die Problematik nicht noch zu verstärken.

  Im Einzelfall kann bei sehr hoher Versalzung des Bauteils der Einbau einer Horizontalsperre nicht den gewünschten Erfolg bringen, da hier die hygroskopische Feuchteaufnahme die kapillare überwiegt.

- Wandaufbau – Hohlräumigkeit, Inhomogenität

  Der Wandaufbau ist abzuklären, um zu überprüfen, ob eine Hohlraumverfüllung mittels Zementsuspension erforderlich ist. Unter Umständen, zum Beispiel bei zweischaligem Mauerwerk, kann es wirtschaftlich sinnvoller sein, auf das Injektionsverfahren zu verzichten.

- Baustoffeigenschaften – Porengefüge

  Anhand des vorhandenen Porengefüges (Porengröße und Porenverteilung) sollten die Bohrlochabstände festgelegt werden und abgeklärt werden, ob die Injektion drucklos oder mit Druck zu erfolgen hat.

  Grundlage einer funktionstüchtigen Abdichtung im Injektionsverfahren ist damit eine qualifizierte Planung anhand eines Baugrundgutachtens und einer umfänglichen Bauzustandsanalyse, verbunden mit der Kenntnis über die Wirkungsweise und Risiken der verschiedenen Injektionsmittel.

  Andererseits ist der Erfolg der Sanierungsmaßnahme von der handwerklichen Durchführung abhängig, worauf im Folgendem eingegangen werden soll.

6.3.1 Drucklose Injektion

Bei der drucklosen Injektion erfolgt die Wirkstoffeinbringung und Verteilung lediglich durch die Schwerkraft und Kapillartransporte. Da das Porengefüge zumindest teilweise mit Wasser gefüllt ist, sollten auch für dieses Verfahren vorrangig niederviskose und wasserlösliche Injektionsmittel Verwendung finden.

Das Injektionsmittel gelangt über Vorratsbehälter in die im Bauteil angelegten Bohrlöcher, um sich von da aus über den gesamten Bauteilquerschnitt zu verteilen.

Eine funktionstüchtige Abdichtungsebene kann nur unter folgenden (handwerklichen) Voraussetzungen geschaffen werden:

- Fachgerechtes Anlegen der Bohrlöcher
- Reinigung der Bohrlöcher
- Vermeidung des „Trockenlaufens“
- Überprüfung und Protokollierung des Abflusses des Injektionsmittels
- Verzicht auf das „Gießkannenverfahren“
- Ausreichend Zeit
- Fachgerechtes Anlegen der Bohrlöcher

In Abhängigkeit vom gewähltem Verfahren, dem Wandaufbau, der Wanddicke und dem Injektionsmittel können Bohrlöcher waagerecht oder schräg, einreihig oder mehrreihig, einseitig oder beidseitig von der Wand angeordnet werden. Die Festlegung hierzu erfolgt in der Planungsphase.

Bewährt haben sich Anordnungen mit einem maximalen Bohrlochabstand von 10 bis 12,5 cm. Bei den Bohrungen ist zu beachten, dass der Anstellwinkel möglichst gleich ausgeführt wird, da Abweichungen, in Abhängigkeit von der Wanddicke, zu einer gravierenden Änderung der Bohrlochabstände im Mauerwerk führen können, was Fehlstellen in der Abdichtung zur Folge haben kann.

Die Bohrlöcher selber sollten ca. 5 cm vor der gegenüberliegenden Wandoberfläche enden, einerseits um eine vollständige Verteilung des Injektionsmittels in diesem Bereich zu gewährleisten, andererseits aber auch um zu verhindern, dass das Injektionsgut an dieser Wandseite unkontrolliert austritt. Bei schrägen Bohrungen ist bei der Überprüfung der Bohrlochtiefe die entsprechende Längenänderung gegenüber der Wanddicke zu berücksichtigen.

Bei dicken Bauteilen (ab ca. 60 cm) wird eine beidseitige Injektion empfohlen. Die Bohrlochtiefe sollte dann jeweils ca. 2/3 der Wanddicke betragen. Die höhenmäßige Übereinstimmung der beiden Bohrlochreihen ist unbedingt und genauestens zu überprüfen.

Die Bohrungen sind so anzuordnen, dass zumindest eine Lagerfuge erreicht wird, da Mörtelfugen üblicherweise saugfähiger sind als Ziegel oder gar Natursteine und sich hier das Injektionsmittel besser verteilen kann. Bei dicken Mauern wird empfohlen, dass die Bohrungen mindestens 2 Lagerfugen kreuzen.

Bei mehrreihigen Injektionen ist zu beachten, dass die Bohrlöcher zueinander versetzt als „Zick-Zack-Linie“ angeordnet werden. Auch hier sind die maximalen Bohrlochabstände von 10 bis 12,5 cm einzuhalten, um Feuchtebrücken zu vermeiden.

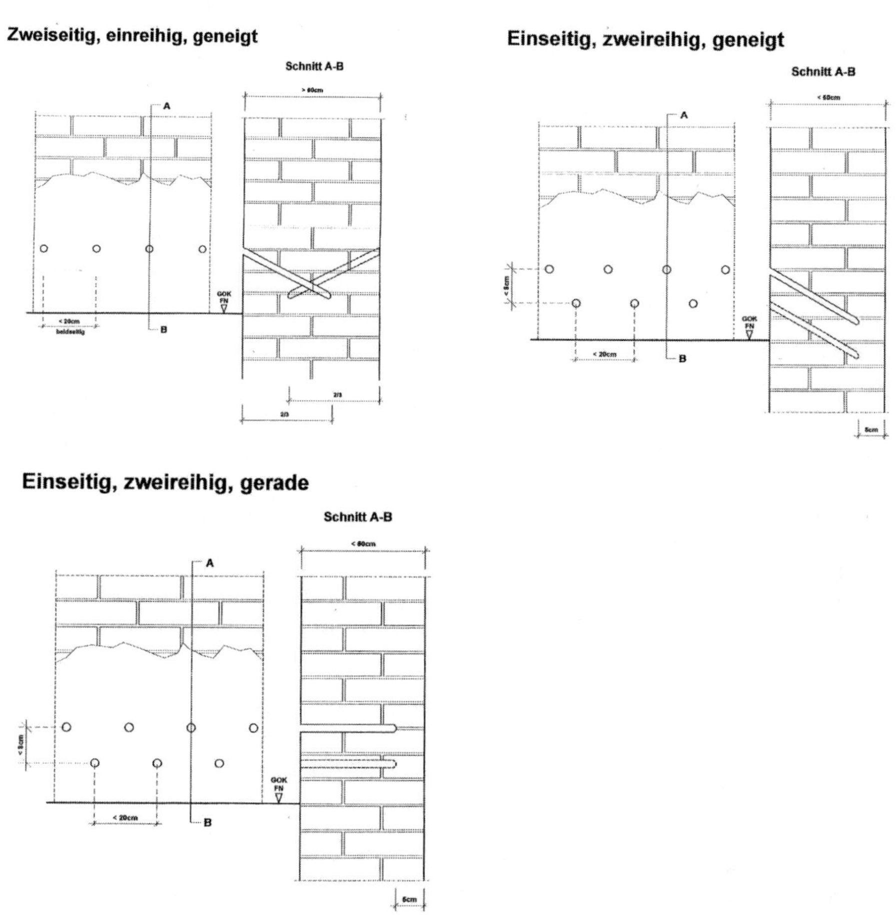

Bild **6**.2 Möglichkeiten der Anordnung von Injektionskanälen nach [16]

– Reinigung der Bohrlöcher

Eine äußerst gründliche Reinigung der Bohrlöcher ist eine wesentliche Voraussetzung für die kapillare Aufnahme des Injektionsmittels.

Beim Bohrvorgang wird das Steinmaterial zermahlen und nach Außen transportiert. Ein Teil des meist feuchten Bohrmehls lagert sich an den Bohrlochwandungen ab und wird bei Weiterführung des Bohrvorganges noch verdichtet. Die dabei entstehenden Krusten verschließen die Kapillaren des Baustoffes und verhindern so das Eindringen des Injektionsgutes.

In Beachtung dessen, dass es sich hier um harte Krusten bzw. feuchtes Bohrmehl handelt, erscheint eine Reinigung durch bloßes Ausblasen als unzureichend. Hier sind zuvor mechanische Maßnahmen (z.B. mittels Drahtbürste) erforderlich. Diese sorgfältige Reinigung aller Bohrlöcher ist zwar äußerst aufwändig, aber Grundvoraussetzung für die Herstellung einer wirksamen Abdichtung.

Als Alternative zur nachträglichen Reinigung werden auf dem Markt spezielle „Druckluftbohrer" angeboten. Durch das Fehlen der Spiralen an diesen Bohrern wird das Bohrmehl nicht mehr an die Wandungen transportiert und es erfolgt ein Ausblasen beim Bohrvorgang selbst. Die nachträgliche Reinigung der Kanäle ist damit nicht mehr erforderlich.

Bild **6.3** Vergleich zwischen mit Spiralbohrer und Druckluftbohrer gebohrten Bohrkanälen

Quelle [5]: I. Georgy zum Vortrag Neue Technologien im Bohren

- Vermeidung des „Trockenlaufens“

  Die Vorratsgefäße sind in Abhängigkeit von der Saugfähigkeit des Mauerwerks so zu wählen, dass auch in Arbeitspausen, über Nacht oder am Wochenende ein Leerlaufen derselben verhindert wird.

  Bei Unterbrechung des Nachflusses kann es zum Aufbau der Wirksamkeit des Injektionsmittels kommen, ohne dass sich bereits eine ausreichende Menge im Bauteilquerschnitt verteilt hat. Dies hätte zur Folge, dass eine vollständige Abdichtung über den Bauteilquerschnitt nicht erfolgt ist, durch die Kapillaren im Bereich der Bohrung jedoch kein Injektionsmittel mehr in diese Bereiche transportiert werden kann. Eine Nachbesserung kann nur durch das Anlegen einer neuen Bohrung erfolgen.

- Überprüfung und Protokollierung des Abflusses des Injektionsmittels

  Der Abfluss des Injektionsmittels aus den Vorratsbehälter ist ständig zu überprüfen und zur Qualitätskontrolle, möglichst je Bohrloch, zu protokollieren. Durch diese Kontrolle wird oben beschriebenes „Trockenlaufen“, aber auch ein unkontrollierter Abfluss des Mittels in einen eventuell noch vorhandenen Hohlraum verhindert.

  Nicht zuletzt ist eine ausführliche Dokumentation der eingebrachten Wirkstoffmenge auch eine nützliche Grundlage für eventuell notwendige Nachinjektionen.

  Die Protokollierung kann unter Angabe von Objekt, Datum, und ausführender Firma wie folgt durchgeführt werden:

Tabelle **6.2** Beispiel für Protokollformular

Bohrloch Nr.	Bohrlochabstand		Injektions-druck	Injektionsmit-telverbrauch	Bohrloch-winkel	Bohr-lochtiefe	Mauer-werks-art
	vertikal cm	horizontal cm	bar	l	Grad	cm	

– Verzicht auf „Gießkannenverfahren“

Zwischenzeitlich seltener, aber noch nicht gänzlich von den Baustellen verschwunden, ist das sogenannte Gießkannenverfahren. Hier werden die Bohrlöcher lediglich mit einer Gießkanne be- und nachgefüllt.

Durch dieses „Verfahren“ kann weder die eingebrachte Injektionsmenge festgestellt werden, noch sind ein unkontrolliertes Abfließen des Injektionsgutes oder ein Trockenlaufen zu bemerken und zu verhindern.

Aufgrund der damit verbundenen gravierenden Risiken ist auf dieses Verfahren grundsätzlich zu verzichten.

– Ausreichend Zeit

Auf Baustellen herrscht bekanntermaßen immer Zeitdruck. Dies sollte aber niemanden dazu verleiten, den Injektionsvorgang vorzeitig zu beenden.

Nach einem anfänglich schnellen Abfließen des Injektionsmittels folgt nur noch ein langsamer Injetionsmitteleintrag. In der ersten Phase füllen sich die bis dahin leeren Kapillaren. Erst in der zweiten, also der langsamen Phase, erfolgt die Verdrängung und Vermischung des Injektionsgutes mit dem Wasser in den gefüllten Poren.

Durch ein vorzeitiges Abbrechen der Injektion wird damit die Abdichtung der wasserführenden Poren, die gleichmäßige Ausbreitung des Injektionsmittels im Bauteilquerschnitt und die gewünschte „Überlappung“ zur Nachbarbohrung verhindert.

Die Injektion ist deshalb erst zu beenden, wenn kein Mittel mehr aufgenommen wird. Im Zweifel sind Probekörper zwischen den Bohrungen, zur Überprüfung der Ausbreitung des Injektionsgutes, zu entnehmen.

Sonderformen

Sonderformen der drucklosen Injektion stellen das Einbringen von Paraffin, das Sprühimpulsverfahren und das Einbringen von Injektionscreme dar. Oben aufgeführte planerische und handwerkliche Voraussetzungen gelten auch für diese Verfahren. Zusätzlich sind jedoch die folgenden Besonderheiten zu beachten:

Injektionscreme

Es handelt sich hierbei um eine Creme mit einem Wirkstoff auf Silan/Siloxanbasis zur Hydrophobierung der Kapillarwände. Die Creme wird mittels Spritze in, meist waagerecht in eine Lagerfuge angebrachte Bohrlöcher gegeben. Das Bohrloch sollte maximal 3 cm vor der gegenüberliegenden Bauteilseite enden.

Aufgrund der cremigen Konsistenz erfolgt die Ausbreitung des Mittels lediglich über die Kapillarporen, ein unkontrolliertes Abfließen im Hohlräume wird somit verhindert, weshalb auf eine Hohlraumfüllung mittels Zementsuspension verzichtet werden kann.

Bei höheren Durchfeuchtungsgraden empfiehlt sich jedoch eine Druckinjektion.

Es handelt sich um ein recht junges Verfahren, welches erst seit einigen Jahren angewandt wird. Inwieweit es sich in der Praxis erfolgreich durchsetzen wird, kann noch nicht eingeschätzt werden.

Paraffin

Hier wird der verflüssigte Wirkstoff in waagerecht oder schräg angeordnete Bohrungen eingebracht. Die Problematik dieses Verfahrens liegt in der Notwendigkeit der Vortrocknung und des Vorheizens des Mauerwerks bei Temperaturen bis zu 150° C.

In der Planungsphase ist unbedingt abzuklären, welche Auswirkungen diese Temperaturen auf das zu injizierende Bauteil aber auch auf angrenzende Bauteile haben, um Materialzerstörungen und Brandrisiken zu vermeiden.

Aufgrund der notwendigen Vortrocknung ist das Material bei jedem Durchfeuchtungsgrad einsetzbar. Inwieweit das Verfahren bei hohen Durchfeuchtungsgraden und des damit verbundenen erheblichen Trocknungsaufwandes wirtschaftlich ist, ist im Einzelfall zu überprüfen. Die Versagensquote ist dllredings relativ gering

Impulssprühverfahren

Bei dem Impulssprühverfahren werden in die Bohrlöcher seitlich gelochte Bohrlochlanzen eingebracht, die mit einem Injektionsgeber verbunden sind. Über den Impulsgeber wird die Injektionsflüssigkeit in zeitlichen Abständen eingebracht und über die Lochung der Sprühlanze an die Bohrlochwand gesprüht.

Das Gerät arbeitet selbsttätig bis zum Erreichen der eingestellten Injektionsmittelabgabe. Die Impulszeit und der Sprühdruck sind auf das jeweilige Mauerwerk abzustimmen.

Aufgrund der notwendigen Voreinstellungen sind Voruntersuchungen und Probeinjektionen einschließlich der Überprüfung der Ausbreitung des Injektionsmittels für dieses Verfahren unerlässlich.

6.3.2 Druckinjektion

Beim Druckverfahren wird das Injektionsmittel mittels Injektionspressen über die in den Bohrungen angeordneten Packern eingebracht.

Man unterscheidet zwischen dem Hochdruck- (bis 100 bar) und dem Niederdruckverfahren (bis 10 bar). In der Altbausanierung spielt das Hochdruckverfahren aus verständlichen Gründen keine Rolle, weshalb auf dieses Verfahren nicht weiter eingegangen werden soll.

Bei der Druckinjektion gelangt das Injektionsgut vorrangig nicht über Schwerkraft und Kapillarkräfte in das Porensystem, sondern wird vielmehr eingepresst. Das hat zur Folge, dass nicht nur die Kapillarporen, sondern auch die auf kapillarem Wege nicht zugänglichen Luftporen mit Wirkstoff gefüllt werden. Bei der Planung des zu erwartenden Wirkstoffverbrauches ist dies zu berücksichtigen.

Das Erreichen der Luftporen ist zur Unterbindung von Kapillartransporten nicht zwingend erforderlich, da in diesen bekanntermaßen keine Kapillartransporte stattfinden. Es ist aber insofern von Bedeutung, da dadurch Injektionsmittelreservoirs angelegt werden, aus denen über Diffusionsvorgänge der Wirkstoff nach und nach in die Kapillarporen abgegeben wird und somit die vollständige Verteilung des Injektionsgutes über den Wandquerschnitt unterstützt.

Hinsichtlich der handwerklichen Ausführung sind, analog zur drucklosen Injektion, folgende Voraussetzungen zu erfüllen:

- Fachgerechtes Anlegen der Bohrlöcher
  siehe drucklose Injektion
- Reinigung der Bohrlöcher
  siehe drucklose Injektion
- Überprüfung und Protokollierung des Abflusses des Injektionsmittels und des Injektionsdruckes und eventueller Besonderheiten

Die Überprüfung des Druckes ist insofern von Bedeutung, als hierdurch Schlüsse über die gewünschte notwendige Verteilung des Injektionsgutes im Bauteilquerschnitt gezogen werden können. Lässt sich kein ausreichender Druck aufbauen oder ist ein Druckabfall festzustellen, ist davon auszugehen, dass das Injektionsmittel unkontrolliert, zum Beispiel in einen Hohlraum, abfließt. Zur Herstellung einer gleichmäßigen Wirkzone sind die Hohlräume entsprechend zu verfüllen bevor eine nochmalige Injektion mit dem eigentlichen Mittel erfolgen kann.

– Zeit

Da das Injektionsmittel unter Druck in das Porensystem eingebracht wird, ist der Zeitfaktor hier, entgegen dem drucklosen Verfahren, eher zweitrangig.

Wichtig ist, dass der Druck, materialabhängig, über einen Zeitraum von ca. 10 Minuten am Bauteil gehalten wird. Um Druckverluste durch benachbarte Bohrlöcher zu vermeiden, empfiehlt sich die gleichzeitige Injektion an mehreren Bohrungen.

6.3.3 Gegenüberstellung drucklose Injektion und Druckinjektion

Zur Erleichterung der Entscheidung für eins der beiden Verfahren werden diese im Folgendem kurz tabellarisch gegenübergestellt:

Tabelle **6**.3 Gegenüberstellung drucklose Injektion und Druckinjektion

	drucklose Injektion	**Druckinjektion**
Ausbreitungsmechanismus	Schwerkraft, Kapillartransport, Diffusion	Einpressdruck Kapillartransport Diffusion
erreichbare Poren	Kapillarporen	Kapillarporen, Luftporen
maximaler Durchfeuchtungsgrad des Bauteils	ca. 50 %	ca. 90 %
Injektionszeit pro Bohrloch	ca. 3 Tage	ca. 10 min
Geräteaufwand	gering	hoch

6.3.4 Flankierende Maßnahmen

Wie bereits in den vorangegangenen Ausführungen erläutert sind folgende Voraussetzungen für das Einbringen einer wirksamen Sperrung an das Bauteil zu stellen:

- Homogenität des Bauteils, ohne Hohlräume, Risse, offene Fugen, in die das Injektionsmittel unkontrolliert abfließen kann
- Maximaler Durchfeuchtungsgrad in Abhängigkeit von gewähltem Verfahren und Injektionsmittel
- Kein anstehendes Druckwasser

Da diese Voraussetzungen in der Altbausanierung in den seltensten Fällen von vornherein gegeben sind, müssen Maßnahmen zur Erfüllung derselben durchgeführt werden.

Homogenität des Bauteils, ohne Hohlräume, Risse, offene Fugen, in die das Injektionsmittel unkontrolliert abfließen kann

Hohlstellen im Wandquerschnitt können, wie bereits ausgeführt, durch eine Mehrstufeninjektion, also dem injizieren von Mikrozementen vor der Injektion des eigentlichen Wirkstoffes, verfüllt werden.

Zur Vermeidung des Abfließens des Injektionsmittels über offenen Fugen oder Risse sollte ein haftender Altputz möglichst erst nach den Injektionsmaßnahmen entfernt werden. Risse und Fehlstellen sind, zum Beispiel durch Verschlämmen, zu verschließen.

Maximaler Durchfeuchtungsgrad in Abhängigkeit von gewähltem Verfahren und Injektionsmittel

Eine zeitnahe und wirkungsvolle Absenkung des Durchfeuchtungsgrades ist nur über eine technische Trocknung möglich. Diese erfolgt über in das Bauteil einzubringende Heizstäbe oder erhitzte Druckluft, stellenweise wird das Mikowellenverfahren eingesetzt.

Da diese technische Trocknung sehr aufwendig ist, wird eine Überprüfung empfohlen, ob bei dem abzudichtenden Bauteil aus wirtschaftlichen Gründen nicht eher ein anderes Injektionsmittel oder Verfahren zur Anwendung kommen sollte.

Kein anstehendes Druckwasser

Da mit dem Injektiosverfahren in der Altbausanierung vorrangig Kapillartransporte unterbunden werden sollen, ist eine Belastung der Injektionsebene durch Druckwasser zu vermeiden.

Mögliche Maßnahmen zur Erfüllung dieser Voraussetzung ist die Erstellung einer Vertikalabdichtung, einer Drainage oder die Baugrundvergelung. Auf die entsprechenden Ausführungen wird in diesem Buch hingewiesen.

6.4 Grenzen und Risiken des Verfahrens

In den Jahren 2000 und 2001 wurde im Rahmen eines Forschungsprojektes die Wirksamkeit von nachträglich eingebrachten Horizontalsperren überprüft. Dr.-Ing. Christian Simlinger aus Wien stellte die Ergebnisse u.a. auf dem 5. Dahlberg-Kolloquium vor.

Zur Beurteilung der Wirksamkeit wurden folgende Kriterien aus der ÖNORM B 3355-1 herangezogen:

W-Kriterium: Die Wirksamkeit muss mindestens 70 % betragen. Zur Ermittlung der Wirksamkeit wird die Differenz zwischen Feuchtegehalt vor und nach der Sanierung mit der Differenz von Feuchtegehalt vorder Sanierung und der Ausgleichsfeuchte ins Verhältnis gesetzt.

D-Kriterium: Der Durchfeuchtungsgrad oberhalb der nachträglich eingebauten Horizontalsperre darf maximal 20 % betragen.

In Hinblick auf die hier interessierenden, im Injektionsverfahren eingebrachten, Horizontalsperren ergaben die Untersuchungen zusammengefasst folgendes Ergebnis:

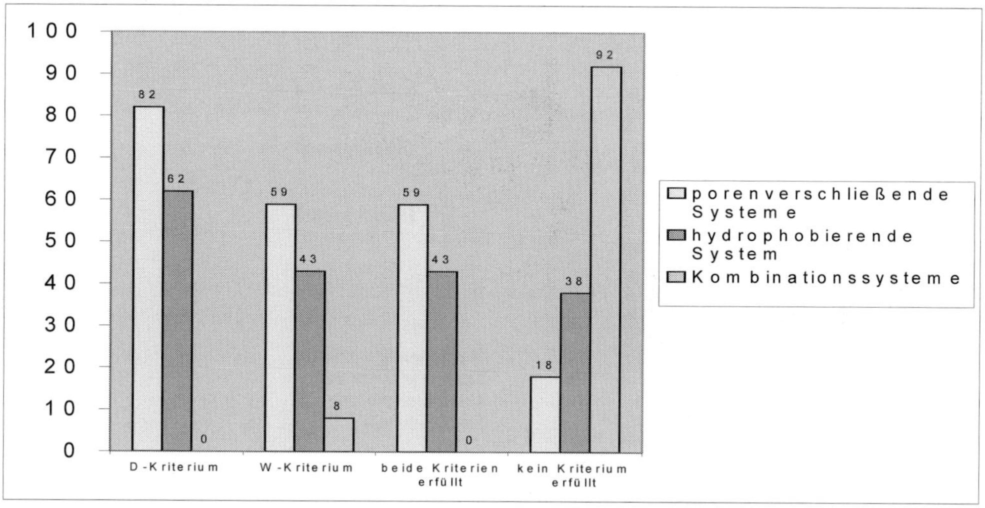

Bild **6.4** Wirksamkeit von Injektionen in Prozent nach Dr.-Ing. Simlinger

Anhand dieser Darstellung ist ersichtlich, dass das Injektionsverfahren an sich ein hohes Versagensrisiko in sich birgt. Auf einige Gründe soll im Folgenden eingegangen werden.

Zu den hauptsächlichen *Ausführungsfehlern* gehören die nicht ausreichende Reinigung der Bohrlöcher, eine zu kurze Injektionsdauer, ein zu groß gewählter Bohrlochabstand und Abweichungen im Anstellwinkel beim Bohren der Kanäle.

Diese Fehler im Einzelnen, vor allem aber in Kombination, verhindern die gleichmäßige Ausbreitung des Injektionsgutes und damit eine vollständige Wirkstoffebene. Dadurch kommt es im Idealfall lediglich zu einer Verringerung der Feuchtebelastung im Bauteil, da nur ein Teil des Porensystems mit Wirkstoff beaufschlagt wird.

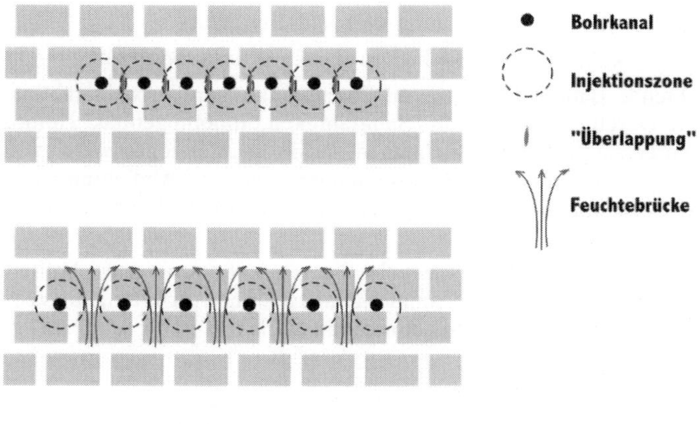

Bild **6.5** Einfluss des Bohrlochabstandes auf die Vollständigkeit der Abdichtungsebene:

6

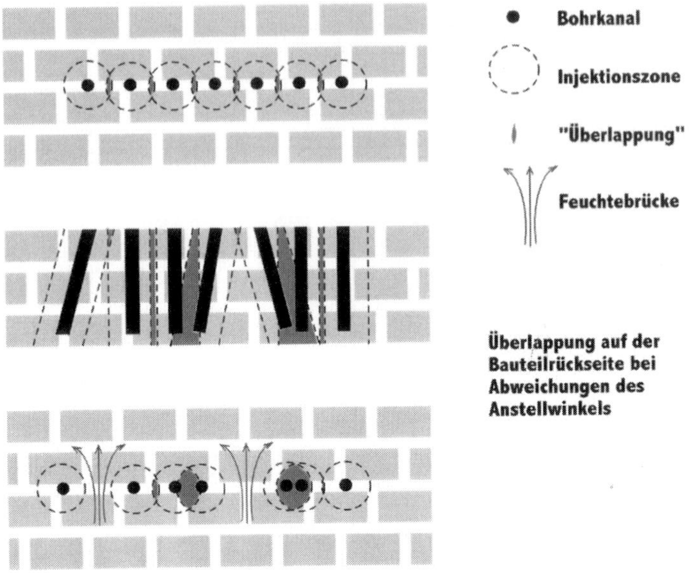

Bild **6**.6 Einfluss des Anstellwinkels auf die Vollständigkeit der Abdichtungsebene, dabei stellt die obere Abbildung die Vorderseite, die mittlere den Schnitt und die letzte Abbildung die Rückseite der Wand dar:

Neben den Ausführungsfehlern stellen die Planungsfehler ein nicht zu unterschätzendes Versagensrisiko dar.

Eine fachgerechte Planung von Injektionen setzt folgende Kenntnisse voraus:

- Kenntnis über die Wirkprinzipien der verschiedenen Injektionsmittel, besonders, da diese üblicherweise weder eine bauaufsichtliche Zulassung besitzen noch in einer Norm geregelt sind
- Kenntnis über Verteilungsmechanismen des Injektionsgutes im Porengefüge
- Kenntnis der grundlegenden Merkblätter und Vorschriften zum Injektionsverfahren
- Kenntnis über das abzudichtende Bauteil in Bezug auf Porengefüge, kapillaren Durchfeuchtungsgrad, hygroskopischen Durchfeuchtungsgrad, Saugfähigkeit, Inhomogenität, Hohlräumigkeit – Hierfür sind entsprechende Voruntersuchungen und Probeinjektionen durchzuführen. Unter Umständen ergibt sich bei diesen Voruntersuchungen, dass eine Abdichtung im Injektionsverfahren auch bei Anwendung der genannten flankierenden Maßnahmen nicht realisierbar ist.

  Beispiel hierfür ist ein Mauerwerk aus Hochlochziegeln. Um ein unkontrolliertes Abfließen des Injektionsgutes zu verhindern, müssten *alle* Kammern zur Hohlraumverfüllung angebohrt werden. Dies ist baupraktisch, wenn auch oft versucht nicht möglich.

Bild **6.**7
nur teilweise verschlossene Luftkammern in der Sperrzone

Bild **6.**8
kapillar aufgenommenes Wasser in der Sperrzone (bei der mpa Leipzig untersuchte Prüfkörper)

Neben den planerischen und ausführungsbedingten Risiken verbleibt auch bei fachgerechter Ausführung des Injektionsverfahrens, systembedingt, ein Restrisiko bezüglich der vollen Funktionstüchtigkeit.

Grundsätzlich gilt, dass eine Injektion bei einem Durchfeuchtungsgrad von 100 % nicht angewandt werden kann, da hier sämtliche Poren mit Wasser gefüllt sind und das Injektionsmittel nicht bzw. nicht in ausreichender Menge eingebracht werden kann. Das Vorhandensein von Wasser in den Poren stellt damit das größte Verfahrensrisiko dar.

Umgekehrt heißt das, dass die besten Ergebnisse im Injektionsverfahren in trockenen Baustoffen erzielt werden können, hier wird es aber, aus verständlichen Gründen, nicht zur Anwendung kommen.

Durch Anwendung des Druckverfahrens wird ein Teil des Wassers verdrängt und durch das Injektionsmittel ersetzt. Um sämtliches Wasser aus den Poren zu verdrängen, wären jedoch Drücke notwendig, die in der Altbausanierung nicht anwendbar sind.

Aus diesem Grund ist, unabhängig von Einbringverfahren, die Vermischbarkeit (über Diffusion und Osmose) des Injektionsgutes mit Wasser und die Möglichkeit des Aufbaus der Wirksamkeit dieser Lösung Grundvoraussetzung für die Unterbrechung der Kapillartransporte.

Die Reaktionszeit des Injektionsmittels muss, zur Gewährleistung der ausreichenden Vermischung entsprechend lange eingestellt sein. Dies kann in anderen, vor allem großporigen Bereichen wiederum zu einer zu starken Verdünnung der Lösung durch nachfließendes Wasser und damit zu einem Versagen der Injektion führen.

Bei hohen Durchfeuchtungsgraden empfiehlt sich daher, analog zum Paraffinverfahren, eine technische Vortrocknung.

Ein weiterer Risikofaktor ist die Beibehaltung der Eigenschaften der Injektionsmittel bezogen auf die geplante Nutzungsdauer des Bauteils. Ihre Wirkung lässt injektionsmittelabhängig, erfahrungsgemäß bei jahrelanger Beanspruchung durch Wasser, zeitweiser Abtrocknung und Wiederbefeuchtung nach. Allgemeingültige Aussagen zur Lebensdauer von im Injektionsverfahren eingebrachten Sperren können jedoch nicht getroffen werden, sie erreichen jedoch nicht die Lebensdauer von mechanisch eingebrachten Abdichtungen.

Fazit:

Aufgrund der Vielzahl an Risikofaktoren, welche nicht vollständig beeinflussbar sind, und anhand von Praxiserfahrungen, kann eingeschätzt werden, dass durch das Einbringen einer Horizontalsperre im Injektionsverfahren eine Reduzierung der kapillar aufsteigenden Feuchte, aber nicht zwangsläufig eine über den geplanten Nutzungszeitraum vollständige Abdichtung erreicht werden kann.

Das Injektionsverfahren entspricht damit aus technischer Sicht dem Stand der Technik. Aufgrund der Versagenshäufigkeit kann es aber nicht als „allgemein anerkannte Regel der Technik“ klassifiziert werden.

6.5 Schleierinjektion

Bei der Schleierinjektion handelt es sich um eine Sonderform der Injektionsverfahren. Im Unterschied zu den bisher aufgeführten Verfahren handelt es sich hier nicht um eine Bauteilabdichtung gegen kapillar aufsteigende Feuchte, sondern um eine Maßnahme, mit der verhindert werden soll, dass im Baugrund anstehendes drückendes oder nicht drückendes Wasser die Außenoberfläche des Bauteiles benetzt.

Da das Injektionsmittel von innen durch das Bauteil hindurch in den Baugrund injiziert wird, eignet sich dieses Verfahren vor allem für Gebäude oder Gebäudeteile, welche nachträglich nicht mehr freigelegt werden können. Vorsorglich wird darauf hingewiesen, dass Injektionen in den Baugrund nach dem Wasserhaushaltsgesetz genehmigungspflichtig sind. Vor Beginn der Arbeiten ist daher eine entsprechende Genehmigung bei der unteren Wasserbehörde einzuholen.

Bei der Schleierinjektion kommen vorrangig Acrylatgele, welche sich durch niedrige Viskosität und Wasserverträglichkeit auszeichnen, zur Anwendung. Es handelt sich hierbei um ein Gemisch aus 2 Komponenten, dem Wirkstoff und dem Härter. Seltener werden Polyurethangele verwendet. Die Reaktionszeit liegt herstellerabhängig zwischen wenigen Sekunden und 60 Minuten.

Im reinen Zustand sind diese Gele praktisch wasserdicht. Bei anstehendem Wasser kommt es zu einer Einlagerung von Wasser und bei einer Austrocknung zur Wasserabgabe. Wasseraufnahme und Wasserabgabe verursachen ein Quellen und Schwinden des Gels.

Zur Durchführung der Schleierinjektion (auch Baugrundvergelung) wird das Bauteil vollständig durchbohrt und das Injektionsgel über Packer injiziert. Das Gel breitet sich in der Fuge zwischen Bauteil und Erdreich und im Porengefüge des angrenzenden Erdreichs aus.

Die hierbei zu wählenden Bohrlochabstände sowie die entsprechenden Injektionsparameter (Materialmenge, Injektionsdruck) sind stark von der Beschaffenheit des angrenzenden Erdreiches abhängig und können daher nicht allgemeingültig aufgeführt werden. Üblicherweise wird mit Bohrlochabständen bis ca. 50 cm und Injektionsdrücken bis 10 bar gearbeitet.

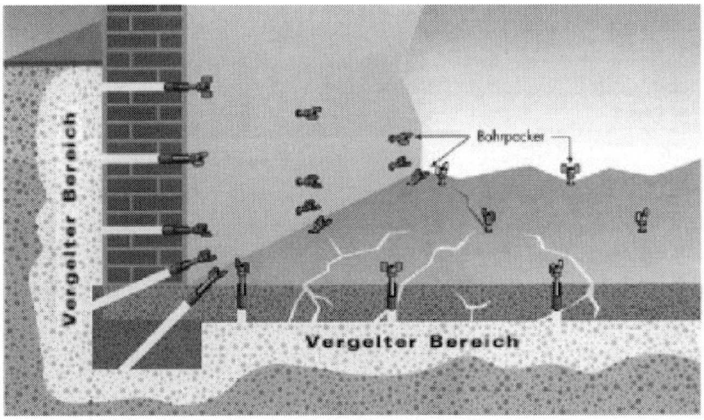

Bild **6**.9
Systemskizze des Verfahrens nach [22]

Der Arbeitsdruck ist der Durchlässigkeit des Bodens gegenüber dem Injektionsmittel anzupassen. Ein zu hoher Druck führt zu Veränderungen im Gefüge des anstehenden Bodens. Es entstehen dadurch Spalten, in denen sich das Injektionsgut unkontrolliert ausbreitet. Das führt zu einem höheren Materialverbrauch als nötig, erhöht aber die Sicherheit der Abdichtung nicht.

Ein hoher Materialverbrauch ist auch zu erwarten, wenn das abzudichtende Material kein gewachsener Boden, sondern eine Mischung aus Bauschutt, Kies und Erde mit den damit verbundenen Hohlräumen ist. Hier empfiehlt sich vor Einbringen des Acrylatgels eine Hohlraumverfüllung z.B. durch Injektion von Zementsuspensionen.

Bei sehr schwach durchlässigen Böden erfolgt kaum noch eine Vermischung des Gels mit dem Baugrund. Hier breitet sich das Gel nur entlang der Bauteilaußenseite, als „Haut" aus. Bei diesem Boden lässt sich ein vollständiger Gelschleier, auch bei Verringerung der Bohrlochabstände nur bedingt erreichen.

Grundvoraussetzung für die Herstellung einer wirksamen Abdichtung ist damit die genaue Kenntnis über die Beschaffenheit des anstehenden Bodens.

Aufgrund der erwähnten Quell- und Schwindvorgänge des Materials, in Abhängigkeit vom Vorhandensein von Wasser im Baugrund, kann es zu einer vorübergehenden Undichtigkeit des Gelschleiers und damit zu einer Wasserbelastung am Bauteil kommen. Bei andauerndem Wasserzutritt erfolgt wiederum ein Quellen des Gels, das Bauteil wird wieder abgedichtet.

In Bereichen mit ständig schwankenden Wasserbeanspruchungen bzw. bei nur zeitweise anstehendem Wasser ist dieses Verfahren deshalb nur bedingt geeignet.

Aufgrund der Komplexität des Verfahrens sollten nur ausgewiesene Fachleute mit der Planung und Ausführung betraut werden.

6.6 Literaturverzeichnis

[1] Prof. Dr. Weber — Instandsetzung von feuchte- und salzgeschädigten Mauerwerk

[2] Rudolf, Hornig — Experimentelle Untersuchungen zur Ausbreitung des Gelschleiers im Baugrund; Forschungsbericht, Universität Leipzig

[3] Kutzner — Injektionen im Baugrund; Ferdinand Enke Verlag Stuttgart, 1991

[4] Haack, Emig — Abdichtungen im Gründungsbereich und auf genutzten Deckenflächen; Verlag Ernst und Sohn, 2003

[5] Venzmer Altbauinstandsetzung 7/8,. Sonderheft Dahlberg-Kolloquium Huss-Medien Berlin, 2004

[6] Venzmer Praxishandbuch Mauerwerkssanierung von A–Z; Verlag Bauwesen Berlin, 2001

[7] Buss Aktuelles Tabellenhandbuch Feuchte, Wärme, Schall; WEKA-Verlag1994

[8] Weber, Wild Mangelfreie Abdichtungen Teil 2, PraxisCheck Architektur WEKA-Verlag 2004

[9] Kabrede, Spirgatis Abdichten erdberührter Bauteile; Nachträgliche Abdichtung, Horizontalsperren, Mauerwerkstrockenlegung; IRB-Verlag 2003

[10] Frössel Mauerwerkstrockenlegung und Kellersanierung; Fraunhofer IRB Verlag; 2001

[11] DIN 4093 Baugrund; Einpressen in den Untergrund; Planung, Ausführung, Prüfung

[12] ABI-Merkblatt Abdichten von Bauwerken durch Injektion; STUVA, Fraunhofer IRB. Verlag 2005

[13] Dr. Hoffmann Wie wirksam, B+B Nr. 6, September 2005

[14] Frössel, Frank Wunsch und Wirksamkeit bei der nachträglichen Horizontalabdichtung; Berichte zu Forschung und Praxis der Denkmalpflege in Deutschlad 12; Fraunhofer IRB-Verlag

[15] WTA-Merkblatt 1-86 Anwendungstechnische Richtlinien für chemische Injektagen gegen aufsteigende Mauerfeuchtigkeit

[16] WTA-Merkblatt 4-4-96 Mauerwerksinjektionen gegen kapillare Feuchtigkeit

[17] WTA-Merkblatt 4-4-04 Mauerwerksinjektionen gegen kapillare Feuchtigkeit

[18] WTA-Merkblatt 4-6-03 Nachträgliches Abdichten erdberührter Bauteile

[19] WTA-Merkblatt 4-5-97 Mauerwerksdiagnostik

[20] www.acrylatgel.de

[21] www.baustoffchemie.de

[22] www.bauwerksanierung.de

7 Nachträgliche Vertikalabdichtung

von Uwe Wild

7.1 Allgemeine Vorbemerkungen

In der Altbausanierung wird im Kellergeschoss teilweise eine gewisse Feuchtigkeit toleriert. Dies insbesondere dann, wenn der Keller nur für untergeordnete Lagerzwecke planmäßig genutzt werden soll. In solchen Fällen wird eine Horizontalsperre oberhalb des Geländeniveaus eingebaut, um zu verhindern, dass Feuchtigkeit bis in das Erdgeschoss kapillar aufsteigt.

Häufig soll der Keller jedoch entweder als hochwertiger Lagerraum oder als Aufenthaltsraum für Personen gemäß Landesbauordnung genutzt werden. Feuchtigkeit im Keller kann dann nicht mehr toleriert werden, sodass weitergehende Maßnahmen zur „Bauwerkstrockenlegung" zu planen und durchzuführen sind.

Eine Vertikalabdichtung sowie die Anordnung der Horizontalsperre im Wandfußbereich ist unumgänglich.

Eine nachträgliche „Bauwerksabdichtung" unter dem Lastfall drückendes Wasser nach DIN 18 195, Teil 6 ist jedoch nur möglich, wenn eine wasserdichte (wannenartige) Verbindung an eine wasserdichte Bodenplatte oder an eine Horizontalabdichtung über den Kellergrundriss erfolgen kann. Alle Abdichtungen sind bei Lastfall „drückendes Wasser" miteinander zu verbinden, sodass eine ***wannenartige*** Abdichtung entsteht.

Der Teil 5 der DIN 18 195 [5] bezieht sich ausschließlich auf Deckenflächen und auf Nassräume. Da sich dieses Kapitel jedoch ausschließlich auf Vertikalabdichtungen bezieht, erfolgt keine weitere Betrachtung des Lastfalles „Nichtdrückendes Wasser".

Eigentlich selbstverständlich ist, dass die Planung einer Vertikalabdichtung nur auf der Grundlage eines Baugrundgutachtens mit möglichst langjährig ermittelten Bemessungswasserstandes erfolgen kann. Dennoch ist leider immer wieder zu beobachten, dass die Planung von Abdichtungsmaßnahmen entweder „vom Schreibtisch aus" oder nach Inaugenscheinnahme der Baugrube erfolgt.

Die Inaugenscheinnahme der Baugrube ist jedoch nicht ausreichend, um zweifelsfreie Rückschlüsse auf den einwirkenden Lastfall zu ziehen. Leider kommt dies gerade bei kleineren Objekten noch relativ häufig vor. Im Schadensfalle beruft man sich dann immer auf den Zustand der Baugrube zum Zeitpunkt der Bauphase. Der Grundwasserstand unterliegt jedoch gewissen Schwankungen, welcher der Baugrundgutachter bei der Festlegung des Bemessungswasserstandes mit berücksichtigt.

Jeder Bauausführende sollte bedenken, dass er mit Angebotsabgabe, sofern kein Leistungsverzeichnis oder anderweitige Planungsvorgaben vorliegen, mit Erstellung eines Angebotes selbst die Planungsleistung übernimmt und entsprechend in Haftung genommen werden kann.

Da eine Vertikalabdichtung nicht isoliert von den weiteren Maßnahmen wie beispielsweise Dränage, Horizontalsperre usw. betrachtet werden kann, wird auch auf die Kapitel „5 Mechanische Horizontalsperre", „6 Injektionsverfahren" und „9 Flankierende Maßnahmen" verwiesen.

Tabelle 7.1 Zuordnung der Abdichtungsarten nach DIN 18 195 zu Wasserbeanspruchung und Bodenart (aus DIN 18 195-1:2000-08)

Nr.	1	2	3	4	5	6
1	**Bauteilart**	**Wasserart**	**Einbausituation**		**Art der Wassereinwirkung**	**Art der erforderlichen Abdichtung nach**
2	Erdberührte Wände und Bodenplatten oberhalb des Bemessungswasserstandes	Kapillarwasser Haftwasser Sickerwasser	Stark durchlässiger Boden[8] $>10^{-4}$ m/s		Bodenfeuchte und nichtstauendes Sickerwasser	DIN 18 195-4
3			Wenig durchlässiger Boden 8) $\leq 10^{-4}$ m/s	Mit Dränung[1]		
4				Ohne Dränung[2]	Aufstauendes Sickerwasser	Abschnitt 9 von DIN 18 195-6:2000-08
5	Waagerechte und geneigte Flächen im Freien und im Erdreich; Wand- und Bodenflächen in Nassräumen[3]	Niederschlagswasser Sickerwasser Anstaubewässerung[4] Brauchwasser	Balkone u. ä. Bauteile im Wohnungsbau Nassräume[3] im Wohnungsbau[6]		Nichtdrückendes Wasser, mäßige Beanspruchung	8.2 von DIN 18 195-5:2000-08
6			Genutzte Dachflächen[5] Intensiv begrünte Dächer[4] Nassräume (ausgenommen Wohnungsbau)[6] Schwimmbäder[7]		Nichtdrückendes Wasser, hohe Beanspruchung	8.3 von DIN 18 195-5:2000-08
7			Nicht genutzte Dachflächen, frei bewittert, ohne feste Nutzschicht, einschließlich Extensivbegrünung		Nichtdrückendes Wasser	DIN 18531
8	Erdberührte Wände, Boden- und Deckenplatten unterhalb des Bemessungswasserstandes	Grundwasser Hochwasser	Jede Bodenart, Gebäudeart und Bauweise		Drückendes Wasser von außen	Abschnitt 8 von DIN 18 195-6:2000-08
9	Wasserbehälter, Becken	Brauchwasser	Im Freien und in Gebäuden		Drückendes Wasser von innen	DIN 18195-7

1) Dränung nach DIN 4095
2) Bis zu Gründungstiefen von 3 m unter Geländeoberkante, sonst Zeile 8
3) Definition Nassraum siehe 3.31
4) Bis etwa 10 cm Anstauhöhe bei Intensivbegrünungen
5) Beschreibung siehe 7.3 von DIN 18 195-5
6) Beschreibung siehe 7.2 von DIN 18 195-5
7) Umgänge, Durchräume
8) Siehe DIN 18 130-1

7.2 Lastfälle nach DIN 18 195 [1]

7.2.1 Zuordnung der einzelnen Abdichtungsarten nach DIN 18 195 [1] zu den möglichen Wasserbeanspruchungen und Bodenarten

Als Grundvoraussetzung jeder Abdichtungsmaßnahme ist zunächst durch den Fachplaner auf der Grundlage eines Baugrundgutachtens der Lastfall festzulegen. Erst danach kann eine Bauwerksabdichtung geplant werden. Das in der Altbausanierung heranzuziehende WTA-Merkblatt 4-6-05/D [27] legt fest, dass im Rahmen der Voruntersuchungen unter anderem der Lastfall nach DIN 18 195 [1] zu ermitteln ist.

Eine zusammenfassende Darstellung der möglichen Abdichtungsarten nach DIN 18 195 wird im Teil 1 der Abdichtungsnorm in Pkt. „4 Grundsätze, Zuordnungen der Abdichtungsarten" aufgeführt. In Bezug auf die Vertikalabdichtung sind ausschließlich die Zeilen 2 bis 4 und die Zeile 8 von Interesse.

Anhand dieser Tabelle kann ähnlich einer „Checkliste" die erforderliche Art der Vertikalabdichtung in Abhängigkeit der Bauteilart, der Bodenverhältnisse und gegebenenfalls unter Berücksichtigung eventuell vorgesehener Dränagen entnommen werden.

7.2.2 Lastfall „Bodenfeuchtigkeit und nichtstauendes Sickerwasser"

Die Vorraussetzung zum Annehmen dieses Lastfalles nach DIN 18 195-4 [4] ist, dass eine dauerhafte Versickerung von Wasser in tropfbarflüssiger Form bis zum Grundwasserstand möglich ist und ein hydrostatischer Druck auf die Abdichtung (auch zeitweise!) zweifelsfrei ausgeschlossen werden kann. Hierzu muss der Durchlässigkeitsbeiwert des anliegenden Erdreiches $k > 10^{-4}$ m/s nach DIN 18130-1 betragen oder eine Dränung nach DIN 4095 [12] vorhanden sein. Hieraus wird ersichtlich, dass bei der Planung von Bauwerksabdichtungen prinzipiell auf ein Baugrundgutachten mit der Angabe des Bemessungswasserstandes ***nicht*** verzichtet werden kann (siehe Pkt. „7.1 Allgemeine Vorbemerkungen").

7.2.3 Lastfall „zeitweise aufstauendes Sickerwasser"

Der Lastfall „zeitweise aufstauendes Sickerwassers" nach Teil 6 der DIN 18 195 [6] ist gegeben, wenn die Gründungstiefe von der Geländeoberkante (GOK) ausgehend maximal 3m und das anliegende Erdreich als wenig durchlässig ($k \leq 10^{-4}$ m/s) zu beurteilen ist. Ferner ist eine Dränage nach DIN 4095 [12] nicht vorhanden.

Der möglichst langjährig ermittelte Bemessungswasserstand befindet sich mindestens 30cm unterhalb UK Kellersohle.

7.2.4 Lastfall „nichtdrückendes Wasser auf Deckenflächen und in Nassräumen"

Der in der (nicht mehr gültigen) Fassung der DIN 18 195, Teil 5 [5] enthaltene Lastfall „nichtdrückendes Wasser" ist in der seit August 2000 verbindlichen Fassung ***für Vertikalabdichtungen nicht*** mehr heranzuziehen (siehe Tabelle **7**.1).

Der Teil 5 der DIN 18 195 [5] bezieht sich nunmehr ausschließlich auf Deckenflächen und auf Nassräume, weshalb eine weitere Betrachtung des Lastfalles „Nichtdrückendes Wasser" in diesem Kapitel nicht erfolgt.

7.3 Klassifizierung nach den Abdichtungsmaterialien

- Kunststoffmodifizierte Bitumendickbeschichtungen (KMB)
- Dichtungsbahnen aus Bitumen und Polymerbitumen
- Kunststoffbahnen/Elastomer-Dichtungsbahnen
- Mineralische und flexible Dichtungsschlämmen
- Weiße Wanne (nur im Neubaubereich)
- Schleierinjektionen mit Acrylatgel
- Bentonit (Naturton)

Weiße Wannen werden in der Altbausanierung nicht als übliche Maßnahme zur nachträglichen Bauwerksabdichtung angewendet und werden hinsichtlich ihrer Technologie in diesem Kapitel nicht weiter abgehandelt.

Es stellt sich für den Planer die Frage, welche der Abdichtungsverfahren und welche Abdichtungsstoffe für das betreffende Objekt am geeignetesten sind. In der Tabelle 7.2 sind einige bei der Beantwortung dieser Frage zu berücksichtigende Vorraussetzungen zur Entscheidungshilfe exemplarisch aufgeführt:

Tabelle 7.2 Vergleichende Betrachtung von verschiedenen Abdichtungsverfahren

Nr.	1	2	3	4	5	6
1	**Auswahlkriterien in der Altbausanierung**	**Kunststoffmodifizierte Bitumendickbeschichtung KMB**	**Bahnenabdichtung**	**Mineralische und flexible Dichtungsschlämme**	**Injektionen (Schleierinjektion und Vergelung)**	**Bentonitabdichtungen**
2	Allgemein anerkannte Regel der Technik (a.a.R.d.T.) zur Anwendungssicherheit für Planer und Ausführenden (Einordnung aus hiesiger Sicht)	entspricht den a.a.R.d.T	entspricht den a.a.R.d.T	entspricht den a.a.R.d.T	Stand der Technik (Sonderverfahren)	Stand der Technik (Sonderverfahren)
3	Regelwerke	DIN 18 195 [1 – 10], KMB-Richtlinie [35]	DIN 18 195 [1 – 10]	Richtlinien für mineralische Dichtungsschlämmen [36, 37]	ABI-Merkblatt (STUVA) [20]	Kein Regelwerk vorhanden
4	Lastfall	Bodenfeuchte zeitweise aufstauende Sickerwasser bei Eintauchtiefen bis 3 m	Bodenfeuchte zeitweise aufstauende Sickerwasser drückendes Wasser	Bodenfeuchte zeitweise aufstauende Sickerwasser drückendes Wasser	Bodenfeuchte zeitweise aufstauende Sickerwasser (drückendes Wasser)(1)	Bodenfeuchte zeitweise aufstauende Sickerwasser drückendes Wasser
5	Geometrie des abzudichtenden Baukörpers einschließlich eventueller Durchdringungen	Einfache Anarbeitung an komplizierte geometrische Gegebenheiten	An komplizierte geometrische Gegebenheiten nur schwierig bzw. mit hohen Arbeitsaufwand anzuarbeiten	Einfache Anarbeitung an komplizierte geometrische Gegebenheiten	Auch in nicht zugänglichen Bereichen (z.B. bei Teilunterkellerungen anwendbar)	Einfache Anarbeitung an komplizierte geometrische Gegebenheiten
6	Innenabdichtung	nicht geeignet	nicht geeignet	möglich, starre Dichtungsschlämmen sind besonders geeignet [27]	nicht geeignet	nicht geeignet

Tabelle **7**.2 Fortsetzung

Nr.	1	2	3	4	5	6
7	Fugenausbildung	Materialwechsel erforderlich	Einbau zusätzlicher Lagen	Materialwechsel erforderlich	unproblematisch, da flexibler Gelschleier	unproblematisch
8	Witterungseinflüsse	Bei Regen ist die Durchführung nicht möglich. Feuchter (nicht nass!) Untergrund kein Problem. Regenfestigkeit kann bei Bedarf beschleunigt werden. Schutz vor UV-Strahlung erforderlich. Abdichtung darf bis zur Durchtrocknung keinen Frost ausgesetzt werden.	Keine Klebearbeiten bei Regen. Untergrund muss trocken sein. Sofort nach Aufbringen der Dichtungsbahnen Widerstandsfähig gegen Frost und Wasser.	Bei Regen ist die Durchführung nicht möglich. Feuchter (nicht nass!) Untergrund kein Problem. Regenfestigkeit kann bei Bedarf beschleunigt werden. Schutz vor UV-Strahlung zu schneller Austrocknung erforderlich. Abdichtung darf bis zur Durchtrocknung keinen Frost ausgesetzt werden.	Unabhängig von Witterung	(relativ) witterungsunabhängig
9	Trocknungszeit	In Abhängigkeit der klimatischen Bedingungen, der Schichtendicke sowie des verwendeten Systems (1- oder 2-komponentig) bis zu mehreren Tagen Prüfung muss an einer Referenzprobe erfolgen	Die Bahnenabdichtung erfüllt sofort nach Einbau ihre Funktion.	In Abhängigkeit der klimatischen Bedingungen, der Schichtendicke sowie des verwendeten Systems	keine	keine
10	Schichtendicke	Schichtendicke muss durch erhöhte Sorgfalt und Nassschichtdickenmessungen kontinuierlich überprüft und kontrolliert werden. Abweichungen treten häufig punktuell an unebenen Dichtungsträgern auf.	Bitumenbahnen sind industriell hergestellte Dichtungsbahnen. Die Schichtdicke ist zwangsläufig gleichmäßig.	Schichtendicke muss durch erhöhte Sorgfalt und Nassschichtdickenmessungen kontinuierlich überprüft und kontrolliert werden. Abweichungen treten häufig punktuell an unebenen Dichtungsträgern auf.	Dicke des Gelschleiers ist für den Ausführenden, für den Überwacher und für den Bauherren nicht direkt kontrollierbar.	Bei Anwendung von industriell hergestellten Bentonit-Matten ist die Schichtdicke zwangsläufig gleichmäßig.

7

Tabelle 7.2 Fortsetzung

Nr.	1	2	3	4	5	6
11	Kontrollierbarkeit	Eine Kontrolle der Schichtendicke kann bei Zweifel nachträglich nur zerstörend im Keilschnittverfahren erfolgen.	Die Schichtendicke muss nicht überprüft werden (siehe auch Zeile 10) Haftverbund und Hohlstellen werden mit der Klangprobe ermittelt.	Eine Kontrolle der Schichtendicke kann bei Zweifel nachträglich nur zerstörend erfolgen.	Nicht direkt kontrollierbar, von der Beschaffenheit des Erdreiches abhängig (vorhandenes Restrisiko)	durch Inaugenscheinnahme möglich
12	Verarbeitung	relativ einfache handwerkliche Ausführung (führt allerdings teilweise auch zur Anwendung von KMB durch nicht ausreichend ausgebildete Anwender)	schwieriger zu verarbeiten	relativ einfache handwerkliche Ausführung (führt allerdings teilweise auch zur Anwendung von Dichtschlämmen durch nicht ausreichend ausgebildete Anwender)	Stellt sehr hohe Anforderungen an Planer und Ausführenden. Der Erfolg ist nur bei Vorhandensein der notwendigen Erfahrung mit diesem Verfahren möglich.	Stellt sehr hohe Anforderungen an Planer und Ausführenden. Der Erfolg ist nur bei Vorhandensein der notwendigen Erfahrung mit diesem Verfahren möglich.
13	Feuchter Untergrund	möglich	nicht möglich	möglich	möglich	möglich
14	Rückdurchfeuchtungen durch Restfeuchtigkeit	Bei Rückdurchfeuchtungen sind Vorkehrungen durch das Aufbringen einer Dichtschlämme erforderlich.	Relativ resistent gegen Rückdurchfeuchtungen (Restfeuchtigkeit)	Rückdurchfeuchtungen stellen für Dichtungsschlämmen kein Problem dar	unproblematisch	unproblematisch
15	Empfindlichkeit gegenüber mechanischen Beschädigung (vergleichend)	relativ hoch	relativ gering	relativ gering	relativ gering	relativ gering, da Quellvermögen
16	Rissüberbrückung	wenig widerstandsfähig gegenüber Rissen	hohe Rissüberbrückung	keine bzw. äußerst geringe Rissüberbrückung	hohe Rissüberbrückung gewährleistet	hohe Rissüberbrückung gewährleistet (2 mm)

(1) Nach M. Balak [40] ist die Anwendung von Flächeninjektionen auf die Lastfälle Bodenfeuchtigkeit und nichtdrückendes Wasser beschränkt, da keine absolut dichte Abdichtung erzielt werden kann. Aus hiesiger Sicht bedarf es diesbezüglich einer Einzelfallprüfung.

Aus den rein exemplarisch aufgeführten Beurteilungskriterien wird ersichtlich, dass keine generelle vergleichende Beurteilung zwischen spachtelbaren Beschichtungen, Bahnenabdichtungen und Sonderverfahren erfolgen kann. So stellen Sonderverfahren in der Sanierung von denkmalgeschützten Gebäuden oftmals die einzige Möglichkeit zur Verbesserung der Feuchtesituation des betreffenden Kellers dar und führen bei einer sorgfältigen Planung und fachgerechten Ausführung in der Regel zum Erfolg.

Vor der Planung und Anwendung von Sonderverfahren sollte mit Blick auf die verbleibenden Restrisiken dennoch grundsätzlich geprüft werden, ob gegebenenfalls Vertikalabdichtungen zur Anwendung kommen können, welche in Anlehnung an DIN 18195 [1 – 10] den WTA-Merkblättern [26, 27, 31] oder in Richtlinien der Deutschen Bauchemie (u.a.) [35, 36, 37] beschrieben sind und entsprechende Langzeiterfahrungen vorliegen.

Diese Beurteilung muss immer auf den jeweiligen Anwendungsfall sorgfältig unter Beachtung sämtlicher in Betracht kommender Gegebenheiten vom Fachplaner sorgfältig abgewogen werden.

Stellt man Kostenvergleiche zwischen den einzelnen genannten Verfahren an, so sind ebenfalls objektabhängig entsprechende Unterschiede festzustellen.

J. Schlicht [39] ist hinsichtlich des Baukostenvergleichs zwischen „Weißer Wanne", „Schwarzer Wanne", und „Brauner Wanne" zu folgendem Ergebnis gekommen:

Tabelle **7**.3 Kostenvergleich nach J. Schlicht [39]

	Weiße Wanne	**Braune Wanne**	**Schwarze Wanne**
Erdarbeiten	keine signifikanten Unterschiede		
Abdichtungsarbeiten	Zusätzliche Kosten für Schalungsaufwand und Fugenbänder	zusätzlich Kosten für Schutzschichten	zusätzlich Kosten für Schutzschichten
Stahlbetonarbeiten	keine signifikanten Unterschiede		
Bauzeitabhängige Kosten (Wasserhaltung, Baustelleneinrichtung, jedoch ohne Einbeziehung der Mittelbaren Kosten für Nutzungsausfall usw.)	am geringsten	Kostenaufwand größer als bei „Weißer Wanne"	Kostenaufwand größer als bei „Weißer Wanne und „Brauner Wanne"
Beispielhaft ermittelte Zirka-Kosten für Keller 30 x 45 m = 1.350 m2 mit einer Geschosshöhe von 4 m	378.800,00 EUR	404.050,00 EUR	487.680,00 EUR
Bewertung	kostengünstigste Variante	25.250,00 EUR teurer als „Weiße Wanne	108.880,00 EUR teurer als „Weiße Wanne"

Der Kostenvergleich des J. Schlicht [39] bezieht sich auf den Neubaubereich, wurde jedoch zur Verdeutlichung der Vielzahl von Einflüssen, welche bei der Auswahl des Verfahrens zu berücksichtigen sind, mit dargestellt.

Beim Kostenvergleich ist weiter zu berücksichtigen, dass „Weiße Wannen" und „Braune Wannen" wasserdampfdurchlässig sind und deshalb mit einer geplanten hochwertigen Nutzung des Kellergeschosses weitere Maßnahmen und Baukosten verbunden sind.
Die Baukosten sind demzufolge stets von den örtlichen Gegebenheiten sowie von der vorgesehenen Nutzung des zu sanierenden Objektes abhängig und daher nicht allgemeingültig zu bewerten.

Die Auswahl des Verfahrens muss vom Fachplaner sowohl unter Berücksichtigung der technischen Aspekte als auch unter Betrachtung des finanziellen Aufwandes immer objektabhängig erfolgen.

7.4 Kunststoffmodifizierte Bitumendickbeschichtungen (KMB)

7.4.1 Materialeigenschaften

Bereits seit ca. 30 Jahren werden Bitumenemulsionen zur Abdichtung von Bauwerken eingesetzt. Die stetig weiterentwickelten Kunststoffmodifizierten Bitumendickbeschichtungen werden im allgemeinen Sprachgebrauch sowie in den Regelwerken und Richtlinien kurz als KMB bezeichnet.

KMB sind heute als Lösemittelfreie Produkte erhältlich.

Man unterscheidet einkomponentige und zweikomponentige Bitumendickbeschichtungen.

Bei den ***einkomponentigen KMB*** handelt es sich um Emulsionen, also in einer wässrigen Lösung verteilte kleinste Bitumentröpfchen (Gemisch aus Bitumen- und Kunststoffdispersion oder Polymerbitumenemulsion). Weitere Zuschlagstoffe sind verschiedene Füllstoffe, Fasern und Hilfsstoffe für die Thixotropierung und Topfkonservierung. Insbesondere bei den Füll- und Hilfsstoffen sind herstellerbedingte Unterschiede bzw. Variationen in der Rezeptur festzustellen. Nach dem Auftragen auf den Dichtungsträger wird das Wasser durch Diffusion an die Umgebungsluft und an den (saugfähigem) Untergrund abgegeben. Schlussendlich bleibt das Bitumen mit den Zuschlagstoffen zurück.

7

Die ***zweikomponentige KMB*** besteht aus einer Bitumenemulsion als erste Komponente und Zement, verschiedene Füllstoffe und Fasern als zweite Komponente. Beide Komponenten werden miteinander sorgfältig vermischt. Der Zement aus der zweiten Komponente reagiert mit dem Wasser aus der zweiten Komponente, weshalb die Verarbeitung in einer bestimmten Zeit erfolgen muss.

Die jeweiligen Vor- und Nachteile von einkomponentigen und zweikomponentigen KMB werden in Pkt. „7.4.1 Materialeigenschaften“ näher erläutert.

Auf Grund der unkomplizierten Verarbeitung an die jeweiligen geometrischen Gegebenheiten erlangten die KMB besonders in der Altbausanierung in der Vergangenheit immer mehr an Bedeutung.

7.4.2 Heranzuziehende Richtlinien und Erkenntnisquellen

Für die Planung von Vertikalabdichtungen aus KMB und der flankierenden Maßnahmen stehen folgende DIN-Normen, Richtlinien und Merkblätter zur Verfügung:

- DIN 18 195, Teil 1 – 6, „Bauwerksabdichtung“, Stand August 2000 [1 – 6]
- DIN 18 195, Teil 7, „Bauwerksabdichtung“, Stand Juni 1989 [7]
- DIN 18 195, Teil 8 – 10 „Bauwerksabdichtung“; Stand März 2004 [8 – 10]
- ATV DIN 18 336 „Abdichtungsarbeiten“, Stand 12/2002 [16]
- Richtlinie für Planung und Ausführung von Abdichtungen mit kunststoffmodifizierten Bitumendickbeschichtungen (KMB); November 2001 [35]
- Richtlinie für Planung und Ausführung von Abdichtungen erdberührter Bauteile mit flexiblen Dichtschlämmen, Januar 1999 [37]
- Richtlinie für Planung und Ausführung von Abdichtungen von Bauteilen mit mineralischen Dichtungsschlämmen, 1. Ausgabe, Stand Mai 2002 [36]
- ÖNORM B 3355-1 „Trockenlegung von feuchtem Mauerwerk, Bauwerksdiagnostik und Planungsgrundlage“ [17]
- ÖNORM B 3355-2 „Trockenlegung von feuchtem Mauerwerk, Maßnahmen gegen aufsteigende Feuchtigkeit im Mauerwerk“ [18]
- ÖNORM B 3355-3 „Trockenlegung von feuchtem Mauerwerk, Flankierende Maßnahmen“ [19]
- WTA-Merkblatt 4-5-99/D „Beurteilung von Mauerwerk- Mauerwerksdiagnostik“, Fassung 9/1999 [24]
- WTA-Merkblatt 4-6-05/D „Nachträgliches Abdichten erdberührter Bauteile“, Fassung 2005 [27]

Wenn Sanierputze als flankierende Maßnahmen vorgesehen sind, müssen zusätzlich noch folgende Merkblätter Beachtung finden:

- WTA-Merkblatt 2-2-91 „Sanierputzsysteme" Fassung 7/1992 [29]
- WTA-Merkblatt 2-6-99/D „Ergänzung zum WTA-Merkblatt 2-2-91/D [30]

Bereits im Juli 1993 kam das Merkblatt „Bauwerksabdichtungen mit kaltverarbeitenden kunststoffmodifizierten Beschichtungsstoffen auf Basis von Bitumenemulsionen" [33] zum Zwecke der Qualitätssicherung heraus. Im Juni 1997 wurde das bestehende Merkblatt durch die „Richtlinie für die Planung und Ausführung von Abdichtungen erdberührter Bauteile mit kunststoffmodifizierten Bitumendickbeschichtungen" [34] ersetzt. Von einer Berücksichtigung der Bitumenemulsionen in der DIN 18 195 war man zu diesem Zeitpunkt immer noch weit entfernt.

Die zuvor genannten Merkblätter und Richtlinien sind nur noch zur nachträglichen Bewertung von bereits bestehenden KMB-Abdichtungen heranzuziehen, welche im interessierenden Zeitraum gemäß der Gültigkeitsdauer ausgeführt wurden.

Im Jahre 1997 wurden die KMB in der Bauregelliste A aufgenommen. Sie sind somit in Deutschland bauaufsichtlich eingeführt.

Im August 2000 wurden die Teile 1 bis 6 der DIN 18195 grundlegend überarbeitet und dabei die KMB als mögliches Abdichtungsmaterial für bestimmte Lastfälle berücksichtigt. Seither sind Vertikalabdichtungen auf der Basis von KMB als geregelte bzw. normgerechte Bauwerksabdichtung zu planen, auszuführen und zu bewerten. Die Planungs-, Anwendungs- und Rechtssicherheit bei der Anwendung von KMB ist somit entscheidend verbessert.

Der Abdichtungsstoff an sich ist, im Gegensatz zu Bitumenbahnen, jedoch derzeit noch nicht genormt.

Im November 2001 erschien die „Richtlinie für die Planung und Ausführung von Abdichtungen mit kunststoffmodifizierten Bitumendickbeschichtungen (KMB) -erdberührte Bauteile" [35] (*im Folgenden kurz -KMB-Richtlinie-*), welche mit der DIN 18 195 [1-10] hinsichtlich der Einteilung der Lastfälle und die diesbezüglichen Anwendungsmöglichkeiten und erforderlichen Trockenschichtdicken von KMB übereinstimmen (siehe Tabelle **7**.4).

Im März 2004 wurden schlussendlich auch die Teile 8 bis 10 der DIN 18 195 überarbeitet. Eine Übereinstimmung der DIN 18 195, Teil 9 [9] und der „KMB-Richtlinie" [35] ist auch in Bezug auf die Anforderungen an Durchdringungen gegeben.

7.43 Planung und Ausschreibung

Allgemeine Planungsgrundlagen

Seit August 2000 sind die KMB in der DIN 18 195 aufgenommen. Die DIN 18 195 ist üblicherweise im Regelfall nur im Neubaubereich anzuwenden. Bauwerksabdichtungen in der Altbausanierung sind jedoch soweit wie möglich in Anlehnung an die DIN 18 195 [1 – 10] zu planen und auszuführen. Sofern die örtlichen Gegebenheiten eine sach- und fachgerechte Anwendung von normgerechten Abdichtungsverfahren wie beispielsweise die Anwendung einer KMB ermöglichen, ist die DIN 18 195 für Planer und Ausführenden auch in der Altbausanierung bindend.

Wenn sich einzelne Forderungen der DIN 18 195 nicht direkt auf die Altbausanierung im interessierenden Anwendungsfall übertragen lassen, ist zumindest eine größtmögliche „DIN-konforme" Ausführung anzustreben. In diesem Falle obliegt dem Planer eine sorgfältige Betrachtung, inwieweit mit der Abweichung von der „Neubaunorm" eventuelle Risiken einhergehen.

Die kunststoffmodifizierten Bitumendickbeschichtungen (KMB) sind derzeit ***nicht*** für den Lastfall drückendes Wasser nach DIN 18 195-6 [6] vorgesehen. Unter Abweichung von der DIN 18 195-6 [6] können unter Verweis auf die KMB-Richtlinie [35] Bitumendickbeschichtungen im zu prüfenden Einzelfall auch bei drückendem Wasser eingesetzt werden, wenn die Eintauchtiefe des Gebäudes höchstens 3 m beträgt.

In diesem Falle obliegen dem Ausführenden und dem Planer oder Bauüberwacher die bereits erwähnten Hinweispflichten gegenüber dem Bauherren. Bei der Ausführung von KMB-Abdichtungen im Bereich des Lastfalles drückendes Wasser sind dem Planer, Ausführenden und Bauüberwacher besondere Sorgfaltspflichten abzuverlangen.

Folgende Arbeitsschritte können beispielsweise bei einer nachträglich anzubringenden Vertikalabdichtung an einem Gebäude notwendig werden:

1. Rückbau der Außenanlagen im Hof bis ca. 1,10 m von der Hauswand entfernt und seitliches Lagern der Materialien.
2. Aushub der Baugrube (die Grube ist so zu bemessen, dass eine sach- und fachgerechte Ausführung der Arbeiten und Qualitätskontrolle im unteren Bereich der Abdichtung gegeben ist.)
3. Bereits vorhandene (mangelhafte) Bitumendickbeschichtung ist vollständig zu entfernen.
4. Vorbereitung des Untergrundes.
5. Einscheiden des Sockelputzes bei ca. + 40 cm OK Gelände und entfernen des Sockelputzes zwischen OKG und +40 cm OKG.
6. Aufbringen eines geeigneten Dichtungsträgers über die abzudichtende Fläche bis ca. + 40 cm OK Gelände als Ausgleichsputz.
7. Grundierung des Dichtungsträgers nach ausreichender und nachgewiesener Durchtrocknung.
8. Aufbringen einer flexiblen Dichtungsschlämme von Fundament bis ca. + 40 cm OK Gelände gemäß der Richtlinie für flexible Dichtungsschlämmen
9. Grundierung der Dichtschlämme
10. Aufbringen einer kunststoffmodifizierten Bitumendickbeschichtung unter Beachtung der KMB-Richtlinie bis OKG
11. Aufbringen eines wasserabweisenden Sockelputzes von OK Gelände bis ca. + 40 cm OK Gelände.
12. Einbau eines mechanischen Schutzes gem. KMB-Richtlinie bzw. nach DIN 18 195, Teil 10 im erdberührten Bereich mit mechanischer Sicherung durch eine Kappleiste.
13. Malermäßige Überarbeitung des kompletten Sockels.

Der Lastfall ist auf der Grundlage eines Baugrundgutachtens im Leistungsverzeichnis anzugeben. Daraus ergeben sich nach der DIN 18 195 [4 – 6] und nach der KMB-Richtlinie [35] folgende Trockenschichtdicken:

Tabelle **7**.4 Mindestrockenschichtdicken von KMB

Mögliche Lastfälle nach DIN 18 195 [4 – 6]	Erforderliche Trockenschichtdicke nach DIN 18 195 [4 – 6]	Erforderliche Trockenschichtdicke nach der KMB-Richtlinie [35]
Nach Teil 4 der DIN 18 195 Bodenfeuchtigkeit und nichtstauendes Sickerwasser	3 mm zwei Arbeitsgange	3 mm ***zwei*** Arbeitsgänge
Nach Teil 5 der DIN 18 195 ***mäßige Beanspruchung***, „Nichtdrückendes Wasser" auf ***Deckenflächen*** und in ***Nassräumen***	3 mm zwei Arbeitsgange	3 mm ***zwei*** Arbeitsgänge
Nach Teil 6 der DIN 18 195 „Aufstauendes Sickerwasser" bei Eintauchtiefen von maximal 3 m	4 mm mit Verstärkungslage	4 mm ***zwei*** Arbeitsgänge mit Verstärkungseinlage

Festlegungen im Leistungsverzeichnis

Die in der Tabelle **7**.4 angegebenen Schichtdicken beziehen sich auf den ***getrockneten*** Zustand. Der mit der Trocknung einhergehende Schwund ist bei der Messung der Nassschichtdicke zu berücksichtigen. Die KMB fordert daher die herstellerseitige Angabe der erforderlichen Nassschichtdicke. Da eine produktspezifische Ausschreibung aus wettbewerbsrechtlichen Gründen kaum in Frage kommt, ist vom Planer immer die Trockenschichtdicke und der einwirkende Lastfall im Leistungsverzeichnis anzugeben.

Teil 2 der DIN 18 195 fordert hinsichtlich Planung und Ausführung von KMB generell ein bauaufsichtliches Prüfzeugnis. Das Prüfzeugnis sollte vom Ausführenden abverlangt werden. Ein diesbezüglicher Hinweis im Leistungsverzeichnis ist empfehlenswert. Bieter, welche aus Kostengründen Produkte ohne Prüfzeugnis einsetzen möchten, scheiden somit von vornherein aus.

Wenn zusätzlich Horizontalsperren geplant werden, ist der Bauablauf zeitlich so zu organisieren, dass die KMB erst ***nach*** dem Einbau der Horizontalsperre erfolgt. Wenn dies bei Mauerwerksinjektionen nicht beachtet wird, kommt es eventuell zur Beschädigung der KMB. Die Bohrlöcher werden gemäß WTA-Merkblatt [31] bis auf 5 cm des Wandquerschnittes eingearbeitet, sodass je nach Beschaffenheit des Mauerwerks einzelne Teile auf der äußeren Seite „abgedrückt“ werden können und die Vertikalabdichtung somit beschädigen (siehe Bild **7**.1).

7

Bild **7**.1
Beschädigungen der KMB durch Einbau einer Horizontalsperre im Injektionsverfahren

Der Planer sollte auch festlegen, ob eine 1- oder 2-komponentige KMB zur Anwendung kommen soll. Dabei sind unter anderem folgende Auswahlkriterien nach den vorherrschenden Baustellenbedingungen zu berücksichtigen:

Tabelle **7**.5 Auswahlkriterien für 1- und 2-komponentige KMB

Auswahlkriterien	1-komponentig	2-komponentig
Witterungsverhältnisse	Durchtrocknungszeit abhängig vom Klima; Frühe Regenfestigkeit kann durch Zugabe von Beschleuniger erlangt werden (Systemabhängig)	Frühzeitig regenfest, unabhängig vom Klima und Temperaturverhältnissen
Geplante Schichtdicke	Trocknet von außen nach innen („Hautbildung“ möglich)	Zügige und gleichmäßige Trocknung auch bei größeren Schichtendicken
Verabeitungszeit (Verarbeitungsgeschwindigkeit je nach örtlichen Gegebenheiten)	Verarbeitung kann auch durch baustellenbedingte Arbeitsunterbrechungen hinweg erfolgen	Fertige Gemisch muss in der vorgegebenen Topfzeit verarbeitet werden.
Ausbildung der Hohlkehle	Auf Grund der Erhärtung durch Wasserabgabe nicht möglich Hohlkehle muss aus anderen geeigneten (systemabhängigen) Materialien erstellt werden	Hohlkehlenausbildung bis Radius 20 mm möglich (Systemabhängig)

Bei der Erstellung der Planungsunterlagen für die Vertikalabdichtung muss auch die vorgesehene Art des Gebäudesockels bereits feststehen bzw. gleichzeitig geplant werden. Dies ist deshalb von

Bedeutung, da die Abdichtung nach DIN 18 195 Teil 4 [4] bis 30cm über die ***geplante*** Geländeoberkante zu führen ist. Nach Anpassung des Geländes bei der Erstellung der Außenanlagen muss die Vertikalabdichtung mindestens noch 15cm über der Geländeoberkante herausragen. Wenn ein Sockelputz vorgesehen ist, müssen Vorkehrungen getroffen werden, welche einen Haftverbund zwischen Vertikalabdichtung und Sockelputz gewährleisten.

Da Bitumen als Untergrund für einen mineralischen Sockelputz im bodennahen Bereich ausscheidet, muss folgender Aufbau vorgegeben und im Leistungsverzeichnis berücksichtigt werden (siehe auch Abb. 7.5):

- Mineralische Dichtschlämme zwischen – 10 cm bis + 30 cm OKG auf Dichtungsträger aufbringen
- systemabhängig gegebenenfalls eine Haftbrücke (Vorspritzmörtel) in die letzte Schicht ***frische*** Dichtungsschlämme aufbringen, wenn ein Putzauftrag oder eine angemörtelte Plattenbekleidung auf der Abdichtung im Sockelbereich vorgesehen ist
- KMB von Fundament/Sohlplatte bis OKG (mithin mind. 10cm die mineralische Dichtschlämme überlappend)
- Mechanischer Schutz auf der KMB bis OKG
- Auftrag des Sockelputzes auf der Dichtschlämme

Wenn beispielsweise ein Wärmedämmverbundsystem oder vorgeblendete (hinterlüftete) Platten im Sockelbereich vorgesehen sind, kann die KMB einfach bis zur Höhe von +30cm OKG angebracht werden.

Nach Teil 6 der DIN 18 195 [6] kann alternativ die Abdichtung auf Höhe GOK gegen Hinterfeuchtung gesichert und der Sockelbereich bis + 30 cm OKG mit wasserabweisenden Baustoffen erstellt werden.

7.4.4 Ausführung

Anforderungen an die Witterungsverhältnisse

Die Temperatur muss zum Zeitpunkt der Bauausführung mindestens +5°C betragen. Bis zur Regenfestigkeit muss die KMB vor Regen geschützt werden und bis zur Durchtrocknung darf die KMB keinem Frost ausgesetzt werden. Bei Einwirkung von intensiver UV-Strahlung soll die zu bearbeitende Fläche beschattet werden.

Anforderungen an den Untergrund

Der Dichtungsträger muss folgende Eigenschaften aufweisen:

- frostfrei
- ausreichend fest (Sinterschichten entfernt)
- ausreichend eben
- frei von Trennmitteln (Staub oder Verunreinigungen)
- ausreichend trocken
- frei von Graten und Fehlstellen
- saugfähig
- Kanten gefast
- Innenecken mit einem Radius von 40 bis 60 mm gerundet (Hohlkehle)

Die Beschaffenheit des Untergrundes als Dichtungsträger wird mit der Wisch- und Kratzprüfung ermittelt. Beim „Wischen“ mit der Hand dürfen sich keine Teilchen des Dichtungsträgers lösen. Durch „Kratzen“ mit einer Reißnadel oder ähnlichem werden eventuelle Sinterschichten an der Oberfläche erkannt. Es dürfen sich dabei keine Teile vom Untergrund ablösen. Durch das Benetzen des Untergrundes mit Wasser wird die Saugfähigkeit getestet (Benetzungsprobe). Die Beurteilung bzw. Interpretation fordert dem Prüfer insbesondere bei der Kratzprüfung einige Erfahrung ab.

Wenn die Dichtungsträger nicht geeignet sind oder das Mauerwerk keine Beschichtung aufweist, sind die Fugen und eventuell vorhandenen Fehlstellen nach Reinigung der Mauerwerksfläche mit einem Ausgleichsputz zu versehen. Ziel ist es, mit dem Ausgleichsputz eine Oberfläche zu schaffen, welche die oben genannten Vorrausetzungen für einen weiteren Abdichtungsaufbau mit KMB erfüllt.

Folgende Untergründe sind für KMB geeignet:

- Mauerwerk nach DIN 1053 [13] (in der Altbausanierung kaum relevant)
- Mischmauerwerk
- Beton/Stahlbeton (in der Altbausanierung kaum relevant)
- Putz nach DIN 18 550 [14]
- Altanstriche aus Bitumen auf mineralischen Untergründen (Einzelfallprüfung erforderlich)

Bild **7**.2
Ausformen der Hohlkehle in die frisch aufgebrachte Dichtungsschlämme Foto: Dyckerhoff Sopro GmbH)

Bild **7**.3
Aufbringen von KMB im Kehlenbereich (Foto: Dyckerhoff Sopro GmbH)

Schichtenaufbau bei Vertikalabdichtungen aus KMB

Wenn mit Rückdurchfeuchtungen (rückseitig einwirkendes Wasser aus dem Wandbildner) zu rechnen ist, muss zunächst eine mineralische Dichtschlämme aufgebracht werden. Flexible Dichtungsschlämmen können eingesetzt werden, wenn sie der rückseitig einwirkenden Wasserbeanspruchung standhalten. Rückseitige Feuchteeinwirkungen resultieren beispielsweise aus einem hohen Feuchtegehalt des Wandbildners.

Bild 7.4
Dichtschlämme im Sockelbereich bis + 30cm OKG/KMB bis OKG mit mindestens 10 cm Überlappung im erdberührten Bereich

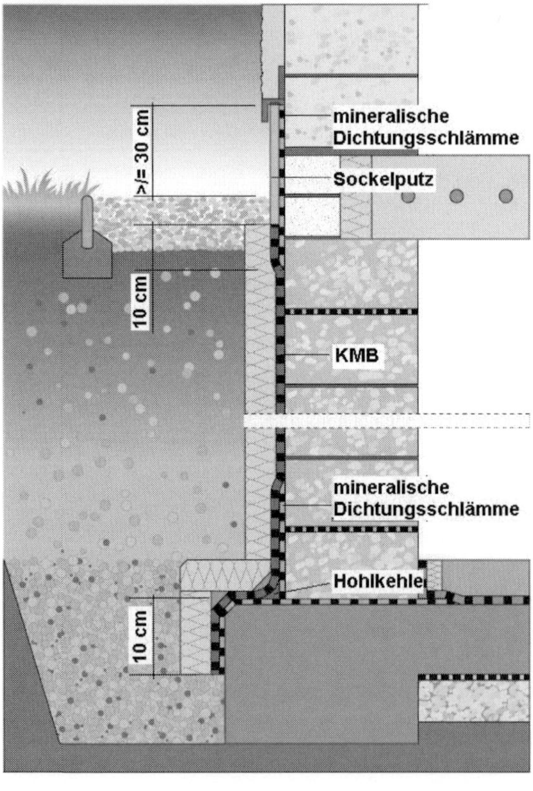

Bild 7.5
Prinzipskizze Kombination KMB mit mineralischen Dichtungsschlämmen

Vor Auftrag der KMB ist der Untergrund systemabhängig zu grundieren. Nach DIN 18 195, Teil 3 [3] kann der Voranstrich systembedingt entfallen. Allerdings sollte mit Blick auf die vorherrschenden Baustellenbedingungen aus Sicht des Autors zum Zwecke der Staubbindung und Schaffung eines gleichmäßig saugenden Untergrundes ***nicht*** auf den Voranstrich verzichtet werden. Die Grundierung erfüllt auch die Aufgabe der Oberflächenverfestigung.

Bild **7**.6
Beseitigen von Unebenheiten (Foto: Dyckerhoff Sopro GmbH)

Bild **7**.7
Grundieren des Untergrundes (Foto: Dyckerhoff Sopro GmbH)

Nach ausreichender Trocknung der Grundierung auf dem Dichtungsträger kann dann die KMB aufgebracht werden. Die DIN 18 195 und die KMB-Richtlinie lassen Spachtel- und Spritzverfahren zu. Ferner sind generell zwei Arbeitsgänge erforderlich, welche gegebenenfalls „frisch in frisch" aufgebracht werden können. Weder die DIN 18 195 [4] noch die KMB-Richtlinie [35] fordern bei Lastfall „Bodenfeuchtigkeit und nichtstauendes Sickerwasser" den Einbau eines Vlieses oder Gewebes. Bei Lastfall „aufstauendes Sickerwasser" hingegen ist eine Einlage aus Gewebe oder Vlies zwingend vorgeschrieben.

Bei Arbeitsunterbrechungen ist die Beschichtung in der Fläche „auf Null auslaufen" zu lassen. Die „Schnittstelle" darf nicht an Ecken, Kanten, Kehlen oder im Bereich von Anschlüssen oder Durchdringungen liegen. Die Überlappung nach der Arbeitsunterbrechung sollte mindestens 10 cm betragen.

Das Überlappungsmaß von mindestens 10 cm gilt beispielsweise für folgende Anschlüsse.

- Stirnseite der Sohlplatte oder Streifenfundament
- An Flächen mit Arbeitsunterbrechungen
- Im Übergangsbereich zu Dichtschlämmen am Gebäudesockel (siehe Abbildung **7**.5)

Die im Teil 6 der DIN 18 195 [6] und in der KMB-Richtlinie geforderten Gewebe- bzw. Verstärkungseinlagen dienen in erster Linie zur Kontrolle der Schichtendicke und werden in die erste Lage der KMB mit einer Glättkelle vollflächig eingearbeitet. Die Prüfung der Nassschichtdickenkontrolle mit dem Schichtendickenmesser muss an der ersten Lage vor Einbau der Einlage und bei Erstellung der zweiten Lage separat erfolgen und dokumentiert werden.

Das Aufbringen der KMB mit einer Kammspachtel hat den Vorteil, dass bei entsprechender Wahl der Zahnung und des Anstellwinkels die erforderliche Nassschichtdicke „aufgekämmt" werden kann (siehe Bild **7**.12). Im zweiten Arbeitsgang werden dann die Zwischenräume mit KMB glatt verspachtelt. Hierbei ist jedoch bei dem zweiten Materialauftrag auf eine vollständige Verfüllung aller Zwischenräume zu achten. Da bei dieser Verfahrensweise eine Verstärkungslage nicht eingebaut werden kann, ist der Materialauftrag mittels Kammspachtel ausschließlich auf den Lastfall Bodenfeuchte und nichtstauendes Sickerwasser nach DIN 18 195-4 [4] beschränkt.

Durchdringungen sind lastfallabhängig auszuführen. Bei Lastfall „Bodenfeuchtigkeit und nichtstauendes Sickerwasser" nach Teil 4 der DIN 18 195 [4] werden die Rohrdurchführungen angeraut, gereinigt und mit KMB hohlkehlenartig eingedichtet (siehe Bilder **7**.8 bis **7**.10).

7

Zwischen Rohrdurchführung und Mauerwerk müssen aber zuvor sämtliche Hohlräume sauber verschlossen werden. Hier sind die Anforderungen an den Dichtungsträger gleichfalls zu gewährleisten (siehe Pkt. „7.4.4 Anforderungen an den Untergrund"). Bauschaum oder ähnliches ist kein geeigneter Dichtungsträger, da er die diesbezüglichen Anforderungen der DIN 18 195 [4, 6] nicht erfüllt.

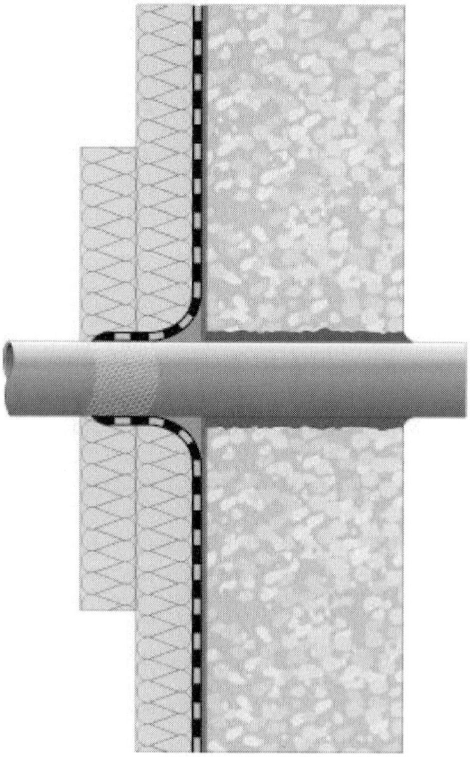

Bild **7**.8
Rohrdurchführung mit Anschluss aus KMB bei Lastfall Bodenfeuchtigkeit und nicht stauendes Sickerwasser (Grafik: Dyckerhoff Sopro GmbH)

Bild **7.**9
Untergrundvorbereitung (aufrauen) an der Rohrdurchführung bei Lastfall Bodenfeuchtigkeit und nicht stauendes Sickerwasser (Foto: Dyckerhoff Sopro GmbH)

Bild **7.**10
Herstellen einer Dichtungskehle aus KMB bei Lastfall Bodenfeuchtigkeit und nicht stauendes Sickerwasser (Foto: Dyckerhoff Sopro GmbH)

Bei Lastfall „aufstauendes Sickerwasser" ist eine Los-Festflanschkonstruktionen mit Manschetten einzubauen und in die KMB vollsatt einzubetten.

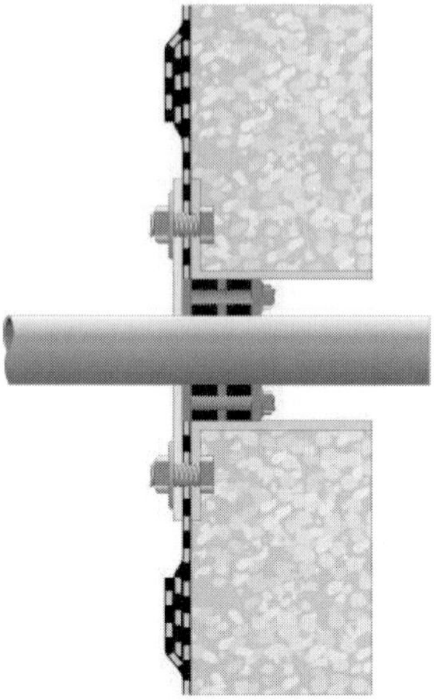

Bild **7**.11
Rohrdurchführung mit Flanschkonstruktion bei Lastfall aufstauendes Sickerwasser (Grafik: Dyckerhoff Sopro GmbH)

Bild **7**.12
Aufbringen einer KMB mit Zahhnspachtel/Glättkelle (Foto: Dyckerhoff Sopro GmbH)

Auf dem Dichtungsträger aufgebrachte KMB muss vor UV-Strahlung in geeigneter Art und Weise geschützt werden. Der mechanische Schutz sollte unverzüglich nach an der Referenzprobe geprüfter ausreichender Durchtrocknung angebracht werden, um die Abdichtung vor UV-Strahlung und mechanischer Beschädigung in der Bauphase und im späteren Nutzungszustand zu schützen. Für KMB sind nur für diesen Verwendungszeck zugelassene Noppenbahnen zu verwenden.

Linien- oder punktförmige Belastungen sind zu vermeiden. Demgemäss muss der mechanische Schutz ausgewählt werden. Noppenbahnen, welche lediglich als Grundmauerschutz dienen, sind bei KMB nicht zu verwenden, da die punktförmige Belastung unter Einwirkung des Erddruckes zu einer nicht hinnehmbaren Zusammendrückung der KMB und somit zu einer erheblichen Unterschreitung der geforderten Mindesttrockenschichtdicke führen kann. Die KMB besitzt ein plastisches Verformungsverhalten und ist daher nur gering druckstabil.

Rein vorsorglich wird noch darauf hingewiesen, dass unter dauernder Einwirkung des Erddrucks Bitumenmasse in die rückwärtigen Trichteröffnungen der Noppen bei ungeeigneten Schutzschichten gelangt. Durch die so entstehende Verzahnung der Schutzlage mit der Vertikalabdichtung, kann die Dickbeschichtung durch vertikale Setzungen des Erdreiches (beispielsweise beim verdichten) beschädigt werden.

Darüber hinaus muss der Mechanische Schutz durchwurzelungssicher und unverrottbar sein. Hier kommen beispielsweise eine Polyethylen-Noppenbahn mit Gleitfolie auf der Seite der Abdichtung und einem aufkaschiertem Polypropylen-Filtervlies auf der äußeren Seite in Betracht (siehe Bild 7.13).

Bild 7.13
Für KMB geeignete Noppenbahn mit Gleitfolie und Filtervlies

Generell ist für die Grundierung, Dichtschlämme, Hohlkehlmörtel und KMB die Anwendung eines Herstellersystems zu empfehlen. Viele Hersteller bieten zu diesem Zweck aufeinander abgestimmte und geprüfte Produkte als geprüften Systemaufbau an. Der Vorteil liegt bei sach- und fachgerechter Verarbeitung in der Risikominimierung hinsichtlich der Materialverträglichkeit.

Beachtung der Schichtendicke und Qualitätssicherung durch Eigenüberwachung

Der Ausführungsbetrieb hat im Rahmen der Eigenüberwachung die Nassschichtdicke ständig zu kontrollieren und zu protokollieren. Dennoch ist darauf hinzuweisen, dass die Eigenüberwachung keineswegs die Bauüberwachung nach Phase 8 der HOAI ersetzen soll oder kann. Vielmehr soll bereits zum Zeitpunkt der Ausführung der notwendige Qualitätsstandard erreicht werden, um technische Mängel von vornherein zu vermeiden. Die Kontrolle durch den Bauüberwacher erfolgt zusätzlich nach den Regelungen der HOAI.

Der Autor empfiehlt grundsätzlich die Nassschichtdicke gemeinsam zum Zeitpunkt der Bauausführung zu kontrollieren und zu protokollieren. Ein entsprechendes Protokoll-Formblatt gemäß KMB-Richtlinie ist in Abbildung 7.14 dargestellt. Das mit den erforderlichen Daten versehene Protokoll sollte vom Ausführenden und vom Bauüberwacher unterzeichnet und der Bauakte zur Dokumentation beigelegt werden.

Anhang 3: Formblatt „Dokumentation"

Ausführungsprotokoll für die Herstellung von Abdichtungen mit kunststoffmodifizierten Bitumendickbeschichtungen (KMB)

Ausführendes Unternehmen

Verarbeiter/Mitarbeiter

Bauvorhaben

Auftraggeber

DatumTagesbericht-Nr.

Objektdaten	Lufttemperatur: °C ☐			Untergrundtemperatur: °C ☐
	Luftfeuchte: in % ☐	regnerisch ☐	sonnig ☐	bewölkt ☐
Baufortschritt	Kellerwände ☐	Kellerdecke ☐	EG-Decke ☐	Dach ☐
Boden	durchlässig (z.B. Kies/Sand) ☐	wenig durchlässig (z.B. Ton/Lehm) ☐		Wasserhaltung ☐
Dränung gemäß DIN 4095	vorhanden ☐	nach LV geplant ☐		nach LV keine ☐
Lastfall		Bodenfeuchte/ nichtstauendes Sickerwasser ☐		Grundwasser* ☐
		aufstauendes Sickerwasser ☐		nichtdrückendes Wasser, mäßige Beanspruchung ☐
				nichtdrückendes Wasser, hohe Beanspruchung* ☐
Untergrund	Mauerwerk – glatt ☐	– haufwerkporig ☐		– profiliert ☐
	Betonalter/Tage ☐	verputzte Fläche ☐		sonstige ☐

*Hinweis: Für diese Beanspruchung läßt DIN 18 195-5 bzw. -6 keine Bitumenbeschichtungen zu. Entsprechend VOB, Teil C, der DIN 18 336 ist die Abdichtung mit Dickbeschichtungen zu vereinbaren. Der Auftraggeber ist auf die Abweichung zur DIN 18 195 ausdrücklich (schriftlich) hinzuweisen.

Untergrundvorbereitung	Flächen gereinigt ☐ Fundamentvorsprung/Stirnfläche gereinigt ☐ Kanten gefast ☐ überstehende Horizontalsperre beseitigt ☐	Vertiefungen >5mm vermörtelt ☐ Dünnputz erstellt ☐ Kratz- und Lunkerspachtelung ☐ Schutz gegen rückseitig einwirkendes Wasser ☐
Voranstrich	Produktbezeichnung: Verdünnung:	verwendete Menge ☐ erstellt am:
Hohlkehle	aus Bitumendickbeschichtung ☐ aus Mörtel ☐	erstellt am:
Flächenabdichtung	Verwendete Dickbeschichtung: 1. Schicht erstellt am: geforderte Nassschichtdicke:	Gewebeeinlage ☐ ja ☐ nein 2. Schicht erstellt am: Verbrauch Gebinde:
Schutzschicht	Verwendete Schutzplatte: ggf. verwendeter Kleber:	verklebt ☐ ja ☐ nein erstellt am:
Dränschicht (Vertikaldränung)	Verwendete Dränplatte: Verwendete Dränmatte:	verklebt ☐ ja ☐ nein
Perimeterdämmung	Verwendete Dämmplatte: ggf. verwendeter Kleber:	verklebt ☐ ja ☐ nein vollflächig ☐ punktuell ☐

7

Durchtrocknungsprüfung

Referenzprobe angelegt am:

Referenzprobe auf Durchtrocknung geprüft	1. Datum:	durchgetrocknet	ja	nein
	2. Datum:	durchgetrocknet	ja	nein
	3. Datum:	durchgetrocknet	ja	nein
	4. Datum:	durchgetrocknet	ja	nein
	5. Datum:	durchgetrocknet	ja	nein

Hinweis: Für die nachträgliche Prüfungen am Objekt kann die Trockenschichtdicke durch das Keilschnittverfahren ermittelt werden.

Prüfung der Nassschichtdicke

Bei Abdichtungen nach DIN 18 195-5 bzw. -6 sind die Schichtdickenkontrollen sowie die Durchtrocknung zu dokumentieren.

Nassschichtdickenmessung

(Mindestens 20 Messungen je Objekt bzw. 20 Messungen je 100 m²)

	1. Auftrag	2. Auftrag	3. Auftrag
Messung Nr. 1			
Messung Nr. 2			
Messung Nr. 3			
Messung Nr 4			
Messung Nr. 5			
Messung Nr 6			
Messung Nr. 7			
Messung Nr. 8			
Messung Nr. 9			
Messung Nr. 10			
Messung Nr. 11			
Messung Nr. 12			
Messung Nr. 13			
Messung Nr. 14			
Messung Nr. 15			
Messung Nr. 16			
Messung Nr. 17			
Messung Nr. 18			
Messung Nr. 19			
Messung Nr. 20			

Bild **7**.14 Ausführungsprotokoll gemäß KMB-Richtlinie [35]

Die Prüfung erfolgt mit einem Nassschichtdickenmesser wie in Bild **7**.15 dargestellt. Bei der Auswahl der Messpunkte ist auf deren Aussagekraft für die gesamte Vertikalabdichtung achten. Dass heißt, die Messpunkte müssen eine entsprechende „Streuung“ über die Vertikalabdichtung aufweisen.

Bild **7**.15
Messung der Nassschichtendicke von Bitumen-Dickbeschichtung

Es sind mindestens 20 Messungen pro Objekt durchzuführen. Bei größeren Objekten sollten 20 Messungen auf 100 m^2 KMB-Abdichtung erfolgen.

Die Nassschichtdicken entsprechen nicht der in der DIN 18 195 [4, 6] und der KMB-Richtlinie [35] angegebenen Schichtdicken. Dies resultiert aus dem Schwindungsverhalten des jeweiligen Produktes beim Austrocknen. Da die verschiedenen KMB unterschiedliche Füllstoffe aufweisen, ist auch das Schwindverhalten von Produkt zu Produkt unterschiedlich. Der Hersteller hat aus diesem Grund die erforderliche Nassschichtdicke in Bezug auf die Lastfälle anzugeben.

Aus der baupraktischen Erfahrung heraus ist leider festzustellen, dass die geforderten Mindestschichtdicken teilweise nicht eingehalten werden. Dies liegt oft an der direkten Übertragung der Herstellerangaben auf das jeweilige Bauobjekt ohne Berücksichtigung der örtlichen Gegebenheiten. Die Untergründe in der Altbausanierung sind oft nicht völlig eben, weshalb Schwankungen im Materialauftrag zwangsläufig entstehen.

Es ist grundsätzlich zu beachten, dass es sich bei den in der Tabelle **7**.4 in Abhängigkeit des Lastfalls angegebenen Schichtendicken um ***Mindestangaben*** handelt. Daraus folgt, dass die Herstellerangaben sich auf die „ungünstigste", punktuelle Stelle beziehen. Bei unebenen Untergründen ist daher ein gewisser Zuschlag empfehlenswert, um die geforderte Trockenschichtdicke in der gesamten Fläche zu gewährleisten. Die vom Hersteller angegebene Nassschichtdicke ist allerdings auch nicht um mehr als 100 % zu überschreiten. Insbesondere bei 1-komponentigen KMB kann sich eine Haut an der Oberfläche bilden und es besteht die Gefahr der mechanischen Beschädigung.

Das Anbringen des Mechanischen Schutzes und die anschließende Verfüllung darf erst nach Prüfung der Durchtrocknung erfolgen. Eine Beurteilung allein auf Grundlage der Standzeit der Vertikalabdichtung ist ***nicht*** ausreichend, da die Trocknung entscheidend von den klimatischen Bedingungen und des Feuchtegehaltes im Untergrund abhängig ist. Da die Prüfung der Durchtrocknung nur zerstörend erfolgen kann, sieht die DIN 18 195 und die KMB-Richtlinie die Prüfung an einer Referenzprobe vor.

Die Referenzprobe besteht aus dem gleichen Material wie der Wandbildner auf dem die KMB-Abdichtung aufgebracht wurde. Die einzelnen Schichten vom Ausgleichsputz über Grundierung und KMB-Auftrag erfolgt zeitlich, materialmäßig und hinsichtlich Schichtendicke analog zur Vertikalabdichtung. Zur Gewährleistung der identischen klimatischen Bedingungen wird die Referenzprobe in der Baugrube gelagert. Wenn schlussendlich die Durchtrocknung mit hoher Wahrscheinlichkeit erreicht ist, erfolgt die zerstörende Prüfung mittels Keilschnittverfahren an der zuvor erstellten Referenzprobe (siehe Bild **7**.16). Das Ergebnis der Durchtrocknungsprüfung ist im Protokoll gemäß Abbildung **7**.14 zu dokumentieren.

Bild **7.**16
In der Baugrube gelagerte Referenzprobe (Material und Materialauftrag analog zur Vertikalabdichtung)

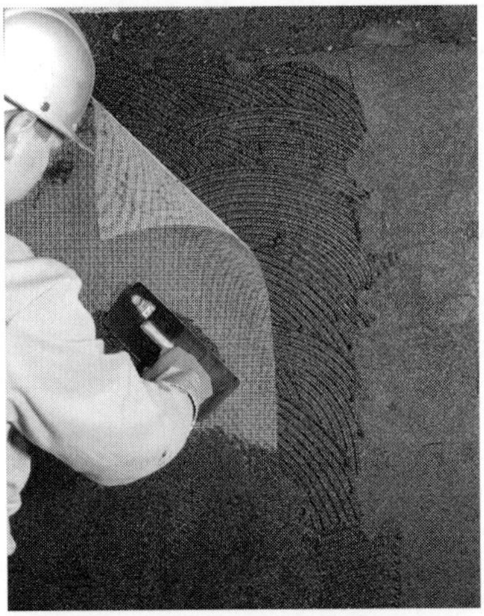

Bild **7.**17
Einbetten des Gewebes in die zweite Schicht der KMB (Foto: Dyckerhoff Sopro GmbH)

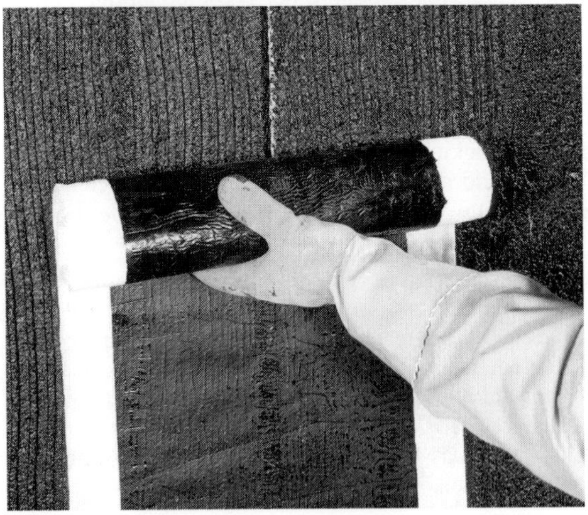

Bild **7.**18
Fugenausbildung mit KMB und systemverträglichen Abdichtungsband (Foto: Dyckerhoff Sopro GmbH)

„Sanierungen" mit KMB an bestehenden Vertikalabdichtungen

Bei mangelhaften (nicht funktionstüchtigen) Vertikalabdichtungen stellt sich oftmals die Frage, ob die vorhandene Abdichtung am Untergrund belassen werden und mit KMB vollflächig beschichtet werden darf. Die Frage ist deshalb von besonderem Interesse, um den nicht unerheblichen Aufwand des Entfernens der alten Abdichtung zu vermeiden.

Nur unter bestimmten Vorraussetzungen kann die vorhandene Abdichtung am Untergrund verbleiben.

Nicht selten ist bereits eine (funktionsuntüchtige) Vertikalabdichtung auf der abzudichtenden Wandfläche vorhanden. In diesen Fällen ist die. Art der bereits vorhandenen Abdichtung in Erfahrung zu bringen. Hierbei ist von Interesse, ob die „Altabdichtung" möglicherweise aus Teer oder Pech besteht. Bis vor ca. 80 Jahren wurden häufig derartige Materialien eingesetzt und können heute bei Altbauinstandsetzungen im erdberührten Bereich als Bestandsabdichtung angetroffen werden.

Da Teer und Bitumen bei einer eventuellen Vermischung Lösungsmittel in Tropfenform abscheiden, ist eine Materialverträglichkeit nicht gegeben. Kunststoffmodifizierte Bitumendickbeschichtungen können deshalb ***nicht auf Teer oder Pech*** aufgebracht werden.

Folgende baupraktisch leicht durchführbare Prüfung hilft bei der Feststellung, ob es sich bei der Bestandsabdichtung um Bitumen oder um Teer handelt:

Tabelle **7**.6 einfache, baupraktisch anwendbare Unterscheidungsmethode

Bitumen	Teer
Tropft „wachsartig" beim Anbrennen (ähnlich einer Kerze) und es entsteht ein süßlicher Geruch, grauer Rauch	„Knistert" beim Anbrennen und es entsteht schweflig stechender Geruch, schwarzer Rauch

Darüber hinaus können im Zweifelsfall Materialproben auch in ein geeignetes Labor zur Prüfung übergeben werden.

Häufige Schadensbilder an KMB-Abdichtungen

Wenn KMB-Abdichtungen „versagen" liegt sehr häufig eine der folgenden Ursachen vor:

- Fehleinschätzung der Wasserbeanspruchung
- unzureichende Trockenschichtdicke
- Fehlende oder unsachgemäß ausgeführte Dichtungskehle
- Unsachgemäß ausgeführte Rohrdurchführungen
- Beschädigungen der KMB durch zu frühes anfüllen
- Beschädigungen der KMB im Hohlkehlbereich durch Überschreitung der Nassschichtdicke
- Fehlstellen in der Fläche durch Aufbringen der KMB in nur einem Arbeitsgang
- Ablöseerscheinungen durch unzureichende Untergrundvorbereitung (fehlende Grundierung)
- Trockenschichtdickenreduzierung durch ungeeignete Noppenbahnen (Grundmauerschutz ohne Gleitfolie oder „Punktbelastung")
- Fehlstellen in der Fläche durch „abfliesen" der KMB (zu viel Materialauftrag in einem Arbeitsgang, insbesondere bei unebenen Untergründen (Bild **7**.19)

Aus der Erfahrung des Autors heraus sind eventuell auftretende Schäden am häufigsten auf nicht sach- und fachgerechte Ausführung zurückzuführen. Im Gegensatz zu Bitumenbahnen, welche industriell vorgefertigt werden und somit eine gleichbleibende Schichtendicke aufweisen, wird die Schichtendicke bei KMB allein durch den Verarbeiter beeinflusst. Darüber hinaus ist festzustellen, dass auf Grund der unkomplizierten Verarbeitung von KMB-Abdichtungen diese Arbeiten auch „nebenbei" von Betrieben ausgeführt werden, welche sich ansonsten nicht mit Bauwerksabdichtungen befassen.

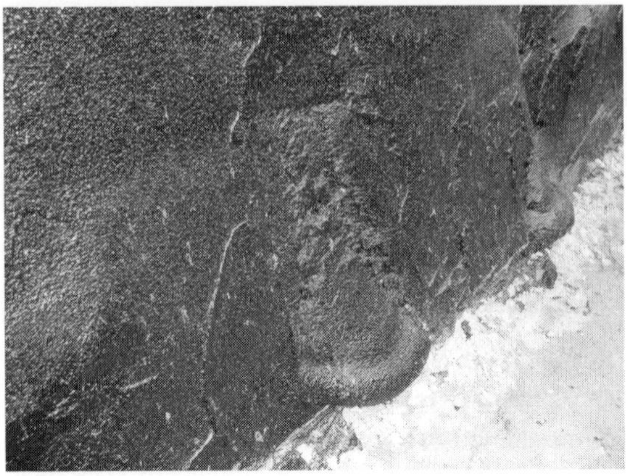

Bild 7.19
„Abfliesen“ einer KMB durch zu viel Materialauftrag in einem Arbeitsgang

7

Dass zur sach- und fachgerechten Ausführung weit mehr zu beachten ist, als die KMB in einer geschlossenen Schicht auf den Wandbildner aufzubringen wird dabei leider völlig vergessen. Die Ausführung sollte nur durch ausgewiesene Fachbetriebe erfolgen. Die eingesetzten Materialien sollten als geprüftes Herstellersystem angewendet werden. In diesem Fall sind die Produkte und die Herstellerhinweise zur Verarbeitung aufeinander abgestimmt, was einen erheblichen Beitrag zur Risikominimierung leistet.

Der Bauüberwacher sollte auf Detailpunkte wie beispielsweise die Kehlenausbildung und sämtliche An- und Abschlüsse sowie auf die Nassschichtdicke besonders achten. Bei der Durchführung von Vertikalabdichtungen in der Altbausanierung aus KMB haben sich Prüfungen zu folgenden Bautenständen bewährt:

1. Nach Freilegung der Außenwandflächen und Vorbereitung des Untergrundes, jedoch vor Aufbringen des Dichtungsträgers (Ausgleichsputz)
2. Nach Aufbringen des Dichtungsträgers, jedoch vor Aufbringen der Grundierung
3. Nach Fertigstellung der mineralischen Dichtungsschlämme (sofern notwendig)
4. Bei Aufbringen der KMB (gemeinsame Nassschichtdickenkontrolle)
5. Nach Erstellung der kunststoffmodifizierten Bitumendickbeschichtung, jedoch vor Aufbringen des mechanischen Schutzes (besonderes Augenmerk auf Ab- und Anschlüsse, Dichtungskehle usw.)
6. Nach Abschluss der Abdichtungsarbeiten, jedoch vor Verfüllen der Baugrube

Bei 1-komponentigen KMB kann sich an der Oberfläche eine Haut bilden, welche augenscheinlich als trocken eingeschätzt wird. Bei Belastung durch Erddruck ist über die Schutzschichten ein „Durchstanzen“ der Haut bis auf das noch nicht ausgehärtete Material zu erwarten. Die Hohlkehle ist besonders für ein Eindrücken der Schutzschicht gefährdet, wenn die Verfüllung der Baugrube zu früh erfolgt. Besonders geeignete Schutzschichten aus Perimeterdämm- oder Dränplatten sind im Kehlenbereich abgerundet und weisen daher keine linienförmige Kontaktfläche zur KMB auf.

7.5 Dichtungsbahnen aus Bitumen und Polymerbitumen

7.5.1 Materialeigenschaften

Bitumen wird als „Nebenprodukt“ bei der Aufbereitung von Erdöl als Kohlenwasserstoffgemisch gewonnen. Durch die Zugabe von speziellen Kunststoffen oder Kautschuk zum Bitumen wird Polymerbitumen hergestellt.

Industriell hergestellte Bitumenbahnen bestehen aus einer Trägereinlage, welche in Bitumen als Deckschicht eingebettet ist. Die zur Verfügung stehenden Bitumenbahnen unterscheiden sich in der Art der jeweiligen Trägereinlage und der darauf aufgebrachten Deckschichten.

Die Deckschichten bestehen aus:

- Oxidationsbitumen
- Polymerbitumen
- Polymerbitumen mit thermoplastischen Kunststoffen
- Polymerbitumen mit thermoplastischen Elastomeren

Die Trägereinlagen bestehen aus:

- Glasvlies
- Glasgewebe
- Jutegewebe
- Aluminiumband
- Kupferband

Die Trägereinlagen wirken als „Bewehrung" im Bereich von Rissen und Fugen. Sie wirken auch gegen Fließerscheinungen bei einwirkenden Druckbelastungen und gegen Zugkräfte. Sofern die Trägereinlagen nicht wasserdicht zu bewerten sind bzw. nicht miteinander verlötet oder verschweißt sind, übernimmt die abdichtende Funktion allein das Bitumen.

Folgende Bitumen- und Polymerbitumenbahnen kommen je nach Kombination der jeweiligen Trägereinlage und der Deckschichten nach DIN 18 195, Teil 2, Tabelle 4 zur Anwendung.

Tabelle **7**.7 Bitumen- und Polymerbitumenbahnen nach DIN 18 195, Teil2 [2]

Nr.	1	2
1	Bahnen	nach
2	Nackte Bitumenbahnen R 500 N 1)	DIN 52129
3	Bitumendachbahn mit Rohfilzeinlage R 500 1)	DIN 52128
4	Glasvlies-Bitumendachbahn V 13 1)	DIN 52143
5	Dichtungsbahn Cu 0,1 D 1)	DIN 18 190-4
6	Bitumen-Dachdichtungsbahnen 1)	DIN 52130
7	Bitumen-Schweißbahnen 1)	DIN 52131
8	Polymerbitumen-Dachdichtungsbahnen, Bahnentyp PYE 1)	DIN 52132
9	Polymerbitumen-Schweißbahnen, Bahnentyp PYE 1)	DIN 52133
10	Bitumen-Schweißbahnen mit 0,1 mm dicker Kupferbandeinlage 1)	nach DIN 52131, abweichend jedoch mit Kupferbandeinlage 2)
11	Polymerbitumen-Schweißbahnen mit hochliegender Trägereinlage aus Polyestervlies	nach TL-BEL-B Teil 1 zur ZTV-BEL-B 1 3)
12	Edelstahlkaschierte Bitumen-Schweißbahnen	nach TL-BEL-B Teil 1 zur ZTV-BEL-B 1 3)

1) Die Einhaltung der Produkteigenschaften ist durch eine werkseigene Produktionskontrolle nach DIN V 52144 nachzuweisen.

2) Die Einhaltung der festgelegten Eigenschaften, die Werkstoffart und Dicke der Kupferbandeinlage und das Zug-Dehnverhalten der Bahnen sind durch eine Erstprüfung einer bauaufsichtlich anerkannten Prüfstelle nachzuweisen.

3) Die Einhaltung der festgelegten Eigenschaften ist durch eine Erstprüfung einer bauaufsichtlich anerkannten Prüfstelle nachzuweisen.

Folgende Anforderungen werden an Abdichtungen mit Dichtungsbahnen aus Bitumen und Polymerbitumen gestellt:

- Schutz des Bauwerkes im erdberührten Bereich vor Feuchtigkeit
- Unempfindlichkeit gegen im Erdreich vorhandene Inhaltsstoffe
- Widerstandsfähigkeit gegen Setzungserscheinungen, Rissbildungen durch Schwinden, Erddruck und Temperatureinflüsse (in einem gewissen Rahmen)
- Einfache Verarbeitung
- Anpassung an bestehende geometrische Gegebenheiten
- Rissüberbrückung

7.5.2 Heranzuziehende Richtlinien und Erkenntnisquellen

Die Ausführung von Abdichtungen mit Bitumenbahnen sind im Wesentlichen in folgenden DIN-Normen, Merkblättern und Richtlinien geregelt.

- DIN 18 195, Teil 1 – 6, „Bauwerksabdichtung", Stand August 2000 [1 – 6]
- DIN 18 195, Teil 7, „Bauwerksabdichtung", Stand Juni 1989 [7]
- DIN 18 195, Teil 8 – 10 „Bauwerksabdichtung"; Stand März 2004 [8 – 10]
- ATV DIN 18 336 „Abdichtungsarbeiten", Stand 12/2002 [16]
- ÖNORM B 3355-1 „Trockenlegung von feuchtem Mauerwerk, Bauwerksdiagnostik und Planungsgrundlage" [17]
- ÖNORM B 3355-2 „Trockenlegung von feuchtem Mauerwerk, Maßnahmen gegen aufsteigende Feuchtigkeit im Mauerwerk" [18]
- ÖNORM B 3355-3 „Trockenlegung von feuchtem Mauerwerk, Flankierende Maßnahmen" [19]
- WTA-Merkblatt 4-5-99/D „Beurteilung von Mauerwerk-Mauerwerksdiagnostik", Fassung 9/1999 [24]
- WTA-Merkblatt 4-6-05/D „Nachträgliches Abdichten erdberührter Bauteile", Fassung 2005 [27]

Falls Bitumenbahnen in Kombination mit mineralischen Dichtungsschlämmen (beispielsweise im Sockelbereich) eingesetzt werden, sind noch folgende Merkblätter bei der Planung und Ausführung zu verwenden:

- Richtlinie für Planung und Ausführung von Abdichtungen erdberührter Bauteile mit flexiblen Dichtschlämmen, Januar 1999 [37]
- Richtlinie für Planung und Ausführung von Abdichtungen von Bauteilen mit mineralischen Dichtungsschlämmen, 1. Ausgabe, Stand Mai 2002 [36]

Mit Verwendung von Sanierputzen als flankierende Maßnahmen müssen zusätzlich noch folgende Merkblätter Beachtung finden:

- WTA-Merkblatt 2-2-91 „Sanierputzsysteme" Fassung 7/1992 [29]
- WTA-Merkblatt 2-6-99/D „Ergänzung zum WTA-Merkblatt 2-2-91/D [30]

Weitere Hinweise zur Ausführung sowie Ausführungsbeispiele sind der umfangreich zur Verfügung stehenden Fachliteratur zu entnehmen.

7.5.3 Planung und Ausschreibung

Allgemeine Planungsgrundlagen

In der im August 2000 verabschiedeten Fassung der DIN 18 195 [2] wurde das Spektrum der möglichen Abdichtungsbahnen teilweise erweitert. Nunmehr sind auch selbstklebende Bitumenbahnen und verschiedene Polymerbitumenbahnen zu den Normgerechten Abdichtungsstoffen zu zählen. Dichtungsbahnen aus Kunststoff sind nach der Überarbeitung der DIN 18 195 [2] in größerer Anzahl als vor der Neufassung der Norm vertreten. Insofern erfolgte eine Anpassung der DIN an die in der Baupraxis erfolgreich eingesetzten Materialien.

Bei Kunststoffbahnen sind zur Planung und Ausführung zusätzlich die Herstellerrichtlinien zu beachten.

Wie bei allen Verfahren und Abdichtungsmaterialien sind Voruntersuchungen auch beim Einsatz von Bitumen- oder Kunststoffbahnen notwendig. Unabdingbare Planungsgrundlage ist auch hier ein Baugrundgutachten mit Angabe des Bemessungswasserstandes. Erst wenn die Wasserbeanspruchung auf die Abdichtung vom Baugrundgutachter klar definiert wurde, kann unter Berücksichtigung der vom Bauherren vorgesehenen Nutzung die Abdichtung geplant werden.

Folgende Arbeitsschritte können beispielsweise bei einer nachträglich anzubringenden Vertikalabdichtung an einem Gebäude notwendig werden:

1. Rückbau der Außenanlagen im Hof bis ca. 1,10 m von der Hauswand entfernt und seitliches Lagern der Materialien.
2. Aushub der Baugrube (die Grube ist so zu bemessen, dass eine sach- und fachgerechte Ausführung der Arbeiten und Qualitätskontrolle im unteren Bereich der Abdichtung gegeben ist.
3. Bereits vorhandene (mangelhafte) Abdichtungen sind vollständig zu entfernen.
4. Vorbereitung des Untergrundes (Fugen auskratzen usw.).
5. Einscheiden des Sockelputzes bei ca. + 40 cm OK Gelände und entfernen des Sockelputzes zwischen OKG und + 40 cm OKG.
6. Aufbringen eines geeigneten Dichtungsträgers über die abzudichtende Fläche bis ca. + 40 cm OK Gelände als Ausgleichsputz.
7. Grundierung des Dichtungsträgers nach ausreichender und nachgewiesener Durchtrocknung.
8. Aufbringen einer flexiblen Dichtungsschlämme im Sockelbereich von OKG bis ca. + 40 cm OKG gemäß der Richtlinie für flexible Dichtungsschlämmen (bei zu erwartenden Rückdurchfeuchtungen vollflächig bis zum Fundament/Sohlplatte)
9. Grundierung der Dichtschlämme
10. Aufbringen von nackten Bitumenbahnen unter Beachtung nach DIN 18 195 einschließlich Anflanschen im Bereich von Ab- und Anschlüssen und an Einbauteilen sowie Eindichten von Rohrdurchführungen mit Manschetten
11. Aufbringen eines Sockelputzes von OK Gelände bis ca. + 40 cm OK Gelände.
12. Einbau eines mechanischen Schutzes gemäß DIN 18 195, Teil 10 im erdberührten Bereich mit mechanischer Sicherung durch eine Kappleiste.
13. Malermäßige Überarbeitung des kompletten Sockels.

7.5.4 Ausführung

Es wird an dieser Stelle nur die Ausführung an senkrechten Wandflächen beschrieben, da hier lediglich die Vertikalabdichtungen betrachtet werden.

Die vollflächige Verklebung der Bahnen untereinander sowie auf dem Dichtungsträger wird durch die Verflüssigung von Bitumen gewährleistet. Dazu stehen in Abhängigkeit der verwendeten Dichtungsbahn unterschiedliche Verfahren zur Verfügung. Bei Schweißbahnen erfolgt die Verflüssigung mit Propanbrennern.

Das Aufbringen mehrerer Lagen erhöht die Sicherheit der Abdichtung. Deshalb sind die Bahnenstöße immer parallel zueinander und mit der größtmöglichen Überdeckung aufzubringen. Bei zwei Lagen ist der Stoß der zweiten Lage mittig über der ersten Bahn anzuordnen. Bei dreilagigen Abdichtungen sind die Stöße jeweils nach 1/3 der Bahnenbereite „aufzuteilen". Die Nahtverbindungen dürfen in keinem Fall übereinander liegen.

Die Überlappung der einzelnen Bitumen-Dichtungsbahnen innerhalb einer Lage muss an allen Nähten mindestens 8 cm betragen. Die Anschlüsse der Bitumenbahnen sind mit 10 cm zu bewerkstelligen.

Folgende Verfahren sind in der DIN 18 195, Teil 3 [3] beschrieben:

Tabelle 7.8 Zuordnung der Verfahren zu den Abdichtungsstoffen nach DIN 18 195, Teil 3 [3]

Verfahren	Abdichtungsstoff
Bürstenstreichverfahren	ungefülltes Bitumen
Gießverfahren	ungefülltes Bitumen
Gieß- und Einwalzverfahren	gefüllte Klebemasse Metallbänder ohne Deckschicht
Flämmverfahren	ungefülltes Bitumen
Schweißverfahren	Schweißbahnen
Kaltselbstklebeverfahren	selbstklebende Bitumenbahnen

Bürstenstreichverfahren

Die Bitumenbahnen werden nach zweimaligem vollflächigem Kleberauftrag auf den Dichtungsträger vollflächig verklebt. Dabei wird auf die Bitumenbahn und auf den Untergrund Klebemasse mit einer Bürste aufgetragen. Es ist nur soviel Klebemasse aufzutragen, dass die Bitumenbahn unmittelbar danach in die noch ausreichend flüssige Klebemasse angesetzt und hohlraumfrei eingerollt werden kann. Danach werden die Bitumenbahnen aus der Bahnenmitte heraus zu den Rändern „fischgrätenartig eingebügelt".

7

Gießverfahren

Die Bitumenbahn wird derart an den Dichtungsträger gedrückt, dass zwischen Bahn und Dichtungsträger ungefüllte Klebemasse gegossen werden kann. Die Bahn ist sukzessive von unten nach oben im Zwickel zu vergießen und einzurollen, sodass eine vollflächige Bettung in der Klebemasse gewährleistet ist. Die Klebemasse muss zur Kontrolle an den Rändern austreten und sofort verstrichen werden. Nach DIN 18 195 sollten an vertikalen Flächen die Bahnen nicht breiter als 0,70 m sein. Auf Grund der jeweiligen örtlichen Gegebenheiten können auch kleinere Zuschnitte erforderlich werden.

Gieß- und Einwalzverfahren

Die Bitumenbahnen werden ausschließlich in gefüllte Klebemasse eingewalzt. Es sollen Bahnen bis zu einer Breite von maximal 0,70 m verwendet werden. Des Weiteren entspricht die Verarbeitung gemäß DIN 18 195, Teil 3 und die dort empfohlene maximale Bahnenbreite sinngemäß dem Gießverfahren.

Flämmverfahren

Die Klebemasse (Heißbitumen) wird auf den Untergrund aufgetragen und durch Wärmezufuhr verflüssigt. Die Bitumenbahn wird in die aufgeschmolzene Klebemasse fest eingewalzt. Zu beachten ist, dass im Überlappungsbereich der Bahnen ebenfalls Klebemasse aufgetragen und verflüssigt werden muss. Die in der DIN 18 195, Teil 3 empfohlene Bahnenbreite beträgt 0,75 m. Bei maschineller Verarbeitung können eventuell auch größere Bahnenbreiten zur Anwendung kommen. Das Flämmverfahren darf nicht bei nackten Bitumenbahnen angewendet werden.

Schweißverfahren

Dass an der Schweißbahn industriell aufgebrachte Bitumen wird am Wandbildner durch Wärmezugabe verflüssigt und die Bahn fest in die so entstehende vollflächige Bitumenwulst eingerollt. Das Bitumen muss zum Zwecke der Kontrolle und einer festen vollflächigen Verbindung an den Rändern der Bitumenschweißbahn austreten. Die zu verwendenden Bitumenschweißbahnen sollten nicht breiter als 0,7 m sein. Bei maschinellen Verfahren können eventuell auch breitere Bahnen verwendet werden. Das Verfahren ist nur bei Schweißbahnen anzuwenden.

Selbstklebende Bitumenbahnen

Die kaltselbstklebenden Bitumen-Dichtungsbahnen werden vorzugsweise dann eingesetzt, wenn möglichst wenige Durchdringungen und größere ebene Flächen abzudichten sind. Die Dichtungsbahnen weisen an der Klebeseite eine Trennfolie auf, welche nach Abziehen die Klebefläche der Bahn freigibt. Das vollflächige Einrollen erfolgt mit einem Hartgummiroller.

Vor dem Anbringen der selbstklebenden Bitumenbahnen werden zur Verstärkung die Ecken mit vorgefertigten Formstücken und die Kanten mit einem Abdichtungsstreifen versehen.

Besondere Vorkehrungen sind im Bereich von T-Stößen notwendig. Es wird ein Schrägschnitt der unterdeckenden Dichtungsbahn empfohlen.

Die Breite der Dichtungsbahnen sollte 1,10 m nicht überschreiten.

Anforderungen an den Untergrund

Lose Bestandsteile sind vom Untergrund restlos zu entfernen. Es dürfen keine scharfkantigen Unebenheiten vorhanden sein, um zu vermeiden, dass die Dichtungsbahnen durchstoßen werden. Eventuell vorhandene Risse sind entsprechend zu beseitigen.

Die vertikalen Wandflächen müssen vollfugig bzw. ohne oberflächliche Profilierungen erstellt sein. Falls ein Dichtungsträger aufgebracht werden muss und dies ist in der Altbausanierung eigentlich immer notwendig, muss dieser der Mörtelgruppe II oder Mörtelgruppe III entsprechen.

Der Untergrund muss ausreichend trocken sein. Außenecken sind abzufasen und Innenecken mit einer Hohlkehle zu versehen, um das „Knicken" der Dichtungsbahnen zu vermeiden.

An senkrechten Flächen ist ein Voranstrich zur Verbesserung der Haftung erforderlich.

7.6 Kunststoff- und Elastomer-Dichtungsbahnen

7.6.1 Materialeigenschaften

Abdichtungsbahnen aus thermoplastischen Kunststoffen und Kautschuk werden zunehmend eingesetzt. Die Elastomere untergliedern sich als ***elastische*** Kunststoffe in Duromere und Synthese-Kautschuk.

Polyethylen

In der DIN 18 195, Teil 2 [2] sind folgende Kunststoff- und Elastomer-Dichtungsbahnen enthalten:

Tabelle **7**.9 (DIN 18 195, Teil 2 [2], Tabelle 5)

Nr.	1 Bahnen[1]	2 nach
1	Ethylencopolymerisat-Bitumen (ECB)-Bahnen[3]	DIN 16729
2	Polyisobutylen (PIB)-Bahnen[3]	DIN 16935
3	Polyvinylchlorid weich (PVC-P)-Bahnen, mit Glasvlieseinlage nicht bitumenverträglich[3]	DIN 16735[2]
4	Polyvinylchlorid weich (PVC-P)-Bahnen, bitumenverträglich[3]	DIN 16937
5	Polyvinylchlorid weich (PVC-P)-Bahnen, nicht bitumenverträglich[3]	DIN 16938
6	Polyvinylchlorid weich (PVC-P)-Bahnen, mit Verstärkung aus synthetischen Fasern, nicht bitumenverträglich[3]	DIN 16734[2]
7	Ethylen-Venyl-Acetat-Terpolymer (EVA)-Bahnen, bitumenverträglich	nach Tabelle 7
8	Elastomer (EPDM)-Bahnen[3]	DIN 7864-1, abweichend jedoch mit werksseitiger Beschichtung zur Nahtfügetechnik
9	Elastomer-Dichtungsbahnen mit Selbstklebeschicht[3]	DIN 7864-1, abweichend jedoch mit werksseitiger Beschichtung zur Nahtfügetechnik und mit Selbstklebeschicht; zusätzliche Anforderungen nach Tabelle 6

[1] Die Bahnen können zusätzlich mit unterseitiger Vlieskaschierung ausgestattet sein.

[2] Prüfnachweis nach DIN 16726 – Kenndaten nach der Tabelle der jeweiligen Stoffnorm. Prüfung des Verhaltens bei Wasserdruckbeanspruchung immer bei 4 bar/72 h.

[3] Die Einhaltung der Produkteigenschaften ist durch eine werkseigene Produktionskontrolle nachzuweisen. Sie hat nach den in der jeweiligen Stoffnorm angegebenen Eigenüberwachungen zu erfolgen.

Im Vorwort der DIN 18 195 [1 – 10] wird des Weiteren darauf hingewiesen, dass in der zweiten (zukünftigen) Überarbeitungsphase der Abdichtungsnorm über eine Berücksichtigung von weiteren Kunststoffbahnen mit und ohne Selbstklebeschicht beraten werden soll.

7.6.2 Heranzuziehende Richtlinien und Erkenntnisquellen

Die Ausführung von Abdichtungen mit Kunststoff- und Elastomer-Dichtungsbahnen sind im Wesentlichen in folgenden DIN-Normen, Merkblättern und Richtlinien geregelt:

- DIN 18 195, Teil 1 – 6, „Bauwerksabdichtung“, Stand August 2000 [1 – 6]
- DIN 18 195, Teil 7, „Bauwerksabdichtung“, Stand Juni 1989 [7]
- DIN 18 195, Teil 8 – 10 „Bauwerksabdichtung“; Stand März 2004 [8 – 10]
- ATV DIN 18 336 „Abdichtungsarbeiten“, Stand 12/2002 [16]
- ÖNORM B 3355-1 „Trockenlegung von feuchtem Mauerwerk, Bauwerksdiagnostik und Planungsgrundlage“ [17]
- ÖNORM B 3355-2 „Trockenlegung von feuchtem Mauerwerk, Maßnahmen gegen aufsteigende Feuchtigkeit im Mauerwerk“ [18]
- ÖNORM B 3355-3 „Trockenlegung von feuchtem Mauerwerk, Flankierende Maßnahmen“ [19]
- WTA-Merkblatt 4-5-99/D „Beurteilung von Mauerwerk-Mauerwerksdiagnostik“, Fassung 9/1999 [24]
- WTA-Merkblatt 4-6-05/D „Nachträgliches Abdichten erdberührter Bauteile“, Fassung 2005 [27]

Bei der Anwendung in Kombination von mineralischen Dichtungsschlämmen (beispielsweise im Sockelbereich), sind darüber hinaus noch folgende Merkblätter bei der Planung und Ausführung zu verwenden:

- Richtlinie für Planung und Ausführung von Abdichtungen erdberührter Bauteile mit flexiblen Dichtschlämmen, Januar 1999 [37]
- Richtlinie für Planung und Ausführung von Abdichtungen von Bauteilen mit mineralischen Dichtungsschlämmen, 1. Ausgabe, Stand Mai 2002 [36]

Sanierputze als flankierende Maßnahmen, finden in den folgenden Merkblättern Beachtung:

- WTA-Merkblatt 2-2-91 „Sanierputzsysteme“ Fassung 7/1992 [29]
- WTA-Merkblatt 2-6-99/D „Ergänzung zum WTA-Merkblatt 2-2-91/D [30]

7.6.3 Planung und Ausschreibung

Kunststoff- und Elastomer-Dichtungsbahnen können bei folgenden Beanspruchungen vorgesehen und angewendet werden:

- **Bodenfeuchte:** Bei Lastfall Bodenfeuchtigkeit und nichtstauendes Sickerwasser können alle Kunststoff- und Elastomer-Dichtungsbahnen nach DIN 18 195, Teil 2 [2], Tabelle 5 verwendet werden (siehe Tabelle **7.9**). Die Abdichtung ist aus mindestens einer Lage zu erstellen.
- **Aufstauendes Sickerwasser:** Abdichtungen aus Kunststoff- und Elastomer-Dichtungsbahnen werden beim Lastfall „Aufstauendes Sickerwasser“ einlagig aus bitumenverträglichen Bahnen vollflächig aufgeklebt.
- **Drückendes Wasser:** Bei Lastfall „drückendes Wasser“ können ECB-Bahnen, PIB-Bahnen, PVC-P-Bahnen, EVA-Bahnen sowie EPDM-Bahnen eingesetzt werden.

Die Bahnen werden zwischen zwei Lagen nackter Bitumenbahnen mit Bitumenklebemasse angeordnet. PVC-P-Bahnen mit einer Dicke von 2,0 mm können auch lose zwischen geeigneten Schutzlagen verlegt werden, wenn die Eintauchtiefe nicht größer als 4 m ist.

Bis 4 m Eintauchtiefe muss die erforderliche Dicke der PIB-Bahnen, PVC-P-Bahnen und EVA-Bahnen mindestens 1,5 mm betragen. Bei ECB- und EPDM-Bahnen sind mindestens Dicken von 2,0 mm gefordert.

Wenn größere Eintauchtiefen als 4 m zu berücksichtigen sind, müssen die PIB-Bahnen, PVC-P-Bahnen und EVA-Bahnen eine Mindestdicke von 2,0 mm und ECB- und EPDM-Bahnen 2,5 mm aufweisen. (Die Dickenangaben beziehen sich jeweils auf Bahnen ohne Kaschierung).

Sofern Kunststoff- oder Elastomer-Dichtungsbahnen ausgeschrieben werden, sollte im Vorfeld eine Festlegung im Leistungsverzeichnis vom Planer erfolgen, mit welchem Verfahren die Nähte auf Dichtheit zu prüfen ist und welche Ergebnisse zu gewährleisten sind (siehe auch Pkt. 7.6.4.2.).

Eine dauerhaft wasserdichte Verbindung zwischen Kunststoffbahnen und Abdichtungsstoffen auf Bitumenbasis ist in der Regel nicht möglich [43]. Bei der Verwendung von Kunststoffbahnen in Verbindung mit Bitumenwerkstoffen ist auf Bitumenbeständigkeit zu achten. Hier können beispielsweise bitumenbeständige PVC-Bahnen vorgesehen werden.

7.6.4 Ausführung

Verarbeitungsverfahren

Kunststoffdichtungsbahnen werden entweder lose verlegt oder im Bürstenstreichverfahren, im Gießverfahren oder Flämmverfahren auf dem Untergrund befestigt (verklebt). Mechanische punktuelle Verankerungen mit Telleranker oder Flachbändern (systemabhängig) sind ebenfalls möglich. Prinzipiell ist darauf zu achten, dass bei der Verwendung von Bitumen zur Verklebung ausschließlich auf Dauer bitumenverträgliche Kunststoffbahnen eingesetzt werden, um eine Materialverträglichkeit zu gewährleisten.

7

Sofern eine verklebte Verlegung der Kunststoff-Dichtungsbahnen vorgesehen ist, werden nach DIN 18 195-3 [3] folgende Verfahren angewendet:

– Bürstenstreichverfahren

  Die Klebemasse wird auf den Dichtungsträger aufgetragen und mit einer Bürste gleichmäßig verteilt. Die Kunststoffbahn wird in das „Kleberbett" eingerollt und blasenfrei angedrückt.

– Gießverfahren

  In die ausgegossene Klebemasse werden Kunststoffbahnen eingerollt und angedrückt. An vertikalen Flächen ist von oben eine gleichmäßige Klebewulst zwischen der Kunststoffbahn und dem Dichtungsträger sicherzustellen.

– Flämmverfahren

  Die zuvor aufgebrachte Bitumenschicht wird durch Wärmezufuhr wieder aufgeschmolzen und die Kunststoffbahn im verflüssigten Bitumen ausgerollt und eingedrückt. Als Untergrund ist gemäß DIN 18 195, Teil 3 [3] auch eine Bitumenschweißbahn zulässig.

– Selbstklebende Elastomer-Dichtungsbahnen

  Elastomerdichtungsbahnen mit Selbstklebeschicht werden nach Entfernung der Trennfolie unter Druck auf den Dichtungsträger angesetzt. Die Nähte und Stöße werden separat wie in Pkt. „Naht- und Stoßverbindungen" erläutert, abgedichtet.

  Alternativ können Kunststoff-Dichtungsbahnen auch lose verlegt werden:

– Lose Verlegung mit mechanischer Befestigung

  Die Kunststoffbahn wird punktuell mit Flachbändern oder Tellerankern am Untergrund befestigt. Hierbei ist darauf zu achten, dass der Abstand der Befestigungsmittel sowie die Art der Verankerung auf die einwirkenden Beanspruchungen abgestimmt sind.

– Lose Verlegung mit Auflast

  Die Dichtungsbahnen werden lose verlegt und mit einer Auflast versehen.

Naht- und Stoßverbindungen

Die abdichtende Wirkung wird nicht generell wie bei Bitumenbahnen durch eine vollflächige Verschmelzung der Abdichtungslage auf dem Untergrund erzielt. Bei der losen Verlegung ist die Abdichtung allein auf die wassersperrende Wirkung des Bahnenquerschnittes zurückzuführen. Aus diesem Grunde müssen insbesondere bei der losen Verlegung von Kunststoffbahnen die Nähte gemäß DIN 18 195, Teil 3 [3] besonders sorgfältig ausgeführt und geprüft werden.

Die Nähte und Stöße werden mit nachstehenden Verfahren verbunden:

- Quellschweißen: Mit einem Quellschweißmittel werden die sauberen und trockenen Fügenähte angelöst und durch Einwirkung von Druck miteinander verbunden. Eine Nachbehandlung ist erforderlich.
- Warmgasschweißen: Ebenfalls durch Druck sowie unter Einwirkung von Heißluft werden die Fügenähte zunächst plastifiziert und schlussendlich wasserdicht abgedichtet. Nachbehandlung ist erforderlich.
- Heizelementschweißen: Die Verbindungsflächen werden mit einem Heizkeil plastifiziert und unter Druck verbunden. Nachbehandlung ist erforderlich.
- Verkleben mit Bitumen Die Fügenähte werden mit heißer Bitumenklebemasse sicher und wasserdicht verbunden.

Kunststoffbahnen sind mit mindestens 5 cm Überlappung zu verschweißen. Sofern eine Verklebung mit Bitumen erfolgen soll, muss die Mindestbreite der Überlappung 8 cm betragen. Elastomer-Dichtungsbahnen sind grundsätzlich mindestens mit 5cm zu überlappen.

Die jeweils unteren Bahnen müssen bei Bahnendicken von mindestens 1,5 mm im Stoßbereich abgeschrägt werden. Beim Quellschweißen, Warmgasschweißen sowie Heizelementschweißen sind die T-Stöße von PIB-Bahnen durch Injektion einer PIB-Lösung nachzubehandeln. Bei EVA-, und PVC-P-Bahnen sollten nach Quellschweißen und Warmgasschweißen die äußeren Kanten der Nähte mit einer geeigneten Nahtlösung überstrichen werden.

Die Naht- und Stoßverbindungen müssen gemäß DIN 18 195, Teil 3 [3] hinsichtlich ihrer Dichtheit geprüft werden. Wie bereits in Pkt. 7.6.3 dargelegt, sollte eine Vereinbarung über das Prüfverfahren und der zu erzielenden Ergebnisse vor Bauausführung getroffen werden. Dies sollte schon allein auf Grund des sehr unterschiedlichen Aufwandes für die einzelnen Prüfverfahren erfolgen.

Tabelle **7**.10 Breite der Schweißnähte nach DIN 18 195, Teil 3 [3] in Abhängigkeit des jeweiligen Verfahrens sowie des verwendeten Werkstoffes

Kunststoff-Dichtungsbahn	Verfahren	Einfache Naht in mm min.	Doppelnaht, je Einzelnaht in mm min.
ECB	Warmgasschweißen Heizelementschweißen Verkleben mit Heißbitumen	30 30	20 15
PIB	Quellschweißen Verkleben mit Heißbitumen	30 –	– –
PVC-P	Quellschweißen Warmgasschweißen Heizelementschweißen	30 20 30	– 15 15
EVA	Quellschweißen Warmgasschweißen Heizelementschweißen	30 20 20	– 15 15
EPDM (Elastomer)	Quellschweißen[1)] Warmgasschweißen[1)] Heizelementschweißen[1)]	30 30/80 [1)] 30	– 15/– 15

[1)] nach Herstellervorschrift

Tabelle **7**.11 Prüfverfahren für Naht- und Stoßverbindungen

Verfahren nach DIN 18 195, Teil 3 [3]	Kurzbeschreibung
Verfahren A (Reißnadelprüfung)	Mit einer Reißnadel wird die Schweißnaht „abgetastet" und eventuelle Fehlstellen lokalisiert.
Verfahren B (Anblasprüfung, nicht bei ECB-Bahnen möglich)	Die Schweißnaht wird mit Warmgas (ca. 150°C) angeblasen
Verfahren C (Optische Prüfung)	Inaugenscheinnahme der Schweißnähte
Verfahren D (Druckluftprüfung)	Bei doppelten Schweißnähten wird Druckluft (ca. 2 bar) in den Zwischenraum eingebracht. Wenn eine Naht dabei aufplatzt oder der Druck nach 5 Minuten um mehr als 20 % abfällt, gilt die Prüfung als nicht bestanden.
Verfahren E (Vakuumprüfung)	Eine transparente „Prüfglocke" wird auf die, mit einer Prüfflüssigkeit behandelten Nahtverbindungen aufgesetzt und mit einem Unterdruck zwischen ca. 0,2 bar und 0,4 bar beaufschlagt. Wenn an der Prüfflüssigkeit Blasenbildung auftritt, sind Undichtigkeiten im Nahtbereich vorhanden.

Die aufgeführten Prüfverfahren können je nach Einzelfall untereinander entsprechend kombiniert werden.

Bild **7**.20 unzureichende Verschweißung von Kunststoffbahnen

Kunststoffbahnen sind empfindlich gegenüber mechanischen Beschädigungen. Der Untergrund darf daher keine scharfen Kanten aufweisen. An Übergängen zu scharfkantigen Bauteilen müssen Schleppstreifen als Schutzlage vorgesehen werden.

Die Beaufschlagung von Kunststoffbahnen mit Öl, Benzin oder Holzschutzmittel bei der Bauausführung ist zu vermeiden.

7.7 Dichtungsschlämmen

7.7.1 Materialeigenschaften

Mineralische Dichtungsschlämmen sind zementgebundene Beschichtungen, welche aus Feinsanden und Kunststoffen bestehen. Unter Zugabe einer genau definierten Menge Anmachwasser wird eine „schlämmbare" und somit leicht verarbeitbare Konsistenz erlangt.

Die Dichtheit der Schlämme wird vom abgestimmten hohlraumarmen Kornaufbau sowie durch hydrophob oder porenverengend wirkende Zusätze erzielt.

Die Menge und die Art der zugeführten Kunststoffe bestimmen die Flexibilität der Schlämme. So unterscheidet man mineralische (starre) Dichtungsschlämmen und flexible Dichtungsschlämmen.

Zementäre Dichtungsschlämmen werden ohne weitere Abdichtungsstoffe für Bauwerksabdichtungen eingesetzt oder in Verbindung mit kunststoffmodifizierten Bitumendickbeschichtungen. Im letzteren Falle verhindern die Dichtschlämmen eine rückwärtige Durchfeuchtung der KMB bei im Mauerwerk enthaltener Restfeuchtigkeit und bilden gleichzeitig einen geeigneten Untergrund für die KMB. Dichtungsschlämmen sind auch im Sockelbereich geeignet (siehe Bild **7**.5). Wenn zementäre Dichtschlämmen in Kombination mit kunststoffmodifizierter Bitumendickbeschichtung eingesetzt werden, sollte unbedingt innerhalb eines Herstellersystems gearbeitet werden. Dies bezieht sich auch auf eine erforderliche Grundierung.

Zementäre Dichtschlämmen sind bisher nicht in der DIN 18 195, Teil 2 [2] enthalten und müssen daher zwischen den Vertragspartnern vereinbart werden.

7.7.2 Heranzuziehende Richtlinien und Erkenntnisquellen

Die DIN 18 195 [1 – 10] enthält keine Regelungen zur Prüfung und Anwendung von zementären Dichtungsschlämmen. Im Vorwort der DIN 18 195 [1 – 10] wird zumindest darauf hingewiesen, dass in der zweiten (zukünftigen) Überarbeitungsphase der Abdichtungsnorm über eine Berücksichtigung von Dichtungsschlämmen beraten werden soll.

Die Planung, Ausführung und Bewertung von Dichtschlämmen erfolgt bis zu einer eventuellen Aufnahme in der Abdichtungsnorm deshalb ausschließlich unter Heranziehung folgender Merkblätter und Richtlinien:

- DIN 18195 Teile 1 bis 10 (in Anlehnung) [1 – 10]
- WTA-Merkblatt 4-6-05/D [27]
- „Richtlinie für die Planung und Ausführung von Abdichtungen von Bauteilen mit mineralischen Dichtungsschlämmen …“, Stand Mai 2002 [36]
- „Richtlinie für die Planung und Ausführung von Abdichtungen erdberührter Bauteile mit flexiblen Dichtungsschlämmen“ [37]
- VOB C ATV DIN 18336 „Abdichtungsarbeiten” (in Anlehnung) [16]

Mineralische Dichtungsschlämmen werden seit ca. vier Jahrzehnten eingesetzt und stetig weiterentwickelt. Ebenso wurden die in der Vergangenheit erschienenen Merkblätter mehrfach überarbeitet bzw. an die Weiterentwicklungen angepasst. Die Anwendungsgrenzen sind damit festgelegt, sodass eine ausreichende Planungs- und Ausführungssicherheit besteht.

Im IBH-Merkblatt „Bauwerksabdichtungen mit zementgebundenen starren und flexiblen Dichtungsschlämmen, Stand 1992, herausgegeben vom Industrieverband Bauchemie und Holzschutzmittel e.V. (heute: „Deutsche Bauchemie e.V.“) sind grundsätzliche Festlegungen zur Prüfung und Anwendung von Dichtschlämmen enthalten.

Seit 1997 wird in der Bauregelliste [23] als Verwendbarkeitsnachweis ein allgemein bauaufsichtliches Prüfzeugnis für nicht genormte Abdichtungsstoffe und -systeme gefordert. Die Materialprüfanstalten haben mittlerweile einheitliche Prüfgrundsätze festgelegt.

Der Planer sollte sich das allgemein bauaufsichtliche Prüfzeugnis vom Ausführenden übergeben lassen und der Bauakte beifügen.

7.7.3 Planung und Ausschreibung

Für folgende Lastfälle können Dichtungsschlämmen geplant und eingesetzt werden, wobei die möglichen Anwendungsbereiche im jeweiligen zugehörigen bauaufsichtlichen Prüfzeugnis zu beachten sind:

- Bodenfeuchte/nichtstauendes Sickerwasser
- Nichtdrückendes Wasser auf Deckenflächen und in Nassräumen (wird in diesem Buch nicht weiter behandelt)
- Aufstauendes Sickerwasser
- Druckendes Wasser
- Rückseitig einwirkendes Wasser

Tabelle **7.**12 Beurteilungskriterien hinsichtlich des Einsatzes von starren und flexiblen Dichtungsschlämmen

Beurteilungskriterium	Starre Dichtungsschlämmen	Flexible Dichtungsschlämmen
Rissgefährdeter Untergrund (bis max. 0,25 mm)	keine Rissüberbrückung	begrenzte Rissüberbrückung bei sach- und fachgerechter Verarbeitung bis 0,25 mm möglich
Innenabdichtung	Einsatz bei rückwärtiger Durchfeuchtung möglich	zeitweise rückwärtige Durchfeuchtung möglich kontinuierliche (planmäßige) rückwärtige Feuchtigkeit nur nach Bestätigung des Herstellers im Einzelfall
Abdichtung im Sohle/Wandanschluss	weniger geeignet, da keine Rissüberbrückung im gefährdeten Bereich	gut geeignet, da begrenzte Rissüberbrückung bis 0,25 mm gegeben
„junger" Untergrund als Dichtungsträger	nicht geeignet, da mit Schwindverformungen und Rissbildungen noch zu rechnen ist keine Rissüberbrückung bei sich „bewegenden" Rissen	gewisse Verformungen und Rissbildungen bis 0,25 mm können bei sach- und fachgerechter Verarbeitung aufgenommen werden.
Witterung zum Zeitpunkt der Bauausführung	Mindesttemperaturen von Luft und Untergrund betragen $^{>}/_{=}$ 5°C zu schnelles Austrocknen vermeiden kein Regen bis zur Regenfestigkeit kein Frost und kein Wind bis zur Trocknung	Mindesttemperaturen von Luft und Untergrund betragen $^{>}/_{=}$ 5°C zu schnelles Austrocknen vermeiden kein Regen bis zur Regenfestigkeit kein Frost und kein Wind bis zur Trocknung

Mineralische Dichtungsschlämmen sind den allgemein anerkannten Regeln der Technik zuzuordnen. Eine Vereinbarung zwischen den Vertragspartnern über die Abweichung von der DIN 18 195 [1 – 10] ist dennoch erforderlich. Auch wenn die Dichtungsschlämmen nicht in der DIN 18 195 enthalten sind, so ist weitestgehend eine „DIN-Konformität" anzustreben.

In der Altbausanierung werden teilweise Innenabdichtungen von nicht hochwertig genutzten Kellergeschossen aus mineralischen Dichtungsschlämmen erstellt. Da in diesem Falle bestimmungsgemäß rückseitig einwirkendem Wasser auf die Abdichtung einwirkt, sind starre Dichtungsschlämmen zu verwenden. Darüber hinaus ist vom Planer zu beachten, dass mit Kondenswasserbildung auf der Abdichtung zu rechnen ist, da ein „Feuchtepuffer" im oberflächennahen Bereich der Wand nicht zur Verfügung steht.

Bei der Planung von Innenabdichtungen aus zementären Dichtungsschlämmen ist ebenfalls zu bedenken, dass eventuell nachträglich am Wandbildner eingebrachte Befestigungsmittel immer eine Zerstörung der Innenabdichtung verursachen.

Die Fähigkeit rückseitig einwirkendem Wasser standzuhalten, ermöglicht es, mineralische Dichtungsschlämmen vor dem Auftrag von kunststoffmodifizierten Bitumendickbeschichtungen (KMB) vorzuschalten. Nach DIN 18 195 Teil ist es erforderlich, die Vertikalabdichtung planmäßig bis mindesten +30cm über Oberkante Gelände am Wandbildner heraufzuführen. Zwingend erforderlich ist ein „Überstand" der Vertikalabdichtung bis mindestens + 15 cm Oberkante Gelände nach der entgültigen Gestaltung der Außenanlagen.

Da normgerechte Abdichtungsstoffe wie beispielsweise bituminöse Dichtungsbahnen oder kunststoffmodifizierte Bitumendickbeschichtungen (KMB) außerhalb des erdberührten Bereiches keinen geeigneten Untergrund für einen Sockelputz darstellen, kann der Einsatz von Dichtungsschlämmen in diesem Bereich in Kombination mit normgerechten Abdichtungsstoffen zweckmäßig sein. Dabei sind zuerst die Dichtungsschlämme im erdberührten und im sockelnahen Bereich bis + 30 cm OKG aufzutragen und anschließend die Abdichtung im erdberührten Bereich mit ausreichender Überlappung zur Dichtungsschlämme zu berücksichtigen (siehe auch Kapitel „7.4 Kunststoffmodifizierte Bitumendickbeschichtungen (KMB)".

Dabei ist insbesondere darauf zu achten, dass bei der Anwendung von verschiedenen Abdichtungsmaterialien wie beispielsweise kunststoffmodifizierten Bitumendickbeschichtungen und Dichtungsschlämmen innerhalb eines Herstellersystems gearbeitet wird. Bei der „Vermischung" von Baustoffen verschiedener Hersteller können Materialunverträglichkeiten auftreten, welche das Versagensrisiko wesentlich erhöhen. Vor dem Auftrag der KMB muss die Dichtungsschlämme ausreichend getrocknet sein und je nach Herstellerangaben vorbehandelt werden.

Besonders sorgfältig zu planen sind Durchdringungen und Anschlüsse. Nach Möglichkeit sollte der Planer Durchdringungen oberhalb des höchstmöglichen Wasserstandes anordnen. Dabei ist der höchstmögliche Grundwasserstand und eventuell aufstauendes Sickerwasser zu berücksichtigen. Damit ist nicht nur der handwerkliche und finanzielle Aufwand für die Eindichtung von Durchdringungen merklich geringer, sondern das Versagensrisiko gleichfalls wesentlich reduziert.

Bei den Lastfällen Bodenfeuchtigkeit und nichtstauendes Sickerwasser wird die mineralische (starre) Dichtungsschlämme bis an das eingebaute Rohr herangeführt. Der Übergang wird dann hohlkehlartig aus kunststoffmodifizierter Bitumendickbeschichtung (KMB) abgedichtet. Die Überlappung muss mindestens 15cm betragen. Die Trockenschichtdicke der KMB beträgt mindestens 3 mm und muss an den Rändern auf Null auslaufen. In der Kehle darf die Schichtendicke der KMB 2 cm nicht überschreiten (siehe Bild **7**.21).

Flexible Dichtungsschlämmen sind bei den Lastfällen Bodenfeuchtigkeit und nichtstauendes Sickerwasser gleichfalls bis an die Rohrdurchführung anzuarbeiten. Der Anschluss an das Rohr erfolgt analog wie bei den starren Dichtungsschlämmen mit kunststoffmodifizierter Bitumendickbeschichtung (KMB) allerdings mit mindestens 10 cm Überlappung (siehe Bild **7**.22).

Bei den Lastfällen aufstauendes Sickerwasser und drückendes Wasser sind die Durchdringungen bei mineralischen (starren) und bei flexiblen Dichtungsschlämmen mit Flanschkonstruktionen abzudichten, womit allerdings ein wesentlich höherer Aufwand verbunden ist. Eine Trägereinlage mit mindestens 10 cm Überlappung zwischen Flansch und Dichtungsträger ist ausschließlich mit flexibler Dichtungsschlämme auszuführen (siehe Bild **7**.23).

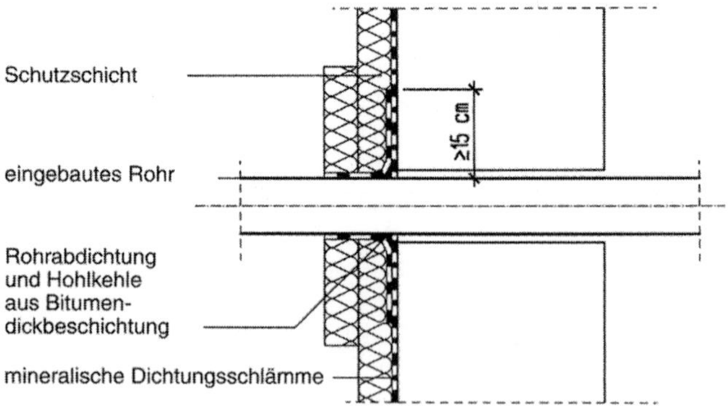

Bild **7**.21
Durchführung durch Kelleraußenwand mit mineralischen Dichtungsschlämmen bei Lastfall Bodenfeuchte und nichtstauendem Sickerwasser (Abbildung aus Richtlinie [36])

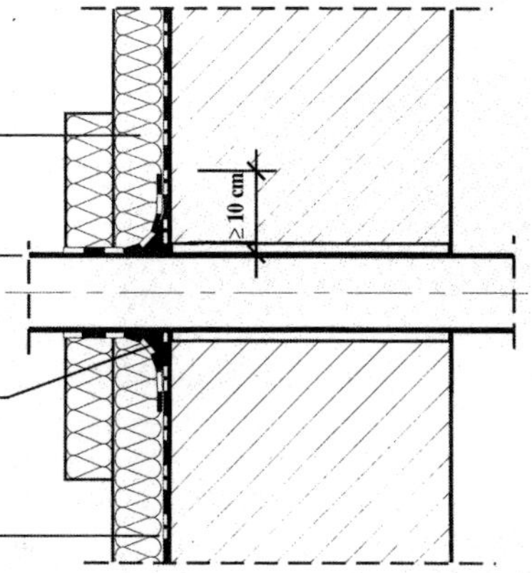

Bild **7**.22
Durchführung durch Kelleraußenwand mit flexiblen Dichtungsschlämmen beim Lastfall Bodenfeuchte und nichtstauendem Sickerwasser (Abbildung aus Richtlinie [37])

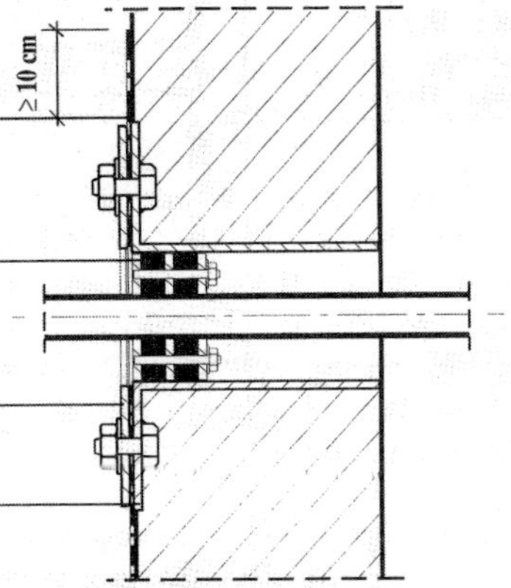

Bild **7**.23
Durchführung durch Kelleraußenwand mit flexiblen Dichtungsschlämmen beim Lastfall drückendes Wasser (Abbildung aus Richtlinie [37])

Prinzipiell sind Öffnungen für nachträglich einzubauende Durchdringungen mit einem Kernbohrgerät herzustellen. Diese Verfahrensweise ist erschütterungsarm und dient zur Vermeidung von Gefügestörungen im Wandbildner und daraus resultierenden Rissbildungen.

Ebenso sorgfältig zu planen ist die Anordnung und Ausführung von Fugen. Im Fugenbereich ist ein geeignetes Fugenband einzubauen. Eine Schlaufenbildung kann in Abhängigkeit der zu erwartenden „Bewegungen" erforderlich sein. Das Fugenband wird entweder mit flexiblen Dichtungsschlämmen oder flexiblen Reaktionsharzen in die Vertikalabdichtung „eingebettet" bzw. befestigt. Das Fugenband muss genau wie die Vertikalabdichtung planmäßig bis mindestens + 30cm Oberkante Gelände (bzw. mindestens + 15cm nach Gestaltung des Außengeländes) an der Wand heraufgeführt werden.

Bei der Planung und Ausführung von Gebäudetrennfugen bei Reihenbebauungen ist das Nachbargebäude entsprechend mit einzubeziehen. Die notwendigen Absprachen mit dem Eigentümer des Nachbargebäudes sollten bereits zum Zeitpunkt der notwendigen Voruntersuchungen erfolgen. Bei einer Reihenbebauung ist ohnehin die eventuell am Nachbargebäude durchgeführte Bauwerksabdichtung bei der Planung und Ausführung mit zu berücksichtigen, um „Feuchtebrücken" zu vermeiden. Die notwendigen Angaben sollten bei der Planung der Bauwerksabdichtung vorliegen.

7.7.4 Anforderungen an den Untergrund

Generell sind lose Bestandsteile restlos vom Untergrund zu entfernen. Eine Grundierung ist zur Sicherstellung der Staubbindung, der Verfestigung sowie für ein gleichmäßige Saugfähigkeit notwendig. Es sollte innerhalb eines Herstellersystems gearbeitet werden, da diese Materialien aufeinander abgestimmt sind.

Der Untergrund ist vorzunässen, um ein zu schnelles Austrocknen der Dichtungsschlämme zu vermeiden. Die Oberfläche darf jedoch nicht porengesättigt, sondern lediglich mattfeucht sein. Mit der Benetzungsprobe ist die Saugfähigkeit zu ermitteln. Die mit dem Quast aufgebrachten Wassertropfen müssen nach kurzer Zeit vom Untergrund aufgesogen werden.

Scharfkantige Unebenheiten sind vor dem Auftrag der Dichtungsschlämme vollständig zu entfernen, da an diesen Stellen eine gleichbleibende Mindestschichtdicke handwerklich nicht möglich ist.

Ferner dürfen mineralische Dichtungsschlämmen erst aufgebracht werden, wenn eine eventuelle Rissbildung abgeklungen ist. Statische Risse über 2 mm Breite müssen mit geeignetem Material verschlossen oder gegebenenfalls bei Notwendigkeit kraftschlüssig verpresst werden. Wenn Risse mit Rissweiten zwischen 0,5 mm und 2 mm vorhanden sind, kann ein Verschluss mit Dichtschlämme als gesonderten Arbeitsgang erfolgen. Rissweiten, welche geringer sind als 0,5 mm erfordern bei statischen Rissen keine besonderen Arbeitsschritte. Eine fehlstellenfreie Überarbeitung mit zementärer Dichtungsschlämme ist in der Regel ausreichend.

Wie bei normgerechten Abdichtungsstoffen müssen Innen- und Außenecken entsprechend mit Hohlkehlen bzw. mit Fasen versehen werden. Die vertikalen Wandflächen müssen vollfugig bzw. ohne oberflächliche Profilierungen erstellt sein. Falls ein Dichtungsträger aufgebracht werden muss, ist die Mörtelgruppe MG II oder MG III zu verwenden.

Der Untergrund muss ausreichend trocken sein. Dies ist insbesondere dann zu berücksichtigen, wenn zuvor ein Dichtungsträger aufgebracht wurde.

Um Trennschichten (Staub) und ungleichmäßiges Saugen des Untergrundes zu vermeiden, ist generell ein Voranstrich zur Verbesserung der Haftung zu empfehlen.

Insbesondere starre Dichtungsschlämmen benötigen einen festen Untergrund. Wenn mit Rissbildungen bis 0,25 mm zu rechnen ist, werden ausschließlich flexible Dichtungsschlämmen eingesetzt. Nach Möglichkeit soll jedoch eine eventuelle Rissbildung zum Zwecke der Risikominimierung auch bei flexiblen Dichtungsschlämmen abgeklungen sein.

7.7.5 Verarbeitung

Die Temperatur des Untergrundes sowie der Umgebung darf + 5°C (auch in der Nacht) nicht unterschreiten. Ebenso schädlich ist eine direkte Sonneneinstrahlung oder Windbeaufschlagung, was zum schnellen Austrocknen der Dichtungsschlämme und somit zum Entzug des Anmachwassers führt. Dem Zement steht dann nicht mehr ausreichend Wasser für die Hydratratation zur Verfügung. Die zu erzielende Wasserdichtigkeit unterliegt jedoch entscheidenden Einfluss des erreichten Hydratationsgrades.

Die Abdichtung ist daher vor zu schnellem Austrocknen zu schützen. Hierbei ist insbesondere der Schutz vor Sonne und Wind zu beachten.

Die Menge des Anmachwassers ist entsprechend den Herstellervorgaben exakt einzuhalten. Jegliche Abweichungen wirken sich negativ auf die spätere Wasserdurchlässigkeit aus. F. Frössel hat die unmittelbaren Zusammenhänge zwischen Wasserzementwert und der Wasserdichtigkeit von Dichtungsschlämmen näher erläutert [38].

Ebenso ist bei zweikomponentigen Dichtungsschlämmen das vom Hersteller festgelegte Mischungsverhältnis genau einzuhalten.

Zementäre Dichtungsschlämmen werden in Abhängigkeit des verwendeten Werkzeugs und der jeweiligen Konsistenz mit den nachstehenden Methoden auf den Dichtungsträger aufgebracht:

- Spritzen
- Streichen
- Spachteln

Bild **7**.24
Verschließen von offenen Fugen in einem separaten Arbeitsgang (Foto: Dyckerhoff Sopro GmbH)

Bild **7**.25
Aufbringen einer mineralischen Dichtungsschlämme mittels Bürste (Foto: Dyckerhoff Sopro GmbH)

Je nach einwirkenden Lastfall müssen Dichtungsschlämmen hinsichtlich der Anzahl der Lagen sowie der Trockenschichtdicke wie folgt aufgebracht werden:

Tabelle **7**.13 Trockenschichtdicken, Materialverbrauch und Anzahl der Schichten bei starren Dichtungsschlämmen

Lastfall nach DIN 18 195	Mindesttrockenschichtdicke bei zementären Dichtungsschlämmen	Materialverbrauch	Anzahl der Schichten
Bodenfeuchtigkeit und nichtstauendes Sickerwasser	$^{>}/_{=}$ 2mm	Nach Herstellervorgabe bzw. (bauaufsichtliches Prüfzeugnis)	mindestens 2 Schichten
Aufstauendes Sickerwasser und drückendes Wasser	$^{>}/_{=}$ 3mm	Nach Herstellervorgabe bzw. (bauaufsichtliches Prüfzeugnis)	Mindestens 3 Schichten

Tabelle **7**.14 Trockenschichtdicken, Materialverbrauch und Anzahl der Schichten bei flexiblen Dichtungsschlämmen

Lastfall	Mindesttrockenschichtdicke bei flexiblen Dichtungsschlämmen	Materialverbrauch	Anzahl der Schichten
Bodenfeuchtigkeit und nichtstauendes Sickerwasser	$^{>}/_{=}$ 2 mm	Nach Herstellervorgabe bzw. (bauaufsichtliches Prüfzeugnis)	mindestens 2 Schichten
drückendes Wasser bis 3,0 m Eintauchtiefe von innen drückendes Wasser bis 5,0 m Stauhöhe	$^{>}/_{=}$ 2,5 mm	Nach Herstellervorgabe bzw. (bauaufsichtliches Prüfzeugnis)	mindestens 3 Schichten

Die Schichtendicke ist über den Materialverbrauch zu kontrollieren. Bei der Festlegung des Materialverbrauches ist der Untergrund zu berücksichtigen. Der Materialverbrauch ist prinzipiell so zu wählen, dass insbesondere bei unebeneren Untergründen die in den Tabellen **7**.13 und **7**.14 enthaltenen Mindesttrockenschichtdicken ***in allen Bereichen*** eingehalten werden. Dabei sind auch die unvermeidbaren handwerklich bedingten Schwankungen in der Schichtendicke zu berücksichtigen.

Daraus folgt, dass die Herstellerangaben über den Materialverbrauch je nach den jeweiligen vorherrschenden geometrischen Vorraussetzungen und der Untergrundbeschaffenheit in der Praxis entsprechend ***zu erhöhen*** sind, da die Herstellerangaben sich in der Regel auf den in der Praxis nicht anzutreffenden Idealfall beziehen.

Die an sämtlichen Innenecken notwendige Hohlkehle wird aus Mörtel erstellt, welcher mindestens der Mörtelgruppe MGII nach DIN 1053 [13] entspricht. Der Radius soll zwischen ca. 4 cm und ca. 6 cm betragen. Die Hohlkehle wird „frisch in frisch" in eine Haftbrücke eingearbeitet.

Im Baustoffhandel werden Herstellersysteme angeboten, welche aufeinander abgestimmt und entsprechend geprüft sind. Auf die Fuge zwischen Bodenplatte/Fundament und Wandbildner wirken erfahrungsgemäß besondere Beanspruchungen ein, weshalb die Hohlkehle ein häufiger Ausgangspunkt bei Undichtigkeiten darstellt. Es empfiehlt sich für die Ausbildung der Hohlkehle einem Mörtel mit wasserundurchlässigen Eigenschaften (Sperrmörtel) zu verwenden.

Außenecken (Gebäudeecken und Ecken von Fundamentvorsprüngen oder Bodenplatten) sind abzufasen. Scharfe Kanten sind durch Schleifen zu brechen bzw. zu entfernen.

Arbeitsunterbrechungen sollen bei mineralische Dichtungsschlämmen stets in der ebenen Abdichtungsfläche, nicht jedoch an Ecken, Kanten, Durchdringungen oder ähnlichen Stellen erfolgen. An den Anschlüssen ist mit mindestens 10 cm Überlappung weiterzuarbeiten. Arbeitsunterbrechungen in den einzelnen aufzubringenden Lagen sollen nicht an gleicher Stelle erfolgen, sondern ebenfalls entsprechend versetzt.

Bild 7.26
Abdichtungssytem, bestehend aus Grundierung, Dichtschlämme im Hohlkehlbereich, Hohlkehle aus Sperrmörtel und zweilagiger KMB mit Gewebeeinbettung (Grafik: Dyckerhoff Sopro GmbH)

Die Abdichtung muss zum Zeitpunkt der Bauausführung sowie im Nutzungszustand ausreichend gegen mechanische Beschädigungen geschützt werden. Die zur Verfügung stehenden Schutzschichten sind im Kapitel „7.10 Mechanischer Schutz (Schutzschichten)“ abgehandelt.

7.8 Injektionen

7.8.1 Kurzdarstellung der Technologie und Materialeigenschaften

Alle zuvor abgehandelten Möglichkeiten zur nachträglichen Erstellung von Vertikalabdichtungen weisen eine wesentliche Grundvoraussetzung auf: Die abzudichtende Außenwandfläche muss freigelegt sein und ein entsprechender Arbeitsraum in der Baugrube zur Verfügung stehen. Bei Teilunterkellerungen oder bei aneinander grenzende Gebäude mit verschiedenen Eintauchtiefen ist die Wandfläche jedoch nicht zugänglich und kann nicht mit den bekannten konventionellen Abdichtungstechniken bearbeitet werden.

Eine Vertikalabdichtung kann jedoch unter gewissen Vorraussetzungen auch an von außen nicht zugänglichen Wandbereichen mit der Injektionstechnologie erfolgen.

Das Prinzip besteht vereinfacht dargelegt, aus der Durchbohrung von Außenwänden und Sohlplatten sowie einer Verpressung des anliegenden Erdreiches oder der äußeren Wandbereiche mit geeigneten Injektionsstoffen (Hydrogel) vom Innenraum des abzudichtenden Gebäudes. Die Bohrlöcher werden in einem festgelegten Raster angeordnet und mit speziellen Schraubpackern versehen. Das Injektionsmittel wird im Niederdruckverfahren über das Bohrlochraster in das anliegende Erdreich gepresst, woraus nach Erreichen der Reaktionszeit aus der Vermischung von Hydrogel und Erdreich ein elastischer dichtender Schleier entsteht. Daraus resultiert die Bezeichnung ***„Schleierinjektion“***.

Es besteht bei gegebener Anwendungsvoraussetzung die Möglichkeit, das Injektionsmittel ausschließlich in den äußeren Bereich des Wandquerschnittes und nicht in das Erdreich zu pressen. Das Injektionsmittel verteilt sich in Hohlräumen und im Fugennetz des Wandbildners. Für diese Verfahrensweise hat sich in der Vergangenheit im technischen Sprachgebrauch der Begriff ***„Vergelung“ oder „Flächeninjektion“*** festgesetzt.

Folgende Injektionsmittel werden bei Schleierinjektionen und Vergelungen am häufigsten eingesetzt:

- Polyurethane

  Polyurethane eignen sich für die Schleierinjektion, werden aber im Vergleich zu den Acrylatgelen seltener eingesetzt.

- Acrylatgele (Acrylamid)

  Hierbei handelt es sich um ein häufig eingesetztes Injektionsmittel mit relativ niedriger Anfangsviskosität. Acrylatgele besitzen ein Kapillarsystem, sodass Wasser eingelagert werden kann. Sie sind des Weiteren auch im ausreagierten Zustand elastisch. Acrylatgele eignen sich für die Schleierinjektion und für Vergelungen.

Im ABI-Merkblatt [20] sind zusätzlich weitere Injektionsstoffe aufgeführt, welche jedoch eher seltener zur Anwendung kommen:

- Zement
- Epoxidharz (bedingt zur Vergelung im Bauteil)
- Stoffe auf Siliziumbasis
- Silikon (bedingt zur Vergelung im Bauteil)

7

Im WTA-Merkblatt 4-6-05/D [27] sind des Weiteren Bentonite und Silikate als Injektionsmaterialien enthalten.

Tabelle **7**.15 Einsatzgebiete von Injektionsmaterialien nach WTA-Merkblatt 4-6-05/D [27]

Material	**Bauwerkszustand**		**Beanspruchung nach der Injektion**		
	Feucht	**wasserführend**	**Bodenfeuchte/ nichtstauendes Sickerwasser**	**aufstauendes Sickerwasser drückendes Wasser**	Anmerkung
Bentonit	+	+	+	+	
Silikat	+	+	+	+$^{3)}$	1)
Zement	+	+	+	+$^{4)}$	1)
EP-Harz	± $^{2)}$	–	+	–	1)
PUR-Harz	+	+	+	+	
Acryl- bzw. PUR-Harzgel	+	+	+	+	

Anmerkung/Erläuterung:
1) keine Verformungsfähigkeit
2) nur feuchteverträgliche Harze
3) nur in Kombination mit Zementen
4) nur in Kombination mit Silikaten

Die Schleierinjektion und die Vergelung werden seit ca. 25 Jahren zunächst ausschließlich an Tunnelbauten der Deutschen Bahn AG und erst später in der Sanierung von Wohnbauten mit sehr unterschiedlichem Erfolg eingesetzt. Die derzeit zur Verfügung stehenden Erfahrungen mit dieser relativ neuen Technologie müssen in Zukunft noch entsprechend ausgebaut und erweitert werden. Erst wenn entsprechend positive Langzeiterfahrungen zur Verfügung stehen, kann die Injektionstechnologie ***zukünftig*** eventuell zu den allgemein anerkannten Regeln der Technik gezählt werden.

Es wurden in der Vergangenheit zahlreiche Objekte nach diesen Verfahren erfolgreich abgedichtet. Bei einer ausreichenden Voruntersuchung und darauf aufbauenden detaillierten Planungsvorgaben sowie deren Umsetzung durch erfahrene Fachbetriebe sind die Erfolgsaussichten als relativ hoch einzuschätzen. Daher ist die Injektionstechnologie derzeit dem Stand der Technik zuzuordnen.

Die Anwendung sollte sich jedoch auf Bereiche beschränken, an denen eine Freilegung nicht möglich oder nur mit einem unverhältnismäßig hohem Aufwand bewerkstelligt werden kann.

7.8.2 Heranzuziehende Richtlinien und Erkenntnisquellen

Wie eingangs bereits dargelegt, handelt es sich um eine relativ neue Abdichtungstechnologie. Es existieren für dieses Verfahren bis heute keine DIN-Normen. Lediglich das im März 2005 erschienene ABI-Merkblatt [20] bezieht sich explizit auf Gebäude außerhalb von Verkehrsanlagen.

Hinweise zur Planung und Ausführung können aus folgenden Merkblättern bzw. Richtlinien entnommen werden:

- ABI-Merkblatt „Abdichten von Bauwerken durch Injektion“ [20]
- „Hinweise für die Planung und Durchführung von Vergelungsmaßnahmen bei der Deutschen Bundesbahn AG“ [21]
- ZTV Riss [22] (bei Rissverpressungen)
- DIN 4093 [15] (zur Baugrundanalyse)

7.8.3 Planung und Ausschreibung

Da dem Planer keine Regelwerke zur Verfügung stehen, und diese Technologie derzeit nur auf den bisher gesammelten praktischen Erfahrungen beruht, ist die Planung ausschließlich von speziellen Fachplanern durchzuführen, welche ausreichend baupraktische Kenntnisse über die Schleierinjektion oder Vergelung vorweisen können.

Vor der Planung von Schleierinjektionen oder Vergelungen sollte der Fachplaner prüfen, ob bzw. mit welchem Aufwand eine konventionelle Bauwerksabdichtung in Anlehnung an die DIN 18 195 [1 – 10] bzw. nach den WTA-Merkblättern [26, 27, 31] und Richtlinien der deutschen Bauchemie [35, 36, 37] durchführbar sind. Nur wenn aus Gründen der Verhältnismäßigkeit zwischen dem handwerklichen Aufwand und dem zu erwartenden Erfolg der Maßnahme oder wegen nicht gewährleisteter Zugänglichkeit die konventionellen Verfahren nicht eingesetzt werden können, sind Gelinjektionen als Alternative zu planen und entsprechend umzusetzen.

Flächeninjektionen sollten nach M. Balak und A. Pech [40] nur dann geplant und ausgeführt werden, wenn auf die Abdichtung kein anhaltender hydrostatischer Druck einwirkt. Aus Sicht des Autors jedoch bedarf die Anwendung von Injektionen bei Lastfall „drückendes Wasser“ einer sorgfältigen Einzelfallprüfung. Erfolgreiche Anwendungen bei Lastfall „drückendem Wasser“ sind bekannt, sodass eine generelle Ablehnung der Injektionstechnologie bei dieser Wasserbeanspruchung nicht gerechtfertigt erscheint.

Vor der Planung sind die erforderlichen Kenndaten im Rahmen einer ausgiebigen Voruntersuchung zu sammeln und entsprechend auszuwerten. Die Voruntersuchung bezieht sich sowohl auf das abzudichtende Bauwerk sowie bei Schleierinjektionen auch auf den anliegenden Baugrund unter Berücksichtigung von DIN 4093 [15]. Je nach Bauzustand kann zusätzlich eine Stellungnahme eines Statikers hinsichtlich der Standsicherheit erforderlich sein.

Die notwendigen Baugrunduntersuchungen beziehen sich objektabhängig mindestens auf nachstehende Kenndaten:

- Durchlässigkeitsbeiwert
- Chemische Beschaffenheit
- Bemessungswasserstand
- Art und Beschaffenheit des Bodens
- vorhandene Hohlräume oder Rohrleitungen

Die notwendige Bauwerksdiagnostik ist wie bei allen Abdichtungen auch bei den Injektionsverfahren unabdingbare Grundlage für die Planung und Ausführung. Neben den üblichen durchzuführenden Untersuchungen nach dem WTA-Merkblatt [24] sowie nach den Hinweisen des ABI-Merkblattes [20] ist zu untersuchen, ob eventuell bereits eine Schwarzabdichtung am Wandbildner vorhanden ist. Dieser Punkt ist von Bedeutung, da es zu Haftverbundproblemen kommen kann.

Der Fachplaner legt als Spezialist unter Beachtung der jeweiligen örtlichen Gegebenheiten sowie mit Berücksichtigung der Ergebnisse aus den Voruntersuchungen mindestens folgende technische Parameter fest:

- Instandsetzungsziel
- Art des Injektionsstoff
- Anordnung der Bohrlöcher (Rastermaß, gegebenenfalls Anstellwinkel, Bohrlochtiefe usw.)
- Art der zu verwendeten Packer
- Vorgesehene Reaktionszeit
- Injektionsdruck
- Art und Umfang der Dokumentation

Im Leistungsverzeichnis muss der Fachplaner eine Position einarbeiten, in der die dokumentierten Kenndaten aufgeführt sind, da die Dokumentation gemäß des ABI-Merkblattes [20] keine Nebenleistung, sondern eine zu vergütende Leistung darstellt und der damit verbundene Aufwand in Abhängigkeit des Umfanges sehr unterschiedlich sein kann.

Das ABI-Merkblatt [20] führt exemplarisch folgende möglichen Kenndaten auf, welche im Allgemeinen dokumentiert werden sollten:

- Lage, Richtung, Durchmesser der Bohrungen
- Anzahl der gesetzten Packer, zeichnerische und/fotografische Darstellung des Bohrrasters
- Datum der Verpressung
- Art und Menge des Injektionsstoffes
- Mischungsverhältnis des Injektionsstoffes
- Reaktionszeit des Injektionsstoffes
- Materialverbrauch je Packer
- Verlauf der Injektion (Austreten von Injektionsstoff aus benachbarten Injektionslöchern)
- Dauer der Injektion je Packer
- Verpressdruck (p_{min}/p_{max})
- Volumenstrom (Q_{min}/Q_{max})
- Temperatur des injizierten Bauteiles
- Temperatur des Injektionsstoffes

Der Fachplaner muss die für das jeweilige Objekt bedeutsamen Daten auswählen und in der Ausschreibung benennen. In jedem Falle sollte eine Fotodokumentation angefertigt werden, aus der die örtlichen Gegebenheiten hervorgehen.

Dem Planer stehen keine Informationsquellen zur Verfügung, welche ***allgemeinverbindliche*** Vorgaben über die Packerabstände enthalten. Dies liegt an den sehr verschiedenen Vorraussetzung zur Verteilung des Injektionsstoffes im Erdreich. Aus Tabelle **7.**16 ist ersichtlich, welche „Schwankungen“ der Bohrlochabstände allein im Zusammenhang mit der Durchlässigkeit des zu injizierenden Erdreiches entstehen können.

Die Bohrlochabstände werden vom Fachplaner in Abhängigkeit von der Beschaffenheit des Erdreiches, der Technolgie (Ein- oder Mehrstufenverfahren) sowie der jeweiligen örtlichen Gegebenheiten festgelegt, wobei von U. Hornig [41] folgende Rastermaße zur groben Orientierung empfohlen werden:

Tabelle **7**.16 Richtwerte für Bohrlochabstände als „Orientierungshilfe“

Beschaffenheit des Erdreiches nach DIN 18 130	Bohrlochabstand (Im Einzelfall an die örtlichen Gegebenheiten anzugleichen)
durchlässig schwach durchlässig ($k = 10^{-4}$ bis 10^{-6} m/s)	30 cm bis 50 cm
schwach durchlässig ($k = 10^{-6}$ bis 10^{-8} m/s)	30 cm bis 50 cm
stark oder sehr stark durchlässig ($k > 10^{-4}$)	bis 1 m

Die Ausbildung des Gelschleiers im Erdreich wird maßgeblich von der eingestellten Reaktionszeit und dem einwirkenden Arbeitsdruck beeinflusst.

Generell empfiehlt es sich ausschließlich Spezialbetriebe mit nachgewiesener ausreichender Erfahrung auf dem Gebiet der Injektionstechnologie zu betrauen.

Ein gewisses Restrisiko besteht, da eine direkte Qualitätskontrolle durch Inaugenscheinnahme nicht erfolgen kann. Die Verteilung des Injektionsmittels im Baugrund ist für den Ausführenden und dem Bauüberwacher nicht direkt kontrollierbar. Der anliegende Baugrund kann insbesondere in der Altbausanierung sehr starken Schwankungen unterworfen sein, sodass die gewonnenen Erkenntnisse aus der Bauzustandsanalyse nicht unbedingt für alle Bereiche als repräsentativ zu beurteilen sind.

Eine Vereinbarung zwischen den Baubeteiligten über die Abweichung von den allgemein anerkannten Regeln der Technik sowie eine Aufklärung über das damit verbundene Risiko sollte vor Ausführung aktenkundig erfolgen.

Nach § 19 des Wasserhaushaltsgesetzes [44] sind Injektionen im Baugrund genehmigungspflichtig. Die Genehmigung ist bei der unteren Wasserbehörde vor der Ausführung einzuholen.

7.8.4 Ausführung

Wie bereits dargelegt, sollten Abdichtungsarbeiten grundsätzlich nur durch ausgewiesene Fachbetriebe mit der notwendigen Erfahrung und Qualifikation ausgeführt werden. Durch die nicht gewährleistete direkte Qualitätskontrolle und die Vielzahl der qualitätsbestimmenden Einflussfaktoren trifft dies für die Sondermaßnahme der Injektionen in Wand und Boden ganz besonders zu.

Nicht ausreichend qualifizierte Anwender sind zwar in der Lage, das Injektionsmittel in das Erdreich oder in das Bauteil zu drücken, können aber die erforderliche Verteilung des Injektionsstoffes und die fehlstellenfreie Vergelung bei minimalen Materialeinsatz kaum gewährleisten. Wenn mit hohen (an das Erdreich unangepassten) Drücken gearbeitet wird, werden große Mengen an Injektionsstoff in das Erdreich gepresst, ein flächiger durchgehender Schleier wird dabei jedoch nicht geschaffen.

Spätestens zur Abnahme müssen vom Auftragnehmer die erforderlichen Dokumentationen übergeben werden (siehe Pkt. „7.8.3 Planung und Ausschreibung“).

Schleierinjektionen (Injektionen im Baugrund)

Die Bohrlöcher werden in dem vom Fachplaner vorgegebenen Rastermaß von innen nach außen in die Außenwand durchgängig eingebracht. In die Bohrlöcher werden spezielle Schraubpacker montiert. Die Injektionsstoffe werden über die Packer an der Bauwerksaußenseite in des Erdreich injiziert. Die Injektion erfolgt ausgehend von den unteren Bohrlöchern nach oben.

Die beiden Komponenten des Injektionsstoffes werden mittels Zweikomponentenpumpe unmittelbar vor dem Packer zusammengeführt und in den Packer gepresst.

Der Injektionsstoff muss eine niedrige Anfangsviskosität (maximal 20 mPas) aufweisen, um sich im zugänglichen Porenraum des Erdreiches ausreichend verteilen zu können. Im Handel sind

Injektionsstoffe erhältlich, welche nach Herstellerangaben eine Mischviskosität von 7 mPas aufweisen. Das im Baugrund vorhandene Wasser wird vom anfangs noch hochviskosen Injektionsstoff verdrängt. Es kommt zur Vermischung des Injektionsstoffes mit dem Erdreich. ***Im Idealfall*** verteilt sich der Gelschleier direkt im Spalt vor dem Wandbildner flächig (Bild **7**.27).

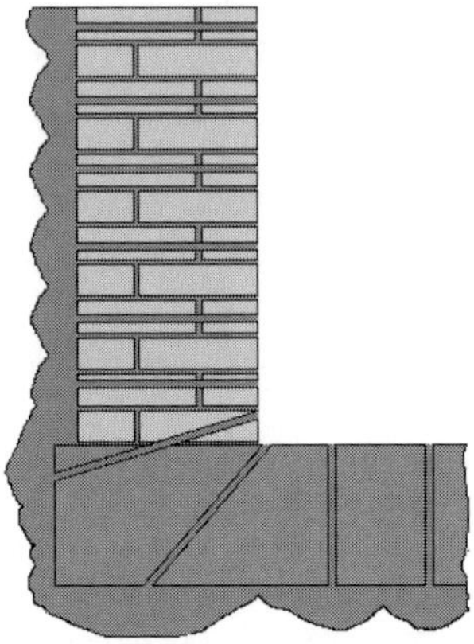

Bild **7**.27
Schematische Darstellung der Schleierinjektion (vereinfacht)

Durch die Inaugenscheinnahme der unmittelbar benachbarten Bohrlöcher ist bei Materialaustritt eine gewisse Kontrolle der Materialverteilung möglich. Durch Voruntersuchung kann auch das zur Verfügung stehende Porenvolumen des anliegenden Erdreiches und somit der ungefähre Materialverbrauch errechnet werden, was auch eine begrenzte Kontrollmöglichkeit darstellt.

Der Gelschleier bildet sich im anliegenden Erdreich sowie in eventuell vorhandenen Fehlstellen, Hohlräumen, Rissen und Mörtelfugen an der Außenseite des Mauerwerks aus.

Nach Erreichen der beeinflussbaren Reaktionszeit (Übergang vom flüssigen zum festen Zustand) ist der entstandene Gelschleier wasserdicht. Das Gel weist eine Hohlraumstruktur auf, weshalb eine gewisse Menge an Wasser zusätzlich aufgenommen werden kann, was zur Volumenvergrößerung (quellen) führt. Bei Feuchtigkeitsabgabe des eingelagerten Wassers sowie des im Gel enthaltenen Wassers kommt es zur Volumenverringerung (schrumpfen). Diese Vorgänge können sich beliebig oft wiederholen. Allerdings ist das Quellvermögen auf 15 Vol.- % zu beschränken, um eine unendliche Wasseraufnahme mit einhergehenden Festigkeitsverlusten zu vermeiden [41].

Bereits vorhandene funktionsuntüchtige Vertikalabdichtungen können einen Haftverbund des Gelschleiers verhindern und gegebenenfalls zu Undichtigkeiten durch Hinterläufigkeit führen.

Bei sach- und fachgerechter Planung und Ausführung verteilt sich der Injektionsstoff flächig mit einer Mindestdicke von 10 cm im anliegenden Erdreich. Das vergelte Erdreich (Gel-Erdstoff-Gemisch) ist nunmehr Bestandteil der neuen Abdichtung.

Die im Wandbildner vorhandenen Packer sind nach der Vergelung zu entfernen. Das in den Bohrlöchern vorhandene Gel wird bis ca. 10 cm Tiefe entfernt und die Löcher mit auf das Mauerwerk abgestimmten Mörteln verschlossen.

Nachinjektionen können dann erforderlich sein, wenn eine Ausbreitung des Gelschleiers durch Unregelmäßigkeiten im Erdreich in Teilflächen nicht ausreichend erfolgte.

Vergelungen (Injektionen im Bauteil)

Die Bohrlöcher enden einige cm vor der Außenseite des Wandbildners. Als groben Anhaltspunkt kann von einer Bohrlochtiefe von ca. ¾ der Wanddicke ausgegangen werden. Dies ist vom Fachplaner zusammen mit dem Neigungswinkel und dem Bohrlochabstand im Einzelfall unter Beachtung der Ergebnisse aus der Voruntersuchung festzulegen.

Vor dem Einbringen des Injektionsstoffes müssen die Bohrlöcher ausgeblasen werden. Der Injektionsstoff wird über ein Bohrlochraster in den Wandbildner im Niederdruckverfahren gepresst. Die Verpressung erfolgt von der untersten Bohrlochkette ausgehend nach oben. Die Packer werden solange mit Injektionsmittel beaufschlagt, bis Material an den benachbarten Bohrlöchern austritt und ein Porenverschluss an den Mörtelfugen durch Materialsättigung erkennbar ist.

Über spezielle Packer wird der Injektionsstoff in den zugänglichen Porenraum und Hohlstellen des Wandbildners eingebracht. Das Injektionsmittel verteilt sich über die Bohrlochoberflächen in die Mörtelfugen, Hohlräume und Risse im Fugenbereich (siehe Bild 7.28). Das im Bauteil vorhandene Wasser wird dabei verdrängt. Die Festlegung der Bohrlöcher sollte auch bekannte Hohlstellen und Rissbilder berücksichtigen.

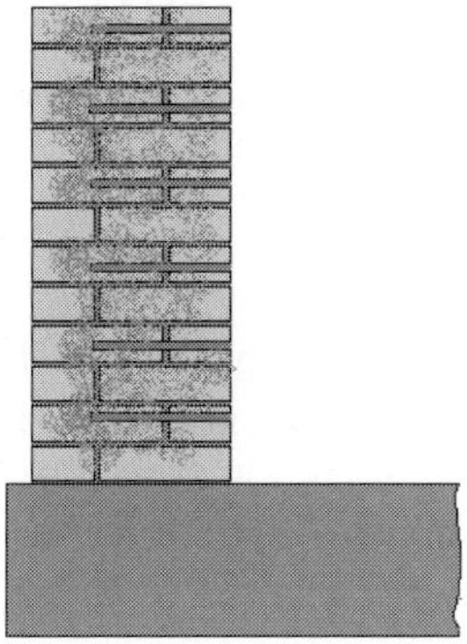

Bild **7**.28
Schematische Darstellung der Vergelung oder Flächeninjektion im Bauteil (vereinfacht)

Bei großen Hohlräumen werden Reaktionszeiten von $t < 2$ min empfohlen [20].

Die Druckbeaufschlagung sollte 20 bar nicht überschreiten, da sonst eine Schädigung des Mauerwerks nicht ausgeschlossen werden kann.

Im injizierten Wandbildner entsteht über den gesamten Mauerwerksquerschnitt ein Gelschleier, welcher sowohl eine vertikale Abdichtung als auch eine horizontale Sperre gegen kapillar aufsteigende Feuchtigkeit darstellt.

Die im Wandbildner vorhandenen Packer sind nach der Vergelung zu entfernen. Das in den Bohrlöchern vorhandene Gel wird bis in ca. 10cm Tiefe entfernt und die Löcher mit einen auf das Mauerwerk abgestimmten Mörtel verschlossen.

7.9 Abdichtung mit Bentonit (Naturton)

7.9.1 Materialeigenschaften von Bentonit

Bentonit ist ein quellfähiges Tonmineral, welches durch Verwitterung aus saurer Vulkanasche entstanden ist. Hauptbestandteil von Bentonit ist das Tonmineral Montmorillonit. Nach seinem Fundort Fort Benton, Wyoming (USA) wurde das Tonmineral Bentonit benannt. Erstmals entdeckt wurde es von dem amerikanischen Geologen Knight vor ca. 100 Jahren.

Hinsichtlich der Einlagerung von Ionen gibt es verschiedene Bentonite. Im Bauwesen ist der Natriumbentonit mit zweifach positiv geladenen Natrium-Ionen von Interesse. In den USA gibt es natürliche Lagerstellen von Natriumbentonit, wo es auch abgebaut wird. In Deutschland hingegen muss der in der Natur vorkommende Ton durch Ionenaustausch erst modifiziert werden.

Durch die relativ große negativ geladene Oberfläche besitzt der Natriumbentonit eine hohe Kationenaustauschkapazität und somit ein hohes Schadstoffadsorptionsvermögen.

Bentonit wird im Allgemeinen in folgenden Bereichen eingesetzt:

- Bauwesen
- Lebensmittelindustrie
- Pharmaindustrie
- Keramische Industrie
- Landwirtschaft
- Papierindustrie
- Metallindustrie

In der Vergangenheit hatte man sich im Bauwesen die Materialeigenschaften von Lehm zu Nutze gemacht. So wurden schon vor Jahrhunderten Gebäude mit Lehm erfolgreich abgedichtet. Auch wenn die Anforderungen an einen „trockenen" Keller nicht so hoch wie in heutiger Zeit waren, konnte man mit Lehm durchaus eine deutliche Verbesserung hinsichtlich eindringender Feuchtigkeit erzielen. Der regional vorhandene Lehm wurde in dieser Zeit durch die Zugabe von Ton, Schluff, Wasser und Sand noch entsprechend modifiziert.

Bei heutigen Bauwerksabdichtungen wird Lehm nicht mehr verwendet. Vielmehr stellen die hier interessierenden bestimmten Naturtone (Bentonit) eine relativ neue Einsatzmöglichkeit dar.

Neben der Fugenabdichtung mittels „Bentonit-Quellbändern" im Betonbau sowie der Hohlraumverpressung kommt Bentonit auch als Vertikalabdichtungen zum Einsatz. Umgangssprachlich hat sich im Neubaubereich für Bauwerksabdichtungen mit Bentonit der Begriff ***„Braune Wanne"*** herausgebildet.

7.9.2 Funktionsweise von Bentonitabdichtungen

Das in der Natur vorkommende sowie das künstlich hergestellte Natriumbentonit weisen eine besonders signifikante Quellfähigkeit auf. Diese ist auf das Vorhandensein von sehr kleinen Teilchen zurückzuführen, die eine Oberflächenvergrößerung bewirken. Durch die Anlagerung von Wassermolekülen kommt es zu einer etwa zehn- bis fünfzehnfachen Volumenvergrößerung und zu einer fünf- bis siebenfachen Gewichtszunahme.

Die abdichtende Wirkung wird durch den Quellvorgang des Bentonits hervorgerufen. Erfolgt die Quellung innerhalb eines begrenzten Volumens (z.B. in einer Dichtungsschicht) entsteht ein Quelldruck, der mehrere bar erreichen kann und der ein weiteres Durchdringen des Wassers verhindert. Nach [41] kann der Quelldruck bis zu 0,2 MN/m^2 betragen.

Im eingebauten Zustand kommt es beim Quellvorgang zum Pressdruck, da das Bentonit zwischen abzudichtenden Wandbildner und wasserdurchlässige Vliese, Gewebe oder Schutzschichten und Erdreich „eingezwängt" ist. Die Wasserundurchlässigkeit wird um so kleiner, je größer der Anpressdruck ist. Es ist jedoch nicht davon auszugehen, dass ein Wasserdurchtritt mit einer Bentonitabdichtungen vollständig verhindert werden kann.

Um einen ausreichenden Quelldruck abzusichern, ist es erforderlich das Bentonit in ungequollenem Zustand (trocken) einzubauen. Erst nach Feuchtebeaufschlagung kommt es zum gezielten Quellen des Bentonits. Der Naturton nimmt dabei einen „gelartigen" Zustand an.

7.9.3 Vorteile und Anwendungsgrenzen von Bentonitabdichtungen

Der Vorteil von Bentonitabdichtungen gegenüber den weiteren bekannten Abdichtungsverfahren liegt darin, dass gemäß Herstellerangaben sich kleinere Beschädigungen der Dichtungsschicht durch den kontinuierlich wirkenden Quelldruck „von allein“ gewissermaßen selbstheilend verschließen. Der ständige Quelldruck soll auch eine Hinterläufigkeit der Abdichtung vermeiden, was ebenfalls einen wesentlichen Vorteil gegenüber den Bahnenabdichtungen oder den streichfähigen Abdichtungsstoffen darstellt.

Da Hinterläufigkeiten weitestgehend ausgeschlossen werden können, ist im Falle eines Feuchtigkeitseintrittes in ein Gebäude, die Leckstelle relativ unkompliziert zu lokalisieren, da in der Regel die visuell erkennbare Durchfeuchtung mit der Schadstelle in der Abdichtung identisch ist.

Die Verarbeitung von Bentonit ist relativ einfach. Komplizierte geometrische Gegebenheiten können mit diesem Abdichtungsverfahren bei Vorhandensein der Grundvoraussetzungen der Anwendbarkeit problemlos abgedichtet werden.

Der exemplarisch von J. Schlicht durchgeführte Vergleich hinsichtlich der entstehenden Baukosten [39], ergab für das „Beispielobjekt“ einen deutlichen Kostenvorteil der Bentonitabdichtung gegenüber einer Abdichtung aus Bitumen.

Bei entsprechend hoher Salzkonzentration wird das Quellvermögen herabgesetzt, was die Funktionstüchtigkeit der Abdichtung beeinträchtigen kann. Demgemäss sind die erforderlichen Voruntersuchungen zur Anwendbarkeit von Bentonitabdichtungen auszurichten und unter anderem die Wasserqualität zu untersuchen.

Da für das Erreichen der Wasserundurchlässigkeit der Quelldruck und für diesen wiederum Feuchtigkeit vorhanden sein muss, sind Bentonitabdichtungen ausschließlich im Bereich von drückendem Wasser einsetzbar, sofern im Zulassungsbescheid keine anderen Anwendungsfälle attestiert werden.

7.9.4 Heranzuziehende Richtlinien und Erkenntnisquellen

Bentonit ist derzeit als Abdichtungsstoff in der DIN 18 195 [1 – 10] ***nicht*** berücksichtigt. Richtlinien und Merkblätter stehen gleichfalls nicht zur Verfügung. Es handelt sich somit um ein nicht genormtes Abdichtungsverfahren ohne allgemeine Langzeiterfahrungen.

Lediglich die Hinweise und Verarbeitungsvorschriften des Herstellers sowie das dazugehörige bauaufsichtliche Prüfzeugnis können für die Planung und Ausschreibung einer derartigen Sonderbauweise herangezogen werden. Dies gilt insbesondere für die Ausbildung von Details wie An- und Abschlüsse usw..

Vor der Bauausführung ist eine Vereinbarung zwischen Bauherr, Planer und Ausführenden zur Abweichung von der Abdichtungsnorm DIN 18 195 [1 – 10] aktenkundig zu treffen. An dieser Stelle wird auch auf die Hinweispflichten gegenüber dem Bauherren verwiesen.

7.9.5 Planung und Ausschreibung

An die im Bereich der Bauwerksabdichtung im Anwendungsfall einzusetzenden Bentonitmatten sind prinzipiell nachstehende Anforderungen zu stellen:

- gutes Wasseraufnahmevermögen
- innerkristalline Quellfähigkeit
- hoher Montmorillonitgehalt (> 70 %) daraus resultierend hohe Adsorptionsfähigkeit
- Widerstandsfähigkeit gegen Einflüsse aus dem Erdreich
- Langzeitbeständigkeit

Der hohe Montmorillonitgehalt ist für die Adsorption von wesentlicher Bedeutung. Die spezifische Oberfläche von Montmorillonit ist außergewöhnlich groß und stellt eine Grundvoraussetzung für das Adsorptionsvermögen von Bentonit dar.

Nur die Gesamtheit der genannten Eigenschaften bewirkt die wasserundurchlässigen Eigenschaften von Bentonit und somit die (theoretische) Eignung als Abdichtungsstoff.

In der vom deutschen Institut für Bautechnik (DIBt) herausgegebenen Bauregelliste [23] A, Teil 2, wird für Bentonitmatten als Verwendbarkeitsnachweis ein allgemein bauaufsichtliches Prüfzeugnis gefordert. Des Weiteren ist vom Hersteller eine entsprechende Übereinstimmungserklärung zu verlangen.

Der Planer sollte sorgfältig prüfen, ob am betreffenden Objekt andere Abdichtungsverfahren angewendet werden können, welche den allgemein anerkannten Regeln der Technik entsprechen und die Vor- und Nachteile unter Beachtung der örtlichen Gegebenheiten bei der Auswahl des Verfahrens ausreichend beachten.

Der Anpressdruck muss vollflächig gewährleistet sein, damit das Bentonit beim Quellvorgang nicht in Hohlräume „abwandern" kann. Dies wird durch das abzudichtende Mauerwerk als Dichtungsträger auf der einen Seite und durch das angefüllte und ausreichend verdichtete Erdreich auf der anderen Seite gewährleistet.

Grundsätzlich ist die Bentonitabdichtung immer auf der wasserzugewandten Seite anzuordnen, da die Feuchtigkeit für den Quellvorgang benötigt wird und eine „Einzwängung" sichergestellt werden muss.

Es versteht sich von selbst, dass ein nicht geregeltes Abdichtungsverfahren besondere Anforderungen an den Fachplaner und an den ausführenden Spezialbetrieb stellt. Ausreichende Erfahrungen mit der Erstellung von Bentonitabdichtungen sind Grundvoraussetzung für eine sach- und fachgerechte Ausführung.

7

Aus hiesiger Sicht ist die „Braune Wanne" derzeit noch nicht zu den allgemein anerkannten Regeln der Technik zuzuordnen, sondern höchstens zum Stand der Technik. Dies deshalb, da der Anteil der Bentonitabdichtung im Verhältnis zu den Bitumenabdichtungen sehr gering ist und kein Regelwerk, Merkblatt oder Richtlinie für die Planung und Ausführung derartiger Abdichtungen zur Verfügung steht.

Eine allgemeine Anerkennung ist somit aus hiesiger Sicht noch ***nicht*** vollumfänglich gegeben. Langzeitbewährte Praxiserfahrungen liegen gleichfalls nur sehr begrenzt vor. Hierzu wird auch auf Pkt. *„7.9.4 Heranzuziehende Richtlinien und Erkenntnisquellen"* verwiesen.

Der Bauherr muss auf die einhergehenden Risiken hingewiesen werden. Zum späteren Nachweis sollte dies möglichst schriftlich erfolgen.

7.9.6 Ausführung

Es stehen der zeit Bentonitmatten in einer Dicke bis ca. 2 mm bis 10 mm zur Verfügung. Hierbei handelt es sich um Geotextilien oder Wellpappen, welche mit Bentonit ummantelt oder gefüllt sind. Auch mit Bentonit beschichtete PVC-Folien sind als Abdichtungssystem erhältlich.

Die Verarbeitung von Bentonit erfolgt unter Beachtung der Herstellervorschriften relativ einfach. Die Matten oder Folien werden im ***trockenen*** Zustand eingebaut. Die Bontonitmatten werden mit einigen Zentimetern Überlappung nach den jeweiligen Herstellerangaben am Wandbildner mechanisch befestigt. Eine Verschweißung oder Verklebung der Bahnenstöße erfolgt nicht.

Bis zum fertigen Einbau (einschl. Verfüllung der Baugrube) darf das Bentonit nicht mit Feuchtigkeit beaufschlagt werden, da der Quellvorgang sofort einsetzen würde. Dies hätte dann zur Folge, dass nach dem Einbau keine ausreichende weitere Quellung mehr erfolgen würde und der Quelldruck sich nicht ausreichend aufbauen kann. Die Wasserundurchlässigkeit wird jedoch im Wesentlichen vom Quelldruck und Anpressdruck bestimmt. Je größer der Anpressdruck ist, um so größer ist die Wasserundurchlässigkeit des Bentonits.

Nach Herstellerangaben werden mittlerweile Abdichtungsstoffe aus Bentonit hergestellt, welche mit einer gewissen Zeitverzögerung zu quellen anfangen, sodass bei diesen Materialien ein unbeabsichtigtes Komprimieren in der Einbauphase nicht zu erwarten ist. Durch Aufbringen einer wasserlöslichen Schutzfolie wird ein gewisser Schutz gegen eine vorzeitige Aktivierung des Quellvorganges gewährleistet.

Wenn jedoch längere Arbeitspausen zu erwarten sind, müssen die bereits verbauten Bentonitmatten gegen Wasserbeaufschlagung sicher geschützt werden.

Im Gegensatz zu anderen Abdichtungsstoffen können Bentonitabdichtungen relativ witterungsunabhängig eingebaut werden.

Die Untergrundvorbehandlung ist bedeutend weniger anspruchsvoll als bei anderen Abdichtungen. Neben einer Reinigung des Dichtungsträgers sind scharfe Kanten, Grate und Hohlstellen zu beseitigen. Voranstriche oder ähnliche weitere Untergrundvorbereitungen sind nicht erforderlich.

Der Feuchtegehalt des Untergrunds ist nicht von wesentlicher Bedeutung. Es sind mittlerweile auch Bentonit-Abdichtungssysteme anzutreffen, bei denen die Anfüllung des Erdreiches in einzelnen lagenweisen Abschnitten mit dem Einbau der Bentonitmatten Zug um Zug erfolgt, um einen entsprechenden Anpressdruck zu erhalten.

Durchdringungen werden mit Bentonit-Quellbändern abgedichtet.

Der mechanische Schutz besteht aus Hartfaser- oder Styrodurplatten, welche auf die Abdichtung angebracht werden. Der obere Abschluss erfolgt sytemabhängig entsprechend den Vorgaben des Herstellers aus Metall- oder Kunststoffprofilen.

7.10 Mechanischer Schutz (Schutzschichten)

7.10.1 Allgemeines

Grundsätzlich müssen Abdichtungen während der Bauzeit und im geplanten Nutzungszeitraum vor mechanischen Beschädigungen ausreichend geschützt werden. Lediglich bei Schleierinjektionen und Vergelungen/Flächeninjektionen sind gesonderte Schutzmaßnahmen nicht notwendig.

Die DIN 18 195, Teil 1 [1] unterscheidet hinsichtlich des Schutzes von Bauwerksabdichtungen folgende Begrifflichkeiten:

Schutzlage

Schutzlagen zählen nicht zu den Abdichtungslagen. Hierbei handelt es sich um einen zusätzlichen Schutz der Abdichtung, jedoch nicht um einen Ersatz der erforderlichen Schutzschicht.

– Schutzmaßnahme

Der temporäre Schutz der Bauwerksabdichtung über den Zeitraum der Baumaßnahme gilt als Schutzmaßnahme. Hier ist beispielsweise der Schutz vor Niederschlägen und UV-Strahlung bei kunststoffmodifizierten Bitumendickbeschichtungen (KMB) zu zählen.

– Schutzschicht

Die Schutzschicht ist ein Bauteil, welche die Abdichtung über die gesamte Dauer der geplanten Nutzungsdauer vor schädigenden Einwirkungen (mechanische und thermische Einwirkungen) zuverlässig bewahrt. Sie ist fester Bestandteil der Bauwerksabdichtung

In diesem Kapitel werden insbesondere die Schutzschichten eingehender behandelt.

7.10.2 Materialien für Schutzlagen

In Teil 2 der DIN 18 195 [2] werden folgende Materialien als Schutzlagen beschrieben:

- Bahnen aus PVC-halbhart, mindestens 1 mm dick
- Bautenschutzmatten und -platten aus Gummi- oder Polyethylengranulat, mindestens 6 mm dick
- Vliese nach DIN 61210 bzw. Geotextilien aus Chemiefasern, mindestens 300g/m^2, mindestens 2 mm dick

Die in der DIN 18 195, Teil 5 in Pkt. 8.2.3, Pkt. 8.2.4, Pkt. 8.3.3 und Pkt. 8.3.4 geforderten Schutzlagen sind ***kein*** Ersatz für Schutzschichten im Sinne der DIN 18 195, Teil 10.

7.10.3 Materialien für Schutzschichten

Nach Teil 10 der DIN 18 195, Stand März 2004 [10] kommen folgende Arten von Schutzschichten bei Vertikalabdichtungen in Frage:

- Schutzschichten aus Beton
- Schutzschichten aus Mauerwerk
- Schutzschichten aus Bitumen-Dichtungsbahnen mit Metallbandeinlage (nur bedingt unterhalb 3 m Eintauchtiefe einsetzbar)
- Schutzschichten aus Perimeterdämmplatten (in der Fassung der DIN 18 195-10 von März 2004 neu aufgenommen)
- Schutzschichten aus sonstigen Stoffen (gegen thermische, chemische und mechanische Einflüsse widerstandsfähige Kunststoffe, z.B. Noppenbahnen, in der Fassung der DIN 18 195-10 von März 2004 neu aufgenommen)

Weitere Schutzschichten werden in der genannten Abdichtungsnorm beschrieben. Sie werden jedoch bei Horizontalabdichtungen nach Teil 5 der DIN 18 195 angewendet und deshalb nur zum Zwecke der Vollständigkeit aufgeführt, jedoch in diesem Kapitel nicht weiter behandelt:

- Schutzschichten aus Mörtel oder Estrichmörtel
- Schutzschichten aus Platten (großformatige Betonplatten, Werksteinplatten, Keramik)
- Schutzschichten aus Gussasphalt

Prinzipiell müssen die Schutzschichten mit der Art der Bauwerksabdichtung verträglich sein.

Schutzschichten müssen gegen nachstehende Einflüsse widerstandfähig sein:

- Mechanische Einflüsse
- Thermische Einflüsse
- Chemische Einflüsse

7.10.4 Heranzuziehende Richtlinien und Erkenntnisquellen

Die DIN 18 195 [4, 5, 6] fordert in den Teilen 4, 5 und 6 geeignete Schutzschichten gegen mechanische Beschädigungen. Die Schutzschichten sowie deren Verarbeitung müssen der im März 2004 erschienenen Neufassung von DIN 18 195-10 [10] entsprechen.

Der Teil 10 der DIN 18 195 [10] befasst sich mit Schutzschichten und Schutzmaßnahmen für Bauwerksabdichtrungen nach Teil 4, 5 und 6 der gleichen Abdichtungsnorm. Allerdings bezieht sich die DIN nicht explizit auf die Bauwerkserhaltung. Die Planung und Ausführung von Schutzschichten sollte aber auch in der Altbausanierung stets in Anlehnung an die DIN 18 195 [10] erfolgen.

Die Beschaffenheit von extrudierten Hartschaumplatten (XPS) muss der DIN 18164-1 und DIN V 4108-4 [11] sowie Schaumglasstoffe der DIN 18174 entsprechen.

7.10.5 Planung und Ausschreibung

Die Aufgaben der Schutzschicht können auch bei Bedarf noch entsprechend erweitert werden. Die Schutzschicht kann gleichzeitig als wärmedämmende Funktion und als Vertikaldränung fungieren. Der Planer hat unter Beachtung der einhergehenden Kosten sorgfältig abzuwägen, ob eine Kombination der Aufgaben technisch sinnvoll ist.

Die Anforderungen an eine eventuelle Wärmedämmung des Kellers ist von der vorgesehenen Nutzung abhängig. Der Planer sollte sich im klaren sein, dass bei einer eventuellen Nutzungsänderung, eine Wärmedämmung auf der Außenseite der Kellerwand nur mit erheblichen Aufwand zu bewerkstelligen ist. Wenn also zunächst „nur“ eine Nutzung des Kellers als untergeordneter Lagerraum vorgesehen ist, eine hochwertige Nutzung zum späteren Zeitpunkt aber eventuell in Frage kommt, kann die Ausführung des Schutzschichten mit kombinierter Wärmedämmung bei gleichzeitiger abgestimmter Bauwerksabdichtung sinnvoll sein.

Wenn eine Kombination von Wärmedämmung und Schutzschicht vorgesehen ist, werden ***Perimeterdämmplatten*** vorgesehen. Diese müssen gemäß DIN 18 195-10 [10] bauaufsichtlich zugelassen sein. Bei Abdichtungen nach DIN 18 195-4 [4] müssen die Festlegungen der DIN 4108-2 [11] ausreichend Beachtung finden. Wenn Perimeterdämmplatten im Zusammenhang mit Bauwerksabdichtungen nach DIN 18 195-6 [6] zur Anwendung kommen sollen, sind insbesondere die jeweiligen entsprechenden Zulassungsbestimmungen zu beachten. In den Zulassungen sind u.a. Hinweise über die Anwendbarkeit zu den einwirkenden Lastfällen nach DIN 18 195 [4, 6] sowie der möglichen Eintauchtiefen enthalten.

Als Perimeterdämmung werden hauptsächlich extrudierte Hartschaumplatten mit der Bezeichnung XPS eingesetzt. Diese Perimeterdämmplatten müssen der DIN 18164-1 entsprechen. Die Vorteile dieses geschlossenzelligen Dämmmaterials liegt in der Hydrophobie des Baustoffes, welche einen kapillaren Wassertransport verhindert. Extrudierte Hartschaumplatten sind als durchfeuchtungshemmend zu bezeichnen und bauaufsichtlich zugelassen.

Expandiertes Polystyrol wird mit EPS bezeichnet. Es handelt sich hierbei um Polystyrolkügelchen, welche miteinander verschweißt sind. EPS-Platten sind jedoch weniger durchfeuchtungshemmend und weniger widerstandsfähig gegen mechanische Einwirkungen als XPS-Platten. EPS-Platten sind allerdings hinsichtlich des Materialpreises kostengünstiger.

Schaumglasstoffe nach DIN 18174 sind durch ihre Dichte dampf- und wasserdicht. Sie werden im Wesentlichen aus Dolomit, Kalk und Sand sowie weiteren Zuschlagstoffen hergestellt. Der Nachteil liegt in der Sprödigkeit des Materials. Sie sind deshalb vor mechanischer Beschädigung beim Verfüllen der Baugrube mit einer Schutzschicht zu versehen. Hinsichtlich der Anwendbarkeit bei Lastfall drückendes Wasser und der möglichen Eintauchtiefe ist die bauaufsichtliche Zulassung zu beachten.

Bei einer geplanten Ringdränage nach DIN 4095 [12] ist eine vertikale Dränschicht vor der Vertikalabdichtung notwendig, um eventuell aufstauendes Sickerwasser zu vermeiden, bzw. in die Ringdränage sicher abzuführen (siehe auch Kapitel „9.1 Dränanlagen“). Die DIN 4095 [12] lässt bei der Ausführung von vertikalen Dränschichten verschiedene Möglichkeiten zu. In Verbindung mit Schutzschichten nach DIN 18 195-10 [10] können Dränplatten und Dränmatten angewendet werden.

Dränplatten sind Wanddränelemente mit haufwerksporiger Struktur. Sie sind daher in der Lage, eine Doppelfunktion zu übernehmen. Sie können Wasser bis zur Ringdränage ableiten, sodass ein hydrostatischer Druck an der Vertikalabdichtung vermieden wird und gleichzeitig die Abdichtung vor mechanischer Beschädigung schützen.

Wenn bei Vertikalabdichtungen aus kunststoffmodifizierter Bitumendickbeschichtung Noppenbahnen geplant werden, ist darauf zu achten, dass nur für diesen Verwendungszweck zugelassene Noppenbahnen ***mit Gleitfolie*** zur Verwendung kommen (siehe Bild **7**.29). Die von einigen Herstellern angebotenen Grundmauerschutz-Noppenbahnen sind nicht zum Schutz von Vertiakalabdichtungen geeignet. Hier kommt es auf Grund der nicht vorhandenen Gleitfolie zum „Verzahnen“ der KMB mit der Noppenbahn und bei Setzungen des Erdreiches zu Beschädigungen der Vertikalabdichtung (siehe auch Bild **7**.30). Hierzu wird auch auf Kapitel „7.4 Kunststoffmodifizierte Bitumendickbeschichtungen (KMB)“ verwiesen.

7

Bild **7**.29
Für KMB geeignete Noppenbahn mit großer Auflagefläche und Gleitschicht zur Vermeidung von Punktlasten. Ein aufkaschiertes Filtervlies verhindert einen hydrostatischen Druck an der Vertikalabdichtung (bei vorhandener Dränage)

Bild **7**.30
Noppenbahn ohne Gleitschicht. Die KMB hat sich mit den Noppen „verzahnt".

7.10.6 Ausführung

Wenn es der Bauablauf zulässt und Trocknungszeiten nicht entgegenstehen, sollten die Schutzschichten möglichst zeitnah aufgebracht werden, um eventuelle Beschädigungen in der Bauphase zu vermeiden. So kann gegebenenfalls auf temporäre Schutzmaßnahmen verzichtet werden.

Generell müssen Schutzschichten entweder dicht gestoßen (Wandelemente, Platten) oder überlappend (Noppenbahnen) eingebaut werden. Perimeterdämmplatten aus Schaumglas müssen unter Beachtung der DIN 4108-2 [11] miteinander vollfugig sowie auf dem Bauteil vollflächig mit Bitumenkleber verklebt sein. Die Oberfläche der Schaumglasplatten muss mit einer frostbeständigen Deckbeschichtung versehen werden. Letztere kann nur dann entfallen, wenn bereits werksseitig eine Beschichtung der Platten mit Bitumen erfolgte.

Es ist darauf zu achten, dass in der Bauphase und im geplanten Nutzungszeitraum keine Steine oder andere Verunreinigungen zwischen Abdichtung und Schutzschicht gelangen. Bereits einzelne kleinste Steinchen können in Verbindung mit dem anliegenden Erddruck, insbesondere bei Verdichtungsarbeiten zu Beschädigungen der Abdichtung führen. Kunststoffmodifizierte Bitumendickbeschichtungen sind durch Ihr Verformungsverhalten besonders gefährdet.

Sofern zugelassene Noppenbahnen als Schutzschicht verwendet werden, sind zur Vermeidung von Verschmutzungen (z.B. kleinere Steine) zwischen Schutzschicht und Abdichtung sowie zur Fixierung der Schutzschicht systemzugehörige Kappleisten im oberen Bereich anzubringen. Dies sollte bei geringeren Eintauchtiefen sukzessive unmittelbar im Zuge der Anbringung der Noppenbahn erfolgen.

In der Praxis ist oftmals bei größeren Eintauchtiefen ein „Abgleiten" der Schutzschicht beim Verfüllvorgang bzw. beim lagenweisen verdichten des Erdreiches zu beobachten, sodass die Noppenbahnen unterhalb der Kappleiste „herausrutscht". Die Noppenbahn sollte in diesen Anwendungsfällen vor der Verfüllung noch etwas über dem geplanten Geländeniveau herausragen und temporär gegen das Eindringen von Erdreich an der Oberkante durch eine verklebte Folie geschützt werden. Nach dem Verfüllen und Verdichten des Erdreiches, kann schlussendlich die Noppenbahn im geplanten Geländehöhe abgeschnitten und ein sach- und fachgerechter Abschluss mittels Kappleisten ausgeführt werden.

Bild **7**.31
Eintrag von Erdreich durch Verfüllarbeiten hinter der Schutzschicht bei nicht montierter Kappleiste oder anderweitige temporäre Schutzmaßnahme

Bauwerksabdichtungen sind bereits in der Bauphase ausreichend gegen mechanische Einflüsse oder andere witterungsbedingte, schädigende Einflüsse zu schützen. Wenn die Schutzschichten zeitversetzt aufgebracht werden, müssen temporäre ***Schutzmaßnahmen*** eingeleitet werden. Diese können sich witterungsbedingt je nach verwendeten Abdichtungsstoff beispielsweise auf den Schutz der Abdichtung vor rückseitigem (auf der Haftseite) einwirkenden Wasser oder auf den Schutz vor Sonneneinstrahlung beziehen.

7.11 Leistungsverzeichnis Vertikalabdichtung

Nachfolgend wurde rein exemplarisch und ohne Anspruch auf Vollständigkeit ein Leistungsverzeichnis aufgestellt. Die hier dargestellten Leistungspositionen können nicht auf beliebige Objekte übertragen werden, sondern sollen lediglich verdeutlichen, welche Angaben für eine angemessene Preisbildung notwendig sind. Ebenso können nicht alle Abdichtungsverfahren aufgeführt werden.

Oberboden abtragen und seitlich lagern

Oberboden maschinell abtragen und nach Angabe der Bauleitung im Bereich der Baustelle in Mieten aufsetzen; Mengenermittlung nach Aufmaß an der Entnahmestelle.

Abtragsdicke: i. M. 30 cm

Entfernung zur Lagerstelle: i. M. 50 m

Menge m^2 .... € .... €

Aufnehmen des Hofbelages, Pflasterung

Aufnehmen der gesamten Pflasterung einschließlich des Unterbaus entlang der Außenwände; an einem von der Bauleitung vorgesehenen Platz zur späteren Wiederverwendung lagern; Betonpflaster.

Menge m^2 .... € .... €

Freilegen des Grundmauerwerkes

Freilegen des Grundmauerwerkes bis UK Streifenfundament und profilgerechtes Herstellen der Böschung mit Arbeitsraum. Der Bodenaushub ist zur Wiederverwendung als Hinterfüllmaterial seitlich in ausreichendem Abstand zu lagern bzw. nach Angaben des AG.

Aushubtiefe: bis ca. 2,0 m

Bodenklasse: 3 – 5

Menge m^3 .... € .... €

Freilegen des Grundmauerwerkes *** Alternativposition ***

wie Pos. zuvor, jedoch als Handschachtung

Freilegen des Grundmauerwerkes bis UK Streifenfundament und profilgerechtes Herstellen der Böschung mit Arbeitsraum. Der Bodenaushub ist zur Wiederverwendung als Hinterfüllmaterial seitlich in ausreichendem Abstand zu lagern bzw. nach Angaben des AG.

Aushubtiefe: bis ca. 2,0 m

Bodenklasse: 3 – 5

Menge m^3 .... € nur EP

Säubern des Mauerwerks

Säubern der Kelleraußenwände und der freigelegten Fundamentseiten mit einem Hochdruckreiniger. Entfernen sämtlicher Verschmutzungen an der vorhandenen alten Abdichtung und nicht festhaftender Teile.

Menge m^2 .... € .... €

Fehlstellen schließen *** Bedarfsposition ***

Fugen, Lunkern- und Fehlstellen im vorhandenen Mauerwerk des erdberührten und des Sockelbereiches mit Grundputz verschließen.

Verbrauch:

Menge: pauschal gegen Nachweis

Fabrikat:

Menge m^2 .... € nur EP

Waagerechte Fugen, außen *** Bedarfsposition ***

Waagerechte Fugen (Außen-MW) mit horizontalen Dichtungsbahnen ca. 2,0 cm tief aufstemmen, die Dichtungsbahnen zurückschneiden und die Fugen mit Grundputz verschließen.

Menge m^2 .... € nur EP

Dichtungskehle außen

Dichtungskehle außen an sämtlichen Mauerwerksvorsprüngen im Fundamentbereich mit ca. 5,0 cm Schenkellänge aus Sperrmörtel lt. Verarbeitungsrichtlinien herstellen. Zur besseren Haftung wird eine flexible Dichtungsschlämme vorgeschaltet und der Sperrmörtel frisch in frisch eingearbeitet.
Verbrauch:

Menge m .... € .... €

Einmalige Verkieselungsfolge

Kelleraußenmauerwerk einschl. Dichtungskehle bis UK Sohle vornässen und mit Aida Kiesol und Aida Sulfatexschlämme in einmaliger Verkieselungsfolge vorbehandeln.
Fabrikat:
Verbrauch:
Menge m^2 .... € .... €

Dickbeschichtung

Kelleraußenwände einschl. Dichtungskehle bis UK Sohle nach Ablüftung der einmaligen Grundierung mit kunststoffmodifizierter Bitumendickbeschichtung (KMB) in 2 Arbeitsgängen lt. Herstellerrichtlinien aufziehen. Die 2. Lage ist nach Durchtrocknung der ersten Lage aufzuziehen.
Fabrikat:
Verbrauch:
Menge m^2 .... € .... €

Anprallschutz

Anbringen eines Anprallschutzes aus Polyethylen-Noppenbahn. Verrottungsfeste, wurzelfeste und trinkwassergeeignete Drän- und Anfüllschutzbahn gem. DIN 4095 und DIN 18195, Teil 10, mit zusätzlicher Gleitfolie und Filtervlies nach vollständiger Durchtrocknung der Abdichtung, gemäß den Verarbeitungsrichtlinien des Herstellers mit ausreichender Überlappung anbringen. (Filtervlies zum Erdreich)

Fabrikat:
  Druckfestigkeitt 350 kN/m^2
  Dränkapazität ca. 3,5 l/sek/m
  Dränabfluss bei 13 % Stauchung 1,2 l/sek
Verbrauch: 1,1 m^2/m^2
Menge m^2 .... € .... €

Arbeitsgraben verfüllen

Arbeitsgraben nach Durchtrocknung der Kelleraußenwandabdichtung verfüllen und lagenweise verdichten.

Menge m^3 .... € .... €

Betontiefbord setzen

Liefern und Setzen von Betontiefborden 5 · 25 · 100 cm (Farbe: grau); Setzen der Borde auf Betonunterbau und beidseitiger Stütze aus B 15; Abstand zur Außenwand ca. 54 cm, umlaufend um Gebäude

Menge m .... € .... €

7.12 Zusammenfassende Schlussbemerkung

7

Dem Planer und Bauherren stehen eine Vielzahl von Abdichtungsstoffen und -verfahren zur Verfügung, welche sich bei den jeweiligen Herstellern auf Grund des Wettbewerbes wiederum durch unterschiedliche Verarbeitung voneinander wesentlich unterscheiden können.

Dem Planer kommt daher die Aufgabe zu, für das betreffende Objekt unter Beachtung der örtlichen Gegebenheiten das geeigneteste Verfahren auszuwählen und die Fachplanung einschließlich aller wichtigen Detailvorgaben entsprechend aufzustellen.

Bei der Planung und der Ausführung von Vertikalabdichtungen muss sich der Planer auch in der Altbausanierung weitestgehend an der DIN 18195 [1 – 10] orientieren. Die Merkblätter des „Wissenschaftlich-Technische Arbeitsgemeinschaft für Bauwerkserhaltung und Denkmalpflege e.V.“ [24 – 32] sowie die Richtlinien des „Deutsche Bauchemie e.V.“ u.a. [35 – 37] geben ergänzend zur DIN 18 195 [1 – 10] den Beteiligten wertvolle Hinweise.

Die Vertikalabdichtung ist nicht als alleinige Abdichtungsmaßnahme zu betrachten, sondern immer im Zusammenhang mit der Horizontalabdichtung, mit eventuell vorgesehenen flankierenden Maßnahmen und nicht zuletzt unter Beachtung der vorgesehenen Nutzung.

Da die Bauwerksabdichtung „wannenartig“ zu erstellen ist und die Funktion nur im „Zusammenspiel“ zwischen Horizontal- und Vertikalabdichtung und weiteren flankierenden Maßnahmen gegeben ist, empfiehlt es sich die Bauwerksabdichtung vom selben Fachunternehmen erstellen zu lassen. Gewährleistungsproblematiken, welche oftmals auf die Schnittstelle Horizontal/Vertikalabdichtung zurückzuführen sind, werden somit von vornherein vermieden.

Als Grundlage für die Auswahl eines Verfahrens und die Planung einer Bauwerksabdichtung sind Voruntersuchungen erforderlich, welche sich gleichermaßen auf den Baugrund und auf das abzudichtende Gebäude beziehen müssen. Die Voruntersuchung ist auch auf die eventuell zu planenden Verfahren entsprechend auszurichten. Bauwerksdiagnostische Untersuchungen sollten ausschließlich von ausreichend qualifizierten Sachkundigen mit der notwendigen technischen Ausrüstung erfolgen. Der damit verbundene finanzielle Aufwand ist mit Blick auf eventuelle Mängel an der Bauwerksabdichtung und daraus resultierenden Feuchteschäden als vergleichsweise gering zu beurteilen.

Je detaillierter die Planungsvorgaben und die Ergebnisse der Voruntersuchungen sind, desto besser ist ein Vergleich der eingeholten Angebote möglich und das Risiko von Nachträgen in der Bauphase erheblich minimiert.

Bei Abdichtungsstoffen, welche im direkten Verbund mit anderen Materialien aufgebracht werden, sollte nach Möglichkeit weitestgehend innerhalb eines Herstellersystems gearbeitet werden, da diese Baustoffe aufeinander abgestimmt sind und das Risiko hinsichtlich eventueller Materialunverträglichkeiten entsprechend geringer ist.

Eine für den Ausführenden und für den Überwacher direkt prüfbare Abdichtung, welche in Anlehnung an die DIN 18 195 [1 – 10] oder nach den Merkblättern und Richtlinien [27, 35, 36, 37] erfolgt, ist aus hiesiger Sicht bevorzugt einzusetzen. Erst wenn aus Gründen der Verhältnismäßigkeit oder der örtlichen Bedingungen der Einsatz der Abdichtungsverfahren mit Langzeiterfahrung nicht möglich ist, können die Sonderverfahren im Einzelfall alternativ eingesetzt werden. Im letzteren Falle werden jedoch dem Planer, dem Ausführenden und nicht zuletzt dem Bauüberwacher besondere Sorgfaltspflichten abverlangt.

Eine nachträglich erstellte Abdichtung führt nicht sofort zur „Austrocknung" des Mauerwerks. Bei den heutigen Bauablaufplänen ist in der Regel keine Zeit für eine natürliche Abgabe der noch im Mauerwerk enthaltenen erhöhten Feuchtigkeit, weshalb eine technische Bautentrocknung durchaus empfehlenswert sein kann. Nicht selten werden nach erfolgten „Bauwerkstrockenlegungen" die Ursachen von eventuell im Nachgang entstandenen Feuchteschäden im Bereich der Bauwerksabdichtung vermutet, obwohl diese nach entsprechenden Untersuchungen als voll funktionstüchtig zu bewerten sind.

7.13 Literaturverzeichnis

[1] DIN 18 195, Teil 1 „Bauwerksabdichtungen – Grundsätze, Definitionen, Zuordnung der Abdichtungsarten", Stand 08/2000

[2] DIN 18 195, Teil 2 „Bauwerksabdichtungen – Stoffe", Stand 08/2000

[3] DIN 18 195, Teil 3 „Bauwerksabdichtungen – Anforderungen an den Untergrund und Verarbeitung der Stoffe", Stand 08/2000

[4] DIN 18 195, Teil 4 „Bauwerksabdichtungen – Abdichtungen gegen Bodenfeuchte (Kapillarwasser, Haftwasser) und nichtstauendes Sickerwasser an Bodenplatten und Wänden, Bemessung und Ausführung", Stand 08/2000

[5] DIN 18 195, Teil 5 „Bauwerksabdichtungen – Abdichtungen gegen nichtdrückendes wasser auf Deckenflächen und in Nassräumen, Bemessung und Ausführung", Stand 08/2000

[6] DIN 18 195, Teil 6 „Bauwerksabdichtungen – Abdichtungen gegen von außen drückendes Wasser und aufstauendes Sickerwasser, Bemessung und Ausführung", Stand 08/2000

[7] DIN 18 195, Teil 7 „Bauwerksabdichtungen – Abdichtungen gegen von innen druckendes Wasser Bemessung und Ausführung", Stand 06/1989

[8] DIN 18 195, Teil 8 „Bauwerksabdichtungen – Abdichtungen über Bewegungsfugen", Stand 03/2004

[9] DIN 18 195, Teil 9 „Bauwerksabdichtungen – Durchdringungen, Übergänge, An- und Abschlüsse", Stand 03/2004

[10] DIN 18 195, Teil 10 „Bauwerksabdichtungen – Schutzschichten und Schutzmaßnahmen", Stand 03/2004

[11] DIN 4108 Teil 1 bis 7 „Wärmeschutz im Hochbau" Teil 1 Stand 2001

[12] DIN 4095 „Dränung zum Schutz baulicher Anlagen – Planung, Bemessung und Ausführung", Stand 06/1990

[13] DIN 1053 Teile 1 bis 4 „Mauerwerk", Stand 11/1996

[14] DIN 18 550 Teile 1 bis 4 „Putz", Stand 08/1993

[15] DIN 4093 „Baugrund; Einpressen in den Untergrund; Planung, Ausführung, Prüfung"

[16] ATV DIN 18 336 „Abdichtungsarbeiten", Stand 12/2002

[17] Ö-Norm B 3355-1 „Trockenlegung von feuchtem Mauerwerk – Bauwerksdiagnostik und Planungsgrundlagen", Stand 06/1999

[18] Ö-Norm B 3355-2 „Trockenlegung von feuchtem Mauerwerk-Maßnahmen gegen aufsteigende Feuchtigkeit im Mauerwerk“, Stand 06/1999

[19] Ö-Norm B 3355-3 „Trockenlegung von feuchtem Mauerwerk-Flankierende Maßnahmen“, Stand 10/1995

[20] ABI-Merkblatt „Abdichten von Bauwerken durch Injektion“, herausgegeben von STUVA Studiengesellschaft für unterirdische Verkehrsanlagen e.V., erschienen im Fraunhofer IRB Verlag März 2005

[21] „Hinweise für die Planung und Durchführung von Vergelungsarbeiten bei der Deutschen Bundesbahn AG“

[22] ZTV Riss 93 „Zusätzliche Technische Vertragsbedingungen und Richtlinien für das Füllen von Rissen in Betonbauteilen“, Bundesminister für Verkehr, Abt. Straßenbau Bonn; Deutsche Bundesbahn

[23] Bauregelliste A, Bauregelliste B und Liste C, Ausgabe 2005/1, herausgegeben vom Deutschen Institut für Bautechnik (DIBt)

[24] WTA-Merkblatt 4-5-99/D „Beurteilung von Mauerwerk-Mauerwerksdiagnostik“, Wissenschaftlich-Technische Arbeitsgemeinschaft für Bauwerkserhaltung und Denkmalpflege e.V., 1999

[25] WTA-Merkblatt 4-11-02/D „Messung der Feuchte von mineralischen Baustoffen“, Wissenschaftlich-Technische Arbeitsgemeinschaft für Bauwerkserhaltung und Denkmalpflege e.V., 2003

[26] WTA-Merkblatt 4-7-02/D „Nachträgliche Mechanische Horizontalsperre“, Wissenschaftlich-Technische Arbeitsgemeinschaft für Bauwerkserhaltung und Denkmalpflege e.V., 2002

[27] WTA-Merkblatt 4-6-05/D „Nachträgliches Abdichten erdberührter Bauteile“, Wissenschaftlich-Technische Arbeitsgemeinschaft für Bauwerkserhaltung und Denkmalpflege e.V., 2005

[28] WTA-Merkblatt 4-11-02/D „Messung der Feuchte von mineralischen Baustoffen“, Wissenschaftlich-Technische Arbeitsgemeinschaft für Bauwerkserhaltung und Denkmalpflege e.V., 2003

[29] WTA-Merkblatt 2-2-91 „Sanierputzsysteme“, Wissenschaftlich-Technische Arbeitsgemeinschaft für Bauwerkserhaltung und Denkmalpflege e.V., 1991

[30] WTA-Merkblatt 2-6-99/D „Ergänzung zum Merkblatt 2-2-91/D -Sanierputzsysteme-“, Wissenschaftlich-Technische Arbeitsgemeinschaft für Bauwerkserhaltung und Denkmalpflege e.V., 2000

[31] WTA-Merkblatt 4-4-04/D „Mauerwerksinjektion gegen kapillare Feuchtigkeit“, Wissenschaftlich-Technische Arbeitsgemeinschaft für Bauwerkserhaltung und Denkmalpflege e.V., 2003

[32] WTA- Sachstandsbericht „Messung der Feuchte von mineralischen Baustoffen“, Autorenkollektiv unter Leitung. Prof. Günter Rieche, Wissenschaftlich- Technische Arbeitsgemeinschaft für Bauwerkserhaltung und Denkmalpflege e.V., 2002

[33] IBH-Merkblatt „Bauwerksabdichtungen mit kaltverarbeitbaren, kunststoffmodifizierten Beschichtungsstoffen auf Basis von Bitumenemulsionen“, Stand 07/1993, herausgegeben vom Industrieverband Bauchemie und Holzschutzmittel e.V.“

[34] Richtlinie für die Planung und Ausführung von Abdichtungen erdberührter Bauteile mit kunststoffmodifizierten Bitumendickbeschichtungen, Stand Juni 1997, herausgegeben vom „Deutsche Bauchemie e.V.“ (unter anderen)

[35] „Richtlinie für die Planung und Ausführung von Abdichtungen mit kunststoffmodifizierten Bitumendickbeschichtungen (KMB) -erdberührter Bauteile-“, Stand November 2001, herausgegeben vom „Deutsche Bauchemie e.V.“

[36] „Richtlinie für die Planung und Ausführung von Abdichtungen von Bauteilen mit mineralischen Dichtungsschlämmen", Stand Mai 2002, herausgegeben vom „Deutsche Bauchemie e.V."
[37] „Richtlinie für die Planung und Ausführung von Abdichtungen erdberührter Bauteile mit flexiblen Dichtungsschlämmen", Stand Januar 1999, herausgegeben vom „Deutsche Bauchemie e.V." (unter anderen)
[38] Frössel, Frank „Mauerwerkstrockenlegung und Kellersanierung" 2. durchgesehene Auflage, Frauenhofer IRB Verlag, 2002
[39] Cziesielski, Erich „Lufsky Bauwerksabdichtung", B.G. Teubner Verlag Stuttgart-Leipzig-Wiesbaden, 5. vollständig überarbeitete und erweiterte Auflage 2001
[40] Balak, Michael/Pech, Anton , „Mauerwerkstrockenlegung" Springer Verlag Wien, 2003
[41] Haack, Alfred und Emig, Karl-Friedrich „Abdichtungen im Gründungsbereich und auf genutzten Deckenflächen, 2. Auflage 2003, unter Mitarbeit von de Hesselle Jörg, Hilmer Klaus, Hornig Ute, Michalski Christian, Verlag ernst & Sohn
[42] Weber Jürgen/Wild Uwe „Mangelfreie Abdichtung Teil 2" Praxis-Check, WEKA Verlag, 10/2004
[43] Holzapfel, Walter „Werkstoffkunde für Dach-, Wand- und Abdichtungstechnik", 10., überarbeitete Auflage, erschienen im Verlag Rudolf Müller
[44] Wasserhaushaltsgesetz (WHG)

8 Physikalische Verfahren

von Jürgen Weber

8.1 Vorbemerkung

Seit Bestehen sind die physikalischen Verfahren der Mauerwerksabdichtung bzw. Mauerwerkstrocken-Legung sicherlich die umstrittensten Methoden bei der Sanierung von Bestandsbauten. Der Umstand hat seine Wurzeln in der Unüberschaubarkeit der Methoden, der teilweise fehlenden wissenschaftlichen Grundlagen und der ebenso vielfach fehlenden ingenieurtechnischen Nachvollziehbarkeit.

Zur Unübersichtlichkeit trägt die Vermischung einzelner Verfahren mit völlig unterschiedlichen Wirkprinzipien, technischen Fehlinterpretationen und die Überschätzung der Erfolgsaussichten einzelnen Methoden bei. Die „Schwarzen Schafe" in der Branche, die diesen Sachverhalt für unlautere Geschäfte ausnutzen, vergrößern die augenblicklich unüberschaubare Situation.

Zum anderen sind gerade bei den elektrophysikalischen Verfahren durch intensive neutrale Forschung und Entwicklung die zukunftsorientiert neuen Technologien der Bauwerksentfeuchtung zu vermuten, welche eine hohe Effektivität und Wirtschaftlichkeit im ausgereiften Zustand aufweisen könnten. Dieser augenblicklich kaum zu überwindende Gegensatz kennzeichnet die Diskussion und Entwicklung der physikalischen Entfeuchtung.

Die mechanischen Verfahren haben bezüglich des Wissensstandes über die Technologien und der Wirtschaftlichkeitsbeeinflussung ihren Endzustand im Wesentlichen erreicht. Sie sind seit Jahrzehnten aus der wissenschaftlichen Diskussion und gelten seit Langem als allgemein anerkannte Regeln der Technik.

Bei den Injektionsverfahren ist hingegen, wie bei den physikalischen Verfahren, ein erheblicher Forschungsaufwand zur Feststellung der allgemeingültig technologischen Notwendigkeiten noch erforderlich, um das vorhandene Versagensrisiko des Verfahrens zu minimieren. Zudem ist die wirtschaftliche Einordnung der Injektionsverfahren in Bezug auf die mechanischen und physikalischen Verfahren derzeit noch unklar. Zum jetzigen Zeitpunkt ist die Wirtschaftlichkeit unter Beachtung einer sicheren Einbauweise der Horizontalsperre im Injektionsverfahren als derzeit rückläufig einzuschätzen. Der früher vorhandene Preisvorteil gegenüber den mechanischen Horizontalsperren hat sich erheblich verringert.

Grob zusammengefasst sind die Einbaukosten von Horizontalsperren im mechanischen Verfahren oder im Injektionsverfahren höher als die derzeit auf dem Markt befindlichen elektrophysikalischen Anlagen. Die paraphysikalischen Entfeuchtungsgeräte werden infolge des sehr geringen Materialaufwandes „kostengünstig" am Markt angeboten und finden daher bei privaten und öffentlichen Bauherren aus Wirtschaftlichkeitsgründen einen erheblichen Zuspruch. Das die im Handel befindlichen Geräte das Geld trotzdem nicht Wert sind, wird erst später für den Käufer erkennbar.

8.1.1 Lüftungsgräben und Lüftungskanäle

Damit die Feuchtigkeit in höheren Bereichen aus einem Mauerwerk entfernt werden kann, kann die Verdunstungsfläche nach unten vergrößert werden. In früheren Jahren wurden Gräben oder Kanäle daher an den Außenseiten angeordnet, um das Ziel der Trockenhaltung bzw. Austrocknung durch geplante Luftströmung zu erreichen.

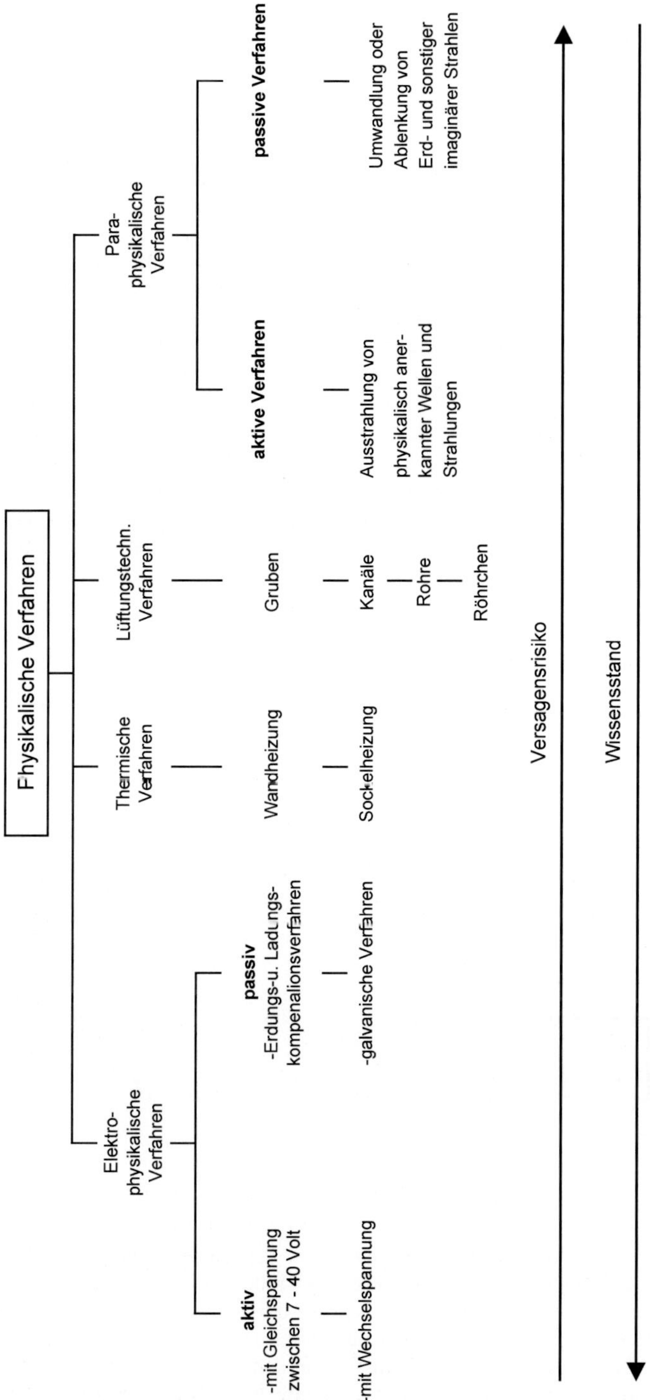

Bild **8.1** Gliederung der physikalischen Verfahren

Die einfachste Form einen Feuchteeintrag ins Mauerwerk zu verringern ist die erdberührte Fläche der Außenwände zu verkleinern. Dies geschieht durch die zumindest teilweise Freilegung der Wände mittels eines Grabensystems. Durch die Thermik wird ein Luftwechsel im oberflächennahen unteren Wandbereich hervorgerufen, welcher die Trockenhaltung der oberen Mauerwerksschichten bewirken kann. Zumindest ist die Angriffsfläche des im Erdreich befindlichen Wassers auf die freigelegte Außenwand verkleinert.

Ein Lüftungsgraben ist gegenüber einem Kanals oberseitig offen oder durch Gitterkonstruktionen abgedeckt, wodurch ein intensiver Luftaustausch stattfindet. Der Luftaustausch erfolgt mittels Konvektion. Dem Vorteil, dass über die gesamte Querschnittsfläche Luft zirkulieren kann, steht der Nachteil gegenüber, dass Regenwasser und Niederschlagswasser ungehindert ins Mauerwerk eindringen kann. Selbst wenn durch konstruktive Maßnahmen ein geplanter und schneller Abfluss des Wassers in der Grabensohle abgesichert ist, so kann ein negativer Effekt der Verdunstungsbedingungen und eine Regenbeaufschlagung der freigelegten Wandflächen nicht verhindert werden. Zudem ist der Wartungsaufwand von den Oberflächen der feuchtebelasteten Außenwände und der Lüftungsgräben erheblich.

Die theoretisch physikalische Möglichkeit der Lüftungsgräben ist unter heutigen Bedingungen maximal im Einzelfall unter denkmalpflegerischen Gesichtspunkten zu berücksichtigen, sofern dies die örtlichen Verhältnisse und die Baubeteiligten ausdrücklich wünschen. Eine erhöhte Beratungspflicht vom Architekten gegenüber den Baubeteiligten hinsichtlich der kaum zu vermeidenden Oberflächenschädigungen und der sonstigen bauphysikalischen Auswirkung ist bei Berücksichtigung des Belüftungsverfahrens anzunehmen.

In der weitläufigen Praxis dürfte die Vatiante nicht einsetzbar sein, da die Außenanlagen nicht bis zum Objekt problemlos herangeführt werden können, ständige Oberflächenschädigungen an der Außenwand zu erwarten sind und die Frostfreiheit im Gründungsbereich der Außenwände gewährleistet werden muss.

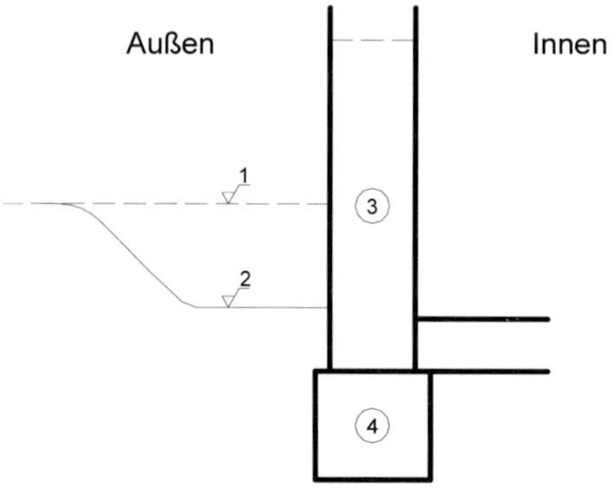

1- alte Höhe der Oberkante Gelände
2- neue Höhe der Oberkante Grabensohle
3- Feuchtebelastetes Mauerwerk
4- Fundament

Bild **8.2**
Skizzierter Schnitt eines Lüftungsgraben

Die Lüftungskanäle vor einer Außenwand sind gegenüber den Gräben oberseitig fast vollständig abgedeckt. Sie besitzen überwiegend nur relativ kleine Öffnungen Über diese Zu- und Abluftöffnungen soll der Luftwechsel abgesichert werden. Allein durch die Lage zur Hauptwindrichtung unter Beachtung der Gebäudegeometrie, der Beschaffenheit und Anordnung der Kanalöffnungen ist die Luftströmungsgeschwindigkeit wesentlich theoretisch zu beeinflussen. Praktisch ist eine Absicherung der theoretisch notwendigen Luftwechselrate im Kanal nicht möglich. Die Gefahr der Erreichung der Sättigungsfeuchte der Kanalluft ist somit immer gegeben, was im schlimmsten Falle zu einer Befeuchtung der Außenwände führen kann.

Das System könnte zwar durch den Einsatz einer Zwangslüftung des Kanals effizienter und weniger störanfälliger erstellt werden. Jedoch stehen die erheblichen Einbau-, Wartungs- und Energiekosten dem verbreiterten Einsatz entgegen.

Zu beachten ist auch die Tatsache, dass der theoretische und vor allem der praktische Wirkungsgrad des Systems davon abhängig ist, ob durch die erdberührten Kanalwände und der Kanalsohle keine Verdunstungen zu erwarten sind. Ähnlich wie bei dem Lüftungsgraben ist jedoch der Kontakt vom im Erdreich befindlichem Wasser mit der unmittelbaren Außenwand unterbunden.

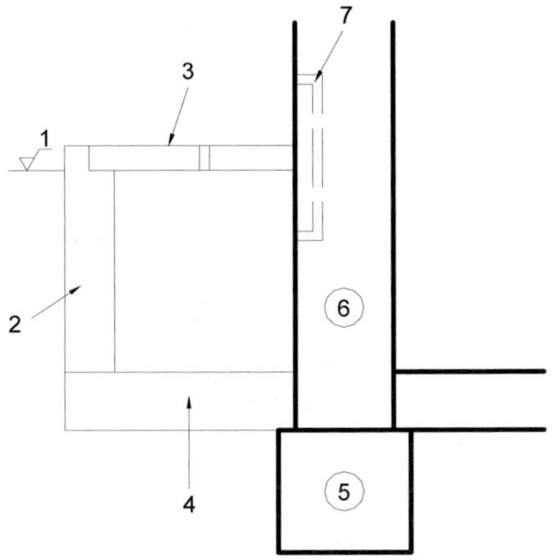

1- Oberkante Gelände
2- Kanalwand
3- Kanalabdeckung mit Lüftungsrohr
4- Kanalsohle
5- Fundament
6- Außenmauerwerk
7- Lüftungskanal in einer Wand

Bild **8**.3
Skizzierter Schnitt von Lüftungskanälen vor oder in der Außenwand

Das System der „strömenden Luft" mit Lüftungsgräben oder Lüftungskanälen vor oder in Außenwänden aus dem Jahr 1926 [7], für welches 1926 ein Deutsches Reichspatent erteilt wurde [C], setzte sich in der Baupraxis nicht durch. Die Voraussetzungen für einen signifikanten Erfolg der Austrocknung war nur schwerlich über einen längeren Zeitraum abzusichern. Es bedarf eines unvertretbar hohen technischen Bau- und Wartungsaufwandes der mit dem erzielbaren Nutzen nicht in Übereinstimmung steht.

Selbstverständlich wird die Feuchtesituation im Mauerwerk durch den Einsatz der Gräben und Lüftungskanäle im erdberührten Mauerwerksbereich kurz- bzw. mittelfristig verbessert. Dies ist aber dadurch begründet, dass durch den Graben bzw. Kanal eine Trennung der ansonsten erdberührten Wand zum Erdreich erfolgt. Diese örtliche Gegebenheit erfüllt eine Vertikalabdichtung ebenso, allerdings mit einem weit geringeren Aufwand.

Als dauerwirksame Trockenlegungsmaßnahme sind die Gräben und Kanäle vor oder in der Außenwand nicht anzusehen sondern maximal zur zeitweise positiven Beeinflussung der Feuchtesituation im durchfeuchteten Mauerwerk.

Nur bei unvertretbar hohem Aufwand können die notwendigen Voraussetzungen für eine dauerhafte Lösung geschaffen werden. Dies betrifft vor allem eine Absicherung der ausreichenden Trockenheit der in den Kanälen zirkulierenden Luft und der zielgerichteten Entfernung der mit Wasserdampf belasteten Luftanteile. Zudem ist das Risiko der Kondensatbildung an den Wandoberflächen im Kanalsystem und die bauphysikalisch konstruktive Ausbildung der Kanäle zu beachten.

Baupraktisch und mit Blick auf die tatsächlich einzuplanenden Kosten und Erfolgsaussichten sind zumindest die Lüftungskanäle vor und im Wandbereich bei Sanierungsmaßnahmen weder zu planen oder auszuführen und schon gar nicht zu sanieren. Bei ungünstigem Feuchtegehalt der die Kanäle durchströmenden Luft und entsprechender Oberflächentemperaturen der Kanalwände ist eine Tauwasserbildung und damit eine Befeuchtung der Wände kaum vermeidbar. Hinzu kommt, dass durch die zu erwartenden Be- und Entfeuchtungsphasen an den Kanalwandoberflächen mit Salzbeaufschlagung und einhergehender hygroskopischer Feuchtebelastung zu rechnen ist. Schon aus dieser Sicht sind diese Belüftungsverfahren als bauphysikalisch äußerst bedenklich einzustufen.

Letztendlich sind Lüftungsgräben nur im Einzelfall und Lüftungskanäle vor den Außenwänden bzw. als Hohlkammern im Mauerwerk nicht in die Planung und Ausführung von Sanierungsleistungen bei Bestandsbauten mit einzubeziehen. Die Erfahrungen der letzten 40 Jahre lassen keine andere Schlussfolgerung zu [77].

8

8.1.2 Lüftungszylinder und -röhrchen

Die Theorie der Entlüftungsverfahren in Bezug auf Gräben und Belüftungskanäle wurde Anfang des 20. Jahrhunderts in zahlreichen Varianten weiter entwickelt. Grundsätzlich hat man meist schräg nach oben geneigte Öffnungen in verschiedenen Abständen im zu entfeuchtenden Mauerwerk hergestellt, in die dann Röhrchen oder Tonzylinder eingelassen wurden. Zum überwiegenden Teil waren die Öffnungs- bzw. Bohrlochabstände auf ca. 50 cm schräg festgelegt. Man war der Meinung, dass in den Zylindern eine Luftumwälzung erfolgte, welche zu einer Entfeuchtung des Mauerwerkes führte.

Für eine dieser Belüftungsvarianten erhielt der Belgier Knapen Anfang des vorigen Jahrhunderts ein Deutsches Reichspatent. Die in dem eingelassenen Zylinder umgebende Feuchtigkeit im Mauerwerk soll durch die Zylinderwand „aufgesaugt" und an die Innenoberfläche transportiert werden. An der inneren Zylinderwandung sollte das Wasser in die vorbeiströmende Luft verdunsten und durch die weitere Luftbewegung im Tonrohr nach Außen befördert werden. Bei dieser Theorie wurde davon ausgegangen, dass trockene Luft oberhalb des Rohres einströmt und die mit Wasserdampf belastete „schwere" Luft in der unteren Hälfte des Rohres wieder abströmt. Damit sollte eine Abtrocknung des Mauerwerkes erzielt werden.

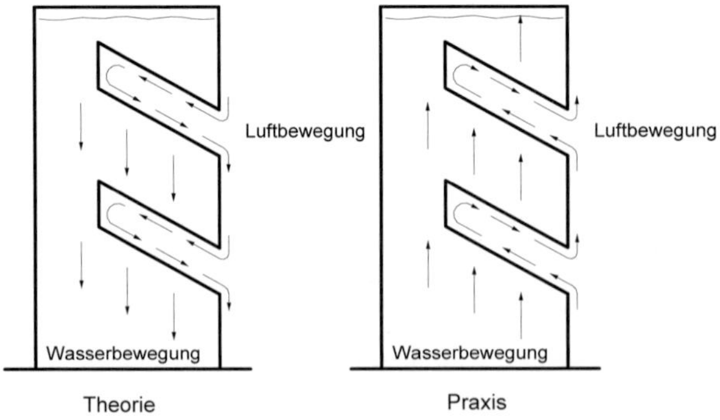

Bild **8.4**
Skizzierte gewollte und tatsächliche Wirkung der Röhrchen

Eine gewisse positive Anfangswirkung auf die Feuchtesituation war dabei offensichtlich erzielt worden, wobei durch „Versinterung“ der Tonrohre der Funktionszeitraum recht begrenzt war [35]. Durch die gewollten Ansaugeffekte des Tonrohres wurde zwangsläufig auch salzbelastetes Wasser aus dem Mauerwerk an die Innenwandung des Rohres transportiert, woraus eine Salzanreicherung in diesem Bereich resultiert. Die sich ausbildenden hygroskopischen Erscheinungen im Rohr führten dann zwangsläufig zu einer Befeuchtung der Wandbereiche und somit zum Versagen des Verfahrens. Das Entfeuchtungssystem hat sich auf Grund der sich tatsächlich einstellenden bauphysikalischen und bauchemischen Gegebenheiten nicht weiter empfohlen, wobei auch der erhebliche Eingriff ins Mauerwerk seinen Teil dazu beigetragen hat.

Gewissermaßen als „Weiterentwicklung“ sollte der Austrocknungseffekt auch mittels ins Mauerwerk eingelassener Röhrchen aus Metall, Plast oder porösen Material erzielt werden. Die Theorie, dass feuchtebelastete Luft im unteren Rohrquerschnitt absinkt und trockene Luft von oben in das Röhrchen eindringt, blieb im Wesentlichen unverändert. Allein durch das physikalisch nicht herleitbare Verhältnis zwischen Querschnitt und Länge des Röhrchens konnte eine Luftumwälzung in dem Röhrchen nicht stattfinden. Die übliche Vergitterung der Röhrchen an der Außenseite der Wände wirkt sich auf das Missverhältnis zudem noch negativ aus. Ein messbarer Erfolg hinsichtlich eines Austrocknungsprozesses im Mauerwerk war nicht festzustellen und wurde auch nirgends in der Fachliteratur erwähnt[35].

Bild **8**.5
Sockel mit Lüftungsröhrchen

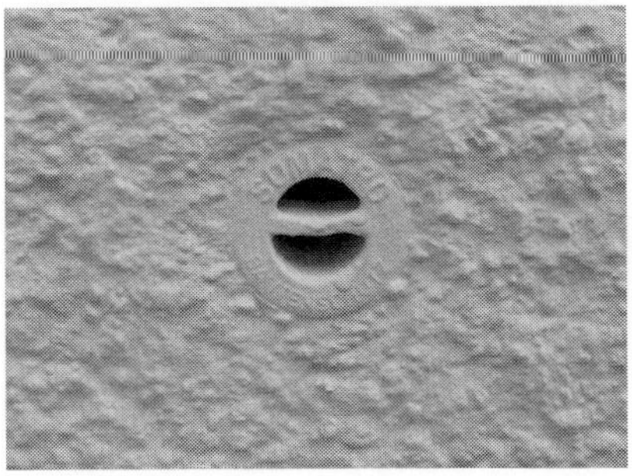

Bild **8**.6
Öffnung von Lüftungsröhrchen

Hingegen wurden umfangreiche Bauschäden bei Einsatz der Röhrchen bekannt [35]. Fast immer zeichnete sich nach einem gewissen Einwirkungszeitraum zumindest eine Randzone von kristallisierenden Salzen unter den Röhrchen ab. Diese und die teilweise sogar an den Oberflächen der Außenwände abfließende salzbelastete Flüssigkeit wurde nicht nur als optische Beeinträchtigung sondern auch als Schädigung auf dem unter den Röhrchen befindlichen Mauerwerksbereich eingestuft.

Durch verschiedene Erfindungen sollten die bekannten unangenehmen Nebenerscheinungen und teilweisen Mauerwerksschädigungen des Belüftungsverfahrens beseitigt werden. Mittels verschiedener Einsätze wollte man die Effektivität der Röhrchen erhöhen und die sich ansammelnden Flüssigkeiten auffangen. Anfang der 70iger Jahre wurden mehrere Auslegungsschriften vom Deutschen Patentamt in dieser Hinsicht veröffentlicht (K, L, M), ohne dass ein entscheidender verwertbarer Erfolg in der Bausanierung zu verzeichnen war.

Schlussendlich haben sich die Verfahren der Entfeuchtung mittels eingesetzter Zylinder und Röhrchen nicht bewährt. Die tatsächlich baupraktisch sich einstellenden physikalischen Gegebenheiten wichen von der vermuteten Theorie zu sehr ab. Bereits Braun und Wieden stellten die Wirkungslosigkeit der „Trockenlegungsverfahren" 1970 bzw. 1982 fest [31,35].

8.2 Thermische Verfahren

Die sogenannten thermischen Verfahren zur Mauerwerkstrockenlegung sind bezüglich des „Glaubenskrieges" und der damit verbunden konträren Fachdiskussion mit den elektroosmotischen Verfahren fast gleichzusetzen.

Der dahinterstehende Gedanke bei der thermischen Trockenlegung ist der, dass mittels eines ständigen Wärmeeintrages in den Querschnitt einer feuchtebelasteten Wand diese austrocknet. Durch die Erwärmung soll die Verdunstung an der Wandoberfläche derart erhöht werden, dass die Verdunstungsmenge bezogen auf Fläche und Zeit größer als der „nachfolgende" kapillare Wassertransport ist. Daraus resultiert theoretisch der reduzierte Feuchtegehalt im Wandquerschnitt.

Als Wärmeerzeuger kann zum einen eine elektrische Heizleitung oder eine Warmwasserheizung mit kleinen Wärmetauschern in die Wand eingebaut werden. Die Heizkabel oder Heizungsrohre werden heute zum überwiegenden Teil raumseitig im Sockelbereich in die Wand eingeputzt bzw. teilweise unmittelbar an der Wandfläche platziert.

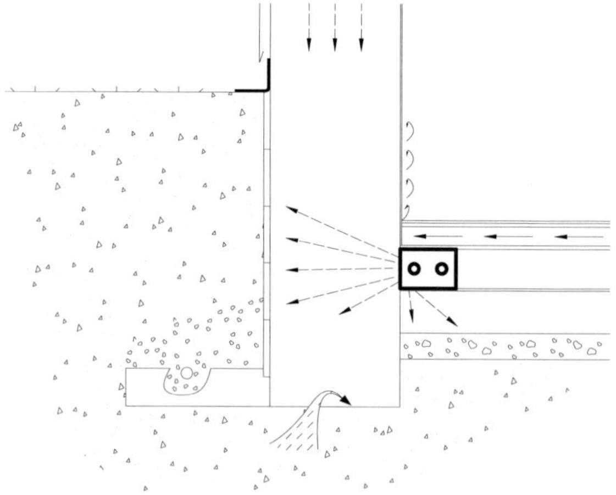

Bild **8.7**
Prinzipskizze einer heutigen Sockelheizung

In der ersten Hälfte des 20. Jahrhunderts wurden die ersten Anlagen mit elektrischer Wandheizung vorgestellt und einzelne Patente veröffentlicht. Das wohl älteste Patent der thermischen Verfahren aus dem Jahre 1912 [D] beschreibt bereits eine elektrische Einrichtung, in der die Austrocknung auf erzeugter Hitze mittels im Mauerwerk angeordneter Glühkörper beruht. Solch eine eingebaute Anlage sollte je nach Bedarf der Trocknung mit „Gleich- oder Wechselstrom von 110 Volt bei 8 Ampere“ betrieben werden. Offenbar ging der Erfinder davon aus, dass ein ständig kapillarer Wassertransport auch bei Nichtbeseitigung der Feuchtequellen im Mauerwerk von der Anlage unterbunden wird. Er verweist ausdrücklich auf die Möglichkeit einer nochmaligen Austrocknung in Fällen außergewöhnlicher Umstände. Daraus kann die Meinung des Erfinders geschlussfolgert werden, dass üblicherweise eine Abdichtung entfällt.

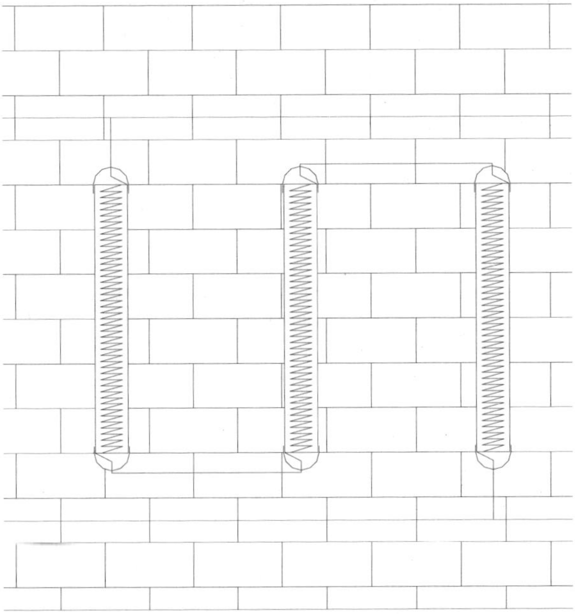

Bild 8.8
Prinzipskizze aus Patent von Leser 1912

In der zweiten Hälfte des 20. Jahrhunderts hat man weitere unterschiedliche Verfahren mit elektrischer Wandheizung entwickelt und durch Patente geschützt. Teilweise wurden in V-förmig versetzten Kanälen Heizpatronen in das Mauerwerk eingebaut und an einen Stromkreis von ca. 40 Volt angeschlossen. Der enorme Eingriff in die Wandkonstruktionen und die hohe Energiekosten waren sicher der Grund dafür, dass sich diese Art von prinzipiell kurzzeitig möglicher „Horizontalsperre„ in Form der Mauerwerksheizung sich nicht breitenwirksam durchgesetzt hat.

Später wurden Heizrohre an der Wandoberfläche angeordnet, damit die an der Wand aufsteigende warme Raumluft die Wandoberflächen erwärmt. Diesbezüglich wurden verschiedene Temperiersysteme auf dem Markt angeboten, die zur Mauerwerkstrockenlegung noch ein gleichmäßigeres vertikales wie horizontales Temperaturprofil garantieren sollten.

Bereits Paul Wieden wies 1982 darauf hin, dass damit eigentlich im besten Fall nur eine Trocknung des Mauerwerkes stattfindet, aber der Transport der schädlichen Salze nicht ganz unterbunden werden kann. Weiterhin resümiert er, dass es sich zwar um einen guten Weg zur Austrocknung des Mauerwerkes handelt, letztendlich aber nicht als Sperre gegen aufsteigende Feuchtigkeit angesehen werden kann. Mit Blick auf die zu erwartenden Energiekosten wurde schon damals davon ausgegangen, dass von einer breiten Anwendung wahrscheinlich nicht auszugehen ist [35]. Diese Einsicht wird von späteren Autoren [68, 72,77] in vollem Umfang geteilt, was auch logisch erscheint, da abgesehen von den Heizkosten das Problem des kapillaren Wassertransportes nicht grundsätzlich beseitigt ist und bei Ausschaltung der Heizung wieder sofort mit aufsteigender Feuchte zu rechnen ist.

Zudem darf nicht verkannt werden, dass weiterhin eine Wasser- und damit eine Salzaufnahme im Mauerwerk durch das Fehlen einer Horizontal- und Vertikalsperre erfolgt. Das aufgesaugte Wasser wird zwar in Höhe der Heizkabel- bzw. Heizrohre zumindest teilweise verdunsten, eine Salzanlagerung in diesem Bereich ist in der Nutzungsphase aber als sehr wahrscheinlich einzustufen. Da sich in einem erkennbar zeitlichen Rahmen eine erhöhende Hygroskopizität im beheizten Mauerwerksbereich einstellen wird, dürfte der kurzzeitige Effekt der „Trockenlegung" erheblich in Frage gestellt sein. Daran ändert auch die Tatsache nichts, dass von den Befürwortern des Verfahrens eine Berücksichtigung von Sanierputzsystemen vorgegeben wird. Die Verwendung des Sanierputzes ist letztendlich nur eine Kaschierung der eigentlichen bauphysikalischen Verhältnisse im Mauerwerk.

Modellversuche von Arendt belegen die zweifelhaften Erfolgsaussichten der thermischen Bausanierung. Er kommt zu dem Schluss, dass eine Trockenlegung von Wandkonstruktionen mittels thermischer Verfahren, bei gleichzeitiger Einwirkung von kapillar aufsteigender und seitlich eindringender Bodenfeuchtigkeit, nicht möglich ist. Weiterhin wird der zugesicherte Nebeneffekt einer Raumaufheizung bestritten [68].

In der heutigen Zeit ist Energie nicht nur aus Kosten- oder persönlichen Gründen einzusparen sondern es ist auch die Energieeinsparverordnung 2002 zu berücksichtigen. Dass die geplante Überarbeitung der jetzt gültigen Verordnung im Jahr 2006 noch höhere Einspareffekte vom Bauwesen fordern wird, kann als gegeben angesehen werden.

Unter diesem Aspekt ist das thermische Verfahren als „intensiver Energieverschwender" einzustufen und kann daher nicht ernsthaft bei der Planung von Trockenlegungsmaßnahmen zur Disposition stehen. Arendt hat überschläglich in seinem Modellversuch bei einer Verlegelänge von 100 m Heizkabel, was dem Außenwandverlauf einer kleineren Kirche entspricht, Energiekosten in Höhe von ca. 3.700,00 € pro Jahr grob eingeschätzt [68]. Dieser Betrag dürfte sich angesichts der ständig steigenden Energiepreise noch signifikant erhöhen.

Es ist sicher wenig sinnvoll, wenn zum einen eine Energieeinsparverordnung bei der Planung und Ausführung von Bauvorhaben strikt einzuhalten ist und zum Anderen eine „Energieschleuder" als Bauweise für Trockenlegungsmaßnahmen herangezogen wird. Abgesehen von der Tatsache der vorhandenen negativen „Nebenwirkungen", wie u.a. die Erhöhung der hygroskopischen Eigenschaften der betreffenden Wand, ist gerade bei neutraler Einschätzung der Verwendbarkeit des thermischen Verfahrens bereits aus energetisch notwendigem Bewusstsein dieses im Ansatz grundsätzlich abzulehnen.

Es könnte u.a. nicht erklärt werden, an welcher Stelle und unter welchen Voraussetzungen dieses Verfahren den üblichen und dem Stand der Technik entsprechend bekannten Trockenlegungsverfahren ebenbürtig oder gar überlegen ist. Dass dieses Verfahren letztendlich nicht einmal eine typische Feuchtigkeitssperre darstellt, sei da nur noch angemerkt.

8.3 Elektrophysikalische Verfahren

8.3.1 Vorbemerkung zum Verfahren Elektroosmose

Die elektrophysikalischen Verfahren sind über Jahrzehnte mehr praxisorientiert, als durch wissenschaftlich anerkannte Theorien begründbar entwickelt worden und untergliedern sich strikt in zwei völlig unterschiedliche Teilgebiete. Zudem existieren parallel dazu paraphysikalische Verfahren, die sich zwar immer auf die Elektrophysik berufen, aber nur äußert bedingt mit der wissenschaftlich anerkannten Technik im Zusammenhang gebracht werden können. Wird diese strikt notwendige Trennung nicht vorgenommen, riskiert man die gesamten eventuell möglichen Varianten der Mauerwerksentfeuchtung global als unwirksam zu verwerfen.

Grundsätzlich hat die grobe Unterteilung aus dem wissenschaftlichen Anspruch und den neutral belegbaren baupraktischen Erfahrungen in

- theoretisch und nach wissenschaftlicher Lehrmeinung anerkannten

  und in

- wissenschaftlich nicht erforschte sowie außerhalb der Lehrmeinung stehenden

physikalischen Entfeuchtungsverfahren zu erfolgen. Diese scharf abzugrenzenden Teilgebiete haben keine auch nur näherungsweise physikalischen Gemeinsamkeiten.

Die physikalischen Verfahren auf dem Grundprinzip der Elektroosmose nach Prof. Reuss [1] sind in der Bauwerksentfeuchtung hinsichtlich der Einsatzmöglichkeiten noch nicht ausreichend erprobt bzw. untersucht und sorgen immer wieder zu konträren wissenschaftlichen Diskussionen. Trotzdem sind die theoretischen Grundprinzipien anerkannt und gehören seit 1809 zur Lehrmeinung der Physik.

Allerdings ist die Versagensquote der Anlagen mit elektroosmotischen Wirkprinzip in der Praxis erheblich, wobei die Ursachen bisher nicht allgemeinverbindlich abgeklärt werden konnten. Die Diskussionen sind demzufolge auf wissenschaftlich physiktheoretische Probleme und auf bis in die letzten Jahre hinein baupraktisch sich wiedersprechende Erfahrungen zurückzuführen. Ein verallgemeinernder Erkenntnisstand über die Einsatzmöglichkeiten und deren Randbedingungen, welcher auf jeden Einzelfall zutrifft, ist nicht vorhanden.

Die außerhalb der physikalischen Lehrmeinung propagierten Entfeuchtungsverfahren auf der Basis hertzischer Wellen, sowie unerforschter Erdstrahlen, Skalarwellen und Wirbelpotenzialen u.s.w. sind nicht nur äußerst umstritten, sondern werden von Bauphysikern aus Hoch- und Fachschulen als untauglich verworfen [68,72,83]. Selbst die ernsthaften Befürworter der Verfahren können keine, einem wissenschaftlichen Maßstab standhaltende, allgemeingültige Theorie der Wirkprinzipien vorlegen. Es wird nur immer auf die positiven Praxiserfahrungen hingewiesen, die jedoch nicht reproduzierbar sind.

Für den in der Bauphysik ohnehin nicht anerkannten Teilbereich der praktizierenden Mauerwerksentfeuchtung kommt erschwerend hinzu, dass zum einen nicht wissenschaftlich ausgebildete und selbsternannte Sachkundige völlig abwägige Theorien als erforscht hinstellen, wo keinerlei wissenschaftliche Vorarbeit betrieben wurde. Zum anderen wird von den Befürwortern (meistens Hersteller und Vertreiber) die elektroosmotische Theorie aus der anerkannten Lehrphysik herausgegriffen und missbräuchlich für Erklärungsversuche gegenüber Laien als Kaufinteressierte benutzt. Als Beispiel sei hier die „drahtlose Elektroosmose“ genannt, wo jedem Interessierten bereits beim Nachlesen der Definition „Elektroosmose“ die Unvereinbarkeit des propagierten Wirkprinzips und der theoretischen Grundlage deutlich wird.

Grundsätzlich ist nach dem heutigen theoretischen Kenntnisstand und mit Blick auf die Erfahrung aus der Baupraxis nochfolgende Einteilung der auf dem Markt befindlichen Geräte und Anlagen vorzunehmen:

- Elektroosmotische (aktive) Anlagen auf Grundlage angelegter Spannungen (nach erforschten und anerkannten Prinzipien der Physik),
- Elektroosmotische Anlagen auf der Grundlage von „Kurzschließen“ vorhandener Potenziale im Mauerwerk (ebenfalls nach erforschten und anerkannten Prinzipien der Physik),
- In Anlehnung der Wirkprinzipien von der Elektroosmose (aktive) Anlagen mit gering angelegter Spannung zur Beeinflussung des Mauerwerkspotenzials

- Anlagen zur Ausstrahlung in der Physik anerkannter Wellen, wo jedoch die Wirkprinzipien theoretisch (noch) nicht nachgewiesen bzw. allgemeingültig bestätigt sind ***und***
- Anlagen und Geräte die von der Lehrmeinung der Physik nicht anerkannte imaginäre Wellen, Erdstrahlen und Wirbel zur Entfeuchtung benutzen bzw. ausnutzen

Dass die Anlagetypen mit dem anerkanntem Wirkprinzip der Elektroosmose wissenschaftlich anerkannt sind, sagt noch nichts über die tatsächliche Wirksamkeit bzw. Einsetzbarkeit im Rahmen der Mauerwerksentfeuchtung im Bauwesen aus. Sie haben aber zumindest den Vorteil auf der Grundlage von Naturgesetzen erklärbar zu sein. Eine theoretische Auseinandersetzung und praktische Bearbeitung anstehenden Probleme auf der Basis wissenschaftlicher Terminologie ist dadurch möglich.

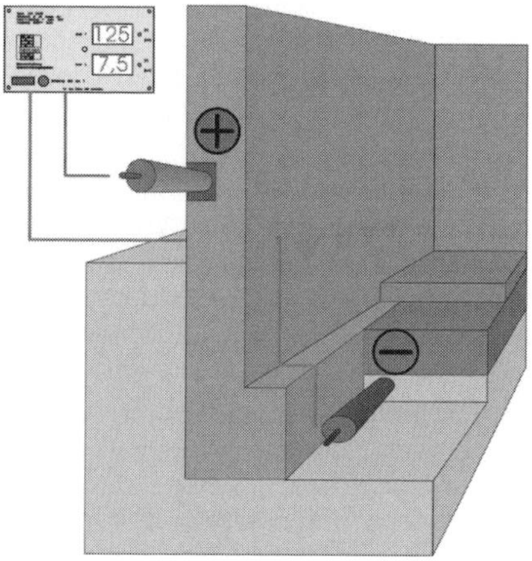

Bild **8**.9
Prinzipskizze der aktiven Anlagen

Die „innovativen" Wirkprinzipien der Beeinflussung der Mauerwerksfeuchtigkeit durch magnetokinetische oder unbekannter Wellen, Wirbel und Erdstrahlen sind nicht wissenschaftlich belegt und besitzen derzeit maximal den Stand der Grundlagenforschung.

Nicht einmal den Stand der Wissenschaft kann diesen Prinzipien derzeit zugestanden werden, da keine oder nur von den Anbietern selbst durchgeführten Experimente bekannt sind. Diese Untersuchungen erfüllen nicht näherungsweise den wissenschaftlichen Qualitätsanspruch an Prüfkriterien, so dass allgemeingültige und jederzeit reproduzierbare Ergebnisse nicht vorliegen oder in absehbarer Zeit zu erwarten sind.

In Deutschland ist eine Norm für die Instandsetzung von Bestandsmauerwerk nicht vorhanden. Die DIN- Normen des Bauwesens beschränken sich im Wesentlichen auf den Bereich des Neubaues. Daher sind in der seit 2000 gültigen Abdichtungsnorm [119] weder die elektroosmotischen noch andere elektrophysikalische Entfeuchtungsverfahren genannt.

Als wohl einzige Alternative in Deutschland sind die WTA-Merkblätter für die Planung und Ausführung von Mauerwerkssanierungen heranzuziehen. Das Merkblatt für nachträgliches Abdichten im erdberührten Bereich [84] trifft jedoch ebenfalls keine Aussage über die elektrophysikalischen Anlagen. Bestrebungen der DIN- Ausschüsse und der WTA selbst die nach den wissenschaftlich anerkanntem Prinzip der Elektroosmose arbeitenden elektrophysikalischen Anlagen mit in den „normierten" Bereich zu überführen, sind nicht einmal ansatzweise in Deutschland vorhanden.

In Österreich ist durch eine gültige Norm [116,117] u.a. neben den allgemein anerkannten Verfahren auch die Anwendung der elektroosmotischen Trockenlegung benannt. Es werden aber grundsätzlich nur Verfahrensgruppen berücksichtigt, welche auf naturwissenschaftlich allgemein anerkannten Wirkprinzipien beruhen. Die Verfahren mit unerforschten Wirkprinzipien, wie Erdstrahlen, Elektrokinese, imaginärer Strahlung oder Radiowellen usw. werden auch hier explizit ausgeschlossen.

Als eine erfolgreiche Trockenlegung kann nach dieser Ö Norm nur jene erfolgte Sanierung eingestuft werden, in der der Durchfeuchtungsgrad im sanierten Bestandsmauerwerk dauerhaft unter 20 % gemessen wird und das Verfahren in der Norm beschrieben ist.

Mit Blick auf die derzeit bekanntlich möglichen Durchfeuchtungsgrade von ca. 40 – 50 % in einem porösen Mauerwerk beim Einsatz von elektroosmotischen Anlagen wäre das vorgeschriebene Sanierungsziel von 20 % nicht erreichbar. Ob dies durch neue Anlagen erreicht wird, welche nach Aussage der Hersteller das elektroosmotische Wirkprinzip nicht theoretisch konsequent umsetzen und nur eine Veränderung des Mauerwerkspotenzial erreichen wollen, bleibt abzuwarten.

Das für manche Wissenschaftler wünschenswerte Ziel zwischen „wirksamen" und „unwirksamen" Entfeuchtungsmaßnahmen mittels elektrophysikalischer Verfahren unterscheiden zu können, ist mit Blick auf die fehlende neutrale Forschung und der mehr als mangelhaften wissenschaftlich belegbaren Erkenntnisse mit ausreichendem Qualitätsstandard nicht möglich. Hinzu kommt das Fehlen ausreichender technischer Aufklärung durch neutrale Sachkundige und eine strenge und überschaubare Trennung der Verfahren von seiten der Anbieter der Verfahren selbst.

Diese Umstände werden offenbar bewusst von Anbietern von Geräten und Anlagen genutzt, mit denen ein unerforschtes Wirkprinzip den Entfeuchtungseffekt im Mauerwerk auslösen soll. Vom tatsächlichen physikalischen Sachverhalt ablenkend, wird die Nähe der nachgewiesenen elektroosmotischen Wirkprinzipien von einigen Anbietern der Geräte mit ungeklärten Wirkungsweisen gesucht. Dadurch werden jenen Verfahren die Weiterentwicklung und der theoretische und praktische Durchbruch erschwert, welche durchaus die klassische Physik als Grundlage der Forschung heranziehen und als eventuell erfolgversprechend einzustufen sind.

Unter Berücksichtigung der feststellbaren Realität kann vorerst nur eine wirksame und exakt belegbare Abgrenzung der elektrophysikalischen Anlagen zwischen wissenschaftlich anerkannten Grundprinzipien und unerforschten Wirkungsweisen erfolgen. Diese Schlussfolgerung über die Zuordnung bedingt die sicher nicht optimal angesetzte Grobgliederung im elektrophysikalischen und paraphysikalischen Bereich. Gleiches gilt für die jeweilig weitere Untergliederung zwischen „aktiven" und „passiven" Verfahren, was aus elektrophysikalischer Sicht jedoch derzeit noch am sinnvollsten erscheint.

Aus Gründen des derzeitigen Erkenntnisstandes in der entwickelten Physik wird bewusst in diesem Buch eine strikte Trennung zwischen den elektrophysikalischen und paraphysikalischen Verfahren vorgenommen und der letztere Bereich isoliert an anderer Stelle betrachtet. Mit wachsender Erkenntnis im Zuge der Auseinandersetzung der anerkannten Wissenschaft mit Aussagen der derzeitig unter Grundlagenforschung einzuordnenden Theorien wird sich diese derzeit praktizierte Gliederung mit einiger Wahrscheinlichkeit überholen.

8.3.2 Geschichtlicher Abriss

Die Elektroosmose als physikalisches Problem ist bereits sehr lange bekannt. Entdeckt wurde sie von F. F. Reuss im Jahr 1809 [1] ohne eine allgemeingültig ausreichende Erklärung vorzuweisen. In den späteren Jahren haben sich bekannte Wissenschaftler wie J. Perrin [5], H. Helmhotz [3] und W. Hittorf [2] u.a. mit der Theorie des Effektes beschäftigt und den Wissenstand über das Phänomen erheblich ausgebaut.

Die Elektroosmose ist praktisch bis ca. 1935 nur in der Trommelmaschine nach Graf Schwerin zur Entwässerung von Torf und zur Wasserreinigung angewendet worden. Später hat man sie dann zur Bodenverfestigung und Bodenbehandlung eingesetzt [26], um dem Boden das Wasser zu entziehen und eine Verfestigung zu erreichen oder chemische Substanzen in den Boden einzubringen.

Eine naheliegende Anwendungsvariante zur Ausnutzung des elektroosmotischen Effekts stellt die auf diesem Prinzip beruhende Mauerwerksentfeuchtung dar. Das wohl erste Patent für eine solche Anlage erhielt 1940 Paul Ernst in der Schweiz, welches dann auch in Deutschland 1941 [A] bestätigt wurde. Das Patent beinhaltet, dass das gegen das Erdreich negativ elektrische Potenzial des Mauerwerkes durch elektrische Leiter erfasst und durch Erdung ausgeglichen wird. Es ist in diesem Patent erweiternd berücksichtigt, dass an die Leiter und die unter diesen bestehende Verbindungsleiter eine Spannung angelegt wird, so dass eine positive Potenzialdifferenz zwischen Mauerwerk und Erdreich entsteht [35]. Insofern war hier sowohl die passive wie auch die aktive Elektroosmose zum erstenmal erfasst und beschrieben.

Der Grundgedanke der Ausnutzung elektroosmotischer Wirkprinzipien in der Entfeuchtungstechnik wurde wieder im sächsischen Raum Anfang bis Mitte der 70iger Jahre weiter erforscht. Zahlreich aufeinanderfolgende Patente beschreiben immer wieder die passive Elektroosmose durch Kurzschluss der vorhandenen Potenzialdifferenzen oder durch Anlegen einer Gleichspannung im Mauerwerk (N bis T). In dieser Zeit werden ebenfalls verschiedene Patente vermuteter korrosionsbeständiger Elektroden angemeldet, da das Phänomen der Korrosion bereits bekannt war.

Das Ministerium für Bauwesen der DDR vermutete offenbar eine bahnbrechende Technologie in der Bauwerkssanierung und gab im Jahr 1966 eine „Anweisung über die Vorbereitung und Durchführung elektroosmotischer Bauwerkstrockenlegung“ heraus [31]. In dieser Anweisung war das Erdungsverfahren und das Verfahren unter Ausnutzung galvanischer Elemente (Engelsdorfer Verfahren) für die Planung und Ausführung bei Sanierungsmaßnahmen zugelassen. Bemerkenswert war, dass andere elektrophysikalische Verfahren grundsätzlich der Zulassung des Ministeriums für Bauwesen bedurften. Damit konnte eine Anwendung von nicht funktionstüchtigen Anlagen aus damaliger Sicht verhindert werden.

Zugleich handelte es sich um eine der wohl modernsten Weisungen, die auch heute noch an aktuellem Inhalt von bestehenden Verordnungen ihres Gleichen sucht. In ihr war genau geregelt, dass nur speziell ausgebildete und damit zugelassene Firmen die Anlagen installieren durften. Der Ausführungsbetrieb hatte die technische Befähigung des verantwortlichen Leiters und der ausführenden Brigade für den Einbau der Anlagen zu gewährleisten und nachzuweisen. Dies ist im Wesentlichen heute ein noch nicht konsequent umgesetztes Wunschdenken von Sachkundigen auf dem Gebiet der Bauwerkssanierung.

Allerdings führten trotzdem Korrosion, Versalzungen und Materialprobleme letztendlich in der Praxis immer wieder zu einem sehr schnellen Versagen der Anlagen [S]. Die in den 50iger Jahren hauptsächlich verwendeten Kupferelektroden lösten sich nach kurzer Nutzungsdauer infolge der Elektrolyse auf. Gleiches Ergebnis war durch die Verwendung von anderen Metallstäben festzustellen. In den nachfolgenden Jahren wurden verschiedene Experimente bezüglich des möglichen Materialeinsatzes durchgeführt.

Zum Beispiel nutzte man ab den 70iger Jahren des letzten Jahrhunderts Graphitstäbe als Elektroden, worüber auch Auslegungschriften beim Deutschen Patentamt vorliegen [E]. Diese Materialien erwiesen sich als ungeeignet, da der Einbau durch die Sprödigkeit problematisch war. Um den Austausch der nicht beherrschbar korrodierten Elektroden zumindest wirtschaftlicher zu gestalten hat man u.a. eine Art Spreizdübel als Mauersonden konstruiert und patentieren lassen [U].

Ende der 80er Jahre wurde mit leitfähigen Putzen und Anstrichen als „Elektroden“ experimentiert [W]. Aber auch diese „Elektrodentypen“ konnten sich in der Bausanierung nicht durchsetzen.

Gleiches gilt für später verwendete Flächenelektroden aus flexiblen leitenden Material in unterschiedlicher Form.

Bis vor ca. 15 Jahren galt in Fachkreisen daher das Problem einer korrosionsbeständigen aber leistungsfähigen Elektrode als ungelöst. Neuere Ansätze bezüglich der Materialverwendung von einzelnen Herstellern sind erfolgversprechend, wobei die praktische Bestätigung des theoretisch Erfüllbaren sowie die Langzeiterfahrung mit den Elektroden für eine endgültige Bewertung abgewartet werden muss.

Unabhängig des Problems der Elektrodenkorrosion waren auch die Übergangswiderstände zwischen Elektrode und Mauerwerk noch nicht abgeklärt. In den frühen 80iger Jahren wurde daher versucht, die Leitfähigkeit der Mörtel um die Elektroden durch die Beimengung von Salzzusätzen zu verbessern, was auch zu Auslegungsschriften im Deutschen Patentamt führte (V). Experimente erfolgten auch durch die Beibehaltung von möglichst geringen Übergangswiderständen zwischen den Elektroden und dem Mörtel, welche jedoch keine befriedigenden Ergebnisse brachten.

Ungeachtet der Materialprobleme und Übergangswiderstände handelt es sich bei den passiven und aktiven Anlagen um ein elektrophysikalisches Wirkprinzip, dass auf naturwissenschaftlichen Erkenntnissen beruht. Dadurch war eine ständige Weiterentwicklung aus wissenschaftlicher Sicht möglich, was allerdings bisher selten von neutralen Laboren und Universitäten ausgenutzt wurde.

In den Jahren 1980- 1982 hat man einzelne Laboruntersuchungen in Wien mit dem Ergebnis durchgeführt, dass die passiven Verfahren gegenüber den aktiven Verfahren höhere Wirkungsgrade erzielten und Korrosion an den Elektroden von passiven Anlagen zu vernachlässigen ist [35]. Diese konträre Aussage zur Praxis ist nur dahingehend zu verstehen, dass es sich um „künstliche Laborbedingungen" und um relativ kurzzeitige Versuche handelte. Insoweit war eine Verallgemeinerung der Erkenntnisse auf Praxisbedingungen sicher auch aus damaliger Sicht nicht erlaubt.

Gleichzeitig wurde bei den „Wiener Versuchen" bestätigt, dass bei der Verwendung von aktiven Verfahren mit einer Betriebsspannung von nur 8 Volt bereits nach wenigen Monaten erhebliche Korrosionserscheinungen an den Elektroden festzustellen waren. Interessanterweise sind die Versuche mit nicht salzbelasteten Leitungswasser durchgeführt worden, wodurch die bei Bestandsbauten elektrophysikalischen Bedingungen von üblicherweise salzbelastetem Mauerwerk, mit den entsprechenden Effekten, überhaupt nicht in die Versuchsreihe einging.

Vor 25 Jahren war der wissenschaftliche und baupraktische Kenntnisstand hinsichtlich der Einsatzmöglichkeiten und der Funktionssicherheit bei den passiven und aktiven Verfahren der, dass keine der Anlagen als Stand der Technik einzustufen war oder zur allgemeinen Anwendung empfohlen werden konnte. Ein Versuch in dieser Zeit mit 5 aktiven, im Handel angepriesenen Anlagen führte zu dem Ergebnis, dass keine der Anlagen für den universellen Einsatz geeignet erschien [68].

In einer Untersuchung bezüglich der Erfolgskontrolle durchgeführter Sanierungsmaßnahmen zur Vermeidung aufsteigender Feuchte im Mauerwerk in den Jahren 1980- 1997 konnten zweifelsfrei funktionstüchtige elektroosmotische Anlagen nicht festgestellt werden [83]. Das hauptsächlich festgestellte Problem war wieder die Korrosion der Elektroden und die Anschlüsse der jeweiligen Anlagen sowie Materialschäden im unmittelbaren Elektrodenbereich.

Erste Versuche von neutralen gewohnheitsgemäß wissenschaftlich arbeitenden Einrichtungen [62,78] belegen, dass die Grundlagen der Wirkprinzipien des Wassertransportes in porösen Festkörpern zwar grob bekannt sind, jedoch allgemeingültige reproduzierbare Erkenntnisse noch nicht vorliegen. Unter Laborbedingungen sind bekannte Gesetze und Wirkungsweisen der Elektrophysik und der Elektrochemie an Baumaterialien nachweisbar. Eine diskussionslose Umsetzung der Erkenntnisse aus dem Labor in die Sanierungspraxis ist allerdings nicht möglich und scheitert bereits bei simplen Versuchen.

Die wissenschaftlichen Grundlagen der elektroosmotischen Vorgänge im Mauerwerk sind bis zum heutigen Tag als nicht ausreichend erforscht einzustufen. Dies gilt nicht nur für die Randbedingungen beim Einbau der elektroosmotischen Anlagen. Auch die Einflüsse der Veränderungen im Mauerwerk während des Nutzungszeitraumes der Anlagen sind weitestgehend unbekannt, sieht man von der notwendig abzusichernden Mindestfeldstärke, dem entsprechenden Stromfluss und der möglichen Abtrocknung bis auf ca. 40 – 50 % des Durchfeuchtungsgrades bei einigen Anlagen ab [78].

Die Mindestfeldstärke zur Erzielung eines elektroosmotischen Transportprozesses ist je nach Baustoff mit ca. 20 – 50 Volt pro Meter notwendig. Demnach sind Anlagen mit geringeren Spannungen und großen Elektrodenabständen kaum effizient im Sinne der Elektroosmose einsetzbar [78].

Da bei den Anlagen in der Praxis Spannungen bis max. 23 Volt an das Mauerwerk angelegt werden, ist auch bei den verbesserten korrosionsstabilen Materialien die physikalische Erklärung des alleinigen Wirkprinzips der Elektroosmose zur Mauerwerksentfeuchtung noch wissenschaftlich zu belegen. Es ist aber zu vermuten, dass andere Wirkmechanismen aus elektrophysikalischer Sicht in der weiteren Forschung und Entwicklung zu berücksichtigen sind.

Ein neuer Ansatz bei einem Anbieter aus Österreich besteht darin, dass ein elektroosmotischer Feuchtetransport im Mauerwerk durch Anlegen einer Spannung mit ca. 6- 9 Volt überhaupt nicht gewollt ist. Vielmehr sollen die Potenzialdifferenzen im Mauerwerk derart aufgehoben werden, dass die verantwortlichen Kapillarkräfte für die aufsteigende Feuchtigkeit neutralisiert werden, der Wassertransport daher gegen Null tendiert und eine Austrocknung des Mauerwerkes durch Diffusion erfolgt. In strenger Auslegung der wissenschaftlichen Theorie von der elektroosmotischen Bewegung der Moleküle zur Katode in einem porösen Festkörper wäre das baupraktisch neu entwickelte Wirkprinzip nicht der Elektroosmose zuzuordnen. Die dann offenen Fragen der tatsächlich theoretischen Wirkungsweise und deren wissenschaftlicher Einordnung sowie die einzuschätzenden Erfolgsaussichten des Verfahrens bedürfen einer ausführlichen wissenschaftlich noch ausstehenden Untersuchung.

Der Fazit von P. Wieden im Jahre 1982 hat trotz weiterer Forschung bis in die heutige Zeit nichts an Aktualität verloren:

> „dass eine dieser sehr komplexen Erscheinungen der Potenzialtheorie, Elektroosmose, Elektrophorese bzw. Elektrolyse in Wechselwirkung mit dem sehr heterogenen Gebilde einer versalzenen Mauer erfassende Theorie bzw. theoretisch- mathematische Formulierung noch sehr eingehender Untersuchungen bedarf" [35].

8.3.3 Elektrophysikalische Grundlagen

Das physikalische Phänomen der Elektroosmose entdeckte Reus in Moskau 1809. Er hatte zwei mit Wasser gefüllte Hohlelektroden in eine Bodenprobe gesteckt. Bei Anlegen eines elektrischen Gleichstromes verringerte sich das Wasser in der Hohlelektrode der Anode und stieg in dem Rohr der Kathode an. Daraus schlussfolgerte er, dass bei Berührung zweier stofflich unterschiedlicher Medien an der Berührungsstelle eine elektrische Potenzialdifferenz entsteht. Durch Bildung einer Ladungsbelegung an den Grenzflächen entstehen zwei Ionenschalen [1,28]. Erst viel später wurde das Phänomen wissenschaftlich u.a. durch J. Perrin [5], H. Helmhotz [3] und W. Hittorf [2] begründet.

Die elektrophysikalischen Gesetzmäßigkeiten der Elektrokinese gliedern sich in 4 Erscheinungsformen:

- Die Elektroosmose (Bewegung von Flüssigkeiten im elektrischen Feld)
- Die Elektrophorese (Bewegung von Partikeln unter Einfluss eines elektrischen Feldes in Flüssigkeit
- Das Strömungspotenzial (zwischen den Enden eines von einer Flüssigkeit durchströmten porösen Festkörper entstehendes elektrisches Potenzial) und
- Das Sedimentationspotenzial (entstehen einer elektrischen Potenzialdifferenz durch Absenkung von Partikeln in einer Flüssigkeit)

Die übrigen Effekte wirken mit der Elektroosmose in unterschiedlicher Intensität gleichzeitig, so dass nie von einer Einzelwirkung der Osmose ausgegangen werden kann. Die gegenseitige Beeinflussung der Erscheinungsformen und deren Auswirkungen auf die Mauerwerksentfeuchtung ist noch nicht wissenschaftlich befriedigend aufgearbeitet.

Wenn ein aufgeladenes Teilchen in einer ruhenden Flüssigkeit unter dem Einfluss eines elektrischen Feldes wandert, handelt es sich um die elektrokinetischen Effekte der Elektrophorese. Die Richtung der Teilchenbewegung zur Anode oder Kathode hängt vom jeweils umgekehrten Vorzeichen der Ladung ab.

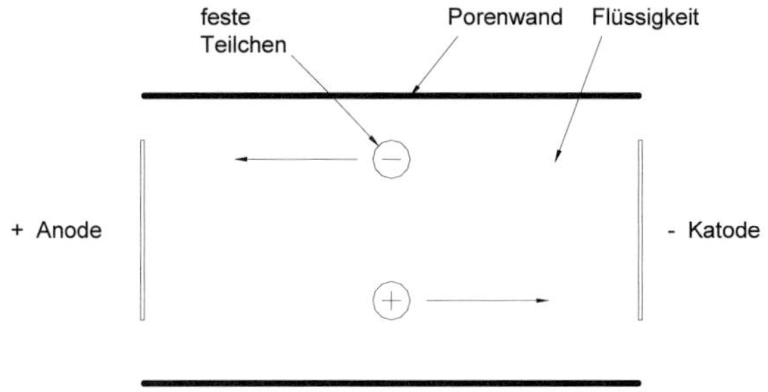

Bild **8.**10
Prinzipskizze der Elektrophorese

Wenn jedoch die feste Phase eines für Flüssigkeiten durchlässig porösen Körpers fixiert ist, so wird die darin befindliche Flüssigkeit durch Anlegung eines elektrischen Feldes gegenüber der festen Phase in Bewegung gesetzt. Dieser Effekt wird als Elektroosmose bezeichnet und ist letztendlich nur durch das sich bewegende Medium von der Elektrophorese unterschiedlich.

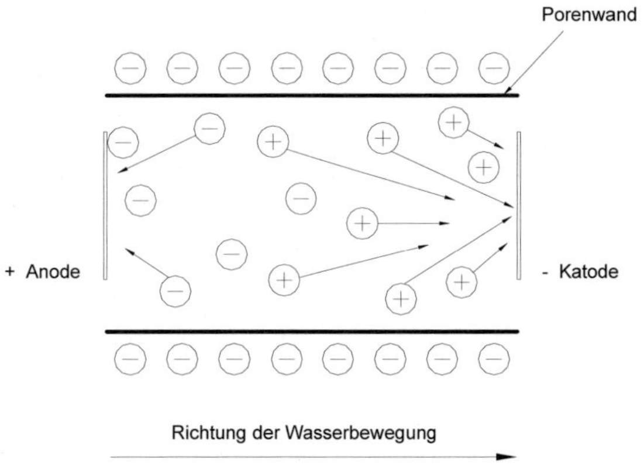

Bild **8.**11
Prinzipskizze der Elektroosmose

Wenn sich eine Flüssigkeit durch ein Kapillarsystem bewegt, wird zwischen Kapillarwand und Flüssigkeit eine elektrische Doppelschicht aufgebaut. Ein Teil der Ladung wird durch den Wassertransport mitgerissen, so dass sich eine elektrische Potenzialdifferenz ausbildet, die man als Strömungspotenzial bezeichnet. Dieses Strömungspotenzial tritt als eine Umkehrung der elektroosmotischen Erscheinung auf.

Wesentlich ist, dass alle 4 Erscheinungsformen der Elektrokinese von der vorhandenen elektrochemischen Doppelschicht zwischen Festkörperoberfläche und Flüssigkeit beeinflusst werden. Von einer elektrische Doppelschicht wird dann gesprochen, wenn an der Phasengrenze zwischen zwei Medien (z.B. Porenwand und Flüssigkeit) eine Ladungsverteilung vorhanden ist, wobei zwei entgegengesetzt geladene Schichten von Ladungsträgern sich gegenüber stehen.

Die elektrische Doppelschicht wird bis zum heutigen Tag in ihrer Struktur an Modellen erklärt, die sicher keine allgemeingültige Übernahme der Theorie auf Baustoffe derzeit zulässt. Das einfache und älteste Modell von Helmholtz [3] geht davon aus, dass eine kontinuierliche Verringerung des elektrischen Potenzials innerhalb der Grenzschicht in Bezug auf die Entfernung vorhanden ist. Die Potenziale im Inneren der Flüssigkeit sind dann gleich.

8

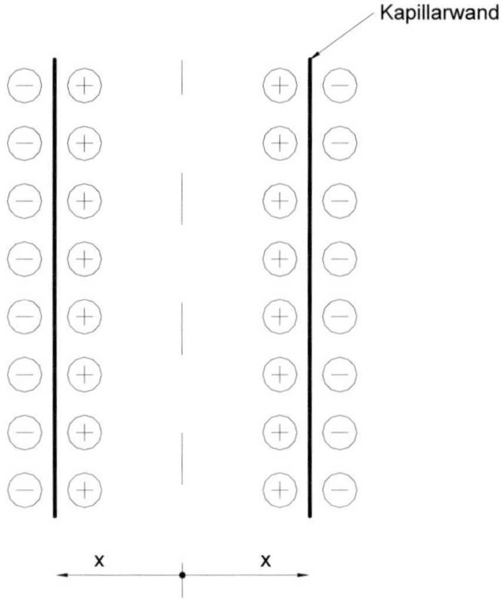

Bild **8**.12
Prinzipskizze des Modells Helmholtz

Neuere Modelle gehen von zwei Schichten aus, die unterschiedlich beweglich sind. Die starre Doppelschicht besteht aus der Ladung des festen Mediums (z.B. Porenwand) selbst und der Ladung der unmittelbar fest am festen Medium haftenden Schicht der Flüssigkeit. Die zweite Schicht, welche als diffuse Doppelschicht bezeichnet wird, ist letztendlich die Ladungsverteilung in der beweglichen Flüssigkeit unter Bezug der Entfernung zum festen Medium.

Zwischen dem beweglichen und dem festem Teil der elektrischen Doppelschicht bildet sich dann ein elektrisches Potenzial in der Gleitebene zweier Phasen aus, wenn diese Schichten sich gegeneinander bewegen. Dieses Potenzial wird als Zeta-Potenzial bezeichnet und ist messbar.

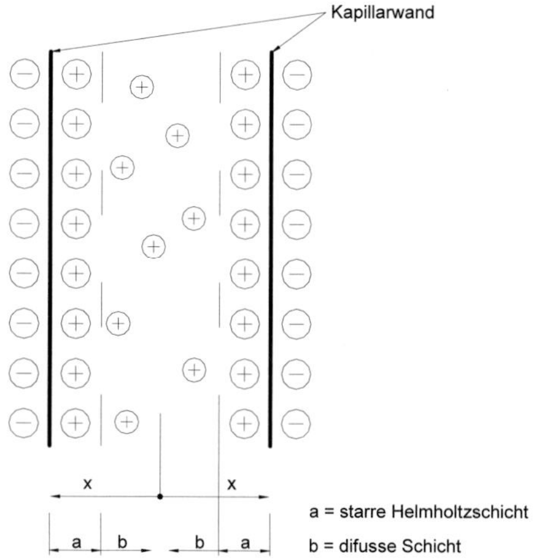

Bild **8.**13
Prinzipskizze des heutiger Modells zur Doppelschicht

Allerdings ist es auf Grund der umfangreichen Einflüsse, wie Porosität, Permeabilität, Ionenart und Ionenkonzentration usw., in porösen Systemen bei bestimmten Umgebungsbedingungen auf theoretischem Wege nicht zu ermitteln. Insofern kann das Zeta- Potenzial nicht für zweifelsfreie Vorhersagen bezüglich zu erwartender elektroosmotischer Massentransporte beigezogen werden [60].

Grob vereinfacht und für Bauingenieure völlig ausreichend, kann davon ausgegangen werden, dass infolge der Kapillarwirkung im unregelmäßig verzweigten Kapillarsystem Wasser angesaugt wird. Das Wasser wird durch das Kapillarsystem bis an die Oberflächen des Baukörpers transportiert, wo es dann verdunstet. Der anhaltende Wassertransport ist solange gewährleistet, wie eine Saug- und Verdunstungsfläche gewährleistet ist. An den Innenwänden der Kapillare bilden sich bei Wasserkontakt Doppelschichten aus, die zu einem Strömungs-Potenzial- Effekt in Abhängigkeit der Geschwindigkeit der Flüssigkeit und der sonstigen Einflussgrößen führen. Dieser Effekt ist messtechnisch nachzuweisen.

Es kann letztendlich davon ausgegangen werden, dass in feinporigen Kapillaren bei optimalen Verhältnissen zwischen Porenradius und Dicke der Doppelschicht, der Wassertransport relativ intensiv erfolgt. Wird ein jeweils auf den Einzelfall bezogener kritischer Wert von der Doppelschichtdicke überschritten, so wird allerdings der Wassertransport wieder behindert.

Bei Ziegeln und anderen Baustoffen des Bestandsmauerwerkes besteht ein unregelmäßiges Kapillarsystem mit unterschiedlichem Radius und Geometrie der Poren. Die gesamten wissenschaftlichen Theorien gehen jedoch von der Annahme aus, dass zylindrisch gerade und im Durchmesser gleichbleibende Kapillare als Grundlage der Gesetzmäßigkeit vorhanden sind. Diese Vereinfachung ist sicher aus bauphysikalischer Sicht unzulässig und besitzt daher nur Modellcharakter. Welche Auswirkung diese vereinfachte Darstellung von tatsächlich kompliziert vorhandenen Porenstrukturen im Baukörper auf die bisherigen wissenschaftlichen Aussagen haben, ist unbekannt und kann mit Blick auf den Stand der Wissenschaften nicht zweifelsfrei eingeschätzt werden.

Diesem unbefriedigenden Zustand gesellt sich die Tatsache hinzu, dass die Porengeometrie im Mauerwerk von Ziegel zu Ziegel und von Mörtelfuge zu Mörtelfuge erheblich abweichen kann. Der Umstand wäre u.a. eine mögliche Erklärung, warum Entfeuchtungsanlagen an einem Objekt in gewissem Umfang funktionieren und bei gleichem Aufbau der Anlage an anderen Objekten keine Veränderung der Feuchtebelastung verursachen. Ein direkter Zusammenhang zwischen der

Porosität des Baustoffes und des elektroosmotischen Wassertransportes kann allerdings als nachgewiesen gelten.

Ein weiteres Problem zuzüglich zur Porengeometrie, der zu berücksichtigenden Salzbelastung im Mauerwerk und dem notwendig vorhandenen Durchfeuchtungsgrad in den Kapillaren, ist das von der Polarität der Doppelschicht abhängige Zeta-Potenzial. Das Zeta-Potenzial bestimmt bzw. beeinflusst die Richtung und die Stärke des Wassertransportes in der Kapillare.

Zu der ohnehin komplizierten Gesamtproblematik sind die Auswirkungen der elektroosmotischen Permeabilität auf den Wassertransport in Bestandsmauerwerk noch weitestgehend unerforscht. Welche Auswirkungen diese hier zu erwartenden Forschungsergebnisse auf die Erfolgsaussichten der Weiterentwicklung von elektrophysikalischen Verfahren haben, bleibt abzuwarten.

Schlussendlich ist die wissenschaftliche Grundlage der elektroosmotischen Vorgänge im Mauerwerk bis zum heutigen Tag nicht ausreichend erforscht. Dies gilt nicht nur für die Randbedingungen beim Einbau der elektroosmotischen Anlagen. Auch die Einflüsse der Veränderungen im Mauerwerk während des Nutzungszeitraumes der Anlagen sind weitestgehend unbekannt. Ob „außerhalb“ der Elektroosmose der Weg zur Ausnutzung der Potenzialtheorien im Mauerwerk für Entfeuchtungsverfahren erfolgsversprechender ist, bleibt abzuwarten.

8.3.4 Passive elektroosmotische Verfahren

Das grundlegende Wirkprinzip der passiven Anlagen ist, dass zwei Elektroden ohne eine Fremdspannung ins Mauerwerk eingesetzt werden, die das vorhandene Potential im Mauerwerk „kurzschließen" sollen. Das elektrische Potenzial entsteht, wenn Wasser durch einen porösen Festkörper wie das Mauerwerk bzw. dessen Kapillaren strömt. Durch den Kurzschluss soll erreicht werden, dass in dem zwischen den beiden Ebenen der Elektroden liegender Mauerwerkskörper keine Potenzialdifferenzen und damit auch keine Wassertransporte mehr stattfinden.

Grundsätzlich handelt es sich bei dem elektroosmotischen Verfahren um ein Sperrsystem, welche aus einer oberen Sperrebene und einer unteren Sperrebene bzw. dem Erder gebildet wird. Die definierte Abdichtungsebene ist die untere Sperrebene (Kathode). Die übereinanderliegenden Sperrebenen bestehen aus horizontal ins Mauerwerk eingebaute Elektroden. Durch eine Verbindungsleitung zwischen der Sperrebene und dem Erder oder zwischen der oberen mit der unteren Sperrebene erfolgt der Kurzschluss. Entscheidend für die Funktion der Anlage ist die Feldstärke zwischen den Sperrebenen oder der Sperrebene mit dem Erder.

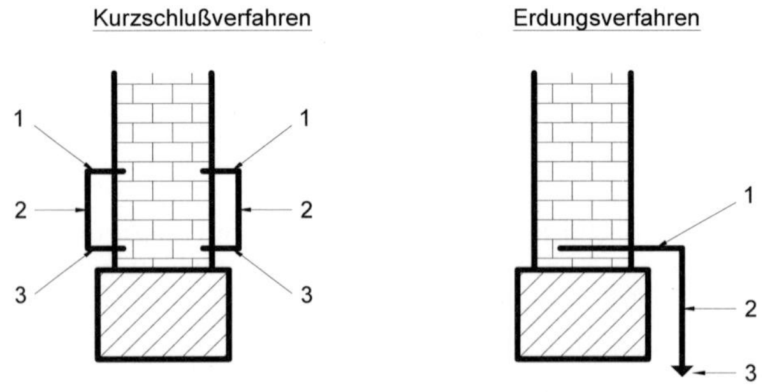

1- obere Sperrebene (Elektrode)
2- Kurzschlussleitung
3- untere Sperrebene (Elektrode)

1- Elektrode
2- Kurzschlussleitung
3- Erder

Bild **8.**14
Prinzipskizze der passiven Anlagen

Das ***Erdungsverfahren*** ist durch miteinander verbundene, im Mauerwerk eingemörtelte Elektroden ohne angelegte Fremdspannung gekennzeichnet. Nach früheren Erfahrungen sollte ein Leitersystem auf einen ca. 3 bis 5 m^2 großen Mauerwerksquerschnitt in die Wand eingebaut und geerdet werden. Die zu wählende Einbauhöhe war so zu wählen, dass die Zone der aufsteigenden Feuchtigkeit erfasst und die möglichen Feuchtebrücken vermieden wurden.

Im Allgemeinen waren im Bereich der Außenwände Einbauhöhen von 30 bis 40 cm über Gelände üblich. Die Elektroden wurden in einem Abstand von 250 mm horizontal ins Mauerwerk eingebaut. Der Kurzschlussleiter war bis zu der Oberkante Gelände vom Mauerwerk isoliert einzubauen.

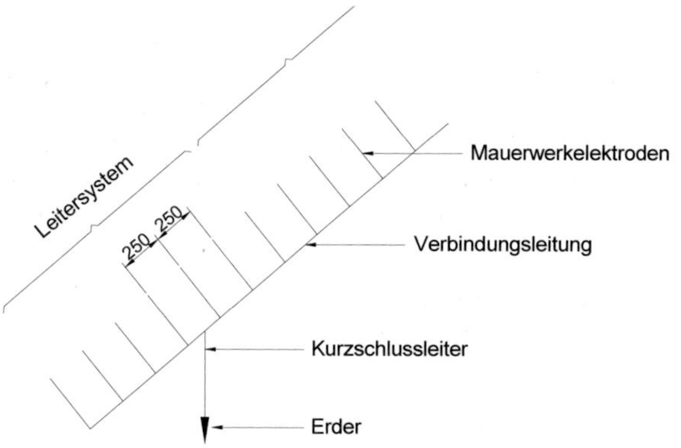

Bild **8.**15
Prinzipskizze des Erdungsverfahrens

Die außen oder innenliegenden Elektroden sollen die im Mauerwerk, sich durch den kapillaren Wassertransport aufbauenden elektrischen Potenziale „kurzschließen". Da sich aber Chloride und andere Salze im Bestandsmauerwerk befinden werden die Elektroden einer erheblichen Korrosion ausgesetzt.

Das ***galvanische Verfahren*** gilt als Sonderfall der passiven Verfahren und ist als „Engelsdorfer Verfahren" bekannt. Es zielt durch die Erzeugung eines galvanischen Elementes auf einen Aufbau eines elektrischen Potenziales ab, welches dem kapillaren Wassertransport entgegenwirken soll. Die Anlage besteht aus zwei unterschiedlichen metallischen Elektroden, entsprechend der bekannten elektrochemischen Spannungsreihe der Metalle und wird im feuchten Mauerwerksbereich in einem gewissen Abstand eingebaut.

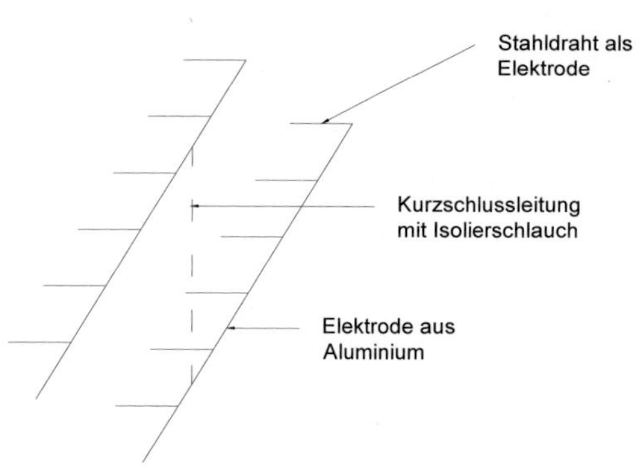

Bild **8.**16
Prinzipskizze des „Engelsdorfer Verfahrens"

Elektroosmotisch wird der, aus der Spannungsreihe der unterschiedlichen Metalle sich ergebende Potenzialunterschied wirksam. Bei diesem Verfahren wird keine Erdung benötigt.

Das Verfahren als Zweiebenensperre war in zwei unterschiedlichen Varianten einbaubar. Bei der ersten Variante (Bild 8.3.4-3) sind die Sperrebenen durchlaufend. Bei der zweiten Einbaumöglichkeit ist die untere Sperrebene nur durch Einzelelektroden mit einem Abstand von ca. 1000 mm hergestellt.

Bei der Einbauhöhe der oberen Elektrode ist zu berücksichtigen, dass der sich einstellende und verbleibende Feuchtehorizont im Mauerwerk bis zu dieser Elektrode heranreicht. Die Elektrode ist unterhalb der Kellerdecke oder im Bereich der Widerlager bei gewölbte Decken einzubauen. Die Höhendifferenz zwischen der oberen und der unteren Elektrode sollte ca. 300 mm betragen. Vorzugsweise ist das Sperrsystem von außen installiert.

Als Elektroden werden im oberen Bereich ein geglühter 5 mm dicker Stahldraht und im unteren Bereich ein 5 mm dicker, hoch vergüteter Aluminiumdraht vorgesehen. Auch bei diesem Verfahren ist Metallkorrosion ein Grundsatzproblem, zumal wenn der Chlorid-Gehalt über 0,02 % im Mauerwerk vorhanden ist. Bei diesem Salzgehalt sind dann sogenannte Sonderlösungen vorgeschlagen worden. Dabei handelte es sich um den Materialwechsel vom Aluminium- zum Kupferdraht, was aber das Problem nicht grundsätzlich beseitigte.

Beim (passiven) ***Ladungskompensationsverfahren*** werden Dipole ins Mauerwerk eingebaut, damit das im Mauerwerk bestehende elektrische Feld beseitigt oder zumindest erheblich reduziert wird. Damit soll der elektroosmotische Wassertransport vermieden werden.

Das passive Verfahren wurde hauptsächlich in der ehemaligen DDR in den 70iger Jahre entwickelt und bereits in den 90er- Jahren wegen ihrer nicht dauerhaften Funktion wieder verworfen. Die entstehende, anfänglich vielfach bestätigte Abtrocknung des Mauerwerkes war nur kurzzeitig aufrecht zu erhalten. Funktionstüchtige Anlagen sind in den letzten Jahrzehnten unbekannt. Nur bei neuen Sanierungsvorhaben sind vereinzelt zerstörte und unbrauchbare Anlagen anzutreffen.

Bild **8**.17
Verrostete Elektroden im Kellermauerwerk

Der Hauptgrund des Versagens der theoretisch machbar erscheinenden Variante der Bauwerkstrockenlegung ist vor allem im baupraktischen Bereich angesiedelt. Infolge der sich aufbauenden elektrochemischen Potenziale zwischen den aus Metall hergestellten Elektroden und dem feuchten mit Salz belasteten Mauerwerk bildet sich ein galvanisches Element. Durch die elektrogalvanischen Einflüsse im Mauerwerk werden dann die Oberflächen der teilweise blanken Metalldrähte zeitnah angegriffen. Das Ergebnis ist eine geminderte Leitfähigkeit, die zu Funktionseinschränkungen der Anlage führt, ehe durch die elektrogalvanischen Prozesse die Elektroden vollständig zerstört werden.

In einzelne Schriften wird davon ausgegangen, dass die vorhandenen Potenziale im Mauerwerk nicht für den kapillaren Wasseranstieg Ursache, sondern Auswirkung ist. Es soll sich hierbei nur um eine verdrehte geschäftsfördernde Auslegung zwischen Ursache und Wirkung bei den passiven Verfahren handeln[68]. Diese Darstellung wird durch Untersuchungen in Österreich, der damaligen DDR und in Tschechien teilweise gedeckt. Das der Wassertransport durch die im feuchten Mauerwerk befindlichen Potenziale gefördert wird, kann allerdings als gegeben eingestuft werden.

Schlussendlich sind die Anlagen und Konstruktionen der Mauerwerksentfeuchtung auf der Grundlage der passiven Elektroosmose nicht zum Stand der Bautechnik zu zählen, da die Funktionstüchtigkeit nur kurzzeitig und ohne signifikante Wirkung festzustellen ist. Eine Berücksichtigung dieses Verfahren in der Planung und Ausführung bei Bauwerksinstandsetzungen muss aus ingenieurtechnischer Sicht unterbleiben. Es sind auch keine Untersuchungen auf diesem Gebiet bekannt, die in absehbarer Zeit zu neuen elektrophysikalischen Erkenntnissen führen werden und eine andere Einschätzung zulassen.

8.3.5 Aktive elektroosmotische Verfahren

Die aktive Elektroosmose ist im Gegensatz zur passiven Elektroosmose grundsätzlich gekennzeichnet durch das Anlegen einer elektrischen Fremdspannung von ca. 1- bis max. 60 V am Mauerwerk mittels eines Elektrodensystems. Sie stellt zweifelsfrei die wissenschaftlich theoretische Lehrmeinung der anerkannten Physik dar.

Die Grundidee bei dem elektroosmotischen Verfahren besteht darin, dass das im Mauerwerk befindliche Kapillarwasser durch das Anlegen einer bestimmten Fremdspannung künstlich zu einer Bewegung in Richtung Kathode gezwungen wird. Daher ist im oberen Wandbereich eine Anode und im unteren Wandbereich oder direkt im Erdreich eine entsprechende Kathode eingebaut.

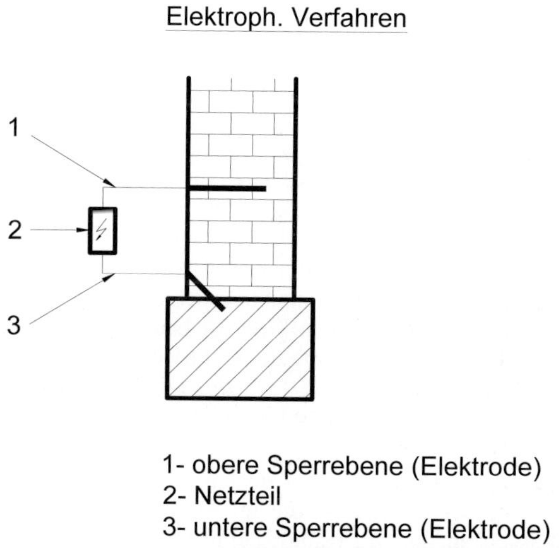

Bild **8**.18
Prinzipskizze der aktiven Anlagen

Durch das Steuergerät wird an die stab,- netz,- oder gitterförmige Anode, welche ins Mauerwerk eingebaut ist, eine positive Gleichspannung als Fremdspannung angelegt. Diese Gleichspannung soll einen Ionen- und Wassertransport dahingehend bewirken, dass die positiv geladenen Teilchen sich zur Kathode und die negativ geladenen Teilchen zur Anode zielgerichtet bewegen.

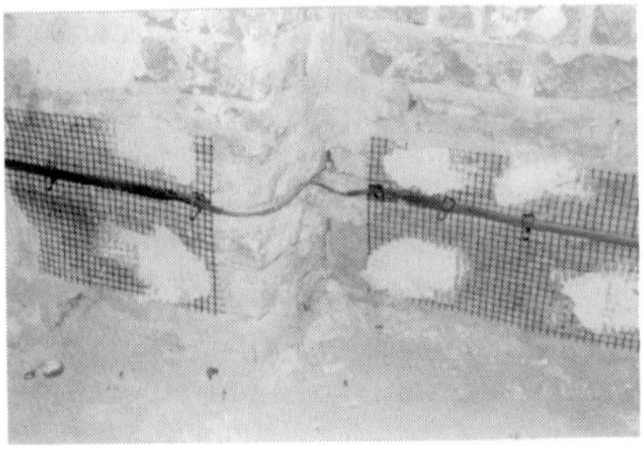

Bild **8**.19
Eingebaute Gitterelektrode

Um einen elektroosmotischen Wassertransport zur Kathode zu erreichen, ist allerdings die Voraussetzung notwendig, dass die aufgebaute elektroosmotische Kraft stärker als die vorhandenen Kapillarkräfte im Mauerwerk wirkt. Diese Grundlage der reinen elektroosmotischen Wirkungsweise ist nach jetzigen wissenschaftlichen Erkenntnissen noch nicht bezüglich der notwendigen Spannungen und Feldstärken ausdiskutiert. Nach Venzmer ist je nach eingesetztem Baustoff eine Mindestfeldstärke (Spannung bezogen auf den Elektrodenabstand) von ca. 20-50 Volt pro Meter für einen nennenswerten elektroosmotische Wassertransport notwendig. Daraus folgt, dass die teilweise mit sehr geringer Spannung und großen Elektrodenabständen arbeitenden elektroosmotischen Anlagen nicht signifikante Ergebnisse erzielen können [78].

Nach Balak u. Pech ist die Funktion eines elektrophysikalischen Verfahrens vom Stromübergang (mA) zwischen der Anode und Mauerwerk und nicht die Spannung (V) wesentlich. Der Anfangsstrom ist mit ca. 5- 10 mA pro m Elektrode angegeben, wobei die Höhe von der Dicke und Zusammensetzung der Wand sowie vom Salz- und Durchfeuchtungsgrad abhängig ist [77].

Damit der notwendige Stromfluss und eine Ladungstrennung im Mauerwerk erreicht wird ist fast grundsätzlich eine Spannung von weit über 1,23 V anzusetzen. Eine sich einstellende Elektrolyse im Mauerwerk ist dann nicht mehr auszuschließen, wobei die baupraktischen Auswirkungen auf die Abdichtung bzw. Entfeuchtung noch zu untersuchen sind [77].

Bei einer Einhaltung der für den jeweiligen Baustoff erforderlichen Mindestfeldstärke und ausreichendem Stromfluss sowie einem ausreichenden Durchfeuchtungsgrad, der nach jetziger Erkenntnis nicht unter 40 % liegt, scheint eine Abdichtung von Mauerwerk auf elektroosmotischen Wirkprinzipien zumindest in Grenzen möglich. Allerdings sind die notwendigen Randbedingungen und grundsätzlich vorhandenen Einflussfaktoren in der Praxis auf die elektroosmotischen Effekte noch nicht ausreichend bekannt. Die vorliegenden Ergebnisse aus Versuchen unter Laborbedingungen können zweifelsfrei nicht auf die Praxis unverändert übertragen werden.

Der bekannte Nachteil der auf der Basis der Elektroosmose aufbauenden Anlagen ist, dass zumeist durch die teilweise hohen Spannungen Salzwanderungen im Mauerwerk mit oder alleinig stattfinden. Zudem verbleibt nach theoretischen Untersuchungen [78] ein Durchfeuchtungsgrad von ca. 40 %, da durch den Austrocknungseffekt zur Überwindung des elektrischen Widerstandes sehr hohe Spannungen notwendig werden und vermutlich bei ca. 35 % des DFG eine Wasserbewegung zur Kathode endet. Eine weitere Absenkung der Feuchte bis in den Bereich der Sorptionsfeuchte erscheint mittels der Elektroosmose nicht möglich.

Problematisch bei dem Verfahren ist zudem das Verhalten der im Bestandsmauerwerk befindlichen Salze. Bei der Anlegung einer Spannung werden zuerst die im Medium gelösten Salze transportiert, ehe der gewollte merkliche Wassertransport zur Kathode eintritt.

Bei anderen Anlagen, an denen die am Mauerwerk angelegten Spannungen um die 20 Volt betragen, kann ein Wassertransport im Sinne der Elektroosmose nicht erreicht werden. Das Ziel dieser Entfeuchtungsanlagen soll eine positive Veränderung des Potenzials im Mauerwerk bewirken, womit der kapillar aufsteigende Wassertransport unterbunden werden soll. Die oberen Mauerwerksschichten können dann nach der Theorie austrocknen. Die mögliche Absenkung des Durchfeuchtungsgrades soll bis 20 % betragen. Eine wissenschaftlich sichere Beweisführung und eine allgemeingültige Theorie zu diesem vermuteten Wirkprinzip ist noch nicht vorhanden.

Lediglich im Ergebnis eines Forschungsvorhabens [57, 71] wurde bestätigt, dass elektrophysikalische Verfahren kapillare Wassertransporte reduzieren bzw. unterbinden können. Sollte sich diese Erkenntnis durch die Praxis und weiterer notwendiger Laborversuche bestätigen, wäre dies ein erfolgversprechender Weg. Hingegen wird eine Bewegung von Kapillarwasser zur Kathode baupraktisch ausgeschlossen.

In Österreich wurde ab ca. 1986 eine „Kerasan- Anlage“ entwickelte. Sie beruhte ebenfalls auf dem anerkannten Prinzip der elektrokinetischen Verfahren und hatte damit auch systembedingt die gleichen Probleme der Materialkorrosion an der Anode. Die Materialprobleme sollen nach Herstellerangaben seit 1997 gelöst sein [76].

Die jetzigen typischen „Kerasan-Anlagen“ zur Mauerwerksentfeuchtung werden mit einer Betriebsspannung von ca. 7 bis 12 Volt Gleichstrom betrieben. Das Ziel der Kerasan- Entfeuchtungsanlage ist nach Aussage der Entwickler, durch eine angelegte geringe Fremdspannung die Kapillarkräfte bezüglich aufsteigender Feuchtigkeit im Mauerwerk mittels Potenzialveränderungen zu neutralisieren. Damit soll ein weiterer Wassertransport im Mauerwerk verhindert werden und es kann eine Austrocknung der Wände über Diffusion erfolgen.

Das genannte Wirkprinzip ist bei strenger Auslegung der Definition nicht die klassische Elektroosmose mit einem gezielten Wassertransport zur Kathode, obwohl eine Fremdspannung angelegt wird. Insofern ist die geringere Betriebsspannung der sonst notwendigen höheren Spannungen bei elektroosmotischen Anlagen für die Funktionstüchtigkeit ausreichend. Die tatsächlich sich abspielenden elektrophysikalischen Prozesse in den Kapillaren sind noch weitestgehend unerforscht, so dass ein allgemeinverbindlich wissenschaftlich nachgewiesenes Wirkprinzip laut Hersteller noch nicht existiert.

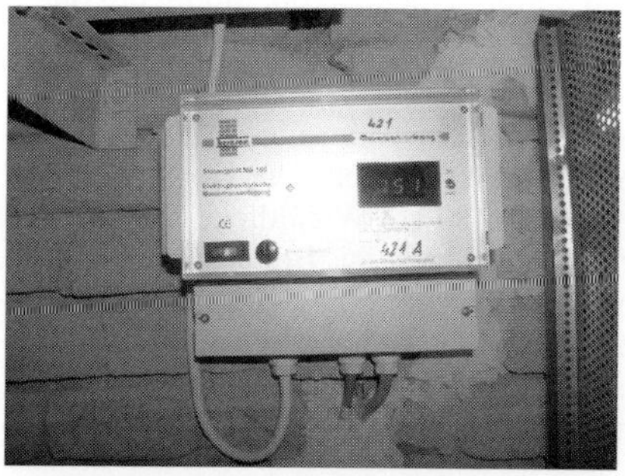

Bild **8**.20
Steuergerät einer Kerasan-Anlage

Die Anlage ist bezüglich der notwendigen Spannung und des Stromflusses in der gesamten Betriebsphase auf Grundlage der örtlich vorzufindenden Gegebenheiten veränderlich einzustellen. Der Stromfluss wird geringer, je höher der Widerstand im Mauerwerk durch Austrocknung sich einstellt. Dieser Zusammenhang wird gleichzeitig zur Bestätigung des Austrocknungseffektes und der Funktionstüchtigkeit der Anlage herangezogen.

Allerdings ist die Verwertbarkeit der so gewonnen Daten nur unter der Prämisse möglich, dass die Elektroden auch voll funktionstüchtig sind und der Kontakt zwischen Elektroden und Wand abgesichert ist. Die Voraussetzung des ungehinderten Stromflusses zu den Elektroden kann durch Messungen in den zugänglichen Klemm- und Verbindungsdosen jeder Zeit erfolgen. Zugleich sind die Kontaktstellen zwischen Elektrode und Wand zyklisch zu kontrollieren.

Bild **8**.21
Kontaktdosen der Kerasan- Anlage

Die Funktionssicherheit der Entfeuchtungsanlage kann durch einen notwendigen Wartungsplan erheblich beeinflusst werden. Wird eine fachgerechte zyklische Wartung der Anlagen vorgenommen und werden die möglichen sich einstellenden Kontaktprobleme der Elektroden im Mauerwerk immer zeitnah beseitig, so ist laut Herstellerangaben von eine langjährigen Funktion der Entfeuchtungsanlage auszugehen.

Bild **8**.22
Defekter Kontakt durch Ablösung vom Mörtel um die Elektroden zum Mauerwerk

Diese Anlagen sollten jedoch derzeit nur dann zum Einsatz kommen, wenn die örtlichen Gegebenheiten am Objekt keine traditionellen Trockenlegungsverfahren zulassen. Die Kosten für den Einbau der Anlagen werden dahingehend eingeschätzt, dass ab ca. 80 cm Wanddicke das elektrophysikalische Verfahren erheblich preiswerter als die übrigen Verfahren ist. Bei geringen Wandstärken bis ca. 40 cm sind die mechanischen bzw. chemischen Verfahren kostengünstiger. Die nicht zu Anfang gleich einzuschätzenden Kostenaufwendungen für die späteren Wartungsarbeiten im Betriebszeitraum sind allerdings mit in Objekt spezifischer Höhe den Einbaukosten zuzurechnen. Somit kann die Aufhebung des anfänglichen Kostenvorteils gegenüber den übrigen Verfahren erfolgen.

Der erfolgversprechende Einsatz der elektroosmotischen Anlagen dürfte sich mengenmäßig nur im Einzelfall darstellen lassen. Die örtlichen Gegebenheiten, die Sicherheitsbedenken und der Stromverbrauch sind hierbei von maßgeblicher Bedeutung.

Wenn eine elektrophysikalische Anlage geplant werden soll, muss eine exakte Voruntersuchung über die vorhandenen örtlichen Gegebenheiten erfolgen. Auf dieser Grundlage ist ein Montageplan zu erstellen, in der die Lage, Art und das Material der Elektroden vorgegeben wird. Außerdem sind folgende derzeit bekannten Randbedingungen bei der Planung und Ausführung zu beachten:

- Die durch Sachkundige ermittelte, notwendige und ausreichende Strom- und Feldstärke ist an jeder Stelle der Leitung durch Konstruktion und Material sicher zu stellen
- Eine hohe Dielektrizitätskonstante der Flüssigkeit
- Der vorhandene ph- Wert um 8 ist zu überprüfen
- Geringe Salzbelastung (Chloride < 0,10 M- %; Sulfate < 0,25 M- %; Nitrate < 0,15 M- %)
- Das Zeta- Potenzial der Baustoffe muss negativ sein
- Kein Vorhandensein von aufstauendem Sicker- oder Schichtenwasser bzw. Grundwasser im vorliegenden Baugrund
- Feste Vermörtelung der korrosionssicheren Elektroden mit dem Mauerwerk
- Isolierung der Kontaktstellen mit geeigneten Materialien zur Vermeidung von salzbelasteter Feuchtigkeit
- Nur Anlagen berücksichtigen, die zugängliche Kontaktdosen zur späteren Wartung einbauen
- Aufbringen von Wandputzen ist zu vermeiden
- Stromversorgung ist regelbar oder selbstregelnd zu gestalten
- Gute Luftumwälzung nach Einbau der Anlage in den unmittelbaren angrenzenden Räumen ist abzusichern
- Kriechströme von vorhandenen elektrischen Anlagen sind zu unterbinden
- Vorhandensein von homogenem Mauerwerk, ohne störende nicht isolierte Leiter (Stahlträger, Rohre usw.)
- Nur elektrophysikalisch vertretbare Elektrodenabstände sind zu berücksichtigen

Für die Minimierung des Risikos bezüglich des Versagens der Anlage kommen als zu beachtende Faktoren hinzu:

- Die Erstellung einer Bauwerksanalyse von einem ausgebildeten und nachgewiesenen Fachmann (z.B. quantitative Salzanalyse, Messung der Potenziale im Mauerwerk).
- Die Erstellung eines Revisionsplanes über den Verlauf der eingebauten Elektroden und Verteilerdosen zuzüglich zum Montageplan.
- Der Einbau der Anlage von einer ausgebildeten und nachgewiesenen Fachfirma auf dem Spezialgebiet.
- Die Kennzeichnung der Anode und der Kathode auch für Laien erkennbar.
- Die notwendige Wartung der Anlage in einem Wartungsplan (z.B. Überprüfung der schadensfreien Verbindung zwischen Elektrode und Mauerwerk)
- Grundsätzliche Überprüfung der Funktionsfähigkeit der Anlage durch Potenzialmessung im Mauerwerk (min. 2x im Jahr), wobei jeweils eine Messreihe im ein- und ausgeschalteten Zustand der Anlage erfolgen muss. Sind signifikante Unterschiede in den Messreihen nicht erkennbar ist die Funktionssicherheit der Anlage zu überprüfen.

Bild **8**.23
Funktion einer elektophysikalischen Anlage überprüfen

Fazit

Die mit Fremdspannungen und nach anerkannten elektrophysikalischem Wirkprinzipien arbeitenden Anlagen haben eine Berechtigung im Einzelfall unter sehr eingegrenzten Bedingungen bei der Bauwerksentfeuchtung eingesetzt zu werden.

Die Mindestfeldstärke von ca. 20 – 50 Volt pro Meter und ein Durchfeuchtungsgrad von über 40 % sind als Rahmenbedingung bei auf der Basis der Elektroosmose arbeitenden Anlagen einzuhalten. Zudem hat die Art und die Konzentration der Salze im Porenwasser einen erheblichen Einfluss auf den mengenmäßig erzielbaren Wassertransport. Bei dem Vorhandensein von Caliumnitrat ist auch mit einem gewissen Wassertransport zur Anode zu rechnen [78].

Nach jetzigen Erkenntnissen ist eine Austrocknung des Mauerwerkes bis zur Sorptionsfeuchte im Einzelfall mittels elektroosmotischer Wirkprinzipien nicht möglich, da bei einem erreichten Durchfeuchtungsgrad von ca. 30 – 45 % die jetzigen auf dem Markt befindlichen Anlagen in der Funktion beeinträchtigt werden oder ganz versagen. Bei diesem Durchfeuchtungsgrad ist jedoch die Feuchtebelastung des Mauerwerkes im Einzelfall noch derart hoch, dass die betreffenden Räume kaum für eine hochwertige Nutzung geeignet sind. Insofern ist zumindest nicht davon auszugehen, dass die Anlagen als Alternative zu einer fehlenden Abdichtung ernsthaft in Betracht kommen.

Ob die Anlagen mit bis zu 10 Volt Betriebsspannung mit dem gewollten Wirkprinzip der Beeinflussung des Mauerwerkpotenziales sich wissenschaftlich und vor allem allgemeingültig erklären lassen und sich in der Langzeiterfahrung bewähren, kann noch nicht abschließend eingeschätzt werden.

Vorerst sind die Anlagen mit einer gewollten Potenzialbeeinflussung und ebenso die elektroosmotisch wirksamen Anlagen von über 40 Volt Betriebsspannung nicht zum Stand der Technik bei der Bauwerksentfeuchtung einzustufen, da allgemeingültige Einbauvoraussetzungen bzw. Randbedingungen für eine störungsfreie Funktion noch fehlen und genügend positive Langzeiterfahrungen nicht vorliegen.

Um den Stand der Bautechnik zu erlangen, bedarf es noch umfangreicher Untersuchungen auf theoretischem und baupraktischem Gebiet. Mit alleinigen praxisnahen Untersuchungen von hauptsächlich praktisch ausgerichteten Anbietern wird ein allgemeingültiges Wissen über die Anlagen kaum erreichbar sein. Es bedarf parallel einer Prüfung unter „genormten“ Bedingungen des Labors, um den elektrophysikalischen Anlagen den Durchbruch zu verschaffen oder diesen entgültig den Misserfolg zu attestieren.

Sind die derzeit noch bestehenden Probleme der Kenntnisse über Einsatzdingungen, der Materialbeschaffenheit und der Effektivität der Anlagen mit zumindest näherungsweisen elektroosmotischen Effekten abgeklärt, so würde dem Planer und Bauausführenden eine Technologie zur Entfeuchtung zur Verfügung stehen, welche keine statischen und irreversiblen Eingriffe in die Bausubstanz beim Einbau erfordern. Zudem sind die zu erwartenden Kosten des Einbaues und der Betreibung der Anlagen gegenüber der herkömmlichen Verfahren bei Wanddicken über 80 cm als geringer einzuschätzen. Der Effekt der positiven Einflussnahme auf die Kostenentwicklung in der Bausanierung verhält sich erwartungsgemäß proportional zur betreffenden Mauerwerksdicke.

Mit der Planung und Ausführung der Anlagen sollte allerdings zwingend ein Sachkundiger beauftragt werden. Ein Architekt oder Bauingenieur dürfte üblicherweise bei der Behandlung elektrophysikalischer, elektrochemischer und bauchemischer Problemstellungen überfordert sein. Nur durch eine fachliche Abwägung der Erfolgsaussichten im Einzelfall sowie fachlicher Begleitung eines neutralen Sachkundigen auf diesem Gebiet ist das ansonsten sehr hohe Versagensrisiko der Anlagen überschaubar zu gestalten.

Wird sich letztendlich für den Einsatz der Anlagen ausgesprochen, sind die späteren, relativ hohen einzuplanenden Wartungskosten schon bei der Ausschreibung zu berücksichtigen [71]. Die Vorteile liegen darin, dass der Anbieter als ausgewiesener Sachkundiger die Anlage im gesamten

Wartungszeitraum betreut und dem Bauherrn von Anfang an die Gesamtkosten für Einbau und Wartung der speziellen Anlage bekannt sind. Nur dadurch ist abzusichern, dass der kostengünstigste Anbieter im Einbau- u. Wartungszeitraum gefunden wird, welcher zugleich die Anlage in seinen Vorzügen und Schwachstellen kennt.

8.4 Elektrochemische Verfahren

Es würde den Rahmen des Buches sprengen, sich ernsthaft über das spezielle Gebiet der Mauerwerksentsalzung zu äußern und zudem den Anspruch der Vollständigkeit zu erheben. Daher wird diesbezüglich nur auf die umfangreiche Fachliteratur verwiesen. Dass die nachfolgenden Entsalzungsverfahren trotzdem überschläglich behandelt werden, ist darin begründet, dass diese stellenweise immer noch im Blickwinkel der Elektroosmose betrachtet werden.

8.4.1 Vorbemerkung

Die sogenannte Mauerwerksentsalzung ist eigentlich aus baupraktischer Sicht eine Salzreduzierung. Eine Salzentfernung ist nur durch den Abbruch der salzbelasteten Mauerwerksteile oder des Putzes möglich. Bei der Entfernung des vorhandenen Putzes handelt es sich dabei letztendlich um eine Salzreduzierung, da das Mauerwerk weiterhin salzbelastet bleibt und nur die im Putz befindlichen Salze entfernt werden. Diese Maßnahme reicht jedoch in den überwiegenden Fällen bereits als Grundlage für eine weitere fachgerechte Sanierung aus.

Die Salzreduzierung im Mauerwerk ist mit folgenden derzeitig in der Sanierung angewandten Verfahren möglich:

- Elektrochemische Verfahren (Kerasan- und ETB- Verfahren)
- Kompressenverfahren (Durch Auflegen von saugfähigen Materialien wird das gelöste Salz abgesaugt)
- Injektionskompressenverfahren (Wie das Kompressenverfahren nur mit zusätzlicher „Bewässerung" der hinteren Mauerwerksschichten)
- Vakuum- Fluid- Verfahren (Durch Vakuum die gelösten Salze absaugen)
- Anwendung von Opferputzen (Entfernung des jeweiligen, mit Salz belasteten Putzes)

Abgesehen von der Salzentfernung und Salzreduzierung ist auch eine Salzumwandlung im Bereich der belasteten Mauerwerksoberflächen möglich. Es handelt sich hierbei um ein chemisches Verfahren, bei welchem die leichtlöslichen Salze Chlorid und Sulfat in schwer lösliche umgewandelt werden. Diese Verfahren sollten wegen ihrer Umweltbelastung und den eingeschränkten Erfolgsaussichten bei keinem Sanierungskonzept berücksichtigt werden.

Die elektrochemischen Verfahren der Salzreduzierung sind durch das Anlegen einer Gleichspannung an das Mauerwerk gekennzeichnet. Ziel ist es, die im Elektrolyt befindlichen Salz-Ionen zu den Elektroden zu transportieren. Dabei sind die oftmals verwendeten Begriffe der Elektroosmose oder des elektroosmotischen Transportes in Bezug auf die Verfahren der Salzreduzierung fehlerhaft. Bei der Elektroosmose werden theoretisch nur in eine Richtung Ionen transportiert. Bei der elektrochemischen Entsalzung werden frei bewegliche, in eine Hydrathülle eingelagerte Ionen an die jeweiligen Elektroden transportiert.

Derzeit sind nur zwei Typen von Entsalzungsanlagen auf dem Markt. Zum einen handelt es sich um das Kerasan-Verfahren und zum anderen um das ETB- Verfahren, welches eine Weiterentwicklung aus dem AET-Verfahren darstellen soll.

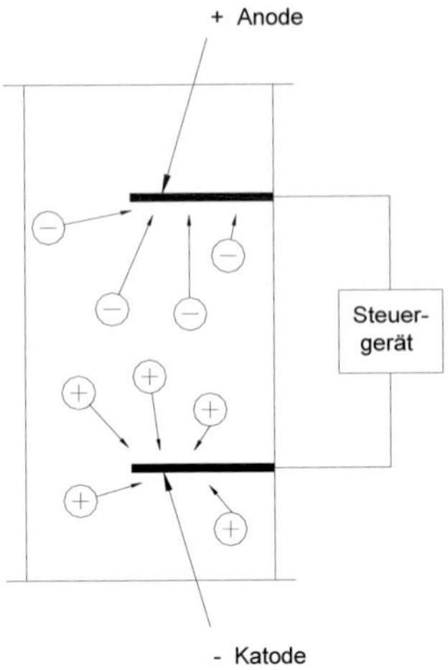

Bild **8.**24
Prinzipskizze der Anlagen zur Salzreduzierung

8

8.4.2 Das AET-Verfahren

Das AET- Verfahren wurde 1987 in der damaligen DDR entwickelt und basiert auf dem Wirkprinzip der Elektromigration. Die Anlage sollte nach ihren Anfangsbuchstaben ein „**a**ktives **E**ntsalzen und **T**rocknen“ bewirken.

Eine Anode wird gegenüber dem Erdpotenzial mit 50 – 60 V gespeist. Die Opferanode aus Eisen oder platinierten Titanelektroden reagiert mit den Salzen aus dem Mauerwerk, so dass eine elektrolytische Lösung entsteht und diese in flüssiger Form an der Anode ausgeschieden und in Behältern aufgefangen wird. Im Umfeld der Anoden reichern sich zudem hohe Konzentrationen von Salz-Ionen ab.

Die Anlagen mit den Eisenelektroden wiesen bei neutraler Untersuchung zwar eine Funktionstüchtigkeit im Sinne der Erfindung auf, aber die Nutzungsdauer und der Entfeuchtungseffekt war äußerst eingeschränkt. Durch weitere Versuche neutraler Institute wurde die prinzipielle Funktion der verbesserten Anlagen mit platinierten Titanelektroden bestätigt, es wird jedoch auch hier der Erfolg der eigentlichen Zielstellung im Sinne von Abtrocknung und Entsalzung bezweifelt.

Das grundsätzliche Problem der Anlagen war das angedachte System selbst, da die Korrosion der Elektroden für den Entsalzungseffekt notwendig war. Durch die Korrosion der Opferanode und deren teilweisen Auflösung in kürzester Zeit setzte sich aber die Anlage infolge des immer mehr reduzierten Kontaktes zum Mauerwerk und des damit ständig geringeren Stromfluss selber außer Betrieb.

Ein erheblicher Wartungsaufwand ist kennzeichnend für die Anlagen, um die Gefahr der Kontaminierung der Wand- und Bodenbereiche u.a. mit flüssigen Eisenchlorid zu vermeiden. Bei ungenügender Sorgfalt der Wartungszyklen ist eine weitere Schadstoffbelastung des Mauerwerks kaum abzuwenden.

Der Einbau der Elektroden im Mauerwerk ist mit einem erheblichen Eingriff in die Bausubstanz verbunden, welcher zu irreversibeln Schäden und kaum hinnehmbaren optischen Veränderungen führt.

Ein weiterer Nachteil der Verfahren ist besonders darin zu sehen, dass die Kathode einer Wasserstoffkorrosion und die Anode einem anodischen Abbau unterliegt. In Abhängigkeit der örtlichen

Gegebenheiten, der verwendeten Materialien der Elektroden und der Spannung kann eine Anlage bereits nach wenigen Monaten durch die Zerstörung der Elektroden funktionslos werden.

Ein messbarer und langjähriger Erfolg bei den eingebauten Anlagen stellte sich allerdings auch durch eine ständige Weiterentwicklung im Rahmen des Möglichen und weiteren Abänderung nicht ein. Deshalb wurde das System trotz seiner physikalisch anerkannten Grundprinzipien aus Gründen der fehlenden baupraktischen Brauchbarkeit vor ca. 15 Jahren verworfen.

8.4.3 ETB-Verfahren

Die Misserfolge im AET-Verfahren beachtend, wurde eine Weiterentwicklung des ansonsten wissenschaftlich unbestrittenen Wirkprinzips der Elektromigration durch einzelne Techniker betrieben. Um den neuen Anlagentyp auch nach außen sichtbar zu machen, wurde aus dem AET- ein ETB- Verfahren. Bis 2000 sollten 180 Anlagen installiert worden sein. Die Buchstaben ETB stehen für die Zielstellung der Anlage: Entsalzung, Trocknung und Bausanierung

Die Anode wurde nach Angaben des Erfinders [89] gegenüber dem früheren Verfahren mit einem korrosionsstabilen säureresistenten Material hergestellt, so dass die Nachteile der Eisenelektrode aus dem früheren Verfahren entfiel.

Die stabförmigen aber auch gitterförmigen Elektroden werden nach dem System der Einzelverdrahtung zum Stromversorgungsgerät mit 60 V Gleichstrom versorgt. In dem Stromversorgungsgerät ist eine Messschnittstelle integriert, so dass eine ständige Überwachung und eine automatische Stromregulierung erfolgen kann. Damit wird der Inhomogenität von Bestandsmauerwerk und der sich verändernden Bedingungen in der Phase der Salzreduzierung besser Rechnung getragen.

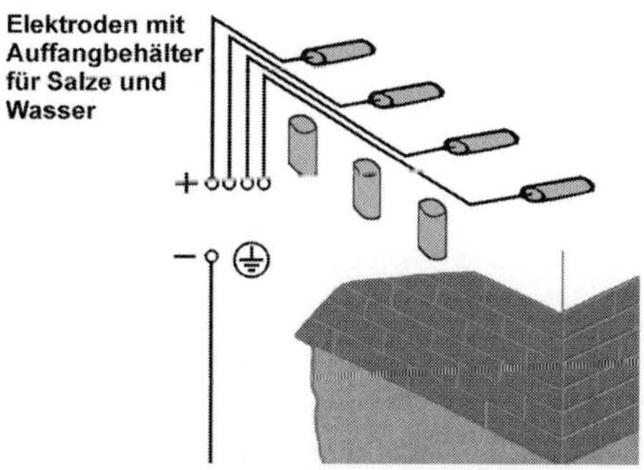

Bild 8.25
Skizzierte Darstellungen des ETB-Verfahrens [90]

Bild 8.26
Anode einer ETB- Anlage [90]

Die hauptsächlich in altem Mauerwerk vorhandenen Chloride, Sulfate und gegebenenfalls Nitrate als Anionen wandern zur Anode. Die Kationen werden zur Kathode transportiert. Durch die Hydrathülle der Ionen wird abhängig von der Größe gleichzeitig Wasser zu den Elektroden transportiert. Da Kationen gegenüber Anionen über eine größere Hydrathülle verfügen, wird demnach auch mehr Wasser zu der Kathode transportiert.

Durch den Materialwechsel vom Eisenstab beim AET- Verfahren zum korrosionsbeständigen Material der Elektroden beim ETB- Verfahren sind zwei Elektrodenreaktionen möglich. Zum einen wird das Chlorid zum elementaren Chlor umgewandelt bzw. es erfolgt eine Umsetzung von Hydroxidionen zu Sauerstoff und Wasser.

Sulfat und Nitrate können nicht entladen werden, so dass sie sich im Bereich der Elektrode ablagern, mit dem im Mauerwerk befindlichen Kalk chemisch reagieren und dann mit dem Wasser ausgetragen werden. Im Bereich der Kathode ist nur die Entladung von Wasserstoffionen möglich, wodurch es zur Bildung von Hydroxiden kommt.

Die von dem Vertrieb der ETB- Anlagen angestrebten Minimalwerte der Sanierungsergebnisse wurden wie folgt angegeben [90]:

Wassergehalt:	$\Leftarrow$	4,0	M- %
Chlorid:	$\Leftarrow$	0,1	M- %
Sulfat:	$\Leftarrow$	0,8	M- %
Nitrat:	$\Leftarrow$	0,15	M- %

8

Die Anlage sollte auch als alleinige Feuchtigkeitssperre nach einer erfolgreichen Entsalzung und Entfeuchtung im Mauerwerk einsetzbar sein. Leider wird aber die dafür nötige Betriebsspannungen zur Aufrechterhaltung des notwendigen elektrischen Feldes aus der Praxis nicht benannt. In den entsprechenden Patenten sind zulässige Schutzspannungen von 60 Volt beschrieben.

Ein erheblicher Nachteil ist der intensive Eingriff in das Mauerwerk, welcher teilweise wie beim mechanischen Verfahren nach wie vor irreversibel ist.

8.4.4 Kerasan-Verfahren

Die in Österreich ab 1989 entwickelte Anlage beruht nach Angaben der Erfinder auf dem anerkannten Prinzip der elektrokinetischen Verfahren. Durch die üblicherweise verwendeten Anoden der Salzreduzierungsanlagen war allerdings das gleiche Problem der Materialkorrosion systembedingt anzutreffen, was zu einem ständigen Versagen der Anlagen führte.

Bild **8**.27
Prinzipskizze der Anlagen zur Salzreduzierung

Nach Herstellerangaben wurden die Anlagen derart weiter entwickelt, dass seit 1997 das Materialproblem als geklärt eingestuft wird [76]. Die systembedingten Korrosionserscheinungen an den Elektroden sowie an den Klemmstellen und die damit in Zusammenhang stehende kurzzeitige Brauchbarkeit der Anlage sollen beseitigt worden sein.

Der Vorteil der Anlage sind zwei mögliche Anodetypen für den Einbau, je nach Zielstellung der überwiegenden Entfeuchtung oder der Entsalzung auswählbar. Die Stabanode ist mit einer semipermiablen Membran als sackähnliche Umhüllung ausgerüstet und dient hauptsächlich der Verminderung der Salzbelastung im Bestandsmauerwerk.

Die Anlage mit dem Ziel der hauptsächlichen Salzreduzierung von Mauerwerk wird mit 60 Volt gespeist. Die zu den Elektroden wandernden Salze werden in einem beutelähnlichen Schlauch, welcher die Anode umhüllt, aufgefangen und gesammelt. Durch den Ausbau der Anode mit der Umhüllung sind die gespeicherten Salze aus dem Mauerwerk entfernbar.

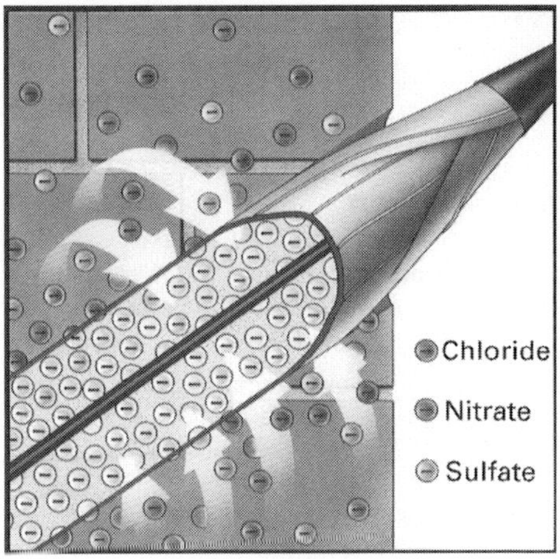

Bild **8**.28
Prinzipskizze der mit einer Membran umhüllten Anode

Vor allem der Einbau der Anlage mit dem primären Ziel der Salzreduzierung erfordert einen erheblichen Eingriff in die Bausubstanz, was zu irreparablen Schadbildern führt. Dieser Nachteil ist allerdings bei jeder Entsalzungsanlage anzutreffen.

Ein weiterer Nachteil ist die teilweise geringe Wirkung der Salzreduzierung. Die Ursachen sind vielfältig und noch nicht restlos abgeklärt. Eine dieser Ursachen dürfte die Form und die Einbaurichtung der Elektroden sein. Naturgemäß ist der oberflächennahe Mauerwerksbereich intensiver mit Salzen belastet als die tieferen Mauerwerksschichten. Insofern müsste im oberflächennahen Bereich die Elektrode flächig wirken. Die stabförmig und quer bzw. schräg zur Mauerwerksoberfläche üblicherweise eingebauten Elektroden erfassen aber die intensiv salzbelasteten Mauerwerksbereiche nur punktuell.

8.4.5 Fazit

Gewisse theoretisch und baupraktische Erfolge bei der Salzreduzierung von Mauerwerk durch elektrochemische Anlagen sind zu verzeichnen. Bei ausreichend vorhandener Feldstärke und der auf das Mauerwerk abgestimmten intervallmäßigen Nachbefeuchtung können für die Baupraxis akzeptable Ergebnisse erzielt werden, wenn die bekannten Materialprobleme und die daraus resultierende Korrosion beseitigt worden sind. Insofern können diese Anlagen mit der Zielstellung der Salzreduzierung im Mauerwerk zum Stand der Technik gezählt werden.

Wie bei den elektroosmotischen Entfeuchtungsanlagen ist allerdings auch bei der Planung und Ausführung von elektrochemischen Anlagen, die Hinzuziehung eines Sonderfachmannes zwingend erforderlich. Architekten und Bauingenieure sind üblicherweise bei der Behandlung elektrophysikalischer und, elektrochemischer Problemstellungen überfordert. Nur durch eine fachliche Abwägung der Erfolgsaussichten im Einzelfall sowie fachlicher Begleitung von einem neutralen Sachkundigen auf diesem Gebiet ist das ansonsten sehr hohe Versagensrisiko der Anlagen überschaubar zu gestalten.

Wird sich letztendlich für den Einsatz der Anlagen ausgesprochen sind die späteren relativ hohen einzuplanenden Wartungskosten schon bei der Ausschreibung zu berücksichtigen [82]. Die Vorteile liegen darin, dass der Anbieter als ausgewiesener Sachkundiger die Anlage im gesamten Wartungszeitraum betreut und dem Bauherrn von Anfang an die Gesamtkosten für Einbau und Wartung der speziellen Anlage bekannt sind. Nur dadurch wird abgesichert, dass der kostengünstigste Anbieter im Einbau- u. Wartungszeitraum gefunden wird, welcher zugleich die Anlage in seinen Vorzügen und Schwachstellen kennt.

8.5 Paraphysikalische Verfahren

8.5.1 Vorbemerkung zu paraphysikalischen Verfahren

Die wohl in der Bausanierungstechnik am häufigsten und mit außergewöhnlicher Härte konträr diskutierten Entfeuchtungstechnologien sind Apparate, die einen Erfolg bei der Mauerwerksentfeuchtung ohne vorhandene wissenschaftlich anerkannte Theorie versprechen.

Die Begriffe wie Abschirmung, Entstrahlung und Entstörung im Zusammenhang mit entsprechenden Apparaturen sind im Wesentlichen mit der selben inhaltlichen Bedeutung in den Veröffentlichungen der anerkannten oder selbsternannten Fachleute versehen [30]. Ebenso sind z.B. Erdstrahlen, Urenergie oder gravomagnetische Felder nicht begrifflich eindeutig definiert. Dieser Sachverhalt ist bereits ein Ausdruck der unübersehbaren Vielfältigkeit der Vorstellungen und Vermutungen über den Charakter von Erd- und Urstrahlen, deren Wirkung und deren „Ablenkungs- oder Neutralisierungsmöglichkeit".

Zugleich ist es Beweis dafür, dass es an konkreter wissenschaftlicher Begriffsbestimmung vielfach fehlt. Erklärbar wird die beklagenswerte Tatsache dadurch, dass es sich vor allem bei den Veröffentlichungen über die Gebiete der Radiästhesie und Entfeuchtungstechnik mit imaginären Strahlen, um überwiegend wissenschaftlich unerfahrene Autoren handelt. Diese sind von dem Vorhandensein der Strahlen und Wirbel so überzeugt, dass sie jede, auch nur halbwegs erklärbare Theorie sofort ausgeschmückt übernehmen.

Auf die Theorien der Radiästhesie über Erdstrahlen, Reizstreifen, Global- und Diagonalgitter soll nicht weiter eingegangen werden. Es sei nur angemerkt, dass einzelne anerkannte Physiker die Existenz der Wünschelrutenphänomene, und damit die Erdstrahlen, nicht grundsätzlich als haltlos einstufen bzw. ganz ablehnen [40,45]. Der überwiegende Teil der wissenschaftlich ausgebildeten Fachleute ist jedoch vom Nichtvorhandensein der unbewiesenen Strahlen überzeugt.

Da aber hier die bauphysikalischen Aspekte der Mauerwerksentfeuchtung im Vordergrund der Betrachtung stehen und nur in diesem Zusammenhang das Gebiet der Radiästhesie gestreift wird, ist eine tiefgreifende Auseinandersetzung mit der Problematik auch nicht zwingend erforderlich. Nur im Zusammenhang mit den im Rahmen der Radiästhesie entwickelten Abschirmgeräten und ihrem vermuteten Einfluss auf die Mauerwerksentfeuchtung wird das Grenzgebiet der Wissenschaft berührt.

Ein eindeutiges allgemeingültiges Wissen nach wissenschaftlich orientierten Maßstäben auf Grundlage der Lehrmeinung von Physik bzw. Geologie oder gar ein wissenschaftlich jederzeit reproduzierbarer Beweis der Existenz von Erdstrahlen ist noch immer nicht vorhanden. Dies ist insofern verwunderlich, als die Physik auf dem Gebiet der Natur- und besonders der Geowissenschaften in den letzten Jahrzehnten erhebliche Erfolge erzielt hat.

Der Sachverhalt hat nur insofern Einfluss, als dass das Wünschelrutenphänomen mit seinen Erdstrahlen und Abschirmmöglichkeiten noch weiter in den Bereich der Parawissenschaften eingestuft wurde und sich daher kaum eine etablierte Forschungsanstalt ernsthaft mit der Thematik beschäftigt.

Die Hersteller von Geräten zur Beeinflussung von „Erdstrahlen“ behaupten immer wieder die Existenz von sogenannten Wasseradern. Darunter werden geradlinige oder auch gewundene Wasserwege im Untergrund verstanden: Hier wird das von der Erdoberfläche her vertraute Bild von mehr oder weniger mäandrierenden Bächen in der Vorstellung in den Untergrund übertragen. Schon vor hundert Jahren (Weber 1905) wurde dazu festgestellt, dass der Begriff „Wasseradern“ mit dem Wissen über die geologischen Strukturen der Erdkruste nicht vereinbar ist. "Wasseradern“ finden sich auch heute in keinem Lehrbuch der Hydrogeologie.

Tatsächlich fließt das Grundwasser meist flächig in porösen Schichten wie z.B. Sand und Kies (Porengrundwasserleiter). In die durch Drücke der Gebirgsbildung zerbrochenen Festgesteinen bewegt sich das Wasser in engständigen Fugen und Spalten, die insgesamt auch ein flächiges Grundwasservorkommen (Kluftgrundwasserleiter) ergeben. Daneben kommen in Gebieten mit Kalk- und Gipsgesteinen auch Karstgrundwasserleiter vor, in denen das Wasser bevorzugt in Höhlen und Kavernen fließt.

Mit viel Phantasie kann man zwischen den behaupteten „Wasseradern“ und besonders intensiv ausgebildeten Kluftstrecken und Störungszonen oder durchfluten Höhlengängen Ähnlichkeiten entdecken. Allerdings folgen die realen geologischen Strukturen in ihrer räumlichen Orientierung und Formgebung stets natürlichen Gesetzen, während die von Rutengängern kartierten „Wasserader“ meist regellos und oft in hydraulisch unmöglichen Anordungen angegeben werden. Insofern sind „Wasseradern“ pseudowissenschaftliche Worthülsen, mit denen sich Vertreiber und Hersteller von „Zauberkästchen“ einen fachkundigen, ja wissenschaftlichen Anstrich zu geben versuchen.

Die derzeit im Handel befindlichen „Entfeuchtungsgeräte“ mit paraphysikalischem Hintergrund werden in passive und aktive Geräte eingestuft. Die Untergliederung ist nur aus dem Fehlen einer realen Zuordnungsmöglichkeit nach allgemein anerkannter Wirksamkeit entstanden. Bei dem derzeitig unbefriedigenden Forschungs- und Wissensstand kann die Einschätzung zwischen „wirksamen“ und „unwirksamen“ Geräten nicht schlussendlich erfolgen. Hierzu müssten Ergebnisse von derzeit noch nicht begonnenen aber notwendigen Untersuchungen im Labor und an Bestandsobjekten abgewartet werden. Einzelne laufende Untersuchungen sind noch nicht beendet, so dass auch hier noch keine entgültig verwertbaren Aussagen vorliegen. Allerdings sind die Zwischenergebnisse der derzeit laufenden Experimente nicht erfolgversprechend.

Unter passiven Geräten werden all jene Kästchen verstanden, welche vermutete Erdstrahlen, unbewiesene Wirbel oder gravomangnetische bzw. gravokinetische Strahlen laut Herstellerangaben ablenken, umlenken oder neutralisieren sollen. Dadurch wird eine entsprechende Beeinflussung jener Kräfte versprochen, die zur Mauerwerksentfeuchtung beitragen. Die Erklärungsversuche der jeweiligen Anbieter sind stellenweise recht mystisch und grundsätzlich ohne wissenschaftlich anerkannten Hintergrund.

Eine Auswertung der vorhandenen Literatur auf diesem Gebiet würde der Thematik nicht gerecht, da die Veröffentlichungen und technischen Berichte überwiegend von selbsternannten Fachleuten mit laienhafter Vorstellung über naturwissenschaftliche Vorgänge verfasst sind.

Die eindeutig negativen Bewertungen der Funktionstüchtigkeit der passiven Geräte in den letzten 70 Jahren von anerkannten Wissenschaftlern [40] und sogar von einigen ausgewiesenen Vertretern der Radiästhesie [48] können auch aus heutiger Sicht nur bestätigt werden. Unterstrichen wird diese Einschätzung dadurch, dass selbst Befürworter der Abschirmmöglichkeit von Erdstrahlen einen erheblichen Vorbehalt gegenüber physikalisch und chemischen Einflussmöglichkeiten der Strahlen besitzen [30].

Die aktiven Geräte grenzen sich von den passiven Kästchen dadurch ab, dass sie gepulste und ungepulste Wellen in verschiedenen Frequenzen erzeugen und ausstrahlen, die eine Entfeuchtung im Bestandsmauerwerk verursachen sollen. Durch die Einwirkung von elektromagnetischen Wellen mit herstellerspezifisch ausgewählten Frequenzen auf durchfeuchtetes Mauerwerk wird eine Veränderung der Transportrichtung der Wassermoleküle zum Erdreich hin versucht. Diese gewollte „Abwärtsbewegung" der Wassermoleküle in Verbindung mit Diffusionsvorgängen soll letztendlich den Effekt der Mauerwerksentfeuchtung bewirken.

Da eine nachvollziehbare physikalische Erklärung auf wissenschaftlicher Basis zumindest derzeit noch fehlt, wird stellenweise auf Veröffentlichungen von namenhaften Wissenschaftlern verwiesen. So werden u.a. Prof. Reuss und Prof. Ernst als die Entwickler der theoretischen Grundlagen für die „drahtlose Elektroosmose" oder der magnetokinetischen Mauerwerksentfeuchtungsverfahren zitiert. Bei näherer Betrachtung der benannten Theorien fehlt allerdings grundsätzlich der Zusammenhang zwischen dem vermeintlichen Wirkprinzip der Mauerwerksentfeuchtung und der wissenschaftlich physikalischen Darlegung der genannten Autoren.

Um den „Erklärungsnotstand" hinsichtlich der Funktionsweisen der aktiven und passiven Apparate nicht auffällig zu gestalten, werden zu den fehlerhaft zitierten namhaften Wissenschaftlern in den technischen Stellungnahmen auch noch TÜV- Zertifikate [63] und Patente werbewirksam eingesetzt. Dass es sich bei der Zielstellung der TÜV- Prüfungen nur um die Kontrolle der elektromagnetischen Verträglichkeit der Geräte auf die Umwelt handelt, wird von den Anbietern der Geräte nur auf Nachfrage preis gegeben. Die TÜV- Prüfung der Geräte beschränkt sich hauptsächlich auf eventuell schädliche Einflüsse auf technische Anlagen, Tiere und Menschen. Sie prüft nicht die beschriebene bzw. angedachte jeweilige Wirkungsweise. Offenbar soll ein Zusammenhang zwischen TÜV und Wirkprinzip aus Werbezwecken suggeriert werden, welcher tatsächlich überhaupt nicht besteht. Gleiches gilt sinngemäß mit der vordergründigen Benennung, dass für dieses und jenes Gerät ein Patent vorliege.

Trotz der erheblich abweichenden Erklärungsversuche der jeweiligen Anbieter von sogenannten aktiven oder passiven Mauerwerksentfeuchtungsgeräten werden im Volksmund alle auf dem Markt befindlichen Geräte als „Zauberkästchen" in unbewusst gleichmacherischer Art tituliert. Dies trifft sicher nicht den Kern, ändert aber an der Tatsache nichts, dass zum jetzigen Zeitpunkt an einen nachweisbar erfolgreichen Einsatz der Geräte nicht geglaubt werden kann.

8.5.2 Geschichtlicher Abriss

Wünschelrutengänger und Pendler, die sich als Radiästhesisten, also als „Strahlenfühlige", verstehen, werden über die Jahrhunderte verteilt immer wieder in Schriften genannt. Sie wollen Strahlen feststellen können, die nach ihrem Verständnis über die Natur von anderen Stoffen, und besonders aus dem Erdreich, abstrahlen. Daher werden die Strahlen im deutschsprachigen Raum zusammenfassend auch heute noch als „Erdstrahlen" bezeichnet.

In früheren Zeiten wurden die Erdstrahlen auch als „Od- Strahlung" von den Strahlengläubigen bezeichnet. Der Chemiker Carl Freiherr von Reichenbach (1788- 1869) behauptete, dass jede Materie, ob lebend oder tot, eine spezielle „Od- Strahlung" entwickelt. Er begann mit seinen Forschungen um die Jahre 1840 und glaubte, eine wesentliche Entdeckung auf dem Gebiet der Strahlenempfindlichkeit von Menschen zu machen. Die Versuche waren rein „medizinischer" Ziele unterworfen.

Die Geschichte der passiven Abschirm- und Entstrahlungsgeräte in all ihren Erscheinungsformen geht zurück auf das letzte Viertel des 19. Jahrhunderts. Allerdings war der geschichtliche Ursprung der Geräte nicht in der Physik sondern eher in der okkulten, medizinisch und biologischen Sparte angesiedelt.

Der Sänger und Quellensucher Johann Mermet (?? – 1902) beobachtete bereits ab ca. 1880, dass nach seinem Verständnis durch unterirdische Wasserläufe Mensch und Tier in ihrer Gesundheit negativ beeinträchtigt wurden [14]. Quellen zufolge hat er die vermeintlich schädliche „Ausstrahlung" aus sogenannten Wasseradern durch quer darüber in den Boden steckende Metallspitzen zu beeinflussen versucht [30]. Diese Arbeit von J. Mermet dürfte nach Dr. F. Wetzel die Geburtsstunde der Abschirmtechnik gewesen sein. Johann Mermet war der Vater des später bekannten und 1937 verstorbenen Westschweizer Wünschelrutengängers, Pfarrer Mermet.

Der Elektro- Ingenieur Franz Rychnowsky (1850 – ??) baute einen Ätheroid der 1900 zur Weltausstellung in Paris vorgestellt werden sollte. Aus persönlichen Gründen wurde daraus nichts. Der Apparat erregte bei der heilungssuchenden Bevölkerung in Lemberg große Aufmerksamkeit, was die ortsansässigen Ärzte mit Neid beobachteten. Rychnowsky verlor durch Intrigen seine Genehmigung zur Führung einer Heilpraxis und verschwand aus Gram für immer, ohne seine Entdeckung und Konstruktion für die Nachwelt veröffentlicht zu haben [36].

Prof. Oscar Korschelt (1841 – 1934?) als Vater der „Strahlungsgeräte" brachte erstmals ein zur Gesundheit förderliches „Sonnenätherstrahlgerät" in den Handel, der sich bis 1933 ca. 20.000 Mal verkaufte [14]. Das Gerät wurde durch ein Kaiserliches Deutsches Reichspatent geschützt. Der bekannte und allseits anerkannte Physiker v. Helmholtz bestritt bereits damals die physikalische Wirksamkeit des Gerätes [25, 101]. Im Rahmen einer gutachterlichen Stellungsnahme vom Patentamt erklärte er, dass die behauptete Wirkung theoretisch unmöglich wäre [104]. Trotz dieser Aussage wurde das Patent im Jahr 1891 unter der Nummer DRP 69 340 erteilt, weil dadurch ja gemäß Patentrecht nicht die beschriebene Wirkung bestätigt wird.

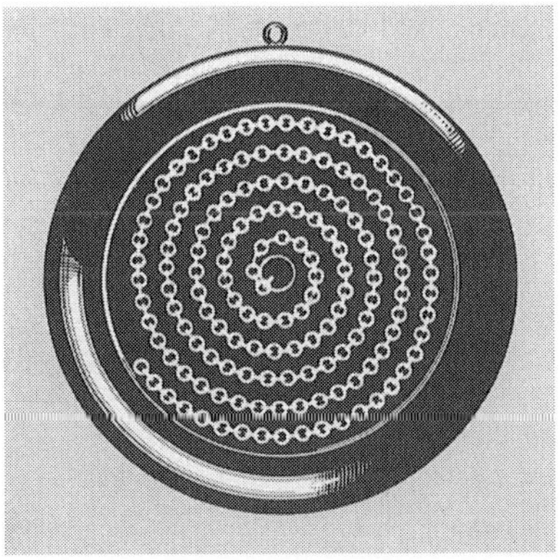

Bild **8.29**
Der 1891 patentierte „Sonnen-Ätherstrahler"
von Korschelt [25]

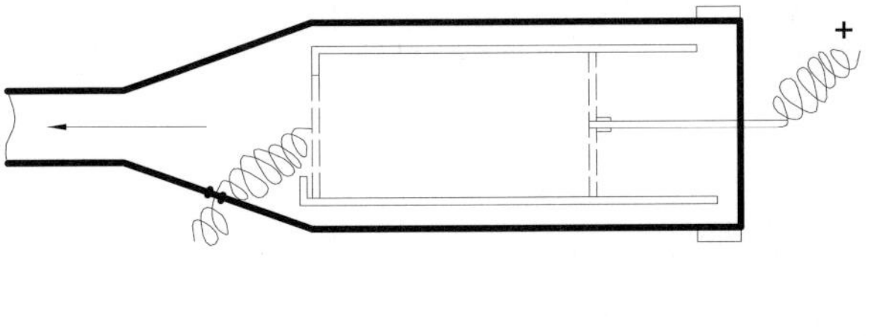

Bild **8.30**
Skizzierte Darstellungen des Korschelt-Gerätes

Die meisten Konstrukteure und die Konstruktionen der Geräte bis 1930 sind zum überwiegenden Teil nicht mehr belegt. Lediglich ein weiteres von Korschelt im Jahr 1890 gebautes Gerät wird detailliert beschrieben [36]. Es handelt sich hierbei um einen zylindrischen Körper aus Buchenholz, indem im Wesentlichen zwei kreisförmige löchrige Kupfersiebe gegenseitig verschiebbar eingeführt wurden. Die gesamte Konstruktion ummantelte der Konstrukteur mit einem flaschenförmigen Gebilde aus Weißblech. Die Kupferscheiben im Inneren wurden an ein Chromsäure-Element angeschlossen.

Die Konstruktion sollte nach eigener Auffassung Korschelts Kopfschmerzen und Migräne beseitigen, sowie Atembeschwerden und andere Leiden mildern. Dieser Effekt traf auch bei einigen der verkauften Geräte offenbar ein, obwohl die Wissenschaft bis heute keine Erklärung hat, wenn man von suggestiven Phänomenen einmal absieht.

Auch der französische Physiker Georges Lakhovsky ging von gesundheitsbeeinflussenden Strahlen aus dem Erdreich aus. Durch seine Schriften von 1926 bis 1932 entwickelte er die „Erdstrahlen- Pathogenität" und erklärte zum Beispiel die Krebsentstehung durch Erdstrahlen eingängig. Der als Vorkämpfer der Radiästhesie und Mitentdecker der kosmischen Höhenstrahlung von seinen Mitstreitern geehrte Physiker, empfahl neben seinen metallenen Halsketten auch einen „offenen Schwingungskreis" als Strahlungsschutz. Dieser Schwingkreis bestand aus einem im Durchmesser ca. 10 bis 15 cm kreisförmigen Metallring, der an einer Stelle Millimeterbreit unterbrochen war. Der Ring musste freischwebend oder auf einer hölzernen Unterlage angebracht werden [17].

Der Markt der Entstrahlungsapparate entwickelte sich durch die Veröffentlichungen auf sehr erfreuliche Weise für die Hersteller [17] und war durch Typenvielfalt wie Hochfrequenz-Schmuck, Radium-Schmuck, Galvanic-Ringe, Electrum Bernsteinkissen usw. gekennzeichnet [25]. Sie waren ausschließlich für gesundheitsfördernde Phänomene konstruiert.

8

Der erste richtige „Entwicklungsschub" der Entstörungs- oder Abschirmungsapparate erfolgte ab ca. 1930 [100] und geht unmittelbar mit der zunehmenden theoretischen Beschäftigung mit der Wünschelruten- und Pendeltechnik einher. Durch die Veröffentlichung des Rutengängers Freiherr von Pohl im Jahr 1932 [10] wurden mit der damaligen Technik nicht messbare „pathogene Erdstrahlen" als Krankheitserreger und vor allem als Krebserzeuger postuliert. Pohl stützt sich bei seinen Thesen dabei auf die Theorien vom Physiker Lakhovsky. Diese Veröffentlichung war letztendlich die Geburtsstunde der neuen Apparatetechnik in Deutschland. Es handelte sich dabei um Geräte mit einer phantasievollen Anordnung von Metall und anderen Teilen, die auch bei gutem Willen physikalisch keinen Sinn ergeben.

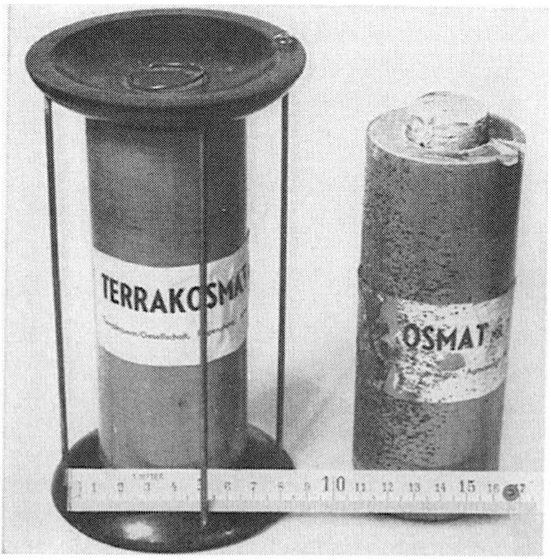

Bild **8**.31
Der „Terrakosmat" besteht aus einem mit Gips gefüllten Holzzylinder, zwei Tellern aus Isolierstoff und 4 Farradspeichen [25]

Die enorme Entwicklung und Verbreitung der Abschirmgeräte ab 1930 wurde bereits 1932 in Deutschland als Beunruhigung für die Bevölkerung wahrgenommen [95] und im gleichen Jahr gab die Universität Tübingen eine öffentliche Warnung vor dem sogenannten „Erdstrahlenschwindel" heraus [22]. Zwei Jahre später warnte offiziell das Reichsgesundheitsamt vor dem Kauf der Abschirm- bzw. Entstrahlungsgeräte. Es wies eindeutig darauf hin, dass die Erdstrahlen nicht wissenschaftlich bewiesen und Abschirmgeräte ohne verwertbare Funktion sind [99,105]. Bezeichnend ist, dass der Hintergrund der Verlautbarung aus der Einschätzung resultierte, wonach der Kauf der *„völlig sinnlosen Geräte"* einen unerlaubten Eingriff in das Vermögen des Volkes darstellte [95,103].

Die Schweizer Behörden gingen gegen die Abschirmgeräte so energisch vor, dass sie 1933 für alle derartigen Geräte eine Prüfung festlegten. Da kein Apparat die Prüfungskriterien bestand, war der Verkauf demzufolge praktisch verboten [95,103].

Im Gegensatz zu den früheren „Korschelt- Konstruktionen", in denen nur gesundheitsfördernde Auswirkungen versprochen wurden, ging man nun auch von Beeinflussungen physikalisch unbekannter Kräfte aus[11]. Langsam verlagerte sich der Schwerpunkt von der ausschließlich gewollten Beseitigung bzw. Neutralisation der Erdstrahlen aus geopathogenen Einflüssen auf Mensch und Tier hin zu den physikalischen Auswirkungen.

Diese biologisch „schädlichen Erdstrahlen" waren nur mittels Wünschelrute oder Pendel festzustellen und sollen durch Verwerfungen im Erdreich und Wasseradern entstehen. Was lag da näher, als das derjenige Personenkreis, welcher die nicht messbaren sondern nur mutmaßlichen Strahlen orten konnte, sich auch gleich Gedanken über deren Neutralisierung machte. Somit war letztendlich die Verbreitung der damaligen Entstörungs- und Abschirmapparate ganz entscheidend von der Entwicklung der Wünschelrutengänger und Pendler abhängig.

Logisch nachvollziehbar ist damit auch die Tatsache, dass der Vater der „krebserregenden" Erdstrahlen, Freiherr v. Pohl, im Jahr 1928 ein Patent (DRP 526039) für sein bereits konstruiertes Entstrahlungsgerät, der „Pohl'scher Flächenstrahler", erhielt. Der 70 × 30 cm große Kasten aus Sperrholz kostete 130-133 Mark und enthielt nach Pomayer und Fritsch nur einige Blechstreifen (W und K) [21].

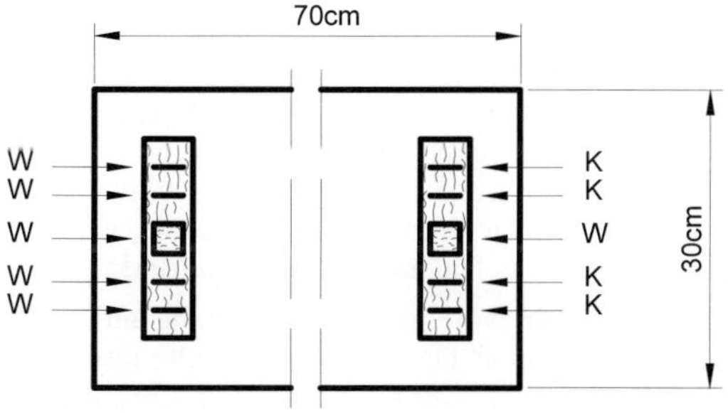

Bild **8**.32
Der Entstrahler nach v. Pohl,
Abb. Von Fritsch. Der [21]

Später handelte es sich um einen Kasten aus Sperrholz oder anderer Materialien, in welchem sich Streifen und Platten aus Silber bzw. Kupfer befanden[9]. Die Strahlungswirkung der Pohl- Apparate sollte auf der Metallstrahlung von Feinsilber und Kupfer beruhen. Die Abschirmmethode wurde als zentral angegeben, was soviel bedeute als das die Aufstellung der Geräte möglichst im Schwerpunkt der Reizstreifen erfolgte.

Die ersten Versuche mit Abschirmaggregaten erfolgte in Deutschland ca. 1928, in denen anfänglich auf primitive Art und Weise Blech-, Silber- und Kupferplatten angeordnet wurden. Ein recht schwunghafter Handel entstand kurzzeitig und erste spezialisierte Firmen in der Schweiz und in

Deutschland fingen mit der Massenproduktion an. Allein im den Jahren 1932/1933 wurden ca. 200 verschiedene Gerätetypen in Deutschland verkauft [11].

Dabei richtete sich allerdings das Hauptaugenmerk der gewollten Gerätefunktion auf die Entstrahlung bzw. Entstörung physikalischer und biologischer Veränderungen in Räumen. Die Erdstrahlen als Verursacher von Rheumatismus, Schlaflosigkeit, Nervosität, Stoffwechselerkrankungen, Asthma, Epilepsie und vor allem Krebs sollten neutralisiert und unschädlich gemacht werden. Die Nutzung der Geräte zur Mauerwerksentfeuchtung [19,101] war in dieser Zeit allenfalls im Ansatz ein Nebenprodukt und wurde nicht in den Vordergrund der Vermarktung gestellt [11,19].

Neben den „Pohl´scher Flächenstrahler“ war eines der ersten Geräte dieser Zeit das „Repulsor“ von P.C. Nussbauer in der Schweiz. Wann genau der Apparat auf dem Markt kam, ist nicht bekannt, kann aber auf ca. 1930 angesiedelt werden. Die biologische Wirksamkeit ist durch eine in einem Gefäß befindliche Kontaktmasse erklärt, die „Unterstrahlung anzieht und sammelt bzw. in bestimmte Richtungen ablenkt“, so dass das Gebäude strahlungsfrei ist. Eine physikalische Wirkung oder gar eine Mauerwerksentfeuchtung ist nicht in der vorhandenen Literatur beschrieben.

Im süddeutschen Raum waren Abschirmgeräte unter dem Namen „Wehrmeister“ besonders zwischen 1930 bis ca. 1933 anzutreffen. Der Erbauer war der Wünschelrutengänger Pater Wehrmeister, der von zwei Brüdern aus dem Kloster St. Ottilien, die ebenfalls Wünschelrutengänger waren, unterstützt wurde. Der Wehrmeisterapparat sollte ein polar arbeitendes Gerät sein, welches eine abschirmende Wirkung ähnlich einem Rechteck oder einer Elipse besitzt und hauptsächlich zwischen den polar aufgestellten Geräten wirkt. Das Gerät bestand aus einem Metallzylinder von ca. 10 cm Durchmesser und 30 cm Länge, an welchem ein Kupferbügel außen angebracht war, dessen Spitzen an der Stirnseite ins Innere führte. Der Kupferbügel sollte als Strahlensammler bzw. Kondensator wirken und die angesammelte Energie in den Zylinder weiter leiten. Der Zylinder war mit Eisenspänen versetztem Salatöl, Ameisensäure oder reinem Honig gefüllt [21,24]. Die Apparate mussten nach strengen Regeln auf einen „Reizstreifen“ ausgelegt bzw. in der Erde vergraben werden.

Der „Wehrmeister- Apparat“ wurde in der Öffentlichkeit erheblich kritisiert [94], wobei es weniger um das Gerät selbst, als um die sich explosionsartige Ausbreitung der Gesamtproblematik ging [11]. Das Gerät selber wurde laut Quellen bereits bis zum Jahr 1931 ca. 20.000 Mal verkauft [9].

Das in Deutschland bekannteste und weitverbreiteste Abschirmgerät wurde unter dem Vertriebsnamen „Phylax“ [27] bekannt. Die Konstruktion stammte vom Wünschelrutengänger Hans Dannert, der sich schon seit den 20iger Jahre mit der biologischen Seite des Wünschelrutenproblems beschäftigte und nach Möglichkeiten der Neutralisierung der Reizstreifen suchte. Die Geräte wurden nach Versuchen von Dannert und dem Befürworter der Abschirmapparate, dem Physiker Dr. Henrich, durch die „Phylax- Apparatebau GmbH“ aus Hagen 1932 auf den Markt gebracht.

Die Hauptbestandteile des Gerätes sind eine Spule aus verzinnten Kupferdraht und ein Bosch-MP- Kondensator [30]. Nach dem Mediziner und Physiker Dr. Dr. J. Wüst sollte ihre Wirkungsweise auf einer schwachen Aussendung von Ultrakurzwellenstrahlung beruhen [29]. Aus anderen Quellen wird das Wirkprinzip dahingehend beschrieben, dass die vorhandenen Erdstrahlen durch die Konstruktion angesaugt und durch eine Umwandlung in Wärme vernichtet werden [94].

Die Wirksamkeit nach Oberneder soll wiederum darauf beruhen, dass die von nicht näher beschriebenen Störgrößen ausgehenden niederfrequenten Impulse, von elektrischen Leitungen, welche die entsprechenden Störfelder überqueren, aufgenommen und weiter geleitet werden. Die in dem Gerät befindliche Spule soll durch induktive Kopplung im gleichen Rhythmus erregt und zur Aussendung eigener entstörender Frequenzen veranlasst werden [30]. Letztendlich wird ein und dasselbe „Phylax-Gerät“ in der Funktion immer völlig anders beschrieben, was sicher aus dem unterschiedlichem Verständnis zur Physik der einzelnen Autoren resultiert.

Richtig fachgerecht aufgestellt, sollte das „Phylax- Gerät" die Milchproduktion der Kühe um 20 % steigern, bei den im Gebäude befindlichen Einwohner die Müdigkeit vertreiben und das Wohlbefinden erhöhen. Eine Prüfung der Funktionsweise durch eine nicht näher beschriebene dt. landwirtschaftliche Kommission ergab, dass bei den Hausbewohnern Rheumaerkrankungen, Schlaflosigkeit und Nervosität verschwanden. Bei den untersuchten Kühen hingegen wurde der Rückgang von Gelenkrheumatismus, die Struppigkeit der Felle und der Unfruchtbarkeit festgestellt [29]. Zudem wird noch über die Austrocknung von Mauerwerk und der Bekämpfung des Echten Hausschwammes berichtet [11,13,29,106].

Interessanterweise musste das „Phylax-Gerät" mit der zentralen Abschirmmethode von Rutengängern und Pendlern aufgestellt werden. Die Aufstellung der Geräte war angeblich den Herstellern äußerst wichtig und es sollte bei geringfügigen Änderungen zu Funktionsstörungen kommen [30]. Schon mit Staub bedeckte Geräte konnten offenbar an Wirksamkeit verlieren, so dass die Hersteller exakte Aufstell- und Wartungsvorschriften erteilten. Dem Umstand der Wichtigkeit der Anordnung oder gar einer Funktionsausübung widersprach der bekannte Physiker und Mitkonstrukteur des Elektronenmikroskopes, Prof. Dr. Brüche.

Bis nach 1967 sind die „Phylax- Apparate" die am weitesten verbreiteten und bekannten Geräte mit einigen Veränderungen des Inhaltes der Kästchen im Handel erhältlich. In den Letzten Jahren bestand der „Phylax" aus einem Isolierstoffgehäuse, in dem sich ein Drahtring mit mehreren Windungen, ein Schalter, eine Erdungsbuchse und ein Pertinaxstreifen befanden. Auf dem Streifen ist ein Kontrollzettel mit zwei Unterschriften aufgeklebt. Wird der Streifen trotz Verbot entfernt, kommen noch ein paar nicht näher bekannte Radioteile zum Vorschein [25]. Letztendlich ist ein Kondensator und ein Widerstand parallel zu einer Spule als eine Art Schwingkreis geschaltet. Jedoch hat der Hersteller den Kondensator und Widerstand durch die Erdungsleitung kurzgeschlossen.

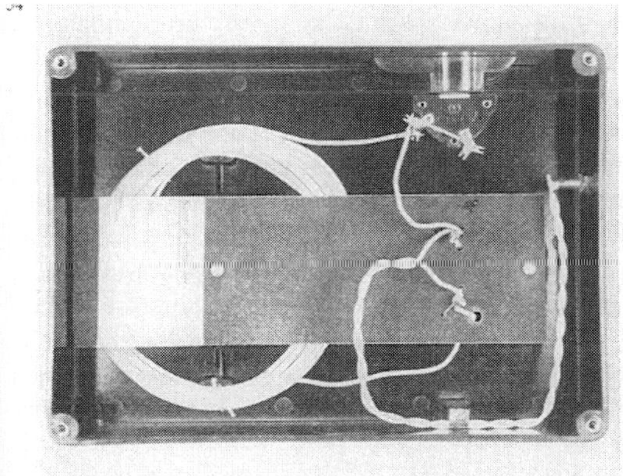

Bild **8.**33
Das Innenleben des „Phylax" von Dannert und Dr. Heinrichs 1950 [25]

Bei der weiter entwickelten Generation sollten sich die Geräte automatisch auf die jeweiligen Einstrahlungn einstellen [17]. Der Schalter und die Erdungsbuchse verschwanden ebenfalls, wobei der Grund dieser Neuerung ungewiss ist. Zum einen wird ein Zusammenhang mit der öffentlichen Kritik von Brüche [104] hinsichtlich der technischen Funktionslosigkeit der Erdungsbuchse als Grund gesehen. Zum anderen wird die Einstellung eines Diplom-Ingenieurs beim Hersteller der Geräte mit dem Wegfall der sinnlosen aber visuell sichtbaren Teile in Verbindung gebracht.

Die physikalisch ausgebildeten Wissenschaftler beschäftigten sich nicht ausführlich und mit dem notwendigen Ernst mit den Phänomenen der Erdstrahlen. Sie verwiesen frühzeitig lächelnd auf die Lehrmeinung der Physik, [6] die nicht einmal ansatzweise die Problematik der Existenz von Erdstrahlen und deren Neutralisierung behandelte.

So blieb das problematische Gebiet der Abschirmtechnik letztendlich ein Feld, welches von den Wünschelrutengängern, Pendlern und Scharlatanen besetzt wurde, obwohl zumindest eine neutrale wissenschaftliche Aufbereitung und Prüfung der Theorien sehr hilfreich gewesen wäre.

Nach dem zweiten Weltkrieg waren nach anfänglicher Inaktivität ab dem Jahr 1949 wieder die ersten öffentlichen Auseinandersetzungen mit der Theorie der „Entstrahlungs- und Abschirmtechnik" festzustellen. In den Veröffentlichungen ging man bei der Berücksichtigung der Geräte immer noch zum überwiegenden Teil von biologischer Beeinflussung aus. Nur vereinzelt wurde von einem „Nebenprodukt" bei der Aufstellung der Apparate in Form einer Mauerwerksentfeuchtung berichtet [19, 27]. Allerdings sind die Hinweise gegenüber den Anfangsjahren der Entwicklung erheblich umfangreicher.

Im Jahr 1949 wird zum ersten Male der Versuch unternommen, offiziell und nachvollziehbar einen Zusammenhang zwischen elektroosmotischer Effekte im Mauerwerk und der Abschirmung von Erdstrahlen herzuleiten. Der Radiesthesist Kiss aus Lugano geht davon aus [15], dass die Erfindung der elektrophysikalischen Trockenlegungs- bzw. Entfeuchtungsverfahren auf der Grundlage von Kurzschluss bestehender Potentialdifferenzen im Mauerwerk auf den Versuch Erdstrahlen zu neutralisieren zurückzuführen ist. Die Trockenlegung von feuchten Grundmauern von einem Ostschweizer Unternehmen mit *„nach einer bestimmten Methode verlegter Kupferdrähte"* war für ihn eine Nebenwirkung. Zudem geht er auf die physikalischen Gesetzmäßigkeiten der aufsteigenden Feuchte im Mauerwerk als Radiesthesist ein, so dass seine Veröffentlichung über die „Pendellehre" damit bewusst oder unbewusst stellenweise den Schein der Wissenschaftlichkeit erhält.

8

Tatsächlich nimmt der Ostschweizer Paul Ernst als Erfinder der elektroosmotischen Anlagen zur Mauerwerksentfeuchtung in seiner Patentschrift [A] auf die Erdstrahlen Bezug. Er weist darauf hin, dass durch das damalige Fehlen wissenschaftlicher Theorien bezüglich der aufsteigenden Feuchtigkeit im Mauerwerk, die Erdstrahlen als Ursache benannt wurden. Daraus abgeleitet, versuchte man durch Aufstellung von bereits 1940 im Handel erhältlichen Abschirmanlagen, die Problematik zu beherrschen. Ernst wies aber gleichzeitig auf die Erfolglosigkeit derartiger Versuche hin.

In Anbetracht der Aussagen von Kiss und Ernst kann durchaus vermutet werden, dass bei den Zielstellungen der Experimente und Untersuchungen um 1938 zumindest anfänglich ein gewisser Zusammenhang zwischen der paraphysikalischen „Erdstrahlenbeseitigung" und der wissenschaftlich anerkannten „elektrophysikalischen Entfeuchtung von Mauerwerk" bestand.

Durch die Veröffentlichung [15] von Kiss angeregt, oder durch eine davon unabhängige Entwicklung verursacht, erfolgte im Jahr 1950 der erste Versuch, die Fragen der Radiästhesie und der damit im Zusammenhang stehenden Entstrahlungs- und Abschirmtechnik aus rein physikalischer Sicht zu betrachten [16]. Dass dies nur unzureichend gelang, ist bereits an der damals herrschenden überaus positiven Einstellung der Wünschelrutenforscher zur Funktionstüchtigkeit der „Phylax- Apparate" und ähnlichen Geräten erkennbar.

In den 50er Jahren wurden auch wieder altbekannte und neue Abschirmgeräte auf dem Markt angeboten. Eines der Geräte war der unter zur Hilfenahme verwendeter Mineralien angebotene „Capic" aus dem Jahr 1952. Der „Capic" arbeitete nach dem Prinzip des „CAP- Kompensators" der seit ca. 1930 von Carl Piacenza aus Kempten vertrieben wurde. Er hatte den ausgelobten Vorteil, dass er in verschiedenen Größen erhältlich war und in seiner kleinsten Ausführung am Körper getragen werden konnte. Er sollte rein biologisch wirksam sein.

1952 wurde dem Abschirmgerät „Räpax" vom Konstrukteur Ing. Karl Gründer aus Kaufering, welches bereits seit 1950 auf dem Markt auf sich aufmerksam machte, das Patent erteilt. Es handelte sich hierbei um ein Zentralgerät, welches aus einer Anzahl von Kurzschlusskreisen, die miteinander verbunden sind, und deren Wirkung durch Hochfrequenz- Eisenkerne verstärkt werden, besteht [30].

Bild **8.**34
Das Innenleben des „Räpax- Gerätes“, das aus mehreren parallelgeschalteten Kreisen besteht [25]

Mit Blick auf den Umfang der Veröffentlichungen ist die zweite Schubphase in den Jahren 1954 bis 1959 festzustellen. In dieser Zeit geraten die Verfechter der Radiästhesie und die Kritiker aus der Schulphysik wieder in erheblichen Meinungsstreit. Zwar waren keine neuen wissenschaftlich verwertbaren Erkenntnisse auf dem Gebiet der „Erdstrahlen“ trotz der ansonsten enormen Entwicklung der Physik aus den letzten 25 Jahren bekannt. Aber dieser Zeitraum ist durch die „Verwässerung“ anerkannter und vermuteter Gesetzmäßigkeiten und durch eine hohe Aggresivität der Meinungsäußerungen gekennzeichnet.

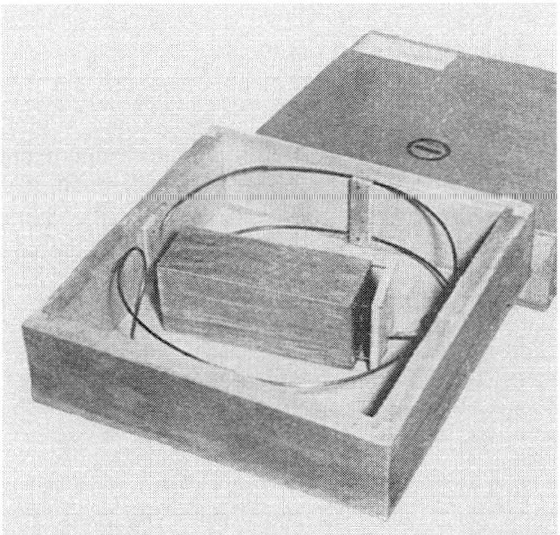

Bild **8.**35
Das Wirkprinzip des „Imperators“ ist unbekannt. Holzkiste und Draht als Antennenanlage?

Die Radiästheten geben nun offen zu, dass die notwendigen Kenntnisse des physikalischen Wesens der Erdstrahlen und Wünschelrutenphänomene noch völlig unbekannt sind [16,103] und verweisen auf die fehlende Messtechnik und andere noch in der Physik unbekannte Naturphänomäne. Gleichzeitig wurde eine bewusste oder unbewusste Vermischung von erforschten und wissenschaftlich anerkannten Energie- oder Strahlenformen mit den Erdstrahlen in den Veröffentlichungen vorgenommen [102]. Daher wurde dem Laien, welcher Zielobjekt der Anbieter der Abschirmapparaten war suggeriert, dass die Erdstrahlen beweisbar vorhanden sind oder deren Existenz zumindest bald unzweifelhaft erforscht ist.

Die Befürworter der Funktionstüchtigkeit waren jetzt der Meinung, dass die Entstrahlungsgeräte nicht nur für die Gesundheitsvorsorge biologisch tauglich, sondern nunmehr auch physikalische Vorgänge bewirken können. So wird außer der Vorsorge vor Krebs- und anderen Erkrankungen von einer *„raschen Austrocknung gänzlich durchfeuchteter Räume und Anwesen, plötzliche Verbesserung der Atemluft und einer erhöhten Brennleistung von Öfen und anderen Heizanlagen"* [30,101] bei der Aufstellung der Entstörungsgeräte als Beweis der physikalischen Brauchbarkeit berichtet. Die Erweiterung der Gebrauchsmöglichkeit der Apparate über den medizinisch- biologischen Effekt hinaus, auf die physikalische Mitbeeinflussung von feuchten Wänden und eingebauter Technik in Gebäuden, stellt eine neue Stufe der Vermarkung dar [19, 29,101].

Freilich sind diese Textstellen ohne jeglichen wissenschaftlich verwertbaren Inhalt, da nur im Charakter der Andeutung, die Hinweise erfolgen. Beispielhaft seien die Hinweise eines namentlich ausgewiesenen Autors in einer Fachzeitschrift der Radiästhesie, in denen die Ergebnisse der Aufstellung eines Gerätes wie folgt beschrieben werden, ohne allerdings die Referenzadresse oder dessen Eigentümer bekanntzugeben:

8

> *„Einige Tage später habe ich durch Aufstellung eines AET- Gerätes die Räume entstört. Einige Monate hindurch konnte man keine Veränderung bemerken..... Doch ein halbes Jahr später wurde mir mitgeteilt, dass sich im Mauerwerk das Verschwinden des Hausschwammes durch Auftrocknen bemerkbar mache."* [106]

In dieser oder ähnlich unspezifischen Art sind mehrere Veröffentlichungen in den 60- u. 70iger Jahren aus Fach- bzw. Naturzeitschriften, in Illustrierten und in Darstellungen von Herstellern der Abschirmgeräte vorzufinden [19,25,106]. Der eng mit dem Vertrieb von „Phylax- Geräten" in der Schweiz im Zusammenhang stehende Dr. J. Kopp attestierte noch im Jahr 1965, dass ein ständig feuchter Keller innerhalb von 4 Tagen ausgetrocknet sei [26]. Selbst bei wohlwollender Betrachtung mit abgewandtem Blick auf die gesicherten Kenntnisse der Bautentrocknung muss die Behauptung eher in den Bereich der Phantasie verwiesen werden.

Mit dem Hinweis auf Darstellungen von Prof. Brüche [22] ist Herr Kopp aber von einem erwünschten Nebeneffekt der „Phylax- Geräte" hinsichtlich der „Aufhebung der Bodenfeuchtigkeit" mit gleichzeitigem Wohlfühl- und Wachheitseffekt der Bewohner überzeugt [29]. Beim Nachlesen der angegebenen Quelle von Brüche ist allerdings festzustellen, dass Dr. Kopp offenbar falsch recherchiert und die dazugehörige Überschrift „Positive Laienbegutachtung" der hier interessierenden Textstelle der Raumentfeuchtung überlesen hatte [25].

Die neue Dimension bezüglich des Einsatzes der Abschirm- und Entstörungsgeräten zur Mauerwerksentfeuchtung muss zeitlich in die 60er Jahre des 20. Jahrhunderts gelegt werden. Ab diesem Zeitpunkt wird intensiv für diesen Funktionseinsatz geworben und die physikalische Einsatzmöglichkeit wird immer öfter in Veröffentlichungen vorgebracht [19,25].

Zusätzlich zu den nicht überprüfbaren Aussagen der Wünschelrutengänger sind die Konstruktionen und die Wirkprinzipien der im Handel befindlichen Geräte weiter technisch unlogisch oder gar nicht beschrieben. Zum einen liegt die Ursache in der gewollten „Geheimhaltung" und dem Schutz vor Nachbauten. Zum überwiegend anderen Teil ist aber sicher die ungenügende ingenieurtechnische Ausbildung der meisten Rutengänger und Pendler als Erklärung des Sachverhaltes zu vermuten.

Dass die Konstellation von Aussagen zwischen unauffälligen Erklärungsversuchen und Veröffentlichungen mit Andeutungscharakter, gepaart mit erheblichen Geschäfts- und entsprechend hohen Gewinnmöglichkeiten auch Scharlatane anzieht, ist nicht verwunderlich. So wurden noch im Jahr 1985 sogenannte „Feldveränderer“ angeboten, deren Inhalt unverbundene Drähte oder einfach unverkabelte Spulen ansonsten leerer Gehäusen waren.

Bild **8.**36
Entstrahlungsgerät aus einer Kupferdrahtrolle mit rund 20 kg [22]

Bei einem anderen Apparat zeigte sich nach der Öffnung des verschlossenen Gehäuses, dass ca. ein Kilo rostige Nägel die Neutralisation der Erdstrahlen bewirken sollte [56]. Der Preis von 220,00 DM für diesen (im wahrsten Sinne des Wortes) Schrott und damit der reine Gewinn ist beträchtlich.

Hingegen hat der Rutengänger Dr. Kritzinger das Aufstellen einer Schüssel mit rostigen Nägeln zum Schutz gegen Erdstrahlen sogar empfohlen [17]. Der Preis für das „Abschirmgerät“ dürfte um einiges niedriger gewesen sein, angesichts der kontrollierbaren Konstruktion. Überliefert ist er nicht.

Um die an die Sache ehrlich glaubenden Rutengänger von den „schwarzen Schafen“ in der Branche trennen zu können, sollte ein Prüfsystem innerhalb des interessierenden Kreises geschaffen werden. Da eine äußere Einflussnahme offenbar nicht gewollt war und sich zudem kein geeignet erscheinender Fachkreis anbot, wurde von den Konstrukteuren und Händlern selbst ein Verein im Jahr 1954 mit dem Namen „Arbeitsgemeinschaft Entstörungstechnik“ (AET) gegründet. Den Vorsitz übernahm der Ing. Oberneder, welcher bereits zu dieser Zeit die Leitung der Fachschaft Deutscher Rutengänger inne hatte [100]. Wie effizient dieser Verein zum Zwecke der Erkennung und Bekämpfung von Scharlatanen arbeitete, ist nicht ausreichend bekannt. Entscheidende und nachhaltig wirkende Erfolge bei der Vereinsarbeit dürften jedoch eher nicht zu vermuten sein.

Erstmals hat daher Ing. Ludwig Oberneder 1967 als Befürworter der Möglichkeit von Abschirmung der schädlichen Erdstrahlung versucht, die Mindestanforderungen an Abschirm- und Entstrahlungsgeräte zu definieren und den Versuch einer Standortbestimmung vorzunehmen[30]. Er kommt zu dem Schluss, dass bis zu diesem Zeitpunkt keine Geräte im Handel erhältlich sind, welche eine eindeutige physikalische oder chemische Wirkungsweise besitzen. Sein Vorbehalt richtet sich jedoch naturgemäß nicht gegen die praktische Brauchbarkeit dieser Geräte selbst, sondern schreibt den Umstand allein der noch nicht möglichen Verallgemeinerung einzelner Ergebnisse zu.

Es ist auffällig, dass bis nach 1967 von allen Befürwortern der Abschirmung davon ausgegangen wird, dass die Aufstellung und die notwendige Kontrolle der Funktionstüchtigkeit der Geräte zwangsläufig von „ausgebildeten“ Wünschelrutengängern und Pendlern zu erfolgen habe. Diese Hinweise befinden sich nicht nur in den Veröffentlichungen in der Presse und den Fachorganen der Radiästhesie, sondern ist stellenweise auch in den techn. Merkblättern zur Aufstellung derartiger Geräte vom Hersteller direkt vorgeschrieben.

Ziel dieser Qualitätshürde war sicher zum einen nur die Sicherung des Marktes für die, mit dem Erdstrahlenproblem sich befassende Rutengänger und Pendler. Sie galten untereinander als Sachkundige und dazu berufen, die negativen Erfahrungen mit den Abschirmgeräten zumindest zu minimieren.

Zum anderen sollte damit aber auch die Grundlage geschaffen werden, dass die abzuschirmenden Reizstreifen fachkundig bestimmt wurden und bereits visuell erkennbare Anzeichen des Vorhandenseins der Reizstreifen, wie Risse im Mauerwerk, Schimmel an den Wänden, blätterlose Bäume und Schäden auf Straßen, nicht unentdeckt blieben [17, 34, 102].

Ab Anfang/Mitte der 80iger Jahre des 20. Jahrhunderts veränderte sich die Entwicklung dahingehend, dass die bis dahin gekennzeichnete enge gegenseitige Entwicklung zwischen den Rutengängern bzw. Pendlern und der Hersteller von Abschirmgeräten lockerer wird. Die Lobby der Radiästheten heben die biologisch medizinische Wirksamkeit und nicht die physikalische Bedeutung der Abschirmgeräte hervor, was sicher auch mit der relativ hohen Anzahl medizinisch ausgebildeter Personen in jenen Ruten- und Pendlerkreisen zu erklären ist.

Die Trennung zwischen den Rutengängern bzw. Pendlern und den Herstellern der Entfeuchtungs- und Abschirmtechnik begann ca. 1980 und war im Wesentlichen ca. 1990 abgeschlossen. Nur noch vereinzelt werden Veröffentlichungen herausgegeben, in denen eine Vermischung medizinischer und biologischen Entstörungstheorien und der Entfeuchtung von Mauerwerk festzustellen ist.

Die wohl letzte bemerkenswerte Arbeit, in der der schadhafte Einfluss der Erdstrahlen und kosmischen Schwingungen als Störgrößen zwischen Kuhmilchproduktion, Pflanzenwachstum, Krankheitshäufigkeit bei Mensch und Tier sowie die Entstehung von Mauerwerksrissen bzw. Feuchtebelastung von Häusern im Zusammenhang beschrieben wird, ist vom Mediziner H. Palm bekannt [34]. Die Bemerkenswertigkeit und der Bekanntheitsgrad des Autors bezieht sich aber eher auf die Baubiologie, wo er in die Nähe der Mitbegründer des neuen Fachgebietes einzuordnen ist. Als Mediziner geht er noch 1980 von der Funktionstüchtigkeit der handelsüblich bekannten Entstörungsgeräte aus, obwohl vor ca. 20 Jahren schon von anerkannten Wissenschaftlern bei ausgiebiger Beschäftigung mit den Geräten die Wirkungslosigkeit attestiert wurde.

Die Erdstrahlentheorie und deren Wirkungsweise auf Mensch und Tier wird von der Baubiologie Anfang der 90 Jahre des 20. Jahrhunderts als Fachgebiet mit aufgenommen. Einige Baubiologen erkennen zwar die Erdstrahlen in ihrer Existenz an, beschäftigen sich aber überwiegend nur mit der geopathogenen Problematik. Die Befürworter der möglichen Beeinflussung der Erdstrahlen auf die Bauwerksfeuchtigkeit rücken somit zwangsweise in die Nähe der Bauphysik, ohne von dem Fachkreis ernsthaft beachtet oder gar aufgenommen zu werden. Die Trennung der ursprünglichen Zusammenhänge zwischen Befürwortern der Wünschelruten- und Pendlerarbeit und den Herstellern der Abschirmgeräte im Sinne bauphysikalischer Phänomene ist in seiner Grundsätzlichkeit vollzogen.

Dies wird schon durch die Veränderung des Personenkreises und der Namensnennung der Geräte nach außen sichtbar. Waren früher Rutengänger und Pendler mit hauptsächlicher medizinischer Ausbildung unter den Herstellern und Vertreibern der Abschirmgeräte zu finden, so erhöht sich nunmehr sprunghaft die Zahl des elektrotechnisch ausgebildeten Personenkreises und der Ingenieure auf bautechnisch und elektrophysikalischen Gebieten. Zugleich werden technische Termini immer häufiger verwendet und die Abschirm- und Entstörungsgeräte werden jetzt „Entfeuchtungsgeräte" genannt, um eine für Dritte sofortige technische Zuordnung zu ermöglichen.

Dagegen grenzen die Rutengänger, Pendler und Baubiologen, die Hersteller der „Entfeuchtungsgeräte" aus, in dem sie ihre weiterhin im Handel befindlichen Entstörungs- und Abschirmgeräte unter dem Gesichtspunkt der geophatogenen Entstörung verkaufen und keine bauphysikalischen Wirksamkeiten ernsthaft als Werbemittel nutzen.

Auch die Lobby der „Entfeuchtungsgeräte“ beschränkt sich in ihren Merkblättern nunmehr fast ausschließlich auf ihr eigentliches Ziel der „Mauerwerksentfeuchtung“. Eine Vermischung der Interessengruppen ist nur unter dem Mantel der Baubiologie dort vorhanden, wo Hersteller und Vertreiber der Entfeuchtungsgeräte auch gleichzeitig Baumaterialien mit gewolltem baubiologischen Hintergrund anbieten. Einzige Ausnahme der sich abgrenzenden Entwicklung ist, dass Hersteller von passiven Apparaten den Montageort mittels Mutung mit der Wünschelrute festlegen wollen.

Die im wesentlichen abgeschlossene Trennung der ausgebildeten technischen und medizinischen Kreise hat um 1990 auch zur Folge, dass vermehrt Anstrengungen für einen physikalisch haltbaren Erklärungsversuch hinsichtlich der Funktionstüchtigkeit der Anlagen und Geräte unternommen werden. Physiker und Architekten mit Lehrauftrag an Deutschen Einrichtungen stellen sich nur vereinzelt dem Problemkreis und erkennen die Möglichkeit einer Existenz von noch nicht bewiesenen Strahlungen an [37;40,47,73]. Prof. Meyl entwickelt im Widerspruch zur offiziellen physikalischen Lehrmeinung bezüglich der wirbellosen elektrischen Felder Theorien, die von den Befürwortern der Entfeuchtungsgeräte dankbar aufgenommen werden. Freilich geht Meyl über die Andeutung derartiger Möglichkeiten seiner theoretisch für existent gehaltenen Wirbel nicht hinaus [47]. Er stellt sich auf den Standpunkt, dass es sich hierbei um Erkenntnisse in der theoretischen Physik handelt und die Praxisbezogenheit von entsprechenden Fachleuten zu erfolgen hat.

War die Trennung zwischen den technisch und medizinisch orientierten Herstellern und Verkäufern von Abschirmapparaten gerade vollzogen, so wird ab 1990 bereits eine neue interne Polarisierung im technisch ausgerichteten Personenkreis bezüglich der verwendbaren Wirkprinzipien bei der Mauerwerksentfeuchtung erkennbar.

Zum einen sind Hersteller bestrebt auf dem Prinzip der Erdstrahlen oder sonstiger imaginärer Strahlen und Wirbel weiter Geräte zur Entfeuchtung von Mauerwerk auf dem Markt zu platzieren. Dabei wird sich allerdings neuer Wortschöpfungen bedient, die eines gemeinsam haben: dass sie einen technischen Klang besitzen aber ihre Theorien inhaltlich nicht auf Grundlagen der Lehrmeinung der Physik basieren. Die anderen Hersteller von Entfeuchtungsgeräten versuchen wissenschaftlich anerkannte physikalische Gesetzmäßigkeiten vor allem auf dem Gebiet der Elektrophysik für ihre Zwecke und Ziele auszunutzen. Bei diesem Kreis der Hersteller ist in der Handlung der Wunsch spürbar, die Prinzipien der anerkannten Lehrphysik weitestgehend zu beachten und auf dieser Grundlage Erklärungsversuche über die Wirkprinzipien ihrer Geräte abzuleiten.

Eine dem wissenschaftlichen Qualitätsstandard standhaltende und überzeugende Theorie der Wirkprinzipien der Mauerwerksentfeuchtung mittels kosmischer Strahlungen, Erdstrahlen oder künstlich erzeugter Wellen und Strahlungen, welche zugleich in ihrer praktischen Wirkung jederzeit und ortsunabhängig reproduzierbar ist, ist bis heute unbekannt. Die einzelnen Konstrukteure und Gerätehersteller haben verschiedene Erklärungsversuche, warum gerade ihr Gerät funktioniert. Technisch zweifelsfrei verwertbare Belege gibt es bisher nicht.

Durch die in den letzten 15 Jahren immer größere Vielzahl der auf den Markt gebrachten Gerätetypen mit ihren gewollten Wirkprinzipien und den ständig wechselnden Modellen, die als „Weiterentwicklungen“ von den Herstellern angepriesen werden, ist der Markt zuzüglich dem bereits benannten Problem der fehlenden Theorie unübersichtlich. Die ausgewiesenen Referenzobjekte sind kaum wissenschaftlich und nachvollziehbar statistisch auszuwerten, was öfter den Anschein des „Gewollten“ in sich birgt.

Mitte der 90iger Jahre hat Wittmannn nach experimenteller Überprüfung verschiedener Gerätetypen festgestellt, dass keines der überprüften Geräte funktionierte. Nach eigenen Angaben wurde im Labor und an Objekten der Feuchteverlauf in dem Probekörpern über ein Jahr gemessen, nachdem die Anbieter ihre eigenen Anlagen installiert hatten. Eine signifikante Feuchteveränderung konnte nicht festgestellt werden [54]. Zum gleichem Ergebnis kam die TU Wien 1993, was durch das Prüfzeugnis V 79654 belegt ist.

Weitere Untersuchungen im Jahr 1999 an der Hochschule Magdeburg-Stendal (FH) durch Prof. Müller, sollten Aufschluss über Austrocknungserscheinungen im Mauerwerk durch den Einsatz von Apparaten mit dem Wirkprinzip des Gravomagnetismus bringen. Im Rahmen der Arbeiten konnten bei Einsatz von bauphysikalisch anerkannten Prüfmethoden, keine signifikanten Abtrocknungserscheinungen festgestellt werden.

Ab Februar 2005 wird durch den Verfasser ein passives Gerät in einem Gebäude auf Funktionstüchtigkeit unter Praxisbedingungen geprüft. Die ersten 11 Monate ist nicht die geringste Tendenz einer Entfeuchtung in dem Objekt festzustellen, die auf die Wirkung des Gerätes zurückzuführen wäre. Zu einem ähnlichen Ergebnis kam die Bundesanstalt für Materialforschung und -prüfung, die ein passives Gerät mit magnetokinetischem Wirkprinzipien unter Praxisbedingungen zu untersuchen hatte [115]. Weiter ernstzunehmende Untersuchungen bezüglich der Funktion der passiven Geräte durch neutrale Sachkundige sind in den letzten Jahren nicht bekannt.

Da die sogenannten Erdstrahlen, magnetokinetischen Strahlen und kosmischen Einflüsse in Bezug auf die Mauerwerksentfeuchtung auch über die Jahrtausendwende hinweg, in den Laboren der Naturwissenschaften nicht wissenschaftlich systematisch untersucht werden, verbleibt das Dilemma, mit weltlichen, technischen Konstruktionen unbewiesene Phänomene der Natur nicht nur erkennbar, sondern im Sinne der Mauerwerksentfeuchtung sogar nutzbar machen zu wollen.

Ähnliches gilt auch für jene Apparate, welche mittels elektromagnetischer Wellen in verschiedenen, vom Hersteller abhängigen Frequenzen Einfluss auf die Transportrichtung der Wassermoleküle im Mauerwerk nehmen wollen. Eine wissenschaftlich theoretisch und praktisch bewiesene Grundlage für einen Effekt der Entfeuchtung infolge einer möglichen Abwärtsbewegung von den Wassermolekülen durch elektromagnetische Wellen ist noch nicht gefunden worden. Die Hersteller und Anbieter entwickeln ständig neue Theorien, ohne diese allerdings bis heute wissenschaftlich fundiert begründen zu können.

In den Veröffentlichungen von Europäischen Patentämtern der letzten 17 Jahre ist zum Beispiel als Erklärungsversuch für die Wirkungsweise der Mauerwerksentfeuchtung, von „Ausnutzung verursachter Resonanz von Umweltstrahlung aus gravomagnetische Wellen- soweit nachweisbar" [F] oder von „adäquat kugelförmigen Magnetfeldern" [G] die Rede. In einer der jüngsten Gebrauchsmusterschriften aus dem Jahr 2003[H] wird vom Erfinder des Gerätes festgestellt, dass „gravomagnetische Wellen sowohl aus der Erde als auch aus dem Kosmos mit Hilfe kegelförmiger, als Spiralen gewickelte Spulen aufgefangen und ausgerichtet werden". Diese Wellen sollen dann die Bewegung der Wassermoleküle beim kapillaren Wassertransport im Mauerwerk gezielt beeinflussen. Selbst wenn man der Sache positiv gegenübersteht, muten die Beschreibungen wie technische Traumvorstellungen an, die physikalische Laien zu Papier gebracht haben.

Eine pragmatische Unterstützung von Wissenschaftlern zur Überwindung physikalischer Unwissenheit für die überwiegend nicht im Sinne der Bauphysik fachspezifisch ausgebildeten Erfinder bzw. Anbieter fehlt derzeit noch. Ebenfalls sind keine Aktivitäten bezüglich einer eigenständige Prüfung der Sachverhalte durch die Lehrphysik feststellbar.

Die Quadratur des Kreises bleibt vorerst offenbar bis auf Weiteres bestehen. Die auf dem Markt derzeit befindlichen Entfeuchtungsgeräte in all ihren Fassetten haben nach wie vor ein Erklärungsproblem bezüglich ihrer Wirkprinzipien und der vielfachen Wirkungslosigkeit.

Vorhandene Ansätze diesbezüglicher Theorien werden nicht von der neutralen Fachwelt aufgenommen, überprüft und für theoretisch möglich oder nichtmöglich bewertet. Es könnte bei einer Bearbeitung des wissenschaftlichen Neulandes durch die Hochschulforschung entweder die Aussichtslosigkeit der Bemühungen der Gerätehersteller attestiert oder eine erfolgsversprechende Technologie entwickelt werden. Der Kreis der ehrsamen Entwickler und Anbieter der Apparate haben nicht den materiellen und wissenschaftlichen Hintergrund, um entscheidend die Entwicklung der physikalischen Theorien voranzutreiben. Somit können beim jetzigen Sachverhalt die gewinnorientierten Händler weiterhin völlig nutzlose Geräte verkaufen, so dass der verallgemeinernde Name der „Zauberkästchen" sicher noch mehrere Jahre in Anspruch genommen wird.

8.5.3 Passive Verfahren

Die Darstellungen über die vermuteten Wirkprinzipien der Geräte umfasst im Wesentlichen die „Umlenkung", „Ablenkung" oder „Neutralisierung von irdisch und kosmischen Strahlen oder irdischen Wirbeln. Bei einigen anderen Geräten werden hingegen Gravomagnetismus (Zusammensetzung von Gravitation und Magnetismus) und magnetokinetische Effekte für die Bauwerksentfeuchtung herangezogen bzw. theoretisch nutzbar gemacht [112].

Das erfolgversprechende Einsatzgebiet wird auf Feuchtebelastung im Mauerwerk, verursacht durch Erdfeuchte oder Wasser ohne hydrostatischen Druck, begrenzt. Feuchtebelastungen im erdberührten Mauerwerk durch drückendes Wasser kann nach eigenen Angaben daher nicht mit diesen Verfahren beeinflusst werden. Grundvoraussetzung eines ernsthaften Angebotes einer Mauerwerksentfeuchtung müssten demnach die genaue Kenntnis der Wasserbelastung im Baugrund und die konstruktiven Gegebenheiten am Objekt sein. Allerdings wird selten ein Baugrundgutachten von den Anbietern abgefordert, so dass von einer Kenntnis der tatsächlichen Baugrundverhältnisse in den überwiegenden Fällen nicht ausgegangen werden kann.

Ab den 40er Jahren wurden Geräte verkauft, welche hauptsächlich nur die von Wünschelrutengängern immer wieder festgestellten geophatischen Erdstrahlen neutralisieren oder um- bzw. ablenken sollten. Ziel war hier die Vermeidung von Krebs und anderer negativer Einflüsse auf Menschen und Tiere. In diesem Zusammenhang wiesen dem Wünschelrutenphänomen nahestehende Autoren auf Entfeuchtungserscheinungen im Mauerwerk beim Einbau von diversen Kästchen und Apparaten hin. Wissenschaftlich nachvollziehbar oder explizit zweifelsfrei belegt sind die Literaturhinweise nicht. Trotzdem wurde immer wieder in die Richtung experimentiert, dass die kosmischen bzw. nicht messbaren Strahlen und Wirbel als Wirkprinzip der Mauerwerksentfeuchtung genutzt werden könnten. 8

Bild **8**.37
Wünschelrute und andere Gerätschaften zur Aufspürung von Erd- und sonstigen Strahlen

Das bekannteste und am längsten sich auf dem Markt behauptende Abschirm- bzw. Entstrahlungsgerät war, wie schon erwähnt, der „Phylax- Apparat". Sein Verkauf kann von ca. 1930 bis ca. 1967 nachverfolgt werden. In dieser Zeitspanne wurden ständige „Verbesserungen" vorgenommen, welche den Effektivitätsgrad erhöhen sollten.

In den ersten Jahren bestand der Apparat aus einem kurzgeschlossenen Ein- und Ausschalter sowie einer Spule aus Klingeldraht mit ca. 25 Windungen und einem Durchmesser von ca. 12 cm, Zur Spule parallel geschaltet war noch ein Kondensator von 1000 pF und ein Widerstand von 0,45 Ohm [22].

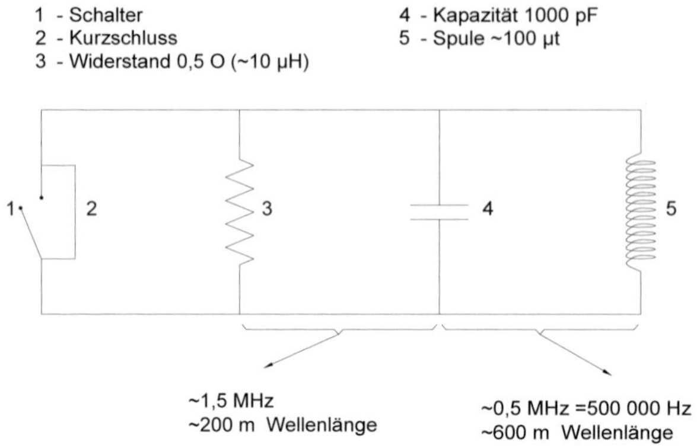

Bild **8**.38
Schaltkreis eines Phylax- Apparates nach Prokop [22]

Bei den Apparaten um 1950 war außer dem kurzgeschlossenen Schalter auch noch eine Erdungsbuchse an dem Kästchen angebracht. Diese beiden völlig nutzlosen Utensilien wurden nach elektrophysikalisch untersetzter Kritik von Sachkundigen bei den nächsten Modellen „eingespart" [25].

Dass ein unter Strahlung ausgesetzter Körper in Resonanz gehen kann und dann Eigenstrahlung entwickelt, ist in der Physik unbestritten. Gleichfalls ist es eine physikalische Gesetzmäßigkeit, dass Spannung durch Änderung eines magnetischen Feldes in einer Spule bzw. eines Transformators induziert werden kann.

Die Schaltung der „Phylax-Apparate" ist ein primitiver Schwingkreis dessen Eigenresonanz je nach Bauart mit 1.000 000 – 10.000 000 Hertz [22] bzw. mit ca. 620 kHz [25] angegeben wird. Die Hersteller des Gerätes gingen aber davon aus, dass die für sie interessierende Strahlung aus einer „kippschwingähnlichen Pulsation" des elektrischen Feldes von 1- 10 Hz besteht. Insofern ist der Schwingkreis technisch nicht auf die eigentlich selbst angegebene Eigenschaft der Strahlung abgestimmt. Eine Anregung des Schwingkreises durch die Strahlung ist nicht möglich und der Apparat muss aus elektrophysikalischer Sicht als unwirksam eingestuft werden.

Die von Rutengänger Wüst zur versuchten Ehrenrettung der „Phylax- Geräte" behauptete Wirkungsweise als UKW- Sender ist ebenfalls aus technischer Sicht nicht zu bestätigen. In einem Gutachten, das in einem Schweizer Prozess eine Rolle spielte, wurde diese Vermutung ausgeschlossen. Der aus Spule und Kondensator bestehende laienhafte Schwingkreis sendet keine schwachen und kurzen Ultrakurzwellen aus. Der Resonanzkreis ist auf Mittelwellen und nicht auf Kurzwellen abgestimmt. Der Kreis kann maximal nur dämpfend auf eine einfallende Strahlung wirken [25].

Resultierend aus der stichpunktartigen Bewertung kann also auch aus heutiger Sicht der verbriefte Verkaufserfolg der „Phylax" im Nachhinein nicht durch eine elektrophysikalische nachvollziehbare Wirkungsweise erklärt werden. Der Erfolg ist eher aus okkulten und suggestiven Phänomenen ausreichend zu erklären.

Der „Äther- Regler" der Ingenieure H. Ruff und L. Gföller, welcher vom Rutengänger W. Wetzler vertrieben wurde, erhielt 1935 das Deutsche Reichpatent und sollte ein ganz neues elektromagnetisches Wirkprinzip besitzen. Es hat sich dabei um einen geophysikalischen Globus mit Nachbildung des Erdmagnetfeldes gehandelt. Letztendlich waren zwei „kurzgeschlossene" Dauermagneten in einer Kugelspirale aus isolierten Kupferdraht das Gerät. Es sollte ein odisch- fluidales Feld erzeugen, welches im Durchgang durch einen kolloidalen organischen Kohlenstoff-Filter eine positive Aufladung erfährt und dabei die negativen freien leichten Luftionen zur Interferenz bringt.

Bild **8**.39
Der „Äther- Regler“ von Ruff und Gflöller [25]

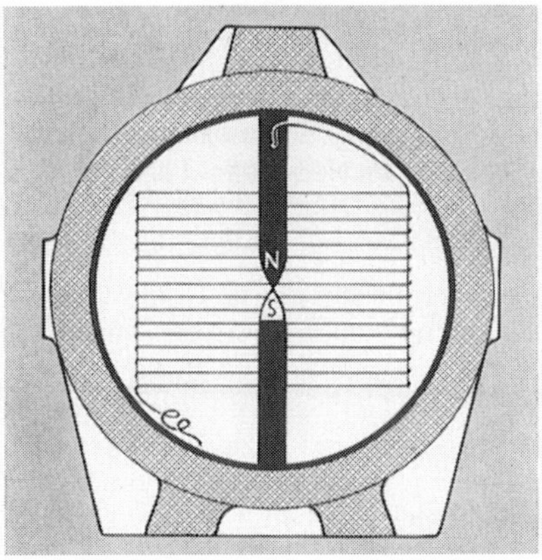

Bild **8**.40
Der „Äther- Regler“ besteht aus 2 Permanentmagnetstäben mit Wiecheisenjoch, Spule und Mantel aus Wachs. Im Innenraum herrscht Unterdruck [25]

Es gab aber auch Entstörungsgeräte, wie den „CAP- Kompensator“, wo die Wirkung bestimmter verwendeter Mineralien die Wellen im Bereich von Reizzonen biologisch unwirksam machen sollten. Der Pater Fr. Renner setzte diese Geräte u.a. zur Verbesserung der Akustik in Kirchen ein, da aus seiner Erfahrung die Erdstrahlen diese nachteilig beeinflusste [29].

Weitere Entstörungsapparate wie der „Bio- Resonator“ vom Rutengänger und Konstrukteur Dr. Hartmann aus Ebersbach lassen sich benennen, um die Vielfalt der Gerätetypen zu veranschaulichen. Welche dann letztendlich im Sinne der Zielfunktion wirksam oder unwirksam waren, kann nicht im Nachhinein wissenschaftlich belegt werden, da eine wirklich objektive physikalische Prüfung zumindest mangels geeigneter Prüfinstrumente selbst für die Befürworter der Abschirmgeräte nicht möglich war.

Eines der heute noch im Handel befindlichen Geräte ist der CAP-Kompensator, welcher die Wirkung der schädlichen Reizstreifen, wie sie z.B. über geotektonischen Verwerfungen im Erdaufbau auftreten sollen, ausgleicht (kompensiert). Ziel des Einsatzes vom Gerät ist wiederum vorrangig die pathogenen Einwirkungen auf den Menschen durch das Umfeld zu minimieren. Auf Nachfrage wird aber auch ein gewisser Einfluss auf die Entfeuchtung von Mauerwerk vom Anbieter bestätigt.

Der CAP- Kompensator besteht aus zwei evakuierten, mit bestimmten Wirkstoffen gefüllten Glasröhren (Geißler' sche Röhren) von 25 cm Länge. Das ganze Aggregat ist in Glaswolle in einem festen Gehäuse von 285 × 25 × 45 mm eingebettet und mit einer eingelassenen Abdeckplatte aus mattiertem Glas mit klarem Sichtfenster abgeschlossen.

Der Kompensator entwickelte sich geschichtlich aus der Praxis der Radiästesie. Im Bereich eines jeden Reizstreifens (Erdstrahlen) oder einer geophatischen Emanation befindet sich ein vibrierendes Erdkraftfeld, welches durch seine Schwingungen die Eigenschwingung des Wirkstoffes in den Röhren anregt. Es entsteht eine Interferenz der beiden Wellenfelder wodurch die Raumstrahlen gedämpft werden, was entsprechende Auswirkungen auf Mensch, Tier und als Nebenprodukt auf die Mauerwerksfeuchte haben soll. Die Verkürzung der Wellenlängen der „Bodenraumstrahlen“ sollen diesen Effekt verursachen [86].

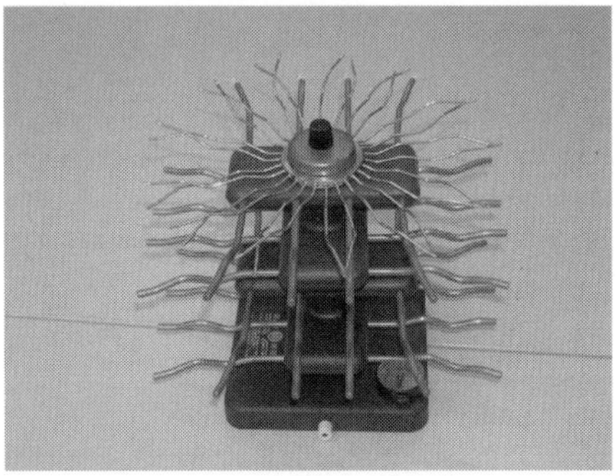

Bild **8.**41
Gerät zur Beseitigung von gesundheitlichen Einschränkungen mit dem Nebeneffekt der Trockenlegung

8

Ein seit 1983 aus Österreich stammender Generator soll existierende masse- und richtungslose, materiedurchdringende hochfrequente Urenergie zur Entfeuchtung von Mauerwerk ausnutzen. Der Generator, der sich in einem Weidenkorb oder in futuristisch anmutenden Plastegehäusen befindet, wird an einer Decke aufgehängt. Die Funktionsweise des Gerätes wird durch eine Erweiterung der Energieformen aus der Lehrphysik mit nicht messbarer und bezüglich ihrer Existenz unbewiesener kosmischer Urenergie sowie aus einem daraus resultierenden Gravomagnetismus erklärt. Dass diese Energieformen in der Wissenschaft nicht anerkannt sind, wird vom Erfinder des Generators auch nicht bestritten. [85].

Aufgrund einer flachen Spiralspulenkonstruktion als Empfangseinheit sollen natürliche links - oder rechtspolarisierte gm. H – Felder trichterförmig angesaugt, in einer Polarisationseinheit rechtsdrehend polarisiert und über eine Sendeeinheit zum Boden gerichtet wieder abgegeben werden (3).

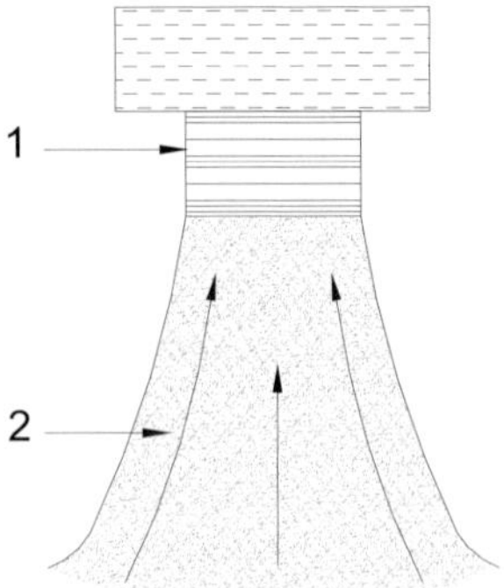

Bild **8.**42
Das gm. H-Feld (2) wird vom Aggregat (1) angsaugt [85]

Die wieder nach Vermischung mit umgewandelter kosmischer Urenergie zum Boden wirkenden gm. H- Felder sollen eine Umorientierung der Wassermoleküle im feuchten Mauerwerk bewirken [85].

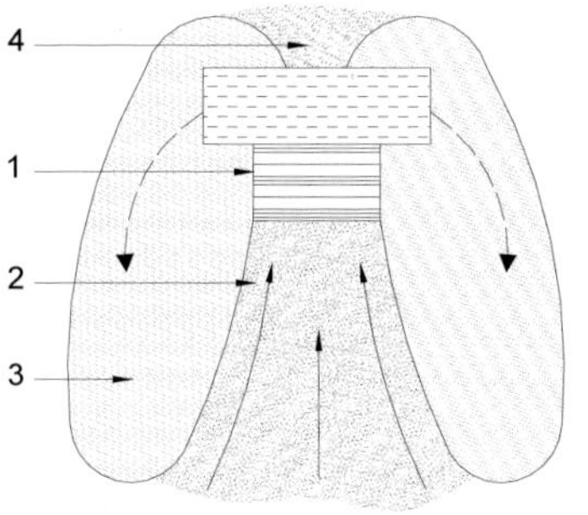

Bild **8.**43
Das aufgenommene H-Feld wird in den Wirkraum mit zusätzlicher Urenergie (4) wieder abgegeben (3) [85]

In letzter Zeit werden vom Erfinder die in seiner Erklärung zum Funktionsprinzip wirksamen H-Felder auch als natürliche geoenergetische Kraftfelder (Bodenenergie) bezeichnet [85].

Der Geophysiker Prof. Dr. E. Wielandt äußert sich über die im Handel erhältlichen Geräte wie folgt:

> „Ich kann ihnen nicht im Einzelnen erklären, was an der physikalischen Erklärung, die zur Methode (der Geräte) geliefert wird, falsch ist. Um falsch zu sein, müsste die Erklärung irgendeinen Sinn haben. Den kann ich aber nicht erkennen. Was er (der Erfinder) über seine Methode schreibt, ist nicht falsch, sondern Unsinn“[93]

Der an der Universität Stuttgart tätige Spezialist und andere ernsthafte Wissenschaftler verwerfen grundsätzlich den Denkansatz des Erfinders von gravomagnetischer Energie und somit die angedachte Wirkungsweise seines Mauerwerkentfeuchtungsgerätes.

Seit Ende 2002 ist ein Anbieter auf dem Markt, welcher wieder an die alten Traditionen der Wünschelrutengänger anschließt. Durch die Naturenergie und der Beeinflussung von sonstigen Energiewirbeln über sogenannten Wasseradern sollen die Wassermoleküle wieder Richtung Erdreich befördert werden. Dazu ist es erforderlich, dass die Apparatur genau über einer Kreuzung von Wasseradern aufgehangen wird. Dieser Punkt wird durch eine Mutung (Suche nach Strahlen) mit der Wünschelrute bestimmt.

Gleich welche funktionelle Grundlage geäußert wird bleibt in der Summe festzustellen, dass keine der Strahlen, Wirbel und magnetischen Effekte durch die hoch entwickelte Physik wissenschaftlich nachgewiesen sind [111]. Der einzige bisherige „Nachweis“ erfolgte durch Mutungen von Wünschelrutengänger. Glaubt man an die Existenz der unbewiesenen Phänomene und deren Nachweis durch die Wünschelrute ist noch immer kein Zusammenhang zu Entfeuchtungsmöglichkeiten im Mauerwerk hergestellt.

Außer dem Umstand, dass die Anbieter der Geräte immer wieder von Erfolgen der Entfeuchtung erzählen und auf nicht zweifelsfrei auszuwertende Referenzobjekte hinweisen, ist ein eindeutiger und reproduzierbarer Beweis der Funktion der Geräte nicht erbracht. Selbst den Geräteanbietern positiv gegenüberstehende „Fachautoren“ und „Sachkundige“ beschreiben eine hohe Versagensrate. Sie leugnen auch nicht, dass eine Vielzahl von Scharlatanen und Schwindlern den Markt stellenweise infiltrieren [56].

Grundsätzlich ist für einen ausgebildeten und ernsthaften Techniker die kritische Prüfung von dargestellten Gerätefunktionen auf naturwissenschaftlich belegten Grundlagen vorzunehmen. In diesem Zusammenhang dürfte das Jahrhunderte alte physikalische Grundgesetz der Physik bezüglich des „Kräftespieles" zwischen vorhandener und einzutragender Energie Beachtung finden. Demnach müsste ein höherer Energieeintrag ins Mauerwerk erfolgen, als die für den Wassertransport in den Kapillaren verantwortliche Energie tatsächlich vorhanden ist. Diese rein theoretische Betrachtung der Funktionsvoraussetzung ist noch nicht einmal im Ansatz bei dem auf dem Markt befindlichen Geräten wissenschaftlich nachgewiesen. Die Autoren aus dem Bereich der Grenzwissenschaften verweisen auf gewisse zu vermutende Modelle, welche jedoch bestenfalls noch nicht einmal die Grenzen der Grundlagenforschung überschritten haben.

Offenbar sind die Erfinder der passiven Gerätetypen selber stellenweise noch nicht von der Funktionsüchtigkeit ihrer Anlagen überzeugt. In einer Patentschrift aus dem Jahr 1984 [Y] für ein Gerät, wo keine Energiezufuhr mit Ausnahme jener des Erdfeldes notwendig erscheint, ist zu lesen:

> „Durch ein solches Gerät kann möglicherweise dem Aufsteigen von Feuchtigkeit im Mauerwerk entgegengewirkt werden."

Trotzdem sollte den vermuteten Wirkprinzipien durch die Wissenschaft nachgegangen werden. Die Aussichtslosigkeit, dass die vorhandenen Theorien mit Modellcharakter reale Chancen der Beschreibung von tatsächlichen Naturgesetzen und deren baupraktischer Ausnutzung besitzen können, kann nicht anders erbracht werden. Hier ist die Wissenschaft gefordert.

Lässt sich nach dem Einbau der Geräte tatsächlich eine Minderung der Feuchtebeaufschlagung im Mauerwerk optisch oder auch messtechnisch feststellen, so ist diese Tatsache mit Sicherheit auf andere bauphysikalisch einflussnehmende Maßnahmen zurückzuführen. Vielfach wurde das Bestandsmauerwerk u.a. mit Sanierputzen verkleidet, die Regenfallrohre und Grundwasserleitungen repariert oder ein verändertes Nutzerverhalten ist festzustellen. Weitere auf Grundlage der Physik erklärbare Möglichkeiten der Entfeuchtungserscheinungen sind denkbar.

Derzeit läuft ein Projekt mit einem Gerät, wo der Hersteller versichert, dass durch die Ausnutzung von imaginären Strahlen eine Mauerwerksentfeuchtung in Kellerwänden erfolgt. Zuerst sind von neutraler Seite und von der Vertreterin des Geräteherstellers die Feuchtebelastung im Mauerwerk gemessen worden. Die Vertreterin ist Architektin und zugleich als Wünschelrutengängerin tätig. Sie ermittelte die unter dem Gebäude aus ihrer Sicht befindlichen Wasseradern durch die „Wünschelrutentechnik". Das Gerät wurde dann von ihr nach eigenen Aussagen genau über die gemutete bestmögliche Aufhängungsstelle an die Kellerdecke angebracht.

Bild **8.**44
Aufgehängtes Gerät zur Umlenkung von Erdstrahlen zur „Trockenlegung"

Das Objekt bleibt bezüglich der Gebäudenutzung und der Bautenstandes unverändert. Flankierende Maßnahmen oder andere Bauleistungen, die einen Einfluss auf die Feuchtebelastung im Kellermauerwerk haben können sind in den letzten Jahren nicht ausgeführt und sind ebenfalls nicht geplant. Bei den Nachmessungen zur Überprüfung der Feuchtebelastung im bisherigen Versuchszeitraum von 11 Monaten konnten keine wesentlichen Veränderungen festgestellt werden. Damit ist zumindest an diesem Bestandsobjekt ersichtlich, dass eine zeitnahe signifikante Einflussnahme auf Mauerwerk im Sinne der Entfeuchtung durch den Gerätetyp zweifelsfrei nicht erfolgen kann.

Dieses vorläufige Zwischenergebnis des passiven Gerätes hinsichtlich gewollter Entfeuchtungserscheinungen deckt sich mit den früher durchgeführten Experimenten im Labor und an Gebäuden [49,66].

Letztendlich kann nur die Feststellung vom Professors Dr. H. L. König zitiert werden, welcher das Phänomen der Wünschelruten nicht grundsätzlich ablehnt [45] und trotzdem bezüglich der Entstrahlungs- und Abschirmgeräte zu dem eindeutigen Schluss kommt:

> „Hier werden auf physikalischen wie auch auf biologische Gebiet Behauptungen aufgestellt, die naturwissenschaftlich unhaltbar sind. Sowohl durch eigene sauber durchgeführte Experimente wie auch durch sachliche Überlegung kommt man immer wieder zum gleichen Ergebnis: Alle diese Verfahren haben keinesfalls die besonderen Eigenschaften, die deren Erfinder und Verkäufer ihnen zuordnen. Somit ist generell vor allen diesen Vorrichtungen ....zu warnen. [41]

8

8.5.4 Aktive Verfahren

Die aktiven Verfahren unterscheiden sich im Wesentlichen von den passiven Verfahren dadurch, dass nicht kosmische bzw. irdische unbewiesene Wellen und Wirbel oder Erdstrahlen zur Erklärung des Wirkprinzips herhalten müssen. Als Wirkprinzip für diese Anlagen ist eine Ausstrahlung elektromagnetischer Wellen in unterschiedlichen Frequenzen charakteristisch. Diese Wellen sollen ein künstliches Spannungsfeld oder eine Potenzialveränderung im Mauerwerk bewirken, welches die Kapillarkräfte zumindest neutralisiert und dadurch die Wassermoleküle in Richtung Erdreich absinken oder über die Wandflächen verdunsten lässt.

Anbieter der aktiven Anlagen werben teilweise mit der technisch und physikalisch völlig inhaltslosen Bezeichnung der „drahtlosen Elektroosmose". Die Bezeichnung ist ein offenbar zu Werbezwecken geschützter Phantombegriff, welcher sich gut verkauft, aber bereits bei laienhaftem Einblick abwegig im Sinne der Grundtheorie der Elektroosmose [1] ist. Selbst bei positiver Betrachtung der Problematik kann kein ernsthaft anzunehmender Zusammenhang zwischen der wissenschaftlich anerkannten Theorie und der Wortschöpfung „drahtlose Elektroosmose" erfolgen.

Hingegen weisen eine Vielzahl von Anbietern ehrlicherweise darauf hin, dass die Wirkprinzipien ihrer Anlagen noch weitestgehend unerforscht sind und sie augenblicklich nur über Erklärungsversuche und Denkmodelle verfügen. Die von den Herstellern der Geräte gepriesenen Erfolge in der Praxis sind derzeit hinsichtlich Ursache und Wirkung theoretisch nicht ernsthaft bewertbar. Der Hinweis, dass die Naturwissenschaften und auch die entwickelte Physik nicht alle bekannten Phänomene der Natur vorerst ausreichend erklären kann, wird in diesem Zusammenhang immer unterstrichen.

Die meisten theoretischen Erklärungsversuche der Anbieter sind derart, dass davon ausgegangen wird, dass durch die Aussendung einer relativ schwachen Energie die Ladungszustände in den mit Wasser gefüllten Kapillaren neutralisiert oder beeinflusst werden. Das damit u.a. gemeinte

Strömungs- oder Zeta-Potenzial, welches durch die Bewegung der Wassermoleküle in den Kapillaren von einem porösen Baustoffe infolge der elektrischen Ladung zwischen Kapillargrenzschicht und den Wassermolekülen entsteht, soll in seiner Entstehung behindert werden. Nach der Aufhebung der Potenziale bzw. Kapillarkräfte sollen aus dem physikalischen Verständnis der Anbieter heraus entweder die losen Wassermoleküle auf der Basis der Schwerkraft Richtung Erdreich absinken oder bei dem Vorhandensein von Verdunstungsflächen diffundieren.

Das erfolgversprechende Einsatzgebiet wird auf Feuchtebelastungen im Mauerwerk, verursacht durch Erdfeuchte oder Wasser ohne hydrostatischen Druck begrenzt. Feuchtebelastungen im erdberührten Mauerwerk durch drückendes Wasser kann gemäß der Hersteller der Geräte nicht mit diesen Verfahren beeinflusst werden. Grundvoraussetzung eines ernsthaften Angebotes einer Mauerwerksentfeuchtung müsste demnach wie bei den passiven Verfahren die genaue Kenntnis der Wasserbelastung im Baugrund und die konstruktiven Gegebenheiten am Objekt sein. Ein Baugrundgutachten wird von den Anbietern in den seltensten Fällen abgefordert, so dass von einer Kenntnis der tatsächlichen Baugrundverhältnisse nicht ausgegangen werden kann. Dies allein ist bereits eine Abweichung von den eigenen Forderungen an Sorgfaltspflichten bei der Vorprüfung der Randbedingungen zum Einbau der Geräte.

In diesen Anlagen werden je nach Gerätetyp elektromagnetische Wellen unterschiedlicher Frequenzen ausgestrahlt, welche unbestritten zum Grundwissen der Elektrophysik gehören. Dadurch sollen schwache elektromagnetische Felder im feuchten Mauerwerk entstehen, die elektrokinetische Vorgänge auslösen und zu einer Neutralisierung der Kapillarkräfte führen könnten. Unter diesem geschaffenen Sachverhalt soll mittels angeregter natürlicher Diffusion und gegebenenfalls durch Absenkung der Wassermoleküle Richtung Erdreich das Mauerwerk mittel- und langfristig bis zur Sorptionsfeuchte austrocknen.

Bild **8**.45
Das Innenleben eines „High-tech – Gerätes“

Diese anerkannten Wellen sind allerdings noch nicht im Zusammenhang mit der Zielstellung einer Mauerwerksentfeuchtung umfassend und auf wissenschaftlich basierenden Grundlagen in ihrer Wirkung experimentell überprüft worden. Von den Anbietern der Geräte ist die tatsächliche Ursache der angepriesenen Abtrocknung nicht theoretisch nachvollziehbar erforscht. Die Aussicht auf Erfolg solcher grundsätzlichen Ziele wird von Fachwissenschaftlern derzeit als vernachlässigbar eingestuft.

Grund hierfür sind die fehlenden Ansätze bezüglich der Einflussmöglichkeit von Hertzschen Wellen (Mittel- und Langwellen) auf Kapillarwasser und Kapillarkräfte. Die Kapillarkräfte werden laut Arendt [68] hauptsächlich durch drei Faktoren bestimmt:

- dem Kapillardurchmesser
- dem Benetzungswinkel zwischen Flüssigkeit und Kapillarwand (bei Wasser und silikatischen Flächen immer 0 Grad)
- der Oberflächenspannung der Flüssigkeit

Ob und wie durch elektromagnetische Wellen Einfluss auf die Kapillarkräfte auszuüben ist, muss noch wissenschaftlich erforscht werden. Wellen besitzen die Eigenschaft, dass bei dem Auftreffen auf einen Körper ein Teil absorbiert und ein Teil reflektiert wird. Der absorbierte Teil der Wellen wird rein theoretisch zu einer Erwärmung des Körpers und einer Anregung zu Resonanzschwingungen von Wassermolekülen führen. Die Auswirkung auf den Körper ist im Wesentlichen von der Wellenart und der Feldstärke abhängig.

Bei Mikrowellen sind positive Ansätze zu vermuten, da diese in der Bautentrocknung bereits erfolgreich in den letzten Jahren eingesetzt werden. Es kann jedoch davon ausgegangen werden, dass die Anwendung dieser Wellen erhebliche Sicherheitsprobleme mit sich bringt und u.a. aus dieser Sicht eine Entfeuchtung im Sinne der Mauerwerkssanierung an genutzten Gebäuden nicht vorstellbar ist.

Hingegen sind durch Mittel- und Langwellen sicher kaum signifikante Eingriffe in das Kräfteverhältnis der wasserführenden Kapillaren möglich. Gleichfalls ist nicht davon auszugehen, dass durch diese Wellen ein positives Potenzial in dem Mauerwerk aufgebaut werden kann. Die dafür notwendige Ladungstrennung in den Kapillaren ist mit dem Wellentyp aus physikalischer Sicht kaum vorstellbar [68].

Eine in der Schweiz entwickelte Anlage basiert auf der Ausstrahlung von Rundfunkwellen im Langwellenbereich. Die von der Achse aus oberen Wellen sind positiv und die unteren weisen einen negativen Bereich auf. Die negative Hälfte der Welle wird geerdet und der positive Bereich ausgestrahlt. Das somit bestrahlte Mauerwerk soll sich dadurch positiv aufladen, was hauptsächlich einen Wassertransport zum Minuspol (Erde) im Mauerwerk bewirken soll. Der Rest des im Mauerwerk befindlichen Wassers kann dann verdunsten. Das Verfahren ist beim Europäischen Patentamt in München durch ein Patent geschützt [87].

Das beschriebene Wirkprinzip erinnert an ein Denkmodell von vor ca. 70 Jahren, wo bereits das „Phylax- Gerät" auf dem Markt eingeführt wurde, bei dem eine sogenannte kippschwingähnliche Pulsation des elektrischen Feldes von 1 bis 10 Hertz eine erhebliche Rolle spielte. Für die jetzige Elektrotechnik ist es überhaupt kein Problem eine ähnliche Welle auszusenden. Die technische Auswirkung auf das Mauerwerk ist aber durch diese modifizierte Welle genauso unklar wie bei allen anderen Wellen.

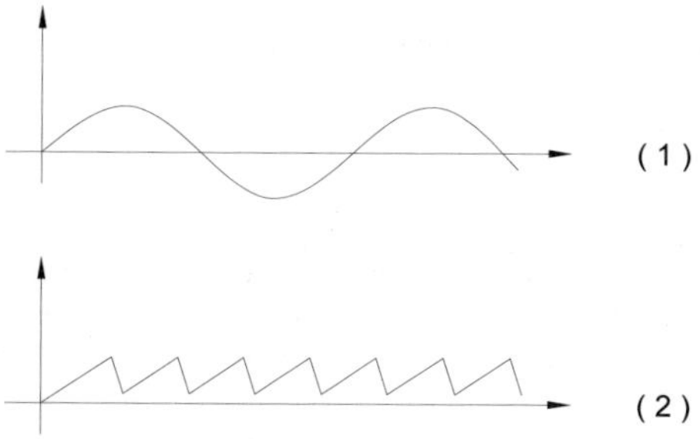

Bild **8.**46
Welle mit Sinus (1) - und Kippschwingung (2)

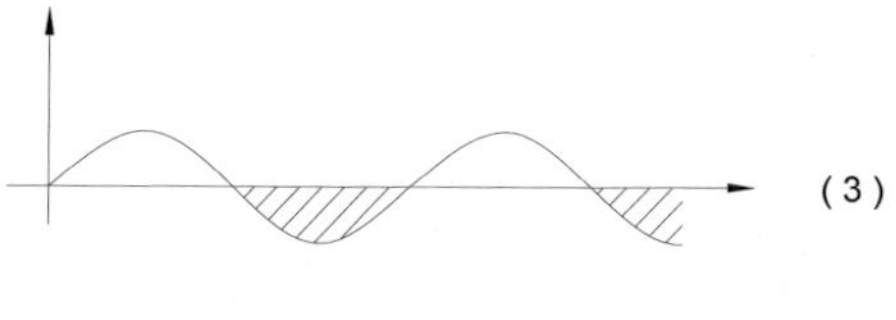

Bild **8.**47
Modifizierte Hertzsche Welle (3)

Ein weiteres Gerät, welches nach eigenen Aussagen der Erfinder magnetokinetische Mauerwerksentfeuchtung realisiert, nutzt ebenfalls die vermutete Möglichkeit durch Funkwellen die physikalischen Vorgänge in feuchtem Mauerwerk zu beeinflussen. Ähnlich der Prinzipien der elektroosmotischen Mauerwerksentfeuchtung soll durch die Einwirkung eines Frequenzfeldes mittels elektromagnetischer Wellen die Bewegungsrichtung der Wassermoleküle und Ionen verändert werden [81]. Ein Versuch in einem neutralen Labor, die elektromagnetischen Wellen von einem dieser Geräte überhaupt messtechnisch nachzuweisen gelang allerdings nicht.

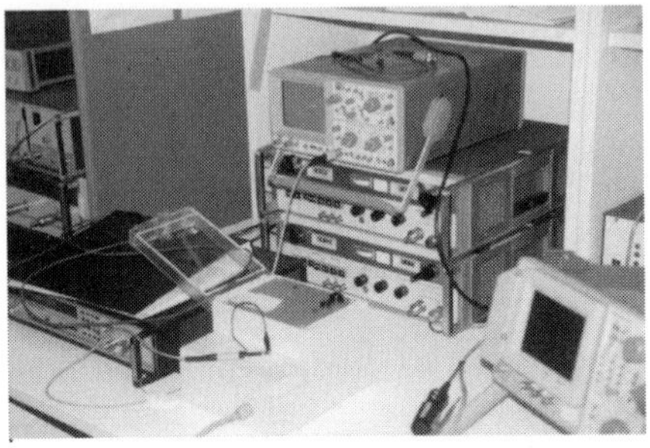

Bild **8.**48
Keine Wellen messtechnisch festzustellen

Bezüglich der Theorie der möglichen Beeinflussung der Richtungsänderung wird dabei auf den Nobelpreisträger Prof. Dr. Richard Ernst verwiesen [55]. Der Preis für R. Ernst wurde allerdings in Anerkennung des Beitrages zur Entwicklung der „Spektroskopie- Methode" auf Grundlage der Kernresonanz vergeben. In dieser Arbeit wird der Zusammenhang zwischen äußeren Magnetfeldern und die damit verbundene Ausrichtung und die veränderten Energiezustände von Atomkernen entwickelt. In keiner wissenschaftlich begründeten Veröffentlichung zu der Theorie über Effekte der Kernresonanz oder der elektromagnetischen Wellen im Sinne von Prof. Ernst ist von einer „Veränderung der Bewegungsrichtung" der Wassermoleküle in Baustoffen die Rede. Insofern kann sich nicht ernsthaft auf den Verfasser berufen werden, wenn es sich um eine gewollte Änderung der Transportrichtung der Wassermoleküle im Mauerwerk handelt.

Ein mit einem österreichischen Patent ausgestattetes Gerät soll wiederum nicht näher beschriebene inhomogene elektrische Felder erzeugen, welche eine Wechselwirkung mit den Wassermolekülen im Mauerwerk eingehen und damit einer kapillar aufsteigenden Bewegung der Wassermoleküle entgegenwirken. Das besondere an diesem Gerät ist der Umstand, dass es sich in der ersten Entwicklungsphase um ein passives System handelte und erst in der zweiten Phase ein aktives Verfahren gewählt wurde [88].

Andere Anlagen senden unterschiedlich schwache niederfrequente, elektromagnetische Wellen aus, welche die Transportrichtung der Moleküle von Wasser und Ionen der Salzen beeinflussen sollen. Letztendlich haben alle diese aktiven Anlagen aber gemeinsam, dass das Bestandsmauerwerk positiv aufgeladen werden soll, damit die Transportrichtung des Kapillarwassers sich zum negativen Mauerwerksbereich in Richtung Erde ändert oder zumindest die vorhandenen Kapillarkräfte aufhebt. Diese elektrophysikalische Veränderung im Mauerwerk müsste allerdings messbar sein. Bei Versuchen der Potenzialmessung des Verfassers an drei Objekten konnte allerdings kein signifikanter Unterschied am Bestandsmauerwerk festgestellt werden. Lediglich an einem Objekt veränderte sich die Spannung zwischen zwei Messzyklen, wobei infolge der fehlenden Langzeitbeobachtung nicht von einem Trend zur Entfeuchtung gesprochen werden kann.

Ein im Handel relativ neues Gerät verfolgt ebenfalls durch die Aussendung niederfrequenter, langwelliger elektromagnetischer Impulse das Ziel, dass diese mit der elektrostatisch geladenen Feuchte im Mauerwerk in Resonanz tritt. Nach Meinung der Erfinder handelt es sich um ein elektrokybernetisches System. Mit den ausgesendeten Impulse soll das vorhandene elektrostatische

Feld im Mauerwerk gestört werden, um damit eine wichtige Auftriebskomponente für die aufsteigende Feuchte im Mauerwerk zu beseitigen bzw. zu neutralisieren.

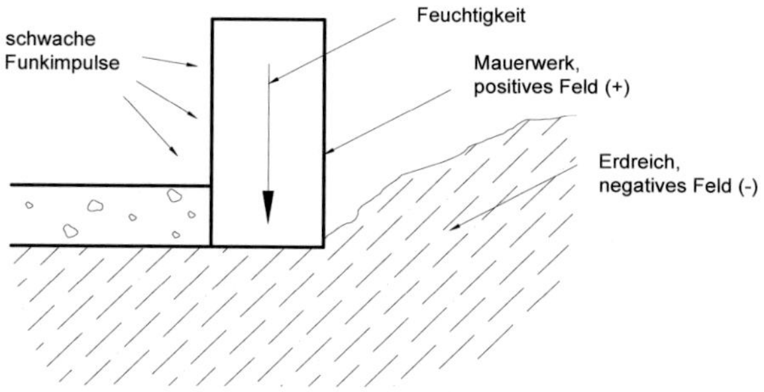

Bild **8**.49
Prinzipskizze für aktive Verfahren

Gegenüber den anderen im Handel befindlichen Gerätetypen soll der auszusendende Impuls auf die örtlichen Gegebenheiten einstellbar sein. Das heißt, dass in Auswertung der zyklischen Messergebnisse eine Nachjustierung der Impulsform selbst und deren überlagerten Signale möglich wird. Dadurch lässt sich das System nach Aussage der Hersteller auf das Mauerwerk, den Baustoff und auf die Umgebungsbedingungen einstellen, so dass der Entfeuchtungsprozesses steuerbar ist [91].

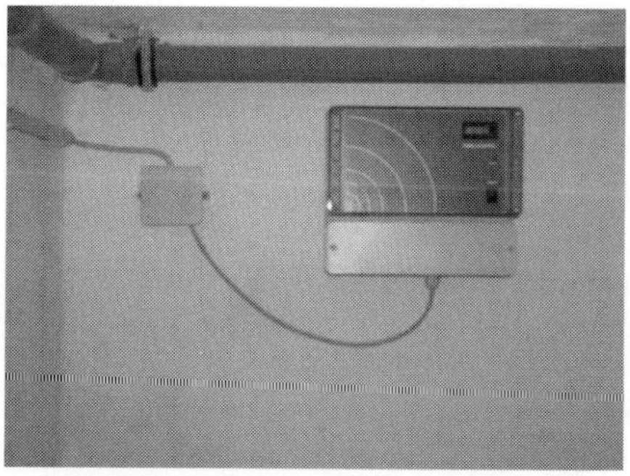

Bild **8**.50
Eingebautes Gerät zur Trockenlegung mit Wellen

Ein weiteres Wirkprinzip außerhalb der hauptsächlich durch Hertzsche Wellen gekennzeichneten Funktionsweisen sind impulsartig erzeugte Wellen, Skalarwellen [73] oder „Wirbel mit entstehenden kugelartigen Gebilden, die weiterhin mit Lichtgeschwindigkeit rotieren" [74]. Dabei basiert bei diesen Anlagetypen das Wirkprinzip auf Theorien der konträr diskutierten Grundlagenforschung von Prof. Meyl [47,73].

Die Funktionsweise der Bauwerksentfeuchtung auf der Grundlage von Skalar-und Tesla-Wellen ist unerforscht. Nach der Theorie hat jeder Impuls einen Anteil von Hertzschen- und Teslawellen. Falls die Existenz von Skalar- oder Tesla- Wellen durch die wissenschaftliche Forschung bestätigt wird, der bisher nachgesagte Charakter der Wellen und Wirbel auch tatsächlich eintritt und der Anteil der Hertzschen Welle beim Impuls durch die Form der Spule gesenkt werden kann, dürfte eine weitere theoretisch mögliche Entfeuchtungsvariante für die Diskussion in der Fachwelt zur Verfügung stehen.

Von den Hertzschen Wellen ist nach der Meinung der Hersteller von „Entfeuchtungsgeräten" mit Skalar-oder Tesla-Wellen eine entscheidende Einflussnahme auf die Kräfteverhältnisse im Mauerwerk aus heutiger Kenntnis nicht zu erwarten. Ob dies auf die von ihnen favorisierten und bis jetzt bezüglich der Existenz noch unbewiesenen Strahlen zutrifft, bleibt abzuwarten.

Der theoretische Ansatz, dass mittels gepulster bzw. ungepulster elektromagnetischer Wellen oder durch Skalar- bzw. Tesla- Wellen eine Beeinflussung des Mauerwerkpotenziales und andere für aufsteigende Feuchtigkeit im Mauerwerk verantwortlichen Kräfte möglich ist, sollte für die Wissenschaft als erforschbar eingestuft werden. Eine vornehme Zurücklehnung des akademisch ausgebildeten Personenkreises mit Hinweis auf den derzeitigen Stand der Wissenschaft ist für die Entwicklung der Bautechnik nicht hilfreich und bringt weder Befürworter noch Kritiker der in Fachkreisen umstrittenen Anlagen einen entscheidenden Vorteil.

Vielmehr können zweifelhafte Geschäftemacher den Umstand der fehlenden Einordnung der Geräte in „wirksam" und „unwirksam" gewinnbringend ausnutzen. Die Einordnung hat allerdings auf Grundlage von seriösen Untersuchungen neutraler Institute und nicht durch „Vorverurteilung" oder nach subjektiver Einschätzung zu erfolgen.

8.5.5 Polarisierende Auseinandersetzung

Auf Grund der jahrzehntelangen engen Zusammengehörigkeit zwischen Radiästhesie und Abschirmgeräten in ihrer Entwicklung sind beide Phänomene zu betrachten. Die Abschirmgeräte entwickelten sich erst aus dem Gedanken, dass die zwar unbewiesenen aber um so schädlicheren Erdstrahlen zu beseitigen oder zumindest zu neutralisieren sind. In der Phase dieses Entwicklungsprozesses wollen die Wünschelrutengänger und ihre Befürworter dann bemerkt haben, dass die Abschirmgeräte, gewissermaßen als Nebenprodukt, auch Mauerwerksentfeuchtung bewirken.

Die wohl erste wissenschaftliche Auseinandersetzung mit den damaligen Abschirm- und Entstörungsgeräten war um die vorletzte Jahrhundertwende ein zu erstellendes Gutachten von dem Physiker v. Helmholtz. Im Rahmen einer Patenteinreichung beim Deutschen Reichspatentamt hatte Helmholtz eine Begutachtung zu dem von Prof. O. Korschelt eingereichten Gerät mit dem Namen „Sonnenätherstrahlgerät" vorzunehmen. Sinngemäß stellte er fest:

> „Nach dem Stande heutiger wissenschaftlicher Erkenntnisse kann die beabsichtigte Wirkung der Strahlungsgeräte nicht eintreten." [89]

Spätere ernstzunehmende Versuche bezüglich der Überprüfung von Wünschelrutenphänomenen wurden vom 08.- 13.12. 1920 in der Preußischen Geologischen Landesanstalt Berlin durchgeführt. Die Versuche mit unterschiedlichen Zielstellungen fanden unter Leitung von Prof. Dr. Krause statt. Die Auswertung erfolgte unter aktiver Mitwirkung der Wünschelrutengänger und trotzdem musste ein zur Thematik positiv eingestellter Teilnehmer feststellen, dass die

> *„Beziehungen zwischen den nutzbaren Stoffen in der Erde und der Rute in der Hand des Rutengängers durch den Ausgang der beschriebenen Versuche nicht einmal wahrscheinlich gemacht worden sind."* [P. Mano]

Anfang der 40er Jahre des 20. Jahrhunderts beharrten einige Wissenschaftler ohne ernsthafte Beschäftigung mit der Sache darauf, dass die Apparate *„Schwindel sein und einen unerlaubten Eingriff in das Volksvermögen darstellen"*. Zwei experimentelle Überprüfungen an der Technischen Hochschule München durch Prof. Dr. von Angerer ab Mai 1932 und durch Prof. Dr. Walther Gerlach, ab Dezember 1932 am Lehrstuhl für Physik schienen durch ihre negativen Ergebnisse die Meinung der überwiegend medizinisch ausgebildeten Berufskollegen zu bestätigten [11].

Aber auch Dr. A. Ebert von der Preußischen Geologischen Landesanstalt kam durch Versuche im Jahr 1932 zu einem negativen Ergebnis[95,103]. Ziel der Versuche war es allerdings vorrangig die Wechselwirkung zwischen den postulierten Erdstrahlen und den Abschirmgeräten aus der Blickrichtung der Wünschelrutengänger zu überprüfen [11]. Ob die Versuchsanordnungen und Randbedingungen mit Recht durch Befürworter der Wünschelruten kritisiert worden ist im Nachhinein nicht ernsthaft zu bewerten.

Letztendlich ist es erstaunlich, dass trotz der erheblichen Zweifel hinsichtlich der Existenz der Erdstrahlen in dieser Zeit sich trotzdem der Apparatebau und Handel mit Abschirmgeräten enorm ausbreitete. Dieser Umstand kann nur dadurch erklärt werden, dass tatsächlich durch die vielen Veröffentlichungen über den geäußerten Zusammenhang zwischen Erdstrahlen und Krebs [10] der Bedarf für Abschirmgeräte in der Bevölkerung künstlich und bewusst geschaffen wurde. Bei den hohen Gewinnanteilen von bis zu 80 % pro verkauftem Gerät ist die intensive Werbung nicht verwunderlich.

Im Jahre 1953, in dem die spätere Trennung zwischen Wünschelrutengängern und Technikern, die sich mit Abschirm- bzw. Entstörungsgeräten befassten, noch nicht einmal ansatzweise vermutet werden konnte, hat ein bekannter Rutengänger die Gegebenheiten so zusammengefasst:

> „Leider haben sich die wenigsten Rutengänger mit dem Wesen der Erdstrahlungsenergien genügend vertraut gemacht; sie haben einfach drauflos experimentiert und die unmöglichsten Abschirmapparate erfunden und eingebaut, manchmal um teures Geld.“ [18]

Weiter wird von dem ansonsten zweifelsfreien Befürworter der Apparate darauf hingewiesen, dass durch diese „Basteleien“ die Misserfolge zwangsläufig nicht ausbleiben könnten und zudem durch solche „wilde Abschirmerei“ das allgemeine Misstrauen gegen jedes Abschirmverfahren genährt wird [18]. Dieser Umstand ist bis heutige zu beklagen.

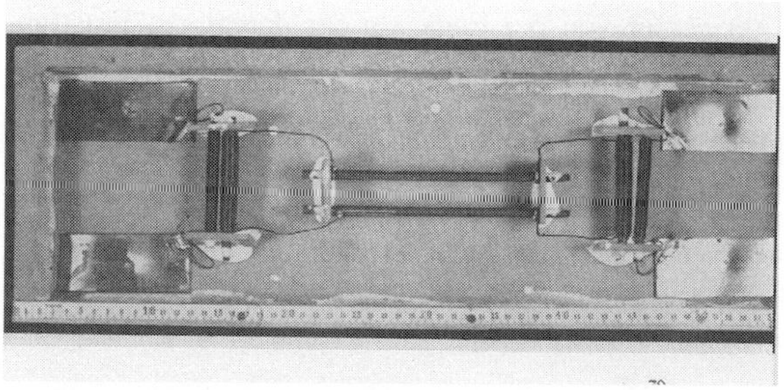

Bild **8.51**
Das Innenleben eines „Heinkel-Gerätes“ besteht aus einer Phantasieschaltung [25]

Da das Wünschelrutenproblem und die damit bis vor ca. 40 Jahren eng verbundene Entwicklung der Abschirmung- und Entstörungstechnik in den Bereich der Parawissenschaften eingestuft und somit von der ernsthaften Naturwissenschaft für nicht untersuchungswürdig gehalten wurde, blieb das Interesse der Beschäftigung in neutralen Fachkreisen eher gering.

Bis Ende der 80iger und Mitte der 90iger Jahre des 20. Jahrhunderts hinein waren nur wenige mit der Forschung vertraute Wissenschaftler mit Problemen der Wünschelrutenphänomene und im speziellen mit der Funktionsweise bzw. den Wirkprinzipien der Entstörungsapparaten ernsthaft beschäftigt.

Diese Periode war eher dadurch gekennzeichnet, dass sich zum einen die selbsternannten Fachleute ohne physikalische oder technische Ausbildung durch Veröffentlichungen zu Wort meldeten. Die Autoren waren fast ausschließlich Wünschelrutengänger. Selbst die Befürworter der

Radiästhesie und der möglichen Abschirmung von Erdstrahlen und Ähnlichem äußerten Befremden über diese Artikel und mahnten zeitweise energisch zur Versachlichung.

Gerade in der Vereinszeitung „Radiästhesie“, in der fast ausschließlich überzeugte Rutengänger und Pendler zu Wort kamen, ist nicht mehr zwischen wirklichen und vermeintlichen Möglichkeiten auf dem Gebiet der Abschirmung zu unterscheiden. Nach Ansicht des langjährigen 1. Vorsitzenden des Vereins der Radiästheten, Dr. Wetzel (1888- 1956), wird der Glaubhaftigkeit eines gesamten Berufszweiges durch derart utopische Erzählungen in verschiedenen Medien von Rutengängern über ihre Abschirmergebnisse schweren Schaden zugefügt. Tatsächlich sind vielfach Ergebnisse bei der Aufstellung von Abschirmgeräten beschrieben, die bei Abwägung aller auch möglichen Umstände, eine zumindest halbwegs bodenständige Meinung vermissen lassen.

So lassen die Beschreibungen der Erhöhung der Milchproduktion bei Kühen durch die Aufstellung eines Abschirmgerätes in einem Stallgebäude und der Wunsch des betreffenden Bauern noch ein weiteres Abschirmgerät zu erwerben [29], um die Produktion noch effizienter zu gestalten, jeglichen Realitätssinn vermissen. Gleiches gilt für Veröffentlichungen bezüglich des Einsatzes der Geräte mit dem Ziel, die Brennleistung von Öfen und andere Heizungen zu erhöhen oder eine schnelle Verbesserung der Atemluft zu erhalten [101].

Zum anderen ist dieser Zeitabschnitt aber auch von zahlreichen veröffentlichten Abhandlungen gekennzeichnet, welche von einem akademisch ausgebildeten Personenkreis erstellt sind. Die fehlende Unvoreingenommenheit und Neutralität, die die Grundlage glaubwürdiger Wissenschaftler ist, wertet die Darstellungen jedoch erheblich ab. Hinzu kommt, dass auffallend viele Mediziner sich über physikalisch umfassende und komplizierte Sachverhalte äußern, ohne außer ihre Erfahrung als Wünschelrutengänger und praktizierende Mediziner über ein physikalisches Grundwissen zu verfügen.

So kann man ihren Arbeiten zwar einen gewissen Respekt entgegenbringen, eine wirklich brauchbare Theorie zur Beschreibung der physikalischen Vorgänge bei der Abschirmung von Reizstreifen oder Entfeuchtung von Mauerwerk ist jedoch nicht einmal im Ansatz bemerkbar. Unklar ist, ob dies auch auf den medizinischen Bereich zutrifft.

Der auffälligste Radiästhet und kritische Verfechter von der Funktion der damaligen Entstrahlungsgeräte war wohl der Mediziner Dr. Wüst. Er zweifelte an der Wirksamkeit der Geräte zur Beseitigung von hauptsächlich geophatogene Problemen. Nur als Randerfolg wird auch von ihm und anderen Autoren [101] die Entfeuchtungen von Mauern mit angesprochen. Seine Veröffentlichungen sind für den Fachbereich Bauphysik wenig bzw. gar nicht verwertbar. Diese Einschätzung ist von allen Veröffentlichungen verschiedener Autoren aus dem Winkel der Radiästhesie bis in die heutige Zeit hinein zu verzeichnen. Im Vordergrund der Artikel standen die Probleme der Krebsbildung beim Menschen und der Fortpflanzung sowie Milchausbeute bei Tieren durch die Neutralisation von Erdstrahlen

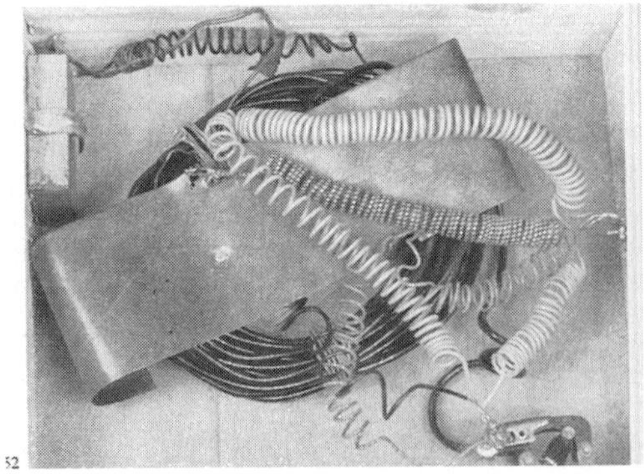

Bild **8**.52
Das „Lu-Ge- Gerät“, eine Bastelarbeit aus Radioteilen [25]

Der wohl bekannteste Physiker nach Helmholtz, welcher sich mit den Entstrahlungsgeräten auseinander setzte, war Prof. Dr. Brüche. Der Mitkonstrukteur des elektrostatischen Elektronenmikroskopes [103] veröffentlichte 1962 eine umfangreiche Abhandlung zum Problem der Wünschelrutenphänomene [25]. Eine zitierte „Trockenlegung von Räumen in zwei Kirchen" wird bei ihm unter dem Titel „Positive Laienbegutachtung" geführt und in keinster Weise in seiner Eigenschaft als Physiker kommentiert. Die nachfolgenden Schlussbemerkungen geben Aufschluss über seine Gesamteinschätzung der Wirkungsweise der Abschirmgeräte:

> „Abschirmgeräte sind bei unserer heutigen Kenntnis hinsichtlich der möglichen Wirksamkeit völlig unverständlich; die angeblichen physikalischen Beweise der Wirksamkeit sind nicht überzeugend. Es wird vermutet, dass in der Mehrzahl der positiven Beurteilungen Suggestivwirkung oder Nebenumstände zur Täuschung geführt haben." [25]

Auch spätere Veröffentlichungen einiger Wissenschaftler bezüglich der Auseinandersetzung mit den Erdstrahlen und ihrer Auswirkungen aus physikalischer Sicht waren stellenweise sehr sachlich und gut verständlich. Ihre Beweisführung des Nichtvorhandenseins dieser angedachten Phänomene erfolgte ausdrücklich über allgemein anerkannte Gesetze der Natur und der wissenschaftlich belegbaren Physik.

Der Gerichtsmediziner Prokop mit einem Autorenkollektiv veröffentlichte in den 60 Jahren eine leicht verständliche Abhandlung über Erdstrahlen und Abschirmgeräte mit sehr kritisch und berechtigtem Unterton [22]. Teilweise waren die Darstellungen allerdings überzogen. Die Grundvoraussetzung der Neutralität und sachlichen Auseinandersetzung mit Phänomenen der Grenzwissenschaften war gerade noch gewahrt.

Die überarbeitete Ausgabe von Prokop und dem Juristen Wimmer in den 90er Jahren [38] ist dann eher als populistisch gut aufgemachtes Werk als eine ernstzunehmende Auseinandersetzung an den Erdstrahlenproblem zu verstehen [46]. So sehr die Meinung der Autoren über unsinnig angebotene Geräte verständlich ist, darf ein ernsthafter Wissenschaftler den Andersdenkenden nicht im Lichte der strafrechtlichen Verantwortung gegenübertreten. Es werden in dem Buch interpretierbare Sachverhalte mit unnötiger Polemik zu einseitig und nicht mit der gebotenen Neutralität bewertet [45]. Prokop geht zu weit, wenn er Forscher als Schreibtischtäter und Helfer für Straftaten bezichtigt, die sich mit Erdstrahlen beschäftigen und sich nicht konsequent dagegen aussprechen.

Aber auch Befürworter der Abschirmgeräte gingen über die hinnehmbar kritische Auseinandersetzung hinaus. Zum Beispiel lehnte Dr. J. Kopp als Vertreter der „Phylax-Apparate" in der Schweiz eine Vorführung seiner Geräte vor einer Gruppe anerkannter Schweizer Wissenschaftler ab nachdem die dahinterstehende Zeitung „Freies Volk" ihm genannt wurde. Er erklärte, dass es den Wissenschaftlern an der nötigen Erfahrung fehle. [25]. Diese und anderer teilweise vorgeschobenen Gründe, welche von beiden Seiten vorgebracht wurden, führte u.a. zu der Tatsache der bis heute ausbleibenden ernsthaften gemeinsamen Forschung.

Der Verfasser zahlreicher Publikationen über Forschungen auf elektro- und biophysikalischen Gebiet sowie Inhaber eines Lehrstuhles für Technische Elektrophysik an der TU München, Prof. König, beschäftigte sich mit der Problematik der Wünschelruten und mit Abschirm- und Entstrahlungsgeräten. Er wies nach eigenen Versuchen in einer 1986 erfolgten Veröffentlichung [40] darauf hin, dass die bekannten Entstrahlungs- und Abschirmgeräte keine besonderen Eigenschaften besitzen, welche die Erfinder und Verkäufer ihnen zuordnen. Eine Auswirkung auf eventuell biologisch sensible Felder wird allerdings nicht grundsätzlich verworfen. Hingegen wird die Möglichkeit einer Einflussnahme der „Erdstrahlen" durch die Konstruktionen mit Blick auf den klassisch- physikalischen Zusammenhang, wie dieser im Rahmen elektromagnetischer Energieformen beschrieben ist, strikt abgelehnt.

Zu sehr ähnlichen Ergebnissen kommt der Physiker Prof. Betz 1990 [46], welcher an der Ludwig-Maximilians- Universität in München lehrt und mit Prof. König, die vom Bundesforschungsministerium finanzierte Studie über „Erdstrahlen" leitete. In dieser sehr umfassenden und in Deutschland einzigartigen Studie auf wissenschaftlicher Basis werden die Erdstrahlen als Phänomen zur Forschung im Rahmen der etablierten Wissenschaften angemahnt. Die Möglichkeit einer effizienten Beeinflussung von Erdstrahlen durch Abschirmgeräte wird hingegen als Unfug bezeichnet [45]

Ab Mitte der 90iger Jahre sind infolge der Trennung zwischen der Radiästhesie und den Herstellern der Abschirmgeräte dahingehend Veränderung festzustellen, dass die teilweise ingenieurtechnisch ausgebildeten Anbieter der Geräte ernsthafte Erklärungsversuche der Wirkprinzipien unternehmen. Unterstützung erhalten sie von einzelnen Physikern und Architekten aus Universitäten und Fachhochschulen, ohne das diese Wissenschaftler sich auf dem Gebiet der Mauerwerkssanierung explizit auskennen oder sich „nur" zur Grundlagenforschung auf diesem Gebiet bekennen. In einigen Passagen der umfangreichen Veröffentlichungen werden die Auswirkungen angedachter und teilweise theoretisch begründeter Phänomene für die Bauwerksentfeuchtung angerissen [47] oder zumindest die Möglichkeit der Existenz von noch unbewiesenen Strahlen diskutiert [40, 43,45, 58].

Es ist aber in dieser Zeit ein fast ausschließliches Abrücken von der früher vertretenen „Erdstrahlentheorie" bei den Anbietern der Entfeuchtungsgeräte festzustellen. Das Wort „Erdstrahlen" wird vermieden und durch verschiedene inhaltslose Wortschöpfungen oder durch Termini aus der Grundlagenforschung ersetzt. Letztendlich wird eine fast komplette Trennung von den Wünschelrutenphänomen vorgenommen, indem wissenschaftliche oder paraphysikalische Erklärungsversuche an die Stelle der früheren Theorien rücken. Diese „neuen" Modelle haben allerdings das frühere Problem der Erklärungsversuche nicht entscheidend verändert, da auch hier der exakte wissenschaftliche Nachweis fehlt.

Nach geltender Lehrmeinung der Physik ist das elektrische Feld wirbelfrei. Ab 1990 unternimmt der Physiker Prof. Meyl den Versuch auch im elektrischen Feld Wirbel anzunehmen. Um diese strikt von den wissenschaftlich anerkannten Wirbeln der Strömungslehre zu trennen, werden sie von ihm als „hydrotische Wirbel" in die Grundlagenforschung eingeführt [47]. Bei der Skizzierung der möglichen Auswirkung solcher Wirbeln auf noch unerforschte Phänomene in der Natur wird in der Veröffentlichung auch ein eventueller Einfluss auf die Mauerwerksfeuchte angedeutet. In Wirbeln gebundene Feuchtigkeit aus unterirdischen Wasserläufen soll danach die Mauerwerksfeuchtigkeit verursachen.

Dieser als Diskussionsbeitrag für die Bauphysik angedachte Hinweis wird von Befürwortern der Entfeuchtungsgeräte sofort unkritisch aufgenommen und in eigenen Aufsätzen als wissenschaftlich fundiertes Wirkprinzip aufbereitet [74]. Damit wurde die für die Grundlagenforschung bestimmte Andeutung zweckentfremdet und vorschnell für die theoretische Erklärung des noch fehlenden Wirkprinzips der Entfeuchtungsapparate herangezogen.

Eine ernsthafte Auseinandersetzung der Theorie des Zusammenhanges zwischen Mauerwerksfeuchte und Potentialwirbeln auf der Basis einer wissenschaftlichen Forschung durch ausgebildete Physiker erfolgte nicht. Grund hierfür war zum einen, dass die Autoren des vermeintlich bewiesenen Wirkprinzips keine ausgebildeten Physiker sondern bestenfalls selbsternannte Autodidakten waren. Zum anderen hatte die physikalische Fachwelt die neue Theorie in der Grundlagenforschung nicht wertneutral aufgegriffen oder zumindest ernsthaft auf Plausibilität geprüft.

Trotz des offiziellen Widerspruches zwischen der noch fehlenden Anerkennung durch die Fachwelt und Propagierung der Theorie als wissenschaftlich bewiesenes Wirkprinzip mit baupraktischer Ausnutzung in der Entfeuchtungstechnik konnte eine werbewirksame Beeinflussung des Marktes mit dieser Theorie festgestellt werden. Hersteller hatten den Vorteil nun die Funktionsweise ihrer Geräte zu „erklären", wobei selbstverständlich der Hinweis auf den tatsächlichen Qualitätsanspruch der Grundlagenforschung gegenüber Dritten fehlt.

Eine kritische und experimentelle Auseinandersetzung mit der Idee ist nur von einem, auf dem Gebiet der Physik ausgebildeten Ingenieur, derzeit bekannt. Die Basis des Modells ist, dass Skalarwellen eine Beeinflussung des Kapillarwassers im Mauerwerk bewirken. Durch spezielle Spulen und elektrotechnische Materialien soll aktiv ein Anteil von Skalar-Wellen im Bereich der elektromagnetischen Impulse erzeugt und für eine Entfeuchtung im Mauerwerk ausgenutzt werden. Die derzeitigen Untersuchungen sind durch den Einsatz privater Mittel sehr eingeschränkt und man kann nur hoffen, dass sich die Wissenschaft der Problematik von Skalar-Wellen und Potentialwirbel doch noch neutral annimmt.

Eine weitere Theorie der Mauerwerksentfeuchtung mittels Magnetokinese und freier Raumenergie wurde durch einen österreichischen Maschinenbauingenieur herausgebracht. Er erhielt dafür 1995 die „Kaplan- Medaille“, die für Leistungen in der Grundlagenforschung vergeben wird. Die Theorie wird von Fachphysikern mit Hinweis auf die Lehrmeinung abgelehnt und meistens nur mit einem Lächeln quittiert. Der Geophysiker Prof. E. Wielandt verweist auf das unsinnige Wirkprinzip [93] des passiven Gerätes, welches durch die Ausnutzung nicht vorhandener bzw. unbewiesene Strahlen funktionieren soll. Trotzdem werden die Geräte mit dem vermuteten und völlig unbewiesenen Wirkprinzip seit Jahrzehnten auf dem Bausanierungsmarkt durch werbewirksame Aktionen sehr erfolgreich verkauft. Keinen Einfluss auf die Marktanteile hat der Umstand, dass ausschließlich in der Physik unbekannte und nicht messbare Phänomene die Entfeuchtung von Mauerwerk bewirken sollen.

Anerkannte Bauphysiker aus dem Bereich der Bauinstandsetzung verwerfen bisher grundsätzlich alle Ansätze der möglichen Mauerwerksentfeuchtung mittels Erdstrahlen, Wirbelpotentialen, des Gravomagnetismus und der so genannten Magnetokinese. Grundlage ihres Standpunktes sind eigene Erfahrungen persönlicher Untersuchungen und die Nichthaltbarkeit der Theorien auf Basis der physikalischen Lehrmeinung [78,111]. Veröffentlichungen von einzelnen Architekten aus einer Fachhochschule in Hannover [43,58], die u.a. Mauerwerksrisse sowie Bauformen mit Erdstrahlen und radiästhetischen Phänomenen in Verbindung bringen sind da sicher zur ernsthaft wissenschaftlichen Überzeugungsarbeit nicht geeignet.

Derzeitige Forschungsaktivitäten an Hoch- und Fachschulen sind auf dem Gebiet unbekannt. Durch die überwiegend strikte Abwehrhaltung der Befürworter und Gegner bezüglich einer experimentellen Zusammenarbeit wird sich in den nächsten Jahren ein Erkenntnisschub kaum feststellen lassen. Einzelne Anbieter versuchen in den letzten Jahren den Nachweis der Funktionstüchtigkeit ihrer im Handel befindlichen Geräte über baupraktische Untersuchungen neutraler Sachkundiger im Einzelfall zu erbringen. Dies ist zwar ein erster nennenswerter Versuch der neutralen Auswertung der Einflussnahme von eingebauten Geräten zur Feuchteminimierung des Bestandsmauerwerkes in der Praxis. Mehr als ein Anfang ist es jedoch nicht.

Die notwendig gewordene theoretische wissenschaftliche Auseinandersetzung durch ausgebildete Forscher kann diese baupraktischen Maßnahmen nicht ersetzen. Es müssen erst einmal die Einflüsse der jeweiligen Mikro-Kurz-und Langwellen oder Erdstrahlen auf die Kapillarkräfte im porösen Baustoffen physik-theoretisch erforscht werden. Bei letzteren Strahlentyp ist dabei primär erst einmal die Hürde der Nachweisführung über die Existenz zu überspringen, was vermutlich nicht erfolgt.

Des Weiteren sind die theoretischen Ansätze bei der Erforschung der vermuteten Phänomene auf der Basis der nachweisbaren naturwissenschaftlichen Gesetze herzuleiten. Dabei sind die tatsächlichen Einflussfaktoren der Kapillarkräfte (Kapillardurchmesser, Benetzungswinkel zwischen Flüssigkeit und Kapillarwand u. Oberflächenspannung der Flüssigkeit) nicht nur bei salzfreiem Wasser zu berücksichtigen. Vielmehr ist mit Blick auf die Praxis in der Mauerwerkssanierung von salzbelastetem Wasser auszugehen, was den Forschungsgegenstand nicht einfacher erscheinen lässt.

Gleichzeitig ist zu berücksichtigen, dass Wassermoleküle zwar Dipoleigenschaften durch die ungleiche Ladungsverteilung besitzen, jedoch ansonsten elektrisch neutral sind. Die Theorie einzelner „Freizeitforscher“ mittels eines äußerst schwachen elektrischen oder elektromagnetischen Feldes Transportmechanismen infolge der Dipoleigenschaften der Wassermoleküle zu aktivieren, dürfte daher eher erfolglos bleiben.

Dies um so mehr, da in den meisten Fällen in den Gebäuden, in denen die Geräte eingebaut werden, vor oder im Zeitraum der Betriebsdauer meistens Sanierungsmaßnahmen erfolgen, welche den Feuchtehaushalt der Mauer auch ohne ein derartiges Gerät beeinflussen. Hierzu zählen u.a.:

- Nutzungsänderung der betreffenden Räume
- Verändertes Heizungs- und Lüftungsverhalten
- Entfernung des vorhandenen Wandputzes
- Herstellung von Wandputz mit einem Sanierputzsystem
- Sanierung von Entwässerungs- u. Grundleitungen
- Veränderte hydrologische Verhältnisse auf dem Grundstück

Zur weiteren Aufhellung des Sachverhaltes über die Erfolgsaussichten passiver Geräten trägt sicher bei, dass bei Zugrundelegung der vielfältigen zugeschriebenen Eigenschaften der Erdstrahlen, diese auch unterschiedlich zu beeinflussen sind. Röntgenstrahlen sind zum Beispiel mit Bleiprofilen von zu schützenden Körpern oder Gegenständen abzuhalten. Bei dem Vorhandensein von statisch elektrische Feldern wäre diese Maßnahme als Schutz sinnlos und es bedarf eines „Faradayischen Käfigs“. Ungeachtet diese simplen Tatsache, sollen aber Erdstrahlen durch ein paar Kupferspulen, Silberblättchen, Mineralstückchen und primitiven Schaltkreisen zumindest beeinflusst werden.

8

In Beachtung der diskutierten Bandbreite von Eigenschaften bezüglich der Erdstrahlen mutet dies nicht logisch nachvollziehbar an. Dabei ist der Umstand, dass die Strahlen noch für eine Mauerwerksentfeuchtung genutzt werden sollen, noch gar nicht berücksichtigt. Der Ansatz von den Befürwortern der passiv agierenden Entfeuchtungsgeräte ist technisch und schon gar nicht aus physikalischen Gesetzmäßigkeiten heraus zu erklären.

Letztendlich ist davon auszugehen, dass die derzeit auf dem Markt befindlichen Geräte und Anlagen nicht zum Stand der Bautechnik und schon gar nicht zu den allgemein anerkannten Regeln der Technik gehören. Eine Einstufung zum Stand der Wissenschaft ist ebenfalls mit Blick auf die Widersprüche der unbewiesenen Theorien zur allgemeingültig anerkannten Lehrmeinung der Physik abzulehnen, sodass bestenfalls eine Einstufung im Bereich der Grundlagenforschung verbleibt.

Bis zum heutigen Tag hat die Einschätzung von Helmholtz vor mehr als 90 Jahren immer noch volle Gültigkeit, dass nach derzeitigem wissenschaftlichem Kenntnisstand eine beabsichtigende physikalische Wirkung der Geräte nicht erwiesen ist. Ob sich dies in absehbarer Zeit ändert, ist bei den Geräten auf der Basis von Erd- und Kosmischer Strahlung nicht, und bei den Geräten mit elektromagnetisch ausgestrahlten Wellen kaum zu vermuten.

8.5.6 Ähnlichkeiten zwischen Gestern und Heute

Der wissenschaftlich belegbare und allgemeingültige Beweis des Vorhandenseins von Erdstrahlen, Wirbeln, oder gravokinetischen bzw. magnetokinetischen Vorgängen im Zusammenhang mit einer feuchtebeeinflussenden Wirkung im Mauerwerk ist bis zum heutigen Tag zweifelsfrei nicht erbracht. Zudem sind die immer wieder bei der Erdstrahlenproblematik genannten „Wasseradern“ selbst durch die moderne Geologie nicht bestätigt. Sie werden einfach als so nicht vorhanden von den Hydrologen eingestuft. Trotzdem ist eine besondere Aktivität der Anbieter von Geräten zur Mauerwerksentfeuchtung auf Basis der vorgenannten Phänomene in den letzten 20 Jahren zu verzeichnen.

Die notwendige Energie zum Zwecke der Betriebsfunktion soll teils aus den kosmischen Schwingungen, aus physikalisch nicht zuordenbaren Erdstrahlen, Wirbeln oder Wellen bzw. aus der Steckdose kommen. Ein aussichtsreicher Erklärungsversuch ist trotz der ansonsten erfolgreichen Forschung in den Naturwissenschaften nicht bekannt.

Offenbar als Alternative zur fehlenden wissenschaftlichen Begründbarkeit der Geräte wurden und werden die Geräte zum Patent angemeldet. Dem Laien wird damit suggeriert, dass es sich um brauchbare und funktionstüchtige Apparate handelt. Das diese Patentanmeldung hauptsächlich aus werbewirksamen Gesichtspunkten erfolgt und sich daraus keinerlei Rückschlüsse auf deren Brauchbarkeit ableiten lassen, ergibt sich zweifelsfrei aus dem deutschen Patentrecht. Bei einer Patentprüfung in Deutschland wird die angegebene Funktion nicht auf ihren Wahrheitsgehalt überprüft.

Aus den genannten und vielfältig anderen Gründen sind alle erdenklichen und für Laien erklärbare Gerätetypen auf dem Markt. Angefangen von ernsthaft gemeinten aber unbewiesenen und eher vermuteten Wirkprinzipien der gebauten Schaltkreise bis hin zu völlig abwegigen mystischen Konstruktionen aus losen unverbundenen Kupferdrähten sowie unsinnigen primitiven Geräteinhalten ist alles vorzufinden.

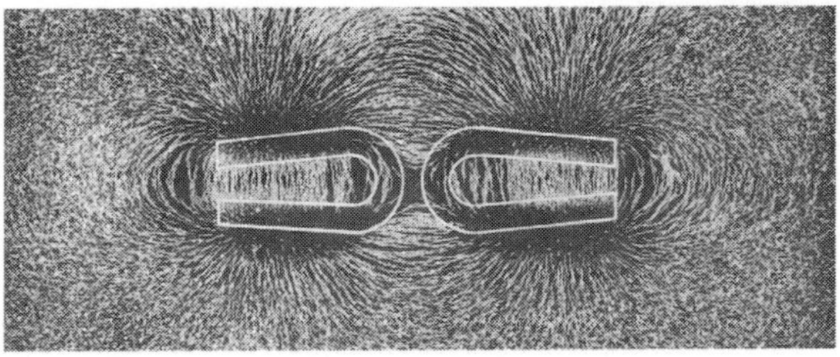

Bild **8**.53
Kraftfeldlinien zweier Spielzeugmagneten, die, in ein Holzkästchen eingegossen, ein Entstrahlungsgerät ergeben sollen [25]

Das dann noch „Geschäftemacher“ bei den sehr hohen und im Bauwesen untypischen Gewinnspannen auf dem Gebiet der Mauerwerksentfeuchtung mitmischen, ist mit sehr hoher Wahrscheinlichkeit auch bis in unsere heutige Zeit anzunehmen. Verfolgt man selbst die Literatur der letzten Jahrzehnte von Anbietern der Geräte ist immer wieder von Scharlatanen und Betrügern [11,25] im Zusammenhang mit der Aufstellung der Kästchen die Rede. Diese Tatsache führte zu erheblichen Unmut in der eigenen Branche, da die von der Wirkung überzeugten Anbieter sich in ihrem Handel geschädigt sehen. Bereits in den 60er Jahren wurde daher ein Verein von Wünschelrutengängern gegründet, der einen gewissen Qualitätsstandard der im Handel befindlichen Geräte absichern sollte.

Vorfahre der 1963 gegründeten und jetzt noch bestehenden ähnlich strukturierten EURAFEM war die im Jahr 1954 gegründete „Arbeitsgemeinschaft Entstörungstechnik“ (AET). Dort schlossen sich Konstrukteure und Vertriebe zusammen, um endlich „*Ordnung und Sauberkeit in das deutsche Entstörungswesen zu bringen*“ [100]. Dies machte sich aus Sicht der Gründungsmitglieder und des Verbandes der Ruten- und Pendelkunde e.V. auf Grund der ärgerlichen Wirkungslosigkeit der angebrachten Geräte und der den Markt belastenden „Nachbastler“ und Scharlatane notwendig [100].

Die Zielstellung soll dadurch erreicht werden, dass mittels einer Zertifizierung von Geräten der Vereinsmitglieder deren Brauchbarkeit für Dritte aber vor allem für Laien auf den Gebiet nachgewiesen werden soll. Wodurch diese Absicherung zu begründen ist, kann auf Grund der fehlenden Nachweise und Prüfberichte nicht eingeschätzt werden. Es bleibt aber zu vermuten, dass alle Gerätehersteller im Verein Mitglied waren und somit ihre eigenen Produkte selber überprüften. Dass dadurch die positive Bewertung in der Nähe von 100 % gelegen haben muss, ist naturgemäß.

Das Verfahren der „Selbstreinigung" ist daher wenig überzeugend und führt sicher nicht zu einer neutralen Bewertung der Funktionstüchtigkeit der Geräte, auch wenn man eine gewisse Ernsthaftigkeit des Vorhabens voraussetzt. Die Zielstellung konnte unter dem Vereinsnamen „AET" mit ihren Mitgliedern nicht näherungsweise erreicht werden. Nur durch Zertifizierung sogenannte funktionstüchtige Geräte auf dem Markt zubringen wird sicher auch in dem jetzigen aktiven Verein der „EURAFEM" eine bloße Wunschvorstellung bleiben.

Die von dem Verein ausgestellten Zertifikate halten einer wissenschaftlich durchgeführten Qualitätsprüfung nicht Stand. Allein schon das Fehlen „genormter" Prüfungsvoraussetzungen, allgemein verbindlicher Vorschriften und die Nichtzulassung von neutralen Sachkundigen an den Prüfungen lassen jede notwendige wissenschaftliche Sachlichkeit vermissen. Hinzu kommt die Tatsache, dass für fast alle vermuteten und ausgelobten Phänomene immer noch keine Messtechnik zur Verfügung steht [30], auch wenn ansonsten kleinste Teilchen aus dem Weltraum messtechnisch für den Physiker keine Probleme mehr darstellen.

Es erscheint unlogisch, dass mittels loser Kupferdrahtkonstruktionen und nicht verdrahtete Spulen, die in futuristisch wirkenden Behältnissen untergebracht sind, Erdstrahlen und andere Phänomene so zu beeinflussen sind, dass eine Feuchtebelastung im Mauerwerk reduziert wird. Zugleich können aber Messgeräte mit zumindest ebenfalls bodenständigem Inhalt keine der Strahlungen und Wellen messen.

8

Bild **8**.54
Innenleben eines Entfeuchtungskorbes- Kupferringe

Um das Problem der Beweisführung der Funktionstüchtigkeit der Geräte über Phänomene der Grenzwissenschaften bei öffentlichen Diskussionen in Zeitschriften und in der Fachliteratur nicht allzu sehr beleuchten zu müssen, werden Textstellen von anerkannten Wissenschaftlern von den Vertretern der Geräte falsch zitiert oder einseitig wiedergegeben. Bei intensiver Beschäftigung mit der diesbezüglich angegebenen Literatur ist diese typische Handlung erkennbar. Ein Laie auf dem Gebiet der Elektrotechnik oder Bauphysik wird diese falschen Interpretationen nicht aber erkennen.

Zum Beispiel wird in einer Veröffentlichung von einem früheren Vertreter der „Phylax- Geräte" [29] in der Schweiz, der Miterfinder des elektrostatischen Elektronenmikroskops, Prof. Brüche, in seinen Textstellen in einer Art berücksichtigt, die mit Sicherheit von Brüche nie so gewollt war. Dass Brüche mehrmals den nachfolgenden Satz unterstrichen hatte und die Apparate „moderne Amulette" nannte, wurde in dieser Veröffentlichung des Befürworters der Entstrahlungsgeräte überhaupt nicht erwähnt:

„Nach dem Stande heutiger wissenschaftlichen Erkenntnisse kann die beabsichtigte Wirkung der Strahlungsgeräte nicht eintreten.(v. Helmholtz)" [104]

Gleichzeitig ist aber auch zweifelsfrei festzustellen, dass eine Auseinandersetzung mit den Phänomenen der Grenzwissenschaften von Seiten der anerkannten neutralen Wissenschaft nach wie vor nicht erfolgt. Die gesellschaftliche Verantwortung der Forschung in Instituten, Fachhochschulen und Universitäten wird hier nicht ausreichend beachtet. Es gibt einige Wissenschaftler, die eine systematische Untersuchung der Entfeuchtung von Mauerwerk mittels paraphysikalischer Methoden anmahnen. Dabei sollte auch wie in den übrigen Forschungen mit einem Maße der üblichen Neutralität und mit nicht überhöhten Sicherungskriterien herangegangen werden.

Diejenigen Wissenschaftler, welche die Untersuchung der vermuteten und von den Geräteanbietern angepriesenen Wirkprinzipien verweigern oder nicht mit der notwendigen Unvoreingenommenheit an die Sache herangehen, unterstützen den Verbleib der seit einem Jahrhundert vorhandenen unwissenschaftlich agierenden Grauzone. Nur eine intensive Forschung ohne Verweigerungsstrategie kann entweder zu einer Bestätigung oder zu einer Beweisführung gegen das Vorhandensein der Phänomene führen.

Mit der Auswechslung oder der kostenlosen Rücknahme der bereits angebrachten Geräte bei nachgewiesener Wirkungslosigkeit bezüglich der vereinbarten Zielstellung wurde bereits Mitte des vorigen Jahrhunderts angefangen. Grund hierfür war der offizielle Standpunkt, dass man über die allgemeingültigen Rand- und Aufstellbedingungen nicht genau Bescheid wusste und somit eine hohe Versagensquote zu verzeichnen hat.

Es bleibt aber zu vermuten, dass diese in jenen Jahren sich durchsetzende prinzipielle Handhabung der Rücknahme zum Ziel hatte, dass man nicht wegen Betruges gerichtlich belangt werden konnte [18]. Die höchstrichterlich gefällten Urteile in Deutschland in den 60er Jahren bestätigen diese eventuelle Zielstellung. Auch heute ist der Nachweis des vermuteten Betruges im Zusammenhang mit dem Vertrieb von manch seltsamer Konstruktion bei den „Zauberkästchen“ fast aussichtslos.

G. Venzmer vertrat 1955 die Ansicht, dass es tragisch sei, „ *dass die Gesetzgebung der Bundesrepublik keine Handhabe gibt, um unwissende, gutgläubige und geschäftlich unerfahrene Menschen vor den mit den Erdstrahlen und ihrer „Abschirmung“ betriebenen gemeinschädlichen Schwindel zu schützen“* [103]. Seit 1938 wurde die diesbezüglich zu schließende Lücke vom Amtsgerichtsrat W. Kallfelz angemahnt und bis heute ist eine entsprechende Reaktion der Gesetzeshüter in der Sache ausgeblieben.

Nicht nur in der Branche der Geräteanbieter waren und sind erhebliche Diskussionen über die Eingrenzung von im Handel befindlichen Geräten im Gange. Sachkundige der Bausanierung versuchen immer wieder die Geräte komplett aus dem Baumarkt zu vertreiben und begründen dies mit der unbewiesenen Wirksamkeit.

Dabei wird immer wieder rechtlicher Beistand von der einen oder anderen Seite gesucht. Die bisherigen geführten Prozesse haben zu keiner eindeutige Entscheidung geführt. In den Jahren 1932- 1934, in denen die Abschirmungsgeräte explosionsartig in den Handel kamen, regte sich ein erbitterter Widerstand von Seiten der Lehrphysik und einiger Ämter. Ein Verbot bezüglich des Verkaufs der Geräte in Deutschland wurde einzeln diskutiert aber nicht durchgesetzt. Die Rechtsprechung sah keine Notwendigkeit den Verkauf der Apparate zu unterbinden.

In der Schweiz war zumindest in einigen Kantonen der Verkauf der Geräte verboten, wobei einige Literaturquellen von einem Gesamtverbot in der Schweiz ausgehen. Relativiert wird das Verbot dadurch, dass jedes auf den Markt gebrachte Gerät einen Funktionsnachweis erbringen musste, um verkauft werden zu können. Da kein Apparat die Prüfkriterien bestand, durfte er nicht veräußert werden, was letztendlich einem Verbot gleich kam [98,105].

In Deutschland führte die juristische Herangehensweise weder zu einer Einschränkung noch zu einem Verkaufsverbot der Anlagen. Zivil- und Strafprozesse sind mit dem Hintergrund der Verunglimpfung und der Heilmittelverbreitung und nicht aufgrund der physikalischen Unbrauchbarkeit der Geräte geführt worden.

In einem Prozess 1953 wurde dem Hersteller des Entstrahlungsgerätes „Phylax- Apparate“ in den ersten Instanzen und beim Oberlandesgericht Celle zugestanden, dass ein Arzt unter Strafandrohung keine geschäftsschädigenden Äußerungen mehr in der Öffentlichkeit machen darf. Der Beklagte hatte in Aufsätzen von „Zauberkästchen“, „Geschäftemachern mit Entstrahlungsgeräten“ und von Geräten mit „völliger Wirkungs- und Wertlosigkeit“ geschrieben. Der Bundesgerichtshof hat dieses Urteil ca. 8 Jahre später aufgehoben und sinngemäß festgestellt:

> „Der Hersteller solcher Geräte müsse sich schon eine derartige Kritik gefallen lassen, wenn er nicht in der Lage ist, über die Wirkungsweise der Geräte irgendwelche Angaben zu machen, die der exakten wissenschaftlichen Nachprüfung zugänglich sind. Der Bundesgerichtshof meint ferner, dass die Kritik in einem Ton gehalten werden dürfe, die für den von dem Fabrikanten umworbenen Abnehmerkreis verständlich sei.“ [25]

Hingegen wurde ein strafrechtlicher Tatbestand des Betruges bei den Anbietern der Apparate auch nicht gesehen [106], da die Anbieter nicht den grundsätzlichen Erfolg der Geräte behaupten und zudem bei einem Misserfolg die Wandlung (Rücknahme) vornehmen. Letztendlich hat aber die deutsche Gerichtsbarkeit sich dahingehend geäußert, dass immer noch der wissenschaftlich eindeutige Beweis entgegen oder zugunsten der Geräte fehle und die Rechtssprechung nicht dazu da sei, diese „Lücke“ auszufüllen.

Derzeit werden 2 Prozesse in Deutschland mit den Herstellern der Geräten geführt. Ob es zu einem Urteil kommt und wie es ausfällt kann nicht eingeschätzt werden, da dies im Wesentlichen von der Beweisführung und dem Einzelfall abhängt. Die beauftragten Sachverständigen können wenig mit dem Beweisthema anfangen, da auch sie die Wirkprinzipien der streitgegenständlichen Geräte nur in vermuteter Form vom Hersteller vorgelegt bekommen. Herkömmliche Messtechnik versagt bei den notwendigen Untersuchungen und bringt kaum verwertbare Ergebnisse. Die Problematik kann nur entscheidungsreif aufgearbeitet werden, wenn die Gerichte die Beweislast über die Funktionstüchtigkeit der Geräte dem jeweiligen Hersteller auferlegen und ihn zur genauen Beschreibung der Wirkprinzipien auffordern.

Dass die Entstrahlungsapparate letztendlich als teilweise zwecklos in der Fachliteratur eingeschätzt werden und zudem der geforderte Preis nicht mit dem Gerätewert annähernd in Übereinstimmung steht, ist für die Jahre 1930 bis 1956 attestiert [103]. Einzelne Geräte wurden für 40,00 bis 120,00 Reichsmark Anfang der 40er Jahre verkauft. Die Herstellungskosten dürften damals ca. 10,00 RM kaum überschritten haben.

In den Jahren um 1954 wurde von Sachverständigen der Herstellungswert eines geprüften Abschirmgerätes auf 3 bis 4 DM geschätzt. Der Verkaufspreis belief sich hingegen mit einer Verkaufsprovision von 50,00 DM auf 120,00 DM [38,103].

Der Umstand des sehr hohen Gewinnanteiles beim Handel mit den Geräten kann heute noch als zutreffend eingeschätzt werden, da die Herstellungskosten auch jetzt kaum 200,00 € betragen und die Geräte mit einem Kaufpreis von ca. 2.000,00 – 4.000,00 € angepriesen und verkauft werden. Da ist selbst die „kostenlose“ Bauwerksanalyse und nach dem Geräteeinbau die versprochene Betreuung nicht Anlass, die Einschätzung abzuändern.

Schlussendlich ist über den Zeitraum von über 70 Jahren immer wieder der gleiche Umstand zu verzeichnen, dass beim Öffnen der Geräte laut AGB von den meisten Anbietern der Garantieanspruch sofort erlischt. In früheren Zeiten war diese Maßnahme dahingehend verständlich, da die teilweise sonderbaren Konstruktionen und nutzlosen Füllungen der Kästchen durch Inaugenscheinnahme bereits technisch durchschnittlich begabter Personen zu problematischen Fragen führt. So waren u.a. rostige Nägel, Salatöl, Glasscherben, Bienenhonig oder einfacher funktionsloser „Industrieschrott“ in den „Zauberkästchen“ als einziger Inhalt nach der Öffnung vorzufinden [17,42,56 u.a.].

In heutiger Zeit ist ähnliches bei einigen Geräten zu vermuten, da sicher nicht die Ursache des verordneten Verschlusses in dem Argwohn der Anbieter zu suchen ist, dass ein Käufer solcher Kästchen bewusst die Konstruktion zerstört. An unfallverhütende Maßnahmen kann lediglich im

220 Volt Bereich des Kästchens gedacht werden, sofern ein solcher vorhanden ist. Veränderungen in der Einstellung bei den aktiven Verfahren als mögliche Ursache der Garantieeinschränkung sind ebenfalls durch kleine entsprechende herstellerseitige Vorkehrungen in der Konstruktion sicher zu vermeiden, so dass auch dieser eventuelle Vorwand nicht im Sinne der Rechtfertigung des Anspruches einer „Nichtöffnung" der Geräte gelten kann.

Da die paraphysikalischen Verfahren zweifelsfrei bis heute nicht zum Stand der Bautechnik zu zählen sind, hat dies Auswirkung auf ihre Berücksichtigung bei der Planung und Ausführung von Entfeuchtungsmaßnahmen in und an öffentlichen Gebäuden. Die passiven und aktiven Geräte ohne allgemeingültigen und anerkannten wissenschaftlichen Hintergrund können unter Berücksichtigung der VOB nicht in Ausschreibungen oder Vergabeverhandlungen bei öffentlichen Bauherren in irgendeiner Art ausgeschrieben oder vereinbart werden. Die VOB regelt eindeutig, dass nur nachgewiesene funktionstüchtige Materialien und Geräte an öffentlichen Gebäuden einzubauen sind [82,108].

Wenn ein Architekt oder ein anderer Vertragspartner bei einem öffentlichen Bauherren den Einbau der „Zauberkästchen" vorschlägt, dann sollte er erhöhte Prüfungs- und Beratungspflichten beachten [109]. Im Streitfall muss er möglichst aktenkundig nachweisen, dass er auf die Nichteinhaltung der VOB durch den Einsatz von nicht dem Stand der Technik entsprechenden Geräten verwiesen hat. Er schuldet dann als Fachmann im Einzelfall den ausgebliebenen Erfolg, was zu erheblichen Schadenersatzansprüche führen kann.

8.5.7 Technische Hinweise zum Vertrag

Grundsätzlich wird mit Blick auf den Stand der Technik der Kauf der derzeit im Handel befindlichen Geräte mit paraphysikalischen Hintergrund nicht empfohlen. Wenn probehalber ein Gerät gekauft und zum Zwecke der Entfeuchtung von Mauerwerk eingebaut wird, so sollten nachfolgende Hinweise Beachtung finden.

Der Vertragspartner, von welchem das Gerät bezogen werden soll, muss sich allumfassend von den örtlichen Gegebenheiten am Objekt überzeugen können. Er ist in die Lage zu versetzen, einen für notwendig gehaltenen Untersuchungsumfang am Objekt durchzuführen. Die Prüfungen sind nach dem Stand der Bautechnik durchzuführen, was letztendlich die Berücksichtigung der entsprechenden WTA- Merkblätter 4-5-99/D „Mauerwerksdiagnostik" und 4-11-02/D „Messung der Feuchte von mineralischen Baustoffen" u.a. mit sich bringt.

Die offenbar in Deutschland seit ca. 80 Jahren bestehende Unsicherheit der zivil- und strafrechtlichen Einordnung bei dem Kauf von „Wunder- bzw. Zauberkästchen" mit u.a. nicht allgemeingültigen Nachweis der Wirkprinzipien ist durchaus heute noch aus technischer Sicht zu attestieren.

Da diese kaum in den nächsten Jahren beseitigt werden dürfte, sollte beim Kauf eines solchen Gerätes immer auf die garantierte Rückgabemöglichkeit von mindestens 2 Jahren in den Allgemeinen Geschäftsbedingungen geachtet werden.

Man sollte zudem auf dieser Grundlage noch zusätzlich eine 4 % höhere Verzinsung als den augenblicklichen Lombardsatz bei den Banken für das eingesetzte Kapital vereinbaren, um bei der eventuellen Rückgabe des Gerätes wegen Erfolglosigkeit keinen Kapitalschaden zu erleiden oder zu verursachen. Weiterhin könnte ein Teil der Kaufpreiszahlung auf einem gemeinsamen Konto der Vertragspartein für einen zu vereinbarenden Zeitraum hinterlegt werden. Wenn die Produkthersteller bei den bekannten Randbedingungen im Einzelfall von einer erfolgreichen Entfeuchtung des Mauerwerkes durch ihr eingesetztes Gerät überzeugt sind, so gehen sie auf die gewünschten Zusatzvereinbarungen ein.

Eine weitere Sicherheit kann dadurch erreicht werden, in den ein Architekt oder Bauingenieur als Sachkundiger vom Käufer eines Gerätes mit der Planung oder Bauüberwachung beauftragt wird. Der Sachkundige schuldet u.a. eine Planungsleistung nach dem Stand der Technik und Prüfung der Machbarkeit von geplanten Maßnahmen. Zudem ist seine Leistung erfolgsgeschuldet. Verletzt er seine übernommenen Prüfungs- und Beratungspflichten und bleibt der Erfolg der Entfeuchtung im Einzelfall aus, so hat das rechtliche Konsequenzen.

Diese Sicherheitsmaßnahmen sind mit Blick auf den unbefriedigenden theoretischen Wissensstand über die tatsächlichen Wirkprinzipien der paraphysikalischen Geräte und des hohen Versagensrisikos als ausgewogen einzuschätzen. So entsteht nach Auffassung des Herausgebers eine ausgewogene Geschäftsbeziehung und jeder Partner kann sich im Einzelfall vom Erfolg in der Sache überzeugen lassen. Damit tritt die Wertigkeit der Erfolgsnachweise aus Referenzobjekten in den Hintergrund und es kann dann übersehen werden, dass diese kaum reproduzierbaren Erfolgsnachweise fast ausschließlich von den Produktherstellern selbst stammen.

Um einen zweifelsfreien Nachweis des Erfolges oder Misserfolges im Einzelfall zu erhalten, kann eine Bauwerksdiagnostik vor dem Einbau des Gerätes durch ein firmenunabhängiges akkreditiertes Labor erfolgen. Kurz vor Ablauf des vereinbarten eventuellen Rückgabezeitpunktes, welcher derzeit bei ca. 3 Jahren bei den Vertreibern der Kästchen anzusiedeln ist, wird durch dasselbe Labor eine weitere Untersuchung durchgeführt. Die Gegenüberstellung der Untersuchungsergebnisse weisen eindeutig den Entfeuchtungseffekt oder die Unbrauchbarkeit des Gerätes aus.

8.6 Aussichten

Zusammenfassend ist der Stand der elektrophysikalischen Verfahren nach dem elektroosmotischen Prinzip derart einzuschätzen, dass jene Verfahren nach dem Grundprinzip der Lehrphysik aufgebaut aber die Randbedingungen und die Einsatzmöglichkeiten noch nicht ausreichend erforscht sind. Hinsichtlich der Erforschung und der praktischen Entwicklung der Anlagen ist davon auszugehen, dass in den nächsten Jahren erfolgreiche Versuche beendet und funktionstüchtige Verfahren auf den Markt gebracht werden.

Bezüglich der paraphysikalischen Verfahren ist unter Beachtung der Trennung zwischen aktiven und passiven Verfahren davon auszugehen, dass in den nächsten Jahren kaum ein Durchbruch in der Erforschung der Phänomene und der Entwicklung praxisgerechter Anlagen erfolgen wird. Hierbei haben allerdings die aktiven Verfahren noch die größten Erfolgsaussichten, da zumindest vertretbare physikalische Ansätze sporadisch vorhanden sind.

Der derzeit unbefriedigende Zustand der Zusammenarbeit zwischen den praxisorientierten Herstellern der Geräte und dem wissenschaftlich ausgebildeten Personenkreis muss überwunden werden. Nur durch eine verbesserte und erfolgsorientierte Zusammenarbeit ist jene für Geschäftemacher sich positiv auswirkende „Grauzone“ zu beseitigen. Bei einem allgemein anerkannten Wissensstand über die Wirksamkeit oder Unwirksamkeit dieser im Volksmund benannten „Zauberkästen“ wird den möglichen Spekulationen mit und um die Geräte der Nährboden entzogen.

Damit eine schnelle Überwindung der unzumutbaren Verhältnisse zeitnah erfolgen kann, sollten Sachkundige auf dem Gebiet der Bau- und Elektrophysik intensiv zusammenarbeiten. Anders ist die wissenschaftliche Aufarbeitung der vermuteten Wirkprinzipien in ihrer physikalischen Bandbreite nicht beherrschbar.

Bezüglich der passiven Verfahren bleibt zu vermuten, dass in den nächsten Jahren kein entscheidender Durchbruch hinsichtlich Vorstellung einer nachvollziehbaren theoretischen Wirkungsweise der Geräte zu erwarten ist. Mit Blick auf den derzeitigen Stand der Wissenschaft und zugleich der praxisnahen Technik bleibt mit sehr hoher Wahrscheinlichkeit einzuschätzen, dass ein nachgewiesener erfolgreicher Einsatz dieser ebenfalls in dem Volksmund genannten „Zauberkästchen“ in der Bausanierung nicht erfolgen kann.

Die Möglichkeit wie bei den aktiven Verfahren eine ausgewogenen Arbeitsgruppe zu bilden und entsprechende Experimente durchzuführen, scheitert grundsätzlich bereits daran, dass die herangezogenen Strahlen und Wirbel als Grundlage der Wirkungsweise der Geräte messtechnisch nicht nachgewiesen sind. Daher fehlt einfach die Voraussetzung für eine wissenschaftliche Arbeit. Diesen passiven Verfahren wird somit sicher bei ingenieurtechnischer bzw. physiktheoretischer Herangehensweise der Einzug in die erklärbare Welt zurecht verbaut bleiben.

8.7 Literaturquelle- Elektrophysikalische Verfahren

[1] F.F. Reuss „Memoires de la Societé impériale de Naturalistes de Moscou, 327, 1809

[2] Hittorf, W. „Über die Wanderung der Ionen während der Elektrolyse“, Prgg. AN. Bd. 98, 1856

[3] v. Helmholz, H „Studien über elektrische Grenzschichten“ Ann. Der Physik und Chemie 7 (1879), Seite 337-382

[4] Korschelt, Oskar „ Die Nutzbarmachung der lebendigen Kraft des Äthers i. d. Heilkunde, Landwirtschaft und Technik“, Bad Schmiedeber u. Leipzig, 1891

[5] Perrin, J „Mésanisme de L´électricité de contact et solutions colloidaales » Journal PHp. B 11, 1904

[6] Weber, Prof. Dr. L. „Die Wünschelrute“, Verlag v. Lipius & Tischer, 1905

[7] Motzko, L „Trocknung feuchter Mauern durch strömende Luft“, Amtsblatt der Stadt Wien, 30, 1926

[8] Aiginer, Dr. med. Eduard “Wesen und Wirken der Wünschelrute, Verlag v. Konrad Wittwer, Stuttgart 1929

[9] v. Bühl, Dr. W. „Kampf den lebensfeindlichen Erd- Strahlen, Prana- Verlag, Pufflingen in Wütt., 1931

[10] von Pohl, Gustav Freiherr „Erdstrahlen als Krankheitserreger“, Jos. C. Huber´s Verlag, Diessen vor München, 1932

[11] Wetzel, Dr. Franz „Tatsachen und Dokumente zum Streit um die Wünschelrute“, Herold-Verlag GmbH München, 1933

[12] Henrich, Dr. Karl „Wünschelrute und Erdstrahlen“, Verlag von Bern. Sporn, Zeulenroda, 1933

[13] Mats Sperlings „Die Diktatur des Atoms“, Jos. C. Hubers Verlag, Diessen vor München, 1933

[14] Kritzinger, Dr. H. H. „Erdstrahlen, Reizstreifen und Wünschelrute“, Rudolph´sche Verlagsbuchhandlung Dresden, 1933

[15] Kiess, A. „Pendellehre“, Verlag Neue Kultur Zürich, 1949

[16] Wendler, Dr. A. „Physikalische Betrachtungen zu den Fragen der Radiästhesie“, Herold-Verlag K-G. München, 1950

[17] Dietrich, F „Erdstrahlen...?“, Verlag Moritz Stadler, GmbH, Villach, 1952

[18] Wetzel, Dr. Franz „Kleine Rutenfibel“, Herold Verlag K.G. München, 1953

[19] Jaeckel, Karl- Heinz „An den Grenzen menschlicher Fassungskraft“, J.F.Lehmanns Verlag München, 1955

[20] Prokop, Otto „Wünschelrute, Erdstrahlen und Wissenschaft“, Ferdinand Enke Verlag Stuttgart, 1955

[21] Wendte, H.H. „Die Erdstrahlengefahr ?!“, Verlag für kriminalistische Fachliteratur Hamburg, 1956

[22] Prokop, Otto „Wünschelrute, Erdstrahlen und Wissenschaft“ Urania Verlag, 1957,

[23] Graf v. Klinkowsfroem, Carl "Aberglaube und Wünschelrute", Sonderdruck aus der Zeitschrift für Radiästhesie, 10. Jahrgang,Herold- Verlag K.G., München- Solln, Nr. ½-1958

[24] Meischke, Dr. med. aximilian „Schach dem Aberglauben“, VEB Verlag Volk und Gesundheit, 1961

[25] Brüche, Prof. Dr.- Ing. Ernst "Mensch und Umwelt", J. R. Geigy AG Basel, 1962

[26] Franke, E. „Überblick über den Entwicklungsstand der Erkenntnisse auf dem Gebiet der Elektroosmose und einige neuere Schlussfolgerungen“, Die Bautechnik (1962) 6 und (1962) 10, Berlin, Verlag von Wilhelm Ernst& Sohn

[27] Phylax- Apparatebau GmbH „Information über das Wünschelrutenproblem unter Berücksichtigung der Phylax- Entstörungsapparate“, Hagen 1962

[28] Gensel, Joachim „Elektroosmotische Trockenlegung von Altbauten“, Bauzeitung, Heft 21/22, 1962

[29] Kopp, Dr. Joseph A. „Gesundheitliche und bautenschädliche Einflüsse von Bodenreizen“, Schweizer Verlagshaus AG Zürich, 1965

[30] Oberneder, Ludwig „Entstörungsgeräte- Rückblick 1927- 1967“, Sonderdruck aus der Zeitschrift für Radiästhesie, 41. Jahrgang, Herold- Verlag KG, 01/1967

[31] Braun, Fritz- Jürgen/Pötzsche, Peter/Wagenmann, Günter „Elektroosmotische Bauwerkstrockenlegung“ VEB Verlag für Bauwesen- Berlin, 1970

[32] Wüst, Dr. phil. Dr. med. Joseph „Physikalische und chemische Untersuchungen mit einem Rutengänger als Indikator“, Sonderheft des Forschungskreises für Geobiologie e.V., Wilhelm Krauth KG, 1979

[33] Richter H./Schimmelwitz Peter „Untersuchung von Verfahren zur Untersuchung von Bauwerken“, Bauphysik, 2.Jahrgang 1980, Heft 6

[34] Palm, Dr. med. Hubert „ Das gesunde Haus“, 8. Auflage 1980, Ordo- Verlag

[35] Wieden, Paul „Das Entfeuchten von Mauerwerk unter besonderer Berücksichtigung des elektro-osmotischen Verfahrens“, Bauingenieur-Praxis, Heft 30, 2. Auflage, Verlag von Wilhelm Ernst& Sohn Berlin. München, 1982

[36] Schrödter, Willi „Grenzwissenschaftliche Versuche“, Wilhelm Goldmann Verlag, 1983

[37] Neufert, Ernst „Bauentwurfslehre“, 32. Auflage, Verlag Ullstein, 1984

[38] Prokop, Otto/Wimmer, Wolf „Wünschelrute- Erdstrahlen- Radiasthesie“, Stuttgart 1985

[39] Rayonex Strahlentechnik GmbH, „Rayonex- Anleitung zur Aufstellung des Gerätes“

[40] König, Herbert L. „Wetterfühligkeit, Feldkräfte, Wünschelruteneffekt“, Verlag Moos & Partner München, 5. überarbeitete Auflage, 1986

[41] König, Herbert L. „Erdstrahlen und Magnetismus“, Weltbild Verlag, 5. überarbeitete Auflage, 1986

[42] Otto, Georg „Erdstrahlen- Auswirkungen auf unsere Gesundheit“, Heinrich Hugendubel Verlag, München 1986

[43] Schauer, Dietmar „Der Umgang mit biologisch wirksamen Mikrowellen oder mikrowellenähnlichen Phänomenen bei der Planung und dem Betrieb von Gebäuden“, Diplomarbeit der Fachschule Hannover, 1988

[44] Weber, Helmut „Mauerfeuchtigkeit- Ursache und Gegenmaßnahmen“, 3. erweiterte Auflage, Band 137, Expert Verlag, 1988

[45] König/Betz, Hans- Dieter „Erdstrahlen?- Der Wünschelrutenreport“, Eigenverlag 1989

[46] Betz, Hans- Dieter „Geheimnis Wünschelrute“, Umschau Verlag Frankfurt am Main, 1990

[47] Meyl, Prof. Dr.- Ing. Konstantin „Potenzialwirbel“, Band 1, Indel GmbH Verlagsabteilung, 1990, ISBN 3-9802 542-1-6

[48] Kopschina, Andreas „Erdstrahlen“, ECON Taschenbuchverlag, 1991

[49] Venzmer, Prof. Dr.- Ing. Helmut „Sanierung feuchter und versalzener Wände“ 1991, Verlag Bauwesen

[50] Demberger, L. „Elektroosmose contra Elektrolyse“ Baugewerbe 01/1992, S. 36-38

[51] Arendt, Claus, Neue Erkenntnisse in der Mauerwerkstrockenlegung ? Bautenschautz * Bausanierung, Müller- Verlag, 1994, S. 69-74

[52] Venzmer, Prof. Dr.- Ing. Helmut/Fichtner, R./Woko, F. „Verfahrensüberblick zur Mauerwerksentsalzung, Bautenschutz+ Bausanierung, Rudolf Müller Verlag, Heft 2 aus 1994, Seite 53-58

[53] Arendt, Claus „Neue Erkenntnisse in der Mauerwerkstrockenlegung“ Bautenschutz+ Bausanierung, Rudolf Müller Verlag, Heft 2 aus 1994, Seite 69-74,

[54] Wittmann „Über unwirksame Verfahren gegen aufsteigende Feuchtigkeit“ Bauinstandsetzen 1 (1995) Heft 4

[55] Gutzat, Gerhard „Feuchte Mauern was tun?, Hydropol AG, 12/1995

[56] Grün, Willi H. „Erdstrahlen- Rätselhafte Kräfte“, Ullstein Verlag, 1996

[57] Balak, Michael, Forschungsprojekt „Elektrophysikalische Trockenlegungsverfahren“, Endbericht, Forschungsförderungsfond der gewerblichen Wirtschaft Österreichs, 1996

[58] Benschowski, Andrea „Radiästhetische Erscheinungen in der Baubiologie und ihre Messtechnische Erfassung“, Fachhochschule Hannover, FB Architektur,Heft 4, Herausgeber Prof. Hensch, ISBN 3-927407-08-9, 122 S., 238 Abb., 3. verb. Aufl 1997

[59] Venzmer, Prof. Dr.- Ing. Helmut „Entfeuchtung, Entsalzung“, Verlag Bauwesen, 11/1999

[60] Scherpke. G., Schneider U. „Elektroosmose- ein Vergleich theoretischer Ergebnisse mit experimentellen Resultaten“, TU Wien, DGZfP- Berichtsband BB 69-CD, Vortrag A4

[61] Scherpke, G. „Bestimmung elektrischer Feuchtetransport- Kenngrößen für poröse Baustoffe für die Bewertung elektroosmotischer Anlagen zur Trockenlegung feuchten Mauerwerks“, Dissertation, TU Wien, 1999

[62] Venzmer, Prof. Dr.- Ing. Helmut und Autoren „Feuchte- und salzbelastete Mauerwerke; Möglichkeiten und Grenzen elektroosmotischer Verfahren der Bauwerkstrockenlegung“, Verlag Bauwesen Berlin, 2000

[63] TÜV Thüringen „Registrier- Nr. 3111/00/01“ für „Hydropol“,Fa. Hydropol Mauerentfeuchtungsverfahren AG, 2601.2000

[64] Buttlar, Johannes v. „Neutrinopower“, Argo- Verlag, ISBN 3-9806584-8-1, 2000

[65] Green, N.G.; Ramos, A.; González, A.; Morgan, H.; Castellanos, A.; “Fluid flow induced by nonuniform ac electric fields in electrolytes on microelectrodes, II A linear double-layer analysis” Physical Review E 61, number 4, 04.2000

[66] Müller, Prof. Dr.- Ing. M., „Zur Notwendigkeit der Überprüfung von Verfahren, die eine Trocknung und Entsalzung versprechen“, 2. Dahlberg- Kolloquium : Feuchte und salzbelastete Mauerwerke, Wismar 09/2000

[67] Venzmer, Prof. Dr.- Ing. Helmut und Autoren „Mauwerkssanierung von A-Z“, 1. Auflage Verlag Bauwesen, 2001 ISBN 3-45-00671-5

[68] Arendt, Claus ; Seele Jörg „Feuchte und Salze in Gebäuden“, 2.Auflage, Verlagsanstalt Alexander Koch, 2001

[69] Lamers, R. „Elektronische Wundermittel und andere Exotika zur Beseitigung von Mauerfeuchte“, Aachener Bausachverständigentage 2001

[70] Dietl, Karl „Krank durch Erdstrahlen?“, Wilhelm Goldmann Verlag, 1. Auflage, 2001

[71] Balak, Dr.- Ing. Michael/Venzmer, Prof. Dr.- Ing. Helmut „Mauerwerksfeuchtigkeit-Grundlagen, Möglichkeiten, Grenzen der Entfeuchtung und typische Fehler“, Verlag Bauwesen, 11/2001, Seite 77-92

[72] Frössel Frank „Mauerwerkstrockenlegung und Kellersanierung“, Frauenhofer IRB Verlag, 2002

[73] Meyl, Dr.- Ing. Konstantin „Elektromagnetische Umweltverträglichkeit“, Teil 3,Indel GmbH Verlagsabteilung, 2002, ISBN 3-9802 542-7-5

[74] Vill, Ernst „Die elektrophysikalische Mauerwerkstrockenlegung“, Ernst Vill Verlag, 05/2002, 5. Auflage

[75] Green, N.G.; Ramos, A.; González, A.; Morgan, H.; Castellanos, A.; “Fluid flow induced by nonuniform ac electric fields in electrolytes on microelectrodes, Observation of straemlines and numerical simulation” Physical Review E 66, 026305, 2002

[76] 12. Wiener Sanierungstage „Sanierung von Feuchteschäden an Bauteilen“,

[77] Balak, Michael/Pech, Anton, „Mauerwerkstrockenlegung“ Springer Verlag Wien, 2003

[78] Venzmer, Prof. Dr.- Ing. Helmut „Aktuelle Entwicklung der Bauwerkstrockenlegung“ 11/2003, Verlag Bauwesen

[79] Bazant, Martin Z.; Squires, Todd M. “Induced- charge Electrokinetic Phenomena”; physics/0306100v1, 13.06.2003

[80] Cziesielski E. „Lufky- Bauwerksabdichtung, 5. Auflage, B.G. Teubner Stuttgart

[81] Hydropol- technische Erklärung des Herstellers Gutzat & Gutzat GmbH

[82] Weber, Jürgen/Wild,Uwe „Mangelfreie Abdichtung- Teil 2“, WEKA Verlag, 2004

[83] Simlinger, Dr.- Ing. Christain „Erfolgskontrolle nachträglicher Massnahmen gegen aufsteigende Feuchtigkeit im Sanierungszeitraum 1980- 1997“, 2004 Promotion

[84] WTA- Merkblatt4-6-05/D „Nachträgliches Abdichten erdberührter Bauteile“, WTA

[85] Mohorn, M. www.aquapol.at, 12.02.05 und 05.11,05

[86] Piancenza,www.ott-piacenza.de, CAP- Kompensator

[87] http://www.aquamat.de/

[88] http://www.wigopol.cz/deutsch/menu.html, am 12.02.05

[89] Becker, Götz „Feuchte- und salzbelastetes Mauerwerk“, Zeitz

[90] Fa. Fichtner „Prospekt über ETB- Verfahren “

[91] Büsch, Werner „Darstellung der Wirkprinzipien“, Fa. „Ecodry“ München, 2005

[92] Prospekt „Aquapol- Mauerwerkstrockenlegung“ Vertriebszentrale Deutschland, 2005

[93] Wielandt, Prof. Dr. E. „Esoterik statt Physik: Glaubt das Wasser auch daran", Schriftenreihe- Heft 16 „Abdichtung, Feuchtigkeit, Sanierung", Vorträge der 16. Hanseatischen Sanierungstage, Huss- Medien GmbH Verlag Bauwesen, 11/2005

Zeitschriften u. Prospekte - Elektrophysikalische Verfahren

[94] Dr. Schumacher „Erdstrahlen und ihre Überwindung" Zeitschrift „Weiße Fahne" Heft 11, 11/1932,

[95] Zeitschrift „Kosmos", Heft 10/1932, 29. Jahrgang 1932, Franckische Verlagshandlung, Stuttgart, Seite 360

[96] Zeitschrift „Kosmos", Heft 1/1933, 30. Jahrgang 1933, Franckische Verlagshandlung, Stuttgart, Seite 34

[97] Zeitschrift „Kosmos", Heft 2/1933, 30. Jahrgang 1933, Franckische Verlagshandlung, Stuttgart, Seite 73

[98] Zeitschrift „Kosmos", Heft 3/1933, 30. Jahrgang 1933, Franckische Verlagshandlung, Stuttgart, Seite 107

[99] Zeitschrift „Kosmos", Heft 2/1934, 31. Jahrgang 1934, Franckische Verlagshandlung, Stuttgart, Seite 72

[100] „Zeitschrift für Radiästhesie", 6. Jahrgang, 1954, Herold- Verlag Dr. Wetzel, Ausgabe 1

[101] „Zeitschrift für Radiästhesie", 6. Jahrgang, 1954, Herold- Verlag Dr. Wetzel, Ausgabe 2/3

[102] „Zeitschrift für Radiästhesie", 7. Jahrgang, 1955, Herold- Verlag Dr. Wetzel, Ausgabe 1 bis 4

[103] Dr. Gerhard Venzmer „Der Erdstrahl- Schwindel" Zeitschrift Kosmos, Heft 2 Februar 1955, Stuttgart

[104] Zeitschrift „Die Umschau- in Wissenschaft und Technik", (. Heft 1954, 54. Jahrgang, Seite 250, Artikel von Prof. Brüche über Entstrahlungsgeräte

[105] Zeitschrift „Kosmos", Heft 2/1955, 51. Jahrgang, Franckische Verlagshandlung, Stuttgart, Seite 107

[106] „Zeitschrift für Radiästhesie", 8. Jahrgang, 1956, Herold- Verlag Dr. Wetzel, Ausgabe 1 bis 4

[107] Richter, Harry, Schimmelwitz Peter, „Untersuchung von Verfahren zur Trockenlegung von Mauerwerk", Baupysik, 2. Jahrgang 1980, Heft 6

[108] Weber, Jürgen „Stand der Technik" „B+B Bautenschutz + Bausanierung, Ausgabe 2001/03/Seite 30

[109] Hafkesbrink, RA Volker „Elektroosmotische Trockenlegung- Stand der Technik- eine rechtliche Einordnung", Bautenschutz + Bausanierung Nr. 3/01

[110] Weber, Jürgen „Elektrophysikalische Mauerwerkstrockenlegung", Zeitschrift Bauhandwerk, Juni 2001, Seite 6 u. 7, Bertelsmann Verlag

[111] Müller, Prof. Dr.- Ing. M. „Zauberhaft?", Bautenschutz + Bausanierung, Nr. 08/01

[112] Mohorn, W. „Trocken- Diskussion", B+B, Bauen in Bestand, 25. Jahrgang, 05/2002

[113] Weber, Jürgen „Was ist dran? "Zeitschrift „B+B Bautenschutz + Bausanierung, Ausgabe März 2003, Nr. 2, Seite 23- 25

[114] Bromm, Eddie Zeitschrift „Schützen & Erhalten", Ausgabe 2, 06/2004, Seite 15f

[115] Hoffmann, Dr. Dirk „Wie wirksam?" Zeitschrift „B+B Bauen im Bestand, Ausgabe Sept. 2005, Nr. 6, Seite 23- 27

Normen, Merkblätter

[116] ÖNORM B 3355- 1 „Trockenlegung von feuchtem Mauerwerk- Bauwerksdiagnostik und Planungsgrundlage

[117] ÖNORM B 3355-2 ÖNORM B 3355-2 „Trockenlegung von feuchtem Mauerwerk, Maßnahmen gegen aufsteigende Feuchtigkeit im Mauerwerk“

[118] ÖNORM B 3355-3 „Trockenlegung von feuchtem Mauerwerk, Flankierende Maßnahmen“

[119] DIN 18 1995 „Bauwerksabdichtung“ 08/2000

Patente bzw. Offenlegungschrift

A DRP Nr. 706388 Paul Ernst „Verfahren und Vorrichtung zur Entfeuchtung und Trockenlegung von Gebäuden“, 1941

B Offenlegungsschrift Manfred Arnold „Verfahren und Anordnung zum Entfeuchten eines Mauerwerkes

C DRP Nr. 428453 Ludwig Motzke in Wien „Einrichtung zum Trocknen feuchter Mauern“, 1926

D DRP Nr. 265321 Max Leser in München „Einrichtung zum Trocknen feuchter Mauern“, 1912

E Deutsches Patentamt Auslegungsschrift 1904223 „Nichtmetallische Elektroden auf Graphitbasis für das elektroosmotische Austrocknen feuchter Mauern, Erfinder Lebeda, Jaroslav, Opava (Teschechoslowakei) Offenlegungstag 06.08.70, Bekanntmachungstag v. 06.05.76

F Internationales Patent WO 94/20702, W. Mohorn, Reichenau, „Gerät zum Transport von Feuchte oder Salzen“, 1994

G Gebrauchsmuster DE 29822684 U 1 vom 10.6.99, W. Dutkewitz Aschersleben „Mauerwerksentfeuchtung mit adäquat kugelförmigen Magnetfeld“

H Gebrauchsmusterschrift DE 202004006397 U 1 2004.08.12, A. Klingner, Hirschstein, „Vorrichtung zur Entfeuchtung von Mauerwerk“

I Patentschrift AT 397 681 B vom 27.6.94 Wilhelm Mohorn „Gerät zur Erzeugung von elektroosmotischen Effekten“

J Offenlegungsschrift DE 10058507 A1 vom 06.06.2002, Dutkewitz Wolfgang „Vorrichtung zum induzierten, gerichteten Molekül- und Ionentransport in nichtkapillaren sowie insbesondere kapillaren Stoffen mittels dispergierter Elektroden und netzunabhängiger Solarstromversorgung“

K Auslegeschrift 1160999 vom 09.01.1964, Kurt Karsch jun., „Hygroskopischer Einsatz zum Entfeuchten von Mauerwerk od.dgl.“

L Auslegeschrift 1133870 vom 26.07.1962, Bruno Auerbach „Vorrichtung zum Entfeuchten von Mauerwerk“

M Auslegeschrift 1104153 vom 06.04.1961, Heinz Austermann, „Mauerentfeuchtungsrohr mit Durchbrechungen“

N Patentschrift DDR 42467 vom 06.12.1965, Licencia Találmányokat Értékesitó Vállalat Budapest, „Verfahren und Einrichtung zur Entfeuchtung bzw. Trockenhaltung von wassergierigen Bauwerksteilen, insbesondere von Mauerwerk“

O Patentschrift DDR 43113 vom 05.02.1966, Johannes Zien, Schwerin, „Verfahren zur Entfeuchtung und Trockenhaltung von Mauerwerk“

P Patentschrift DDR 26829 vom 21.01.1964, Günter Wagenmann, Leipzig, „Elektroosmotische Sperrung gegen aufsteigende Feuchtigkeit in Bauwerken“

Q Patentschrift DDR 33441 vom 05.11.1964, Erhart Garbade, Günter Wagenmann, Leipzig „Elektroosmotische Sperrung gegen aufsteigende Feuchtigkeit in Bauwerken“

R Patentschrift DDR 44036 vom 23.12.1965, Erhart Garbade, Günter Wagenmann, Leipzig „Elektroosmotische Sperrung gegen aufsteigende Feuchtigkeit in Bauwerken“

S Patentschrift DDR 50104 vom 05.10.1966, Zusatzpatent zum Patent 26829, Erhart Garbade, Günter Wagenmann, Leipzig „Elektroosmotische Sperrung gegen aufsteigende Feuchtigkeit in Bauwerken“

T Patentschrift DDR 47791 vom 20.04.1966, Dipl.- Ing. Klaus Ritter, Dresden, „Vorrichtung zur elektroosmotischen Isolierung feuchter Bauwerke“

U Auslegungsschrift P 2311729.5-25 vom 12.06.75, Albert Bonneau, Rhone, „Mauersonde für elektro- osmotische Mauerwerkstrockenlegung“

V Auslegungsschrift P 1944435.0-25 vom 24.06.76, Baum & Garbade KG Leipzig, „Vorrichtung zur elektroosmotischen Trockenlegung von Mauerwerk“

W Auslegungschrift P 2722985 vom 13.11.80, Institutul de Cercetari in Constructi si Economia Bukarest, Verfahren zur Trockenlegung bzw. – haltung von Untergeschossmauerwerk durch aktive elektroosmotische Drainage“

X Patentschrift DE 19534512 C1 vom 12.12.96, Götz Becker, Hohlzylindrische Anode für die elektroosmotische Sanierung von Bauwerken

Y Patenschrift DE DE 3112130 C2 vom 09.0.1984, Walter Wehrli und Prof. Hugo Hubecek, „Gerät zur Entfeuchtung von Mauerwerk“

9 Flankierende Maßnahmen

von Jürgen Weber

9.1 Dränung

Unter Dränagen versteht man ganz allgemein ein im Erdreich unterirdisches, wasserableitendes System, welches im Hoch- und Tiefbau aber vor allem in der Landwirtschaft eingesetzt wird. Da die Zielstellungen in der Landwirtschaft bezüglich Einsatz von Dränagen außer dem Grundsätzlichen nichts im Speziellen mit dem Hochbau gemein hat, werden nachfolgend nur die im Bauwesen verwendeten Dränanlagen berücksichtigt.

Wasser verursacht erhebliche Lastangriffe auf die Bauwerksabdichtung. Beim Versagen der Abdichtung sind kostenaufwendige Beseitigungen von Bauschäden die Folge. Daher muss die Einflussnahme des Wassers auf das Bauwerk möglichst vor Erreichen der erdberührten Bauwerksabdichtung zielgerichtet beseitigt oder zumindest abgeschwächt werden. Die im Baugrund vorhandene Wassermenge ist zeitlich veränderlich und wird im Einzelfall von der jeweiligen Niederschlagshöhe, der Größe des Einzugsgebietes, der Durchlässigkeit und Schichtenfolge im Baugrund und der Geländeneigung beeinflusst.

Grundsätzlich soll nur das im Erdreich vorhandene Stau- und Schichtenwasser durch die Dränanlage beseitigt werden. Oberflächenwasser aus Regenfallrohren, Bodeneinläufe von Kellertreppenpodesten, Lichtschachtabläufe usw. dürfen nicht durch Dränungen erfasst und abgeleitet werden.

Das Wirkprinzip der Dränung besteht darin, dass mittels einer Sickerpackung das vorhandene Stau- oder Schichtenwasser im Baugrund gerichtet in einem Dränrohr abgeleitet werden soll. Die Sickerpackung ist mit geeigneten Maßnahmen vor Einschlämmung von Feinbestandteilen aus dem Erdreich allseitig zu schützte, um eine langfristige Funktion abzusichern.

Das im Dränrohr aufgefangene Wasser wird über dieses bis zu einer funktionierenden Vorflut vom Baugrund weg sicher abgeleitet. Die Vorflut kann aus einer natürlich bestehenden Gegebenheit (z.B. Bach, Graben), aus dem öffentlichen Kanalsystem oder auch aus einer Versickerungsanlage auf dem Grundstück bestehen.

Die Mindestanforderungen zur sicheren Planung und Ausführung von Dränanlagen sind in der DIN 4095 [1] relativ praxisnah und mit der Zielstellung die Funktionssicherheit über den einzuplanenden Nutzungszeitraum beschrieben. Sie ist Grundlage für die Planung, Bemessung und Ausführung von Dränungen auf, an und unter erdberührten Anlagen. In ihr werden die Begriffe definiert, baupraktische Hinweise gegeben sowie in Regel- und Sonderausführung zum Zwecke der möglichen Vereinfachung bei Planung und Ausführung unterschieden. Wann der Regelfall zu berücksichtigen ist, ergibt sich aus den Richtwerten der Tabellen 1 bis 3, welche die dafür notwendigen örtlichen Verhältnisse exakt beschreiben. Treffen die örtlich zu beachtenden Verhältnisse nicht zu, so ist nach den beschriebenen Festlegungen im Sonderfall die Dränanlage zu planen und auszuführen.

Der Hinweis im Anwendungsbereich der Norm, dass diese im Zusammenhang mit den Maßnahmen zur Bauwerksabdichtung gilt, soll zweifelsfrei den Umstand festschreiben, dass eine zusammenführende Berücksichtigung mit dem Abdichtungsgewerk gewollt ist, und die Dränung nicht isoliert betrachtet eine Abdichtungs- bzw. Trockenlegungsmaßnahme darstellt.

Die Dränung ist eine bekannte und vor allem zweifelsfrei bewährte Methode, die Wasserbelastung auf erdberührte Bauteile erheblich zu reduzieren, um dadurch das Risiko von Feuchtigkeitsschäden zu minimieren. Dies setzt allerdings für den Erfolg voraus, dass die Dränanlage sachgerecht auf die örtlichen Gegebenheiten hin geplant, fachgerecht eingebaut und vor allem in entsprechenden Wartungszyklen kontrolliert und gereinigt wird.

Als erster bedeutender Schritt der Planung ist erst einmal zu überprüfen, ob der Einbau einer Dränage überhaupt sinnvoll oder möglich ist. Hierzu ist die hydrologische Entwicklung, der zu erwartende Bemessungswasserstand, die Höhe der Rückstauebene und die Wasserableitungsmöglichkeit auf dem Grundstück festzustellen. Gerade im städtischen Bebauungsgebiet ist eine Berücksichtigung von Dränagen oftmals wenig sinnvoll, da die Kommunen eine Einleitung von Dränwasser in das öffentliche Kanalsystem schlichtweg verbieten. Auf das dann oftmals vorgenommene „Blinde Einbinden" sollte der Planer und Ausführende grundsätzlich verzichten, auch wenn aus Kostengründen der Bauherr darauf drängt. Erhebliche Strafen und Haftungsprobleme können die Konsequenz sein. Vielmehr sollte auf alternative Lösungen wie Versickerungsschächte oder flächige Versickerungen zurückgegriffen werden, wobei dann die Sickerschächte tiefer als die Fundamente herzustellen sind und ein ausreichender Abstand zum Gebäude zu beachten ist.

Des Weiteren ist eine Dränage bei vorhandener Bodenfeuchtigkeit unsinnig, da kapillar im Erdreich gebundenes Wasser nicht durch Dränagen abgeführt werden kann. Sie dürfen auch nicht im Einflussgebiet des Grundwassers eingesetzt werden, da dies zu einer ständigen unerlaubten Absenkung des Grundwassers führt. So bleibt das hauptsächliche Einsatzgebiet der Dränanlagen die gezielte und schnelle Abführung von vorhandenem Stau- und Schichtenwasser aus dem Baugrund.

In der Altbausanierung ist auch die DIN 4095, wie jede andere DIN- Norm, nur in Anlehnung und unter Beachtung der örtlichen Möglichkeiten und Zielstellungen zur Planung und Ausführung heranzuziehen. Dabei ist die Einschätzung, dass der Inhalt der Norm zu den allgemein anerkannten Regel gehört, nicht berührt. Durchaus sind aber Anpassungen im Einzelfall an die beschriebenen Mindestanforderungen aus der DIN notwendig. Grund dafür sind die Unterschiede zwischen den Möglichkeiten und Zielen der Dränagen im Neu- und Altbau.

Im Neubau dient die Dränage in Beachtung der DIN 18 195 zur sicheren Vermeidung von hydrostatischen Wasserangriffen auf die Abdichtung, damit die Bauwerksabdichtung nicht nach Teil 6 der DIN 18195 als druckwasserhaltende Abdichtung geplant und ausgeführt werden muss. Ziel der Berücksichtigung der Dränage in dem Gesamtkonzept der Bauwerksabdichtung ist somit eine weniger aufwendige und ansonsten kompliziert zu erstellende Bauwerksabdichtung zu planen und auszuführen, und trotzdem die Funktionssicherheit bei oftmals geringeren Baukosten gewährleisten zu können.

In der Altbausanierung werden Dränagen hauptsächlich dann verwendet, wenn eine druckwasserhaltende Abdichtung trotz Notwendigkeit durch die Baugrundverhältnisse überhaupt nicht mit vertretbarem Aufwand erstellt werden kann. Viele der nachträglich zu erstellenden Horizontalsperren sind grundsätzlich nicht für hydrostatische Wasserbelastungen geeignet, daher heißen sie ja auch Sperren und nicht Abdichtungen. Insofern kommt der Dränage hier eine umfangreichere Funktion als im Neubau zu. Da bereits eine kurzzeitige Funktionseinschränkung einer Dränanlage zu einer ungeplant höheren Wasserbelastung führt und der Sicherheitsfaktor der Belastbarkeit bei nachträglichen Horizontalsperren sehr gering ist, werden Schadensfälle sofort verursacht. Durch die unvermeidlich und nicht „genormten" örtlichen Gegebenheiten am Bestandsbau wird zudem die Planung und Ausführung nicht einfacher macht.

Sind die Voraussetzungen für eine Berücksichtigung der Dränage gegeben, so sind die beschriebenen Planungsgrundsätze und die Mindestanforderungen aus der überschaubaren DIN 4095 zu berücksichtigen. Auch hier sollte der Grundsatz der „Mindestanforderungen" beachtet werden. Einige Materialhersteller bzw. -anbieter sind immer wieder der Ansicht, dass Einspareffekte durch Reduzierung der in der DIN beschriebenen notwendigen Bauleistungen durchaus vertretbar und ohne Funktionseinschränkung möglich sind. Dies betrifft vor allem immer wieder die Anzahl der Spül- und Kontrollschächte.

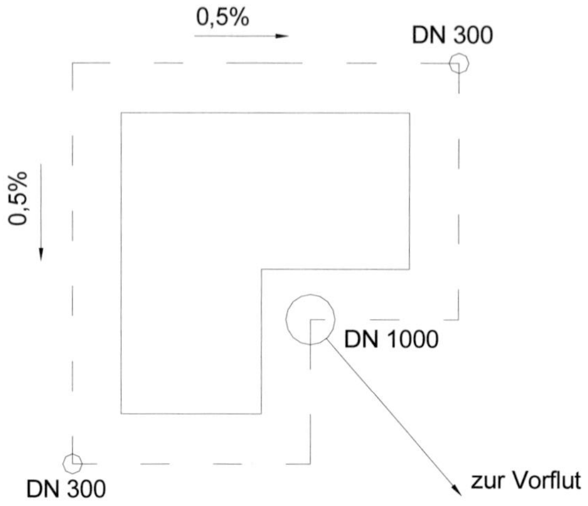

Bild **9.1**
Von „Fachleuten" empfohlener Grundriss einer Dränanlage, welcher eine kostengünstige Wartung erschwert

9

Mit Hinweis auf die heutigen, weiterentwickelten Prüf- und Reinigungsgeräte ist dieser Personenkreis aus ehrenhaften Gründen der Kostenminimierung der Meinung, die Anzahl der Schächte minimieren zu können. Dies kann zwar im Einzelfall durchaus sinnvoll erscheinen aber der Verantwortliche, welcher von den Planungs- und Ausführungsgrundsätzen der DIN abweicht, übernimmt erhöhte Beratungspflichten und verlässt den sicheren Boden der allgemein anerkannten Regeln der Bautechnik.

Die in der DIN 4095 festgelegte Mindestanforderung, bei jedem Richtungswechsel des Dränrohrs einen Spül- und Kontrollschacht vorzusehen, sollte in der Altbausanierung grundsätzlich so verstanden und eingehalten werden, dass es den gesamten Bereich der Ringleitung betrifft.

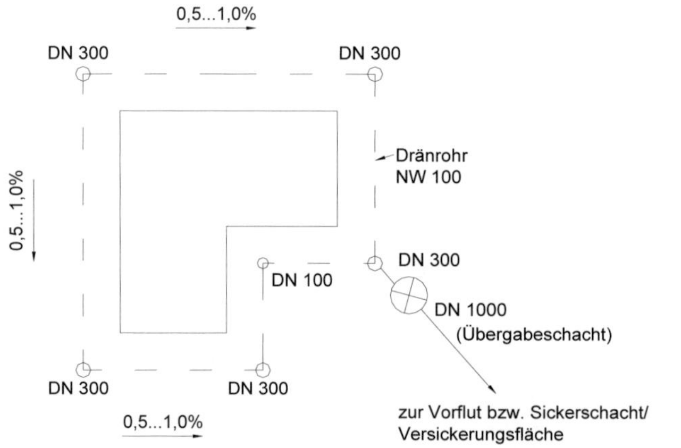

Bild **9.2**
Grundriss einer fachgerechten Dränanlage nach DIN 4095

Unter der Bodenplatte ist im Neubau normseitig immer eine Dränung vorgesehen. Der Aufbau der Dränschicht ist abhängig von der Grundrissgröße und dem verwendeten Material. In der Altbausanierung ist der dazu technisch notwendige und in der Norm geforderte Fundamentdurchbruch selten mit angemessenen Mitteln in ausreichendem Maße herzustellen.

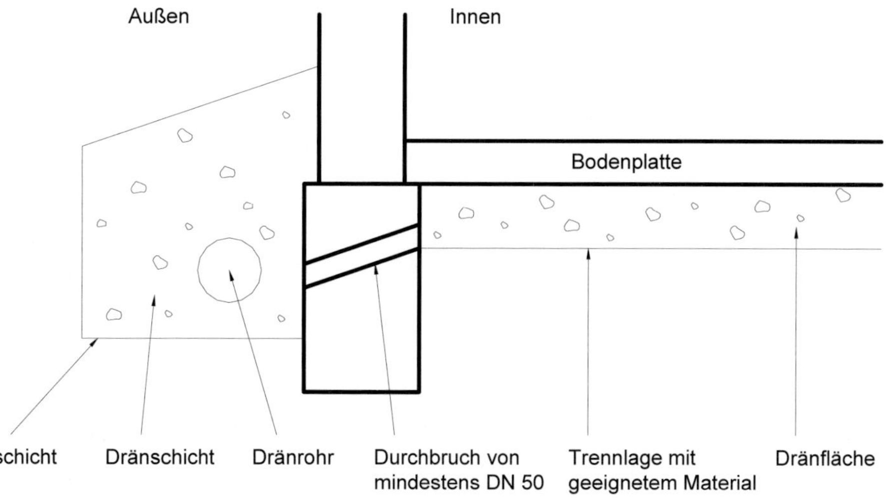

Bild **9**.3 Schnitt im Fundamentbereich bei fachgerechter Flächendränung nach DIN 4095

Daher sollte überprüft werden, ob durch eine Verlegung von Dränrohren in der Dränschicht mit einer herzustellenden punktuellen Verbindung zur Ringdränage eine ausreichende Wasserableitung erfolgen kann. Diese Maßnahme sollte außerhalb der in der DIN zu beachtenden Grundrissgröße von 200 m^2, wo grundsätzlich diese Dränleitungen einzubauen sind, erfolgen.

Ist eine sichere Wasserabführung aus dem Flächendrän unter der Bodenplatte nicht möglich, so sollte im Einzelfall darauf verzichtet werden. Der konstruktive Schichtenaufbau mit einer Dränschicht unter der Bodenplatte hat dann nicht nur keinen Sinn, sondern kann zu unkontrolliertem Wasserandrang führen.

Vorsicht ist bei der Altbausanierung bezüglich der Berücksichtigung von Dränagen dann geboten, wenn aus denkmalpflegerischen Gesichtspunkten oder aus Kostengründen eine Horizontalsperre und die Vertikalabdichtungen nicht ausgeführt werden und stattdessen eine Dränage die Aufgabe übernimmt. Dränagen können grundsätzlich keine Absperr- bzw. Abdichtungsmaßnahme ersetzen. Vielmehr ist durch die vorhandene Sickerschicht gegenüber den früheren Belastungen mit einer erhöhten Wasserspende in dem Bereich des Wandfußes zu rechnen. Bei einem geplant isolierten Einbau einer Dränage ohne weitere Sperr- und Abdichtungsmaßnahmen ist demnach zuerst zu überprüfen ob sich eine Verbesserung der Feuchtesituation im Mauerwerk unter den neuen Bedingungen überhaupt einstellen kann. In der Baupraxis sind die Erfahrungen dahingehend, dass nur im Einzelfall bei tiefergelegenen und zu sanierenden Fundamentbereichen diese „alternative“ Art sinnvoll erscheint. Dann ist aber auch die mögliche Raumnutzung auf die raumseitig zu erwartenden bauphysikalischen Gegebenheiten an der erdberührten Außenwand abzustimmen.

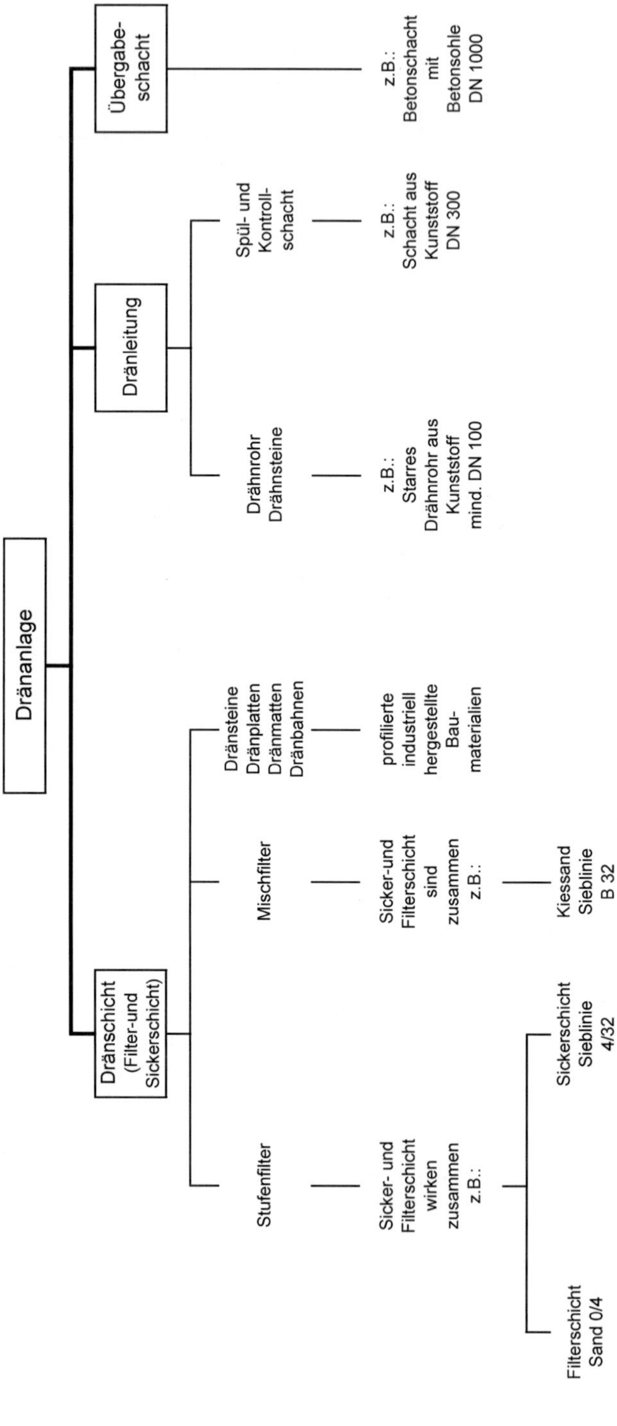

Bild **9**.4 Dränanlage und ihre Bestandteile

Bei der Ausführung von Dränanlage ist zu beachten, dass der Ersteller der Anlage, die ihm übergebenen Planungsunterlagen auf Machbarkeit überprüft. Insbesondere ist auf die sichere und zielgerichtete Ableitung des Dränwassers, auf die beabsichtigte Verwendung zugelassener Materialien mit nachgewiesener baustofflicher Eignung und auf die Höhenverhältnisse der Fundamente bzw. der Horizontalsperren im Bereich des Dränrohres zu achten.

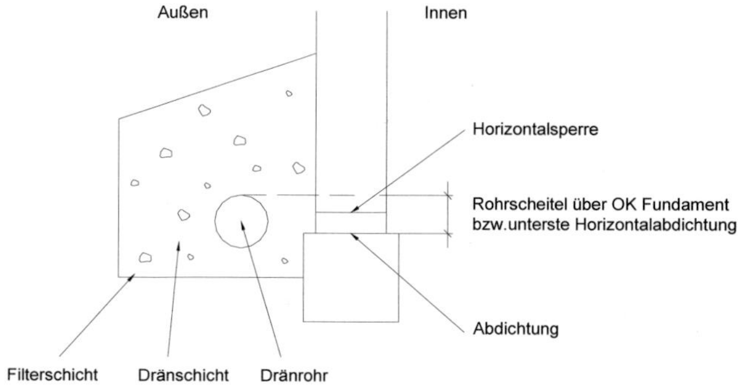

Bild **9**.5 Zu hoher Einbau des Dränrohrelementes

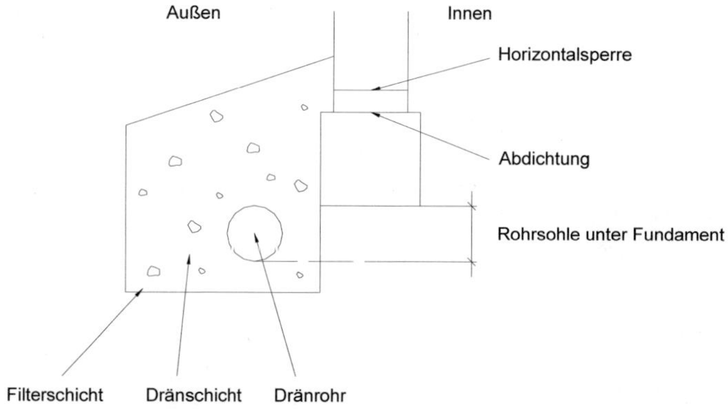

Bild **9**.6 Zu tiefer Einbau des Dränrohrelementes

Erst nach Feststellung einer mangelfreien Planung sollte mit der Umsetzung begonnen werden. Dabei sei aus immer wieder baupraktischen Erfahrungen darauf hingewiesen, dass nur systembezogene Materialien zur Anwendung kommen können. Einzelne Hersteller versuchen dem Baupraktiker bei der Auswahl der Baumaterialien in der Form behilflich zu sein, dass zusammengehörige Materialien herstellerbedingt gleiche Einfärbungen erhalten. Trotzdem werden z. Beispiel oftmals aus Kostengründen z.B. flexible Dränrohre verwendet, welche eine andere Farbe als die handelsüblichen Spül- und Kontrollschächte für Dränagen aus Kunststoff im Hochbau haben.

Bild **9.**7
Materialanwendung im Herstellersystem durch Farbgleichheit gekennzeichnet

Bild **9.**8
Nichtfachgerechte Materialanwendung von flexiblen Dränrohr aus der Landwirtschaft

Bild **9.**9
Farbdifferenzen von Kunststoffelementen deuten auf Materialzusammenstellung und daher auf techn. Mangel

Grundsätzlich sollten nachfolgende Mindestanforderungen bei der Planung und Ausführung von Dränagen in der Altbausanierung Beachtung finden:

- Alle gefährdeten erdberührten Wandbereiche in Höhe der Fundamentsohle sind mit zugelassenen Dränelementen (möglichst Ringleitung) zu umschließen
- Dränelemente dürfen nie mit dem Rohrgraben die Höhe der Fundament- bzw. Bodenplattensohle unterschreiten, damit die Standsicherheit des Gebäudes an keiner Stelle gefährdet ist
- Der Rohrscheitel der Dränleitung darf an keiner Stelle den oberen Fundamentabschluss oder die unterste, in das Abdichtungskonzept einbezogenen Horizontalsperre überschreiten
- Mindestmaße nach DIN 4095 bezüglich der Sicherpackung über und unter dem Dränrohr sind einzuhalten
- Zusammenhängende und leicht verarbeitbare Systeme von einem Hersteller verwenden
- Aus baupraktischen Erwägungen, dass in der Norm beschriebene Mindestgefälle von 0,5 % nicht ausreizen und eher mit 1 % Gefälle nach Möglichkeit zu arbeiten
- Die vertikale Sickerschicht ist vom Dränrohr über die gesamte erdberührte Eintauchtiefe des zu schützenden Bauteiles bis zur Oberfläche herzustellen
- Die Sickerschicht ist allseitig und vollflächig von einer geeigneten und zugelassenen Filterschicht zu ummanteln, damit eine Einschlämmung von Erdbestandteilen verhindert wird. Das bloße Auflegen von Vlies auf die Sickerschicht ist nicht ausreichend.
- Wurzelbeständigkeit und Frostgefahr ist durch geeignete Material- und Konstruktionswahl sicher zu vermeiden
- Alle Schächte von der Dränage sind leicht zugänglich und somit revidierbar zu gestalten
- Geeignete Maßnahmen bei möglichem Rückstau sind vorsorglich zu treffen.

Bezüglich der Wartung von Dränagen ist zu beobachten, dass die Voraussetzung für eine sichere Funktion kaum angemessen vom Eigentümer berücksichtigt wird. Trotz fachgerechter Planung und Ausführung ist immer wieder in der Praxis festzustellen, dass das Versagen bei Dränagen und die meistenteils daraus resultierende Überlastung der Bauwerksabdichtung auf ungenügende Wartung der Dränagen zurückzuführen ist. Aus baupraktischer Erfahrung sollten die Spül- u. Kontrollschächte sowie die Vorflut alle 6 Monate visuell nach Ablagerungen untersucht werden. Empfehlenswert ist weiterhin in einem Zyklus von ca. 8 Jahren die visuelle Überprüfung der Dränrohre durch entsprechend spezialisierte Dienstleister vornehmen zu lassen, sofern keine Auffälligkeiten bei der halbjährlichen Prüfung festgestellt wurden. Gemäß den jeweiligen Ergebnissen der visuellen Prüfung sind entsprechende Spülungen vorzunehmen.

Nur unter Beachtung dieser notwendigen Wartungsarbeiten kann einer Funktionseinschränkung oder gar einem Versagen der Dränanlage und somit einem daraus meist resultierenden kostenaufwendigen Schadensfall für den Eigentümer entgegengewirkt werden. Allerdings sollte der verantwortliche Architekt oder Bauunternehmer spätestens zur Bauabnahme seine Beratungspflichten gegenüber dem Bauherren dahingehend ausschöpfen, dass er diesen aktenkundig auf die notwendig auszuführenden Wartungsarbeiten hinweist. Ansonsten könnte dies im Einzelfall zu einem Haftungsfall für den Verantwortlichen führen.

9.2 Sanierputze

von Jürgen Weber

Die Putzgründe in der Altbausanierung entsprechen nicht den Mindestanforderungen aus der DIN 18 550 [5]. Trocken, staub- und salzfrei sind Gegebenheiten, welche zum überwiegenden Maße nur im Neubau vorzufinden sind. Daher gelten die in der DIN aufgenommen Regeln auch hauptsächlich im Neubau und sind in der Sanierung nicht ohne Weiteres übertragbar. Daraus erklärt sich, dass Sanierputze nur in der DIN erwähnt werden.

Demgegenüber ist in der neuen europäischen Putz- Norm EN 998-1 zumindest der Sanierputzmörtel berücksichtigt. Die in der Bausanierung gegenwärtig üblichen Sanierputzsysteme sind hingegen nicht benannt. Zudem fehlen Hinweise zur Planung und Ausführung, so dass die Norm bereits jetzt in Bezug auf Sanierputze den üblichen Qualitätsstandard kaum sichern kann. Neu ist mit Einführung der Norm die CE-Kennzeichnung von Werkmörtel, welche den geltenden europäischen Normen entsprechen.

Unabhängig der Einschränkungen hinsichtlich der Anwendung von den Normen in der Altbausanierung sind jedoch im Gesamtzusammenhang nachfolgende DIN- Normen bei der Planung und Ausführung von Sanierputzsystemen außerhalb der genannten Normen zu berücksichtigen:

- DIN 18336 „Abdichtungsarbeiten“
- DIN 18350 „Putz- u. Stuckarbeiten“
- DIN 18363 „Maler- und Lackierarbeiten“

Da die meisten DIN- Normen nicht oder nur annäherungsweise in der Altbausanierung bzw. in der Mauerwerksinstandsetzung als Planungs- und Ausführungsgrundlage angewandt werden können, sind entsprechende Merkblätter und Richtlinien von spezifischen Fachverbänden vorzugsweise zu berücksichtigen. Dies gilt auch für die neue jetzt gültige europäische Putznorm [6].

Die wohl wichtigsten Merkblätter für Putzarbeiten in der Sanierung und Instandhaltung von Bauwerken sind die WTA- Merkblätter „Sanierputze“ [7] und die dazugehörige Ergänzung [8]. Diese beiden Merkblätter wurden durch das neue Merkblatt [9] inhaltlich zusammengeführt und den neuen Erkenntnissen auf diesem Gebiet angepasst.

Das Ergebnis ist ein Merkblatt mit qualitätssichernden Maßnahmen und Verarbeitungsrichtlinien für Planer und Ausführende. So werden baupraktische Hilfestellungen wie die tabellarische Bewertung des Versalzungsgrades im Mauerwerkskörper beschrieben, wodurch eine grobe Einordnung auf Grundlage der ermittelten Werte in Belastungsgruppen für Praktiker leicht möglich ist. Bereits diese grobe Einordnung dient dann wiederum zu vorgefassten möglichen Vorschlägen bezüglich des Aufbaues eines notwendigen Sanierputzsystems.

Tabelle **9**.1 Bewertung des Versalzungsgrades nach Merkblatt [9], Tab. 5

Salze	Salzgehalte in Masse- %		
Chloride (Cl^-)	< 0,2	0,2 bis 0,5	> 0,5
Nitrate (NO_3^-)	< 0,1	0,1 bis 0,3	> 0,3
Sulfate (SO_4^{2-})	< 0,5	0,5 bis 1,5	> 1,5
Bewertung	Geringe Belastung	Mittlere Belastung	Hohe Belastung
Der ermittelte höchste Gehalt an Salz- Ionen (unabhängig der einzelnen Salzart) ist maßgebend.			

Die Anforderungen an Sanierputze sind zudem im Merkblatt höher ausgelegt als in der europäischen Norm. Dadurch können die Mindestanforderungen aus der Norm grundsätzlich als erfüllt gelten, wenn das WTA- Merkblatt Planungs- und Ausführungsgrundlage ist.

Bestandsmauerwerk ist durch die nicht vorhandene, geschädigte oder verrottete Abdichtung fast immer durchfeuchtet. Durch die Nutzung und Randbedingungen denen das Mauerwerk im Nutzungszeitraum ausgesetzt war und durch die zwangsläufigen Gegebenheiten aus dem kapillaren Wassertransport ist immer von dem Vorhandensein bauschädlicher Salze im Putzgrund auszugehen.

Übliche, im Bauwesen verwendete Putze nach DIN 18 550 können nicht schadensfrei im einzuplanenden Nutzungszeitraum auf einen solchen Putzgrund aufgebracht werden. Hier bedarf es der Berücksichtigung eines Putzsystems mit besonderen, auf das meist feuchte- und salzbelastete Mauerwerk abgestimmte Eigenschaften.

Seit Jahrzehnten haben sich die Sanierputze in der Altbausanierung durchgesetzt. Sie weisen die Eigenschaft auf, dass die Feuchtigkeit nicht kapillar über den Putzquerschnitt transportiert werden kann und zugleich nicht im Mauerwerk „eingesperrt“ wird. Der Feuchtigkeitsaustausch wird auf dem Wege der Diffusion ermöglicht, was durch eine erhöhte Porosität bzw. durch eine Zugabe von hydrophobiert wirkenden Zusätzen erreicht wird.

Durch die Fähigkeit des Sanierputzes, Salze aus dem Putzgrund in gewissem Maße schadensfrei aufzunehmen und trotzdem eine langfristige Wasserdampfdurchlässigkeit abzusichern, erfüllt er die Anforderungen an Putze in der Sanierung. Diese Eigenschaft wird durch eine künstlich geschaffene spezielle Porengeometrie erreicht.

Infolge der Eigenschaften von Sanierputzen ist aber ihr Einsatz zum Zwecke der Entfeuchtung oder Entsalzung von Mauerwerk nicht möglich. Soll dies Zielstellung sein, sind bezüglich der Entfeuchtung und Entsalzung saugende Putze mit möglichst hohem kapillaren Wassertransport einzusetzen. Diese Putze werden baupraktisch als Opferputze bezeichnet, da eine gewisse Entfeuchtung und Entsalzung im Mauerwerk eintritt. Durch die Einlagerung der Salze in den Opferputz ist aber eine zeitnahe und umfangreiche Schädigung des Putzes unvermeidlich.

Bild **9**.10
Oberflächenschäden an der Grenze zwischen Sanierputzsystem und Putz nach DIN 18 550

Bereits bei der Planung von Sanierungs- und Abdichtungsarbeiten ist auf der Grundlage der Ergebnisse der Mauerwerksdiagnostik die mögliche Einbeziehung eines Sanierputzsystems zu berücksichtigen. In Abhängigkeit der geplanten nachträglichen Abdichtung und festgestellten Eigenschaften des Putzgrundes ist frühzeitig eine Entscheidung über die Verwendung von Sanierputz herbeizuführen.

Diese Festlegung sollte Bestandteil des Abdichtungskonzeptes sein. Vor der Entscheidung über den Einsatz von Sanierputzsystemen ist der Wandaufbau, der Oberflächenzustand des Putzgrundes, der Wasser- und Salzgehalt des Mauerwerkes sowie die vorgesehene Nutzung bezüglich eingehaltener Randbedingungen zu überprüfen [9]. Die wichtigsten Daten sind im Leistungsverzeichnis zu berücksichtigen.

Falls auch nach der Sanierung eines Objektes durch die vielfältigen Gegebenheiten noch mit einem Wasser- und somit einem Salztransport im Mauerwerk zu rechnen ist, sollte entweder auf einen Verputz ganz verzichtet oder auf ein Sanierputzsystem zurückgegriffen werden.

Ein Sanierputzsystem besitzt üblicherweise nachfolgenden Schichtenaufbau, wobei in Bezug auf die örtlichen Gegebenheiten die eine oder andere Lage entfallen kann [9]:

- Spritzbewurf
- Grundputz
- Sanierputz
- Deckschichten

Die verwendeten Materialien müssen aufeinander abgestimmt sein.

Der ***Spritzbewurf*** soll den Haftverbund zwischen Putzgrund und Sanierputzsystem auch unter den erschwerten Bedingungen von Feuchte- und Salzbelastung des Putzgrundes absichern. Durch den Spritzbewurf soll ebenfalls eine gewisse Gleichmäßigkeit des Putzgrundes in Bezug auf Festigkeit und Saugfähigkeit des Putzgrundes erreicht werden. Bezüglich seiner Materialeigenschaften muss die Salzbeständigkeit abgesichert sein. Als Bindemittel haben sich die sulfatbeständigen Zemente und als Zuschläge dichte Mineralien wie Quarzsande bewährt.

Der Spritzbewurf wird üblicherweise nicht deckend aufgetragen. Um nicht als Sperrschicht zwischen Untergrund und Sanierputz zu fungieren, wird er warzen- oder netzförmig aufgetragen, was einer Deckungsfläche von unter 50 % entspricht.

Wenn ein deckender Spritzbewurf vom Hersteller oder vom verantwortlichen Planer vorgesehen wird, so sind an den Spritzbewurf besondere Forderungen an die Saugfähigkeit zu stellen. Diese Eigenschaft ist durch eine entsprechende Prüfung vom Hersteller nachzuweisen.

Der ***Grundputz*** wird je nach dem hauptsächlich gewollten Einsatz, als Ausgleichs- oder Porengrundputz bezeichnet. Er wird zum Ausgleich großer Unebenheiten im Putzgrund oder/und als Salzspeicher bei entsprechend hohen Salzbelastungen im Mauerwerk eingesetzt. Im Gegensatz zum Sanierputz ist dieser Putz nicht wasserabweisend, hat eine höhere Porosität und besitzt eine höhere Festigkeit.

9

Wenn die Grundputze die im WTA-Merkblatt [9] geforderten technischen Eigenschaften aufweisen und dementsprechende Prüfungen von neutralen Laboranstalten vorweisen können, sind sie berechtigt, sich als „Ausgleichsputz-WTA“ bzw. als „Porengrundputz-WTA“ kenntlich zu machen. Diese Zertifikate sollen eine technische Sicherheit bezüglich der Materialeigenschaften bei fachgerechter Herstellung darstellen und eine Transparenz für die am Bau Beteiligten aufweisen. Die so gekennzeichneten Materialien sind u.a. in Bezug auf Wassereindringtiefe, Luftporengehalt, Wasserdampfdiffusionswiderstand, und kapillare Wasseraufnahme, d.h. auf alle wesentlich notwendigen Eigenschaften beim Einsatz in der Altbausanierung, geprüft. Bei Ausgleichputzen wird die Porosität im Gegensatz zu den Porengrundputzen allerdings nicht untersucht.

Tabelle **9**.2 Auszug der Eigenschaften von Grundputz- WTA nach Merkblatt [9], Tab. 2

Eigenschaften	Anforderungen
Frischmörtel	
Konsistenz in mm	170 +/– 5
Luftporengehalt in Vol. - %	> 20
Festmörtel	
Druckfestigkeit in N/mm^2	Druckfestigkeit des systembebundenen Sanierputzes
Kap. Wasseraufnahme nach 24 h in Kg/m^2	> 1,0(geprüft an Scheibe)
Wassereindringung in mm	> 5
Koeffizient der Wasserdampfdurchlässigkeit (μ- Wert)	< 18
Porosität Ausgleichsputz in Vol.- %	> 35
Porosität Porengrundputz in Vol.- %	> 45
Die Dauerhaftigkeit ist nicht festgelegt, da kein Prüfverfahren vorhanden	

Der ***Sanierputz*** muss grundsätzlich in die zwei Kategorien „allgemein“ und nach „WTA- Merkblatt“ unterschieden werden. Der WTA- Sanierputz besteht aus einem Werktrockenmörtel und weist eine hohe Porosität und Wasserdampfdurchlässigkeit auf. Zudem ist die kapillare Leitfähigkeit reduziert.

Die speziellen Putzeigenschaft bezüglich der Aufnahme und Abgabe von Kapillarwasser wird durch eine spezielle Porengeometrie und -verteilung im Zusammengang mit einer Porenhydrophobie erreicht. Das Kapillarwasser wird in flüssiger Form aus dem Putzgrund in den Sanierputz transportiert. Infolge der Hydrophobie der Poren kommt der Wassertransport bei max. 5 mm im Putzquerschnitt zum Erliegen. Das Wasser verdampft und tritt nach Diffusion als Wasserdampf aus dem Putz aus. Damit können aber auch die im Kapillarwasser gelösten Salze nicht weiter transportiert werden. Sie kristallisieren in den Poren und Kapillaren des mittelbaren Putzbereiches zum Putzgrund aus.

Tabelle **9**.3 Eigenschaften von Sanierputz- WTA nach Merkblatt [8]

Eigenschaften	Anforderungen
Frischmörtel	
Konsistenz	17,0 +/– 0,5 cm[1)]
Luftporengehalt	> 25 V- %
Wasserrückhaltevermögen	> 85 %
Verarbeitbarkeit	< 3 cm[2)]
Festmörtel	
Rohdichte	< 1,4 kg/dm³
Wasserdampfdiffusionswiderstandszahl	< 12
Druckfestigkeit	1,5 – 5 N/mm²
Kap. Wasseraufnahme	>0,3 kg/m²
Wassereindringtiefe	< 5 mm
Porosität[3)]	>40 V- %
Salzresistenz	bestanden

1) Richtwert für Ausbreitmaß, Herstellerangaben maßgebend
2) Nach 15 min. Lagerdauer darf das Ausbreitmaß höchstens 3 cm abnehmen
3) Nur nach Erstprüfung und nach Rezepturänderung

Tabelle **9**.4 Auszug der Eigenschaften von Sanierputz- WTA nach Merkblatt [9], Tab. 3

Eigenschaften	Anforderungen
Frischmörtel	
Konsistenz in mm	170 +/- 5
Luftporengehalt in Vol.- %	> 25
Wasserrückhaltevermögen in %	> 85 %
Festmörtel	
Trockenrohdichte in kg/m³	Richtwert < 1.400
Koeffizient der Wasserdampfdurchlässigkeit (μ-Wert)	</= 12
Druckfestigkeit β_d in N/mm²	1,5 – 5
Festigkeitsverhältnis $\beta_d : \beta_{bz}$	< 3
Kap. Wasseraufnahme nach 24 h in kg/m²	> 0,3 (geprüft an Scheiben)
Wassereindringung in mm	< 5
Porosität in Vol- %	> 40
Salzresistenz	bestanden

Durch die künstlich geschaffene Porenstruktur ist eine Schädigung des Putzes durch die Auskristallisation der Salze und der damit verbundenen Volumenvergrößerung fast ausgeschlossen. Da kein kapillarer Wassertransport und Salztransport bis an die Putzoberfläche erfolgt, bleibt die Oberfläche visuell lange Zeit ohne Schaden oder einem Feuchtefleck.

9

Die Haltbarkeit ist allerdings auch beim Sanierputz begrenzt und hängt im Wesentlichen von Putzaufbau, dem Feuchtegehalt des Putzgrundes und der qualitativ sowie quantitativen Salzbelastung des Mauerwerkes ab. Ein allgemeingültiger Nutzungszeitraum für Sanierputze kann durch die sich ständig verändernden Randbedingungen und speziellen örtlichen Einflüssen nicht benannt werden. Es ist lediglich festzustellen, dass bei einem feuchte- und salzbelasteten Untergrund, Putze nach DIN 18 550 sehr schnell versagen. Demgegenüber besitzen Sanierputze eine hinnehmbare Gebrauchsdauer und es sind Standzeiten von bis zu 20 Jahren bekannt.

Von wesentlicher Bedeutung für die Haltbarkeit des Sanierputzes ohne sichtbare oberflächliche Schädigung ist die sorgfältige Verarbeitung. Die Empfehlungen der Hersteller sind einzuhalten, die entsprechende Maschinenausrüstung ist zu beachten und es sollten nur geprüfte Werktrockenmörtel verwendet werden. Sinnvoll ist die Art und Weise der Verarbeitung des Putzes in einem Protokoll aktenkundig zu hinterlegen.

Die Herstellung von Sanierputzen auf der Baustelle durch Zusatzmittel weist eine hohe Fehlerquote auf und eine ernsthafte Prüfung der Mischungsverhältnisse kann nicht zeitnah erfolgen. Ebenfalls ist von einer Verarbeitung der Putze mit der Hand abzusehen, sofern diese Art der Verarbeitung nicht ausdrücklich vom Hersteller genehmigt ist.

Damit der Sanierputz komplett und schnell austrocknen kann, ist auf eine geringe Luftfeuchtigkeit und ausreichende Oberflächen- und Lufttemperatur während bzw. nach der Verarbeitung zu achten. Wird dies nicht gewährleistet, so erfolgt zwar eine Verfestigung des Putzes aber die Hydrophobierung im Putzquerschnitt kann sich nicht oder nicht vollständig ausbilden. Ein frühzeitiges Versagen des Putzes kann die Folge sein.

Bei den bisher bekannten Schäden an den Sanierputzen handelt es sich um Verarbeitungsfehler. Im Wesentlichen handelt es sich dabei um die typischen Schadbilder:

- Erforderlicher Luftporengehalt nicht vorhanden
- Nichterreichen der vorgeschriebenen Mindestschichtdicke
- Unzureichende Haftung zum Putzgrund
- Unzureichende Festigkeit über den Putzquerschnitt und an der Oberfläche

Allerdings sind auch die Sanierputze bei drückendem Wasser oder erheblichem Wasseranfall im Einzelfall nicht einsetzbar. Geschieht dies trotzdem, so handelt es sich um einen Planungsfehler.

Die ***Deckschicht*** ist eine Zusammenfassung von Oberflächenbeschichtungen aus Oberputzen, Beschichtungen und Anstrichen. Sie dient dazu, die notwendig oder gewünschte Oberfläche herzustellen, wenn die Oberflächenstruktur des Sanierputzes diese nicht erfüllen kann. Diese Schichten müssen auf die Festigkeit des relativ „weichen“ Sanierputzes abgestimmt sein und dürfen die Eigenschaften des Sanierputzsystems nicht beeinflussen. Üblicherweise sollten die Mindestanforderungen aus dem WTA- Merkblatt bei den Deckschichten eingehalten werden.

Tabelle **9**.5 Mindestanforderungen von Deckschichten nach Merkblatt [9], Tab. 4

- Anstriche/Beschichtungen im Innenbereich:
  Diffusionsgleichwertige Luftschichtdicke $s_D < 0{,}2$ m (jede einzelne Schicht)
- Anstriche/Beschichtungen im Außenbereich:
  Diffusionsgleichwertige Luftschichtdicke $s_D < 0{,}2$ m (jede einzelne Schicht)
  Wasseraufnahmekoeffizient $w < 0{,}2$ kg/m²h $^{1/2}$
- Mineralische Oberputze im Außenbereich:
  Wasseraufnahmekoeffizient [1)] $w < 0{,}5$ kg/m²h $^{1/2}$

1) Prüfverfahren nach DIN 52617

Grundsätzlich ist zu berücksichtigen, dass bei Aufbringung von Oberputz und Farbanstrich auf einen Sanierputz eine Addition der Werte erfolgt. Im Außenbereich sollte zudem noch die Wasserabweisung bei dem Farbanstrich berücksichtigt werden.

Sanierputze sollten in der Planung und Ausführung dann nicht berücksichtigt werden, wenn

- Altputze auszubessern sind
- Die Putzfläche unter der Geländeoberkante sich befindet
- Die Putzfläche unterhalb von zu schützenden Wandmalerein sich befinden oder
- Die vorhandene Mauerwerksfeuchte kostengünstiger durch Sperrmaßnahmen zu beseitigen ist [12].

9.3 Konstruktive Maßnahmen

von Stefan Hemmann

Zur Vermeidung von Bauschäden durch Feuchtigkeit, ist auch die Berücksichtigung von flankierenden Maßnahmen erforderlich. So sollten in einem guten Architekturentwurf auch die Belange der Standortgegebenheiten hinsichtlich Lage, Klima und der Baugrundverhältnisse schon mit berücksichtigt werden, um spätere Feuchtigkeitsprobleme ausschließen zu können oder fachgerechte Abdichtungsmaßnahmen durchführen zu können.

So erfordert z.B. eine Hanglage andere Schutzmaßnahmen gegen Feuchtigkeit am Bauwerk, als eine einfache Lage ohne besondere Anforderungen. Auch die Kenntnis über Niederschlagsmengen, vorhandenes Schichten- oder Grundwasser erfordert schon rechtzeitig ggf. eine andere Planung des Gebäudes. Die Einholung langjähriger Grundwasserstände, wobei man von den letzten 30 Jahren ausgeht, ist von Wichtigkeit. Nicht selten wird dieser Grundwasserstand nicht erfragt und auf Bauwerksabdichtungsarbeiten verzichtet, da beim Aushub der Baugrube kein Wasser festgestellt wurde oder der Nachbar bisher auch keine Probleme mit dem Grundwasser hatte. Dabei wird verkannt, dass sich die Grundwasserverhältnisse in zeitlichen Abständen verändern können, so z.B. durch Grundwasserabsenkungen von Randbebauungen, durch Grundwasserabsenkungen oder Flutungen von Tagebaugebieten und durch normale klimatische Veränderungen.

9

Als Ergebnis der Einholung von langjährigen Grundwasserständen oder aktuellen Situationen kann es ggf. zu der Entscheidung kommen, dass auf einen Keller aus technischen oder ökonomischen Gründen bei Anbauten verzichtet wird oder der Keller dann schon im Entwurf als „weiße Wanne“ geplant wird.

Die richtige Auswahl und der richtige Einsatz von Baustoffen und der geeigneteten Konstruktionsart stellen eine relativ einfache, aber wirksame flankierende Maßnahme zum Schutz gegen Bauwerksfeuchtigkeit dar. So kann bei einer „weißen Wanne“ auf weitere Abdichtungsmaßnahmen verzichtet werden, während bei Ziegelsteinen entsprechende Abdichtungsmaßnahmen immer einzuplanen sind.

Aber auch schon die Auswahl der Art der Ziegelsteine kann entscheidend sein, da porosierte Ziegelsteine gegenüber gebrannten Ziegelsteinen ein wesentlich höheres „Saugvermögen“ haben u. somit auf Feuchtigkeit empfindlicher reagieren. Deshalb sollten porosierte Ziegelsteine im erdberührten Bereich bzw. in Bereichen mit anstehender Feuchtigkeit, wie auch auf Bodenplatten aus wu-Beton, nicht ohne Abdichtungsmaßnahmen verwendet werden.

Ähnlich der Funktion einer Drainage, kann es bei größeren Baumaßnahmen auch sinnvoll sein, durch einen künstlich angelegten Teich, einer Zisterne oder Brunnen, dass Grund- oder Schichtenwasser von den Gebäuden weitestgehend fern zu halten, um somit aufwendige und kostenintensive Bauwerksabdichtungsmaßnahmen zu vermeiden. Gleichzeitig können diese Maßnahmen zur besseren Landschaftsgestaltung oder zur Wiederverwendung des gespeicherten Wassers für andere Maßnahmen beitragen, wie z.B. für die Gartenbewässerung.

Eine weitere Möglichkeit stellt die Ausbildung einer Vorsatzschale aus wu-Beton vor die zu schützenden Bauteile an bestehenden Gebäuden, wie z.B. den Fundamenten u. Kelleraußenwänden, dar. Diese Maßnahmen werden heute aber nur noch selten angewendet, da Spritzbeschichtungen u.ä. zugelassene Verfahren ökonomischer sind.

Einfache und unkomplizierte Baukörper mit möglichst wenig Fugenausbildungen, sind technisch besser zu beherrschen. Werden aber z.B. durch die vorhandene Architektur oder andere Gründe kompliziertere Bauwerksgründungen erforderlich, dann sollten die abzudichtenden Flächen u. Fugen so geplant werden, dass diese in der Praxis auch fachgerecht abgedichtet oder wie bei weißen Wannen nachträglich unkompliziert verpresst werden können.

Als weitere flankierende Maßnahmen können so einfache Mittel, wie Überdachungen von Kellereingangspodesten, Balkonen oder Terrassen, die fachgerechte Ableitung von Oberflächenwasser durch eine funktionierende Entwässerungsanlage, eine Geländegestaltung mit Gefälle vom Gebäude weg und turnusmäßige Instandhaltungsarbeiten am Gebäude zählen.

9.4 Literatur

Flankierenden Maßnahmen

[1] DIN 4095 „Baugrund- Dränung zum Schutz baulicher Anlagen“, Beuth Verlag, 06/1990

[2] Frössel, Frank „Mauerwerkstrockenlegung und Kellersanierung“ 2. durchgesehene Auflage, Frauenhofer IRB Verlag, 2002

[3] Weber, Jürgen /Wild Uwe „Mangelfreie Abdichtung Teil 2“ Praxis- Check, WEKA Verlag, 10/2004

[4] DIN 18557 „Werkmörtel; Herstellung , Überwachung, und Lieferung“, DIN Deutsches Institut für Normung e.V.; 01/1997

[5] DIN 18 550 „Putz“ Deutsches Institut für Normung e.V.

[6] DIN EN 998-1 „Festlegungen für Mörtel für Mauerwerk- Putzmörtel“

[7] WTA- Merkblatt 2-2-91 „Sanierputze“, Wissenschaftlich- Technische Arbeitsgemeinschaft für Bauwerkserhaltung und Denkmalpflege e.V., 1991

[8] WTA- Merkblatt 2-6- 99/D „Ergänzung zum Merkblatt 2-2-91/D- Sanierputze“, Wissenschaftlich- Technische Arbeitsgemeinschaft für Bauwerkserhaltung und Denkmalpflege e.V., 1999

[9] WTA- Merkblatt E 2-9-04/D „Sanierputzsysteme“ Wissenschaftlich- Technische Arbeitsgemeinschaft für Bauwerkserhaltung und Denkmalpflege e.V., 2005

[10] Kollmann Helmut /Dettmann Tanja „Putz in der Bausanierung und Denkmalpflege“, Verlag Bauwesen, 2001

[11] Ross Hartmut/ Stahl Friedemann „Praxis- Handbuch Putz“, 3. Auflage, Rudolf Müller Verlag, 2003

[12] Meier, Hermann G. „WTA-zertifizierte Sanierputzsysteme“, in „Feuchteschäden und Trockenlegung von historischen Bauten“, Berichte zu Forschung und Praxis der Denkmalpflege in Deutschland, Vereinigung der Landesdenkmalpfleger in der BRD, Frauenhofer IRB Verlag, 06/2004

10 Qualitätsmanagement

von Stefan Hemmann

10.1 Einleitung

Da am Bau mehrere fachlich Beteiligte zum Gesamtergebnis beitragen, ist nicht nur ein hohes Maß an Planung, Koordination und Bauleitung erforderlich, sondern auch ein sachkundiges Qualitätsmanagement, so auch oder gerade bei den Bauwerksabdichtungsarbeiten, die eine wesentliche Leistung zur mangelfreien Errichtung eines Gebäudes darstellen.

In den Bauschadensberichten vom Aachener Institut für Bauschadensforschung wird neben anderen Schadensfällen, auch immer wieder eine hohe Quote an Bauwerksschäden durch mangelhafte Bauwerksabdichtungsarbeiten genannt. So werden gerade durch mangelhafte Bauwerksabdichtungsarbeiten lt. Bauschadensberichten, die durch die Bundesregierung in Auftrag gegeben werden, immer wieder hohe Kosten für die Schadensbeseitigung ermittelt, was in der Vergangenheit zu einer Diskussion nach einem funktionierenden Qualitätsmanagement führte, bisher aber noch nicht den durchgreifenden Erfolg brachte.

Ursache für die relativ hohe Schadensquote an Bauwerksabdichtungsarbeiten und die Notwendigkeit eines damit verbundenen funktionierenden Qualitätsmanagements ist, dass in unserer Leistungsgesellschaft das erforderliche preisgünstige Bauen einen zunehmenden Preis- und Termindruck auf die Baubranche ausübt. Das Ziel, hohe Qualität zu tragbaren Kosten zu bekommen, scheitert i.d.R. am Zwang immer kostengünstiger bei gleichbleibender guter Qualität bauen zu müssen oder zu wollen. So werden von den Bauunternehmen immer mehr Arbeitskräfte mit geringer oder ungeeigneter Qualifikation für diese Leistungen beschäftigt, um die niedrigen Preisvorstellungen realisieren zu können. Auch die sogenannten „Ich" AG-s drängen immer mehr auf den Arbeitsmarkt, führen Leistungen aus, für die sie teilweise unzureichende Qualifikationen haben und drehen somit noch mehr an der Preisschraube. Auch Planungs- und Überwachungsleistungen der Architekten und Bauingenieure werden unter diesem Preisdruck oftmals auf ein Mindestmaß reduziert, wobei gerade dort die Grundlagen für eine qualitätsgerechte Bauleistung geschaffen werden. Alle diese Komponenten tragen dazu bei, dass ein schnelleres und preisgünstigeres Bauen zu Lasten der Qualität geht und somit Schadensfälle vorprogrammiert sind.

Es stellt sich also die Frage, wie unter diesen Voraussetzungen trotzdem eine gute Bauqualität erreicht werden kann. Da man unter den jetzigen wirtschaftlichen Gegebenheiten immer weniger mit der notwendigen Fähigkeit, dem Fachwissen, dem Können und Wollen der Beteiligten rechnen kann, ist zur Erreichung eines weitestgehend mängelfreien Bauwerks die Funktion des Sachkundigen bzw. Sachverständigen zur Qualitätssicherung mehr gefragt denn je.

Der Sachkundige als Qualitätssicherer am Bau muss also schon von der Planungsphase bis zur Endabnahme mit abschließender Dokumentation der Ergebnisse, den Bau begleiten. Dabei spielt die Qualitätskontrolle der Bauwerksabdichtung eine entscheidende Rolle, da bei Feststellung späterer Mängel oder Schäden durch eine mangelhafte Bauwerksabdichtung, ein hoher technischer, zeitlicher und ökonomischer Aufwand betrieben werden muss, um die Mängel zu beseitigen. Diese Kosten stellen oftmals ein Mehrfaches der eigentlichen Bauwerksabdichtungskosten dar und führen fast immer zu rechtlichen Streitigkeiten. Wann und in welchem Umfang Kontrollen bzw. Prüfungen durch den sachkundigen Qualitätssicherer erfolgen sollten, werden in den folgenden Abschnitten näher beschrieben. Weitere Hinweise zum Umfang der Qualitätssicherung sind auch in anderen Fachpublikationen zu finden.

10.2 Planungsphase

Jeder Sachkundige sollte seinen Auftraggeber zu dem gewünschten und erforderlichen Leistungsumfang des Qualitätsmanagements umfassend beraten, um das Leistungsbild je nach Art und Umfang der Bauwerksabdichtungsarbeiten genau festzulegen. Damit wird nicht nur gleichzeitig die notwendige Aufklärung der Bauherren zur Notwendigkeit und Wichtigkeit einer fachgerechten Bauwerksabdichtung erläutert, sondern auch der zu vereinbarende Leistungsumfang des Sachkundigen oder Sachverständigen mit dem notwendigen Honorar erläutert bzw. vereinbart.

Jeder Bauherr ist wiederum gut beraten, seine Bauleistungen von Anfang an durch einen geeigneten Architekt, Ingenieur oder Fachmann planen zu lassen.

Für seine Arbeit als Qualitätssicherer sollte der Planer oder Sachkundige als bewährtes Hilfsmittel eine Checkliste für die Gesamtbaumaßnahme, aber auch für die einzelnen Gewerke, so auch für die Bauwerksabdichtung verwenden. In der Planungsphase sind dafür folgende sinnvolle Bearbeitungsstände als Beispiel zu prüfen:

1 Prüfung der Ausführungs- und Detailpläne hinsichtlich der vollständigen Angaben gem. DIN 18195: 2000-08 bei Neubauten und bei Altbausanierungen nach WTA- Merkblatt 4-5-99/D „Beurteilung von Mauerwerk, Mauerwerksdiagnostik"

  Prüfung auf Einhaltung von Planungsrichtlinien für KMB u.ä. Richtlinien oder Herstellervorschriften gem. a.R.d.T.

  Prüfung auf möglichst einfach realisierbare Konstruktionsdetails, wie z.B. der Anordnung von Fugen, Möglichkeit einer späteren Rissverpressung u.ä.

2 Prüfung der Baubeschreibung auf Angaben der festgelegten Nutzungseigenschaften, wie Funktion, Nutzungsart, Sicherheit und Erhaltungsmaßnahmen, Angaben zum höchsten Grundwasserstand der letzten 30 Jahre oder Hinweise auf ein vorhandenes Bodengutachten bzw. Angabe der Lastfallgruppe gem. DIN 18195-1:2000-08. Weiterhin sollten Nahtstellen zu anderen Leistungsbereichen benannt werden, zu Terminabläufen und zu Materialangaben.

3 Prüfung der Ausschreibungsunterlagen auf fachlich richtige Umsetzung der Planungsangaben, sowie auf umfassende und vollständige Leistungsbeschreibung gem. aktuellem Stand der Technik.

4 Gegebenfalls Mitwirkung bei der Wahl von Fachfirmen und der Vertragsgestaltung, sowie eines Zeitmanagementplanes zur Absicherung der richtigen Bauleistungsfolge, um eine fachgerechte Ausführung der Bauwerksabdichtung gewährleisten zu können.

5 Aktualisierungen der Planungsvorgaben während der Bauausführung, wenn veränderte Grundlagen während der Bauarbeiten festgestellt werden u. somit andere Anforderungen an die BWA notwendig werden.

10.3 Qualitätssicherung am Bau

Der Bauleiter und die Baufirmen haben die übergebenen Planungsunterlagen vor Baubeginn auf offensichtliche Fehler zu prüfen und bei ihrer Feststellung diese umgehend dem Bauherrn oder Planer anzuzeigen. Diese Prüfpflichten werden in der Praxis jedoch noch all zu oft vernachlässigt, wodurch sich allein aus dieser Tatsache in der Folgezeit der Durchführung der Baumaßnahme Mängel an der Bauwerksabdichtung ergeben können, die nur mit verhältnismäßig hohem Aufwand und immer öfter mit verbundenen Rechtsstreitigkeiten beseitigen lassen. Oftmals werden solche Mängel an der Bauwerksabdichtung nicht erkannt, die Abdichtungsarbeiten durch Erdreich oder andere Bauteile abgedeckt und somit in den Status der verdeckten Mängel überführt. Diese verdeckten Mängel werden dann normalerweise erst durch sichtbare Schäden oder andere

Umstände festgestellt und erst dann ein Sachkundiger eingeschaltet, der nachträglich feststellen soll, ob an den Bauwerksabdichtungsarbeiten Mängel vorhanden sind. Zu diesem Zeitpunkt ist aber der Aufwand der Mängelfeststellung und der Mängelbeseitigung bereits um ein Mehrfaches höher, als die Arbeiten selbst.

Aus oben genannten Gründen ist es technisch und ökonomisch sinnvoller, einen Sachkundigen zur Qualitätssicherung nicht nur in der Planungsphase, sondern auch besonders während der Baudurchführung einzuschalten. Da es sich je nach Baustellengröße um sehr komplexe und umfangreiche Abläufe handeln kann, stellt dieses auch hohe Anforderungen an den Sachkundigen. Öffentlich bestellte und vereidigte Sachverständige haben i.d.R. eine langjährige Berufspraxis und technische Qualifikation auf dem Bestallungsgebiet und sind produkt- und firmenunabhängig, aber auch andere ausgewiesene Sachkundige mit dem speziellen Fachwissen zur Bauwerksabdichtung eignen sich für die Qualitätssicherung am Bau gut.

Inhalt und Umfang der bauüberwachenden Qualitätssicherung sollten nicht schematisch festgelegt sein, sondern immer auf die objektiven Umstände der Baumaßnahme abgestimmt sein. Folgende Leistungen der BWA sollten dabei aber immer überwacht werden:

1. Überwachung der Gebäudegründung auf Übereinstimmung der Bodenverhältnisse mit den Angaben im Baugrundgutachten oder den Planangaben, um den richtigen Lastfall für die Bauwerksabdichtung zu überprüfen und damit die richtigen Maßnahmen zur Bauwerksabdichtung festlegen bzw. überwachen zu können. Weiterhin sind Prüfungen zur fachgerechten Ausführung der Abdichtungsarbeiten im Gründungsbereich durchzuführen. Eine funktionierende Koordinierung der anderen am Bau Beteiligten ist zu überprüfen, damit Leistungen an Nahtstellen/Übergängen zu anderen Gewerken fachgerecht und rechtzeitig ausgeführt werden.
2. Überwachung der einzelnen Arbeitsfolgen der Bauwerksabdichtung im Rahmen der Rohbauerrichtung oder Altbausanierung, wie z.B.

- Vorlage der Feuchtigkeitsanalyse von Altbauobjekten
- Einsatz der richtigen Abdichtungsprodukte
- Richtige Arbeitsfolgen mit ausreichenden Trocknungszeiten und Umgebungstemperaturen
- Ausreichende Schichtdicken und erforderliche Schichtenfolgen, Anordnungen von Injektionsmaßnahmen
- Fachgerechte Abdichtung von Durchführungen, Durchdringungen, Fugen u.ä.
- Fachgerechte Sicherungsmaßnahmen und flankierende Maßnahmen
- Anfertigung von Prüfkörpern und Dokumentation der Bauwerksabdichtung
  Mitwirkung bei Abnahme und ggf. Übergabe der Bauwerksabdichtung

Der Qualitätssicherer hat von seinen Baustellenkontrollen und den gemachten Feststellungen neutrale Protokolle, mit Fotos von den wesentlichen Details anzufertigen, die dem Auftraggeber und den Beteiligten übergeben werden.

Dabei tritt der Sachverständige nicht als zusätzlicher Kontrolleur auf, sondern als Helfer für alle am Bau Beteiligten, um rechtzeitig Fehler zu erkennen und möglichst zu vermeiden. Direktabsprachen zwischen Sachverständigen und Baubeteiligten erfolgen dabei i.d.R. nicht oder werden schriftlich fixiert und sind der Bauleitung bzw. Auftraggeber umgehend mitzuteilen.

Die Verantwortlichkeiten und das Rechtsgefüge der am Bau Beteiligten wird durch die Einschaltung des Sachverständigen zur Qualitätssicherung nicht beeinflusst.

10.4 Zusammenfassung

Eine baubegleitende Qualitätssicherung an Baumaßnahmen durch einen Sachkundigen ermöglicht dem Bauherrn und den am Bau Beteiligten, Fehler in der Planung und der Bauausführung rechtzeitig erkennen zu lassen und somit zu vermeiden. Der Vorteil liegt dabei in der Tatsache, zeitig erkennen zu lassen und somit zu vermeiden. Der Vorteil liegt dabei in der Tatsache, dass er durch seine berufliche Tätigkeit ständig mit Mängeln konfrontiert wird, nachweislich ständig an Weiterbildungsmaßnahmen zum aktuellen Stand der Technik teilnimmt und dadurch einen Wissensvorsprung gegenüber den Architekten, Ingenieuren und am Bau Beteiligten hat, sowie produkt- und firmenunabhängig ist.

Durch den Kosten- und Zeitdruck an allen Bauvorhaben, ist eine Qualitätskontrolle während der Planung und Baudurchführung in verstärktem Maße erforderlich. Die dem Bauherrn oder Auftraggeber dadurch entstehenden Kosten stellen nur einen Bruchteil der Aufwendungen für eine nachträgliche Mängelbeseitigung von zu spät erkannten Mängeln und/oder Rechtsstreitkosten dar. Daher sollte es im Interesse aller am Bau Beteiligten sein, eine baubegleitende Qualitätssicherung durch einen ö.b.u.v. Sachverständigen oder speziellen Sachkundigen zu vereinbaren.

Nur so kann es gelingen, einen hohen Qualitätsstandard bei sinkenden Kosten und kürzeren Bauzeiten zu sichern und gravierende Mängel zu vermeiden.

10.5 Literaturverzeichnis

[1] Bausachverständigen-Tag im Rahmen der Frankfurter Bautage 2002

„Der Sachverständige als Qualitätssicherer“, RKW-Rationalisierungs-Gemeinschaft „Bauwesen“

11 Zivilrechtliche Grundlagen

von Volker Hafkesbrink und Ulrich Kühne

11.1 Mögliche Beteiligte am Bauvorhaben

11.1.1 Der Bauherr/Auftraggeber

Der Bauherr ist als Auftraggeber nicht nur der Hauptvertragspartner, sondern er hat insbesondere das Recht die Erstellung eines Werks nach seinen Vorstellungen zu verlangen. Ihm sind bei Vereinbarung als VOB/B auch nach Vertragschluss Möglichkeiten an die Hand gegeben, den geschlossenen Vertrag nach seinen Vorstellungen zu modifizieren, also insbesondere auch dem Auftragnehmer Weisungen hinsichtlich der Art und Weise der Erstellung des Werkes zu geben, § 1 Nr. 3 und 4 VOB/B. Ebenfalls ist er berechtigt, den Vertrag jederzeit zu kündigen, § 649 Abs. 1 BGB, § 8 Nr. 1 VOB/B. Er muss dann jedoch die Vergütung des Auftragnehmers unter Anrechnung der ersparten Aufwendungen zahlen.

Grundsätzlich trifft den Auftraggeber die Vergütungspflicht für die empfangenen Leistungen. Daneben treffen den Auftraggeber aber auch Mitwirkungspflichten. Er hat zum Beispiel Pläne zu übergeben oder für die Durchführung des Bauvorhabens zu sorgen, also Baugenehmigungen einzuholen oder für die baulichen Voraussetzungen der Vorgewerke zu sorgen. Die gesamte Koordination des Bauablaufs obliegt dem Bauherrn. Er haftet jedoch nicht für Verzögerungen, die ausschließlich auf eine verzögerte Fertigstellung der Vorgewerke zurückzuführen ist[1].

11.1.2 Projektsteuerer, Projektmanager

Der Projektsteuerer ist der engste Berater des Auftraggebers. Nach dem Grundgedanken des § 31 HOAI soll der Projektsteuerer während des Bauablaufs entscheidende Funktionen des Auftraggebers wahrnehmen. Die Tätigkeit des Projektsteuerers ist geprägt von Kontroll- und Organisationsleistungen komplexer Art, die dem Projektsteuerer Führungs- oder Leitungsfunktionen einräumen. Im Vordergrund der Tätigkeit stehen Elemente des persönlichen Vertrauens und sich daraus ergebende, schlecht überschaubare Risiken für den Vertragspartner.

Projektsteuerer werden in der Regel bei größeren Bauvorhaben neben den Architekten oder Sonderfachleuten hinzugezogen, um die Gesamtsteuerung der vielfältigen Gewerke zu überwachen.

Im Rahmen der Bauwerksabdichtung werden die Projektsteuerer lediglich bei terminlichen Entscheidungen herangezogen. Die konkrete Überwachung der Arbeiten wird dem Bauüberwachenden vorbehalten bleiben.

11.1.3 Der Architekt

Für die Erstellung der Pläne, welche der Bauherr dem Auftragnehmer aushändigen muss und für die Schaffung der Grundlagen für die Beantragung der erforderlichen öffentlich-rechtlichen Genehmigungen wird sich der Auftraggeber in der Regel eines Architekten bedienen.[2] Gleiches gilt für die Überwachung der Ausführung von Bauleistungen.

Der Leistungsumfang eines Architekten bemisst sich neben der konkreten Beauftragung auch nach den Regeln der HOAI, vornehmlich den in § 15 HOAI enthaltenen 9 Leistungsphasen.

---

1 OLG Köln, BauR 2004, 1500

2 BGH, NJW 2000, 202, OLG Karlsruhe, IBR 2005, 385

Der Auftragnehmer wird als erstes bei der Angebotsabgabe mit den Leistungen des Architekten in Kontakt kommen, da er aufgrund der Pläne und des erstellten Leistungsverzeichnisses sein Angebot abgeben kann. Im weiteren Verlauf wird der Auftragnehmer den Architekten vor allem als Bauüberwacher und als Rechnungsprüfer erleben.

Für den Architekten ist die Frage der Abdichtung ein besonders haftungsträchtiges Problemfeld, weswegen dies in einem eigenen Kapitel dargestellt werden soll.

11.1.4 Sonderfachleute

Ohne die Einschaltung von Sonderfachleuten, wie Bodengutachter, Geologen oder Statiker, kann der Architekt seine Leistungen nicht erbringen. Sonderfachleute sind immer dann einzuschalten, wenn der Architekt mit seinen Kenntnissen bestimmte Planungsfragen nicht beantworten kann.

Besonders bei den Fragen der Abdichtung wird eine Planung ohne Kenntnis der vorherrschenden Grundwasserverhältnisse nicht zu bewerkstelligen sein. Schon die Auswahl der Abdichtungsmethode ist maßgeblich davon abhängig, ob mit drückendem Wasser zu rechnen ist oder ob bei der Planung zukünftige Grundwasserspiegelerhöhungen eine Rolle spielen können, usw.

Hier werden in der Regel Bodengutachten zu erstellen sein. Bodengutachter sind regelmäßig Geologen, die anhand vorhandener oder durch Proben gewonnener Erkenntnisse die Art der zu erwartenden Grundwasserverhältnisse bestimmen.

Bei der Altbausanierung wäre auch an die Einbeziehung von Bau(schaden)sachverständigen zu denken, die im Rahmen der Vorbegutachtung für den Auftraggeber festlegen, welche Art der Abdichtung vorgenommen werden muss und welche begleitenden Maßnahmen zur Erreichung des Nutzungszwecks erforderlich sind.

11.1.5 Der Unternehmer/Auftragnehmer

Der Auftragnehmer ist der Vertragspartner, der das Werk zu erstellen hat. Aufgrund der mannigfaltigen Spezialisierungen der einzelnen Auftragnehmer und des Bestrebens des Auftraggebers für das gesamte Bauvorhaben einen einzigen Ansprechpartner zu haben, haben sich eine Vielzahl von Vertragskonstellationen gebildet.

Will der Auftraggeber nicht einzelne und rechtlich selbstständige Verträge mit den einzelnen Auftragnehmern der jeweiligen Gewerke schließen, wird er sich eines Generalauftragnehmers bedienen. Mit ihm schließt der Auftraggeber den Werkvertrag über die Erstellung sämtlicher Leistungen am Bauvorhaben. Der Generalunternehmer schließt sodann mit den einzelnen Subunternehmern rechtlich selbstständige Vertragsverhältnisse. Handelt es sich um ein größeres Bauvorhaben, ist es durchaus möglich, dass dieser Subunternehmer den Auftrag wiederum an einen Subunternehmer weitergibt, was unter Umständen zu schwierigen Vertragskonstellationen führen kann.

Grundsätzlich ist der Auftragnehmer verpflichtet, dass geschuldete Werk mangelfrei zu erstellen. Dafür gebührt ihm im Gegenzug die vertraglich vereinbarte Vergütung.

Im weiteren Verlauf unserer Ausführungen wird der Auftraggeber auch Besteller genannt werden, der Auftragnehmer auch Unternehmer. Das gesetzliche Werkvertragsrecht nennt die Vertragspartner Besteller und Unternehmer, nach der Terminologie der VOB/B heißen sie Auftraggeber und Auftragnehmer.

11.1.6 Der Nachunternehmer

Der Nachunternehmer schließt einen eigenen Vertrag mit dem ausführenden Unternehmen und hat dann aus diesem Vertragsverhältnis eigene Rechte und Pflichten. Er erstellt das Werk oder

Teile davon. Mit dieser Werkleistung erfüllt der Auftraggeber des Nachunternehmers wiederum eigene Pflichten gegenüber seinem eigenen Auftraggeber.

Die Kette der Subunternehmer kann beliebig lang sein. Da dies aber für den Hauptauftraggeber zu unübersichtlichen Vertragsverhältnissen führen kann und dieser tatsächlich nicht einschätzen kann, wer die von ihm ausgeschriebene und beauftragte Leistung erbringt, finden sich in einer Vielzahl von Bauverträgen Klauseln, die den Einsatz von Nachunternehmern entweder ganz verbieten oder von der Genehmigung des Auftraggebers abhängig machen. (§ 4 Nr. 8 VOB/B)

Auch bei der Abdichtung sind verschiedene Konstellationen denkbar, bei denen der Nachunternehmereinsatz lohnend erscheint. Bedarf es z.B. des Einsatzes von Betonsägen zur Anbringung der Horizontalabdichtung, kann vom mit der kompletten Abdichtung beauftragten Unternehmer ein Fachmann zur Durchführung der Betonsägearbeiten beauftragt werden. Die Parteien schließen dann einen eigenen Vertrag mit eigenem Leistungsumfang und auch vom Hauptvertrag losgelösten Preisen.

Ausschließlich mit der Abdichtung befasste Unternehmer werden in der Regel von den Generalunternehmern als Nachunternehmer beauftragt werden, um deren Fachkompetenz zu nutzen.

11.2 Rechtsgrundlagen des Werkvertrages

11.2.1 Die Regelungen des BGB zum Werkvertrag

Wesen des Werkvertrags

Beim Abschluss eines Werkvertrages verpflichtet sich der Unternehmer zur Herstellung und Verschaffung des versprochenen, individuellen Werks, d.h. zur Herbeiführung eines bestimmten Erfolges für seinen Auftraggeber. Im Gegenzug dazu erhält er die vertraglich vereinbarte Vergütung. Die Leistung des Unternehmers ist demnach geprägt durch die Herbeiführung des Arbeitserfolges bzw. Herbeiführung eines erfolgsbezogenen Beitrags zur Verwirklichung der Gesamtleistung. [1] Unter der Herbeiführung eines bestimmten Erfolges als Wesensmerkmal des Werkvertrags ist regelmäßig nur das unmittelbar durch die Tätigkeit des Unternehmers herbeizuführende Ergebnis, nicht auch der nach dem wirtschaftlichen Zweck erhoffte endgültige Erfolg zu verstehen. Der Unternehmer übt seine Tätigkeit in eigener Verantwortung und unter Einsatz eigener Arbeitsmittel oder Fachkenntnisse aus. Er trägt das unternehmerische Risiko des Gelingens des Arbeitserfolgs.[2] Bei Abdichtungsarbeiten ist regelmäßig von einem Werkvertrag auszugehen. Geschuldet ist als werkvertraglicher Erfolg die Herbeiführung bzw. Anbringung der Abdichtung. Der Unternehmer wird seine eigenen Arbeitsmittel und Fachkenntnisse einsetzen, um eine wirksame Abdichtung herbeizuführen. Was konkret als Werkvertragserfolg geschuldet ist, ist abhängig von dem Vertragsumfang.

Abgrenzung zum Kaufvertrag

Im Gegensatz zum Kaufvertrag, bei dem der Verkäufer lediglich die Übereignung und Übergabe des Kaufgegenstandes auf den Käufer schuldet, ist der Unternehmer beim Werkvertrag zur Herstellung des versprochenen Leistungsgegenstandes verpflichtet. Im Unterschied zum Werkvertrag fehlt dem Kaufvertrag das Element der schöpferischen Leistung.

---

[1] BGH NJW 2002, 749

[2] Palandt/Sprau, Einf. v. § 631, Rdn. 1

Abgrenzung zum Dienstvertrag

Die Abgrenzung zwischen einem Werkvertrag und einem Dienstvertrag ist insbesondere im Baurecht von entscheidender Bedeutung. Die wichtigste Art des Dienstvertrages ist der Arbeitsvertrag. Wird ein Unternehmer von einem Auftraggeber mit der Erbringung von Leistungen beauftragt, ist streng zu unterscheiden, ob die Vergütung für das bloße Tätigsein unabhängig von dem durch die Dienstleistung eintretenden Erfolg vereinbart wird, oder ob es sich um einen Dienst- bzw. Arbeitsvertrag handelt. Maßgebend für die Beantwortung der Frage, ob die Parteien einen tätigkeitsbezogenen Dienstvertrag oder einen erfolgsbezogenen Werkvertrag geschlossen haben, ist die vertragliche Bestimmung des Leistungsgegenstandes durch die Vertragsschließenden. Es kommt also entscheidend auf den Willen der Parteien an, in welchem Umfang der Auftragnehmer tätig werden soll.

Bei Abdichtungsarbeiten wird in der Regel davon auszugehen sein, dass ein werkvertraglicher Erfolg, nämlich eine funktionierende Abdichtung geschuldet ist. Problematisch dürften die Fälle sein, in denen ein Auftragnehmer einen Subunternehmer beauftragt zur Erfüllung seiner Vertragspflicht gegenüber dem Hauptauftraggeber z.B. lediglich die auftraggeberseits gestellten Abdichtungsmaterialien aufzubringen oder lediglich Ausschachtungsarbeiten vorzunehmen. Hier muss dann sehr genau betrachtet werden, ob es sich um einen Werkvertrag oder um einen Dienstvertrag handelt. Wesentliche Auswirkungen der Unterscheidung zwischen Dienst- und Werkvertrag bestehen vor allem im Recht der Kündigung. Hier ist auf die gesetzlichen Kündigungsfristen hinzuweisen. Im Gegensatz zum Werkvertrag, welcher in § 649 BGB bzw. § 8 VOB/B ein jederzeitiges Kündigungsrecht des Auftraggebers vorsieht, ist der Dienstvertrag entsprechend der Laufzeit des Vertrages an gesetzliche Kündigungsfristen gebunden. Ein weiterer wesentlicher Unterschied besteht in der Mängelhaftung. Nach Werkvertragsrecht haftet der Unternehmer bei Mängeln des Werkes auf Nachbesserung, Minderung oder Schadenersatz. Eine solche Verpflichtung ist im Werkvertragsrecht nicht vorgesehen. Hier bleibt es bei einem Schadenersatzanspruch nach den allgemeinen Vorschriften.

Arbeitnehmerüberlassung

Ebenfalls vom Werk- und Dienstvertrag abzugrenzen ist ein Vertrag zur Arbeitnehmerüberlassung. Eine Arbeitnehmerüberlassung kommt immer dann in Betracht, wenn Unternehmen nicht alle Arbeiten durch eigene Belegschaft durchführen lassen, sondern auf betriebsfremde Mitarbeiter zurückgreifen. In der Regel erfolgt dies über sogenannte Personalleasingfirmen bzw. Leiharbeitnehmer.

Im Rahmen der Bauabwicklung ist darauf zu achten, dass von einem Subunternehmer nicht lediglich Arbeitnehmer zur Ausführung nach Weisung des Auftraggebers zur Verfügung gestellt werden. In einem solchen Fall, insbesondere dann, wenn Arbeitsmittel vom Auftraggeber zur Verfügung gestellt werden und die hinzugezogene Arbeitnehmer lediglich für Tätigkeiten aufgrund der Weisung des Auftraggebers ausführen. Liegt Arbeitnehmenüberlassung Weiteres Merkmal ist, dass diese Arbeitnehmer in dem Betrieb des Auftraggebers eingegliedert werden.

Konsequenz einer Arbeitnehmerüberlassung wäre, dass diese – soweit eine entsprechende behördliche Genehmigung zur Arbeitnehmerüberlassung nicht vorliegt – rechtswidrig ist und jedenfalls eine werkvertragliche Vergütung nicht verlangt werden kann. Insoweit besteht Gefahr, dass wegen des Verstoßes gegen eine Verbotsnorm überhaupt keine Vergütung für die Tätigkeit der entliehenen Arbeitnehmer geschuldet ist.

Bei Abwicklungsarbeiten an einem Bauwerk sollte der Unternehmer deshalb darauf achten, dass wenn er fremde Arbeitnehmer einsetzt, diese entweder mittels eines Werkvertrags an einen werkvertraglichen Erfolg gebunden sind oder er sich nur solcher Arbeitnehmer bedient, welche von einem behördlich genehmigten Entleiher angeboten werden.

11.2.2 Vertragsschluss

Der mündliche Vertrag

Für das Zustandekommen eines Vertrags bedarf es zweier – aufeinander gerichteter – Willenserklärungen. Grundsätzlich besteht die Möglichkeit, dass ein Werkvertrag auch mündlich geschlossen werden kann. Dies setzt voraus, dass der Auftraggeber dem Auftragnehmer den Abschluss eines Werkvertrags anbietet und der Auftragnehmer dieses Angebot des Auftraggebers annimmt.

In Bauverträgen häufig ist auch die umgekehrte Konstellation, nämlich dass der Auftragnehmer aufgrund einer Ausschreibung des Auftraggebers ein Angebot abgibt und der Auftraggeber dieses Angebot des Auftragnehmers annimmt.

Wesentlich für den Abschluss eines Vertrages ist, dass die wesentlichen Vertragsbedingungen zwischen den Parteien vereinbart werden. Dies ist zum einen der Leistungsumfang und der vertraglich geschuldete Erfolg. Der Auftragnehmer muss in die Lage versetzt werden, abschätzen zu können, welche Leistungen er zu erbringen hat. Besonderheit des Werkvertragsrechts ist es, dass es der Vereinbarung einer Vergütung nicht bedarf. Wegen der Vorschrift des § 632 Abs. 2 BGB ist die übliche Vergütung zu zahlen, wenn vertraglich die Höhe der Vergütung eines Werkvertrages nicht bestimmt ist. Auch einer Regelung dazu, wann die Bauleistung fertiggestellt sein muss, bedarf es nicht zwingend. Bei fehlender Regelung gilt nämlich § 271 BGB. Danach ist die Leistung sofort fällig. Bei Bauverträgen wird dies so verstanden, dass die Leistungen zügig und in angemessener Frist zu erbringen sind. Hier kommt es auf die Umstände des Einzelfalls an, insbesondere darauf, welche Bauleistungen im Einzelnen zu erbringen sind.

Es reicht mithin das – auch mündliche – Angebot des Auftraggebers an den Auftragnehmer, ein bestimmtes Werk zu erstellen. Nimmt der Auftragnehmer dies an, ist ein wirksamer Werkvertrag zustande gekommen.

Von dem Abschluss mündlicher Verträge ist wegen der im nach hinein einsetzenden Beweisschwierigkeiten dringend abzuraten. Zur späteren Darlegung des geschuldeten Leistungsumfangs ist dringend eine Dokumentation erforderlich.

Der schriftliche Vertrag

Wie bereits beim mündlichen Vertrag ausgeführt, bedarf es auch bei einem schriftlichen Vertrag eines Angebots und der Annahme, um wirksam einen Werkvertrag abschließen zu können.

In der Regel wird der Auftragnehmer bei Abdichtungsarbeiten sich das Objekt anschauen, um dann aufgrund der vorzunehmenden Art und Weise der Abdichtung und der von ihm eingeschätzten Fläche dem Auftraggeber ein Angebot unterbreiten zu können.

Bei größeren Bauvorhaben wird es sodann Verhandlungen über den Vertragsinhalt geben, welche in einem Verhandlungsprotokoll festgehalten werden.

Sind diese Verhandlungen erfolgreich, kann sodann ein schriftlicher Vertrag aufgesetzt werden, welcher alle wesentlichen Vertragsinhalte beinhalten sollte und auch die Vertragsunterlagen, also das Angebot und das Verhandlungsprotokoll mit einbeziehen sollte.

Liegen Pläne vor, nach denen das Angebot erstellt worden ist, sollten diese ebenfalls zum Vertragsinhalt gemacht werden. So ist es den Vertragsbeteiligten jederzeit möglich, die Vereinbarungen nachzulesen und sich bei der Abwicklung des Vertrages entsprechend zu verhalten.

11.3 Verwendung Allgemeiner Geschäftsbedingungen und Bedeutung der gesetzlichen Regelungen – Unwirksame Klauseln im Bauvertrag – Anwendung der Vorschriften zu Allgemeinen Geschäftsbedingungen, §§ 305 ff. BGB

11.3.1 Einleitung

Die heute üblichen Bauverträge und die hierin enthaltenen Vertragsklauseln werden vielfach von der Auftraggeberseite abgefasst, jedenfalls wenn diese gewerblich tätig ist oder der öffentlichen Hand zuzuordnen ist. Durch eine Vielzahl von Klauseln versuchen Auftraggeber, für möglichst viele Situationen eine unangreifbare Rechtsposition zu erlangen. Das bis zum 31.12.2001 geltende Gesetz zur Regelung des Rechts der Allgemeinen Geschäftsbedingungen (**AGB-Gesetz**) ist aufgehoben worden und mit Wirkung zum 01.01.2002 in das BGB (§§ 305 ff.) inhaltlich ohne große Änderungen integriert worden. Durch die §§ 307 bis 309 BGB wird zum Ausdruck gebracht, dass bei einer unangemessenen Benachteiligung des Vertragspartners eine Unwirksamkeit vorformulierter Vertragsklauseln die Folge ist.

Den Maßstab, an dem die Vertragsklauseln zu messen sind, geben die **gesetzlichen Regelungen** vor. Wesentliches Leitbild des Bauvertrages als Werkvertrag ist die mangelfreie und zeitgerechte Herstellung des versprochenen (Bau-) Werks im Austausch gegen die Zahlung der vereinbarten oder angemessenen Vergütung.

Auch die VOB/B ist im Übrigen nichts anderes als eine Sammlung solcher Allgemeiner Geschäftsbedingungen.

11.3.2 Allgemeine Geschäftsbedingungen

11

Die §§ 305 ff. BGB gelten gemäß § 305 Abs. 1 BGB für Allgemeine Geschäftsbedingungen (AGB). Diese haben folgende Merkmale:

Vertragsbedingungen

Vertragsbedingungen sind alle Regelungen, die den Vertragsinhalt und dessen Abschluss gestalten.

Vorformuliert

Vorformuliert sind alle zur mehrfachen Verwendung bestimmten Vertragsbedingungen, wenn sie für eine mehrfache Verwendung schriftlich aufgezeichnet oder in sonstiger Weise fixiert sind.[1] Gemäß § 305 Abs.1 Satz 3 BGB liegen AGB nicht vor, wenn sie individuell ausgehandelt sind.

Unselbständige Einfügung

Im Rahmen von Vertragsstrafeversprechen bei Fristüberschreitungen werden von Auftraggeberseite oft sogenannte selbständige **Einfügungen** vorgenommen:

Beispiel

Klausel: Bei Nichteinhaltung des Vertragstermins wird eine Vertragsstrafe von ... % der Auftragssumme ohne Mehrwertsteuer je überschrittenem Kalendertag fällig.

Der Auftraggeber fügt sodann von Hand die Zahl „1,5“ ein.

---

[1] Palandt-Heinrichs, § 305, Rdn. 8

Da bereits der Formulartext die Regelung enthält, wird durch die Einfügung der Vertragsgegenstand lediglich im Einzelfall konkretisiert, ohne dem Text einen eigenen Regelungsgehalt zu geben.[1]

EDV-Textbausteine

Wird ein EDV-gespeicherter Vertragstext oder werden Textbausteine mehrfach verwendet, so gelten auch sie als vorformuliert, unabhängig davon, dass sie äußerlich zunächst wie ein Individualvertrag gestaltet sind. Werden Textbausteine mit individuellen Vertragsbedingungen vermischt, unterliegen nur die Textbausteine den §§ 305 ff. BGB.

Im Kopf des Verwenders gespeichert?

Vorformulierte Vertragsbedingungen liegen auch vor, wenn sie zum Zwecke künftiger wiederholter Verwendung vor Einbeziehung in den Vertrag vom Verwender im Kopf gespeichert sind und sodann im Vertragstext niedergelegt werden. Derartige Vorgänge sind allerdings kaum beweisbar!

Für eine Vielzahl von Fällen; die VOB/B als AGB

Klauseln sind für eine Vielzahl von Fällen vorformuliert, wenn sie in **mehr** als zwei oder einer unbestimmten Zahl von Fällen künftig verwendet werden sollen.[2] Dass ein für einen Fall konzipiertes Vertragswerk später mehrfach verwendet werden soll, führt bei der erstmaligen Verwendung nicht zum Vorliegen einer AGB![3] Allerdings kann bei einer solchen Fallkonstellation (üblicher Vertragstext offenkundig für mehrere Fälle gedacht) der **Beweis des ersten Anscheins** für die vorformulierte Mehrfachverwendung sprechen.[4] Dieser wird oftmals schon wegen der äußeren Gestaltung eines Vertrags zum Zuge kommen.

Hinzu kommt, dass AGB auch dann vorliegen können, wenn deren „Erfinder" die Mehrfachverwendung beabsichtigte (**VOB/B**, Mietvertragsformulare Haus und Grund, Vertragssammlungen von Verlagen usw.). Aus der Zweckbestimmung ergibt sich ein **abstrakt-genereller Charakter**, also die Eignung, eine unbestimmte Anzahl von Fällen regeln zu können.

Vom Verwender bei Vertragsschluss gestellt

Eine Klausel ist bei Vertragsschluss gestellt, wenn eine Partei konkret die Einbeziehung der formulierten Bedingung in den Vertrag **verlangt**. Verwender ist, wer die vorformulierte Vertragsbedingung in die Vertragsverhandlungen eingeführt hat.

Nicht ausgehandelt

AGB liegen nach § 305 Abs. 1 Satz 3 BGB nicht vor, wenn die Vertragsbedingungen im Einzelnen ausgehandelt sind. Dies wird von Auftraggebern sehr oft und zumeist nur pauschal behauptet. Von einem Aushandeln kann nur dann ausgegangen werden, wenn der Verwender den gesetzesfremden Kerngehalt seiner AGB ernsthaft zur Diskussion und Disposition stellt. Der Verwender müsste dazu seine Vertragsbedingungen inhaltlich zur Disposition stellen und der anderen Partei **real** die Möglichkeit eröffnen, sachlichen Einfluss auf die einzelnen Vertragsklauseln zu nehmen.[5] Ein Aushandeln liegt nicht schon dann vor, wenn der vorformulierte Text eine „Verhandlungsklausel" wie z.B. die folgende enthält:

Alle Vertragsbedingungen sind zwischen den Parteien ausgehandelt worden.

---

1 BGH, NJW 1998, 2815
2 BGH, NJW 1998, 2286; NJW 02, 138
3 BGH, NJW 1997, 135
4 BGH, NJW 2004, 503 = BauR 2004, 488
5 BGH, BauR 2003, 870

Es muss wohl in der Regel vielmehr so sein, dass erkennbar Änderungen erfolgen. Fehlen solche, ist nur in Ausnahmefällen davon auszugehen, dass verhandelt wurde. Auch dies ist letztlich eine Beweisfrage (Vermutung; Beweis des ersten Anscheins), wobei der BGH[1] bei fehlenden Änderungen vom Beweis des ersten Anscheins ausgeht, dass eben nicht verhandelt wurde!

Hingewiesen werden soll auch auf die Rechtsprechung des BGH[2], wenn mehrere (ohne Wahlmöglichkeit unwirksame und wirksame) Möglichkeiten der Vertragsgestaltung zur Wahl gestellt werden und diese mit unterschiedlichen Vergütungsfolgen versehen werden. Hier können ausgehandelte Bedingungen vorliegen.

Das Kriterium des Aushandelns dürfte in der Praxis kaum einmal erfüllt sein. Einem Auftragnehmer dürfte gleichwohl anzuraten sein, über unwirksame Klauseln im Rahmen der Vertragsverhandlung **nicht** zu diskutieren, da er Gefahr läuft, diese hierdurch zu Individualvereinbarungen und dadurch wirksam zu machen.

Beispiel

Es wird eine Vertragsstrafe von 0,5 % der Auftragssumme pro Arbeitstag bei Überschreiten des Fertigstellungstermins vereinbart bei 5 % Höchstgrenze. Der Auftragnehmer weist den Auftraggeber (zu Recht) darauf hin, dass diese Vertragsstrafe unwirksam ist und höchstens 0,3 % betragen dürfe, worauf diese einvernehmlich aufgrund von Verhandlungen auf 0,4 % pro Arbeitstag korrigiert wird.

Hätte der Auftragnehmer geschwiegen, wäre eine unwirksame Klausel vereinbart worden, was dazu geführt hätte, dass gar keine Vertragsstrafe vereinbart worden wäre. So aber streiten die Parteien letztlich darüber, ob die Vertragsstrafe von 0,4 % nun einvernehmlich vereinbart wurde oder nicht.

Am Aushandeln wird es oftmals schon deshalb fehlen, weil die Vertragspartner es zum einen mit einer Vielzahl von Klauseln zu tun haben und zum anderen oft genug den maßgeblichen Beteiligten die Gesetzesfremdheit einer Klausel gar nicht bewusst ist. Die Rechtsprechung verlangt daher, dass gerade über den gesetzesfremden Inhalt verhandelt wird, was eine vorherige Information voraussetzt.[3]

11.3.3 AGB in Bauverträgen

AGB sind insbesondere und nur beispielhaft

- standardisierte Leistungsbeschreibungen,
- besondere Vertragsbedingungen,
- zusätzliche Vertragsbedingungen,
- zusätzliche technische Vorschriften,
- allgemeine technische Vertragsbedingungen für Bauleistungen (VOB/C),
- allgemeine Vertragsbedingungen für die Ausführung von Bauleistungen (VOB/B).

Keine AGB sind die Regelungen der VOB/A. Die VOB/A wird nicht Vertragsinhalt, sondern regelt lediglich das Vergabeverfahren öffentlicher Auftraggeber bis zum Abschluss des Bauvertrages. Die VOB/A ist eine das Innenverhältnis öffentlicher Auftraggeber regelnde öffentliche Verwaltungsvorschrift.

Auch die Regelungen der VOB/C, also der Allgemeinen Technischen Vertragsbedingungen, sind vornehmlich als AGB auszulegen. Das gilt also insbesondere auch für die DIN 18336 für Abdichtungsarbeiten. Diese Auslegung hat sich an den §§ 133, 157 BGB zu orientieren, also auch nach

[1] BauR 2003, 870 = NJW 2003, 1805
[2] NJW 2003, 1313 ff.
[3] Vgl. BGH, BauR 1998, 1094; OLG Frankfurt, BauR 1999, 51, 53

der Verkehrssitte der beteiligten Verkehrskreise, soweit eine Auslegung nach Wortlaut und Sinn und Zweck nicht zum Ziel führt. Kommentierungen zu ATV sind grundsätzlich keine alleinigen Auslegungsmittel, wenn es um die Auslegung der ATV durch den entsprechenden Verkehrskreis geht. Vielmehr kommt es darauf an, wie der Verkehrskreis (also nicht nur der Kommentar) Regelungen versteht.[1] Eine Auslegung nach Sinn und Zweck der jeweiligen Regelungen muss also auch für die Übermessungsregelungen erfolgen.[2] Nach der soeben zitierten Entscheidung sollen Übermessungsregelungen „bis zu begrenzenden, unbekleideten Bauteilen“ nur zum Einsatz kommen, um geringfügige Differenzen bei Putzstärken auszugleichen, nicht jedoch um größere Flächen (Vorsatzschale mit Dämmung) ohne gegenüberstehende Leistung abzurechnen.

11.3.4 Einbeziehung der AGB in den Vertrag

AGB werden nicht ohne Weiteres Vertragsbestandteil. Sie müssen in den Vertrag einbezogen werden. Das gilt selbstverständlich auch für die VOB/B!

Es ist davon auszugehen, dass Personen, die selbstständig Bauleistungen erbringen, auch Unternehmer sind im Sinne von § 14 BGB. Voraussetzung ist nämlich lediglich, dass eine gewerbliche oder selbstständige Tätigkeit vorliegt. Ist der Auftragnehmer Unternehmer, genügt zur wirksamen Einbeziehung vorformulierter Vertragsbedingungen eine ausdrücklich oder stillschweigend zustande gekommene Vereinbarung über deren Geltung. Die Aushändigung der vorformulierten Vertragsbedingungen ist in diesem Fall entbehrlich; sie werden durch bloße Vereinbarung in den Vertrag einbezogen.

Die Unternehmereigenschaft hat neben den zuvor dargestellten abgeschwächten Einbeziehungsvoraussetzungen zur Konsequenz, dass bestimmte, in den §§ 309 und 310 BGB genannte Klauselverbote neben dem grundsätzlichen Verbot der Verwendung unangemessen benachteiligender oder intransparenter Vertragsbedingungen nur dann zur Anwendung kommen, wenn die in ihnen zum Ausdruck kommenden Rechte und Pflichten auch im konkreten Geschäftsverkehr zwischen den Unternehmen gelten.

11.3.5 Überraschende Klauseln, Unklarheiten

Überraschende Klauseln werden gem. § 305c Abs. 1 BGB nicht Vertragsbestandteil. Überraschend ist eine Klausel, die so ungewöhnlich ist, dass ein durchschnittlicher Auftragnehmer nicht mit ihr zu rechnen braucht und daher darauf vertrauen darf, dass sie in den vorformulierten Vertragsbedingungen des Auftraggebers nicht enthalten ist. Zweifel gehen dabei gem. § 305c Abs. 2 BGB zu Lasten des Verwenders. Die Vorschrift ist nur bei Klauseln mit einem starken Überraschungsmoment anwendbar. Der Überrumpelungseffekt kann sich entweder aus dem Inhalt einer Klausel **oder** auch aus der Position in den Vertragsunterlagen ergeben.

Bei einem Einheitspreisvertrag ist z.B. folgende Formulierung überraschend[3]:

> *„Auch bei einem Einheitspreisvertrag ist die Auftragssumme limitiert.“*

Bleiben nach Ausschöpfung der in Betracht kommenden Auslegungsmethoden nicht behebbare Zweifel und sind mindestens zwei Auslegungen rechtlich vertretbar, ist die unklar vorformulierte Vertragsklausel gem. § 305c Abs. 2 BGB unwirksam. Unklar ist bspw. die in einem – vom Auftraggeber gestellten – Formularbauvertrag enthaltene Bestimmung:

---

1 Vgl. BGH, BauR 2004, 1438
2 OLG Düsseldorf, Urteil vom 19.11.2004-22 U 82/04, IBR 2005, 135
3 BGH, BauR 2005, 94

Gewährleistung und Haftung des Unternehmers richtet sich nach der VOB bzw. dem BGB; bei unterschiedlicher Auffassung gilt jeweils die günstigere für den Bauherrn.

Da bei dieser Klausel auch durch Auslegung keine eindeutige Aussage über die Gewährleistungsregelung ermittelt werden kann, gilt gem. § 305c Abs. 2 BGB die für den Auftragnehmer günstigere Regelung des § 13 VOB/B, jedenfalls soweit nur der 1. Halbsatz (*Gewährleistung und Haftung des Unternehmers richtet sich nach der VOB bzw. dem BGB*) vereinbart wurde.[1]

11.3.6 Folge der fehlenden Einbeziehung der vorformulierten Vertragsbedingungen bzw. der Unwirksamkeit

Sind vorformulierte Vertragsbedingungen ganz oder teilweise nicht Vertragsbestandteil, führt dies gem. § 306 Abs. 1 BGB nicht etwa zur Unwirksamkeit des gesamten Vertrages. Vielmehr bleibt der Vertrag im Übrigen in aller Regel gültig, es sei denn, dies würde eine unzumutbare Härte darstellen, § 306 Abs. 3 BGB.

Soweit Klauseln nicht Vertragsbestandteil geworden oder unwirksam sind, richtet sich der Inhalt des Vertrages gem. **§ 306 Abs. 2 BGB** nach den **gesetzlichen Vorschriften**. Das Gesetzesrecht tritt an die Stelle der unwirksamen bzw. nicht Vertragsbestandteil gewordenen Klauseln.

Enthält das Gesetz keine entsprechende Regelung, fällt die Klausel ersatzlos weg. Eine Klausel, die im Bauvertrag z.B. eine überhöhte und daher nichtige Vertragsstrafe festlegt, entfällt daher ersatzlos. Das Gesetz ordnet für Werkverträge keine Vertragsstrafe bei Überschreitung der Fertigstellungsfrist durch den Auftragnehmer an. Sieht das Gesetz dagegen im Bereich der unwirksamen oder nicht wirksam einbezogenen Klauseln eine Regelung vor, so schließt die gesetzliche Regelung die entstandene Lücke.

Sogenannte „Salvatorische Klauseln" z.B.

Sollten einzelne Bedingungen des Bauvertrages unwirksam sein, so werden sie durch solche Regelungen ersetzt, die dem gewollten wirtschaftlichen Zweck am nächsten kommen.

11

sind nichtig, weil sie eine Umgehung der Regelung des § 306 Abs. 2 BGB enthalten.[2] Im übrigen entsprechen Salvatorische Klauseln oftmals nicht dem Klarheitsgebot, das durch § 307 BGB geschützt ist.

Entsteht durch die Unwirksamkeit einer vorformulierten Vertragsklausel eine Lücke, so ist umstritten, ob die unwirksame Regelung durch eine nachrangig vereinbarte Vertragsbedingung geschlossen werden kann.

Beispiel

Für den Fall unwirksamer Regelungen dieses Vertrages soll die jeweilige Bestimmung der VOB/B gelten.

Das OLG München hielt die Klausel wegen Verstoßes gegen die §§ 306 Abs. 1, 306a BGB (damals noch §§ 6 Abs. 1, 7 AGBG) als unzulässigen Umgehungsversuch für unwirksam[3]. Der BGH hat die Frage bisher offengelassen.

Eine vorformulierte Vertragsklausel, die der Inhaltskontrolle nicht standhält, ist grundsätzlich insgesamt unwirksam. Es ist nicht zulässig, unwirksame Klauseln auf einen gerade noch wirksamen Inhalt zu reduzieren.[4] Der Ausschluss gilt auch im kaufmännischen Verkehr.

---

1 OLG Hamm, BauR 1988, 476
2 Palandt-Heinrichs, vor § 307, Rdn. 13
3 OLG München, NJW-RR 1988, 786.
4 Palandt-Heinrichs, vor § 307, Rdn. 8

Beispiel

Eine formularmäßige Vertragsstrafenklausel in einem Bauvertrag, wonach der Auftragnehmer für jeden Arbeitstag eine Vertragsstrafe von 0,1 % der Auftragssumme bei Aufträgen von über DM 1,0 Mio. zu zahlen hat, ist unwirksam, weil die Klausel keine Beschränkung nach oben aufweist.[1] *Dem Auftraggeber steht kein Anspruch auf eine Vertragsstrafe zu.*

Eine geltungserhaltende Reduktion der unwirksamen Klausel, etwa in dem Sinne, dass die Vertragsstrafe bei einem Auftragsvolumen von DM 2,0 Mio. in Höhe von ca. DM 50.000,- gerechtfertigt sei, findet nicht statt.

11.3.7 Preis- und Leistungsvereinbarungen in vorformulierten Vertragsbedingungen

Von der sogenannten Inhaltskontrolle gem. §§ 307 ff. BGB sind Preis- und Leistungsvereinbarungen ausgenommen. Gemäß § 307 Abs. 3 Satz 1 BGB gelten die §§ 307 bis 309 BGB nämlich nur für solche vorformulierten Vertragsbedingungen, die von Rechtsvorschriften abweichen oder diese ergänzen. Das Gesetz regelt nicht die Höhe der angemessenen Vergütung, sondern überlässt die Preisbildung den Vertragspartnern.

Preisabreden sind daher nicht nach §§ 307 ff. BGB zu überprüfen; die §§ 305 ff. BGB sind jedoch anwendbar.[2] Dies soll z.B. der Fall sein bei Umlageklauseln für Baustrom, Bauwasser, Bauwesenversicherung (weil hier eine Leistung für den AN erbracht werde), nicht jedoch bei Umlagen für Bauschuttbeseitigung (hier würden durch Umlageklauseln die Voraussetzungen für einen verschuldensabhängigen Schadensersatzanspruch umgangen).[3]

Der sogenannten Inhaltskontrolle (also Prüfung, ob eine unangemessene Benachteiligung vorliegt) gemäß §§ 307 ff. BGB sind nicht nur Preisabreden, sondern auch **Leistungsbeschreibungen** entzogen. Leistungsbeschreibungen regeln nämlich unmittelbar Art und Umfang der vertraglichen Hauptleistungspflicht und den dafür zu zahlenden Preis. Leistungsbeschreibungen sind dadurch gekennzeichnet, dass sie keine Abweichung oder Ergänzung von Rechtsvorschriften enthalten, sondern den Leistungsgegenstand in tatsächlicher Hinsicht individualisieren.

Aber: Vorformulierte Leistungsbeschreibungen sind immerhin nach den §§ 305 ff. BGB kontrollfähig. Vorformulierte Leistungsbeschreibungen können also insbesondere überraschende Klauseln enthalten, die gem. § 305c Abs. 1 BGB nicht Vertragsbestandteil werden.

11.3.8 Kernstück der AGB-Prüfung „die unangemessene Benachteiligung"

§ 307 BGB ist – vor allem im unternehmerischen Bereich – Kernstück der Inhaltskontrolle und Auffangtatbestand, der erst im Anschluss an die Prüfung der übrigen Schutzbestimmungen des BGB zu untersuchen ist.

Der Ausgangspunkt, dass die Grundnormen im BGB geregelt sind, ist von existentieller Bedeutung bei der Prüfung allgemeiner Geschäftsbedingungen. In § 307 BGB, welcher neben §§ 308 und 309 BGB die Unwirksamkeit bestimmter Geschäftsbedingungen regelt, heißt es wörtlich:

(1) Bestimmungen in Allgemeinen Geschäftsbedingungen sind unwirksam, wenn sie den Vertragspartner des Verwenders entgegen den Geboten von Treu und Glauben unangemessen benachteiligen. Eine unangemessene Benachteiligung kann sich auch daraus ergeben, dass die Bestimmung nicht klar und verständlich ist.

---

[1] BGH, BauR 1983, 80
[2] BGH, BauR 1999, 1290
[3] BGH, BauR 1999, 1290

(2) Eine unangemessene Benachteiligung ist im Zweifel anzunehmen, wenn eine Bestimmung

1. mit wesentlichen Grundgedanken der gesetzlichen Regelung, von der abgewichen wird, nicht zu vereinbaren ist, oder
2. wesentliche Rechte oder Pflichten, die sich aus der Natur des Vertrages ergeben, so einschränkt, dass die Erreichung des Vertragszwecks gefährdet ist."

Ganz zentrale Bedeutung hat § 307 Absatz 2 Ziffer 1. BGB.

Bei der Prüfung von Geschäftsbedingungen geht es also im Wesentlichen um Verstöße gegen gesetzliche Wertungen. Es genügen keineswegs Verstöße „nur" gegen Regelungen der VOB/B, wenn z.B. diese Abweichungen von Vorschriften des BGB enthält bzw. im Gesetz nicht vorgesehene Regelungen aufführt. Eine Regelung, dass nur 90 % der zu Recht in Rechnung gestellten Leistungen als Abschlag gezahlt werden, mag zwar gegen die VOB/B verstoßen und einen Eingriff in dieselbe darstellen, ist jedoch deshalb noch nicht unwirksam. Etwas anderes gilt natürlich, wenn eine Regelung sowohl gegen die VOB/B als auch gegen das Gesetz verstößt. So ist die Vereinbarung eines Bareinbehalts von 5 % der Abrechnungssumme nach Abnahme, der nur durch eine sogenannte Bürgschaft auf erstes Anfordern abgelöst werden kann, ein Verstoß gegen § 17 Nr. 4 Satz 3 VOB/B. Sie verstößt aber auch gegen gesetzliche Wertungen, wonach die Vergütung mit Abnahme fällig wird. Diese gesetzliche Regelung kann man in gewissen Grenzen „aufweichen", aber eben nicht in der beschriebenen Form.[1] Das ist entscheidend, weil die Klausel nur deshalb unwirksam ist und nicht etwa, weil sie gegen die VOB/B verstößt. Die VOB/B ist kein Gesetz!

Im Zweifel liegt gemäß § 307 Abs. 2 BGB eine unangemessene Benachteiligung vor, wenn die vorformulierte Vertragsklausel mit wesentlichen Grundgedanken der gesetzlichen Regelung, von der sie abweicht, nicht vereinbar ist oder sie wesentliche Rechte oder Pflichten, die sich aus der Natur des Vertrages ergeben, der Art einschränkt, dass die Erreichung des Vertragszwecks gefährdet ist. § 307 BGB gilt gem. § 310 Abs. 1 BGB grundsätzlich auch im unternehmerischen Verkehr.

§ 308 BGB und § 309 BGB gelten nicht unmittelbar im unternehmerischen Rechtsverkehr. Hieraus lassen sich jedoch immerhin Grundwertungen auch für eine Bewertung des § 307 BGB entnehmen.

§ 308 BGB nennt 7 typische Fallgruppen, in denen AGB-Klauseln möglicherweise zu einer unangemessenen Benachteiligung des Vertragspartners führen und daher unwirksam sein können. Die Unwirksamkeit der Klausel ist von einer richterlichen Wertung abhängig. Ein Gericht muss bei seiner Wertung im Einzelfall die besondere Ausgestaltung der vorformulierten Vertragsklausel, den Vertragstyp, die Interessenslage und den gesamten Vertragsinhalt berücksichtigen.

Die in § 309 BGB genannten vorformulierten Vertragsklauseln sind im nicht-unternehmerischen Rechtsverkehr in jedem Falle, nämlich ohne Rücksicht auf die vertragstypische Interessenslage, ungültig. Eine richterliche Bewertung der Klausel als unwirksam setzt § 309 BGB nicht voraus.

11.4 Die VOB/B

Die VOB/B (Abkürzung für Vergabe- und Vertragsordnung für Bauleistungen Teil B) ist eine Auflistung von Vertragsregeln für die Abwicklung von Bauverträgen, die ihrerseits nichts anderes als Allgemeine Geschäftsbedingungen sind, die vom DVA (Deutscher Vergabe- und Ver-

---

[1] so schon BGH, BauR 1997, 829, seither ständige Rechtsprechung

tragsausschluss für Bauleistungen), einem mit Auftraggebervertretern und Auftragnehmervertretern besetzten Gremium, erarbeitet und laufend aktualisiert werden, letztmalig im Jahr 2002.

Auch der BGB-Gesetzgeber sieht das offensichtlich so, weil er bei der gesetzlichen Regelung der Allgemeinen Geschäftsbedingungen mehrfach die VOB/B erwähnt, z.B. in § 308 Nr. 5 BGB und in den §§ 309 Nr. 8 b) ff) BGB. Allerdings werden vertragliche Regelungen der VOB/B an mancher Stelle gegenüber anderen Geschäftsbedingungen bevorzugt, also privilegiert. Dies gilt für die Verkürzung der gesetzlichen Gewährleistungsfrist (§ 309 Nr. 8 b) ff) BGB[1], dies gilt auch für die Abnahmefiktionen der VOB/B in § 12 Nr. 5 (§ 308 Nr. 5 BGB).

Der Bundesgerichtshof[2] und die ganz überwiegende Literatur sind über diese gesetzlichen Bevorzugungen der VOB/B hinausgegangen. Wegen der Ausgewogenheit des Gesamtwerks VOB scheide die Anwendung des damals noch geltenden AGBG auf Bestimmungen der VOB/B insgesamt aus, also insbesondere auch die Generalklausel des § 9 AGBG (heute ist das § 307 BGB), wenn diese **Vertragsgrundlage** ist.

Die VOB/B war immer dann Vertragsgrundlage, wenn sie in ihrer Gesamtausgewogenheit vereinbart wurde und nicht in wesentlichen Grundaussagen berührt wurde. Es gab seit jeher kaum einen Vertrag, bei dem nicht mehr oder weniger stark von Regelungen der VOB/B abgewichen wurde. Nunmehr führt jedoch jede noch so geringe Abweichung von Regelungen der VOB/B durch andere Vertragsbedingungen dazu, dass die VOB/B nicht Vertragsgrundlage ist.[3]

Aber:

Die Frage, ob die VOB/B als Ganzes Vertragsgrundlage ist, hat allein Bedeutung für die Frage, ob Bestimmungen der **VOB/B selbst** einer Prüfung nach den §§ 305 ff. BGB, insbesondere nach § 307 BGB, zu unterziehen sind. Die Frage, ob die Regelung, die in die VOB/B eingreift, ihrerseits deshalb wegen Verstoßes gegen § 307 BGB unwirksam ist, hat hiermit nichts zu tun! Das ist oft genug nicht der Fall. Die Bedeutung des Begriffs „VOB als Ganzes“ ist im Grunde mittlerweile in nurmehr wenigen, allerdings wesentlichen, Fällen, relevant.

Die Frage wird nämlich dann, allerdings auch nur dann, von existentieller Bedeutung sein, wenn Auftragnehmer oder Auftraggeber dringend darauf angewiesen sind, dass bestimmte Regelungen der VOB/B gemäß § 307 BGB als unwirksam zu gelten haben und deshalb nicht mehr Vertragsbestandteil sind. 11

Das kann z.B. wie Wirkung der Schlusszahlungserklärung nach § 16 Nr. 3 Abs. 2 VOB/B sein.

Beispiel

Ein Auftraggeber hat die Schlussrechnungsprüfung vorgenommen und insbesondere mit Gegenansprüchen aus Vertragsstrafen-, Minderungs- und Schadensersatzansprüchen aufgerechnet, sodass eine deutlich niedrigere Schlusszahlung resultiert, als sie der Auftragnehmer abgerechnet hat.

Diese Schlusszahlungserklärung genügt, was der Einfachheit halber unterstellt werden soll, allen Erfordernissen des § 16 Nr. 3 VOB/B, insbesondere ist die ausdrückliche schriftliche Belehrung darüber erfolgt, dass eine Ausschlusswirkung gegeben ist, wenn nicht ein Vorbehalt binnen 24 Werktagen erklärt ist und dieser binnen weiterer 24 Werktage begründet wird.

Der Auftragnehmer erklärt keinen Vorbehalt. Ergebnis wäre nun, dass mit der Schlusszahlungserklärung sämtliche Nachforderungen ausgeschlossen sind, wenn der Auftraggeber sich auf diese Wirkung beruft. § 16 Nr. 3 Absatz 2 VOB/B verstößt, gäbe es eine Bevorzugung der VOB/B

---

1 In Verbraucherverträgen ist diese gesetzliche Privilegierung, also die gesetzlich angeordnete Wirksamkeit einer 4-jährigen Gewährleistungsfrist, sehr zweifelhaft wegen der Europäischen Richtlinie 93/13/EWG des Rates vom 05.04.1993 über missbräuchliche Klauseln in Verbraucherverträgen, vgl. Kniffka/Koeble, 6. Teil, Rdn. 141

2 BGH, NJW 1983, 816

3 BGH, BauR 2004, 668

nicht, andererseits nach wie vor bei isolierter Betrachtung gegen § 9 AGBG, also gegen § 307 BGB.[1] Dem Gesetz ist der Ausschluss von Forderungen durch einseitige Erklärung eines Vertragspartners zumindest grundsätzlich fremd.

Erst jetzt zeigt sich die Tragweite des Begriffs „VOB als Ganzes"! Es müssen nämlich nun Vertragsbedingungen in dem vom Vertragspartner gestellten Vertragswerk gefunden werden, die die VOB/B ändern.[2]

In Betracht kommen folgende Regelungen der VOB/B zugunsten von AG, bei denen ein Verstoß gegen § 307 BGB diskutabel wäre:

- § 6 Nr. 6 VOB/B „Ausschluss entgangener Gewinn, wenn nicht Vorsatz oder grobe Fahrlässigkeit gegeben sind" könnte unwirksam sein wegen Verstoßes gegen § 307 BGB i.V.m. § 251 BGB; das ist streitig.
- § 16 Nr. 3 Abs. 1 Satz 1 VOB/B „Frist für Schlusszahlung zwei Monate" könnte unwirksam sein, da nach dem BGB lediglich Abnahme Voraussetzung ist.[3] Die Regelung könnte auch in umgekehrter Wirkungsweise zum Nachteil des Auftragnehmers unwirksam sein, weil ja durch die Prüffrist auch die Verjährung des Vergütungsanspruchs nach hinten verlagert wird (weil Fälligkeit Voraussetzung ist).[4]
- § 16 Nr. 3 Absätze 2 – 5 VOB/B „Ausschlusswirkung Schlusszahlung" ist nach einhelliger Auffassung unwirksam.[5]

  Es ergibt sich, dass die Frage der „VOB als Ganzes" jedenfalls für den Auftragnehmer nur in einem gesicherten Fall zur Anwendung kommt.

  Der Fall, dass ein Auftragnehmer Verwender der VOB/B sein sollte, ist zwar eher selten, kommt bei Fertighausherstellern jedoch des öfteren vor. Voraussetzung für die Einbeziehung der VOB/B als AGB ist aber, da es sich bei dem Auftraggeber in der Regel um einen Laien handelt, dass diese dem Auftraggeber ausgehändigt wurde vor Vertragsschluss.

  Unwirksame Regelungen zum Nachteil eines Auftraggebers könnten, wie bereits erwähnt bei isolierter Betrachtung, folgende Bestimmungen sein.
- § 12 Nr. 3 VOB/B „Abnahmeverweigerung bei wesentlichen Mängeln" ist mittlerweile selbstverständlich wirksam, schon wegen § 640 Abs. 1 Satz 2 BGB n. F..
- § 12 Nr. 5 VOB/B „fiktive Abnahme" ist unwirksam wegen Verstoßes gegen § 308 Nr. 5 und § 307 BGB, wovon ja offensichtlich auch der Gesetzgeber ausgeht.
- § 13 Nr. 4 VOB/B „kurze Verjährung" ist unwirksam; dies gilt auch für die Fassung der VOB/B 2002. § 309 Nr. 8 b) ff) BGB könnte zudem selbst bei unveränderter Vereinbarung der VOB/B gegen die Verbraucherschutzrichtlinie verstoßen. [6]
- § 13 Nr. 7 VOB/B „Einschränkungen von Schadensersatzansprüchen" könnte wegen Verstoßes gegen § 307 BGB i. V. m. § 636 BGB unwirksam sein

  Zu beachten ist, dass die VOB/B in bestimmten Bereichen nur Regelungen trifft für den Fall, dass die Parteien von der Möglichkeit einer Vereinbarung Gebrauch machen, z.B.
- Vereinbarung einer Vertragsstrafe, § 11 VOB/B
- Vereinbarung einer Sicherheitsleistung, § 17 VOB/B.
- Weder Vertragsstrafen noch Sicherheitseinbehalte sind vereinbart, nur weil die VOB/B vereinbart wurde. Dies wird in der Praxis oft übersehen.

11

---

[1] BGH, BauR 1998, 614 ff.
[2] BGH, BauR 2004, 668; BauR 2004, 1142
[3] so zumindest OLG München, Baurechts-Report 10/94
[4] LG Magdeburg, IBR 2005, 188
[5] BGH, BauR 1998, 614, 615; BGH, BauR 2002, 775
[6] Palandt-Heinrichs, § 309, Rdn. 76 m.w.N.; Kniffka/Koeble, 6. Teil, Rdn. 141

Auch nach der BGH-Entscheidung vom 22.01.2004[1] ist ungeklärt, ob und inwieweit die VOB/B als Ganzes vereinbart ist, wenn die VOB/B zwar durchaus Regelungen anbietet, selbst jedoch abweichende Regelungen ausdrücklich zulässt.[2] Diese dürfte unter anderem auch § 13 Nr. 4 VOB/B (kurze Verjährung von Gewährleistungsansprüchen) betreffen, da die Regelung ausdrücklich darauf abstellt, dass keine Verjährungsfrist im Vertrag vereinbart wurde. Dies trifft auch für den Rückgabezeitpunkt einer Gewährleistungssicherheit zu, § 17 Nr. 8 Abs. 2 VOB/B.

Ungeklärt ist auch, ob die Privilegierung der VOB/B überhaupt noch gilt bei Fällen, bei denen das Schuldrechtsmodernisierungsgesetz angewendet werden muss. Insbesondere § 13 Nr. 4 VOB/B wird auch europarechtlich (Verbraucherschutzrichtlinie) sehr kritisch betrachtet.[3]

Abschließend ist festzuhalten, dass die Bedeutung der VOB als Gesamtwerk **nur** Bedeutung hat im Hinblick auf die Beurteilung von Regelungen der VOB/B selbst. Liegt eine Änderung der VOB/B vor, bedeutet dies zweierlei **nicht**:

1. automatische Unwirksamkeit der abändernden Regelung selbst. Dies bedarf einer gesonderten Prüfung, siehe Beispiel der Abschlagszahlungsregelungen.
2. dass damit auch die sonstigen Regelungen der VOB/B plötzlich nicht mehr Vertragsgegenstand wären. Diese gelten selbstverständlich bei wirksamer Einbeziehung, es sei denn diese weiteren Regelungen der VOB/B wären wiederum wegen Verstoßes gegen § 307 BGB ihrerseits unwirksam.

11.5 Die VOB/C = Die Allgemeinen Technischen Vertragsbedingungen (ATV; insbesondere DIN 18336)

11.5.1 Allgemeines zu den ATV; Aufbau

In einem VOB/B-Vertrag werden immer auch die so genannten Allgemeinen Technischen Vertragsbedingungen für Bauleistungen (ATV) über § 1 Nr. 2 e) VOB/B Vertragsgrundlage. Dies ergibt sich unmittelbar aus § 1 Nr. 1 Satz der VOB/B, der lautet:

11

„Als Bestandteil des Vertrags gelten auch die Allgemeinen Technischen Vertragsbedingungen für Bauleistungen."

Die Allgemeinen Technischen Vertragsbedingungen sind in der VOB/C mit der vorangestellten „allgemeinen" DIN 18299 (Allgemeine Regelungen für Bauarbeiten jeder Art) und den weiteren „gewerkespezifischen" DIN-Regelungen (DIN 18300 bis DIN 18451) enthalten.

Der öffentliche Auftraggeber ist nach § 9 Nr. 3 Abs. 4 VOB/A gehalten, bei Ausschreibungen die Hinweise für das Aufstellen der Leistungsbeschreibung nach Abschnitt 0 der ATV zu beachten.

Die Allgemeinen Technischen Vertragsbedingungen, also die allgemeine ATV DIN 18299 und dem folgend auch die einzelnen „Gewerke-DIN", sind wie folgt aufgebaut.

- In einem vorgezogenen Abschnitt 0 sind Hinweise für das Aufstellen einer Leistungsbeschreibung aufgeführt.
- In Abschnitt 1 wird der jeweilige Geltungsbereich der DIN definiert.
- In Abschnitt 2 erfolgen Ausführungen zu Stoffen und Bauteilen.
- In Abschnitt 3 sind Vorgaben zur Ausführung festgelegt.
- In Abschnitt 4 werden Nebenleistungen und B besonderen Leistungen abgehandelt.
- Abschnitt 5 behandelt die Abrechnung.

---

1 BauR 2004, 668
2 Bormann/Grassnack/Kessen, BauR 2005, 463 ff.
3 Kniffka/Koeble, 6. Teil, Rdn. 141

11.5.2 ATV nicht per se anerkannte Regeln der Technik

Zu beachten ist, dass es sich bei den ATV nicht um typische, am Leitbild der DIN 820 ausgerichtete, DIN-Normen handelt. Sie erheben also von der Entstehung her bereits nicht den Anspruch, wie dies ansonsten für DIN-Regelungen gilt. Sie sind also nicht von Haus aus vermuteter Maßen anerkannte Regeln der Technik.[1]

Es handelt sich vielmehr um **„atypische DIN-Normen"**, die mit der Absicht geschaffen und fortgeschrieben werden, einen Teil einer Vergabe- und Vertragsordnung zu formulieren.[2] Eine Vermutung, dass sie anerkannte Regeln der Technik darstellen, ist also mit der DIN 18299 bis 18451 nicht per se verbunden. Punktuell können die ATV jedoch sehr wohl als anerkannte Regeln der Technik zu qualifizieren sein.[3] Das ist eine Frage des Einzelfalls und kann letztlich im Zweifel in einem Rechtsstreit wiederum, jedenfalls was die Klärung technischer Fragen angeht, nur durch Einholung eines Sachverständigengutachtens geklärt werden.

11.5.3 Auslegung der ATV

Die ATV haben den Charakter von Vertragsbedingungen und enthalten insoweit sehr bedeutsame Regelungen, z.B. zur Aufmessung und Abrechnung von Bauleistungen. Sie werden (s. o.) bei Vereinbarung der VOB/B über § 1 Nr. 1 VOB/B Vertragsbestandteil.

Sämtliche Allgemeinen Technischen Vertragsbedingungen werden nach der Rechtsprechung des Bundesgerichtshofs als Allgemeine Geschäftsbedingungen (AGB) behandelt, die einer Auslegung zugänglich sind. Bei der Frage, wie Allgemeine Technische Vertragsbedingungen auszulegen sind, kommt es wiederum maßgeblich auf die jeweilige Verkehrssitte an. Zum Verständnis der Allgemeinen Technischen Vertragsbedingungen und der hierfür bestehenden Verkehrssitte muss ein Gericht im Zweifel, wenn Wortlaut und Sinn der technischen Vertragsbedingung nicht zu einem eindeutigen Ergebnis führen, ein Sachverständigengutachten einholen. Bei der Einholung dieses Sachverständigenggutachtens ist bedeutsam, dass es nicht auf die Auffassung des jeweiligen Sachverständigen zur Auslegung der ATV ankommt. Der Bundesgerichtshof hat weiter klargestellt, dass eine Kommentierung zu einer allgemeinen technischen Vertragsbedingung bei Zweifeln kein geeignetes Hilfsmittel ist, weil es eben letztlich auch eine Meinungsäußerung Einzelner sein kann, nicht jedoch zwingend die Auffassung des maßgeblichen Verkehrskreises wiedergeben muss.[4] Die Berufung auf eine Kommentierung[5] kann daher lediglich eine Argumentationshilfe darstellen, nicht jedoch im Zweifel die Einholung eines Sachverständigengutachtens zum Verständnis des maßgeblichen Verkehrskreises ersetzen. Vielmehr kommt es darauf an, wie der maßgebliche Beteiligtenkreis des Baugewerbes die ATV auslegt.[6] Etwas anderes kann gelten, wenn nach Wortlaut und Sinn einer technischen Vertragsregelung das Auslegungsergebnis eindeutig ist.[7] Da die ATV, mithin auch die DIN 18336, eine Sammlung vorformulierter Geschäftsbedingungen darstellt, unterfallen diese der Prüfung der §§ 305 ff. BGB.

Sie müssen dazu wirksam in den Vertrag einbezogen sein. Ob und wie die ATV in den Vertrag einbezogen werden, ist nach § 305 Abs. 2 BGB zu beurteilen, § 305 Abs. 2 Nr. 2 BGB setzt voraus, dass der Vertragspartner des Verwenders in zumutbarer Weise von den allgemeinen Ge-

11

---

[1] Motzke, in Beck´scher VOB-Kommentar, VOB Teil C, Syst III, Rdn. 2
[2] Motzke, a.a. O., VOB Teil C, Syst III, Rdn. 60 ff.; Syst IV, Rdn. 18
[3] Einzelheiten bei Motzke, a.a. O., VOB Teil C, Syst III, Rdn. 60 ff., und Syst IV, Rdn. 6 ff.
[4] BGH, BauR 2004, 1438
[5] Vgl. zur DIN 18336 z.B. *Ulbrich/Braun*, Beck`scher VOB-Kommentar, VOB Teil C
[6] BGH, BauR 2004, 1438
[7] Vgl. z.B. zu Abrechnungsregelungen der DIN 18365 vgl. OLG Düsseldorf, BauR 2005, 440 (Ls.) = IBR 2005, 135

schäftsbedingungen Kenntnis haben muss. Wir möchten an dieser Stelle lediglich darauf hinweisen, dass es zumindest bei einem Verbraucher als Vertragspartner sehr problematisch ist, die Geltung der VOB/C alleine durch die Verweisung in § 1 Nr. 1 Satz 2 VOB/B zu vermitteln.[1] Durch diese Verweisung alleine ist nämlich nicht sichergestellt, dass der Verbraucher tatsächlich auch Kenntnis von den Regelungen der jeweils geltenden DIN-Regelung der VOB/C erlangt. Ob die VOB/C die Privilegierung der VOB/B genießt, ist umstritten.[2]

Eine inhaltliche Überprüfung der Regelungen ist vor dem Hintergrund der Regelung des § 307 Abs. 3 BGB problematisch. Wie an anderer Stelle bereits ausgeführt wurde, sind AGB regelmäßig vor dem Hintergrund möglicher Abweichungen von gesetzlichen Bestimmungen zu prüfen. Es kommt deshalb eine inhaltliche Überprüfung nur bei Regelungen in Betracht, die von Rechtsvorschriften abweichen können. Dies kann bei den Abschnitten 3 (Ausführung) und 5 (Abrechnung) in Betracht kommen.[3] Bei den Abschnitten 4 (Nebenleistungen, Besondere Leistungen) soll es auf den Einzelfall ankommen und darauf, ob es sich jeweils nur um eine kontrollfreie Leistungsbeschreibung handelt oder ob hier z.B. eine Vergütung für eine ohnehin geschuldete Leistung geregelt wird. Ist letzteres der Fall, soll eine Inhaltskontrolle möglich sein.[4]

Soweit eine Inhaltskontrolle nach dieser Regelung in Betracht kommt, ist allgemein darauf hinzuweisen, dass zunächst immer zu prüfen ist, wer die Einbeziehung der VOB/C initiiert. Ist z.B. der Auftraggeber derjenige, der die VOB/B einbezieht und damit über § 1 Nr. 1 Satz 2 VOB/B auch die VOB/C, dann kommt eine Inhaltsprüfung jedenfalls insoweit nicht in Betracht, als der Auftraggeber die Meinung vertritt, die VOB/C weise für ihn ungünstige Regelungen auf. Ist eine Prüfung möglich, weil der Auftragnehmer als Verwender zu gelten hat, kann eine Unwirksamkeit von Aufmaß- und Abrechnungsregelungen in Betracht kommen.[5]

11.5.4 Vertragliche Abänderung der ATV

Die ATV können selbstverständlich, auch durch vorformulierte Vertragsbedingungen, abgeändert werden. In der Praxis erfolgt dies sehr häufig, um bestimmte, dem Unternehmer günstige „Übermessungsregelungen", wie z.B. Abschnitt 5.3 der DIN 18336 abzubedingen. Dies kann auch nicht per se unwirksam sein, weil ja die VOB/C keine gesetzlichen Bestimmungen enthält!

Im Einzelfall kann bei Abweichungen von ATV eine überraschende Regelung im Sinne von § 305 c BGB vorliegen.[6] Die schwierig zu beantwortende Frage ist dann allerdings die, was denn gelten soll, wenn die abändernde Regelung nicht Vertragsbestandteil wird. Es ist dann eine Vertragsauslegung vorzunehmen, wobei die Verkehrssitte zu ermitteln ist. Das kann wiederum zur Anwendung der ATV führen. Voraussetzung wäre auch hier, dass die DIN-Regelungen, was ja häufig der Fall sein kann, die jeweilige Verkehrssitte wiedergeben, die wiederum bei der Vertragsauslegung über § 157 BGB zu beachten sind.[7]

---

1 Vogel, in Beck`scher VOB-Kommentar, VOB Teil C, Syst V, Rdn. 21 f.

2 Ablehnend z.B. Vogel, in Beck`scher VOB-Kommentar, VOB Teil C, Syst V, Rdn. 25

3 Vogel, in Beck`scher VOB-Kommentar, VOB Teil C, Syst V, Rdn. 30 f.

4 Vogel, in Beck`scher VOB-Kommentar, VOB Teil C, Syst V, Rdn. 31

5 Vogel, Vogel, in Beck`scher VOB-Kommentar, VOB Teil C, Syst V, Rdn. 39

6 Vgl. Vogel, in Beck`scher VOB-Kommentar, VOB Teil C, Syst V, Rdn. 23 unter Hinweis auf Dähne, Anm. zu OLG Düsseldorf, IBR 1999, 107

7 Vgl. OLG Saarbrücken, BauR 2000, 1332, 1333: „Auch wenn die Parteien eines Bauvertrages die VOB/B nicht vereinbart haben, sind für die Abrechnung eines Einheitspreisvertrages die DIN-Normen (hier: DIN 18350) maßgeblich, da sie der gewerblichen Verkehrssitte und der Üblichkeit entsprechen, solange nichts Abweichendes vereinbart worden ist."; sehr kritisch bzw. ablehnend Vogel, Beck´scher VOB-Kommentar, VOB Teil C, Syst V, Rdn. 19

11.5.5 ATV beim „reinen" BGB-Vertrag

Ob und inwieweit Regelungen aus Allgemeinen Technischen Vertragsbedingungen auch bei einem BGB-Vertrag anzuwenden sind, ist fraglich und umstritten.[1] Einfach ist dies natürlich dann zu beantworten, wenn die ATV ausdrücklich einbezogen wurden,[2] was oftmals durch entsprechenden Hinweis im Leistungsverzeichnis, hier insbesondere durch Vorbemerkungen, der Fall ist, auch wenn die VOB/B ansonsten nicht einbezogen wird.

Ansonsten können die ATV zur Anwendung gelangen, soweit es um die Berücksichtigung der **Verkehrssitte** bei der Vertragsauslegung nach § 157 BGB geht. Auch bei der Anwendung der Grundsätze von Treu und Glauben kann dies in Betracht kommen. Bei der Vertragsauslegung kommt die Anwendbarkeit der ATV in Betracht, wenn diese zur Verkehrssitte und zum Üblichen für die konkreten Vertragsparteien zählen.[3] Hier ergibt sich dann die Einbeziehung über die Anwendung der §§ 133, 157 BGB.

Da es sich bei den Allgemeinen Technischen Vertragsbedingungen um allgemeine Geschäftsbedingungen handelt, die zumindest teilweise („Übermessung") Regelungen enthalten, die einem Laien nicht unbedingt bekannt sein müssen, ist bei der Anwendung von Allgemeinen Technischen Vertragsbedingungen des Teils C der VOB Zurückhaltung geboten. Ist der Auftraggeber ein Verbraucher und gehört er nicht zum gewerblichen Verkehrskreis, ist es zumindest fraglich und problematisch, von der uneingeschränkten Geltung der ATV auszugehen. Dies beginnt schon bei der Frage, inwieweit diese technischen Regelungen überhaupt Vertragsbestandteil geworden sind.

11.5.6 Allgemeines zur Heranziehung der ATV bei einer Vertragsauslegung

Die DIN 18336 kann, wie die anderen Allgemeinen Technischen Vertragsbedingungen auch bei der Frage, ob zu vergütende Nachtragsleistungen vorliegen, grundsätzlich eine gewichtige Rolle spielen.[4]

Der Bundesgerichtshof hat demgegenüber jedoch auch klargestellt, dass bei der Auslegung eines Vertrages die Regelungen der Allgemeinen Technischen Vertragsbedingungen, also der VOB/C insgesamt, zumindest unmittelbar keine Rolle spielen.[5] Dies gelte insbesondere für die Frage, ob eine zusätzlich vergütungspflichtige Leistung deshalb vorliegt, weil es sich nach den ATV um Besondere Leistungen handelt und im Leistungsverzeichnis eine Besondere Position nicht vorgesehen ist. Vielmehr kommt es nach Auffassung des BGH bei der Auslegung eines Vertrages auf die Verkehrssitte und die Grundsätze von Treu und Glauben an, aber eben auch auf die Umstände des Einzelfalls und des Bauvorhabens.[6] Ist eine bestimmte Leistung vom Auftragnehmer geschuldet, z.B. die Errichtung einer Brückenkappe, und ist diese Leistung ohne ein Traggerüst gar nicht zu erstellen, dann wird zumindest im Zweifel bereits die vertraglich vereinbarte Vergütung auch diese Leistung abdecken.[7] Als Auftragnehmer kann man sich nicht immer darauf verlassen, dass alleine die Tatsache, dass eine Besondere Leistung im Sinne des Abschnitts 4 zu erbringen ist, die in einer Leistungsbeschreibung nicht erwähnt ist, zwingend zugleich auch zu einer zusätz-

---

1 Vgl. Motzke, in Beck´scher VOB-Kommentar, VOB Teil C, Syst IV, Rdn. 1

2 Motzke, in Beck´scher VOB-Kommentar, VOB Teil C, Syst IV, Rdn. 13

3 Vgl. OLG Saabrücken, BauR 2000, 1332; vgl. allgemein zum Problem Motzke, in Beck`scher VOB-Kommentar, VOB Teil C, System IV, Rdn. 13 ff.

4 Vgl. nur Franke/Kemper/Zanner/Grünhagen, 2. Aufl., § 1 VOB/B, Rdn. 39; OLG Düsseldorf, NJW-RR 1997, 1378

5 BGH, BauR 2002, 935

6 Vgl. Kniffka/Koeble, 2. Aufl., 5. Teil Rdn. 89

7 Kniffka/Koeble, 2. Aufl., 5. Teil Rdn. 89

lichen Vergütung führen muss. Dies gilt, obwohl an und für sich besondere Leistungen nach Abschnitt 0.4.2 der DIN 18299 in der Leistungsbeschreibung unter besonderen Ordnungszahlen (Positionen) aufgeführt sein müssen.

Der Umstand, dass der Bundesgerichtshof durch eine Vertragsauslegung zum Schluss kommt, dass eine bestimmte Leistung auch ohne besondere Erwähnung geschuldet ist, kann sich zugleich auch bei der Frage auswirken, ob diese Leistung von der vereinbarten Vergütung erfasst ist. Nur bei einer klaren Festlegung auf eine bestimmte Ausführungsart beschränkt sich auch die insoweit vereinbarte Vergütung auf diese.[1] Ist diese klare Festlegung im Sinne einer negativen Ausgrenzung anderer Leistungen nicht erfolgt, wird die Vergütung auch solche Leistungen erfassen, die nach Vertragsauslegung geschuldet sind. Dies wird im Zweifel zumindest die Einhaltung der anerkannten Regeln der Technik betreffen, die im Zweifel als von der Vergütung erfasst anzusehen sind. [2] Die soeben zitierte Rechtsprechung ist im Schrifttum sehr umstritten und wird auch teilweise abgelehnt.

11.5.7 Die DIN 18336

Für Abdichtungsarbeiten gilt die DIN 18336.

Die DIN 18336 gilt nach Abschnitt 1.1 für Abdichtungen mit Bitumen, Bitumenwerkstoffen, Metallbändern und Kunstoff-Dichtungsbahnen gegen Bodenfeuchtigkeit, nicht drückendes und drückendes Wasser. In Abschnitt 1.2 werden Arbeiten genannt, die nicht unter die DIN 18336 fallen.

Wegen der genormten Stoffe und Bauteile wird auf die DIN 18195-2 „Bauwerksabdichtungen-Stoffe" verwiesen.

Die Ausführung selbst wird wie bei allen anderen ATV auch in Abschnitt 3 geregelt. Dabei erfolgen unter Abschnitt 3.1 allgemeine Ausführungen. Abschnitt 3.2 behandelt die Abdichtung gegen Bodenfeuchtigkeit. Abschnitt 3.3 behandelt die Abdichtung gegen nicht drückendes Wasser. Abschnitt 3.4 regelt die Abdichtung gegen drückendes Wasser. Gegenstand von Abschnitt 3.5 ist die Abdichtung über Bewegungsvorgang, Abschnitt 3.6 behandelt Durchdringungen, Übergänge und Abschlüsse.

Die DIN 18336 enthält unmittelbar keine Einschränkung dergestalt, dass diese nur bei Abdichtungsarbeiten an einem Neubau anwendbar wäre. Der Geltungsbereich wird alleine durch Abschnitt 1 vorgegeben. Danach ist entscheidend, inwieweit Abdichtungen mit Bitumen, Bitumenwerkstoffen, Metallbändern und Kunststoff-Dichtungsbahnen gegen Bodenfeuchtigkeit, nicht drückendes und drückendes Wasser ausgeführt werden.

Insbesondere zu gebräuchlichen Herstellungsarten nachträglicher Horizontalabdichtungen trifft die DIN 18336 keine Aussage. Ganz grundsätzlich gilt auch hier, dass bei anderen als in Abschnitt 1.1 aufgeführten Abdichtungsmaterialien eine Anwendbarkeit ausscheidet. Inwieweit bei diesen anderen Abdichtungsmaterialien die DIN 18336 Ausdruck einer Verkehrssitte sein kann, wäre Frage des Einzelfalls.

Bitumendickbeschichtungen

Bei allen Diskussionen über die Einsatzmöglichkeiten kunststoffmodifizierter Bitumendickbeschichtungen und ob bzw. bei welchem Lastfall diese Bestandteil anerkannter Regeln der Technik

---

[1] BGH, BauR 1999, 37
[2] so Kniffka/Koeble, 2. Aufl., 5. Teil Rdn. 90

sind, ist festzuhalten, dass sie Gegenstand der DIN 18336 sein können, wenn und soweit es sich um Abdichtungen mit Bitumen handelt. Sollte man zuvor die Auffassung vertreten haben, dass die Anwendbarkeit bereits deshalb nicht gegeben sei, weil es sich bei kunststoffmodifizierten Bitumendickbeschichtungen nicht um in DIN geregelte Ausführungsarten handelt, wäre dies überholt durch die Aufnahme der kunststoffmodifizierten Bitumendickbeschichtungen als Abdichtungen gegen Bodenfeuchtigkeit, zeitweise aufstauendes Sickerwasser und Oberflächenwasser bei mäßiger Beanspruchung nach DIN 18195.[1]

Allenfalls könnte man darüber diskutieren, dass die Aufnahme in die DIN noch keine abschließende Aussage dazu trifft, dass es sich um anerkannte Regeln der Technik handelt und diese deshalb auch nicht Gegenstand der DIN 18336 sein können. Die Frage ist nicht geklärt, auch wenn zumindest einige Gerichtsentscheidungen darauf hindeuten, dass Bitumendickbeschichtungen bei bestimmten Lastfällen durchaus den anerkannten Regeln der Technik entsprechen.[2]

11.6 Die vereinbarte Leistung

11.6.1 Vertraglicher Leistungsumfang als Ausgangspunkt für Leistungsänderungen, zusätzliche Leistungen und mangelhafte Leistungen

Die Bestimmung des von den Parteien vereinbarten Leistungsumfangs ist eine der zentralen Fragen jedes Bauvertrags. Ganz besonders wichtig ist dabei natürlich die Frage, welchen Leistungsumfang die Bauvertragsparteien mit dem zunächst geschlossenen Vertrag vereinbart haben.

Ist dieser Leistungsumfang klar definiert, kann man „vergleichsweise“ leicht feststellen, inwieweit der Auftraggeber später eine zusätzliche Leistung verlangt, inwieweit eine Leistungsänderung angeordnet wird, **und** inwieweit z.B. bei Änderungsverlangen ein zusätzlicher Vergütungsanspruch gegeben sein kann. Eine Abweichung gegenüber dem vertraglich vereinbarten Leistungsumfang ist notwendige, wenn auch in der Regel nicht alleine ausreichende Bedingung für eine geänderte bzw. zusätzliche Vergütung.

Auch wird bei einer Abweichung des tatsächlich Gebauten vom vertraglich vereinbarten Leistungsumfang eine mangelhafte Leistung in Frage kommen, es sei denn, die Änderung beruht auf einer entsprechenden Vereinbarung der Parteien.

Dieser Ausgangspunkt ist zunächst ohne Weiteres nachvollziehbar. Allerdings ist die Bestimmung des ursprünglich vereinbarten Leistungsumfangs im Einzelfall für den Rechtsanwender äußerst problematisch. Statt des vereinbarten Leistungsumfangs wird oft der Begriff „Bausoll“ verwendet[3].

11.6.2 Die für die Auslegung heranzuziehenden Vertragsunterlagen

Zur Ermittlung des Bausolls im Rahmen einer Auslegung sind alle Unterlagen, die Gegenstand des Vertrags wurden und die zum Inhalt die Beschreibung der zu erbringenden Leistungen haben, heranzuziehen.

---

[1] Ulbrich/Braun, in Beck´scher VOB-Kommentar, VOB Teil C, DIN 18336, Rdn. 143

[2] so auch Ulbrich/Braun, in Beck´scher VOB-Kommentar, VOB Teil C, DIN 18336, Rdn. 256 f. unter Hinweis auf OLG Hamm, BauR BauR 1998, 1119 (Ls.) = IBR 1998, 354; OLG Schleswig, BauR 1998, 1100 = IBR 1998, 149

[3] z.B. Leupertz/Merkens, Handbuch Bauprozess, § 7 Rdn. 11

Bei einer Leistungsbeschreibung mit Leistungsverzeichnis wird nach der Auflistung in § 9 Nr. 6 VOB/A zumeist eine allgemeine Darstellung der Bauaufgabe als Baubeschreibung sowie ein in Teilleistungen gegliedertes Leistungsverzeichnis vorliegen. Selbstverständlich liegen in aller Regel auch Zeichnungen und vor allem auch Pläne vor, weil ansonsten bei einem Neubau, in der Regel auch bei einem Altbau, die konkret zu erbringenden Leistungen gar nicht definiert wären. Bei einem Einheitspreisvertrag wird die Leistung nicht alleine durch das Leistungsverzeichnis definiert. Dieses kann, weil es nur eine Aufgliederung nach produktionstechnischen Teilarbeiten darstellt, unmittelbar alleine keinen Aufschluss darüber geben, was gebaut werden soll.[1] Bei einer Leistungsbeschreibung mit Leistungsprogramm (§ 9 Nr. 10 – 12 VOB/A) liegt zumeist nur eine Beschreibung der Bauaufgabe vor. Der Unternehmer selbst erarbeitet die Planung. Hier wird dann oft von einer funktionalen Leistungsbeschreibung gesprochen, bei der als Vergütung zumeist eine Pauschale vereinbart wird. Da der Leistungserfolg entscheidend ist und eine Festlegung auf einzelne Arbeitsschritte nicht erfolgt, spricht man auch von einem Global-Pauschalvertrag. Bei derartigen Begriffen sollte man zurückhaltend sein, weil entscheidend zur Bestimmung der jeweiligen Pflichten immer die Analyse des konkreten Vertrags erforderlich ist.

Als Bestandteile einer Leistungsbeschreibung kommen also die unterschiedlichsten Unterlagen in Betracht. Zu nennen sind auch Musterstücke, die Aufführung von Referenzobjekten usw..

Die vorgenannten Unterlagen sind zunächst einmal ohne **wechselseitige Rangfolge**.[2] Die bei Praktikern bisweilen angetroffene Meinung, es seien die Pläne vorrangig vor einem Leistungsverzeichnis oder umgekehrt, ist in dieser Allgemeinheit falsch. Es gibt in der VOB/B (sofern diese vereinbart ist) in § 1 Nr. 2 eine Rangfolgenregelung. Diese hilft jedoch dann nicht weiter, wenn es um Widersprüche innerhalb der Leistungsbeschreibung geht, die in § 1 Nr. 2 a) VOB/B als vorrangig aufgeführt ist. Pläne, Zeichnungen und ein Leistungsverzeichnis sind Teile der Leistungsbeschreibung. Im Rahmen einer Auslegung kann sich durchaus ergeben, dass die textliche Baubeschreibung sich speziell mit einem Ausführungsdetail befasst, während sich die Pläne hierzu „ausschweigen".[3] Dann wird der Text insoweit vorrangig zu behandeln sein.

Es gilt weiter der Grundsatz, dass dem Wortlaut von Formulierungen in Vertragsunterlagen bei der Auslegung eine vergleichsweise hohe Bedeutung zuzumessen ist.[4] Stammt die Leistungsbeschreibung vom Auftraggeber/Besteller, kann man bei aller Zurückhaltung wohl auch formulieren, dass der Grundsatz des § 9 Nr. 6 in Verbindung mit Nr. 7 VOB/A als Auslegungshilfe auch bei einem Vertrag mit einem privaten Auftraggeber gelten kann. Ist ein Leistungsverzeichnis vom Auftraggeber eindeutig formuliert, ohne dass man hierfür Zeichnungen oder Pläne benötigt, wird der Plan nachrangig sein (weil eben nicht „erforderlichenfalls" heranzuziehen). Jedenfalls bei einem öffentlichen AG wird der Bieter davon ausgehen können, dass der öffentliche AG § 9 Nr. 6 und 7 VOB/A beachtet und daher auf Zeichnungen, so sie zum Verständnis wichtig sein sollten, ausdrücklich hinweist.[5] Zum Teil wird vertreten, dass auch bei privaten Auftraggebern Auslegungsregeln des § 9 VOB/A als allgemeine „sachgerecht-typische" Ausschreibungsmethoden anwendbar seien.[6]

Die Auslegung kann im Einzelfall auch ergeben, dass Vorbemerkungen eines Leistungsverzeichnisses zu einem Sachverhalt spezieller sind als Positionsbeschreibungen; dann sind die Vorbemerkungen bei der Auslegung vorrangig zu beachten.[7]

---

[1] K/M-Kapellmann, § 2 VOB/B, Rdn. 65
[2] Leupertz/Merkens, Handbuch Bauprozess, § 7 Rdn. 14; K/M, § 2 VOB/B Rdn. 64
[3] BGH, BauR 2003, 388
[4] Kniffka/Koeble, Kompendium des Baurechts, 2. Auflage, 5. Teil, Rdn. 88
[5] K/M-Kapellmann, § 2 VOB/B Rdn. 120
[6] K/M-Kapellmann, § 2 VOB/B Rdn. 122
[7] BGH, BauR 1999, 897

Das gilt grundsätzlich: das Spezielle geht dem Allgemeinen vor.[1]

Vertraglich festgelegte Rangfolgen erhalten bei Widersprüchen erst dann Bedeutung, wenn eine Auslegung nicht zum Ziel führt. Die Auslegung kann z.B. (s.o.) ergeben, dass der „spezielle" Text einer von einem Bauträger gegenüber dem Erwerber erstellten Baubeschreibung Vorrang vor Plänen hat.[2] Für die Bauwerksabdichtung kann dies anzunehmen sein, wenn Detailpläne, die zum Gegenstand eines Bauträgervertrags gemacht werden, keine Festlegungen zu Abdichtungen enthalten, der Text der Baubeschreibung aber eindeutig eine Bauwerksabdichtung gegen drückendes Wasser beinhaltet. Immer gilt der Grundsatz, dass die Leistungsbeschreibung eines Bauvertrags als sinnvolles Ganzes auszulegen ist.

11.6.3 Weitere für die Vertragsauslegung zu berücksichtigende Umstände; der geschuldete Erfolg

Vertraginhalt zu erreichender Erfolg

In der rechtlichen Anwendungspraxis tritt relativ oft der Fall auf, dass nicht nur ausdrücklich und wörtlich formulierte Leistungen in Leistungsverzeichnissen, Zeichnungen usw. von einem Unternehmer geschuldet sind.

Dies hat seinen Hintergrund darin, dass weitere – ungeschriebene – Leistungen deshalb hinzukommen, weil – nach erfolgter Wertung aller für eine Vertragsauslegung maßgeblicher Umstände – in aller Regel vom Unternehmer/Auftragnehmer ein konkreter **Erfolg** geschuldet ist und es nicht auf einzelne Arbeitsschritte ankommt.

Die Ermittlung des vertraglich geschuldeten Leistungserfolgs darf sich nicht auf die Auswertung der „körperlich" vorhandenen Beschreibungen beschränken.

Um nicht zu abstrakt zu bleiben, sei folgendes Beispiel genannt.

11

Im Rahmen eines Hausbauvertrags wird für die Kellerräume eine Wohnnutzung vorausgesetzt. Der Bauherr lässt die Planung von einem Architekten erstellen, der eine Abdichtung gegen nicht drückendes Wasser vorsieht. Diese Planung wird in ein konkretes Leistungsverzeichnis umgesetzt, in welchem positionsweise dargestellt ist, wie die Leistung zu erbringen ist. Es kommt zu Feuchtigkeitseinbrüchen, die darauf beruhen, dass drückendes Wasser vorherrscht. Die Planung und – im Übrigen ordnungsgemäße – Umsetzung durch eine Abdichtung gegen drückendes Wasser war nicht ausreichend. Die Einholung eines Bodengutachtens hätte dies klären können.

In diesem Fall wäre es sicherlich verkürzt, anzunehmen, die Parteien hätten vertraglich nur und ausschließlich eine Abdichtung gegen nicht drückendes Wasser vereinbart, sodass auch der mit dieser Abdichtung erreichbare Erfolg vereinbart wäre.

Grundsätzlich richtet sich die Vertragsauslegung nach den §§ 133, 157 BGB. § 157 BGB lautet: „Verträge sind so auszulegen, wie Treu und Glauben mit Rücksicht auf die Verkehrssitte es erfordern."

Der BGH geht bei der Vertragsauslegung grundsätzlich vom Wortlaut aus, dem er eine besondere Bedeutung zumisst.[3] Ebenso müssen jedoch bei der Vertragsauslegung die Umstände des konkreten vertragsgegenständlichen Bauvorhabens berücksichtigt werden.[4] Hier sind die konkreten Verhältnisse zu nennen und insbesondere die vom Besteller verfolgten Zwecke.[5]

---

[1] K/M-Kapellmann, § 2 VOB/B Rdn. 101
[2] BGH, BauR 2003, 388
[3] BGH, BauR 2003, 388
[4] BGH, BauR 1993, 595; BGH, BauR 2002, 935
[5] Kniffka/Koeble, Auflage, 5. Teil, Rdn. 88; BGH, BauR 1993, 595; BGH, BauR 2002, 935

Geht man von diesen Auslegungskriterien aus, wird man im **Beispielsfall** nicht davon ausgehen können, dass die Vertragsparteien eine Abdichtung gegen nicht drückendes Wasser vereinbart haben auch für den Fall, dass diese nicht ausreichend ist, um das Bauwerk gegen Feuchtigkeit zu schützen. Nur dann käme man ja zu einer Beschränkung auf diese. Vielmehr wird zumindest der BGH davon ausgehen, dass die Parteien – unausgesprochen – eine Ausführung vereinbart haben, die geeignet ist, die beabsichtigte Wohnnutzung in den Kellerbereichen zu erreichen.

Das OLG Rostock[1] hat es so formuliert:

1. Der Auftragnehmer schuldet ein funktionstaugliches und zweckentsprechendes Werk. Dies gilt auch, wenn die Parteien eine Ausführungsart vereinbart haben, mit der die geschuldete Funktionstauglichkeit des Werkes nicht erreicht werden kann.
2. Ein Keller mit fortwährenden Feuchtigkeitseinbrüchen entspricht der geschuldeten Funktionstauglichkeit nicht. Daher muss die Planung der Abdichtung eines Bauwerks bei einwandfreier handwerklicher Ausführung zu einer fachlich richtigen, vollständigen und dauerhaften Abdichtung führen.

In dem vom OLG Rostock entschiedenen Fall war eine Abdichtung gegen Bodenfeuchtigkeit nach DIN 18195 Teil 4 geplant und vom Auftragnehmer/Unternehmer auch umgesetzt worden; notwendig war aufgrund der vorgefundenen Bodenverhältnisse eine solche nach DIN 18195 Teil 5 (gegen nicht drückendes Wasser).

Es ist ganz grundsätzlich festzuhalten, dass der Bundesgerichtshof in nahezu ständiger Rechtsprechung davon ausgeht, dass bei der Frage des geschuldeten Leistungsumfangs genau zu analysieren ist, welchen Erfolg die Parteien vereinbart haben. Ist dieser Erfolg definiert, wobei die zweckentsprechende Bauwerksnutzung des Bestellers maßgeblich zu berücksichtigen ist, sind alle Leistungen, die zur Erreichung dieses Erfolgs erforderlich sind, geschuldet, und zwar im Rahmen des anfänglich vereinbarten Leistungsumfangs.[2]

Sind Arbeiten an einer Bauwerksabdichtung alleine oder auch im Zusammenhang mit anderen Bauleistungen geschuldet, wird man – im Sinne einer vorausgeschickten Faustformel – in aller Regel davon ausgehen können, dass damit im Zweifel alle Arbeiten zur Errichtung eines gegen eindringende Feuchtigkeit nach den anerkannten Regeln der Technik dauerhaft geschützten Bauwerks geschuldet sind.[3]

Man muss sich als Unternehmer vor der Einschätzung hüten, dass nur das vereinbart ist, was geschrieben oder gezeichnet ist. Diese Schlussfolgerung ist in der Praxis sehr ernst zu nehmen. Bei konsequenter Befolgung entstehen für den gewissenhaft handelnden Unternehmer auch keine Nachteile. Kommt er etwaigen Prüfungs- und Hinweispflichten nach, stellt er sich, obwohl er nunmehr weitere Maßnahmen schuldet, wirtschaftlich nicht schlechter.

Beschränkung des Erfolgs durch Handlungen des Bestellers?

In der Praxis tritt insbesondere bei Altbausanierungen das Problem auf, dass Räumlichkeiten auch nach erfolgter und fachgerecht durchgeführter Bauwerksabdichtung noch nicht sogleich die Voraussetzungen der vertraglich vereinbarten Nutzung erfüllen. Es stellt sich die (untechnisch formulierte) Frage, wie trocken der jeweils zu erstellende Raum sein muss.

Dabei ist zunächst festzuhalten, dass insbesondere bei fehlender Vereinbarung die Bauleistung im Zeitpunkt der Abnahme die Eigenschaften aufweisen muss, die im Rahmen des technisch Machbaren eine sofortige und einschränkungsfreie Nutzung nach den vertraglichen Vereinbarungen ermöglichen muss. Maßgeblich ist auch insoweit die Mangelfreiheit im Sinne von § 633 Abs. 2 BGB bzw. bei entsprechender Vereinbarung nach § 13 Nr. 1 Satz 2 VOB/B.

---

1 BauR 2005, 441 (Leitsatz)
2 BGH, BauR 1995, 538; BGH, BauR 2000, 411; BGH, BauR 2002, 935
3 so wohl auch BGH, BauR 2005, 545

Auch insoweit kommt es auf den Einzelfall und die Vertragsauslegung an. Hieraus ergibt sich dann auch, welcher Zustand an Trockenheit geschuldet ist.

Sind im Vertrag dazu keine ausdrücklichen Hinweise oder Regelungen erfolgt, kann vom Besteller nicht verlangt werden, dass er besondere Lüftungsmaßnahmen durchführt. Insbesondere bei Erstellung oder Veräußerung von Wohnraum schuldet der Unternehmer eine Gebrauchstauglichkeit der Wohnung, die besondere Lüftungsmaßnahmen des Erwerbers und einen erhöhten Heizaufwand nicht erfordert.[1]

Auch im Hinblick auf Trocknungsmaßnahmen bei durchfeuchtetem Mauerwerk sollten deutliche Hinweise im Vertrag erfolgen, bis zu welchem Grad eine Mauerwerkstrocknung bis zur Abnahme durchgeführt wird und welche Maßnahmen eventuell danach durchgeführt werden müssen. Ansonsten ist – bei fehlenden anderweitigen Anhaltspunkten – davon auszugehen, dass der Besteller ein vollständig trockenes Mauerwerk erwarten darf und keine eigenen Maßnahmen von ihm durchzuführen sind.

Sofern aus technischen Gründen weitere Maßnahmen erforderlich sind wie z.B. die Auftragung eines Sanierputzes, der nur von begrenzter Haltbarkeit ist, sollte auch dies ausdrücklich geregelt sein. Einem Laien müssen diese technischen Besonderheiten nicht bekannt sein, sodass er – wiederum bei fehlenden anderweitigen Anhaltspunkten – die Erwartung haben kann, dass bei Abnahme ein dauerhafter Putz vorhanden ist. Auch hier kommt es natürlich auf jeden Einzelfall an, welche konkreten Erwartungen der Erwerber haben darf. Pauschal lässt sich das Ergebnis einer Auslegung nie vorwegnehmen. Man sollte hier als Unternehmer sehr vorsichtig sein bei der Formulierung des Leistungsumfangs. Bei Bestellern sollten im Zweifel technische Vorkenntnisse nicht unterstellt werden, sodass es wieder auf objektivierbare Nutzungserwartungen ankommt.

11.6.4 Anerkannte Regeln der Technik und Vertragsauslegung

Bei der Frage der Ermittlung des vereinbarten Leistungserfolgs ist bereits an dieser Stelle darauf hinzuweisen, dass der Bundesgerichtshof davon ausgeht, dass auch die anerkannten Regeln der Technik bei der Vertragsauslegung von zentraler Bedeutung sind. Ein Auftraggeber/Besteller kann redlicherweise erwarten, dass das Werk zum Zeitpunkt der Abnahme diejenigen Qualitäts- und Komfortstandards erfüllt, die auch vergleichbare andere zeitgleich abgenommene Bauwerke erfüllen. Der BGH[2] formuliert das wie folgt:

„Dabei sind die anerkannten Regeln der Technik von erheblicher Bedeutung. Der Besteller kann redlicherweise erwarten, dass das Werk zum Zeitpunkt der Abnahme diejenigen Qualitäts- und Komfortstandards erfüllt, die auch vergleichbare andere zeitgleich fertiggestellte und abgenommene Bauwerke erfüllen. Der Unternehmer sichert üblicherweise stillschweigend bei Vertragsschluss die Einhaltung dieses Standards zu. Es kommt deshalb im Allgemeinen auf den Stand der anerkannten Regeln der Technik zur Zeit der Abnahme an."

Bei einem VOB/B-Vertrag gelten die anerkannten Regeln der Technik ohnehin als vereinbart. Dies ergibt sich unter anderem aus § 4 Nr. 2 Absatz 1 Satz 2 VOB/B, aus § 13 Nr. 1 VOB/B sowie auch aus § 13 Nr. 7 Abs. 2 b) VOB/B, nach Auffassung des BGH auch aus dem Hinweis auf die Allgemeinen Technischen Vertragsbedingungen in § 1 Nr. 1 Satz 2 VOB/B. Die vom BGH vorgenommene Auslegung gilt also insbesondere für einen Vertrag, bei dem die VOB/B nicht vereinbart ist.

---

[1] Vgl. BGH, BauR 2002, 1385: „Der Bauträger schuldet eine Gebrauchstauglichkeit der Wohnung, die besondere Lüftungsmaßnahmen des Erwerbers und einen erhöhten Heizaufwand zur Vermeidung von Schimmelpilzbildung nicht erfordert."

[2] Urteil vom 14.05.1998-VII ZR 184/97 -, BauR 1998, 872

Es ist sicherlich nicht von vornherein ausgeschlossen, dass Vertragsparteien eine Ausführung abweichend von den Regeln der Technik vereinbaren. Motivation für eine solche Abweichung können ganz unterschiedlicher Natur sein, so zum Beispiel Kostengründe. Wichtig ist jedoch der Hinweis, dass eine solche Abweichung auch tatsächlich vereinbart sein muss. Hierfür wird alleine die Festlegung einer bestimmten Ausführungsart nicht genügen.[1] Zu den Anforderungen einer Vertragsauslegung, wonach die Parteien eine Abweichung von den anerkannten Regeln der Technik vereinbart haben, führt der BGH[2] wie folgt aus:

„Die Auslegung eines VOB/B-Vertrages, die Parteien hätten abweichend von den genannten Regelungen der VOB/B vereinbart, dass die anerkannten Regeln der Technik nicht eingehalten werden müssen, ist nur unter bestimmten Voraussetzungen möglich. Die Parteien können eine entsprechende Abweichung von der VOB/B ausdrücklich vereinbart haben oder es muss aufgrund gewichtiger für die Auslegung relevanter Umstände feststehen, dass sie entgegen den genannten Regeln der VOB/B konkludent oder stillschweigend eine entsprechende vertragliche Vereinbarung getroffen haben. Die Vereinbarung einer bestimmten Ausführungsart, die den anerkannten Regeln der Technik nicht genügt, reicht allein für eine derartige Auslegung nicht aus.“

11.6.5 Sonderproblem Altbausanierung

Die Einhaltung der Regeln der Technik wie überhaupt der geschuldete Leistungsumfang wird oftmals zweifelhaft und fraglich sein bei Arbeiten an einem bestehenden Bauwerk, insbesondere also bei der Altbausanierung.

Dabei ist im Grundsatz unerheblich, ob nun ein Grundstück veräußert wird, auf dem ein (angeblich) jüngst umfassend saniertes Gebäude steht oder ob ein Unternehmer die Sanierung eines Bauwerks verspricht, welches bereits im Eigentum des Bestellers steht. Der BGH wendet – verkürzt formuliert – Werkvertrag in bestimmten Fällen auf eine Grundstücksveräußerung mit aufstehendem Bauwerk an. Dies wird oftmals der Fall sein, wenn der Zeitpunkt der Errichtung zeitnah vor der Veräußerung liegt. Auf Einzelheiten gehen wir nicht ein. Der BGH wendet Werkvertragsrecht auch an, wenn es bei einer Grundstücksveräußerung mit einem aufstehenden Altbau um Sanierungsarbeiten mit erheblichem Umfang geht. Das Werkvertragsrecht wird dann auf die jeweils erfolgten Sanierungsarbeiten angewandt.[3]

Wichtig ist die soeben zitierte Entscheidung, weil der Bundesgerichtshof in Fällen, bei denen im Rahmen der Sanierung nachweislich Bauteile bearbeitet worden sein sollen, die grundsätzliche Erwartung des Erwerbers – der dann der Besteller/Auftraggeber im Sinne des Werkvertrags ist – in die Einhaltung der anerkannten Regeln der Technik zur Zeit der Sanierung formuliert hat. Der 2. amtliche Leitsatz dieser Entscheidung lautet:

„2. Verspricht der Veräußerer eines Altbaus eine Sanierung bis auf die Grundmauern, darf der Erwerber dies grundsätzlich dahin verstehen, dass der Veräußerer zu diesem Zweck im Rahmen des technisch Möglichen die Maßnahmen angewandt hat, die erforderlich sind, um den Stand der anerkannten Regeln der Technik zu gewährleisten. Etwas anderes kann sich ergeben, wenn die berechtigte Erwartung des Erwerbers unter Berücksichtigung der gesamten Vertragsumstände, insbesondere des konkreten Vertragsgegenstands und der jeweiligen Gegebenheiten des Bauwerks darauf nicht gerichtet ist.“

Nach den Formulierungen handelt es sich um ein Regel-Ausnahme-Verhältnis. Grundsätzlich gilt bei den Bauteilen, die nach den Vereinbarungen der Parteien bearbeitet sein sollen, dass der Erwerber die Einhaltung der anerkannten Regeln der Technik zur Zeit der Sanierung (korrekter: zur

---

[1] BGH, Urteil vom 16.07.1998-VII ZR 350/96 -, BauR 1999, 37

[2] BauR 1999, 37

[3] BGH, BauR 2005, 542 ff. = IBR 2005, 153

Zeit der Abnahme der Sanierungsarbeiten durch den Erwerber) erwarten darf. Dies gilt allerdings nur, wenn sich nicht etwas anderes aus Erklärungen oder auch Umständen ergibt. Hieraus ergibt sich, dass Zweifel zu Lasten des Bauträgers gehen.

In dem entschiedenen Fall ging es um ein Doppelhaus, und zwar einen vor 1907 errichteten Altbau. Streitig war zwischen den Parteien, ob die Beklagte erklärt hatte, dass eine Sanierung bis auf die Grundmauern erfolgt sei. Der BGH als reine Rechtsinstanz musste deshalb hiervon ausgehen und hat unter anderem wegen dieser offenen Frage zurückverwiesen.

Es muss also in jedem Einzelfall geprüft werden, ob tatsächlich eine Sanierung der Bauwerksabdichtung versprochen wurde. Um es mit dem BGH[1] zu formulieren:

„In welchem Umfang sich der Veräußerer eines sanierten Altbaus zu Herstellungsleistungen verpflichtet hat, ist nach dem Zusammenhang der einzelnen Vertragsbestimmungen sowie der gesamten Umstände zu beurteilen, die zum Vertragsschluss geführt haben. Maßgeblich ist hierbei, wie der Erwerber das Angebot des Veräußerers nach Treu und Glauben unter Berücksichtigung der Verkehrssitte verstehen musste."

Die Vorinstanz[2] hatte – wie viele andere Gerichte in vergleichbaren Fällen auch – Ansprüche abgelehnt, weil eine ausdrückliche Vereinbarung der Parteien über die Frage der Abdichtung des Hauses gegen Erdfeuchte durch eine Horizontalsperre nicht ersichtlich gewesen sei. Die Bauträgerin habe keine neue Bausubstanz geschaffen, sondern lediglich vorhandene Bausubstanz saniert und renoviert. Dies sei den Erwerbern bekannt gewesen. In einem solchen Fall könne sich der Erwerber aber lediglich darauf einrichten, dass die durchgeführten Arbeiten mangelfrei seien. Der BGH hat für den Fall anders entschieden, dass tatsächlich vom „Veräußerer" eine grundlegende Sanierung versprochen worden war.

Er formuliert an der entscheidenden Stelle wie folgt:

„(2) Bei dieser Begründung berücksichtigt das Berufungsgericht nicht hinreichend die berechtigten Erwartungen, die ein Erwerber an einen Altbau stellen darf, der nach den vertraglichen Vereinbarungen bis auf die Grundmauern saniert worden sein soll. Verspricht der Veräußerer eines Altbauobjekts eine so weitgehende und umfassende Sanierung, darf der Erwerber dies grundsätzlich dahin verstehen, dass der Veräußerer zu diesem Zweck im Rahmen des technisch Möglichen die Maßnahmen angewandt hat, die erforderlich sind, um den Stand der anerkannten Regeln der Technik zu gewährleisten. Etwas anderes kann sich ergeben, wenn die berechtigte Erwartung des Erwerbers unter Berücksichtigung der gesamten Vertragsumstände, insbesondere des konkreten Vertragsgegenstands und der jeweiligen Gegebenheiten des Bauwerks, darauf nicht gerichtet ist.

(3) Unter der Voraussetzung, dass die Beklagte die Erklärung abgegeben hat, die Doppelhaushälften seien bis auf die Grundmauern saniert worden, sind die Verträge vom 18. Dezember 1995 und 9. Februar 1996 dahin auszulegen, dass die Beklagte verpflichtet ist, die Kellerabdichtung sowie die Schalldämmung zwischen den Trennwänden dem Stand der anerkannten Regeln der Technik anzupassen."

Fast schon als Selbstverständlichkeit formuliert der BGH dann weiter:

„Es entspricht dem Stand der anerkannten Regeln der Technik, dass der Keller des Vertragsobjekts gegen Feuchtigkeit geschützt ist."

In diese Richtung hat auch schon das OLG München[3] entschieden:

„Verpflichtet sich ein Bauträger zur "umfassenden Modernisierung und Renovierung eines Altbaus im erforderlichen Umfang", schließt das im Zweifel alle Maßnahmen ein, die für eine um-

[1] BGH, BauR 2005, 544
[2] OLG Düsseldorf, BauR 2003, 1911 ff.
[3] BauR 2003, 396, BGH, Beschluss vom 24.10.2002-VII ZR 249/01 (Revision nicht angenommen)

fassende Modernisierung und Renovierung erforderlich sind. Dem steht nicht entgegen, dass einzelne Maßnahmen nicht in der Baubeschreibung aufgeführt sind."

Beide Urteile betreffen einen Bauträgervertrag. Bei diesem werden vom Bauträger üblicherweise Planung und Bauausführung gegenüber dem Erwerber übernommen. Deshalb wird üblicherweise hier davon ausgegangen, dass ein Erwerber zu Recht die Erwartung einer schlüsselfertigen und vollständigen Erstellung eines den anerkannten Regeln der Technik entsprechenden Bauwerks haben darf. Wenn zur Erreichung dieses Zustands Maßnahmen erforderlich sind, die in der Baubeschreibung nicht ausdrücklich erwähnt sind, wird der Bauträger diese Maßnahmen in aller Regel schulden, ohne dass er hierfür zusätzliche Vergütung erhalten kann.[1]

Die Urteile sind für die Rechtsfolgen einer versprochenen umfassenden Sanierung sicherlich sehr bedeutsam. Auch hier muss man sich davor hüten, Rückschlüsse auf den üblichen Inhalt von Vereinbarungen zu ziehen. Denn dafür, was die Parteien nun konkret vereinbart haben, gibt das Urteil nichts her. Es hat vielmehr die Behauptung der Erwerber, der Bauträger habe eine umfassende Sanierung versprochen, revisionsrechtlich hinnehmen müssen. Oftmals ist jedoch gerade diese Aussage, dass nämlich der Auftraggeber eine umfassende Sanierung verspricht, streitig.

Ob nun konkret vereinbart wurde, Arbeiten an der Bauwerksabdichtung vorzunehmen, ist Frage der Auslegung der Erklärungen und Umstände des Einzelfalls. Hier kann es keine Verallgemeinerungen geben. Allgemein lässt sich nur festhalten, dass der versprochene Leistungsumfang umso umfangreicher wird, je mehr Umstände dafür sprechen, dass der Erwerber eine umfassende Untersuchung und Bearbeitung aller Bauteile erwarten darf. Hierfür können auch Erklärungen des Bauträgers im Zusammenhang mit der Vermarktung (Prospekte oder sonstige Unterlagen, in denen ein Objekt „vermarktet" wird) herangezogen werden, wobei diese im Einzelfall dann natürlich auch bewiesen werden müssen. Dass hier bei der Auslegung unterschiedlichste Ergebnisse die Folge sein können, belegt die Vielzahl von veröffentlichten Entscheidungen.[2]

11.6.6 Vereinbarungen können auch über anerkannte Regeln der Technik hinausgehen

Wichtig ist noch der Hinweis, dass die anerkannten Regeln der Technik in aller Regel auch ohne gesonderte Erwähnung geschuldet sind. In umgekehrter Richtung begrenzen diese allerdings nicht zwingend den Leistungsumfang. Es ist immer eine Auslegung der Erklärungen, Umstände usw. vorzunehmen.

So hat der BGH[3] ausdrücklich entschieden:

„1. Ein Mangel im Sinn des Werkvertragsrechts liegt nicht nur dann vor, wenn die Werkleistung nicht den Regeln der Technik entspricht, sondern schon dann, wenn das Werk von der Beschaffenheit abweicht, die es für den vertraglich vorausgesetzten Gebrauch haben muss."

Es ist also beispielsweise denkbar, dass die Parteien eine Abdichtung gegen drückendes Wasser ausdrücklich vertraglich vereinbaren. Ist nach den Regeln der Technik an und für sich nur eine Abdichtung gegen Bodenfeuchtigkeit erforderlich, liegt gleichwohl ein Mangel vor, wenn ohne abschließende Klärung mit dem Bauherrn eine Abdichtung gegen Bodenfeuchtigkeit eingebaut wird.

---

[1] Grziwotz/Koeble-*Vogel*, Handbuch Bauträgerrecht, 4. Teil, Rdn. 10

[2] in jüngster Zeit z.B. LG Magdeburg, IBR 2005, 1127 (nur online): „Verkauft der Bauträger an die Erwerber einen sanierten Altbau unter Aufzählung der Sanierungsmaßnahmen in einer notariellen Baubeschreibung, schuldet er keine – fehlende – Kellerisolierung, wenn diese laut Baubeschreibung nicht geschuldet ist."

[3] BGH, Urteil vom 21.09.2004-X ZR 244/01, BauR 2004, 1941

11.6.7 Die Vergütung bei zusätzlichen Arbeitsschritten zur Erreichung des durch Auslegung ermittelten Erfolgs

Zusätzliche Leistungen nicht abgedeckt bei Festlegung auf Ausführungsart

Für den Auftragnehmer mindestens ebenso interessant wie die Frage des Leistungsumfangs ist die Frage der Vergütung. Es geht also auch um die Frage, ob die im Vertrag bereits vereinbarte Vergütung – Pauschalpreis, Vergütung nach Einheitspreisen, Stundenlohn – diese Leistungen bereits abdeckt oder ob der Auftragnehmer/Unternehmer hierfür eine gesonderte Vergütung erhält.

Im Grundsatz ist davon auszugehen, dass die Parteien bereits im Vertrag selbst die für die Erbringung des Leistungserfolgs zu zahlende Vergütung sogleich auch abschließend vereinbart haben und dass diese dann auch mit den ausdrücklich vereinbarten Leistungen korrespondiert.

Wie aber ist zu verfahren, wenn sich herausstellt, dass die Parteien einen trockenen Keller vereinbart haben, dieser aber mit den konkret und ausdrücklich vereinbarten Leistungen nicht zu erreichen ist? Bleibt es dann bei der vertraglich vereinbarten Vergütung?

Hierzu gilt folgendes.

Wenn das Bausoll im Hinblick auf den zu erreichenden Erfolg einmal ermittelt ist, muss damit noch nicht abschließend auch die Vergütung bereits geregelt sein. Dass weitere Leistungen geschuldet sind, ergibt sich aus der Annahme einer Erfolgshaftung des Unternehmers. Die vorstehenden Ausführungen betreffen also zunächst die Betrachtung des vom Auftragnehmer zu erreichenden Erfolgs. Wie eingangs bereits angedeutet ist die Frage, inwieweit der Unternehmer hierfür eine gesonderte Vergütung erhält, damit noch nicht zwingend beantwortet.

11

Hierbei untersuchen wir nur den Fall, dass die Parteien ausdrücklich eine bestimmte Ausführungsart (z.B. Abdichtung gegen Bodenfeuchtigkeit) zum Gegenstand gemacht haben, wenn auch eben – im Hinblick auf den Erfolg – nicht abschließend (weil z.B. eine Abdichtung gegen drückendes Wasser erforderlich ist). Bei der Vergütungsfrage kommt in einem solchen Fall der BGH zum Ergebnis, dass der Unternehmer mit dem vereinbarten Preis zu Recht nur die konkret beschriebene Leistung abgedeckt sehen will und dass darüber hinaus zu erbringende Leistungen zusätzlich zu vergüten sind. Für den Fall, dass die Parteien eine konkrete Ausführungsart vereinbart haben, mit der die ebenfalls vertraglich vereinbarten anerkannten Regeln der Technik nicht erreicht werden können, können sich jedenfalls nach der Rechtsprechung des Bundesgerichtshofs im Grundsatz durchaus zusätzliche Vergütungsansprüche für den Auftragnehmer/Unternehmer ergeben.[1] Ergibt sich also, dass die (zunächst) geforderte Leistung mit dem Vertragspreis nicht abgegolten ist, liegt eine Leistungsänderung oder eine zusätzliche Leistung im Sinne von § 2 Nr. 5 oder § 2 Nr. 6 VOB/B vor und ist der zusätzliche Vergütungsanspruch unter den weiteren rechtlichen Voraussetzungen der jeweils anzuwendenden Vertragsordnung gerechtfertigt.[2] Macht der Auftraggeber in einem solchen Fall (zu Recht!) Sachmängelansprüche geltend, führen die – ja an und für sich von Anfang erforderlichen – zusätzlichen Vergütungsansprüche zum Einwand der „Sowieso-Kosten“.[3]

Zu diesem Ergebnis gelangt man, weil eben nachvollziehbar eine ausdrückliche Festlegung auf eine konkrete Ausführung erfolgt ist und sich die Vergütung eben auch nur auf diese Ausführung beziehen kann.

Die Festlegung der Vergütung auf eine Ausführungsart wird immer dann **nicht** anzunehmen sein, wenn diese eben gerade offen geblieben ist und es dem Besteller/Auftraggeber/Erwerber nur auf den Erfolg ankommt (und nicht auf die Ausführungsart, die dem Auftragnehmer überlassen

---

[1] BGH, BauR 1999, 37; so auch schon BGH, BauR 1984, 395 ff., für den Fall einer konkret beschriebenen Abdichtungsart, die jedoch nicht für ausreichend trockenen Keller sorgte

[2] Kniffka/Koeble, Kompendium des Baurechts, 2. Auflage, 5. Teil, Rdn. 97

[3] BGH, BauR 1984, 395 ff.,

bleibt), also bei jedweder funktioneller Leistungsbeschreibung, insbesondere bei Bauträgerverträgen. Auch hier kann jedoch im Einzelfall anderes gewollt sein, nur muss es dann auch ganz klar zum Ausdruck kommen.

Mehrkosten gegenüber der konkret beschriebenen Ausführungsart bei geschuldetem weitergehendem Erfolg

Eine weitere Frage ist nun die, wie mit den Mehrkosten umzugehen ist, die angefallen sind, weil eben die konkret beschriebene Ausführungsart umgesetzt wurde, obwohl zur Erreichung des vertraglich geschuldeten Erfolgs ganz andere und/oder zusätzliche Leistungen erforderlich sind. An und für sich ist dies eher eine Frage der Vergütung oder auch Gewährleistung, wir wollen dies jedoch bereits an dieser Stelle kurz abhandeln, um klarzustellen, warum die erfolgsorientierte Vertragsauslegung für einen gewissenhaft vorgehenden Unternehmer nicht so nachteilhaft ist.

Hier ist zunächst im Einzelfall zu überprüfen, inwieweit der Unternehmer seiner Pflicht zur Prüfung der Leistungsbeschreibung nachgekommen ist und etwaige Bedenken geäußert hat. Was der Unternehmer insoweit zu tun hat, wird gesondert dargestellt.

Musste er Bedenken nicht haben, wird man zum Ergebnis kommen müssen, dass zusätzliche Leistungen zwar vom Unternehmer geschuldet sind, aber dann auch zusätzlich zu vergüten sind. Hier kommt der Rechtsgedanke des „Vorteilsausgleichs“ und der „Sowieso-Kosten“ zum Tragen. Soweit zusätzliche Leistungen erbracht werden müssen, hätten diese von Beginn an bereits bei Vertragsschluss in Auftrag gegeben werden müssen und vor allem auch bezahlt werden müssen. Diesen Vorteil hat der Auftraggeber auszugleichen. Dem Auftragnehmer/Besteller steht insoweit ein Anspruch auf Zuschuss zu, sodass in einem Prozess eine Verurteilung zur Nacherfüllung Zug um Zug erfolgt. Außerhalb eines Rechtsstreits wird üblicherweise dem Auftragnehmer ein Anspruch auf Sicherheitsleistung zugebilligt.[1]

Wie aber ist zu verfahren, wenn die konkret beschriebene, aber eben nicht ausreichende, Leistung umgesetzt wurde und eben nicht nur höhere Kosten durch zusätzliche Leistungen entstehen, die gleichzeitig ausschließlich zu einem Vorteil des Auftraggebers/Bestellers führen? Wie ist also zum Beispiel mit den alleine beim Unternehmer zusätzlich anfallenden Kosten zu verfahren? Hier wären zum Beispiel die Entfernung bzw. Beseitigung der vorhandenen, letztlich aber mangelhaften, Leistung zu nennen? Wie ist mit den zusätzlichen Kosten des Unternehmers bei der Baustelleneinrichtung zu verfahren? Was ist mit seinem Deckungsbeitrag?

Letztlich wird man zum Ergebnis kommen müssen, dass zumindest in dem Fall, dass der Unternehmer keinerlei Bedenken haben musste (hierzu später), derartige Mehrkosten dem Auftragnehmer erstattet werden müssen. Hier kann zum einen der Rechtsgedanke des § 645 BGB angewandt werden, wonach der Unternehmer bei einer durch eine Anordnung des Bestellers eingetretenen Verschlechterung oder beim Untergangs des Werks der Unternehmer einen der geleisteten Arbeit entsprechenden Teil der Vergütung verlangen kann. Unmittelbar ist die Regelung nicht einschlägig, allerdings unseres Erachtens von ihrem Rechtsgedanken her. Diese Privilegierung kann allerdings nur zum Tragen kommen, wenn der Unternehmer tatsächlich etwaigen Nebenpflichten nachgekommen ist, die darin bestehen, dass er die Leistungsbeschreibung geprüft hat und bei Bedenken auf diese auch hingewiesen hat.

Denkbar wäre es auch, dem Unternehmer wegen der fehlerhaften oder auch fehlenden Planung einen Schadensersatzanspruch zuzubilligen. Bei Folgeschäden dürfte es bereits an entsprechenden Ansprüchen gegenüber dem Unternehmer fehlen.

---

[1] BGH, BauR 1984, 395 ff.

11.6.8 Funktionale Leistungsbeschreibung

Wir haben oben festgestellt, dass es im Einzelfall so sein kann, dass dem Auftragnehmer/Unternehmer ein zusätzlicher Vergütungsanspruch zustehen kann, wenn zusätzliche Maßnahmen erforderlich sind zur Erreichung eines nicht ausdrücklich vereinbarten Erfolgs. Für den Fall, dass die Parteien eine konkrete Ausführungsart vereinbart haben, mit der z.B. die ebenfalls vertraglich vereinbarten anerkannten Regeln der Technik nicht erreicht werden können, können sich nach der Rechtsprechung des Bundesgerichtshofs durchaus zusätzliche Vergütungsansprüche für den Auftragnehmer/Unternehmer ergeben, wenn er im Sinne einer weitergehenden Erfolgshaftung zusätzliche Maßnahmen schuldet.[1]

Eine zusätzliche Vergütung scheidet jedoch immer dann aus, wenn sich durch Auslegung bereits ergibt, dass sich die vertraglich vereinbarte Vergütung auch auf Leistungen erstreckt, die nicht ausdrücklich erwähnt werden. Eine solche Auslegung ist regelmäßig dann vorzunehmen, wenn der Besteller eine umfassende Erwartung im Hinblick auf die zu erbringenden Leistungen haben darf. Dies wird bei einem Bauträgervertrag regelmäßig der Fall sein, weil hier im Allgemeinen der Bauträger das Risiko der Vollständigkeit der Leistungen vertraglich übernimmt und die Vergütung im Zweifel alle erforderlichen Maßnahmen zur Erreichung des Vertragszwecks, also der funktionsgerechten Nutzung auf der Grundlage der anerkannten Regeln der Technik, abdeckt.[2]

Eine solche Übernahme eines Vollständigkeitsrisikos kommt grundsätzlich immer in Betracht, wenn der Erfolg nach funktionalen Kriterien beschrieben wird und die hierfür zur Verfügung stehenden Wege offen sind.[3] Es gibt auch keinen Rechtssatz dahingehend, dass dies bei einem öffentlichen Auftraggeber nicht möglich sein soll, sodass ein Auftragnehmer/Unternehmer auch bei öffentlichen AG das Vollständigkeitsrisiko übernehmen kann.[4] Ein möglicher vergaberechtlicher Verstoß gegen Ausschreibungsgrundsätze des § 9 VOB/A ist hiervon völlig unabhängig und führt – bei klarem Auslegungsergebnis – nicht dazu, dass die Risikoübernahme durch den AN unwirksam wäre.[5]

11

11.6.9 § 9 VOB/A

Im Einzelfall kann bei Auftragsvergabe der **öffentlichen Hand** die – rein vergaberechtliche – Regelung des § 9 VOB/A zugunsten eines Auftragnehmers bei Auslegungszweifeln herangezogen werden.[6] Bei der Auslegung ist vom durchschnittlich sorgfältigen[7] Empfänger/Bieter auszugehen und davon, wie dieser die Leistungsbeschreibung nach Treu und Glauben unter Berücksichtigung der Verkehrssitte verstehen darf. Maßgeblich ist der betreffende Bieter-/Empfängerkreis.[8] Maßgebend ist dabei das Verständnis des objektivierten Bieterkreises, insbesondere also objektive Bietersicht nach dem Verständnis des objektiven Bieterkreises.[9]

Der Bieter darf auf die Vollständigkeit und Richtigkeit der Vertragsunterlagen vertrauen. In Verbindung hiermit darf er bei fehlenden anderen Anhaltspunkten davon ausgehen, dass der öffentliche AG den Grundsätzen des § 9 VOB/A genügen will.[10] Fehlen also Anhaltspunkte für die Er-

---

[1] BGH, BauR 1999, 37; BGH, BauR 1984, 395 ff.
[2] Grziwotz/Koeble-*Vogel*, Handbuch Bauträgerrecht, 4. Teil, Rdn. 10
[3] Kniffka/Koeble, Kompendium des Baurechts, 2. Auflage, 5. Teil, Rdn. 95
[4] Kniffka/Koeble, Kompendium des Baurechts, 2. Auflage, 5. Teil, Rdn. 95; BGH, BauR 1997, 126
[5] Kniffka/Koeble, Kompendium des Baurechts, 2. Auflage, 5. Teil, Rdn. 95
[6] Vgl. z.B. BGH, BauR 1994, 236; BGH, BauR 1997, 466
[7] K/M-*Kapellmann*, § 2 VOB/B Rdn. 111
[8] BGH, BauR 1994, 236
[9] BGH, BauR 1993, 595, 596 f.; BauR 1994, 236 (Wasserhaltung II); BauR 2002, 935 (Konsoltraggerüst)
[10] BGH, BauR 1994, 236 (Wasserhaltung II)

mittlung bestimmter völlig ungewöhnlicher Umstände, muss der Bieter auch keine völlig ungewöhnlichen Umstände („ungewöhnliches Wagnis") unterstellen oder ermitteln, selbst dann, wenn es andererseits für „normale" Umstände an positiven Erkenntnissen fehlt. Dies dürfte Ausfluss der Anwendung von § 9 VOB/A sein (Auslegungshilfe).[1] Dass dieser dann auch bei privaten AG als Auslegungshilfe herangezogen werden darf, wird oftmals vertreten.[2]

11.6.10 Geltung und Bedeutung der ATV

Früher stand außer Frage, dass bei einer Auslegung des Bausolls auch die sogenannten ATV (Allgemeinen Technischen Vertragsbedingungen) der VOB/C ein wichtiger Anhaltspunkt sind oder sogar maßgeblich sind bei der Bestimmung von Nebenleistungen, die von den Einheitspreisen mit abgegolten sind, und Besonderen Leistungen, die bei fehlender positionsweiser Aufführung nicht ohne Weiteres von Einheitspreisen abgegolten sind.

Für den Fall, dass der Vertrag bereits geschlossen ist und die VOB/B einbezogen wurde, gelten die jeweiligen ATV über § 1 Nr. 1 Satz 2 VOB/B ohnehin. Für die Frage, was anfänglicher vertraglicher Leistungsumfang ist, hilft § 1 Nr. 1 Satz 2 VOB/B nicht unmittelbar weiter.

Bei einer Auftragvergabe durch öffentliche Auftraggeber ist § 9 Nr. 3 Abs. 4 VOB/A von Bedeutung. Leistungen, für die nach Abschnitt 0 der jeweiligen DIN eine gesonderte Position vorzusehen ist bzw. die nach Abschnitt 4 eine Besondere Leistung darstellen, gelten als Leistungen, die bei nachträglicher Anordnung gesondert zu vergüten sind. Dass ein Bieter bei einem öffentlichen Auftraggeber grundsätzlich davon ausgehen darf, dass die ATV Bedeutung haben und angewandt werden, ergibt sich unter anderem aus § 9 Nr. 3 Abs. 4 und Nr. 8 VOB/A (Umkehrschluss). [3]

Der BGH[4] meint demgegenüber in einem Einzelfall, dass die ATV bei der Auslegung des vereinbarten Leistungsumfangs und der hierfür geschuldeten Vergütung keine entscheidende Bedeutung hätten. Entscheidend sei, welcher Leistungsumfang aufgrund der konkreten Umstände vereinbart ist bei der Auslegung der vertraglichen Willenserklärungen. Immer seien die §§ 133, 157 BGB das Maß der Dinge und nicht die ATV, die ihrerseits auch wieder nur Allgemeine Geschäftsbedingungen darstellten. Im konkreten Fall ging es um Gerüste, ohne die unstreitig beauftragte Leistungspositionen technisch nicht ausgeführt werden konnten. Hier sei bei Berücksichtigung der objektiven Umstände davon auszugehen, dass diese mit einbezogen seien in den Leistungsumfang, ohne dass eine besondere Vergütung verlangt werden könne. Letzteres ist entscheidend, weil mit der Feststellung, dass die Leistung geschuldet ist, noch nicht zwingend die Vergütung geklärt wäre. Der BGH hat ausdrücklich klargestellt, dass es für die Abgrenzung zwischen geschuldeten Leistungen und zusätzlichen Leistungen nicht auf die Unterscheidung in DIN-Vorschriften ankomme.

Immerhin ist dem BGH dahingehend Recht zu geben, dass es konsequent ist, dass erkennbar zur Erreichung bei Vertragsschluss zwingend notwendige weitere Leistungen auch vertraglich vereinbarter Leistungsumfang sein müssen. Dies gilt insbesondere dann, wenn die unstreitig geschuldeten Leistungen ohne diese weiteren Leistungen gar nicht erbracht werden können.

Es gibt also keine zwingende Grundregel, dass Besondere Leistungen des Abschnitts 4.2 der DIN 18336 (Abdichtungsarbeiten), die in einem Leistungsverzeichnis nicht aufgeführt sind, aber von Anfang an erforderlich waren, immer zu einem Vergütungsanspruch nach § 2 Nr. 6 VOB/B führen müssen.

[1] K/M-Kapellmann, § 2 VOB/B Rdn. 122
[2] K/M-Kapellmann, § 2 VOB/B Rdn. 122
[3] K/M-Kapellmann, § 2 VOB/B Rdn. 86
[4] BGH, BauR 2002, 935

11.6.11 Zusammenfassung; Schadensersatz bei Lücken

Die Auslegung des vertraglich geschuldeten Leistungsumfangs wird naturgemäß immer schwieriger, je allgemeiner die Aussagen zum geschuldeten Erfolg gehalten sind. Liegt z.B. ein Vertrag vor, der auf einer sehr detaillierten Leistungsbeschreibung beruht, wird man sich bei der Ermittlung des geschuldeten Leistungsumfangs leichter tun.

Allerdings ist erneut darauf hinzuweisen, dass auch die Umstände des Bauvorhabens von Bedeutung sind. Es mag daher die Abdichtung gegen Bodenfeuchtigkeit noch so detailliert beschrieben sein; wenn sich aus den Umständen ergibt, dass der Keller zu Wohnzwecken genutzt werden soll und ist hierfür eine Abdichtung gegen schwierigere Lastfälle erforderlich, dann sind diese Maßnahmen – auch ohne dass sie ausdrücklich beschrieben wären – geschuldet. Allerdings kommt hier ein Vorteilsausgleich für Maßnahmen in Betracht, um die das Bauvorhaben von vorneherein teurer gewesen wäre. Musste der Auftragnehmer keine Bedenken haben, werden auch sämtliche Maßnahmen zu vergüten sein, die nunmehr zusätzlich erforderlich sind.

Muss der Auftragnehmer Bedenken gegenüber der Leistungsbeschreibung haben, z.B. weil er erkennt, dass diese Leistungen nicht genügen und z.B. gegen die anerkannten Regeln der Technik verstoßen, hilft ihm eine Bedenkenanzeige. Es ist dann Sache des Auftraggebers/Bestellers, wie er mit dieser Bedenkenanzeige umgeht. Entscheidet er sich für weitere (an und für sich ja infolge Auslegung ohnehin geschuldete) Maßnahmen, muss er die Vergütung in jedem Fall zahlen. Alternativ kann der Auftraggeber/Besteller auch die Bedenken zum Anlass nehmen, den Vertrag endgültig auf die regelwidrige Ausführung zu beschränken. Das wäre dann eine Vertragsänderung. Eine spannende, hier jedoch nicht weiter zu behandelnde, Frage wäre dann die, ob der Auftragnehmer im Hinblick auf diese Vertragsänderung Ansprüche nach § 649 BGB haben könnte, also auf Vergütung abzüglich ersparter Aufwendungen.

Muss der Auftragnehmer keine Bedenken haben, was wir noch gesondert behandeln, schuldet er die Maßnahme gleichwohl. Nur wird der Auftragnehmer in einem solchen Fall sämtliche Maßnahmen vergütet erhalten, wegen des Rechtsgedankens von § 645 BGB also wohl vor allem auch die „erfolglosen" Maßnahmen.

Wird die Beschreibung allgemeiner, fällt die Vertragsauslegung schon schwerer. Es müssen dann alle Umstände des Bauvorhabens berücksichtigt werden. Dies gilt auch und insbesondere bei der Altbausanierung. Der BGH hat sehr weitgehende Pflichten des Unternehmers (also regelmäßig des Bauträgers) dann angenommen, wenn eine grundlegende Sanierung versprochen wurde. Dann sind nahezu alle Bauteile in einem den aktuellen Regeln der Technik entsprechenden Zustand herzustellen. Anders sieht dies aus, wenn eine derart grundlegende Sanierung nicht versprochen wird. Dann wird man von einer umfassenden Sanierungsverpflichtung ohne Weiteres nicht ausgehen können.[1] Hier sind sehr genau die Erklärungen der Parteien zu analysieren und die Umstände des Bauvorhabens, um zu ermitteln, welche Leistungen geschuldet sind.

Ist die Leistungsbeschreibung aufgrund unrichtiger oder lückenhafter Angaben mangelhaft, so kann der Bauunternehmer gegebenenfalls vom Bauherren nach den Grundsätzen des Verschuldens bei Vertragsabschluss Schadensersatz verlangen[2], weil er in seinem Vertrauen auf eine richtige und eindeutige Leistungsbeschreibung durch den Auftraggeber enttäuscht worden ist. Dies wäre zum Beispiel der Fall, wenn eine Bauwerksabdichtung gegen nicht drückendes Wasser in Betracht kommt, jedoch die Auslegung aller Vertragsunterlagen und der sonstigen Umstände ergibt, dass eine Bauwerksabdichtung gegen drückendes Wasser erstellt werden muss. Hier wäre dann natürlich zunächst zu prüfen, ob für die Bauwerksabdichtung gegen drückendes Wasser zusätzliche Vergütung zu zahlen ist. Dies wäre ja dann der Fall, wenn sich die vereinbarte Vergü-

---

[1] LG Magdeburg, IBR 2005, 1127 (nur online)

[2] OLG Stuttgart, BauR 1992, S.639.

tung nur auf die Bauwerksabdichtung gegen nicht drückendes Wasser bezieht, was bei einer sehr konkreten und detaillierten Beschreibung der Fall sein kann (s.o.).

Scheidet für die Erbringung der Bauwerksabdichtung gegen drückendes Wasser ein zusätzlicher Vergütungsanspruch aus jedem erdenklichen Gesichtspunkt aus, kann im Einzelfall ein Schadensersatzanspruch (§§ 311, § 241 BGB) in Betracht kommen. Ein Anspruch zugunsten des Auftragnehmers scheidet jedoch immer dann aus, wenn er als Fachmann ohne Schwierigkeiten die Unstimmigkeiten in der Leistungsbeschreibung erkannt hat oder hätte erkennen können. Dann fehlt es bereits an dem entsprechenden Vertrauen des Unternehmers, mit welchem die Schadensersatzansprüche begründet werden.[1]

11.7 Die vereinbarte Vergütung

In der Regel wird bei einem Bauvertrag eine ausdrückliche Vergütung vereinbart sein. Nur für den Fall, dass eine Vergütung nicht vereinbart ist, schließt das Gesetz in § 632 Abs. 2 BGB diese Regelungslücke und ordnet an, dass der Besteller an den Unternehmer für den herbeigeführten Erfolg eine übliche Vergütung zu zahlen hat.

Haben jedoch die Parteien eine Vergütung vereinbart, werden die jeweiligen Verträge nach der Art der marktüblichen Berechnungsfaktoren für die Vergütung unterschieden. Als hauptsächliche Erscheinungsformen haben sich der Einheitspreisvertrag, der Pauschalpreisvertrag, der Stundenlohnvertrag sowie der Selbstkostenerstattungsvertrag herausgebildet.

Ebenso wie bei allen Bauverträgen werden auch bei einer Vereinbarung über Abdichtungsleistungen die Vertragsarten Einheitspreisvertrag und Pauschalpreisvertrag überwiegend vorherrschen.

11.7.1 Einheitspreisvertrag

Das Wesen des Einheitspreisvertrages

Gegenstand der Preisvereinbarung bei einem Einheitspreisvertrag ist nicht die vom Auftragnehmer zu erbringende Gesamtleistung, sondern eine Vielzahl von technischen und wirtschaftlich einheitlichen Teilleistungen, in die die vorgesehene Gesamtleistung gedanklich zerlegt wird. Die Einheitspreise sind Einzelpreise, die von den Vertragsparteien für die jeweilige Teilleistung je Mengeneinheit festgelegt werden.

Maßgebliches Instrument eines Einheitspreisvertrages ist deshalb die Leistungsbeschreibung in der Form eines Leistungsverzeichnisses. In diesem Leistungsverzeichnis wird die aufgegliederte Leistung beschrieben und für jede einzelne Teilleistung ein Preis, der sogenannte Einheitspreis, vereinbart. Multipliziert mit den Mengen, den sogenannten Fordersätzen, ergibt sich dann der für die Teilleistung vertraglich vereinbarte und zu leistende Teilpreis. Die Summe der Teilpreise wiederum ergibt dann die für die Gesamtleistung zu zahlende Vergütung.

Entgegen der in der rechtlichen Literatur vertretenen Auffassung ist der Einheitspreisvertrag jedoch nicht immer dann anzunehmen, wenn keine eindeutige Vereinbarung der Bauvertragsparteien hinsichtlich der Vergütungsart zu ermitteln ist [2]. Da der Einheitspreisvertrag nicht die Regel darstellt, hat der Auftragnehmer, wenn er nach Einheitspreisen abrechnen will, eine solche Ver-

[1] KG, IBR 2003, 1027 – nur online; BGH, BauR 1988, 338, 339; BGH, BauR 1994, 236

[2] BGH BauR 1981, 388, 389; Leinemann/Schoofs, 2. Auflage, § 2 Rdn. 55; Werner/Pastor, 11. Auflage, Rdn. 1163

einbarung darzulegen und zu beweisen, wenn der Auftraggeber eine andere Vergütungsabrede, z.B. die einer Pauschalsumme, behauptet.

Auch zeigt sich, dass die genaue und ausführliche Dokumentation der vertraglichen Vereinbarungen dringend geboten ist. Im Vertragstext sollte ausdrücklich vereinbart werden, welche Art des Vertrages geschlossen wird und welches Leistungsverzeichnis und damit welche Einheitspreise zum Gegenstand der vertraglichen Vereinbarung gemacht werden. Bei Abdichtungsarbeiten werden in der Regel Einheitspreise für die entsprechenden Quadratmeter der jeweils anzubringenden Abdichtungen vereinbart werden müssen. In der Leistungsbeschreibung sollte deshalb explizit angegeben werden, welcher Preis pro Quadratmeter der anzubringenden Abdichtung vertraglich vereinbart werden soll. Die exakte Beschreibung der Leistung – wie oben ausgeführt – ist Grundvoraussetzung für eine nachvollziehbare und prüfbare Abrechnung.

Sofern vertragliche Einheitspreise existieren und damit die Abrechnung nach dem Einheitspreisvertrag vereinbart wurde, bestimmt sich die zu zahlende Vergütung nach den tatsächlich ausgeführten Mengen und Leistungen und nicht etwa nach den im Leistungsverzeichnis ausgeführten verpreisten Mengen.[1]

Abrechnung des Einheitspreisvertrages

Beim Einheitspreisvertrag errechnet sich, wie oben ausgeführt, der Vertragspreis durch die Multiplikation des Einheitspreises mit der tatsächlich ausgeführten Menge.

Beim Einheitspreisvertrag sind die Mengen entsprechend der VOB/C, DIN 18299, … 5 aus den Zeichnungen, welche Vertragsinhalt geworden sind, zu ermitteln, soweit die ausgeführte Leistung den Zeichnungen entspricht.

Ist dies nicht der Fall, ist die Leistung am Bauobjekt auszumessen. Hierbei sollten die tatsächlichen Feststellungen am Bauobjekt durch beide Parteien gemeinsam getroffen werden. Dies entspricht auch der Regelung des § 14 Nr. 2 VOB/B. Eine gemeinsame Feststellung ist immer dann unbedingt geboten, wenn bei Weiterführung der Arbeiten der Leistungsumfang nur schwer feststellbar ist und evtl. erneute Konstruktionsöffnungen erforderlich sind, um den Leistungsumfang nachzuweisen.

Dies trifft in einem besonderen Maße für Abdichtungsarbeiten zu. Haben die Parteien einen Vertrag unter Einbeziehung der VOB/B geschlossen, so hat der Auftragnehmer nach § 14 Nr. 2 Satz 3 VOB/B gleichzeitig gemeinsame Feststellungen mit dem Auftraggeber zu beantragen. Diese Regelung ist nicht als bloße Anregung, sondern vielmehr als Verpflichtung des AN zu verstehen, den Auftraggeber zu einer gemeinsamen Feststellung der Leistung aufzufordern. Da der Auftragnehmer grundsätzlich beweispflichtig für die von ihm durchgeführte Leistung ist, muss er in jedem Fall immer zur gemeinsamen Aufmassfeststellung auffordern. Lehnt der Auftraggeber ein gemeinsames Aufmaß ab oder erscheint er bei dem angesetzten Termin nicht, kann und sollte der Auftragnehmer ein eigenes Aufmaß erstellen, welches er sodann der Schlussrechnung beifügt. In diesen Fällen ist dann der Auftraggeber verpflichtet, im Einzelnen darzulegen, weshalb das Aufmaß unzutreffend sein soll [2]. Problematisch erscheint die Frage, inwieweit in einem Vertrag, in dem die VOB/B nicht vereinbart worden ist, bei verdeckten Leistungen ein gemeinsames Aufmaß zu erstellen ist, insbesondere ob der Unternehmer gehalten ist, dem Auftragnehmer zu einem gemeinsamen Aufmaß aufzufordern. Nach Auffassung des OLG Köln [3] ist auch bei Geltung der Regelung des BGB der Auftragnehmer verpflichtet, den Auftraggeber zur Vornahme eines gemeinsamen Aufmasses aufzufordern. Im Unterschied zum VOB-Vertrag ist jedoch im BGB-Vertrag die Prüfbarkeit einer Schlussrechnung nicht Fälligkeitsvoraussetzung. Eine Werklohnklage scheitert deshalb nicht an einem fehlenden Aufmaß, wenn feststeht, dass das Aufmaß nicht

---

[1] H/R/R-Riedel, § 2 VOB/B Rdn. 70 b
[2] BGH BauR 2003, 1207, 1208; BGH BauR 2003, 1892, 1897
[3] NJW 1973, 2111

mehr genommen werden kann oder dem Unternehmer aus anderen Gründen die Vorlage eines Aufmasses nicht möglich oder zumutbar ist. [1] Kann der Unternehmer im Prozess die für die Feststellung des Preises notwendigen Mengen nicht anhand eines Aufmasses darlegen, können diese auch anderweitig ermittelt werden. Der Unternehmer genügt seiner Darlegungslast, wenn er alle ihm zur Verfügung stehenden Umstände mitteilt, die Rückschlüsse auf den Stand der erbrachten Leistungen ermöglichen. Zulässig ist dann zur Beweiserhebung aller Beweismittel, insbesondere auch der Augenschein oder ein Fotobeweis. Im Zweifel muss der Richter die erbrachten Mengen schätzen. [2]

Dies soll jedoch nicht darüber hinwegtäuschen, dass grundsätzlich der Auftragnehmer dafür vortrags- und beweisbelastet ist, welche Leistungen er konkret erbracht hat. Ein gemeinsames Aufmaß kann insbesondere beim BGB-Vertrag eine prozessual wesentlich bessere Ausgangslage schaffen, als sich der „Gefahr" einer richterlichen Schätzung auszusetzen. Insbesondere bei Abdichtungsarbeiten dürfte eine Schätzung durch den Richter mit hohen Risiken verbunden sein. Vor diesem Hintergrund sollte bei solchen Maßnahmen der Versuch eines gemeinsamen Aufmasses unternommen werden. Ist dieses nicht möglich, sollte unter Zuhilfenahme von Zeugen ein Aufmaß des Auftragnehmers erstellt werden.

Prüfbare Abrechnung

Es wurde bereits darauf hingewiesen, dass beim Einheitspreisvertrag das Aufmaß eine wichtige Rolle spielt.

VOB-Vertrag

Nach § 14 Nr. 1 VOB/B hat der Auftragnehmer seine Leistungen prüfbar abzurechnen. Die Prüfbarkeit der Abrechnung ist gem. § 16 Nr. 3 VOB/B Voraussetzung, dass die in der Schlussrechnung ausgewiesene Vergütung zur Zahlung fällig wird.[3]

Eine gemäß § 14 Nr. 1 Satz 2, 3, 4 VOB/B prüfbare Abrechnung erfordert in erster Linie, dass die Rechnungen übersichtlich aufgestellt und die Reihenfolge der Posten entsprechend dem Auftrag eingehalten sind, ferner die in den Vertragsbestandteilen enthaltenen Bezeichnungen verwendet werden. Des Weiteren sind die zum Nachweis von Art und Umfang der Leistung erforderlichen Mengenberechnungen, Zeichnungen und andere Belege beizufügen[4]. Erforderlich und ausreichend ist es, dass der AG ohne Schwierigkeiten eine genaue Differenzierung zwischen den einzelnen Leistungselementen vornehmen kann[5].

Die Prüfbarkeit ist jedoch auch abhängig vom Auftraggeber. Ist der Auftraggeber selbst Bauunternehmer oder bedient er sich zur Abwicklung des Bauvorhabens eines Architekten, so ist die Rechnung dann prüfbar, wenn sie von einem Fachmann nachvollzogen werden kann.

Ist der Auftraggeber dagegen keine fachkundige Person, so hat der Bauunternehmer die Abrechnung genauer zu erläutern. Dies bedeutet aber nicht, dass der Bauunternehmer gehalten ist, dem Auftraggeber zunächst die grundlegenden Regeln der Abrechnung eines Bauvorhabens erklären zu müssen.[6]

Der Auftraggeber hat die Schlussrechnung sogleich darauf hin durchzusehen, ob sie prüfbar aufgestellt ist. Er kann nicht den in § 16 Nr. 3 Abs. 1 VOB/B genannten zweimonatigen Prüfungszeitraum verstreichen lassen und dann die Rechnung mit dem Hinweis zurückschicken, sie sei nicht prüffähig. Es besteht vielmehr die Pflicht, die Rechnung unverzüglich, d.h. ohne schuldhaf-

---

[1] Kniffka ibr-online-Kommentar, Bauvertragsrecht, Stand 03.03.2005, § 631 Rd. 171
[2] BGH, BauR 2004, 1443
[3] BGH, BauR 1975, 282, 283; BGH, BauR 1990, 605; h.M.
[4] OLG Brandenburg, Urteil vom 16.02.2005-4 U 12/02
[5] OLG Düsseldorf, BauR 2001, 1137, 1139
[6] OLG München, BauR 1993, 346.

tes Zögern, zu prüfen und bei fehlender Prüfbarkeit dieses dem Auftragnehmer mitzuteilen.[1] Zwischenzeitlich hat sich der BGH grundlegend zu Fragen der Prüffähigkeit und der hiermit verbundenen Frage der Fälligkeit und der Verjährung befasst.[2]

Nunmehr gilt allgemein, dass es am Auftraggeber ist, Bedenken gegen die Prüfbarkeit zu äußern, wofür ihm ein Zeitraum von zwei Monaten entsprechend § 16 Nr. 3 Abs. 1 VOB/B zur Verfügung steht.[3] Tut er dies nicht, ist ihm die Berufung auf fehlende Prüfbarkeit wegen des Grundsatzes von Treu und Glauben (§ 242 BGB) verwehrt. Der Auftraggeber kann sich auch nicht auf einen allgemeinen Hinweis auf fehlende Prüffähigkeit zurückziehen, sondern die Rüge muss den AN konkret in die Lage versetzen, die erforderlichen Angaben nachzuholen.[4]

Fehlt es an Einwendungen, wird die Forderung, über die nicht prüfbar abgerechnet wurde, binnen zwei Monaten nach Zugang der Rechnung fällig. Die Forderung kann auch vor Ablauf der Rügefrist fällig werden, wenn für den AN erkennbar wird, dass sich der AG nicht auf fehlende Prüfbarkeit wird berufen können. Dies kann der Fall sein, wenn der AG das Prüfungsergebnis vor Ablauf der Prüffrist mitteilt, ohne sich auf fehlende Prüfbarkeit zu berufen.[5]

Bei nur teilweiser Prüfbarkeit kann sich teilweise Fälligkeit ergeben, es sei denn, der prüfbare Teil wäre durch Abschlagszahlungen aufgezehrt.[6] Ist die Schlussrechnung nur teilweise nicht prüfbar, hat der Auftraggeber entsprechend § 16 Nr. 3 Abs. 1 S. 3 VOB/B das unbestrittene Guthaben als Abschlagszahlung sofort auszuzahlen; ein Unterschied zur BGH-Rechtsprechung ergibt sich dann nicht. Die Verjährung des Vergütungsanspruchs beginnt jedoch erst nach vollständig prüfbarer Abrechnung, weil die Frage der Verjährung nur einheitlich bestimmt werden kann.[7]

Streng von der Prüfbarkeit zu unterscheiden ist, ob die in der Schlussrechnung aufgeführten Leistungen tatsächlich erbracht worden sind, die Schlussrechnung also auch richtig ist. Allein aus der Prüfbarkeit ergibt sich nicht, dass die Leistungen richtig abgerechnet sind. Dies ist in einem zweiten Schritt zu prüfen.

BGB-Vertrag

11 Ist die Geltung der VOB/B vertraglich nicht vereinbart, ist die Prüfbarkeit der Schlussrechnung nicht Fälligkeitsvoraussetzung. Die Vergütung wird gem. § 641 BGB mit Abnahme der Leistung fällig.

Nach der Rechtsprechung des Bundesgerichtshofs ist jedoch anerkannt, dass jedenfalls dann, wenn in einem BGB-Vertrag Abschlagszahlungen vereinbart werden, der Unternehmer seine Leistungen abrechnen muss. Bei Vereinbarung von Voraus- oder Abschlagszahlungen hat der Besteller ein berechtigtes Interesse daran, dass der Unternehmer die ihm ab Abnahme zustehende endgültige Vergütung unter Berücksichtigung der geleisteten Voraus- oder Abschlagszahlungen in einer endgültigen Rechnung abrechnet. Die Verpflichtung des Unternehmers, dem Besteller die genannten Rechnungen zu erteilen, folgt aus dem vorläufigen Charakter der Voraus- oder Abschlagszahlungen[8].

Dies bedeutet jedoch nicht, dass die Erteilung einer solchen Schlussrechnung Fälligkeitsvoraussetzungen des Vergütungsanspruchs im BGB-Vertrag ist. [9]

---

1 Ingenstau/Korbion-Locher, § 14 Nr. 1 VOB/B, Rn 9.
2 BGH, BauR 2004, 816 für Architektenvertrag; BauR 2004, 1937 für VOB-Werkvertrag.
3 BGH, BauR 2004, 816.
4 BGH, BauR 2004, 816.
5 BGH, BauR 2004, 816.
6 BGH, BauR 2004, 816.
7 BGH, BauR 2004, 816.
8 BGH, NJW 2002, 1567; BGH, BauR 1999, 635
9 andere Auffassung Kleine/Möller/Merl/Oelmaier, § 10 Rdn. 64

Dies soll jedoch nicht darüber hinwegtäuschen, dass auch beim BGB-Vertrag der Auftragnehmer vortrags- und beweisbelastet für seinen Anspruch im Streitfall ist. Eine nachvollziehbare, unter Beifügung eines Aufmasses erstellte Rechnung erleichtert deshalb die Durchsetzung der Vergütungsansprüche. Insbesondere bei Abdichtungsarbeiten, deren Umfang in der Regel im gerichtlichen Verfahren nur mittels eines neuen Aufmasses mit einer kompletten Freilegung der Abdichtungsmaßnahmen ermittelbar ist, muss größte Sorgfalt auf die Nachvollziehbarkeit der Abrechnung gelegt werden. Je detaillierter der Auftragnehmer seinen Leistungsumfang beschreiben kann, umso größer ist der Aufwand des Bestellers, Gegenargumente gegen die Vergütung des Auftragnehmers darzulegen.

11.7.2 Pauschalpreisvertrag

Der auf den ersten Blick hinsichtlich der Vergütung und Abrechnung einfach erscheinende Pauschalpreisvertrag führt in der Praxis immer wieder zu Unsicherheiten und Fehlvorstellungen hinsichtlich des Umfangs der Vergütung.

Wie bereits oben ausgeführt, wird in einem Pauschalpreisvertrag für einen bestimmten Leistungsumfang eine bestimmte Vergütungssumme vereinbart. Daraus folgt, dass bei einer genauer bestimmten Leistung ein bestimmter Vertragspreis als Vergütung geschuldet ist. Bei der Abrechnung entfällt somit die Notwendigkeit des Aufmasses.

Gewarnt werden muss jedoch vor der Auffassung, „ pauschal ist pauschal". Mit diesem Argument soll in der Praxis der Auftragnehmer in der Regel um Vergütungsansprüche hinsichtlich der zusätzlichen Leistungen, also Leistungen, die über die dem Pauschalpreis zu Grunde liegende Leistungsbeschreibung hinausgehen, gebracht werden.

Es lohnt sich also, auch bei einem Pauschalpreisvertrag die rechtlichen Hintergründe zu kennen.

Der Pauschalvertrag ist dadurch gekennzeichnet, dass für eine pauschal umschriebene und durch den vereinbarten Leistungserfolg definierte zusammengefasste Gesamtleistung im Voraus ein bezifferter Geldbetrag als Vergütung festgelegt wird.

Die Pauschalierung der Leistung bedeutet rechtlich und wirtschaftlich, dass die Höhe der vereinbarten Vergütung grundsätzlich unabhängig ist von den tatsächlich erbrachten Leistungen. Da sowohl die Leistung als auch die Vergütung im Vorhinein festgelegt sind, bedarf es einer detaillierten Abrechnung mittels eines Aufmaßes nicht mehr. 11

Beispiel

Die Wohnungseigentümergemeinschaft beauftragt den Auftragnehmer mit dem Einbringen einer Horizontalsperre mittels eines Injektageverfahrens. Nach einer Ortsbesichtigung schätzt der Auftragnehmer, dass der Umfang der Außenmauern 80 m beträgt. Für das Einbringen der einfachen Injektage vereinbart der Auftragnehmer einen Pauschalpreis in Höhe von 10.000 € netto.

Nach Abschluss und Abnahme der Arbeiten rechnet der Auftragnehmer wie folgt ab:

Einbringung einer Horizontalsperre pauschal 10.000,00 €

Zzgl. MwSt. 16 % 1.600,00 €

Summe: 11.600,00 €

Einer größeren Detailliertheit bedarf es für die Abrechnung nicht.

Wann und in welchem Umfang eine zusätzliche Vergütung oder Mehrvergütung verlangt werden kann, wird ausführlich in einem speziellen Kapitel behandelt.

11.7.3 Stundenlohnvertrag

Beim Stundenlohnvertrag vereinbaren die Vertragsparteien, dass die für die Herbeiführung des Erfolges notwendigen Arbeitsstunden mit einem Stundenlohn vergütet werden. Hier ist insbesondere darauf zu achten, dass tatsächlich noch ein Werkvertrag und nicht bereits ein Dienstvertrag vorliegt.

Bei Abdichtungsarbeiten dürften Stundenlohnverträge eher die Ausnahme sein. Hinzuweisen ist jedoch auf die Regelung des § 2 Nr. 10 VOB/B nach dem Stundenlohnarbeiten vor ihrer Ausführung dem Auftraggeber anzukündigen sind. Kommt vor der Ausführung der Arbeiten keine Vereinbarung über den Stundenlohn zustande und lässt sich eine solche Vereinbarung nach Durchführung der Arbeiten nicht mehr nachträglich herbeiführen, besteht kein Anspruch des Auftragnehmers auf Abrechnung nach den geleisteten Stunden. Der Auftraggeber schuldet dann unter Umstanden die sich aus § 2 Nr. 5 VOB/B ergebende Vergütung.

Ist eine Stundenlohnvereinbarung getroffen worden, regelt § 15 VOB/B das Procedere der Abrechnung. Über den geleisteten Aufwand inklusive der verbrauchten Materialien ist werktäglich oder wöchentlich mittels Stundenlohnzetteln abzurechnen. Der Auftraggeber hat die Stundenlohnzettel unverzüglich, spätestens jedoch innerhalb von sechs Werktagen nach Zugang an den Auftragnehmer zurückzureichen und in dieser Frist Einwendungen gegen die Abrechnung zu erheben. Lässt der Auftraggeber die Frist verstreichen, gelten die Stundenlohnzettel und die darauf ausgewiesenen Leistungen als von ihm anerkannt.

11.7.4 Selbstkostenerstattungsvertrag

Der Selbstkostenerstattungsvertrag ist dadurch gekennzeichnet, dass die tatsächlichen Selbstkosten des Auftragnehmers erfasst werden und zuzüglich eines Gewinns vergütet werden. Damit ist der Selbstkostenerstattungsvertrag dem Stundenlohnvertrag nicht unähnlich. Aufgrund der Schwierigkeiten in der praktischen Durchführung des Selbstkostenvertrages dürfte seine Anwendung eher die Ausnahme sein.

11.8 Nachträge

Grundsätzlich ist davon auszugehen, dass die Parteien für die zu erbringende Leistung eine Vergütung vereinbart haben. Problematisch sind die Fälle, in denen die ursprünglich vereinbarte Leistung sich anders darstellt, also während des Bauablaufs sich Änderungen, entweder durch den Bauherrn oder durch die Örtlichkeiten ergeben.

Grundsätzlich ist erst einmal die vertraglich geschuldete Leistung zu ermitteln. Im Kapitel „Die vereinbarte Leistung“ wurden die Grundsätze der Leistungsbeschreibung und der Leistungsermittlung eingehend erläutert. Daraus folgt, dass Vergütungsnachträge sich im Wesentlichen auf drei verschiedene Tatbestände stützen können, nämlich bei angeordneter Leistungsänderung, beauftragter zusätzlicher Leistungen oder auftragslos erbrachter geänderter oder zusätzlicher Leistungen.

11.8.1 Leistungsänderung im BGB-Vertrag

Das Werkvertragsrecht des BGB kennt grundsätzlich die Möglichkeit des Nachtrags, anders als die Regelung der VOB/B, nicht.

angeordnete Leistungsänderung

Einseitige Leistungsänderungen sind durch den Auftraggeber im BGB-Vertrag, abgesehen von sich aus Treu und Glauben (§ 242 BGB) ergebenden Anordnungsbefugnissen, nicht möglich. Die Änderungsbefugnis des Auftraggebers im BGB Vertrag nach Treu und Glauben ist auf absolute Ausnahmefälle beschränkt[1]

Um den ursprünglichen Leistungsumfang zu ändern, bedarf es also einer entsprechenden Einigung zwischen Auftraggeber und Auftragnehmer. Kommt eine solche Einigung zu Stande, vereinbaren die Parteien jedoch keinen gesonderten Preis, gilt § 632 BGB, sodass die ortsübliche Vergütung geschuldet ist.

beauftragte zusätzliche Leistungen

Auch die Verpflichtung des Auftragnehmers, zusätzliche Leistungen auszuführen, bedarf im BGB-Vertrag einer entsprechenden Vereinbarung. Einigen sich die Parteien, dass der Auftragnehmer eine zusätzliche Leistung ausführt, hat der Auftragnehmer gemäß § 631 Absatz 1 BGB einen Anspruch auf eine zusätzliche Vergütung. Auch in diesem Fall gilt, dass wenn eine Vergütungsvereinbarung nicht getroffen worden ist, die übliche Vergütung des § 632 BGB gilt.

Auftragslos erbrachte geänderte oder zusätzliche Leistungen

Erbringt der Auftragnehmer im BGB-Vertrag Leistungen, ohne dafür beauftragt worden zu sein, steht ihm nach den Regelungen des Werkvertragsrecht kein vertraglicher Vergütungsanspruch zu, wenn ihm der Auftraggeber diese Leistungen nicht als vertragliche genehmigt beziehungsweise anerkennt.

Genehmigt der Auftraggeber diese Leistungen nicht, hat der Auftragnehmer Ansprüche aus Geschäftsführung ohne Auftrag oder aus ungerechtfertigter Bereicherung.

Hierzu hat der BGH[2] ausgeführt:

Nach der gesetzlichen Regelung kann der Auftragnehmer bei auftragslos erbrachten Leistungen Ansprüche aus Geschäftsführung ohne Auftrag oder aus ungerechtfertigter Bereicherung haben. Solche Ansprüche bestehen jedenfalls in aller Regel dann, wenn die Leistungen zur ordnungsgemäßen Erfüllung des Vertrages notwendig waren. Von einer Anzeige der Leistungen hängen sie nicht ab. Nach § 681 Satz 1 BGB hat der Geschäftsführer die Übernahme der Geschäftsführung zwar auch anzuzeigen, sobald es tunlich ist. Geschieht dies nicht, entfällt ein Anspruch auf Aufwendungsersatz jedoch nicht.

Verzichten die Parteien auf die Vereinbarung der VOB/B ist beiden Parteien dringend anzuraten, bei Abweichungen vom Vertrag dies genau zu dokumentieren. Sollen zusätzliche oder geänderte Leistungen ausgeführt werden, müssen diese, genau wie der ursprüngliche Leistungsumfang, so genau wie möglich beschrieben werden und ein entsprechender Preis vereinbart werden.

11.8.2 Leistungsänderung im VOB-Vertrag

Die VOB/B enthält in den Regelungen der §§ 1 Nr. 3 und Nr. 4 VOB/B ausdrücklich die Möglichkeit des Auftraggebers, auch nach Vertragsschluss auf den Leistungsumfang Einfluss zu nehmen und diesen abzuändern. Mit den Regelungen der §§ 1 Nr. 3 und Nr. 4 VOB/B korrespondieren die Regelungen zur zusätzlichen Vergütung in den §§ 2 Nr. 5 und Nr. 6 VOB/B.

angeordnete Leistungsänderung, § 1 Nr. 3 VOB/B

Beim VOB-Vertrag bleibt es dem Auftraggeber nach § 1 Nr. 3 VOB/B vorbehalten, den Bauentwurf einseitig zu ändern. Zeitpunkt, Grund und Zweck der Änderung sind grundsätzlich unbeachtlich.[3]

---

1 BGH, BauR 1996, 378 m.w.N.
2 BGH, BauR 1991, 1663
3 Leinemann, Die Bezahlung, Rn. 78

Voraussetzung ist immer, dass tatsächlich eine Anordnung vorliegt.

Jedoch ist das Änderungsrecht des Auftraggebers nicht uneingeschränkt. Schon der Wortlaut des § 1 Nr. 3 VOB/B bezieht sich ausdrücklich auf den Bauentwurf. Zum Bauentwurf gehören alle die Leistungen, die der Auftraggeber inhaltlich nach dem vertraglichen Leistungssoll zu fordern berechtigt ist, also insbesondere die wörtliche Leistungsbeschreibung, Pläne oder Muster. Nicht notwendig muss der Bauentwurf mit dem Leistungssoll identisch sein. Nicht zum Bauentwurf gehören der zeitliche Ablauf, Vereinbarungen zur Abnahme, Gewährleistung oder Sicherheitsleistungen.

Ebenfalls nicht von § 1 Nr. 3 VOB/B ist das Recht, eine völlige Neuerstellung zu fordern, da der Wortlaut dem Auftraggeber nur das Recht der Änderung gibt. Teilweise können die Grenzen zwischen Änderung und Neuerstellung fließend sein.

Die Grenze der Anordnungsbefugnis liegt in der Billigkeit und damit dem Willkürverbot. Unverhältnismäßig wird insbesondere dann eine Anordnung des Auftraggebers sein, wenn der Betrieb des Auftragnehmers nicht auf die Erbringung dieser Leistungen eingerichtet ist.

Einer speziellen Form bedarf die Anordnung der Bauentwurfsänderung nicht. Aus Gründen der späteren Nachvollziehbar- und Beweisbarkeit empfiehlt es sich jedoch, sich die Anordnungen gegenzeichnen zu lassen und somit zu dokumentieren.

Bei einer rechtmäßigen Anordnung ist der Auftragnehmer verpflichtet, den Leistungserfolg aufgrund des geänderten Bauentwurfs zu erbringen. Ob dem Auftragnehmer für die geänderte Leistung auch eine zusätzliche Vergütung zusteht, ist keine Frage des § 1 Nr. 3 VOB/B, sondern richtet sich nach § 2 Nr. 5 VOB/B bzw. § 2 Nr. 7 Abs. 1 Nr. 4 VOB/B.

zusätzliche Leistungen, § 1 Nr. 4 VOB/B

Nach der Regelung des § 1 Nr. 4 VOB/B hat der Auftragnehmer auch nicht vereinbarte Leistungen auf Verlangen des Auftraggebers auszuführen, wenn diese zur Ausführung der vertraglichen Leistung erforderlich werden. Eine Verpflichtung, solche Leistungen nicht auszuführen besteht nur dann nicht, wenn der Betrieb des Auftragnehmers zur Erbringung der Leistungen nicht eingerichtet ist.

Das Recht des Auftraggebers ist an zwei Voraussetzungen geknüpft. Der Betrieb des Auftragnehmers muss auf die zusätzlichen Leistungen eingerichtet sein und die Leistungen müssen erforderlich sein, um den vertraglichen Zweck zu erfüllen. Das Anordnungsrecht des Auftraggebers entfällt somit, wenn der Auftragnehmer sachlich und fachlich nicht in der Lage ist, diese Leistung auszuführen. Darüber hinaus muss die zusätzliche Leistung in technischer Hinsicht für mangelfreie Erbringung der vertraglichen vereinbarten Leistung erforderlich sein.

Die rechtliche Einordnung der Anforderungen zu § 1 Nr. 3 oder § 1 Nr. 4 VOB/B hat lediglich akademischen Wert. In der Praxis werden die einzelnen Anordnungen nur schwer auseinander zu halten sein, da mit jeder Änderung des Bauentwurfs auch eine zusätzliche Leistung einhergeht.

Leistungsänderungen oder zusätzliche Leistungen ohne Anordnung des Auftraggebers

Nach § 2 Nr. 8 VOB/B sind Leistungen, die der Auftragnehmer ohne Auftrag erbringt oder eigenmächtig ausführt, nicht zu vergüten, ja auf Verlangen des Auftraggebers zurückzubauen. Dies gilt nur dann nicht, wenn der Auftraggeber diese Leistungen nachträglich anerkennt.

11.8.3 Vergütung für Leistungsänderungen

Führt der Auftragnehmer aufgrund der §§ 1 Nr. 3 oder Nr. 4 VOB/B geänderte oder zusätzliche Leistungen aus, stehen ihm unter den Voraussetzungen der §§ 2 Nr. 5 und 6 VOB/B sowie bei einem Pauschalpreisvertrag § 2 Nr. 7 VOB/B zusätzliche Vergütungsansprüche zur Seite.

Geänderte Leistungen, § 2 Nr. 5 VOB/B

Grundsätzlich korrespondiert § 2 Ziffer 5 VOB/B mit dem Anordnungsrecht des Auftraggebers nach § 1 Ziffer 3 VOB/B. Nach § 2 Ziffer 5 VOB/B ist bei einer Änderung des Bauentwurfs, die die Grundlagen des Preises für eine vertraglich vorgesehene Leistung ändert, ein neuer Preis unter Berücksichtigung der Mehr- oder Minderkosten zu vereinbaren, die vor Ausführung getroffen werden sollte. Geänderte Leistungen sind solche Leistungen, die nach dem Bauvertrag eigentlich hätten erbracht werden müssen, aber nun in abweichender Form zur Ausführung gelangen.

§ 2 Nr. 5 VOB/B stellt nicht auf die Änderungen der Bauleistung, sondern auf die Änderung der „Grundlagen des Preises für eine im Vertrag vorgesehene Leistung" ab, die durch eine „Änderung des Bauentwurfs oder anderer Anordnungen des Auftraggebers" verursacht wird.

Es ist daher immer zu ermitteln, ob eine Änderung der preislichen Grundlagen vorliegt. Das Abstellen auf die Preisgrundlagen ermöglicht es dem Auftragnehmer auch, bei Vorliegen einer Änderung des Bauentwurfs nicht nur die bei den konkret betroffenen Positionen entstehenden Mehrkosten zu berechnen, sondern auch eventuelle Folgekosten, die sich daraus für andere, von der Änderung betroffene Bauleistungen ergeben, wie beispielsweise Baustellengemeinkosten, Transportkosten etc.[1]

Abgrenzung § 2 Nr. 5 zu § 2 Nr. 6

Bisweilen bereitet die Abgrenzung geänderter Preisgrundlagen nach § 2 Nr. 5 VOB/B zu den zusätzlichen Leistungen nach § 2 Nr. 6 VOB/B Schwierigkeiten. Die Probleme sind bereits zur Abgrenzung von § 1 Nr. 3 und § 1 Nr. 4 VOB/B aufgezeigt worden.

Weil die Reglung des § 2 Nr. 5 VOB/B mit der des § 1 Nr. 3 VOB/B korrespondiert, kann bei § 2 Nr. 5 VOB/B nur eine Änderung der Leistungen in Betracht kommen, die bereits Vertragsgegenstand waren. Wenn auch teilweise in abgewandelter Form. Nach § 2 Nr. 6 VOB/B sind auf jeden Fall die Leistungen zu vergüten, die im ursprünglichen Vertrag nicht angelegt waren.

Wird beispielsweise eine ursprünglich zu verputzende Außenwand auf Wunsch des Bauherrn mit einer Klinkerverblendung versehen, so liegt darin eine Änderung im Sinne von § 2 Nr. 5 VOB/B; ebenso handelt es sich um Änderungseingriffe, wenn die ursprünglich mit Abdichtungsbahnen zu erbringende Abdichtung nunmehr mit einer Bitumendickbeschichtung ausgeführt werden soll.

11

Zusätzliche Leistungen liegen hingegen vor, wenn beim Wiederverfüllen des Aushubs gleichzeitig der Mutterboden ausgetauscht werden soll. Ebenso sind Mehrstärken beispielsweise beim Putzauftrag als zusätzliche Leistungen anzusehen.

Die Abgrenzung zu § 2 Nr. 6 VOB/B und der hier grundsätzlich erforderlichen Anmeldung von Mehrkosten vor der Ausführung ist zwischenzeitlich allenfalls noch im Sinne einer Obliegenheitsverletzung des Auftragnehmers relevant[2]. Nach der zitierten Entscheidung des BGH ist die eigentlich notwendige Ankündigung entbehrlich, wenn sie im konkreten Fall für den Schutz des Auftraggebers entbehrlich und damit ohne Funktion ist. Trotz dieser Entscheidung sollten die Auftragnehmer zusätzliche Vergütungsansprüche grundsätzlich anmelden, um spätere Streitigkeiten zu vermeiden. Insbesondere wenn Privatpersonen oder Nicht-Bauunternehmen Auftraggeber sind, besteht die Gefahr, dass gerade nicht von der Schutzfunktion der Ankündigung abgesehen werden kann.

Änderung des Bauentwurfs oder andere Anordnung

Eine geänderte Leistung kann Art und Umfang des herzustellenden Bauwerkes, Ort und Zeit der Ausführung und auch die Art und Weise der Leistungserbringung betreffen[3].

---

1 Ingenstau/Korbion-Keldungs, § 2 Nr. 5 VOB/B, Rn.5; Siehe auch Leinemann-Schoofs, § 2 VOB/B, Rn. 92.

2 BGH, BauR 1996, 542, 543

3 BGH, NJW 1968, 1234, 1235; BGH, NJW RR 1986, 1149; Kleine-Möller/Merl/Oelmaier, § 10, Rn. 455.

Hier gilt das zu § 1 Nr. 3 VOB/B Gesagte.

Voraussetzung eines Vergütungsanspruches nach § 2 Nr. 5 VOB/B ist zwingend, dass eine Anordnung des Auftraggebers vorliegt. Voraussetzung für eine Anordnung ist stets, dass der Auftraggeber oder sein Bevollmächtigter, z.B. der Architekt, Kenntnis von den geänderten Umständen hat[1]. Ist dies der Fall, muss die Anordnung weder schriftlich noch ausdrücklich erklärt werden. Es kommt auch die stillschweigende Anordnung in Frage, z.B. dann, wenn der Auftraggeber eine geänderte Ausführungsplanung übergibt.[2]

Es ist jedoch darauf hinzuweisen, dass nicht jede Übergabe von Plänen automatisch eine Anordnung im Sinne von § 1 Nr. 3 VOB/B darstellt. Eine Anordnung muss grundsätzlich vom Willen des Auftraggebers getragen sein. Ohne eine besondere Vollmacht ist der Architekt nicht bevollmächtigt, Änderungen des Bauentwurfs gegenüber den Auftragnehmern anzuordnen. Ordnet der Architekt ohne den Willen des Auftraggebers eine Änderung an, führt dies nicht zu einem Vergütungsanspruch, weil es an dem Merkmal „Anordnung" fehlt.

Wer oder was die Änderung veranlasst hat, ist grundsätzlich irrelevant; hat ein Auftragnehmer beispielsweise Bedenken nach § 4 Nr. 3 VOB/B angemeldet und ändert der Auftraggeber daraufhin den Bauentwurf, um den Bedenken des Auftragnehmers Rechnung zu tragen, liegt dennoch eine Änderung nach § 2 Nr. 5 VOB/B vor[3].

Ein Vergütungsanspruch besteht dann nach § 2 Nr. 5 VOB/B nicht, wenn der Auftragnehmer eigenmächtig aus seiner Sicht notwendige Änderungen am Bauentwurf vornimmt. In einem solchen Fall ist er darauf angewiesen, dass der Auftraggeber die Leistung anerkennt.

Beispiel:

Die Vertragsparteien vereinbaren eine Abdichtung eines Kellers gegen nichtdrückendes Wasser. Im Rahmen der begonnenen Ausschachtungsarbeiten wird bekannt, dass der Lastfall drückendes Wasser vorliegt. Ändert der Auftragnehmer nunmehr die Art und Weise der Ausführungsart auf eine Abdichtung gegen drückendes Wasser, erstellt er zwar ein mangelfreies Werk. Eine zusätzliche Vergütung für die Mehrkosten kann er vorbehaltlich des Anerkenntnisses des Auftraggebers jedoch nicht verlangen. Tatsächlich muss er den Auftraggeber darauf hinweisen (§ 4 Nr. 3 VOB/B), dass ein anderer Lastfall vorliegt. Der Auftraggeber muss dann entscheiden, wie er weiter verfährt und welche Anordnungen er trifft. Nötigenfalls muss er eine Behinderungsanzeige dem Auftraggeber übersenden, wenn dieser keine Entscheidung trifft.

Problematisch ist, ob auch bei Bauzeitverlängerung ein Anspruch aus § 2 Nr. 5 VOB/B besteht. Eine Änderung des Bauentwurfs im Sinne des § 1 Nr. 3 VOB/B liegt nicht vor, da der Bauablauf, wie oben bereits ausgeführt, nicht zum Bauentwurf zu zählen ist.

Die herrschende Auffassung in der Rechtsprechung beruft sich auf das Tatbestandsmerkmal der „anderen Anordnung" in § 2 Nr. 5 VOB/B, welches grundsätzlich weit auszulegen sei. Betroffen seien **Art und Weise der Bauausführung** und die **Bauzeit** [4].

Der Preisanpassungsanspruch

Ist festzustellen, dass eine Änderung des Bauentwurfs oder eine andere Anordnung im Sinne von § 2 Nr. 5 VOB/B vorliegt, so sind die Vertragsparteien verpflichtet, unter Berücksichtigung der Mehr- oder Minderkosten einen neuen Preis zu vereinbaren. Der neue Preis gilt dann für alle Leistungen die unmittelbar und mittelbar von der Leistungsänderung betroffen sind.

Für die Bestimmung des neuen Preises ist kalkulatorischer Ausgangspunkt die bei Vertragsabschluss vorgesehene Leistung und die entsprechenden Kosten. Daraus folgt aber auch, dass der

---

1 OLG Düsseldorf, BauR 1991, 774
2 Leinemann-Schoofs, § 2, Rn. 94
3 Ingenstau/Korbion, a.a.O.
4 OLG Düsseldorf, BauR 1996, 115, 116: OLG Frankfurt, BauR 1997, 523

Auftragnehmer verpflichtet ist, seine Urkalkulation offen zu legen und diese zu dem neuen Preis in Relation setzt.[1] Hierbei ist nicht ausschlaggebend, ob es sich bei der Urkalkulation um eine für den Auftragnehmer günstige oder ungünstige Kalkulation gehandelt hat. Im Rahmen der Preisermittlung des § 2 Nr. 5 VOB/B kann eine Korrektur der Urkalkulation nicht erfolgen.

Die Mehr- und Minderkosten sind dann im Wege einer Vergleichsrechnung zu ermitteln. Maßgebend ist der geänderte Aufwand, d.h. der Aufwand für Personal, Geräte und Material. Die Deckungsbeiträge für Baustellengemeinkosten, Allgemeine Geschäftskosten und Wagnis und Gewinn müssen dem Auftragnehmer erhalten bleiben.

Problematisch sind die Fälle, in denen sich der Auftragnehmer zur Erbringung der ursprünglichen Leistungen eines Nachunternehmers bedient hat. In diesem Fall kann er nicht auf seine eigene Urkalkulation zurückgreifen, sondern der Preisanpassung muss (auch) die Preiskalkulation des Nachunternehmers zugrundegelegt werden. In der Regel wird der Auftragnehmer jedoch die Kalkulation des Nachunternehmers nicht kennen. Es wäre also letztlich vom AN sogar auf ein allgemeines Kostenermittlungssystem zur Ermittlung der ursprünglichen Kalkulation zurückzugreifen und diese fortzuschreiben[2]. Es genügt nicht, lediglich die Nachunternehmerangebote vorzulegen.

Zu beachten ist ferner, dass auch Nachlässe, die der ursprünglichen Preisabrede zugrunde liegen auch den Preis nach § 2 Nr. 5 VOB/B beeinflussen und deshalb bei der Preisanpassung abzuziehen sind. [3] Das sieht auch der BGH jedenfalls dann so, wenn es im Vertrag heißt, dass ein Nachlass auf alle Einheitspreise zu gewähren sei.[4]

Nach dem Wortlaut des § 2 Nr. 5 VOB/B muss die Preisanpassung durch eine der Vertragsparteien verlangt werden. Die Preisanpassung erfolgt auch nicht automatisch, sondern kann von einem der Vertragspartner verlangt werden. Kommt eine Einigung nicht zustande oder beteiligt sich ein Vertragspartner nicht an einer Preisfindung, steht dem anderen Vertragspartner ein klagbarer Anspruch auf die Preisänderung zu.

Können sich die Parteien nicht einigen, entscheidet im Zweifel das Gericht, wobei regelmäßig ein Sachverständigengutachten wegen der Preisermittlung eingeholt werden muss.

Ein Ankündigungserfordernis des Anspruchs auf geänderte Vergütung besteht nicht. Auch muss die Preisanpassung nicht zwingend vor der Ausführung der Leistungen vereinbart werden, da nach § 2 Nr. 5 VOB/B dies nur vor Ausführung erfolgen „soll“. Die Vereinbarung vor Beginn der Arbeiten ist deshalb nicht Anspruchsvoraussetzung[5]. 11

Leistungsverweigerungsrecht

Es ist hoch umstritten, ob bei einer fehlenden Einigung über die Preisanpassung dem Auftragnehmer ein Leistungsverweigerungsrecht zusteht.

Nach einer neueren Entscheidung des BGH[6] ist der Auftragnehmer jedenfalls dann berechtigt, die Leistungserbringung zu verweigern, wenn die Vergütung der nach § 1 Nr. 4 VOB/B angeordneten Leistungen endgültig verweigert worden ist. Hinzuweisen ist jedoch auch deutlich darauf, dass das Leistungsverweigerungsrecht lediglich als letzte Möglichkeit herangezogen werden darf, da sich der Auftragnehmer sonst einer Kündigung des Vertrags aussetzt, wenn er unberechtigt die Leistung verweigert.

---

1 OLG Saarbrücken, BauR 2001, 297
2 K/M-Kapellmann, § 2 VOB/B, Rdn. 227
3 OLG Hamm, BauR 1995, 564, 565; OLG Düsseldorf, BauR 1993, 474, 480; Leinemann-Schoofs, § 2 Rdn. 101; a. A. Kapellmann, NZBau 2000, 59; Ing/Ko-Keldungs, § 2 Nr. 5 Rdn. 29; G/J/M-Jagenburg, § 2 Nr. 5 VOB/B Rdn. 107
4 BGH, BauR 2003, 1892
5 BGH, NJW-RR 1991, 534, 535; BGH NJW-RR 1986, 1149
6 BGH, BauR 2004, 1613

Ob und wann ein Leistungsverweigerungsrecht auch dann besteht, wenn noch nicht endgültig abgelehnt ist, ist höchst umstritten. Die Darstellung würde diesen Rahmen sprengen.

Dem Auftragnehmer kann derzeit bei einer bloßen Nichteinigung nicht zur Leistungsverweigerung geraten werden. In der Praxis ist jedoch zu beobachten, dass Auftragnehmer schon deshalb kaum einmal Leistungen verweigern dürfen, weil die Kalkulationsgrundlagen der Nachtragsvergütung nicht offen gelegt werden. Beruft sich ein Auftragnehmer jedoch zu Unrecht auf ein Leistungsverweigerungsrecht, ist wiederum der Auftraggeber seinerseits berechtigt, den Vertrag aus wichtigem Grund zu kündigen! Schon aus diesem Grund sollte ein Auftragnehmer im Zweifel rechtlichen Rat einholen.

Vergütung für zusätzliche Leistungen (§ 2 Nr. 6 VOB/B)

Verlangt der Auftraggeber zusätzliche Leistungen im Sinne des § 1 Nr. 4 VOB/B können Vergütungsansprüche nach § 2 Nr. 6 VOB/B entstehen.

Verlangen zusätzlicher Leistungen

Voraussetzung ist demnach, dass der Auftraggeber zusätzliche Leistungen, also Leistungen, die nicht in dem Vertragsumfang vorgesehen waren, vom Auftragnehmer verlangt.

In diesem Zusammenhang ist darauf hinzuweisen, dass der Auftragnehmer sicherstellen sollte, dass der auf der Baustelle als Vertreter des Bauherrn Auftretende, auch bevollmächtigt ist, derartige zusätzliche Leistungen anzuordnen. Häufig wird dies der Architekt sein. Hierbei ist darauf hinzuweisen, dass die übliche Architektenvollmacht nach überwiegender Auffassung die Berechtigung, den Vertrag des Auftragnehmers im Namen des Auftraggebers abzuändern, nicht umfasst. Der Architekt bedarf deshalb einer besonderen Vollmacht.

Ankündigungspflicht

Zum Schutz des Auftraggebers regelt § 2 Nr. 6 Abs. 1 Satz 2 VOB/B, dass der Auftraggeber seinen Anspruch auf besondere Vergütung dem Auftraggeber ankündigen muss, *bevor* er mit der Ausführung der Leistung beginnt. Damit soll der Auftraggeber vor nicht richtig eingeschätzten Folgen der gewünschten Zusatzleistung geschützt werden[1].

Es wurde bereits ausgeführt, dass das früher von der Rechtsprechung streng angewandte Ankündigungserfordernis durch die Rechtsprechung des BGH aufgeweicht worden ist. Jedenfalls dann, wenn der Auftraggeber des Schutzes der Ankündigung im Sinne des § 2 Nr. 6 VOB/B nicht bedarf, kann auf dieses Erfordernis verzichtet werden. Nunmehr hat auch das OLG Düsseldorf[2] entschieden, dass jedenfalls die Ankündigungspflicht dann entfällt, wenn der Auftraggeber vernünftiger Weise nicht davon ausgehen kann, dass für die zusätzlichen Leistungen keinerlei Vergütung geschuldet wird.

Trotz der sich in der Rechtsprechung abzeichnenden Tendenz, sollte der Auftragnehmer grundsätzlich den Vergütungsanspruch vor der Ausführung ankündigen, um in einem späteren Vergütungsprozess unmittelbar die Anspruchsvoraussetzungen darlegen zu können und sich nicht auf Hilfskonstruktionen zurückziehen muss.

Vergütungsberechnung

Die Vergütung bestimmt sich nach den Grundlagen über die Preisermittlung für die vertraglichen Leistungen und den für die besondere Leistung anfallenden besonderen Kosten. Wie bei § 2 Nr. 5 VOB/B sind die ursprünglichen Kostenfaktoren fortzuschreiben, sofern sie fortwirken.

Im Übrigen sind dieselben Grundsätze wie bei § 2 Nr. 5 VOB/B anzuwenden.

---

[1] BGH, BB 1961, 989.

[2] OLG Düsseldorf, BauR 2005, 438

Leistungsverweigerungsrecht

Auch hier wird man daher wiederum auf das Verhalten des Auftraggebers abstellen müssen, um im Wege einer Abwägung zu einer Beantwortung der Frage zu gelangen, ob eine Leistungsverweigerung des Auftragnehmers gerechtfertigt sein kann oder nicht. Vereitelt der Auftraggeber eine mögliche Einigung oder verschließt sich sämtlichen Versuchen, wird man auch hier zu einem Leistungsverweigerungsrecht des Auftragnehmers – zweckmäßigerweise nach vorheriger Nachfristsetzung – kommen müssen.

Keinesfalls besteht ein Leistungsverweigerungsrecht, wenn der Auftragnehmer die Kalkulationsgrundlagen nicht offenlegt bzw. keine Prüfungszeit gewährt.

Eine Leistungsverweigerung kann dem Auftragnehmer deshalb nur in Ausnahmefällen und nur bei endgültiger Verweigerung der zusätzlichen Vergütung durch den Auftraggeber geraten werden.

11.8.4 Massenabweichungen, § 2 Nr. 3 VOB/B

Unabhängig von einer Anordnung des Auftraggebers hat der Auftragnehmer nach § 2 Nr. 3 VOB/B unter Umständen einen Anspruch auf Anpassung der Einheitspreise, wenn der vertragliche Mengenansatz um mehr als 10 % überschritten wird.

Grundsätzlich ist festzuhalten, dass § 2 Nr. 3 VOB/B nur im Einheitspreisvertrag und nicht im Pauschalpreisvertrag gilt, wie sich bereits aus der Verweisung des § 2 Nr. 7 Abs. 1 Satz 4 VOB/B zeigt.

§ 2 Nr. 3 Abs. 2 VOB/B ist nur in den Fällen anwendbar, in denen die Vordersätze des Leistungsverzeichnisses falsch sind. Nicht angewandt werden kann § 2 Nr. 3 VOB/B bei Massenänderungen aufgrund Planveränderungen.

Überschreiten die ausgeführten Mengen den vertraglich vereinbarten Umfang um mehr als 10 %, so ist für den Teil der Leistung, der über die 10 % hinausgeht, ein neuer Preis zu vereinbaren.

Beispiel

Die Parteien vereinbaren die Durchführung von Abdichtarbeiten. Hierbei gehen sie davon aus, dass bei Ausschachtarbeiten 100 qm Bodenaushub beseitigt werden müssen. Es stellt sich heraus, dass zur Durchführung der Arbeiten jedoch 120 qm Bodenaushub notwendig sind. Für 10 qm ist ein neuer Preis unter Berücksichtigung der Gemeinkosten, die sich im Ergebnis nicht ändern werden, zu vereinbaren.

Bei Mengenunterschreitungen gilt § 2 Nr. 3 Abs. 3 VOB/B. Auch hier kann auf Verlangen ein neuer Preis zu vereinbaren sein, jedoch nur soweit der Auftragnehmer nicht durch Erhöhung der Mengen in anderen Positionen einen Ausgleich erhält.

Will der Auftragnehmer einen höheren Preis bei Mengenunterschreitungen geltend machen, muss er wiederum sein Urkalkulation offen legen.[1]

11.8.5 Änderungen bei Pauschalpreisvertrag

Ausgangspunkt

Der Pauschalpreis kann nach der Maßgabe des § 2 Nr. 7 VOB/B Änderungen erfahren.

Als Grundregel kann zunächst einmal festgehalten werden, dass die Pauschalierung grundsätzlich nur das Massenrisiko erfasst, d.h. das Risiko, dass die angegebenen Mengen sich – ohne dass nachträgliche Eingriffe des Auftraggebers vorliegen – nicht als zutreffend erweisen.

---

[1] OLG Schleswig, BauR 1996, 265

Preisanpassungsmöglichkeiten ergeben sich aus § 2 Nr. 7 VOB/B.

§ 2 Nr. 7 Abs. 1 Satz 4 VOB/B gibt die maßgebende Richtung an, dass nämlich die Regelungen des § 2 Nr. 4 – 6 VOB/B unberührt bleiben, d. h. der Auftragnehmer hat uneingeschränkt Ansprüche bei Teilkündigungen, Änderungen und zusätzlichen Leistungen. Deshalb bleibt auch kein Raum, eine Erheblichkeitsschwelle für die Annahme einer Preisänderung zu verlangen. Dieser Rechtsprechung vereinzelter Oberlandesgerichte ist der Bundesgerichtshof ausdrücklich entgegengetreten. [1]

Aber: Immer wenn der Auftragnehmer gewisse Kalkulationsrisiken bei Vertragsschluss übernimmt, wird er naturgemäß weniger geschützt, z.B. wenn er ohne Vorliegen eines Bodengutachtens die „Abdichtung des Gebäudes XY straße 25“ übernimmt..

Anders kann dies sein, wenn bestimmte Mengenangaben aufgrund falscher Ermittlungen des Auftraggebers erfolgen.

Z.B. werden im Rahmen der Wasserhaltung aufgrund eines falschen Bodengutachtens zu niedrige Wassermengen angenommen. Für Leistungen über die im Vertrag angenommenen Wassermengen hinaus beansprucht der Auftragnehmer eine zusätzliche Vergütung.

In dem zuletzt genannten Fall soll es einen Anspruch auf Mehrvergütung im Hinblick auf das Tatbestandsmerkmal „vertraglich vorgesehene Leistung“ geben[2], da es sich entweder um eine Zusatzleistung handeln soll oder eine Vertragsänderung. Im Ergebnis ist dem wohl zuzustimmen, allerdings ist Vorsicht geboten, weil die Rechtsprechung in derartigen Fällen durchaus zurückhaltend ist und eine nachträgliche Anordnung des Auftraggebers jedenfalls nicht vorliegt.

Im Übrigen werden Mengenänderungen in der Regel auf einen Fehler in der Ausschreibung zurückzuführen sein, sodass dann auch wieder an einen entsprechenden Ausgleich im Rahmen eines Schadenersatzanspruchs zu denken sein könnte.

Vertragsänderungen nach § 2 Ziffer 5 VOB/B

Änderung

Grundproblem bei derartigen Ansprüchen ist oftmals die Beurteilung, ob eine Änderung überhaupt vorliegt oder die Leistung nicht bereits vom Vertrag umfasst ist.

Hier wird nun die bereits im Rahmen des Leistungsumfangs erläuterte Frage der Detailliertheit der Leistungsbeschreibung relevant.

Liegt dem Vertragsschluss eine vollständige und detaillierte Leistungsbeschreibung bzw. eine solche, die sich einen solchen Anschein gibt, zugrunde, sind nur die in den Vertragsunterlagen genannten Leistungen von der Pauschalvergütung umfasst.

Jede noch so kleine Änderung gibt dem Auftragnehmer das Recht, eine zusätzliche oder jedenfalls andere Vergütung zu verlangen.

Problematisch sind die Fälle, in denen der geschuldete Leistungsumfang gerade nicht detailliert beschrieben ist. Hier ist es wesentlich schwieriger, den Leistungsumfang zu bestimmen.

Festzuhalten bleibt jedoch, dass der gebräuchliche Satz „pauschal ist pauschal“ schlicht falsch ist. Vielmehr ist bei einem Pauschalpreisvertrag für eine fest umrissene Leistung ein konkreter Gesamtpreis vereinbart. Ändert sich die umrissene Leistung, ist dies auch bei der Vergütung zu berücksichtigen.

---

[1] BGH, ZfBR 2003, 31 bei Abweichung von 2,48 %; Leinemann-Schoofs, § 2 Rdn. 99; a. A. noch BGH, BauR 1972, 118, 119 zu einer alten Fassung der VOB/B (nämlich ohne § 2 Ziffer 7 Abs. 1 Satz 4); a. A. auch der X. Zivilsenat BauR 2002, 787, 790

[2] so jedenfalls Kapellmann/Schiffers, Band 2, Rdnr. 311 ff.

Berechnung der Mehrvergütung

Wenn es sich bei den Leistungen um eine echte Leistungmehrung gegenüber der ursprünglichen Leistung des Hauptvertrags handelt, ist die alte Hauptvertragleistung nach Maßgabe der Pauschale und die Mehrleistung zu Einheitspreisen nach den Regeln des § 2 Nr. 4 – 6 VOB/B abzurechnen.[1] Der Auftragnehmer ist nicht verpflichtet, auch die Mehrleistung nach Maßgabe der alten Pauschale zu berechnen.

Wenn in der Eingriff des Auftraggebers in den Vertrag zu Minderleistungen führt, wird der verbleibende Teil der Leistungen, in der noch zur Ausführung gelangt, zu Einheitspreisen abzurechnen sein. Eine Berechnung erfolgt analog zu den Vorschriften bei gekündigtem Pauschalpreisvertrag.

Zusätzliche Leistungen nach § 2 Ziffer 6 VOB/B

Die Bestimmung, ob eine zusätzliche Leistung vorliegt, bereitet die gleichen Schwierigkeiten wie bei § 2 Ziffer 5 VOB/B.

Je detaillierter die Leistungsbeschreibung, desto einfacher ist die Bestimmung, ob eine zusätzliche Leistung vorliegt. Ist das Leistungsverzeichnis detailliert und umfassend, wird die Frage in der Regel ebenso zu beantworten sein wie beim Einheitspreisvertrag.

Soweit einige Stimmen in Literatur und Rechtsprechung (basierend auf einer älteren Fassung der VOB und des Fehlens der Regelung des § 2 Ziff. 7 Abs. 1 Satz 4 VOB/B) für beide Nachtragsmöglichkeiten das Erfordernis eines erheblichen Eingriffs in die Preisgrundlage verlangen, ist dies bereits vom Wortlaut der Regelung nicht zutreffend.[2] Liegt ein detailliertes Leistungsverzeichnis vor, ist der Leistungsumfang eindeutig begrenzt.

Jede noch so geringe Mehrleistung hat der Auftragnehmer jedenfalls nicht umsonst versprochen.

Auch durch sogenannte Vollständigkeitsklauseln („mit der Vergütung sind alle Leistungen abgegolten, die zur kompletten Leistung erforderlich sind") wird der Auftraggeber jedenfalls bei einem Detailpauschalvertrag um die Vergütungspflicht nicht herumkommen. Derlei Klauseln werden üblicherweise für unwirksam gehalten, § 9 AGBG bzw. § 307 BGB, da der Auftraggeber mit dem Leistungsverzeichnis seiner Planungspflicht nachkomme und das Risiko einer falschen Planung nicht im Nachgang abwälzen kann.[3] 11

Massenänderungen bei einem VOB-Pauschalvertrag

Es wurde bereits beim Einheitspreisvertrag festgestellt, dass § 2 Nr. 3 VOB/B nur in diesem und nicht auch im Pauschalpreisvertrag angewandt werden kann.

Allerdings sieht § 2 Nr. 7 Abs. 1 Satz 2 VOB/B eine Änderungsmöglichkeit auch des Pauschalpreises vor, wenn die ausgeführte Leistung von der vertraglich vorgesehenen Leistung so erheblich abweicht, dass ein Festhalten an der Pauschalsumme nicht zumutbar ist und verweist insoweit auf die Vorschrift des § 242 BGB (Treu und Glauben).

Dabei ist zunächst darauf hinzuweisen, dass auch hier nur Leistungsabweichungen bei gleichbleibendem Vertragsinhalt gemeint sind, d.h. für nach Vertragsschluss eintretende Leistungsänderungen nach § 2 Nr. 5 VOB/B bzw. zusätzliche Leistungsanforderungen nach § 2 Nr. 6 VOB/B gilt diese Regel nicht. Diese sind vielmehr grundsätzlich gesondert zu vergüten.

Grundsätzlich bleiben also auch bei einzelnen Positionen Mengenmehrungen über 10 % unberücksichtigt, was im Grundsatz auch für Minderungen gilt. Das ist das für beide Parteien beste-

---

[1] Leinemann-Schliemann, § 2 Rn. 307

[2] so jetzt eindeutig BGH, ZfBR 2003, 31 = BauR 2003, 1892 bei Abweichung von 2,48 %; Leinemann-Schoofs, § 2 Rdn. 99; a. A. Ing/Ko-Keldungs, § 2 Nr. 7 VOB/B, Rdn. 15

[3] OLG Koblenz, BauR 97, 143

hende Pauschalierungsrisiko. Für eine Preisänderung muss insgesamt eine Zumutbarkeitsgrenze überschritten werden!

Jedoch kann daraus nicht geschlussfolgert werden, dass bei Vorliegen bestimmter fester Prozentsätze zwingend eine Anpassung des Preises erfolgen müsste.[1] Solche Vorgaben ergeben sich weder aus der VOB/B noch aus anderen Vorschriften.

Feste Prozentsätze können maximal als Merkgrößen gelten, bei deren Vorliegen in eine tiefere Prüfung eines zusätzlichen Vergütungsanspruchs eingestiegen werden kann. Die unterste Grenze, ab welcher überhaupt eine Anpassung in Betracht kommt, dürfte bei 20 – 25 % des Auftragsumfangs, nicht einzelner Positionen, anzusiedeln sein.[2] Manche wollen erst ab 25 % einen Ausgleich gewähren.[3] Hier gibt es eine Fülle von Entscheidungen, sodass ein fester Wert nicht angenommen werden kann.

Wird jedoch – wie man auch immer Grenzen festlegen mag – die Zumutbarkeitsgrenze überschritten, stellt sich die Frage, ob bei einer Preisanpassung lediglich die übersteigenden Prozentsätze zu verändern sind, oder die gesamte Position.

Der BGH[4] führt hierzu aus:

„Bei einer etwaigen Preisbildung wird zu beachten sein, dass die Parteien das Risiko von 5 % Mehr- und Mindermassen jeweils übernommen haben. Ein neuer Preis darf diese Risikoverteilung nicht abändern. Mindermassen finden bei der Bildung des neuen Preises deshalb nur insoweit Berücksichtigung, als sie 5 % der geschätzten Massen überschreiten."

Der BGH hatte hierbei im Übrigen eine Regelung zu entscheiden, die so ausgelegt wurde, dass auch eine positionsweise Abweichung von mehr als 5 % auszugleichen war. Es ist den Parteien also unbenommen, selbst die Grenzen festzulegen, bei denen eine Zumutbarkeitsgrenze überschritten ist. Sieht man hiervon ab, scheint jedoch der BGH einen Ausgleich nur für die Abweichungen jenseits der Erheblichkeitsschwelle vornehmen zu wollen.

Unterschiedlich behandelt wird auch die Frage, ob bereits deutliche Mehraufwendungen bei einer einzelnen Position oder aber – insofern ohne Kompensation – nur eine Gesamtmehrbelastung zu Preisanpassungen führt[5].

11.9 Die Durchführung des Bauvertrags bis zur Abnahme

Schon während des Bauablaufs können Probleme auftreten, die einer Regelung bedürfen. So können bereits vor Bauabnahme Mängel am Bauwerk erkennbar werden und es stellt sich sodann die Frage, welche Rechte der Auftraggeber in diesem Falle hat.

Weiterhin ist das Werkvertragsrecht von der Vorleistungspflicht des Auftragnehmers geprägt. Gerade bei größeren Bauvorhaben ist es deshalb wirtschaftlich zwingend erforderlich, dass bereits vor Abnahme der Leistungen Zahlungen durch den Auftraggeber geleistet werden. Nur so ist der Auftragnehmer in der Lage, Material zu bestellen, Mitarbeiter zu entlohnen und Subunternehmer zu beauftragen.

---

1 BGH, BauR 1996, 250, 251

2 OLG Düsseldorf, BauR 1995, 286; OLG Stuttgart, BauR 1992, 639; OLG Schleswig, BauR 2000, 1201 über 10 %

3 OLG Zweibrücken, BauR 1995, 2521; Werner/Pastor, Rdn. 1203; H/R/R, § 2 VOB/B, Rdn. 150

4 BauR 2004, 82, linke Spalte

5 Vgl. bspw. Brandenburgisches OLG BauR 2001, 1915, 1916 sowie OLG Zweibrücken BauR 1989, 746, 747, die bei einem Mehraufwand nur im Rahmen einzelner Positionen einen Anspruch auf Preisanpassung zubilligen, wohingegen in der Literatur zumeist eine Gesamtmehrbelastung für erforderlich gehalten wird, vgl. Ingenstau/Korbion-Keldungs, § 2 Nr. 7 VOB/B, Rn. 24; Leinemann-Schliemann, § 2, Rdn. 314.

11.9.1 Mängel vor Abnahme

Grundsätzlich schuldet der Auftragnehmer die Herstellung eines mangelfreien Werks. Erfolgt dies nicht, so hat der Auftraggeber einen Erfüllungsanspruch, welcher sich in Form eines Mangelbeseitigungsanspruchs gegen den Auftragnehmer ausdrückt. Alle Mängelbeseitigungsansprüche vor Abnahme regelt in einem VOB-Vertrag § 4 Nr. 7 VOB/B.

§ 4 Nr. 7 Satz 1 VOB/B

Nach der Vorschrift des § 4 Nr. 7 VOB/B hat der Auftragnehmer bereits vor Abnahme erkannte Mängel auf eigene Kosten durch mangelfreie Leistungen zu ersetzen. Entsteht durch die Mangelhaftigkeit oder Vertragswidrigkeit des Werks ein Schaden, so hat der Auftragnehmer diesen ebenfalls zu ersetzen. Kommt der Auftragnehmer seiner Pflicht zur Beseitigung des Mangels nicht nach, so kann ihm der Auftraggeber eine angemessene Frist zur Beseitigung des Mangels setzen und androhen, bei fruchtlosem Ablauf der Frist den Auftrag zu entziehen.

Voraussetzung für den Anspruch nach § 4 Nr. 7 VOB/B ist eine mangelhafte oder vertragswidrige Leistung des Auftragnehmers. Für die Frage der Mangelhaftigkeit gelten die allgemeinen Regeln. Grundsätzlich hat der Auftragnehmer vor Abnahme zu beweisen, dass sein Werk mangelfrei ist. Die Mangelbeseitigungspflicht des Auftragnehmers besteht, sobald er die fehlende Vertragsgemäßheit oder den Mangel seiner Leistungen erkannt hat.[1]

Lässt eine Nachbesserung einen befriedigenden Erfolg nicht erwarten, ist das Werk neu herzustellen. Der Auftragnehmer ist nur dann berechtigt, die Neuherstellung zu verweigern, wenn der dafür erforderliche Aufwand unverhältnismäßig ist.[2] Unverhältnismäßig ist die Mangelbeseitigung dann, wenn der Mangelbeseitigungsaufwand in keinem Verhältnis zu dem für den Auftraggeber daraus resultierenden Vorteil steht.

Die Beweislast dafür, dass die Arbeiten mangelfrei sind, obliegt dem Auftragnehmer im Rahmen des § 4 Nr. 7 VOB/B ebenso wie für die Behauptung, es läge ein unverhältnismäßig hoher Aufwand vor, der die Verweigerung der Mängelbeseitigung rechtfertige.[3]

§ 4 Nr. 7 Satz 2 VOB/B

Parallel zur Mängelbeseitigung ist der Auftragnehmer gegenüber dem Auftraggeber verpflichtet, den aus der Mangelhaftigkeit entstehenden Schaden zu ersetzen.

Voraussetzung für den Schadensersatzanspruch ist, dass der Auftragnehmer den Mangel zu vertreten hat und sich der Schaden adäquat kausal auf den Mangel zurückführen lässt. Der Umfang des Schadensersatzanspruches ergibt sich aus den allgemeinen Vorschriften des § 249 BGB. Danach sind die erforderlichen Aufwendungen erstattungsfähig, die ein verständiger, wirtschaftlich denkender Mensch in der Lage des Geschädigten für zweckmäßig und notwendig halten durfte.[4]

Der Schadensersatzanspruch wird durch den Grundsatz von Treu und Glauben (§ 242 BGB) eingegrenzt. Ist dem Auftraggeber zuzumuten, das Bauwerk mit dem nicht zu beseitigenden Mangel zu behalten und sich mit einem Ausgleich in Geld zu begnügen, kann der Auftraggeber den eigentlich zu gewährenden Anspruch auf Neuherstellung nicht durchsetzen.[5]

Insbesondere im Rahmen einer Bauverzögerung kann das Risiko des Auftragnehmers bedeutend anwachsen. Vorstellbar ist, dass der Generalunternehmer mit dem Bauherrn einer Vertragsstrafe vereinbart hat, welche sich auf die Gesamtabrechnungssumme bezieht. Verschuldet nunmehr der

[1] K/M-Merkens § 4 Rn. 158
[2] Leinemann-Sterner § 4 Rn. 115
[3] BGH, BauR 1996, 856,859
[4] BGH, NJW 1992, 1618, 1619
[5] BGHZ 50, 160, 165

Nachunternehmer ausschließlich die Bauverzögerung, kann der Schadensersatzanspruch durchaus die Höhe der Vergütung des Nachunternehmers erreichen, oder gar übersteigen.

Kündigungsrecht des Auftraggebers

Kommt der Auftragnehmer seiner Pflicht zur Mängelbeseitigung nicht nach, ist der Auftraggeber berechtigt, nach Fristsetzung den Vertrag zu kündigen. Der Auftraggeber muss also den Auftragnehmer zunächst auffordern, die Mängel zu beseitigen. Die Aufforderung muss eindeutig und konkret formuliert sein und eine angemessene Frist enthalten. Darüber hinaus muss deutlich gemacht werden, dass bei fruchtlosem Fristablauf die Kündigung des Vertrags zu erwarten ist. Verstreicht die Frist fruchtlos, kann der Vertrag gekündigt werden. Die Kündigung ist grundsätzlich schriftlich an den Auftragnehmer zu versenden.

11.9.2 BGB-Vertrag

Das BGB sieht ausdrücklich Mängelansprüche vor Abnahme nicht vor, regelt aber auch nicht ausdrücklich, ab wann die Sachmängelansprüche überhaupt gelten sollen. Von daher werden im juristischen Schrifttum auch alle möglichen Anwendungszeitpunkte vertreten.

11.10 Die Abnahme – Abnahme und Abnahmeverweigerung

11.10.1 Abnahmewirkungen

Die Abnahme der Bauleistungen wird oft als Wendepunkt der Abwicklung eines Bauvertrags bezeichnet. Im Werkvertragsrecht kommt der Abnahme entscheidende Bedeutung zu.

Dies ist sicherlich berechtigt, wenn man die Rechtswirkungen betrachtet, die die Abnahme für jeden Bauvertrag hat. Von daher wird in einer Vielzahl von Rechtsstreiten sowohl in Vergütungsprozessen wie auch in Sachmängelprozessen die Abnahme von den Parteien thematisiert.

Die Wirkungen und Rechtsfolgen der Abnahme sind im Einzelnen folgende:

Übergang vom Erfüllungs- in das Gewährleistungsstadium

Mit der Abnahme geht der Bauvertrag vom Erfüllungs- in das Gewährleistungsstadium über. Dies bedeutet, dass dem Auftraggeber nun keine Ansprüche mehr zustehen, die auf die Erfüllung des Vertrages gerichtet sind, sondern dass ihm lediglich noch Sachmängelansprüche verbleiben. Dies dürfte jedoch ein eher theoretischer Ansatz sein. Ist nämlich ein Mangel vorhanden, muss dieser zumindest vom Grundsatz her vom Auftragnehmer mit allen erdenklichen Mitteln beseitigt werden. Ist die Beseitigung eines Mangels nur in Form einer Neuherstellung möglich, ist diese geschuldet. Auf irgendwelche Billiglösungen muss sich ein Bauherr nicht verweisen lassen.[1]

Ist also eine Abdichtung gegen drückendes Wasser erforderlich und hat der Unternehmer nachweislich oder unbestritten nur eine Abdichtung gegen Bodenfeuchtigkeit erstellt, dann hilft ihm die Abnahme wenig. Auch wenn nunmehr eine **vollständig neue Leistung** erbracht werden muss und die erstellte Leistung nicht im geringsten verwendet werden kann, ist im Rahmen der Nacherfüllung die Abdichtung gegen drückendes Wasser vollständig und mangelfrei zu erbringen. Diese rechtliche Auffassung wurde bisweilen kritisiert, ist aber einhellige Auffassung und nicht angreifbar.[2]

---

[1] Vgl. zuletzt BGH, BauR 2003, 1209

[2] BGH, BauR 1998, 123

Der eher theoretische Ansatz, dass die Abnahme das Gewährleistungsstadium „einläutet“, bringt einem Unternehmer allein keinen Vorteil. Wichtiger sind die nachfolgenden Punkte.

Beweislastumkehr

Wichtiger für den Unternehmer ist z.B. die Beweislastumkehr als Folge der Abnahme.

Grundsatz: Beweislastumkehr mit Abnahme

Die Abnahme führt zu einer Beweislastumkehr, was das Vorliegen eines Ausführungsmangels angeht.

Bis zur Abnahme hat der Auftragnehmer zu beweisen, dass er seine Leistung vertragsgerecht erbracht hat. Nach der Abnahme dagegen muss der Bauherr beweisen, dass die Leistung Mängel aufweist oder sonstige Vertragswidrigkeiten vorliegen.

Definition Beweislast

Was bedeutet nun der Begriff „Beweislast“?

Beispiel

Mitunter finden sich im Schriftverkehr zwischen Auftraggebern und Auftragnehmern Hinweise des Auftragnehmers an den Auftraggeber, dass dieser nach Abnahme die Beweislast trage und dem Auftragnehmer den Mangel nachweisen müsse.

Der Begriff Beweislast bedeutet jedoch nicht, dass der Auftraggeber dem Auftragnehmer in einer diesen restlos überzeugenden Art und Weise den Mangel nachweisen müsste, also, dass ein Mangelbild auf einen Ausführungsfehler oder eine sonstige Pflichtverletzung des Auftragnehmers zurückzuführen ist. Auf einen solchen Nachweis hat der Auftragnehmer selbstverständlich keinen Anspruch.

Erheblich ist die Frage der Beweislast vielmehr, wenn in einem Rechtsstreit ein Beweis nicht mehr möglich ist oder wenn in einem Rechtsstreit die Beweisfrage nicht hinreichend geklärt werden kann, diese also letztendlich offen bleibt. In beiden Fällen verliert der den Rechtsstreit, der die Beweislast trägt. Also trägt nach Abnahme der Auftraggeber das Risiko des nicht möglichen Beweises.

Weiter ist mit der Frage der Beweislast verbunden, dass in einem Zivilprozess derjenige den Vorschuss für Zeugen oder die Einholung eines Sachverständigengutachtens zu zahlen hat, der die Beweislast trägt. Das ist ein praktisch durchaus bedeutsamer Anwendungsfall der Beweislast. Insbesondere bei Abdichtungsmängeln können ganz erhebliche Gutachterkosten anfallen. Nach erfolgter Abnahme muss also in aller Regel der Auftraggeber bzw. Besteller den Vorschuss für ein Sachverständigengutachten einzahlen, wenn es um das Vorliegen von Mängeln geht.

Ausnahme zur Beweislastumkehr bei Abnahme?

Es gibt einen ganz entscheidenden Umstand, der nicht zur Beweislastumkehr führt.

Hierzu folgendes Fallbeispiel:

Bei der Abnahme werden vom Besteller Feuchtigkeitserscheinungen an Kelleraußenwänden gerügt, die durch Ausführungsfehler verursacht sein sollen. Ein entsprechender Vorbehalt wird ausdrücklich in das Abnahmeprotokoll aufgenommen, wobei im Übrigen die Abnahme erklärt wird. Es kommt zum Rechtsstreit. Der Auftragnehmer ist der Auffassung, es müsse sich um für ihn nicht erkennbar gewesenen Planungsfehler handeln. Er habe die Planung ordnungsgemäß umgesetzt. Im Prozess, den der Bauherr im Hinblick auf die Zahlung eines Kostenvorschusses für die Mangelbeseitigung angestrengt hat, kommt der Sachverständige zum Ergebnis, es lasse sich nicht feststellen, ob ein alleine ursächlicher Planungsfehler vorliegt oder alleine ursächliche Ausführungsfehler vorliegen. Dass beide zusammen zum Mangelbild geführt haben, schließt er aus. Sollte es am Planungsfehler liegen, sei dieser tatsächlich nicht für den Auftragnehmer erkennbar gewesen.

Natürlich ist das ein eher theoretischer Fall. Die Entscheidung hängt davon ab, wer die Beweislast trägt. Früher war man überwiegend der Meinung, nach Abnahme treffe den Auftraggeber ausnahmslos die volle Beweislast für das Vorliegen von Mängeln. Dies wurde vor allem mit der Regelung des § 363 BGB begründet, der in der Tat lautet:

„Hat der Gläubiger eine ihm als Erfüllung angebotene Leistung als Erfüllung angenommen, so trifft ihn die Beweislast, wenn er die Leistung deshalb nicht als Erfüllung gelten lassen will, weil sie eine andere als die geschuldete Leistung oder weil sie unvollständig gewesen sei."

Der BGH sieht dies zwischenzeitlich anders bei solchen Mangelumständen, die bei Abnahme vorbehalten wurden.[1]

Dabei bedeutet „Vorbehalt", dass der Auftraggeber zu erkennen gibt, dass er bestimmte Mängel nicht hinnehmen will. Das Wort „Vorbehalt" muss nicht verwendet werden.[2]

Auch und gerade wegen dieser Besonderheit ist es aus Sicht eines Bauherrn nahezu unverzichtbar, den Zeitpunkt der Abnahme nicht zu „verpassen". Es ist aus Sicht eines Bauherrn oder auch einer diesen beratenden Person äußerst nachteilhaft, den Abnahmezeitpunkt verstreichen zu lassen.

In der Praxis ist zu beobachten, dass Auftraggeber nach einer „Vogel-Strauß-Taktik" gerade in diesem Zeitpunkt schlicht untätig bleiben, die Durchführung von förmlichen Abnahme ablehnen oder verzögern. Dies ist unvernünftig, weil man nunmehr als Auftraggeber die Erklärung von Vorbehalten verabsäumt, die dafür sorgen könnten, dass trotz Abnahme die Beweislast für Mängel beim Auftragnehmer bleibt.

Unseres Erachtens stellt es auch einen Haftungsgrund gegenüber dem Architekten dar, wenn dieser bei beauftragter Leistungsphase 8 schuldhaft den Zeitpunkt verabsäumt, zu dem Vorbehalte zu erklären sind. Hier muss eine entsprechende Beratung erfolgen.

Nur im Einzelfall können nach erfolgter Abnahme zugunsten des AG die **Regeln des ersten Anscheins** greifen, wenn der AG alle möglichen Mangelursachen außerhalb des Verantwortungsbereichs des AN ausschließen kann.[3] Der sogenannte Beweis des ersten Anscheins kommt in seinen Wirkungen denen der Beweislastumkehr sehr nahe.

11

Exkurs § 4 Nr. 10 VOB/B – Technische Abnahme

Die Abnahme nach § 4 Nr. 10 VOB/B dient der Vorbereitung der späteren endgültigen Abnahme und vermag als sogenannte „technische Abnahme" nicht alle Abnahmewirkungen auszulösen[4].

§ 4 Nr. 10 VOB/B lautet:

„Der Zustand von Teilen der Leistung ist auf Verlangen gemeinsam von Auftraggeber und Auftragnehmer festzustellen, wenn diese Teile der Leistung durch die weitere Ausführung der Prüfung und Feststellung entzogen werden. Das Ergebnis ist schriftlich niederzulegen."

Die Wirkungen einer solchen gemeinsamen Feststellung sind in § 4 Nr. 10 VOB/B nicht genannt. Einigkeit besteht im juristischen Schrifttum dahingehend, dass die sogenannte technische Abnahme weder zum Gewährleistungsbeginn noch zum sogenannten Gefahrübergang führen kann.

Aber:

Ein Teilaspekt der Abnahme wird sehr wohl berührt, nämlich der der Beweislast. Gemeinsame Feststellungen bei einer technischen Abnahme führen zur Beweislastumkehr![5] Es ist also davon

---

[1] BGH, BauR 1997, 129, 130
[2] Kniffka, ibr-online-Kommentar 03.03.2005, § 640, Rdn. 89
[3] Leinemann-Sterner, § 12 Rdn. 46
[4] BGH, NJW 1968, S. 1524.
[5] Leinemann-Sterner, 2. Auflage, § 4 Rdn. 165;K/M-Merkens § 4 Rdn. 220; Ing/ Ko-Oppler, 15. Auflage, § 4 Nr. 10, Rdn. 6; N/W-Nicklisch, § 4 Rdn. 131; F/K/Z/G, 2. Aufl., § 4 VOB/B, Rdn. 369

auszugehen, dass der AG beweisbelastet dafür ist, dass entgegen der gemeinsamen Feststellungen andere Umstände vorliegen sollen. Für die Praxis kann also bei vereinbarter VOB/B einem Unternehmer nur **dringend** angeraten werden, bei Abdichtungsarbeiten rechtzeitig gemeinsame Feststellungen im Sinne von § 4 Nr. 10 VOB/B zu beantragen. Bei der Bauwerksabdichtung handelt es sich naturgemäß oftmals um Leistungen, die nachfolgend verdeckt werden. Die vertikale Abdichtung wird z.B. in aller Regel durch Auffüllung verdeckt. Zu beachten ist auch, dass § 14 Nr. 2 Satz 3 VOB/B den Auftragnehmer unter dem Stichpunkt „Abrechnung" zur Beantragung gemeinsamer Feststellungen verpflichtet.

Kann sich der Auftraggeber dieser (bisweilen ja durchaus unerwünschten) Wirkungen entziehen, indem er vom Auftragnehmer verlangte gemeinsame Feststellungen ablehnt? Oder erfolgt dann auch ohne gemeinsame Feststellungen bereits vor Abnahme eine Beweislastumkehr zu Lasten des Bestellers?

Auf letzteres deuten sehr viele Stimmen in der Literatur hin.[1] Allerdings könnte eine pauschale Beweislastumkehr zu weitgehend sein, insbesondere wenn sich gutachterliche Feststellungen im Rechtsstreit ohne Weiteres noch treffen lassen. Ob dies also der Bundesgerichtshof ebenso sieht, ist zumindest zweifelhaft.

Nach anderer Auffassung soll es im Rahmen der sogenannten freien Beweiswürdigung der Wertung des Richters überlassen bleiben, ob die vorgebrachten Umstände die Annahme rechtfertigen, die einseitig gebliebene Feststellung sei richtig.[2]

Richtig dürfte es unseres Erachtens sein, auf die nunmehr zum verweigerten gemeinsamen Aufmaß vorliegende Rechtsprechung des BGH zurückzugreifen. Wenn sich Umstände im Nachgang nicht mehr beweisen lassen, sollte sich, wenn vom Unternehmer recht- und frühzeitig gemeinsame Feststellungen beantragt wurden, zumindest die Beweislast für nunmehr behauptete Mängel an verdeckten Leistungen umkehren. Sind im Rechtsstreit allerdings noch eindeutige Feststellungen vorzunehmen, ist – zumindest vor Abnahme – nicht einzusehen, warum sich die Beweislast umkehren soll.

Einem Unternehmer kann vor diesem Hintergrund nur dringend angeraten werden, gemeinsame Feststellungen zu verlangen, bevor Leistungen verdeckt werden.

Beweislast für behauptete Vertragsänderungen

Die Beweislast für Mängel kehrt sich im Übrigen also grundsätzlich mit Abnahme um.[3] Das gilt nur nicht im Falle eines Vorbehalts gemäß § 640 Abs. 2 BGB.[4]

Dieser Beweislastregel, die nach Abnahme den Auftraggeber trifft, geht allerdings die Regel vor, dass derjenige eine Vertragsänderung zu beweisen hat, der sie behauptet.[5] Steht fest, dass eine Leistung nach der feststehenden ursprünglichen Vereinbarung mangelhaft wäre, kann der Unternehmer auch nach der Abnahme mit der streitigen Behauptung, diese Vereinbarung hätte sich geändert, nur durchdringen, wenn er diese Änderung beweist.[6]

Als **Beispiel** mag wieder die vereinbarte Abdichtung gegen drückendes Wasser herhalten. Der Unternehmer hat nur eine Abdichtung gegen nicht drückendes Wasser hergestellt. Er behauptet, es sei nach Vertragsschluss eine „schlankere" Ausführung gegen entsprechende Vergütungsreduzierung vereinbart worden. Nach erfolgter Abnahme zeigen sich nun Feuchtigkeitsschäden.

---

1 Leinemann-Sterner, § 4 Rdn. 166; Ing/Ko-Oppler, § 4 Nr. 10 Rdn. 9
2 K/M-Merkens, § 4 VOB/B, Rdn. 221
3 Kniffka, a. a. O., § 640 Rdn. 15 ff. unter Hinweis auf BGH, Urt. v. 15.3.1973-VII ZR 175/72, bei juris; BGH, BauR 1981, 575
4 BGH, BauR 1997, 129
5 BGH, Beschl. v. 5.6.2003-VII ZR 186/01 = BauR 2003, 1383
6 Vgl. BGH, BauR 2003, 1383; so auch schon BGH, Urt. v. 11.10.1994-X ZR 30/93 = BGH, BauR 1995, 92

Man könnte nun behaupten, dass der Besteller die volle Beweislast dafür trägt, dass der Unternehmer die Verantwortung für den Mangel trägt. Dies würde an und für sich auch die Beweislast dafür umfassen, dass die vom Unternehmer behauptete Vertragsänderung **nicht** vereinbart wurde. Der Besteller müsste also demzufolge beweisen, dass eine Änderung nicht vereinbart wurde.

Dies sieht der BGH anders.[1] Liegen Mangelerscheinungen vor und beruhen diese darauf, dass vom ursprünglich vereinbarten Leistungsumfang abweichend ausgeführt wurde, muss der Auftragnehmer die Vertragsänderung beweisen.

Beweislast für vor Abnahme beseitigte Mängel

Kurz beleuchtet werden soll die praktisch wichtige Frage, inwieweit der Unternehmer, dessen Werkleistung nicht abgenommen worden ist, die Beweislast für die vertragsgerechte Ausführung auch dann trägt, wenn die angeblichen Mängel beseitigt worden sind. Hier sollte ein Unternehmer zumindest die Rechtsprechung des BGH kennen, wonach der Unternehmer, der Vergütung fordert, die Darlegungs- und Beweislast für die Mängelfreiheit seiner Leistung auch dann trägt, wenn die Mängel beseitigt sind und der Besteller diese Mängel zuvor gegenüber dem Unternehmer gerügt hat.[2]

Hier werden auch gegenteilige Auffassungen vertreten.[3] Angesichts der Rechtsprechung und wohl auch im Übrigen herrschenden Auffassung sollte man sich auf kritische Auffassungen im Zweifel nicht verlassen. Vielmehr sollte man als Unternehmer für den Fall von anstehenden Ersatzvornahmen jede erdenkliche Maßnahme der Dokumentation vornehmen.

Beginn der Verjährungsfrist für Sachmängelansprüche

Die Verjährungsfrist für die Sachmängelansprüche des Auftraggebers beginnt nach § 634 a Abs. 2 BGB wie auch nach § 13 Nr. 4 S. 2 VOB/B grundsätzlich mit der Abnahme. Das ist sicherlich eine ganz wesentliche Wirkung und Rechtsfolge, die mit der Abnahme verbunden ist.

Gefahrübergang

Mit der Abnahme geht auch die sogenannte **Gefahr** für die abgenommene Bauleistung gemäß § 644 Abs. 1 Satz 1 BGB bzw. nach § 12 Nr. 6 VOB/B auf den Auftraggeber über.

Was ist gemeint mit dem Begriff „Gefahr"?

Der Jurist kennt zwei Arten der „Gefahr". Gemeint ist mit dem Begriff der Gefahr immer eine bestimmte Störung der Vertragsabwicklung, nämlich die Beschädigung und/oder Zerstörung der Leistung, die keine der Parteien zu vertreten hat.

Hier ist zunächst der Begriff der Leistungsgefahr zu klären.[4] Gemeint ist der Umstand, dass die Leistung teilweise oder auch vollständig untergeht bzw. beschädigt wird und neu hergestellt werden muss, auch wenn keine der Parteien ein Verschulden trifft. Diese Leistungsgefahr trägt vor Abnahme grundsätzlich immer der Auftragnehmer. Der Auftragnehmer muss vor Abnahme grundsätzlich erneut leisten, auch wenn die Leistung unverschuldet untergeht.[5] Eine Ausnahme würde nur gelten, wenn die Leistung gemäß § 275 Abs. 1 BGB unmöglich würde. Das ist aber sicherlich nur ganz selten der Fall. Nach Abnahme trägt die Leistungsgefahr alleine der AG. Das ist gemeint, wenn es zuweilen heißt, dass sich das Werk auf das abgenommene Werk konkretisiert.

---

[1] Vgl. BGH, BauR 2003, 1383; so auch schon BGH, BauR 1995, 92

[2] Urt. v. 25.3.1993-X ZR 17/92; zitiert in Kniffka, ibr-online-Kommentar, § 640 Rdn. 16

[3] Kniffka, ibr-online-Kommentar Bauvertragsrecht, Stand 03.03.2005, § 640 Rdn. 16

[4] K/M-Merkens, § 12 VOB/B, Rdn. 39, 41

[5] Kniffka, ibr-online-Kommentar, § 644 Rdn. 6

Eine andere Frage ist die, ob und wie die beschädigte/zerstörte Leistung bezahlt wird und wie dann auch die erneute Leistungserbringung zu bezahlen ist. Dies soll durch den Begriff Vergütungsgefahr geklärt werden. Dieser regelt die Frage, ob der Auftraggeber die vereinbarte Vergütung auch bei vorzeitiger Beschädigung oder beim vorzeitigen Untergang der Leistung zu zahlen hat. Nach der Abnahme hat der Besteller die Leistung uneingeschränkt zu bezahlen **und** der Unternehmer ist nicht zur Neuherstellung verpflichtet, wenn das Werk aus nicht vom Auftragnehmer zu vertretenden Umständen beschädigt oder zerstört wird. Diese Vergütungsgefahr (und nur diese!) geht nach § 644 BGB auch vor Abnahme über, wenn sich der AG in Annahmeverzug befindet. Gleiches gilt nach § 645 BGB in den hier geregelten Fällen. Die Leistungsgefahr bleibt beim AN auch in diesem Fall bis zur Abnahme! Er muss also auch in den Fällen des § 644 und § 645 BGB erneut leisten. Die Vergütung für die vollständig erbrachte bzw. unbeschädigte Leistung richtet sich dann nach den vertraglichen Vereinbarungen. Für die Vergütung der beschädigten Leistung wiederum gilt § 645 BGB. Auch § 7 VOB/B regelt nur diese Frage der Vergütung!

In den Fällen von §§ 644, 645 BGB wie auch von § 7 VOB/B können wir festhalten, dass der Unternehmer – soweit die Voraussetzungen des Gefahrübergangs vorliegen – auf Verlangen des Bestellers auch bei untergegangenen Leistungen erneut leisten muss. Er erhält aber dann zweimal Vergütung, einmal für die beschädigte Leistung, andererseits für die schlussendlich vollständig erbrachte Leistung.

Es ist allerdings nicht zu verkennen, dass in der Rechtsprechungspraxis eine messerscharfe Trennung dieser zwei „Seiten einer Medaille“ mitunter nicht vorgenommen wird.[1]

Möglicher Ausschluss von Vertragsstrafen

Eine verwirkte Vertragsstrafe kann der Auftraggeber nur verlangen, wenn er sich diese bei der Abnahme ausdrücklich vorbehalten hat, § 341 Abs. 3 BGB, § 11 Nr. 4 VOB/B. Der Vorbehalt muss also grundsätzlich bei und nicht vor oder nach der Abnahme erklärt werden. Die Beweislast für den erklärten Vorbehalt liegt beim Auftraggeber.[2]

Bei einer förmlichen Abnahme ist der Vorbehalt in die Niederschrift aufzunehmen, bei der fiktiven Abnahme ist er innerhalb der Fristen des § 12 Nr. 5 VOB/B (12 bzw. 6 Werktage) zu erklären. Bei der schlüssig erklärten Abnahme ist der Vorbehalt bis zu dem Zeitpunkt zu erklären, zu welchem das Verhalten die Abnahmeerklärung darstellt. 11

In der Praxis wird von gewerblichen Auftraggebern dieses Vorbehaltserfordernis durch Vertragsbedingungen hinausgeschoben bis zur Schlusszahlung. Klauseln lauten schlicht z.B.:

„Der Vorbehalt der Vertragsstrafe kann bis zur Schlusszahlung erklärt werden.“

Ein solches Hinausschieben bis zur Schlusszahlung ist – leider – vom BGH[3] in vorformulierten Vertragsbedingungen für zulässig erachtet worden, obwohl damit der Vorbehalt auf unabsehbare und sehr lange Zeit nach Abnahme hinausgeschoben werden kann.

Möglicher Ausschluss von Sachmängelansprüchen

Grundsätzliches; so gut wie nie gegebener Ausschluss aller Sachmängelansprüche

Nimmt der Auftraggeber ein mangelhaftes Werk trotz Kenntnis des Mangels ab, kann er sich die verschuldensunabhängigen Gewährleistungsrechte aus § 634 Nr. 1 bis 3 BGB (Nacherfüllung, Selbstvornahme unter Aufwendungsersatz, Rücktritt oder Minderung) nur erhalten, wenn er sie sich bei der Abnahme vorbehalten hat. Mit der Abnahme kann also bei unterlassenem Vorbehalt der Verlust einiger Sachmängelansprüche verbunden sein, aber eben auch nicht aller.

---

1 Kniffka, ibr-online-Kommentar, § 644 Rdn. 6
2 so jüngst wieder OLG Frankfurt, Urteil vom 25.05.2005-1 U 172/04 – ibr online; BGH, BauR 1977, 280
3 BauR 2003, 870

§ 640 Abs. 2 BGB lautet:

„Nimmt der Besteller ein mangelhaftes Werk gemäß Absatz 1 Satz 1 ab, obschon er den Mangel kennt, so stehen ihm die in § 634 Nr. 1 bis 3 bezeichneten Rechte nur zu, wenn er sich seine Rechte wegen des Mangels bei der Abnahme vorbehält."

Bei einem VOB-Werkvertrag findet sich die entsprechende Regelung in § 12 Nr. 4 Abs. 1 Satz 4, Nr. 5 Abs. 3 VOB/B.

Bei einer Abnahme ohne Vorbehalt sind somit die Ansprüche nach § 13 Nr. 5 und 6 VOB/B (Mängelbeseitigung einschließlich Selbstvornahme und Kostenvorschuss, Minderung) ausgeschlossen! Bei einem BGB-Vertrag sind ebenfalls „nur" die Ansprüche nach § 634 Nr. 1 bis 3 BGB ausgeschlossen, also Nacherfüllung, Ersatzvornahmekostenerstattung, Rücktritt und Minderung.

Kenntnis

Erforderlich ist für den Ausschluss der Ansprüche außerhalb des Schadensersatzes ohnehin die **positive Kenntnis** des Auftraggebers vom Mangel. Ein bloßes „Kennenmüssen" reicht nicht aus. Das Bekanntsein von Mängeln wird kaum einmal vom Auftragnehmer bewiesen werden können. Das bloße Kennen von Erscheinungsbildern bedeutet insoweit noch nicht die Kenntnis, dass insoweit auch Mängel vorliegen.

Kennt also der Besteller zwar den Umstand, dass die Vertikalabdichtung eine bestimmte Schichtendicke hat, kann ihm aber die Kenntnis der hieraus resultierenden Mangelhaftigkeit nicht nachgewiesen werden, ist ein Anspruchsausschluss nicht gegeben. Bereits an der fehlenden Kenntnis scheitert der in der Praxis oft von Unternehmern/Auftragnehmern bemühte Ausschluss von Ansprüchen. Dafür langt es auch nicht, dass die Mangelhaftigkeit der Bauwerksabdichtung für jedermann offensichtlich war. Der Auftraggeber und nicht irgendein Dritter muss die Mängel positiv erkannt haben!

11 Wir werden erörtern, dass es in aller Regel ein „Eigentor" des Unternehmers ist, wenn dieser den Besteller bzw. Anfraggeber darauf verweist, dass dieser ja die Mängel gekannt hat oder hätte erkennen können und dass er deswegen keine Nacherfüllung verlangen könne. Damit lehnt der Auftragnehmer nämlich schlüssig eine Nacherfüllung ernsthaft und endgültig ab.

Selbst bei erkannten Mängeln kein vollständiger Anspruchsausschluss

Auch wenn ein Vorbehalt wegen bekannter Mängel nicht erklärt wurde, können von einem Verschulden des Auftragnehmers abhängige Ansprüche, also vor allem Schadensersatzansprüche, weiter geltend gemacht werden. Nur in ganz besonderen, vom Auftragnehmer zu beweisenden, Ausnahmefällen können auch Umstände vorliegen, die den Schluss nahe legen, dass der Auftraggeber auf Sachmängelansprüche verzichtet, wenn er einen Vorbehalt bei bekannten Mängeln nicht erklärt.

Mängelbeseitigungskosten können somit bei Verschulden des Auftragnehmers auch dann noch als Schadensersatz vom Auftraggeber geltend gemacht werden, wenn er sich seine Gewährleistungsrechte bei Abnahme nicht vorbehalten hat. Es ist also ein (durchaus verbreiteter) **Irrtum**, wenn ein Auftragnehmer meint, Nachbesserungskosten könnten bei bekannten Mängeln nicht im Wege des Schadensersatzes verlangt werden.

Was geschieht nun, wenn ein Auftraggeber dem Auftragnehmer vor Abnahme alle möglichen Mängel nennt, jedoch keinen Vorbehalt bei der Abnahme erklärt. Kann er sodann – ohne dem Auftragnehmer Gelegenheit zur Nachbesserung zu gewähren – sofort Schadensersatz verlangen? Das würde voraussetzen, dass nicht nur der Auftraggeber keine Nacherfüllung verlangen kann, sondern auch **der Auftragnehmer nicht nachbessern darf**, selbst wenn er dies möchte. Das wird im Ergebnis überwiegend nicht angenommen.

Es wird vielmehr die Auffassung vertreten, dass der Auftraggeber zumindest verpflichtet ist, eine angebotene Nachbesserung anzunehmen.[1] Dabei wird letztlich argumentiert, dass der Auftragnehmer durch ein Versäumnis des Auftraggebers, nämlich den unterlassenen Vorbehalt, nicht schlechter gestellt werden darf als bei einem erklärten Vorbehalt.[2] Voraussetzung soll die ernsthafte Bereitschaft des Auftragnehmers hierzu und die unverzügliche, sachgerechte Nachbesserung durch den Auftragnehmer sein. Im Ergebnis besteht also wohl doch ein Nachbesserungsrecht des Auftragnehmers. Allerdings muss dieser dann auch rasch tätig werden.

Es ist im Übrigen der Vollständigkeit halber darauf hinzuweisen, dass es auch Stimmen gibt, die ein Nacherfüllungsrecht des Auftragnehmers ablehnen.[3]

Kontraproduktiv ist jedenfalls die in der Praxis immer wieder anzutreffende Auffassung von Auftragnehmern, der Auftraggeber könne wegen der ihm bekannten Mängel keine Nachbesserung verlangen. Diese Erklärung kann im Einzelfall nämlich zu Lasten des Unternehmers so ausgelegt werden, dass eine Nachbesserungsaufforderung ihm gegenüber überflüssig ist, weil er ohnehin nicht nachbessert. Der Besteller muss ihn also in diesem Fall nicht einmal zur Nacherfüllung auffordern; er kann sofort Schadensersatz verlangen.

Fälligkeit der Vergütung

Nach dem BGB-Werkvertragsrecht ist die Vergütung in der Regel bei der Abnahme zu entrichten, § 641 Abs. 1 BGB. Bei einem VOB-Vertrag gilt dies ebenfalls. Lediglich für den Nachunternehmervertrag ist in § 641 Abs. 2 BGB bestimmt, dass die Vergütungsforderung des Nachunternehmers spätestens dann fällig wird – also gegebenenfalls auch schon vor der Abnahme -, wenn und soweit der General-/Hauptunternehmer vom Bauherrn die vereinbarte Vergütung erhält.[4]

Wie sich aus § 14 Nr. 3 VOB/B ergibt, kann und muss die Schlussrechnung schon vor der Abnahme eingereicht werden. Erforderlich ist lediglich die abnahmefähige Fertigstellung der Leistung und der Ablauf der in § 14 Nr. 3 VOB/B genannten Fristen. Der mit der Schlussrechnung geltend gemachte Betrag ist aber auch dann erst mit der Abnahme selbst fällig. Dies gilt also insbesondere dann, wenn bereits ein längerer Zeitraum als zwei Monate nach Einreichung der Schlussrechnung verstrichen ist. Für den VOB-Werkvertrag ist die Abnahme also nur eine von mehreren Fälligkeitsvoraussetzungen. Hinzukommen muss nach § 16 Nr. 3 Abs. 1 VOB/B noch eine prüfbare Schlussrechnung und ein Zeitablauf von zwei Monaten nach Einreichung der Schlussrechnung.

Dass auch der BGB-Auftragnehmer bei vereinbarten Abschlagszahlungen die Pflicht hat, überhaupt abzurechnen, hat der BGH mittlerweile ebenfalls entschieden; allerdings ist die prüfbare Abrechnung hier keine Fälligkeitsvoraussetzung.[5]

Verzinsung und Ende Schutzpflichten

Als weitere Wirkung ist der Werklohn gesetzlich zu verzinsen, was sich aus § 641 Abs. 4 BGB ergibt. Die Schutzpflichten des Auftragnehmers nach § 4 Nr. 5 VOB/B enden.[6]

---

[1] dafür: dafür im Sinne eines Nachbesserungsrechts; K/M-Havers, § 12 VOB/B, Rdn. 52; ebenso Leinemann-Sterner, § 12 Rdn. 44

[2] K/M-Havers, § 12 VOB/B, Rdn. 52 „AG stünde besser da"; ähnlich Leinemann-Sterner, § 12 Rdn. 44 „AN stünde schlechter da"

[3] z.B. Werner/Pastor, 10. Aufl., Rdn. 2273 (Fn. 3); H/R/R, § 12 VOB/B, Rdn. 14a; G/J/M-Jagenburg, vor § 12 VOB/B, Rdn. 122

[4] Vgl. zu dieser gesetzlichen Regelung Kniffka, ibr-online-Kommentar, § 641 Rdn. 14 ff.

[5] BGH, BauR 2004, 1940

[6] Kniffka, ibr-online-Kommentar, § 640 Rdn. 14

11.10.2 Definition der Abnahme

Abgrenzung zur öffentlich-rechtlichen Abnahme

Die rechtsgeschäftliche Abnahme hat zunächst einmal nichts mit öffentlich-rechtlichen Abnahmen zu tun. Bei letzteren geht es allein um die Einhaltung öffentlich-rechtlicher Bestimmungen. Die Behörden interessiert nicht, was die Parteien vertraglich vereinbart haben. Von der Abnahme nach Werkvertragsrecht ist also die aufgrund öffentlichen Rechts erfolgende behördliche Bauabnahme (Rohbau-, Gebrauchs- oder Schlussabnahme nach den einschlägigen Vorschriften der Landesbauordnungen) zu unterscheiden. Diese ist lediglich eine technische Abnahme und hat nichts mit der rechtsgeschäftlichen Abnahme nach § 640 Abs. 1 BGB, § 12 VOB/B zu tun.

Gesetzliche Definition? Grund für Abnahmeerfordernis

Im Gesetz ist der Begriff der Abnahme nicht definiert oder erläutert. In § 640 BGB heißt es lediglich:

„(1) 1 Der Besteller ist verpflichtet, das vertragsmäßig hergestellte Werk abzunehmen, sofern nicht nach der Beschaffenheit des Werkes die Abnahme ausgeschlossen ist. 2 Wegen unwesentlicher Mängel kann die Abnahme nicht verweigert werden. 3 Der Abnahme steht es gleich, wenn der Besteller das Werk nicht innerhalb einer ihm vom Unternehmer bestimmten angemessenen Frist abnimmt, obwohl er dazu verpflichtet ist.“

Der Gesetzgeber setzt die Definition des Begriffs „Abnahme“ als bekannt voraus. Auch die VOB/B hat zwar in § 12 eine recht umfangreiche Regelung getroffen über die Art bzw. das Verfahren, wie die Abnahme vorgenommen werden kann, eine Definition findet sich jedoch auch hier nicht.

Dass beim Werkvertrag überhaupt eine Abnahme stattzufinden hat im Gegensatz zu anderen Verträgen, hängt damit zusammen, dass beim Werkvertrag der Unternehmer einen Erfolg schuldet. Beim Kaufvertrag genügt die bloße Annahme der Sache, weil der Verkäufer primär die Eigentumsverschaffung schuldet und bei Vertragsabschluss die Sache, um die es geht, in der Regel bereits fertig vorliegt. Beim Dienstvertrag werden eben nur Dienste geschuldet unabhängig von einem Erfolg.

Beim Werkvertrag wird indes die Sache erst hergestellt, sodass bei Vertragsschluss regelmäßig nicht bekannt ist, ob die später erbrachte Leistung dem vertraglichen Willen der Vertragsparteien entspricht, insbesondere natürlich dem Willen des Auftraggebers/Bestellers.

Selbstverständlich haben auch bei anderen Verträgen Schlechtleistungen rechtliche Folgen. Beim Kaufvertrag gibt es ebenso wie beim Werkvertrag Sachmängelansprüche. Die werkvertraglichen Regelungen verweisen auch des Öfteren auf die kaufvertraglichen Regelungen. Bei anderen Verträgen wie z.B. Dienstverträgen kommen zumindest Schadensersatzansprüche in Betracht, wenn Vertragspflichten schuldhaft verletzt werden.

Hauptpflicht des Bestellers; Grundvoraussetzungen

Bei der Abnahme handelt es sich um eine vertragliche Hauptpflicht des Auftraggebers, was sich unmittelbar aus der oben zitierten gesetzlichen Regelung des § 640 Abs. 1 Satz 1 BGB ergibt („Der Besteller ist verpflichtet, das vertragsmäßig hergestellte Werk abzunehmen“).

Gemeinsame Voraussetzung jeder Abnahme ist, dass das Werk zumindest im Wesentlichen fertiggestellt ist. Fehlen wesentliche Leistungsteile, kommt eine Verpflichtung des Auftraggebers, die Leistung abzunehmen, nicht in Betracht. Diese Voraussetzung dürfte insbesondere auch bei den sogenannten fiktiven Abnahmen sowohl nach § 12 Nr. 5 VOB/B[1] wie nach § 640 Abs. 1 Satz 3 BGB[2] zu verlangen sein.

---

1 Leinemann-Sterner, § 12 Rdn. 84 unter Hinweis auf BGH, BauR 1973, 192, 193; BGH, BauR 1989, 603, 604

2 Kniffka, ibr-online-Kommentar, § 640 Rdn. 66

Ob ein Auftraggeber zumindest berechtigt wäre, das nicht abnahmefähige Werk abzunehmen, ist streitig.

Eine Kündigung des Vertrags schließt die rechtsgeschäftlichen Abnahmeformen im Sinne einer Billigung der gesamten geschuldeten Leistung als im Wesentlichen vertragsgerecht naturgemäß aus. Durch die Kündigung wird ja gerade verhindert, dass die gesamte vereinbarte Leistung zur vertraglich vereinbarten Ausführung kommt. Anders ist dies jedoch im Hinblick auf die bis zur Kündigung erbrachten Leistungen zu beurteilen. Der BGH hat zwischenzeitlich klargestellt, dass die wesentlichen Abnahmewirkungen auch beim gekündigten Vertrag mit Abnahme eintreten.[1] Dies gilt jedenfalls für den Beginn der Verjährung von Sachmängelansprüchen und die Beweislastumkehr.

11.10.3 Die Abnahmeerklärung

Die körperliche Hinnahme der Leistung allein als Leistungserfüllung reicht beim Werkvertrag nicht aus, weil dem Besteller die Möglichkeit eingeräumt wird, zu überprüfen, ob das Werk auch ordnungsgemäß erstellt wurde.

Nach der ständigen obergerichtlichen Rechtsprechung bedeutet Abnahme beim Werkvertrag nicht nur die körperliche Entgegennahme des Leistungsgegenstands, sondern auch und vor allem die ausdrücklich oder stillschweigend erklärte Billigung als der Hauptsache nach vertragsgemäße Leistungserfüllung.[2] Die Abnahme stellt also nichts anderes dar als genau diese Erklärung. Wenn man diese Definition verinnerlicht hat, lassen sich die meisten Fälle, bei denen nur ein schlüssiges Verhalten des Bestellers vorliegt, ohne Weiteres lösen.

Es bedarf nicht zwingend der ausdrücklichen Äußerung des Bestellers („Ich billige die Leistung als im Wesentlichen vertragsgerecht“ oder „Die Leistungen werden abgenommen“), vielmehr genügt auch ein konkludentes, also schlüssiges Verhalten.

Selbst wenn bei der Abnahme schwerwiegende Mängel vorliegen, **kann** der Auftraggeber die Abnahme erklären, er muss es natürlich nicht. Tut er es, treten die Wirkungen der Abnahme ein. Wenn der Auftraggeber nun die Abnahme erklärt, obwohl er dazu nicht verpflichtet wäre, muss er auch die erforderlichen Vorbehalte (Vertragsstrafe, Mängel) erklären, um nicht bestimmter Rechte verlustig zu gehen.

11.10.4 Möglichkeiten der Abnahmeerklärung

Gemeinhin wird rechtlich zwischen den verschiedenen Abnahmeformen danach unterschieden, **wie** die Billigung des unternehmerischen Werks durch den Auftraggeber zum Ausdruck kommt.

Wie soeben ausgeführt kann der Besteller die Abnahme ausdrücklich oder auch schlüssig erklären.

Im Falle der ausdrücklichen Abnahme gibt der Auftraggeber ausdrücklich zu verstehen, dass er das Werk abnimmt. Einfaches Beispiel wäre, dass ein Formular mit der Überschrift „Abnahme“ verwendet wird, in welchem dann angekreuzt wird „Die Leistung wird abgenommen“. Eine ausdrückliche Abnahme erfolgt in der Regel im Rahmen der förmlichen Abnahme, die in § 12 Ziffer 4 VOB/B eine eigene vertragliche Regelung erfahren hat. Bei öffentlichen Auftraggebern wird die ausdrückliche Abnahme der Regelfall sein, da im Vertrag zumeist die Durchführung einer förmlichen Abnahme vorgesehen ist und diese in der Regel auch durchgeführt wird.

---

[1] BGH, BauR 2003, 689

[2] so schon das Reichsgericht in RGZ 107, 343

Neben der tatsächlich erklärten (sei es ausdrücklich oder auch durch schlüssiges Verhalten) Abnahme gibt es auch die sogenannte fiktive Abnahme. Hinter diesem Begriff verbirgt sich der Umstand, dass eine ausdrückliche oder schlüssige Abnahmeerklärung gerade nicht vorliegen muss, sondern fingiert wird. Die Erklärung der Abnahme mit z.T. unterschiedlichen Folgen wird als gegeben unterstellt, eben fingiert.

11.10.5 Die förmliche Abnahme

Die tatsächlichen Abnahmeerklärungen können außerhalb eines vorgegebenen Verfahrens erfolgen, sie können aber auch im Rahmen eines vereinbarten Verfahrens zum Ausdruck kommen. Ist ein Verfahren zur Erklärung der Abnahme vereinbart, spricht man von der förmlichen Abnahme.

Bei förmlichen Abnahmen wiederum ist die ausdrückliche Abnahme die Regel, sofern die üblichen Protokollierungsmöglichkeiten gewählt werden. Zwingend ist dies nicht. So kann eine schlüssige Abnahme dann angenommen werden, wenn die Parteien einen Abnahmetermin vereinbart haben und sodann ein Protokoll erstellen mit der Überschrift „Abnahmeprotokoll“. Auch wenn nun nicht ausdrücklich erklärt wird, dass die Leistungen abgenommen sein sollen, kann sich alleine aus dem Umstand, dass vor dem Hintergrund der verlangten Abnahme ein Protokoll erstellt wurde, die schlüssige Abnahmeerklärung ergeben.

Voraussetzungen der förmlichen Abnahme

In sehr vielen Verträgen wird – oftmals formularmäßig durch den Auftraggeber vorformuliert – die Erklärung der Abnahme im Rahmen eines förmlichen Verfahrens vereinbart. Diese wird verkürzt als förmliche Abnahme bezeichnet. Die förmliche Abnahme findet in einem VOB/B-Vertrag außerdem dann statt, wenn eine Partei dies verlangt, § 12 Nr. 4 VOB/B. Dieses Verlangen erfolgt oft bereits im Vertrag selbst durch eine entsprechende Regelung (z.B. „Es findet in jedem Fall eine förmliche Abnahme statt.“). Dann ist das förmliche Abnahmeverlangen im Vertrag bereits geregelt bzw. verlangt.

11 Bei einer vereinbarten förmlichen Abnahme wird gleichzeitig eine fiktive Abnahme ausgeschlossen sein, jedenfalls die nach § 12 Nr. 5 VOB/B.[1]

Verhältnis der förmlichen Abnahme zur „formlosen“ Abnahme

Auch wenn die Erklärung der Abnahme im Rahmen einer förmlichen Abnahme vereinbart sein mag, ist es dem Besteller/Auftraggeber unbenommen, die Abnahme gleichwohl außerhalb des Verfahrens zu erklären. Tut er dies ausdrücklich, ist kaum darüber zu diskutieren, ob nun die Abnahmewirkungen nur deshalb ausgeschlossen sind, weil ja eine förmliche Abnahme vereinbart wurde. Wir meinen, dass es der Besteller/Auftraggeber jederzeit in der Hand haben muss, die Abnahme mit allen Rechtswirkungen auch außerhalb eines förmlichen Verfahrens zu erklären.

Nichts anderes kann dann gelten, wenn sich nachweisen lässt, dass der Besteller/Auftraggeber durch schlüssiges Verhalten die Abnahme erklärt hat. Die herrschende Auffassung im Schrifttum und in der Rechtsprechung sieht dies ähnlich und weist darauf hin, dass die Parteien einvernehmlich das Erfordernis der förmlichen Abnahme aufheben bzw. ändern können und dass dann wiederum eine schlüssige Abnahme in Betracht kommt.[2] Dies soll z.B. anzunehmen sein, wenn die Parteien nach Vorlage einer Schlussrechnung monatelang nicht auf das förmliche Verfahren der Abnahme zurückkommen.[3]

---

1 Kniffka, § 640 Rdn. 60
2 Kniffka, § 640 Rdn. 59
3 Kniffka, § 640 Rdn. 59

Ein Auftraggeber wird also durch Vereinbarung bzw. Verlangen einer förmlichen Abnahme im Ergebnis den Folgen einer **schlüssig** erklärten Abnahme nicht entgehen können. Bei der Prüfung einer schlüssigen Abnahme ist aber zu bedenken, dass die Parteien eben eine förmliche Abnahme vereinbart haben. Eine Billigung als im Wesentlichen vertragsgerecht kann also durch schlüssiges Verhalten erst dann angenommen werden, wenn gleichzeitig anzunehmen ist, dass auf die Durchführung einer förmlichen Abnahme verzichtet wurde. Solange man einen Verzicht auf die förmliche Abnahme nicht annehmen kann, wird man – gleichgültig welches Verhalten man beurteilt – eine schlüssige Erklärung, dass die Leistung als vertragsgerecht entgegen genommen werden soll, schlechterdings nicht annehmen können. Im Einzelfall kann schon aufgrund von Mängelrügen von einem Verzicht nicht ausgegangen werden.[1]

Beispiel

Wenn die Leistung über einen längeren Zeitraum in Gebrauch genommen wurde oder auch dem eigenen Auftraggeber übergeben wurde, wird man an einen Verzicht auf die Durchführung der förmlichen Abnahme denken können. Entschieden hat dies der BGH für den Fall, dass der Auftraggeber mehrere Monate auf eine Schlussrechnung und hierauf erfolgte Mahnungen geschwiegen hat.[2]

Da es sich um Ausnahmetatbestände handelt, ist Vorsicht geboten. So soll nach einer Entscheidung des OLG Düsseldorf vom 20.11.1998[3] die bloße Anforderung einer Schlussrechnung durch den Auftraggeber/Besteller noch kein Verzicht auf die förmliche Abnahme sein, weil zur Legung der Schlussrechnung nur die Fertigstellung der Arbeiten erforderlich sein soll, nicht jedoch die Abnahme. Im entschiedenen Fall waren jedoch ohnehin fortwährend Mängel gerügt worden, die auch als wesentlich einzustufen waren, nämlich Unebenheiten am Außenputz. Ansonsten wäre die Auffassung des OLG Düsseldorf jedenfalls bei einem VOB/B-Vertrag zumindest zweifelhaft. Allgemein wird vertreten, dass die Schlussrechnung mit abnahmefähiger Fertigstellung zu legen sei.[4] Geht auch ein Auftraggeber hiervon aus, könnte man in der Anforderung zumindest einen Ansatz auch für eine schlüssige Abnahme erkennen.

Im Einzelfall Berufung auf förmliche Abnahme treuwidrig

Hinzu kommt noch der Umstand, dass es Entscheidungen des BGH gibt, in welchen kein Verzicht auf die Durchführung einer förmlichen Abnahme angenommen wurde, sondern dem Auftraggeber die Berufung auf dieses Abnahmeverfahren verweigert wurde. So hat der der BGH[5] in einer Einzelfallentscheidung angenommen, dass ein Auftraggeber binnen 12 Werktagen nach Zugang der Schlussrechnung einen Termin zur Abnahme anberaumen müsse, ansonsten er sich nach Treu und Glauben nicht auf die förmliche Abnahme berufen könne.

Hierbei handelt es sich um eine Einzelfallentscheidung. Üblicherweise werden längere Zeiträume zugrundegelegt, bevor sich ein Auftraggeber/Besteller nicht mehr auf die fehlende förmliche Abnahme berufen kann. Sofern die Voraussetzungen für die Abnahme vorliegen, ist jedenfalls nach jahrelanger Nutzung des Bauwerks die Berufung auf fehlende förmliche Abnahme treuwidrig.[6]

Fraglich ist in diesem Zusammenhang noch die Frage, ab wann bei einer vereinbarten, aber nicht durchgeführten Abnahme, von dem Vorliegen einer schlüssigen Abnahme ausgegangen werden kann. Richtig dürfte sein, dass zunächst ein gewisser Zeitraum bis zur Annahme des Verzichts

---

1 Kniffka, § 640 Rdn. 61
2 BGH, BauR 1977, 344
3 BauR 1999, 404 ff.
4 Leinemann-Sterner, § 14 Rdn. 36
5 BauR 1989, 727
6 OLG Bamberg, BauR 1998, 892: nach 6 Monaten keine Berufung auf förmliche Abnahme, wenn in diesem Zeitraum förmlich abzunehmen war; OLG Düsseldorf, Urteil vom 30.09.2002, IBR 2003, 669; jüngst auch OLG Jena, Urteil vom 25.05.2005-4 U 159/02, über ibr-online abrufbar

verstrichen sein muss und dass erst dann das Vorliegen der Abnahme bejaht werden kann.[1] Hier muss wieder die Definition der Abnahmeerklärung herangezogen werden. Wir meinen, dass entscheidend der Moment sein muss, in welchem der Besteller (schlüssig) erklärt, dass er die Leistung als vertragsgerecht entgegennimmt. Dies wird frühestens sein, wenn er das förmliche Verfahren eben nicht mehr durchführen will. Solange nicht davon auszugehen ist, dass er auch ohne förmliches Verfahren abnehmen will, kann man sein Verhalten bereits nicht als Abnahme werten (weil er ja eben nur im förmlichen Verfahren abnehmen will).

Die förmliche Abnahme im Rechtsstreit

Fraglich ist, wie mit der vereinbarten förmlichen Abnahme umzugehen ist, wenn der Besteller erst im Rechtsstreit einwendet, dass eine förmliche Abnahme vereinbart worden sei und diese nicht durchgeführt wurde.

Wendet in einem Rechtsstreit der Auftraggeber ein, es müsse eine förmliche Abnahme durchgeführt werden, werden zu diesem Einwand unterschiedliche Auffassungen vertreten. Eine Auffassung meint, dass für den Fall, dass keine Mängel vorgetragen werden, das Verlangen nach einer förmlichen Abnahme treuwidrig sein soll.

Ganz grundsätzlich ist zunächst darauf hinzuweisen, dass es in der Tat Rechtsprechung gab, die es als ausreichend erachtet hat, dass vom Auftragnehmer gar nichts zur Abnahme vorgetragen wurde. Wurden vom Besteller keine Mängel vorgetragen, kam es auf die Abnahme eben nicht an.[2]

Ist jedoch vereinbart, dass eine Abnahme förmlich durchzuführen ist, bestehen gegenüber dieser Auffassung Zweifel. Die Auffassung kann bei vereinbarter förmlicher Abnahme nur dann zutreffend sein, wenn tatsächlich die Parteien auf diese Abnahmeform verzichtet haben oder wenn eben eine Berufung auf fehlende Abnahme treuwidrig wäre.

Von daher hat das OLG Schleswig[3] auch konsequent eine Vergütungsklage abgewiesen, wenn eine förmliche Abnahme vereinbart bzw. verlangt worden war, diese aber nicht durchgeführt worden ist. In einem solchen Fall könnte man allenfalls daran denken, dass der Auftragnehmer durch seine Klageeinreichung schlüssig auch die Abnahme verlangt.

11 *Regelungen zur Durchführung der förmlichen Abnahme*

Wie ein förmliches Verfahren dann durchzuführen ist, ist oft vertraglich nicht geregelt. Dies ist unschädlich, wenn die Parteien die VOB/B vereinbart haben. Dort heißt es in § 12 Nr. 4:

„(1) Eine förmliche Abnahme hat stattzufinden, wenn eine Vertragspartei es verlangt. Jede Partei kann auf ihre Kosten einen Sachverständigen zuziehen. Der Befund ist in gemeinsamer Verhandlung schriftlich niederzulegen. In die Niederschrift sind etwaige Vorbehalte wegen bekannter Mängel und wegen Vertragsstrafen aufzunehmen, ebenso etwaige Einwendungen des Auftragnehmers. Jede Partei erhält eine Ausfertigung.

(2) Die förmliche Abnahme kann in Abwesenheit des Auftragnehmers stattfinden, wenn der Termin vereinbart war oder der Auftraggeber mit genügender Frist dazu eingeladen hatte. Das Ergebnis ist dem Auftragnehmer alsbald mitzuteilen.“

Zweck der förmlichen Abnahme ist es, gemeinsame Feststellungen zu treffen. Dies hat sicherlich den Vorteil, frühzeitig Meinungsverschiedenheiten zu klären oder jedenfalls solche herauszuarbeiten. Weiter können Beweisschwierigkeiten und Unklarheiten reduziert werden durch gemeinsame Feststellungen. Insoweit ergeben sich Parallelen zum gemeinsamen Aufmaß.

---

[1] Werner/Pastor, Rdn. 1355

[2] OLG Hamm, BauR 1993, 741; zitiert von Kniffka, § 641 Rdn. 8

[3] OLG Schleswig, Urteil vom 04.04.2003-1 U 162/02, IBR 2003, 1079 (nur online)

Vorbehalte müssen im Rahmen der förmlichen Abnahme in die Niederschrift selbst aufgenommen werden, was ebenfalls Unklarheiten beseitigt.

Die Regelungen beschränken sich letztlich darauf, dass jede Partei einen Sachverständigen hinzuziehen kann, der Befund in gemeinsamer Verhandlung schriftlich niedergelegt wird und dass in diesen Vorbehalte wegen Mängeln und Vertragsstrafen aufzunehmen sind wie auch Einwendungen des Auftragnehmers. So spärlich diese Regelungen auch sein mögen, sie sind bei vereinbarter förmlicher Abnahme umzusetzen, wenn die förmliche Abnahme von Anfang vereinbart ist oder wenn sie eben von einer Vertragspartei verlangt wird.

Zur förmlichen Abnahme sollte ein Termin gemeinsam festgelegt werden, bei dem beide Parteien – grundsätzlich – anwesend sein müssen.

Eine einseitige Festlegung durch entsprechende Einladung ist möglich, wobei die abzunehmende Leistung exakt bezeichnet werden muss. Als **angemessene Ladungsfrist** wird gemeinhin die von § 12 Ziffer 1 VOB/B (12 Werktage) angenommen. Sofern ein Termin nicht bestimmt wird trotz entsprechender Anregung des Auftragnehmers, ist der Auftragnehmer berechtigt, den Auftraggeber zu mahnen. Abgesehen hiervon kann dann gleichzeitig die Fiktion des § 640 Abs. 1 Satz 3 BGB eintreten, wenn nämlich die angemessene Frist abläuft.

Sofern auch eine Mahnung erfolglos bleibt, kann der Auftragnehmer eine Frist zur Bestimmung des Termins und zur Erklärung der Abnahme bestimmen, sofern er dies nicht schon vorher getan hat. Mit Fristablauf liegt dann sowohl Gläubigerverzug als auch Schuldnerverzug vor. Aufgrund des Schuldnerverzugs ist der Auftragnehmer im Wege des Schadensersatzes (§ 286 BGB i.V.m. § 280 BGB) dann so zu stellen, als hätte der Auftraggeber seine Verpflichtung erfüllt. Letztlich führt dies dann dazu, dass die Verjährungsfrist für Sachmängelansprüche beginnt und sich die Beweislast umkehrt. Aufgrund von § 640 Abs. 1 Satz 3 BGB, der bei dieser Konstellation ja ohnehin zur Abnahme führt, kann der Umweg über den Schuldnerverzug allenfalls noch eine Rolle spielen, wenn § 640 Abs. 1 Satz 3 BGB individualvertraglich abbedungen wurde.

Eine Abnahme in Abwesenheit des Auftraggebers kann der Auftragnehmer anders als der Auftraggeber (§ 12 Ziffer 4 Absatz 2 VOB/B) nicht durchführen. Dies wird vor dem Hintergrund klar, dass die Abnahme schließlich eine Erklärung des Auftraggebers ist.

Die Hinzuziehung eines **Sachverständigen ist freigestellt**. Jede Partei hat die Kosten des Sachverständigen zu tragen.

Das Abnahmeprotokoll

Der Befund, also festgestellte Mängel nebst etwaigen Einwendungen des Auftragnehmers, ist in schriftlicher Niederschrift aufgrund gemeinsamer Verhandlung festzuhalten, also in gleichzeitiger Anwesenheit beider Vertragsteile. Beide Parteien haben die Möglichkeit, gleichberechtigt zu Wort zu kommen.

In dem Protokoll sind Vorbehalte wegen bekannter Mängel sowie wegen einer etwa verwirkten Vertragsstrafe aufzunehmen. Ohne Aufnahme in das Protokoll sind diese Vorbehalte nicht wirksam erklärt! Auch wenn die Vertragsparteien irrig davon ausgehen, einer Aufnahme in das Protokoll bedürfe es nicht, ändert dies nichts an der fehlenden Erklärung. Bei der Erstellung des Protokolls ist daher größte Vorsicht geboten.

Dies mag bei Sachmängelansprüchen unter Umständen nicht so gravierend sein, da der Schadenersatzanspruch nach §§ 634 Nr. 4 BGB, 13 Nr. 7 VOB/B bei Vorliegen von Verschulden gleichwohl bestehen kann. Die Vertragsstrafe kann demgegenüber endgültig nicht mehr geltend gemacht werden. Eine wichtige Ausnahme ist die, dass im Vertrag geregelt ist, dass der Vorbehalt bis zur Schlusszahlung erklärt werden darf. Der BGH hat eine solche Klausel für zulässig erachtet.[1]

---

[1] BGH, BauR 2000, 1758

Der Vorbehalt ist erklärt, wenn er vor Leistung der Unterschrift vermerkt wird, soweit vereinbarungsgemäß eine von beiden Parteien zu unterzeichnende Niederschrift zu erstellen ist. Die Unterschriftsleistung gehört jedenfalls dann zur Abnahme, wenn zwischen Begehung und Niederschrift ein enger zeitlicher Zusammenhang besteht.

Andererseits bedeutet die Unterschrift des Auftragnehmers unter dem Protokoll jedenfalls grundsätzlich kein Anerkenntnis bestehender Mängel oder der verwirkten Vertragsstrafe. Mit der Unterschrift wird aus Sicht des Auftragnehmers lediglich bestätigt, dass die Vorbehalte erklärt wurden und Mängel angezeigt wurden. Dies gilt jedenfalls, soweit in dem Protokoll nur festgehalten wird, dass Mängel vorbehalten wurden bzw. dass die Abnahme mit dem Vorbehalt bestimmter Mängel, die dann genannt werden, erklärt wird.

Hier ist allerdings zumindest Vorsicht geboten, wenn andere Formulierungen verwendet werden. So kann es z.B. sein, dass formuliert wird:

- *„Folgende Mängel wurden festgestellt: .....“*
- *„Der Auftragnehmer wird nachfolgend näher bezeichnete Mängel bis zum . ..... beseitigen.“*

Auch mit solchen Formulierungen muss noch kein Anerkenntnis des Auftragnehmers oder eine gemeinsame Feststellung zum Ausdruck kommen, weil ja nicht vergessen werden darf, dass eine Abnahme erfolgt und dass aus Sicht des Auftragnehmers der Auftraggeber gezwungen ist, Vorbehalte zu erklären. Auch hier kann also die Unterschrift des Auftragnehmers zum Ausdruck bringen, dass er die Vorbehalte nur zur Kenntnis nimmt. Hier lässt sich das Ergebnis einer späteren richterlichen Auslegung allerdings schon nicht mehr sicher voraussagen. Deshalb sollte ein Auftragnehmer auf eine Klarstellung drängen für den Fall, dass er die Auffassung des Auftraggebers über das Vorliegen von Mängeln nicht teilt. Er muss dann auf anderer Protokollformulierung bestehen oder seine Unterschrift mit Einschränkungen versehen (z.B. „Mangelpunkte werden zur Kenntnis genommen“).

Der Auftragnehmer sollte und muss ungeprüft auch nicht etwa zum Ausdruck bringen, dass er die Mangelbehauptungen ablehnt. Dies könnte nämlich dazu führen, dass er im Ergebnis sein Nacherfüllungsrecht verliert, weil eine ernsthafte und endgültige Erfüllungsverweigerung angenommen wird. Ist dies der Fall, kann der Auftraggeber auch ohne weitere Fristsetzungen zur Selbstvornahme schreiten.

11

Regelmäßig werden auch Angaben zum Beginn, zur Dauer und zum Ende der Gewährleistungsfrist gemacht. Auch hier ist Vorsicht geboten.

Beispiel

Die Parteien haben einen Vertrag geschlossen auf der Grundlage der VOB/B. Hierzu ist es gekommen, weil keine Zeit für den Auftraggeber war, ein ausgeklügeltes Vertragswerk auszuformulieren. Vielmehr wurde ein Angebot des Auftragnehmers unter Hinweis darauf, dass die VOB/B Vertragsgrundlage wird, schlicht angenommen. Bei der Abnahme am 12.05.2005 werden nun im Protokoll an entsprechender Stelle handschriftlich Daten eingegeben, sodass es heißt: „Beginn der Gewährleistung: 13.05.2005 – Ende der Gewährleistung: 12.05.2010“.

An und für sich wäre bei Vereinbarung der VOB/B eine vierjährige Frist zugrundezulegen. Der Auftraggeber wird nunmehr einwenden, dass die Gewährleistungsfrist verlängert wurde. Ein solcher Fall kann nur anhand der Umstände des Einzelfalls entschieden werden. Die VOB-Stelle Sachsen-Anhalt[1] hatte in einem umgekehrten Fall, dass irrtümlich die Gewährleistungsfrist verkürzt wurde, die Möglichkeit einer Anfechtung erwogen. Hier ist allerdings im Einzelfall zu prüfen, ob überhaupt eine Vertragsänderung vorliegt. Dazu müssten die Erklärungen nämlich im Bewusstsein abgegeben worden sein, überhaupt eine vertragsrelevante Erklärung vorzunehmen. Üblicherweise sollen nämlich die Angaben im Abnahmeprotokoll aus Sicht des Auftragnehmers

---

1 IBR 2001, 171 mit Anmerkung Schelle, der auf eine versehentliche Falschbezeichnung hinweist und die möglicherweise hieraus folgende Irrelevanz anderer Angaben als aus dem Vertrag ersichtlich

nur klarstellende Funktion haben. Liegen keine Anhaltspunkte dazu vor, dass eine Vertragsänderung gewollt war, kann man auch nicht ohne Weiteres von einer Vertragsänderung ausgehen. Hier kommt es jedoch maßgeblich auf die Umstände des Einzelfalls an.

11.10.6 Stillschweigende Abnahme durch schlüssiges bzw. konkludentes Verhalten

Im Falle einer schlüssigen Abnahme erklärt der Auftraggeber zwar nicht ausdrücklich „Ich nehme ab“ oder „Ich billige die Leistungen als im Wesentlichen vertragsgerecht erbracht“, jedoch lässt sich aus dem an den Tag gelegten Verhalten für einen objektiven Dritten eindeutig der Erklärungsgehalt entnehmen, dass der Auftraggeber die Leistung des Auftragnehmers als im wesentlichen vertragsgerecht annehmen will.

Nicht zu verwechseln ist die schlüssige Abnahme mit der **sogenannten fiktiven Abnahme**, auch wenn gemeinsame Anknüpfungspunkte vorliegen können wie z.B. bei der Ingebrauchnahme.

Als geradezu klassisches Beispiel für eine stillschweigende Abnahme durch schlüssiges Verhalten wird die beanstandungslose Benutzung des Leistungsgegenstands genannt. Da jedoch das heranzuziehende Verhalten eindeutig sein muss, muss mehr hinzukommen als nur der Beginn der Nutzung. Ganz sicher kann der Beginn der Nutzung dann keine Relevanz haben, wenn die Ingebrauchnahme nur unter dem Druck der Verhältnisse geschieht (Beispiel: Bezug eines Hauses, weil die Mietwohnung zu einem bestimmten Zeitpunkt gekündigt wurde und der Möbelwagen vor der Haustür steht). Die Rechtsprechung ist sich zwischenzeitlich darüber einig, dass in der Regel ein bestimmter Zeitraum verstrichen sein muss, in welchem der Besteller die Leistung **geprüft** haben muss. Wie lange dieser Zeitraum sein muss, bevor eine schlüssige Abnahme vorliegt, hängt vom Einzelfall ab.

Weiteres Beispiel für eine Abnahme durch schlüssiges Verhalten kann die Vornahme der vollständigen oder nahezu vollständigen Zahlung des Werklohnes sein.

Beim Bezug ist folgendes zusätzlich zu beachten.

Um das Merkmal „Billigung der Leistung als vertragsgerecht“ hinreichend zu berücksichtigen, wird man dem Besteller eine gewisse Nutzungsdauer als Prüfungszeitraum einräumen müssen. Erst danach kann aus der Nutzung der eindeutige Schluss gezogen werden, es handele sich um eine Entgegennahme des Leistungsobjekts als im Wesentlichen vertragsgemäß. Es muss hier jeweils das Verhalten analysiert werden.

Beachtet werden sollte auch die Entscheidung des Bundesgerichtshofs vom 10.06.1999[1], die im Leitsatz lautet:

„Der Einzug in das Bauwerk oder dessen Nutzung sind jedenfalls dann keine hinreichende Grundlage für eine konkludente Abnahme, wenn der Auftraggeber vor dem Einzug oder der Nutzung die Abnahme zu Recht auf Grund von Mängeln verweigert hat, die zum Zeitpunkt des Einzugs oder der Nutzung nicht beseitigt worden sind. Der Auftraggeber ist in einem derartigen Fall nicht gehalten, beim Einzug oder mit dem Beginn der Nutzung die Abnahmeverweigerung zu wiederholen.“

Dieser Grundsatz gilt bei jeglicher schlüssigen Abnahme. Werden wesentliche Mängel eingewandt, kann selbst die jahrelange Nutzung nicht als schlüssige Abnahme gewertet werden. Dies hat der BGH klargestellt.[2] Es lassen sich nun beliebig weitere Handlungen aufzählen. Immer wird ein Gericht im Einzelnen exakt untersuchen, ob durch das Verhalten wirklich eindeutig die Abnahme zum Ausdruck kommt.

---

[1] BauR 1999, 1186 ff.,

[2] BGH, BauR 2004, 670

Als Beispiel der Abnahme kommen auch Handlungen des Bestellers in Betracht, die auf Leistungen des Unternehmers zwingend aufbauen. Beanstandet der Besteller die Leistungen der Vertikalabdichtung nicht und lässt er dann die Außenanlagen errichten, kann hierin zum Ausdruck kommen, dass er die Leistungen des Unternehmers als vertragsgerecht billigt.

11.10.7 Fiktive Abnahme

Die fiktive Abnahme ist im Gegensatz zur stillschweigenden Abnahme keine rechtsgeschäftliche Abnahme, auch wenn dies oft verwechselt wird. Es handelt sich streng genommen um gar keine Abnahme im Sinne der mehrfach erläuterten Billigung durch den Besteller/Auftraggeber, weil es auf die Erklärung überhaupt nicht ankommt. Es wird vielmehr die Abnahme fingiert oder anders ausgedrückt unterstellt, ohne dass es auf den Willen des Auftraggebers ankäme.

Gesetzliche Abnahmefiktion des § 640 Abs. 1 Satz 3 BGB

Bei Vereinbarung der förmlichen Abnahme bzw. bei einem entsprechenden Verlangen danach kann eine fiktive Abnahme nach § 12 Nr. 5 VOB/B – zumindest zunächst – nicht in Betracht kommen.[1] Das ist herrschende Auffassung. Bei vereinbarter förmlicher Abnahme soll dem Auftraggeber zunächst das Recht eingeräumt sein, die Abnahme in einem förmlichen Verfahren entweder ausdrücklich zu erklären bzw. diese ausdrücklich zu verweigern. Dem widerspräche es, wenn die Abnahmemöglichkeiten des § 12 Nr. 5 VOB/B, die ja ein Abnahmeverlangen gerade nicht voraussetzen, eingreifen könnten.

Wie aber verhält es sich mit der gesetzlich nunmehr in § 640 Abs. 1 Satz 3 BGB geregelten Abnahmefiktion? § 640 Abs. 1 Satz 3 BGB lautet wörtlich:

„Der Abnahme steht es gleich, wenn der Besteller das Werk nicht innerhalb einer ihm vom Unternehmer bestimmten angemessenen Frist abnimmt, obwohl er dazu verpflichtet ist."

11

Selbstverständlich muss es für den Auftraggeber möglich sein, trotz Einführung des § 640 Abs. 1 Satz 3 BGB die Durchführung einer förmlichen Abnahme wirksam zu vereinbaren, sodass diese zunächst auch durchgeführt werden müsste. Die Durchführung der förmlichen Abnahme steht auch gar nicht im Widerspruch zur Abnahmefiktion des § 640 Abs. 1 Satz 3 BGB. Allerdings ist darauf zu achten, dass man bei der Ermittlung der Angemessenheit der Frist des § 640 Abs. 1 Satz 3 BGB den Umstand berücksichtigen muss, dass die Durchführung der Abnahme aufgrund der vertraglichen Vereinbarung förmlich erfolgen muss. Gleiches gilt, wenn die Durchführung der förmlichen Abnahme vom Auftraggeber nach § 12 Nr. 4 VOB/B verlangt wird. In diesen Fällen ist die Frist, binnen derer abgenommen werden muss, länger zu bemessen, als wenn keine förmliche Abnahme vereinbart oder auch verlangt wäre.

Nach zutreffender Auffassung soll § 640 Abs.1 Satz 3 BGB gesetzliches Leitbild sein, sodass diese Abnahmefiktion vom Auftraggeber auch nicht abbedungen werden kann, jedenfalls nicht durch vorformulierte Vertragsbedingungen.[2]

Das heißt, der Unternehmer/Auftragnehmer kann die ohne Zweifel bestehenden Rechtsunsicherheiten dazu,

- wie bei einer vereinbarten förmlichen Abnahme zu verfahren ist,
- ob der Auftraggeber möglicherweise auf die Durchführung verzichtet hat,
- ob möglicherweise eine schlüssige Abnahme erfolgt ist usw.

schlicht und ergreifend dadurch ausräumen, dass er gemäß § 640 Abs. 1 Satz 3 BGB den Besteller nach abnahmefähiger Fertigstellung ausdrücklich dazu auffordert, seine Leistungen binnen angemessener Frist abzunehmen.

---

[1] BGH, BauR 1984, 167

[2] Kniffka, § 640 Rdn. 74

Kommt der Besteller dieser Aufforderung nicht nach, gilt die Abnahme als erfolgt mit nahezu sämtlichen Wirkungen!

Eine Ausnahme gilt nur für den möglichen Verlust von Ansprüchen wegen bekannter Mängel. Der Besteller verliert diese bei der fiktiven Abnahme nach § 640 Abs. 1 Satz 3 BGB nicht, auch wenn er keinen Vorbehalt erklärt. § 640 Abs. 2 BGB verweist eben nur auf § 640 Abs. 1 Satz 1 BGB. Wie mit Vertragsstrafenansprüchen zu verfahren ist, ist streitig.

Streitig ist, wer zu **beweisen** hat, dass die Abnahmevoraussetzungen bei der Abnahmeaufforderung gemäß § 640 Abs. 1 Satz 3 BGB auch vorliegen. Hier scheint der Gesetzeswortlaut dafür zu sprechen, dass der **Unternehmer die Beweislast** dafür trägt. Auch diese Frage ist streitig. Hier wird auch vertreten, dass auf die Situation abzustellen sei, wie Sie zur Zeit des Abnahmeverlangens vorlag. Waren zu diesem Zeitpunkt Mängel nicht in Erscheinung getreten, sollen die Abnahmewirkungen oder jedenfalls die Beweislastumkehr eintreten.[1] Auf diese Auffassung wird man sich als Unternehmer jedoch angesichts des Gesetzeswortlauts nicht verlassen können.

Die überaus wichtige Regelung des § 640 Abs. 1 Satz 3 BGB gilt auch beim VOB/B-Vertrag.[2]

Abnahmefiktionen des § 12 Nr. 5 VOB/B

Nachfolgend sollen die Abnahmefiktionen des § 12 Nr. 5 VOB/B dargestellt werden. Es müssen die Voraussetzungen des § 12 Ziffer 5 VOB/B vorliegen und es muss die Leistung nach herrschender Auffassung zumindest im Wesentlichen fertiggestellt sein.

Bevor Einzelheiten der fiktiven Abnahme erörtert werden, sei bemerkt, dass im gewerblichen Rechtsverkehr die fiktive Abnahme des § 12 Nr. 5 VOB/B keine so große Rolle spielt. Üblicherweise – jedenfalls wenn das Angebot an Bauleistungen die Nachfrage überwiegt – „diktiert" der Auftraggeber die Einzelheiten des Vertrags durch Allgemeine Geschäftsbedingungen. In diesen wird oftmals die fiktive Abnahme nach § 12 Nr. 5 VOB/B ausgeschlossen. Nach zutreffender Auffassung ist dies zwar für die gesetzliche Fiktion des § 640 Abs. 1 Satz 3 BGB wirksam nicht möglich[3], für die Abnahmefiktionen des § 12 Nr. 5 VOB/B sehr wohl.

Zuweilen wird auch nicht ausdrücklich die fiktive Abnahme des § 12 Nr. 5 VOB/B ausgeschlossen (der öffentliche Auftraggeber darf dies ohne Weiteres auch nicht, wenn er nach der VOB/A vergibt), sondern es wird im Vertrag selbst bereits das Abnahmeverlangen nach § 12 Nr. 4 VOB/B gestellt bzw. es wird – ohne dass ausdrücklich die fiktive Abnahme ausgeschlossen wäre – die Durchführung der förmlichen Abnahme vereinbart. 11

Beides schließt grundsätzlich eine fiktive Abnahme nach § 12 Nr. 5 VOB/B aus, weil dies dem Verlangen nach förmlicher Abnahme widerspräche. Hier kommt eine fiktive Abnahme, so sie nicht ohnehin ausgeschlossen ist, allenfalls in Betracht, wenn der Besteller sich nach Treu und Glauben nicht auf die Durchführung der förmlichen Abnahme berufen kann.

Auf die zwei Fälle der fiktiven Abnahme des § 12 Nr. 5 VOB/B soll daher nur kurz eingegangen werden. Beide Fälle können nur eintreten, wenn

- weder die Abnahme berechtigt verweigert wurde nach § 12 Ziffer 3 VOB/B
- noch eine ausdrückliche Abnahme verlangt wurde, unabhängig davon, ob eine förmliche Abnahme verlangt wird.

---

[1] Kniffka, § 640, Rdn. 66
[2] Kniffka, § 640, Rdn. 73
[3] dagegen z.B. Kniffka, ibr-online-Kommentar, § 641 BGB, Rdn. 73

§ 12 Ziffer 5 Abs. 1 VOB/B

§ 12 Ziffer 5 Abs. 1 VOB/B lautet:

„Wird keine Abnahme verlangt, so gilt die Leistung als abgenommen mit Ablauf von 12 Werktagen nach schriftlicher Mitteilung über die Fertigstellung der Leistung."

Die Fertigstellungsmitteilung in schriftlicher Form kann ausdrücklich als Erklärung erfolgen, die Leistungen seien vollendet und abnahmefähig, sie kann aber auch auf andere Art erfolgen, sofern klar zum Ausdruck kommt, die Leistungen seien fertig gestellt. Von der Rechtsprechung wird dies regelmäßig in der Zusendung einer als solches eindeutig gekennzeichneten Schlussrechnung gesehen.[1] Weiteres Beispiel ist die Mitteilung, man habe die Baustelle wegen der Fertigstellung der Leistungen beräumt. Auch die Übersendung einer Rechnung mit dem Vermerk „ausgeführte Dachdeckerleistungen" soll genügen, außerdem und noch eindeutiger die Übersendung einer Rechnung mit dem Vermerk „ordnungsgemäß ausgeführte Leistungen".

§ 12 Ziffer 5 Abs. 2 VOB/B

§ 12 Ziffer 5 Abs. 2 VOB/B lautet:

„Wird keine Abnahme verlangt und hat der Auftraggeber die Leistung oder einen Teil der Leistung in Gebrauch genommen, so gilt die Abnahme nach Ablauf von 6 Werktagen nach Beginn der Nutzung als erfolgt, wenn nichts anderes vereinbart ist. Die Benutzung von Teilen einer baulichen Anlage zur Weiterführung der Arbeiten gilt nicht als Abnahme."

Typischer Beispielsfall ist der bereits erwähnte Bezug eines Hauses bzw. der Einzug in ein neu errichtetes bzw. um- oder ausgebautes Gebäude. Weitere Beispiele, die im Übrigen auch für eine schlüssige Abnahme Bedeutung haben können, sind z.B. die Freigabe einer Brücke oder Straße für den Verkehr, die Inbetriebnahme eines Kraftwerks, die Aufnahme der Fabrikation oder beispielsweise die Inbetriebnahme einer zu verlegenden Leitung.

Ein oft vorkommender Fall ist der, dass Leistungen eines Subunternehmers von dessen Auftraggeber gar nicht selbst genutzt werden. Hier wird man im Rahmen der Inbenutzungnahme darauf abstellen müssen, dass der Auftraggeber (Haupt- oder Generalunternehmer) die Leistungen seinem eigenen Auftraggeber zur Benutzung überlässt und dieser sie nutzt.[2]

Die Inbenutzungnahme von Leistungen zur Weiterführung von Arbeiten gilt nicht als Abnahme, was z.B. für die Nutzung eines Rohbaus zum Ausbau gilt. Generell gilt, dass sich der Gebrauch auf einen Zweck beziehen muss, der sich aus dem Endzweck der bestimmungsgemäßen Errichtung ergibt (Wohnen im Haus, Fahren auf der Straße usw.).

Allerdings kann der Umstand, dass Leistungen des Unternehmers zur Fortführung anderer Arbeiten benutzt werden, durchaus als Anhaltspunkt für eine schlüssige Abnahme in Betracht kommen.

Bei der fiktiven Abnahme nach beiden Fällen des § 12 Nr. 5 VOB/B ist zu beachten, dass die Regelungen des § 12 Nr. 5 Abs. 1, 2 VOB/B als Allgemeine Geschäftsbedingungen an sich gegen **§ 308 Nr. 5 BGB** verstoßen. Lediglich dann, wenn die VOB „als Ganzes" vereinbart wurde, greift die Ausnahmeregelung des § 305 Nr. 5 a. E. BGB ein. Ist die VOB/B durch Bedingungen des Bauvertrags auch nur geringfügig modifiziert worden, sind die Bestimmungen über die fiktive Abnahme nach § 308 Nr. 5 BGB unwirksam.

---

[1] z.B. BGH, NJW 1971, 831

[2] so jedenfalls KG, BauR 1973, 244

11.10.8 Die Verpflichtung zur Abnahme – Voraussetzungen

Wesentliche Mängel; Prüfungsmöglichkeiten

Wesentliche Mängel

Nachdem wir nun ganz wesentliche Gesichtspunkte der Abnahme erörtert haben, ist noch die entscheidende Frage zu erörtern, ab welchem Zeitpunkt dem Unternehmer ein Anspruch auf Abgabe der so wichtigen Abnahmeerklärung zusteht bzw. bis zu welchem Zeitpunkt der Auftraggeber bzw. Besteller berechtigt ist, die Abnahme zu verweigern.

Die konkrete Abnahmeverweigerung spielt naturgemäß nur bei der ausdrücklichen, insbesondere bei der förmlichen Abnahme, eine Rolle.

Die Kriterien, unter welchen die Abnahme verweigert werden darf, spielten insbesondere im Vergütungsprozess eine wichtige Rolle, wenn nämlich der Auftragnehmer seinen Werklohn einklagt, ohne dass eine Abnahme vorher erfolgt wäre. Es gibt zwar insoweit Rechtsprechung, worauf es im Rahmen der Werklohnklage ohnehin nicht auf die Abnahme selbst ankommt, sondern nur darauf, ob Abnahmefähigkeit vorliegt.[1] Haben die Parteien eine förmliche Abnahme vereinbart, kann dies zumindest ohne Weiteres nicht richtig sein. Streitig ist weiter, ob dies auch seit der Einführung des § 640 Abs. 1 Satz 3 BGB gilt. Es gibt hier die – durchaus nachvollziehbare – Auffassung, dass ein Auftragnehmer zunächst einmal zur Abnahme auffordern muss.

Auch deshalb ist einem Auftragnehmer dringend zu raten, den Besteller zur Abnahme ausdrücklich aufzufordern.

Oftmals hat das Gericht nun zu klären, ob der Auftraggeber die Abnahme verweigern darf oder nicht. Darf der Besteller die Abnahme verweigern, ist jedenfalls der Anspruch auf Schlusszahlung nicht fällig. **Aber:** Wenn der Besteller die Abnahme verweigern darf, kann der Auftragnehmer einen zuvor begründeten Anspruch auf Abschlagszahlung geltend machen, allerdings nur Zug um Zug gegen Mängelbeseitigung.[2]

Auch nach dem BGB kann inzwischen die Abnahme nur wegen **wesentlicher** Mängel verweigert werden. Dies ergibt sich aus § 640 Abs. 1 Satz BGB:

„Wegen unwesentlicher Mängel kann die Abnahme nicht verweigert werden.“

Nach der VOB/B kann die Abnahme nur wegen wesentlicher Mängel bis zur Beseitigung verweigert werden. Dies ergibt sich aus § 12 Nr. 3 VOB/B:

„Wegen wesentlicher Mängel kann die Abnahme bis zur Beseitigung verweigert werden.“

Der Begriff „wesentlich“ birgt, wie man sich unschwer vorstellen kann, Raum für Auslegungen. Versuche, den Begriff zu definieren, scheitern in der Regel daran, dass inhaltlich wiederum auf unbestimmte Rechtsbegriffe zurückgegriffen wird. Rechtsstreite wurden und werden im Hinblick auf die Schlusszahlung oft an dem Punkt entschieden, ob Abnahmefähigkeit vorliegt. Einigermaßen sicher lässt sich der Ausgang eines Rechtsstreits nur prognostizieren, wenn Entscheidungen von Obergerichten zu bestimmten Sachverhalten bereits vorliegen.

Für die Wesentlichkeit eines Mangels sind maßgebend Art, Umfang und die Auswirkungen eines Mangels. Falsch wäre es, mittels fester Beseitigungskosten bei Mängeln eine Grenze festzumachen, mit der die Wesentlichkeit überschritten ist. Diese können jedoch durchaus ein Indiz für das Vorliegen wesentlicher Mängel darstellen. So hat das OLG Hamburg[3] dem Umstand, dass die Beseitigungskosten 10 % des vereinbarten Werklohns ausmachen, entscheidende Bedeutung zugemessen.

---

[1] OLG Hamm, BauR 1993, 741; zitiert von Kniffka, § 641 Rdn. 8

[2] BGH, BauR 2000, 1482

[3] BauR 2003, 1590

Ist die Funktionalität eines Bauwerks fühlbar beeinträchtigt, so wird ein Mangel in aller Regel wesentlich sein.[1]

Als Beurteilungskriterien können gelten

- Höhe der Beseitigungskosten,
- Schwierigkeit und Umfang der Mängelbeseitigungsarbeiten, Beeinträchtigung des Bestellers im Rahmen der Nachbesserung
- Grad der Funktionsbeeinträchtigung der Leistung, Umfang und Gewicht einer etwaigen optischen Beeinträchtigung sowie
- etwaiges Verschulden (ansonsten unerheblich für die Frage, ob ein Mangel überhaupt vorliegt).

Zu beachten ist auch, dass eine Vielzahl von im Grunde für sich betrachtet unwesentlichen Mängeln wieder zur Abnahmeverweigerung führen können.

Zusammenfassend lässt sich feststellen, dass die Frage, ob ein zur Abnahmeverweigerung berechtigender wesentlicher Mangel vorliegt, eine Einzelfallentscheidung ist.

Man wird bei Arbeiten an der Bauwerksabdichtung allerdings nach den vorstehend dargestellten Kriterien bei Gerichten sehr strenge Anforderungen an die Abnahmefähigkeit voraussagen können. Dies liegt unter anderem daran, dass die Abdichtung eines Gebäudes für den Bestand und die dauerhafte ungestörte Nutzung von zentraler Bedeutung ist. Es ist davon auszugehen, dass Gerichte hier sozusagen von Natur aus zur Annahme wesentlicher Mängel neigen werden.

Prüfungsrecht des Auftraggebers

Allgemeines

Besonders zu untersuchen ist noch der Fall, dass ein Unternehmer die Abnahme verlangt, der Auftraggeber jedoch einwendet, dass er die Leistungen gar nicht prüfen könne, weil sie z.B. verdeckt wurden.

Das wäre ja z.B. der Fall, wenn die Baugrube nach Anbringung der vertikalen Abdichtung wieder mit Erdreich aufgefüllt wurde. Ist dann von einer Abnahmepflicht des Auftraggebers auszugehen oder kann dieser die Abnahme unter Hinweis auf die nicht mögliche Prüfung verweigern?

Mit der Abnahme ist ein Rechtsinstitut geschaffen worden, mit dem der Besteller Gelegenheit bekommen soll, die Leistung darauf hin zu überprüfen, ob sie vertragsgerecht erbracht worden ist. [2]

Ist nun die Leistung zum Zeitpunkt des Abnahmeverlangens nicht mehr auf Vertragsgerechtheit zu prüfen, wird man ohne Weiteres nicht von einer Abnahmepflicht ausgehen können. In vielen DIN-Regelungen der Allgemeinen Technischen Vertragsbedingungen sind Verfahrensregelungen getroffen, die eine solche technische Prüfung erleichtern oder vorbereiten. Auch die DIN 18336 sieht in Abschnitt 3.1.3 eine erneute gemeinsame Überprüfung vor. Hier ist allerdings nicht einfach nachzuvollziehen, warum der Wortlaut „erneut" verwendet wird. Grundsätzlich ist die Vertragsregelung rechtlich schwierig einzuordnen.[3] Allerdings kann nicht davon ausgegangen werden, dass eine gemeinsame Prüfung der Abdichtung keine Rechtswirkungen auslösen würde.[4]

Die VOB/B trifft in § 4 Nr. 10 durchaus eine Regelung (vgl. oben 1.2.4). Es dürfte also davon auszugehen sein, dass jedenfalls in Fällen, in denen der Auftragnehmer eine solche technische Abnahme verlangt hat, es Sache des Auftraggebers ist, wie er die Vertragsgerechtheit prüfen will, zumal ihm nach § 12 Nr. 4 Abs. 1 Satz 2 VOB/B die Hinzuziehung eines Sachverständigen freigestellt ist. Jedenfalls kann dies nicht zu Lasten des Auftragnehmers gehen.

---

[1] Kniffka, ibr-online-Kommentar, § 640 BGB, Rdn. 30
[2] Kniffka, § 640, Rdn. 5
[3] Ulbrich/Braun, Beck´scher VOB-Kommentar, VOB Teil C, DIN 18336 Rdn. 261
[4] a.A. Ulbrich/Braun, Beck´scher VOB-Kommentar, VOB Teil C, DIN 18336 Rdn. 261

Überhaupt kann es ja nur um die Kosten der Überprüfung gehen, soweit eine Prüfung möglich ist. Ist eine technische Prüfung allerdings gar nicht mehr bei Abnahme möglich, stellt sich in der Tat die Frage, ob der Auftraggeber zur Abnahme verpflichtet ist, wenn er zuvor informiert wurde darüber, dass die Leistungen nunmehr verdeckt werden, und er zu einer technischen Begehung aufgefordert wurde. Schweigt der Auftraggeber in einer solchen Situation, kann er sich unseres Erachtens nach bei einem Abnahmeverlangen nicht auf die fehlende Prüfung berufen.

Beispiel

Der Auftragnehmer teilt dem Auftraggeber nach Erstellung der Vertikalabdichtung mit, dass er am nächsten Tag mit der Verfüllung beginnen werde. Der Auftraggeber reagiert nicht.

Gleiches gilt z.B., wenn sogar der Auftraggeber zum „Verdecken" der Leistung aufgefordert hat, ohne auf eine Prüfung zu drängen. Noch eindeutiger dürfte es sein, wenn der Auftragnehmer zu einer technischen Begehung aufgefordert hat. Umso wichtiger ist es aus Sicht eines Auftragnehmers, eine solche dann auch zu verlangen.

In diesen Fällen dürfte es also am Auftraggeber sein, wie er die Ordnungsgemäßheit von Leistungen überprüft. Es ist ihm sicher unbenommen, Prüfungen vorzunehmen, nur muss er dies auf eigene Rechnung vornehmen.

Ist dies allerdings nicht erfolgt (also Mitteilung durch Auftragnehmer, dass Leistungen verdeckt werden oder Aufforderung durch Auftraggeber, dies zu tun) und hat der Auftragnehmer nicht in der entscheidenden Situation darauf hingewiesen, dass die Leistungen verdeckt werden, wird man dem Auftraggeber demgegenüber das Recht zubilligen müssen, die Leistung zu überprüfen. Dies dürfte dann auch beinhalten, dass der Auftraggeber geeignete Prüfstellen benennen darf, die der Auftragnehmer dann auf eigene Kosten „freizumachen" hat. Alternativ würde man eine Abnahmepflicht des Auftraggebers wohl erst nach Ablauf eines Zeitraums annehmen können, zu dem sich erfahrungsgemäß wesentliche Mängel zu zeigen pflegen. Diese Problematik wird in der juristischen Literatur kaum diskutiert. Insbesondere aber bei Abdichtungsarbeiten dürfte dies ein sehr praxisrelevantes Thema sein.

Erfolg erst später prüfbar

Bei bestimmten Bauleistungen wird man den eigentlich geschuldeten Erfolg, z.B. die dauerhaft funktionierende Abdichtung des Bauwerks, erst einige Zeit nach Fertigstellung der Leistungen wirksam prüfen können. Kann nun der Auftraggeber sich nach erfolgter Fertigstellungsmitteilung darauf zurückziehen und die Abnahme erst zu dem Zeitpunkt erklären, zu welchem er mit einiger Sicherheit den – objektiv geschuldeten – Erfolg bejahen kann?

Diese Frage ist nicht leicht zu beantworten. Einerseits wird man dem Auftraggeber zubilligen müssen, dass eine Prüfung des geschuldeten Erfolgs überhaupt möglich sein muss. Andererseits wird man einem Auftragnehmer nicht ohne Weiteres zumuten können, nach erfolgter Fertigstellung einen nicht absehbaren weiteren Zeitraum zuwarten zu müssen.

Die rechtliche Lösung könnte dergestalt erfolgen, dass bei Ausführung einer Bauleistung, die den anerkannten Regeln der Technik zuzuordnen ist, es für die Abnahme auf die Prüfung der Übereinstimmung ankommen muss, ohne dass die letzte Sicherheit dafür vorliegt, dass der geschuldete Erfolg eintritt. Ansonsten müsste man ein Bauwerk immer bei Abnahme „künstlich" einer entsprechenden Wasserbelastung aussetzen, was praktisch nicht immer möglich sein wird. Es bleibt dann allerdings immer noch die Unsicherheit, dass nicht geprüft werden kann, ob denn die gewählte Abdichtungsart (gegen drückendes Wasser, nicht drückendes Wasser usw.) der tatsächlichen Beanspruchung gerecht wird. In aller Regel schuldet der Auftragnehmer ja nicht nur die ordnungsgemäße Ausführung einer konkret festgelegten Ausführungsart, sondern einen Erfolg. Jedenfalls wenn die Festlegung der Ausführungsart vom Auftraggeber „herrührt", sollte diese Unsicherheit bei Abnahme offen bleiben können.

Bei Wahl einer Ausführungsart, die nicht zu den anerkannten Regeln der Technik gehört, könnte dies anders zu beurteilen sein. Das dürfte bei den horizontalen Abdichtungen wohl bei allen Ausführungsarten außer den mechanischen der Fall sein. Ernsthafter Betrachtung bedürfen jedoch wohl ohnehin nur die Injektagen, weil bei den elektrophysikalischen Abdichtungen wissenschaftlich bereits die theoretischen Anwendungsgrundlagen kaum als gesichert bezeichnet werden können. Bei den Injektagen dürften Unsicherheiten, warum diese Abdichtungsarten nicht zu den anerkannten Regeln der Technik gehören, auf den vielfältigen Problemen der praktischen Anwendung beruhen, unter anderem auch auf dem Zustand des vorhandenen Mauerwerks. Von daher dürfte eine Abnahmepflicht bereits mit Fertigstellung der Leistung zumindest problematisch sein. Hier wird man an eine Abnahmepflicht mit erfolgter Fertigstellung nur dann denken können, wenn die Festlegung der Technik auf den Auftraggeber zurückzuführen ist.

Ansonsten wird man Vertragsparteien nur empfehlen können, Regelungen zur Überprüfung des Leistungserfolgs zu treffen, z.B. regelmäßige Messungen nach Abnahme. Auch wäre daran zu denken, die Wirkungen der Abnahme modifiziert zu regeln, wenn der Erfolg mit Fertigstellung der Leistung nicht sicher beurteilbar ist.

Zu Unrecht verweigerte Abnahme

Hier kommt es ganz wesentlich darauf an, ob die Abnahme nun endgültig zu Unrecht verweigert wird. In einem solchen Fall hat die Rechtsprechung seit jeher angenommen, dass dann die Abnahmewirkungen ohne Weiteres eintreten.[1] Nicht immer, wenn ein Auftraggeber zu Unrecht verweigert, muss dies auch ohne Weiteres eine endgültige Verweigerung der Abnahme sein. Hier kommt es auf den Einzelfall an. Keine endgültige Verweigerung dürfte es sein, wenn der Besteller vor einer Stellungnahme des Auftragnehmers die Auffassung vertritt, dieser oder jener Umstand sei ein Mangel. Hier wird man zumindest ohne Weiteres nicht von einer endgültigen Abnahmeverweigerung ausgehen können, weil der Besteller sich je nach den Umständen noch vom Auftragnehmer überzeugen lassen könnte.

Auch hier wird der umsichtige Unternehmer sicherstellen, dass er den Besteller wegen § 640 Abs. 1 Satz 3 BGB nachweislich zur Abnahme binnen angemessener Frist aufgefordert hat. Im Übrigen kann mit der zu Unrecht nicht vorgenommenen Abnahme, ohne dass dies hier vertieft werden soll, sowohl Gläubiger- als auch Schuldnerverzug vorliegen. Bei letzterem ist weitgehend vom Eintritt der Abnahmevoraussetzungen auszugehen.

11.10.9 Die Abnahme durch Fertigstellungsbescheinigung

Seit dem 01.05.2000 ist die Abnahme durch die sogenannte Fertigstellungsbescheinigung neu in das BGB aufgenommen worden.

Nach der Regelung in § 641 a BGB steht es der Abnahme gleich, wenn von einem Gutachter eine Bescheinigung darüber erteilt wird,

- dass es sich erstens bei dem abzunehmenden Werk um die versprochene Werkleistung bzw. um eine zulässige Teilleistung handelt, und
- dass zweitens das Werk frei von Mängeln ist, die der Auftraggeber dem Gutachter gegenüber behauptet hat oder die für den Gutachter bei einer Besichtigung feststellbar waren und nunmehr beseitigt sind.

Zu beachten ist, dass die Ausstellung einer Fertigstellungsbescheinigung nur in Betracht kommt, wenn das Werk **gänzlich frei von Mängeln** ist. Außerhalb dieses „Bescheinigungsverfahrens“ kann ein Auftraggeber die Abnahme wegen unwesentlicher Mängel nicht verweigern.

---

[1] Kniffka, § 640, Rdn. 33

Die Fertigstellungsbescheinigung darf dann nicht erteilt werden, wenn das **vorgeschriebene Verfahren nicht eingehalten** wurde oder wenn eine **Abnahmeverpflichtung** des Auftraggebers nicht besteht.

Das Vorliegen dieser Voraussetzungen hat der Auftraggeber notfalls zu beweisen. Es wird weiter vermutet, dass ein Aufmaß oder eine Stundenlohnabrechnung, die der Auftragnehmer seiner Rechnung zugrundegelegt hat, zutreffen, wenn der Gutachter dies in der Fertigstellungsbescheinigung bestätigt.

Das Verfahren der Fertigstellungsbescheinigung hat sich in der Praxis nicht durchsetzen können, eben weil es sehr hohe Anforderungen stellt.

11.10.10 Abnahme von Teilleistungen

Das BGB-Werkvertragsrecht setzt in § 641 Abs. 1 Satz 2 zwar die Möglichkeit einer Abnahme von Teilleistungen voraus. Das BGB gewährt dem Unternehmer jedoch selbst keinen Anspruch auf Abnahme von Teilleistungen. Es muss also eine Teilabnahme vertraglich vereinbart sein.

Wurde die VOB/B unverändert Vertragsgrundlage, ist nach § 12 Nr. 2 eine Abnahme von Teilleistungen vorgesehen. Nach § 12 Nr. 2 VOB/B sind auf Verlangen des Auftragnehmers in sich abgeschlossene Teile der Leistung besonders abzunehmen. Bevor hier weitere Ausführungen erfolgen, sei auf den in der Praxis sehr häufigen Umstand verwiesen, dass Teilabnahmen vertraglich ausgeschlossen sind. Dies dürfte auch zulässig sein, nachdem die Teilabnahme gesetzlich bislang nicht geregelt ist. Immerhin: Der öffentliche Auftraggeber ist nach der vergaberechtlichen Regelung in § 10 Nr. 2 VOB/A immerhin gehalten, die VOB/B unverändert zur Vertragsgrundlage zu machen (Tut er dies nicht, ist der Ausschluss der Teilabnahme nicht unwirksam!).

Im Fall des § 12 Nr. 2 VOB/B handelt es sich um eine echte rechtsgeschäftliche Abnahme mit den gleichen Wirkungen wie eine Gesamtabnahme[1]. Voraussetzung für eine Teilabnahme ist, dass es sich um eine abgeschlossene Teilleistung handelt, die sich in ihrer Gebrauchsfähigkeit für sich alleine beurteilen lässt.

Dies wird man beispielsweise bei einem abgrenzbaren Teilgewerk wie der Heizungsanlage oder bei einem von mehreren Bauwerken (z.B. ein Haus bei mehreren beauftragten Häusern) bejahen können. Bei der Errichtung von Wohnungseigentum ist es gleichfalls möglich, **Sonder- und Gemeinschaftseigentum getrennt** abzunehmen.[2]

11.10.11 Hinausschieben der Abnahme durch Auftraggeberklauseln

Oft wird in Nachunternehmerverträgen versucht, die Abnahmezeitpunkte der Haupt- und der Nachunternehmerleistung parallel zu schalten und letzteren auf den Zeitpunkt der Abnahme des Gesamtwerkes hinauszuschieben.

Sofern sich solche **Vertragsklauseln** in Allgemeinen Geschäftsbedingungen finden, sind sie nach § 307 Abs. 1 BGB unwirksam[3], soweit sich die Leistung des Nachunternehmers bereits vorher abschließend auf ihre Vertragsgerechtigkeit beurteilen lässt und der Nachunternehmer den Abnahmezeitpunkt im Vorhinein nicht bestimmen kann, weil er von Handlungen abhängt, auf die er keinen Einfluss hat. Ebenfalls unwirksam ist eine Abnahmeregelung, wenn sie die Abnahme, nachdem deren Voraussetzungen gegeben sind, um einen unangemessenen Zeitraum nach hinten verschiebt.

---

[1] BGH, NJW 1968, S. 1524.
[2] BGH, BauR 1983, S. 753.
[3] BGH, BauR 1989, 322 ff.; BauR 1995, 234.

Zulässig ist es nur, die Abnahme der Nachunternehmerleistung um eine gewisse, hinreichend bestimmte Zeit hinauszuschieben, wenn dies aus objektiv anerkennenswerten Gründen gerechtfertigt ist. Als äußerste Grenze dürften 2 Monate gelten. Einen Zeitraum von vier bis sechs Wochen hat der BGH für zulässig gehalten.[1]

In jedem Fall ist aber erforderlich, dass der Zeitpunkt der hinausgeschobenen Abnahme vom Nachunternehmer klar erkennbar und von ihm entweder herbeiführbar oder jedenfalls berechenbar ist[2]. Dass es hier Grenzen des Gestaltungsspielraums für den Auftraggeber geben muss, liegt daran, dass eben unterschiedliche Rechtsfolgen an die Abnahme geknüpft sind.

Eine Möglichkeit für den Generalunternehmer, Unterschiede der Gewährleistungsfristen zwischen seinen Vertragspartnern handhabbar zu machen, ist die, mit den Subunternehmern längere Gewährleistungsfristen zu vereinbaren. Ein Verstoß gegen § 307 BGB dürfte z.B. nicht vorliegen, wenn der Hauptunternehmer gegenüber dem Nachunternehmer die gesetzliche Gewährleistungsfrist von 5 Jahren um eine kurze Zeitspanne verlängert, um Mängelrügen, die er kurz vor Ende der Gewährleistungszeit vom Bauherr erhält, noch an den Nachunternehmer weitergeben zu können[3].

11.10.12 Abnahme nach Kündigung des Bauvertrages

Wird der Bauvertrag aus einem der in § 8 VOB/B genannten Gründe oder nach § 649 BGB gekündigt, so dürfte eine Abnahme erbrachter Teilleistungen für die Fälligkeit eines gegebenenfalls bestehenden Zahlungsanspruches des Auftragnehmers nicht erforderlich sein[4], weil durch die Kündigung automatisch ein Abrechnungsverhältnis zwischen den Parteien entsteht.

Der Auftragnehmer kann aber nach § 8 Nr. 6 VOB/B **Aufmaß und Abnahme** der von ihm ausgeführten Leistungen alsbald nach Kündigung verlangen.

11

Diese Abnahme ist zwar nach wohl noch herrschender Auffassung nicht Fälligkeitsvoraussetzung für den Vergütungsanspruch des Auftragnehmers, doch bleiben die anderen Abnahmewirkungen erhalten. Insbesondere hat die Abnahme den Zweck, feststellen zu lassen, welche Leistungsteile als vertragsgemäß gebilligt werden und aufgrund welcher Mängel Abzüge von der Vergütung zu erwarten sind.

Darüber hinaus bildet die Abnahme den Zeitpunkt des Beginns der Verjährungsfrist wegen der sich aus den Mängeln ergebenden Ansprüche des Bauherren.

Auch bei einem gekündigten Vertrag wird zwischenzeitlich geprüft, wann die Voraussetzungen der Abnahme der erbrachten Leistungen vorliegen. Dann beginnt die Gewährleistungsfrist, dreht sich die Beweislast um usw.[5] Die Wichtigkeit der soeben zitierten Entscheidung kann gar nicht genug betont werden. Vor der BGH-Entscheidung bestand Unsicherheit bei der Frage, wann Sachmängelansprüche verjähren, wann sich die Beweispflicht umkehrt usw. Die Frage ist geklärt. Wenn die Abnahme der erbrachten Leistungen zu bejahen ist, treten sämtliche Wirkungen auch ein.

Auch beim gekündigten Vertrag sollte also der Unternehmer die Regelung des § 640 Abs. 1 Satz 3 BGB beachten und zur Abnahme auffordern.[6]

---

1 BGH, BauR 1989, 324
2 BGH, NJW 1997, S. 394.
3 OLG Düsseldorf, BauR 1994, S. 111.
4 BGH, NJW 1987, S. 382; 1993, S 1972; BGH, BauR 1995, S. 545.
5 BGH, BauR 2003, 689, 691
6 Kniffka, § 640, Rdn. 71

11.11 Mängelansprüche im Bauvertrag

11.11.1 Allgemeines

Unterschied BGB-Vertrag und VOB-Vertrag bei Mängeln vor Abnahme

Es ist bei der Darstellung von Mängelansprüchen ganz grundsätzlich zu unterscheiden, ob dem Vertrag die VOB/B zugrundegelegt wurde oder ob sich die Sachmängelansprüche nach den gesetzlichen Regelungen des BGB richten.

Bei VOB/B-Vertrag: Anspruch des Auftraggebers auf Erstattung von Ersatzvornahmekosten nur nach vorheriger Kündigung!

Es ist bei Vereinbarung der VOB/B genau zu prüfen, ob eine Abnahme der Bauleistungen bereits vorliegt oder nicht. Hinsichtlich der Ansprüche des Auftraggebers wegen Mängeln des Werkes unterscheidet die VOB/B – im Gegensatz zum Werkvertragsrecht des BGB –sehr strikt.

Nach § 4 Nr. 7 VOB/B kann der Auftraggeber bereits während der Ausführung die Beseitigung mangelhafter oder vertragswidriger Leistungen verlangen.

Weitere Maßnahmen darf der Auftraggeber zumindest im Grundsatz im Hinblick auf die Beseitigung von Mängeln nur ergreifen, wenn er zuvor den Vertrag durch Kündigung beendet hat. Der BGH hat an diesem Kündigungserfordernis des VOB/B-Vertrags immer festgehalten und darauf hingewiesen, dass die VOB/B das gleichzeitige Tätigwerden des Auftragnehmers und weiterer Unternehmer, die z.B. Mängel beseitigen, nicht wünsche und von daher die Beendigung des Vertrags erforderlich sei.[1] Dies gelte nur dann nicht, wenn diese Gefahr von vorneherein nicht bestehe, z.B. wenn der Auftragnehmer ernsthaft und endgültig die Erbringung von Leistungen verweigere.[2]

In der Praxis wird dieses Kündigungserfordernis von Auftraggebern oftmals verkannt. Es werden dann – oftmals nach vorheriger Fristsetzung – Ersatzvornahmen durchgeführt, und es werden regelmäßig die hierbei entstandenen Kosten etwaigen Forderungen des Auftragnehmers entgegengehalten. Dies ist bei unveränderter Vereinbarung der VOB/B nicht möglich! Es gibt – dies soll als Information nicht unterschlagen werden – Rechtsprechung einzelner Oberlandesgerichte, die in einem solchen Fall dem Auftragnehmer die Nachbesserungskosten als ersparte Aufwendungen abziehen wollen.[3] Diese Auffassungen stellen jedoch sicherlich nicht die herrschende Auffassung dar.

11

BGB-Vertrag

Für die Anwendbarkeit der gesetzlichen Sachmangelvorschriften hat die Abnahme nicht die entscheidende Bedeutung. Die §§ 633, 634 BGB differenzieren grundsätzlich nicht danach, ob ein Mangel vor oder nach der Abnahme geltend gemacht wird. Allerdings wird die Anwendung der Regelungen des BGB zu Sachmängelansprüchen allgemein erst angenommen, wenn zumindest die Fälligkeit der Bauleistung insgesamt gegeben ist.[4] Eine Ausnahme wird auch hier angenommen, wenn ein Zuwarten des Auftraggebers nicht zumutbar ist, z.B. weil auf Leistungen des Auftragnehmers aufgebaut wird oder wenn die Mängelbeseitigung ernsthaft und endgültig verweigert wird.[5]

---

1 Vgl. nur BGH, BauR 1997, 1027
2 BGH, BauR 2000, 1479; BGH, BauR 2000, 1863
3 Vgl. OLG Celle, BauR 2003, 1406, und jüngst OLG Koblenz, NJW-RR 2004, 1670
4 Kniffka/Koeble, 6. Teil, Rdn. 173
5 Kniffka/Koeble, 6. Teil, Rdn. 173

11.11.2 Die Mängelansprüche im BGB-Werkvertrag

Die einzelnen Mängelansprüche im Überblick

Nacherfüllung

Vorrang kommt auch im BGB dem Anspruch auf Nacherfüllung (früher: Nachbesserung) zu, der in § 634 Nr. 1 i. V. m. § 635 BGB geregelt ist. Wegen des Vorrangs der Nacherfüllung setzen die übrigen Mängelansprüche den erfolglosen Ablauf der zur Nacherfüllung gesetzten angemessenen Frist voraus, solange das Nacherfüllungsverlangen nicht ausnahmsweise entbehrlich ist.

Verlangt der Besteller Nacherfüllung innerhalb einer angemessenen Frist, so steht dem Unternehmer nach § 635 Abs. 1 Satz 1 BGB ein Wahlrecht zu, ob er den Mangel beseitigt oder ein neues Werk herstellt. § 635 Abs. 2 BGB stellt klar, dass der Unternehmer die zum Zwecke der Nacherfüllung erforderlichen Aufwendungen, insbesondere Transport-, Wege-, Arbeits- und Materialkosten selbst zu tragen hat. Der Unternehmer kann die Nacherfüllung gemäß § 635 Abs. 3 BGB verweigern, wenn diese nur mit unverhältnismäßigen Kosten bzw. unverhältnismäßigem Aufwand möglich oder ihm unzumutbar ist.

Selbstvornahme; *Vorschuss*

Der Besteller kann den Mangel nach erfolglosem Ablauf einer angemessenen Frist gemäß § 634 Nr. 2 i. V. m. § 637 Abs. 1 BGB im Wege der sogenannten Selbstvornahme selbst beseitigen und Ersatz der erforderlichen Aufwendungen verlangen, wenn nicht der Unternehmer die Mängelbeseitigung zu Recht verweigert. Ausnahmsweise ist die Fristsetzung zur Mangelbeseitigung entbehrlich, wenn die Nacherfüllung fehlgeschlagen oder dem Besteller unzumutbar ist oder gem. § 637 Abs. 2 BGB eine der Voraussetzungen des § 323 Abs. 2 BGB vorliegt, also die ernsthafte und endgültige Verweigerung der Nacherfüllung durch den Unternehmer, ein vereinbarter Fixtermin oder ein sonstiger besonderer Umstand. Ausdrücklich geregelt ist, dass der Besteller einen Vorschuss für die zur Beseitigung des Mangels erforderlichen Aufwendungen verlangen kann, § 637 Abs. 3 BGB. Dies entspricht der Rechtsprechung zur alten Rechtslage.

Rücktritt

Der Besteller kann auch vom Vertrag zurücktreten. Gemäß § 634 Nr. 3 BGB richten sich die Voraussetzungen für den Rücktritt nach den allgemeinen Vorschriften der §§ 323, 326 Abs. 5 BGB. Das Werkvertragsrecht selbst enthält in § 636 BGB lediglich eine Sonderregelung, nach der die Fristsetzung zur Nacherfüllung – über die in den §§ 323 Abs. 2, 281 Abs. 2 BGB geregelten Fälle hinaus – entbehrlich ist, wenn der Unternehmer die Nacherfüllung gemäß § 635 Abs. 3 BGB verweigert oder wenn die Nacherfüllung fehlgeschlagen oder dem Besteller unzumutbar ist. Ausnahmsweise kann der Besteller bereits vor Fälligkeit der Leistung – im Bauvertrag also vor dem vertraglich vereinbarten Fertigstellungstermin – zurücktreten, wenn offensichtlich ist, dass die Voraussetzungen des Rücktritts eintreten werden, § 323 Abs. 4 BGB. Hat der Unternehmer bereits teilweise geleistet, beschränkt sich das Rücktrittsrecht auf den noch nicht geleisteten Teil, während der Besteller nur dann vom ganzen Vertrag zurücktreten kann, wenn er an der Teilleistung kein Interesse hat, § 323 Abs. 5 S. 1 BGB. Zudem berechtigen unerhebliche Mängel nicht zum Rücktritt, § 323 Abs. 5 S. 2 BGB.

Minderung

Statt zurückzutreten, kann der Besteller die Vergütung durch Erklärung gegenüber dem Unternehmer mindern, § 634 Nr. 3 i. V. m. § 638 Abs. 1 S. 1 BGB. Die Minderung ist – anders als der Rücktritt wegen des Ausschlussgrundes des § 323 Abs. 5 S. 2 BGB – auch bei unerheblichen Mängeln zulässig.

Schadensersatz

Schließlich kann der Besteller gemäß § 634 Nr. 4 i.V.m. den allgemeinen Vorschriften der §§ 280, 281, 283 und 311a BGB Schadensersatz oder nach § 284 BGB Ersatz vergeblicher Aufwendungen verlangen. Diese Ansprüche setzen gem. § 280 Abs. 1 S. 2 BGB Verschulden voraus, wobei der Unternehmer darlegen und beweisen muss, dass er den Mangel nicht zu vertreten, also nicht vorsätzlich oder fahrlässig gehandelt hat. Schadensersatz kann neben dem Rücktritt verlangt werden, § 325 BGB. Beseitigt der Auftragnehmer die Mängel nicht oder nicht wie geschuldet innerhalb der Frist und verlangt der Auftraggeber für die Schäden wegen eines Mangels am Werk selbst Schadensersatz statt der Leistung (früher: wegen Nichterfüllung) gemäß § 281 Abs. 1 S. 1 BGB, so darf und kann der Unternehmer nicht mehr selbst tätig werden, § 281 Abs. 4 BGB. Hat der Unternehmer bereits eine Teilleistung erstellt, ist der sog. „große" Schadensersatz unter Rückgabe des halbfertigen Werkes nur möglich, wenn der Besteller kein Interesse hieran hat, § 281 Abs. 1 S. 2 BGB. Bei unerheblichen Mängeln scheidet der Anspruch auf Schadensersatz statt der Leistung ganz aus, § 281 Abs. 1 S. 3 BGB. Nach der Sondervorschrift des § 636 BGB ist die Fristsetzung zur Mängelbeseitigung – über die Fälle des § 281 Abs. 2 BGB (endgültige und ernsthafte Verweigerung der Nacherfüllung durch den Unternehmer/besondere Umstände) hinaus – entbehrlich, wenn der Unternehmer die Nacherfüllung zu Recht verweigert oder wenn die Nacherfüllung fehlgeschlagen oder dem Besteller unzumutbar ist. Einer Fristsetzung bedarf es auch nicht für den Ersatz der sog. Mangelfolgeschäden, für die § 280 Abs. 1 BGB die Anspruchsgrundlage bildet. Hierunter fällt auch der Schadensersatzanspruch nach den §§ 280 Abs. 1 und 2, 286 BGB im Falle des Verzuges des Unternehmers mit der Mängelbeseitigung.

Verjährung nach dem BGB

Einleitung; Grundsatz

Im Werkvertragsrecht beträgt die Verjährungsfrist von Ansprüchen auf Nacherfüllung, Selbstvornahme und Schadensersatz bei Werken, deren Erfolg in der Herstellung, Wartung oder Veränderung einer Sache oder in der Erbringung von Planungs- oder Überwachungsleistungen hierfür besteht, zwei Jahre, vgl. § 634 a Abs. 1 Nr. 1 BGB. Bei Bauwerken gilt grundsätzlich eine fünfjährige Verjährung, § 634 a Abs. 1 Nr. 2 BGB.

Beide Verjährungsfristen beginnen gemäß § 634 a Abs. 2 BGB mit der Abnahme.

In fünf Jahren verjähren jetzt auch die Ersatzansprüche wegen sogenannter entfernterer Mangelfolgeschäden, also wegen solcher Schäden, die nicht unmittelbar am Bauwerk selbst entstehen, sondern bei denen der Mangel des Gebäudes als entferntere Folge andere Rechtsgüter in Mitleidenschaft zieht.

Arbeiten zur Erreichung einer Bauwerksabdichtung an bestehendem Gebäude

Die maßgebliche Frage ist also in der Tat die, ob nachträgliche Arbeiten an der Bauwerksabdichtung eines bereits bestehenden Bauwerks „nur" Arbeiten an einem Grundstück sind (dann zwei Jahre Verjährung) oder ob sie darüber hinausgehend ein Bauwerk betreffen (dann fünf Jahre).

Beispiel

An einem vorhandenen Gebäude werden zur Beseitigung von Kellerundichtigkeiten die Kelleraußenwände aufgegraben, die Außenwandisolierung erneuert, an zwei Seiten des Hauses Drainagerohre in Kies verlegt. Die damit zusammenhängenden Wiederauffüllungsarbeiten werden vorgenommen und die Gehwegplatten neu verlegt. Es wird eine Vergütung von 3.000,00 € zuzüglich 16 % Mehrwertsteuer vereinbart.

Der BGH[1] hat die eingangs gestellte Frage schon vor langer Zeit, nämlich mit Urteil vom 22.09.1983, im Sinne der fünfjährigen Verjährungsfrist entschieden.

[1] NJW 1984, 168

Der BGH hat zunächst festgestellt, dass „Arbeiten bei Bauwerken" i. S. des § 638 BGB, also nach § 634 a Abs. 1 Nr. 2 BGB n. F. nicht nur die Herstellung eines neuen Gebäudes betreffen, sondern hierunter auch die Arbeiten zu verstehen seien,

- die für die Erneuerung und den Bestand eines Gebäudes von wesentlicher Bedeutung sind,
- sofern die eingebauten Teile mit dem Gebäude fest verbunden werden.

Der BGH stellt klar, dass bei der Neuerrichtung eines Gebäudes vorgenommene Aufgrabungs-, Isolierungs-, Drainageverlegungs- und Wiederverfüllungsarbeiten stets als „Arbeiten bei Bauwerken" angesehen werden. Soweit in dem entschiedenen Fall das Kelleraußenmauerwerk neu isoliert worden sei, sei das Isoliermittel zwangsläufig mit dem schon vorhandenen Gebäude fest verbunden worden. Die Drainagestränge seien zwar im Wesentlichen nur in die Kiesbettung im Bereich der Fundamente gelegt worden. Diese Einbettung und ihr Anschluss an die ihrerseits mit dem Gebäude fest verbundene Abwasserleitung reichten jedoch aus, auch ihre feste Verbindung mit Boden und Gebäude zu bejahen. Denn das müsse nach der Gesamtanlage beurteilt werden, die hier aus dem gegen Eindringen von Feuchtigkeit zu sicherndem Gebäude besteht. Eine spätere Trennung der Drainagestränge vor Beendigung der Nutzungszeit der Gesamtanlage war nicht gewollt, sodass auch § 95 BGB eingreife.

Schließlich hat der BGH die seinerzeit mit 5000 DM netto berechneten Leistungen auch ihrem Umfang nach mit Arbeiten an Neubauten gleich gestellt. Abgesehen von der nicht völlig bedeutungslosen Vergütung seien die Arbeiten erforderlich für die Abdichtung des Kellers gewesen und damit für die Erhaltung oder Wiederherstellung der uneingeschränkten Benutzbarkeit des Hauses.[1]

Es kann also festgehalten werden, dass nahezu jeder Werkvertrag, der nachträglich durchgeführte Arbeiten an der Bauwerksabdichtung betrifft, der fünfjährigen Verjährungsfrist unterliegt, sofern nicht völlig unbedeutende Ausbesserungsarbeiten an einer bestehenden Abdichtung mit nahezu vernachlässigenswerter Vergütung vereinbart sind.

Dies gilt – nun ausdrücklich geregelt – auch bei Planungs- und Überwachungsleistungen für Bauwerke.

11

Verjährungsfrist bei arglistig verschwiegenen Mängeln

Allgemeines zur sogenannten Regelverjährung

Ansprüche verjähren grundsätzlich in der sogenannten regelmäßigen Verjährungsfrist des § 195 BGB von drei Jahren. Die Regelverjährung von drei Jahren gilt überraschenderweise gemäß § 634 a Abs. 3 BGB auch dann, wenn der Unternehmer einen Mangel der in § 634 a Abs. 1 Nr. 1 und 2 BGB genannten Werke arglistig verschweigt. Dies bedeutet natürlich nicht, dass nun Ansprüche wegen verschwiegener Mängel früher als nach fünf Jahren verjähren können. Beim Verschweigen von Mängeln an Bauwerken tritt die Verjährung frühestens nach fünf Jahren ein, was § 634 a Abs. 3 Satz 2 BGB auch klarstellt.

Das heißt, dass bei arglistig verschwiegenen Mängeln die Verjährungsfrist frühestens nach fünf Jahren ab Abnahme endet, im Einzelfall jedoch deutlich später. Hinzuweisen ist noch auf § 199 Abs. 2 BGB, der letztlich zu einer Höchstgrenze der Verjährungsdauer bei arglistig verschwiegenen Mängeln führt. Auch bei der sogenannten Regelverjährung, unter die ja als Ausnahme von sonstigen Sachmängelansprüchen solche fallen, bei denen arglistiges Verschweigen zu bejahen ist, gilt die Höchstgrenze einer 30-jährigen Verjährung, soweit es um Schadensersatzansprüche geht, die auf der Verletzung des Lebens, des Körpers, der Gesundheit oder der Freiheit beruhen.

[1] Vgl. insgesamt zu den vorstehenden Ausführungen BGH, NJW 1984, 168

Sonstige Schadensersatzansprüche verjähren in zehn Jahren von ihrer Entstehung an bzw. ohne Rücksicht auf ihre Entstehung in 30 Jahren von dem schadensauslösenden Ereignis an, wobei die frühere Frist maßgeblich ist, § 199 Abs. 3 BGB.

Andere Ansprüche als Schadensersatzansprüche, also z.B. Nacherfüllungsansprüche, Kostenvorschussansprüche usw. verjähren bei arglistig verschwiegenen Mängeln in zehn Jahren von ihrer Entstehung an. Diese Höchstgrenzen sind erforderlich, wenn und weil die gemäß § 199 Abs. 1 BGB erforderliche sogenannte subjektive Komponente, also Kenntnis oder grob fahrlässige Unkenntnis von den den Anspruch begründenden Umständen, z. T. ja erst nach vielen Jahren vorliegen könnte. Liegt diese vorher vor, endet auch die Regelverjährung vorher.

Beispiel

Die Leistungen der vertikalen Bauwerksabdichtung werden vereinbarungsgemäß im Zeitraum 01.12.2003 bis 15.12.2003 erbracht und am 10.01.2004 abgenommen. Dass eine zu geringe Schichtdicke aufgebracht wurde, verschweigt der Unternehmer arglistig. Anfang November 2008 stellt der Bauherr Feuchteschäden fest, die zugleich eindeutig den Leistungen des Unternehmers zugeordnet werden können. Am 01.02.2011 leitet der Besteller zur Feststellung der Höhe von Nacherfüllungskosten für einen Kostenvorschussanspruch ein selbstständiges Beweisverfahren vor dem zuständigen Landgericht ein. Die Zustellung des Antrags erfolgt am 10.02.2011.

Obwohl die verjährungshemmende Maßnahme (hierzu sogleich) erst nach fünf Jahren eingeleitet wurde, nämlich am 01.02.2011 (an und für sich gilt der 10.02.2011; weil aber von einer zügigen, also „demnächstigen" Zustellung auszugehen ist, gilt die Einreichung des Antrags), sind die Ansprüche nicht verjährt. Es gilt die Regelverjährung von drei Jahren beginnend mit dem Schluss des Jahres, in welchem die Kenntnis der anspruchsbegründenden Umstände erlangt wird, allerdings mit der Maßgabe, dass die Verjährung frühestens 5 Jahre nach Abnahme eintreten kann.

Die Frist endet also am 31.12.2011. Das Ende der Höchstfrist des § 199 Abs. 4 BGB hängt grundsätzlich davon ab, wann der Anspruch entstanden ist. Dazu lässt sich in unserem Beispiel keine Aussage treffen. Einen Kostenvorschussanspruch gemäß § 637 Abs. 3 BGB kann der Besteller nämlich klageweise erst geltend machen, wenn er zuvor eine angemessene Frist zur Nacherfüllung gesetzt hat. Nun könnte man zum Schluss kommen, dass der Kostenvorschussanspruch dann auch erst mit Ablauf dieser Frist überhaupt entsteht und auch vor Fristsetzung z.B. eine Kenntnis der anspruchsbegründenden Tatsachen gar nicht in Betracht kommen kann. Hier wird man die Auffassung vertreten können, dass im Hinblick auf die Verjährung des Kostenvorschussanspruchs alleine die Mangelkenntnis entscheidend sein muss.

Arglist

Die Entschließung des Bestellers, eine Abnahme zu erklären, hängt entscheidend davon ab, welche Mängel das Werk hat. Der Besteller kann grundsätzlich erwarten, dass der Unternehmer ihn über Mängel des Werkes aufklärt. Eine Ausnahme könnte allenfalls für ganz geringfügige Mängel bestehen.[1]

Fraglich ist, ob sich der Besteller die Mangelkenntnis des Architekten zurechnen lassen muss, sodass die Arglist zu verneinen wäre. Ist der Mangel der Werkleistung so schwerwiegend, dass der Unternehmer nicht damit rechnen kann, dass der Besteller das Werk abnimmt, wenn er aufgeklärt worden wäre, kommt es nicht darauf an, ob der für den Besteller bei der Abnahme auftretende Architekt den Mangel bemerkt und sogar geduldet hat.[2] Letztlich ist dann davon auszugehen, dass der Architekt in einem solchen Fall seine Vertretungsmacht missbraucht und der Unternehmer dies auch weiß.

---

[1] Kniffka, ibr-online-Kommentar § 634 a Rdn. 55

[2] Kniffka, a. a. O.; BGH, NJW 1977, 516

Arglist liegt vor, wenn dem Unternehmer bewusst ist, dass dem Besteller ein Mangel unbekannt sein könnte und dass dieser das angebotene Werk bei Kenntnis des Mangels nicht als Vertragserfüllung annehmen werde, also dass er nicht abnehmen würde.[1] Arglist liegt immer vor, wenn unter Berücksichtigung der Grundsätze von Treu und Glauben eine Offenbarungspflicht des Unternehmers anzunehmen ist und der Unternehmer dieser nicht nachkommt. Dabei reicht es aus, dass der Unternehmer die vertragswidrige Ausführung gekannt hat.

Beispiele

Wird vom Bauunternehmer entgegen der Vorgabe der Baugenehmigungsbehörde bei einem Neubau eine Kellerabdichtung nicht durchgeführt, so soll ein Bauträger dem Vorwurf der Arglist nicht alleine dadurch entgehen, dass er davon ausgegangen ist, die nicht erfolgte Abdichtung sei dem Vertragspartner bekannt gewesen. Er muss auch das Risiko, was in der Abweichung ruht, offenbaren.[2]

Verwendet ein Unternehmer einen nicht erprobten Baustoff abweichend von der vertraglich vereinbarten Ausführungsart, so handelt er arglistig, wenn er den Besteller treuwidrig hierauf und auf das mit der Verwendung dieses Baustoffs verbundene Risiko nicht hinweist.[3] Es kommt dabei grundsätzlich nicht darauf an, ob der Unternehmer Schädigungsabsicht hatte.

Arglistig ist auch derjenige, der einen Mangel lediglich für möglich hält und gleichzeitig weiß oder damit rechnet und billigend in Kauf nimmt, dass der Vertragspartner den Fehler nicht kennt.[4]

Es ist allerdings nicht zu verkennen, dass es im Einzelfall schwer beweisbar sein kann, ob der Unternehmer einen Mangel für möglich gehalten hat. Arglistig handelt jedoch auch, wer auf Fragen des Erwerbers ohne tatsächliche Anhaltspunkte ins Blaue hinein unrichtige Angaben über die Mängelfreiheit macht.[5]

Von besonderer Bedeutung ist die Frage, ob und inwieweit sich der Unternehmer die Kenntnis seiner Mitarbeiter zurechnen lassen muss. Nach der Rechtsprechung des Bundesgerichtshofs muss sich der Unternehmer die Arglist solcher Mitarbeiter zurechnen lassen, deren er sich bei der Erfüllung seiner Offenbarungspflicht gegenüber dem Besteller bedient[6], also folgende:

– Die Personen, derer sich der Unternehmer bei der Abnahme bedient, wie z.B. der Bauleiter des Unternehmers oder anderes Führungspersonal.
– Die Kenntnis der Mitarbeiter, die die Leistungen unmittelbar erbracht haben, muss sich der Unternehmer dagegen grundsätzlich nicht zurechnen lassen. Eine Ausnahme wird gemacht, wenn ohne das Wissen und die Mitteilung des ausschließlich mit der Herstellung befassten Arbeiters der Unternehmer gar nicht im Stande wäre, seine Offenbarungspflicht zu erfüllen.[7]

Danach muss sich der Unternehmer z.B. die Kenntnis eines Kolonnenführers zurechnen lassen, der z.B. weiß, dass die nötige Schichtdicke bei der Abdichtung nicht aufgebracht wurde. Der Unternehmer muss sich nach diesen Grundsätzen auch die Arglist des Subunternehmers sowie der Repräsentanten des Subunternehmers zurechnen lassen.[8]

Organisationsverschulden

Könnte sich nun der Unternehmer jeglicher Haftung entledigen, indem er bei der Abnahme schlicht unwissende Personen auftreten lässt?

---

[1] Kniffka, a. a. O.
[2] BGH, BauR 1986, 215
[3] BGH, BauR 2002, 1401
[4] Kniffka, a. a. O., Rdn. 58
[5] Kniffka, a. a. O., Rdn. 58; BGH, NJW 1981, 864
[6] BGH, BauR 1992, 500
[7] Kniffka, a. a. O., Rdn. 61
[8] Kniffka, a. a. O., Rdn. 62

Nein, der BGH geht von der Verpflichtung eines Unternehmers aus, seine Leistung auf offenbarungspflichtige Fehler hin zu prüfen, damit er seiner Offenbarungspflicht bei Abnahme nachkommen kann.[1] Er kann sich der vertraglichen Offenbarungsverpflichtung nicht dadurch entziehen, dass er sich unwissend hält oder sich keiner Gehilfen bei der Pflicht bedient, Mängel zu offenbaren.[2] Würde also ein Mangel bei ordnungsgemäßer Organisation vom Unternehmer bzw. einer Person, deren Wissen er sich zurechnen lassen müsste, entdeckt und verhindert der Unternehmer dies, indem er sich nicht entsprechend „organisiert", ist ein arglistiges Verschweigen eines Mangels gleichwohl anzunehmen. Der Unternehmer wird dann so gestellt, als habe er den Mangel bei Abnahme gekannt.

Wann aber liegt nun ein Sachverhalt vor, der den Schluss zulässt, dass der Unternehmer schlecht organisiert ist? Muss der Besteller/Auftraggeber die einzelnen (ihm regelmäßig nicht bekannten) Tatsachen darlegen, aus denen sich die mangelhafte Organisation ergibt?

Die Rechtsprechung geht hier in bestimmten Fällen von Beweiserleichterungen aus. Ein solcher Fall liegt vor, wenn ein Mangel so augenfällig und schwerwiegend ist, dass ohne Weiteres davon ausgegangen werden kann, dass die Baustelle nicht richtig organisiert war und der Mangel bei richtiger Organisation entdeckt worden wäre.[3]

Beispiele

Bei einem im Hochwassergebiet der Elbe liegenden Grundstück wird vom Generalunternehmer, der die Planung und Errichtung von Bauwerken schuldet, eine ordnungsgemäße Entwässerung weder geplant noch erstellt. Die Drainage weist zahlreiche Ausführungsfehler auf. Ein Bodengutachten wurde vor der Planung nicht eingeholt. Unter Hinweis darauf, dass es sich bei der Abdichtung des Kellers von vornherein um ein besonders wichtiges Gewerk handele, wurde die Art der Mangelhaftigkeit als Indiz für eine fehlerhafte Organisation gewertet.[4]

Einem Architekten wurde der Umstand, dass er bei seiner Planung Auskünfte über Grundwasser nicht eingeholt hatte, als Organisationsverschulden mit entsprechender Verjährungsfristverlängerung angelastet.[5] Verneint wurde ein arglistiges Verschweigen im Rahmen eines sogenannten Organisationsverschuldens in einem Fall, in welchem ein Bauträger bei der Abdichtung von Balkonen und Terrassen ein vom Hersteller hierzu empfohlenes, aber nicht DIN-gerechtes Material verwendet hatte. Die Tatsache, dass dieses zu dünn aufgetragen worden sei, sei kein augenfälliger Mangel, der den Schluss auf eine unzureichende Organisation der Bauwerkserrichtung zulasse.[6]

11

Gestaltungsrechte

Die Gestaltungsrechte des Rücktritts und der Minderung unterliegen an und für sich nicht der Verjährung. Es gilt jedoch § 218 BGB, wonach Rücktritt oder Minderung unwirksam sind, wenn der Nacherfüllungsanspruch verjährt ist und der Unternehmer sich hierauf beruft. Der Besteller kann allerdings die Zahlung trotz Unwirksamkeit des Rücktritts oder der Minderung insoweit verweigern, als er infolge des Rücktritts oder der Minderung hierzu berechtigt wäre. Eine Mängelanzeige in unverjährter Zeit ist – anders als nach altem Recht – nicht erforderlich. Macht der Besteller von diesem Recht Gebrauch, kann der Unternehmer seinerseits zurücktreten und erhält dann die Sache zurück, § 634 a Abs. 4 Satz 3 BGB. Rücktritt und Minderung können als Gestaltungsrecht bis zum letzten Tag der Verjährungsfrist erklärt werden. Mit der Ausübung des Rechts

---

1 BGH, BauR 1992, 412

2 Kniffka/Koeble, 6. Teil, Rdn. 137

3 BGH, BauR 1992, 500; Kniffka/Koeble, 6. Teil, Rdn. 138

4 OLG Naumburg, BauR 2004, 1476; BGH, Beschluss vom 17.06.2004-VII ZR 345/03 (Nichtzulassungsbeschwerde zurückgewiesen), IBR 2004, 563

5 OLG Düsseldorf, BauR 2005, 442 (Ls.), IBR 2005, 223

6 OLG München, Urteil vom 15.02.2000-9 U 4855/99-BGH, Beschluss vom 11.10.2001-VII ZR 190/00 (Revision nicht angenommen), IBR 2002, 010

entstehen sodann die Ansprüche auf Rückzahlung des Werklohnes – gegebenenfalls auch teilweise -, die ihrerseits dann der Regelverjährung unterliegen.

Verlängerung und Verkürzung der Verjährung

Den Vertragspartnern steht es frei, eine Verlängerung der Verjährung auf bis zu 30 Jahre ab dem gesetzlichen Verjährungsbeginn zu vereinbaren, § 202 Abs. 2 BGB. Eine Klausel in den Allgemeinen Geschäftsbedingungen, wonach die Verjährungsfrist für die Arbeiten des Nachunternehmers erst mit der Übergabe des Gewerkes vom Generalunternehmer an den Bauherrn bzw. am Tage der Abnahme des Gesamtbauwerkes beginnen soll, ist unwirksam.[1] Im Übrigen wird es für zulässig gehalten, die Verjährungsfrist in angemessenem Umfang zu verlängern, wenn dies durch die Umstände der jeweiligen Bauleistung geboten ist, z.B. weil Mängel des entsprechenden Gewerks spät erkannt werden können.[2] Es ist durchaus vorstellbar, dass auch eine deutliche Verlängerung der Verjährungsfrist bei Abdichtungsarbeiten über 5 Jahre hinaus für zuässig erachtet wird.

In AGB darf grundsätzlich gemäß § 309 Nr. 8 b) ff) BGB die Verjährung von Ansprüchen wegen eines Mangels an einem Bauwerk nicht erleichtert und in den übrigen Fällen nicht auf weniger als ein Jahr verkürzt werden. Etwas anderes gilt allerdings zugunsten der Bauunternehmer: Diese können die Verjährungsfristen nach wie vor durch Einbeziehung der VOB/B in den Vertrag verkürzen, solange nicht durch zusätzliche Vereinbarungen in die wirksam einbezogene VOB/B „als Ganzes" eingegriffen wird. Es soll jedoch nicht verschwiegen werden, dass es juristische Stimmen gibt, die bei dieser gesetzlichen Regelung einen Verstoß gegen Europäisches Recht annehmen, nämlich gegen die Richtlinie 93/13/EWG des Rates vom 5. April 1993 über missbräuchliche Klauseln in Verbraucherverträgen.[3]

Hemmung und Neubeginn der Verjährung

Die früher so bezeichnete Verjährungsunterbrechung wurde durch den Begriff der Neubeginn der Verjährung ersetzt. Gemäß § 212 Abs. 1 BGB beginnt die Verjährung erneut, wenn ein Schuldner einen Anspruch durch Abschlagszahlung, Zinszahlung, Sicherheitsleistung oder in anderer Weise anerkennt (Nr. 1) oder eine gerichtliche oder behördliche Vollstreckungshandlung vorgenommen oder beantragt wird.

Viele nach früherem Recht zur Unterbrechung führende Umstände unterfallen heute der Hemmung. Bei der Hemmung wird nur der Zeitraum der Hemmung nicht in die Verjährungsfrist eingerechnet, § 209 BGB. Das ist für einen Gläubiger natürlich nicht so angenehm wie die frühere Verjährungsunterbrechung.

So hemmen gemäß § 203 etwa Verhandlungen der Vertragspartner über den Anspruch oder die anspruchsbegründenden Umstände solange die Verjährung, bis ein Vertragsteil die Fortsetzung der Verhandlungen verweigert. Hierunter fällt auch der Sachverhalt, dass ein Unternehmer sich der Prüfung eines Mangels unterzieht. Das war früher ein eigenständiger Hemmungstatbestand. Wichtig ist, dass die Hemmungswirkung erst nach drei Monaten nach Beendigung der Verhandlungen endet, also auch wenn wenige Tage vor Verjährungsende die Verhandlungen aufgenommen wurden. Wichtige Hemmungstatbestände sind ferner die in § 204 Abs. 1 BGB genannten Handlungen der Rechtsverfolgung, wie z.B.

- die Klageerhebung,
- die Zustellung des Mahnbescheides,
- die Aufrechnung im Prozess,
- die Zustellung der Streitverkündung,
- die Zustellung des Antrages auf Durchführung eines selbstständigen Beweisverfahrens
- und der Beginn des schiedsrichterlichen Verfahrens.

---

[1] BGH, BauR 1989, 322 ff.

[2] Verlängerung der Verjährung auf 10 Jahre bei Flachdacharbeiten, BGH, BauR 1996, 707

[3] Vgl. zum juristischen Meinungsstand Kniffka, § 634 a, Rdn. 157 ff.

Das sind ausnahmslos Handlungen, bei denen früher eine Unterbrechung vorlag, bei denen also die Verjährung mit Beendigung des Verfahrens neu begann. Damit ist nach heutiger Rechtslage nur verbunden, dass während der Zeit der Hemmung und sechs Monate danach die Verjährung nicht weiter läuft. Wird ein eingeleitetes Verfahren nämlich nicht mehr betrieben, so endet gemäß § 204 Abs. 2 S. 2 BGB die Hemmung sechs Monate nach der letzten Verfahrenshandlung.

Für sämtliche gerichtliche Maßnahmen gilt die sogenannte „Symptom-Theorie". Es genügt, dass die Mangelerscheinungen konkret beschrieben werden. Mögliche Mangelursachen müssen also nicht benannt werden. Eine herbeigeführte Hemmung oder Unterbrechung der Verjährung bezieht sich dann auf alle Mängel, deren Ursache bereits zu der gerügten Mangelerscheinung geführt hat.

Es müssen also bei Feuchtigkeitserscheinungen keine Vermutungen über die Beschaffenheit der Abdichtung im Einzelnen angestellt werden. Es müssen nur die Feuchtigkeitserscheinungen so konkret angegeben werden und räumlich zugeordnet werden, dass der Auftragnehmer erkennen kann, was letztlich von ihm verlangt wird.

Haftungsausschluss

Gemäß § 639 BGB kann sich der Unternehmer auf eine Vereinbarung, durch welche die Rechte des Bestellers wegen eines Mangels ausgeschlossen oder beschränkt werden (Haftungsausschluss), dann nicht berufen, wenn er den Mangel arglistig verschwiegen oder eine Garantie für die Beschaffenheit des Werkes übernommen hat. Soweit die Haftung für Mängelansprüche in AGB eingeschränkt oder ausgeschlossen werden soll, sind die Vorgaben in § 309 Nr. 7 und 8 BGB zu beachten. Außerhalb der VOB/B kann eine Verkürzung der Verjährungsfrist nicht in AGB vereinbart werden. In Bauträgerverträgen z.B. ist eine Verkürzung nicht möglich, weil in diesen die VOB/B nicht völlig unberührt zugrunde gelegt werden kann.

Verjährung bei Vereinbarung der VOB/B

Grundsätzliches

Die Verjährungsfrist beträgt gemäß § 13 Nr. 4 Abs. 1 Satz 1 und 2 VOB/B für Bauwerke vier Jahre, für Arbeiten an einem Grundstück und für die vom Feuer berührten Teile von Feuerungsanlagen zwei Jahre und für feuerberührte und abgasdämmende Teile von industriellen Feuerungsanlagen ein Jahr, sofern die Parteien keine abweichende Vereinbarung getroffen haben. Wir haben bereits darauf hingewiesen, dass es durchaus streitig ist, ob man als Unternehmer gegenüber einem Verbraucher eine kürzere Verjährungsfrist vereinbaren kann selbst bei vollständiger Vereinbarung der VOB/B. Abweichend hiervon beträgt die Regelfrist bei maschinellen und elektrotechnischen/elektronischen Anlagen oder Teilen davon, bei denen die Wartung Einfluss auf die Sicherheit und Funktionsfähigkeit hat, zwei Jahre, wenn der Auftraggeber sich dafür entschieden hat, dem Auftragnehmer die Wartung für die Dauer der Verjährungsfrist nicht zu übertragen, § 13 Nr. 4 Abs. 2 VOB/B.

In der Praxis wird die Verjährungsfrist oftmals auf mindestens fünf Jahre verlängert, was selbstverständlich ohne Weiteres möglich ist. Ist die Verjährungsfrist allgemein verlängert, gilt dies für alle vereinbarten Leistungen, also auch für alle an und für sich deutlich kürzeren Fristen! Dies ändert natürlich nichts an dem Umstand, dass ein Mangel auch auf einen Ausführungsfehler des Unternehmers zurückzuführen sein muss.

Gemäß § 13 Nr. 4 Abs. 3 VOB/B beginnen die Regelfristen erst mit der Abnahme der gesamten Leistung; für in sich abgeschlossene Teile der Leistung beginnen sie mit der Teilabnahme.

Verjährung Nacherfüllungsansprüche

Eine Besonderheit gilt für Nacherfüllungsleistungen. Mit Zugang eines schriftlichen Mängelbeseitigungsverlangens beim Auftragnehmer wird für den Anspruch auf Beseitigung der konkret gerügten Mängel eine neue Verjährungsfrist in Gang gesetzt. Diese Frist beträgt zwei Jahre, läuft jedoch nicht vor Ablauf der Regelfristen oder der an ihrer Stelle vereinbarten Fristen ab, § 13 Nr.

5 Abs. 1 Satz 1 und 2 VOB/B. Grundsätzlich ist darauf hinzuweisen, dass die Möglichkeit der Verjährungsfristverlängerung des § 13 Nr. 5 Abs. 1 Satz 2 VOB/B auch dann anwendbar ist, wenn eine längere Verjährung als die nach der VOB/B vereinbart ist.[1]

An dieser Stelle sei der Hinweis erlaubt, dass es immer wieder Gerichtsentscheidungen gibt, die eine Verlängerungswirkung „nur" innerhalb der VOB/B-Verjährung – also zwischenzeitlich vier Jahre – annehmen, auch wenn z.B. als Verjährungsfrist eine von fünf Jahren vereinbart wird.[2] Das ist falsch[3] und der BGH sieht dies wohl auch anders.[4]

Wichtig ist noch der Hinweis, dass die Verjährungsfrist für Mängelbeseitigungsleistungen selbstständig zu beurteilen ist. Nach Abnahme der konkreten Mängelbeseitigungsleistung beginnt gemäß § 13 Nr. 5 Abs. 1 Satz 3 VOB/B für diese Leistung eine weitere Verjährungsfrist von zwei Jahren neu, die ebenfalls nicht vor Ablauf der Regelfristen oder an ihrer Stelle vereinbarten Fristen abläuft. Es wird also die Verjährungsfrist für diese Mängel nicht etwa erneut mit vier Jahren angesetzt.

Diese Möglichkeit der „Quasi-Unterbrechung" ist dem BGB unbekannt. Wird also in einem Vertrag die Gewährleistung ausschließlich nach dem BGB vereinbart, führt eine schriftliche Nachbesserungsaufforderung nicht dazu, dass die Gewährleistungsfrist verlängert wird. Dies ist vielen Laien so nicht bekannt.

Ansonsten Geltung der gesetzlichen Regelungen zur Hemmung und Verjährung bei arglistig verschwiegenen Mängeln

Grundsätzlich ist darauf hinzuweisen, dass die gesetzlichen Regelungen zur Hemmung und zum Neubeginn der Verjährung auch im Rahmen eines VOB-Vertrages gelten.

Zur Verjährung wegen arglistig verschwiegener Mängel wird allgemein angenommen, dass auch bei Vereinbarung der VOB/B es bei den gesetzlichen Regelungen des § 634 a Abs. 3 Satz 1 BGB verbleibt. Es gelten also ausnahmslos die obigen Ausführungen, insbesondere also auch, dass die Verjährungsfrist drei Jahre beträgt nach Kenntnis beziehungsweise Kennenmüssen der anspruchsbegründenden Umstände, mindestens jedoch fünf Jahre nach Abnahme.

11.11.3 Der Mangel

Einleitung

Der Begriff des Sachmangels wird sowohl nach dem BGB als auch nach der VOB/B negativ umschrieben. Ausgangspunkt ist die Erfolgshaftung des Auftragnehmers und seine Verpflichtung, dem Auftraggeber das Werk frei von Sachmängeln zu verschaffen. Gemäß § 633 Abs. 2 Satz 1 BGB ist das Werk zunächst frei von Sachmängeln, wenn es die vereinbarte Beschaffenheit hat.

§ 13 Nr. 1 S. 2 VOB/B stellt zusätzlich ausdrücklich auf den Zeitpunkt der Abnahme sowie darauf ab, dass das Werk den anerkannten Regeln der Technik entspricht. Hieraus ergibt sich aber kein Unterschied. Auch beim BGB-Vertrag kommt es wegen der Mangelfreiheit auf den Zeitpunkt der Abnahme an. Auch beim BGB-Vertrag wird im Zweifel stillschweigend die Einhaltung der anerkannten Regeln der Technik versprochen. Wir haben dies bereits bei der Darstellung des vereinbarten Leistungsumfangs erörtert. Haben die Parteien auf eine genaue Beschaffenheitsvereinbarung verzichtet, so ist das Werk gemäß § 633 Abs. 2 Satz 2 BGB bzw. nach § 13 Nr. 1 S. 3 VOB/B frei von Sachmängeln, wenn es sich

---

1 BGH, BauR 1987, 84, 85
2 OLG Koblenz, IBR 2005, 317, zur „alten" VOB-Regelverjährung von zwei Jahren
3 Leupertz, IBR 2005, 317
4 BGHZ 57, 7, 10 ff.; BGH, IBR 2005, 317, allerdings für gesetzlich geregelte Unterbrechung

– für die nach dem Vertrag vorausgesetzte, sonst
– für die gewöhnliche Verwendung eignet und eine Beschaffenheit aufweist, die bei Werken der gleichen Art üblich ist und die der Besteller nach der Art des Werks bzw. der Leistung erwarten kann.

Der Mangelbegriff der VOB/B unterscheidet sich nicht von dem des BGB. § 633 Abs. 1 BGB nennt noch die Verpflichtung des Auftragnehmers, dem Auftraggeber das Werk ausdrücklich frei von Rechtsmängeln zu verschaffen. Eine Definition des Rechtsmangels liefert § 633 Abs. 3 BGB. Auch im VOB-Bauvertrag dürfte jedoch ein Mangel zu bejahen sein, wenn ein Rechtsmangel vorliegt. Falsch- oder Zuwenig-Lieferungen im Sinne von § 633 Abs. 2 Satz 3 spielen in der Baupraxis nur eine untergeordnete Rolle, sodass sich auch hieraus kein gravierender Unterschied ergibt.

Zusammenfassend ist ein Werk insbesondere dann mangelhaft, wenn

– eine vertraglich vereinbarte Beschaffenheit (bzw. eine zugesicherte Eigenschaft) fehlt,
– die Leistung nicht den anerkannten Regeln der Technik entspricht oder
– die Leistung von der vorgestellten oder üblichen Beschaffenheit abweicht.

Die Rechtsprechung zur Mangelhaftigkeit der Werkleistung zur Rechtslage vor dem 01.01.2002 kann im Wesentlichen auch weiterhin herangezogen werden.

Abweichung von der vertraglich vereinbarten Beschaffenheit

Einleitung

Eine Beschaffenheitsvereinbarung i. S. d. §§ 633 Abs. 2 S. 1 BGB, 13 Nr. 1 S. 2 VOB/B liegt typischerweise dann vor, wenn die eine Partei die zu erbringende Leistung in einer bestimmten Weise beschreibt – in der Regel erfolgt dies durch ein Leistungsverzeichnis – und der andere Teil daraufhin den Bauvertrag abschließt.[1]

Für den Auftragnehmer reicht allein die Erfüllung der vertraglichen Leistungsbeschreibung nicht zum Nachweis der Mangelfreiheit aus. Wir haben dies bereits bei der Darstellung des vereinbarten Leistungsumfangs näher ausgeführt. Es kann sich durchaus der Umstand ergeben, dass eindeutig die Errichtung eines zu Wohnzwecken geeigneten Kellers vereinbart wird und dass andererseits dieses Ziel mit der Auflistung der Positionen des Leistungsverzeichnisses nicht erreicht werden kann.

11

Bei den Rechtsfolgen ist sicherlich danach zu differenzieren, von wem die Leistungsbeschreibung stammt: Hat der Auftraggeber oder dessen Planer die Leistung beschrieben, so muss der Auftragnehmer die Leistungsbeschreibung – soweit zumutbar – dahingehend überprüfen, ob das Werk auf dieser Grundlage mangelfrei ausgeführt werden kann und dem Auftraggeber anderenfalls seine Bedenken anzeigen. Die Zumutbarkeit bestimmt sich dabei nach den von einem sachkundigen Unternehmer erwarteten „normalen" Kenntnissen, die auf dem neuesten Stand der Technik sein müssen. Musste der Auftragnehmer danach Bedenken nicht haben, dürfte dem Auftraggeber gleichwohl ein Anspruch auf Erfüllung zustehen, allerdings wird man dem Auftragnehmer zumindest mit dem Rechtsgedanken des § 645 BGB die Vergütung für die erbrachte mangelhafte Leistung zubilligen müssen. Darüber hinaus steht dem Auftragnehmer auch ein Vergütungsanspruch für die schlussendlich dann vertragsgemäß erbrachte Leistung zu. Da sich die bisherige Vergütungsvereinbarung nur auf die mangelhafte Leistung bezog, sind auch sämtliche etwa weitergehenden Maßnahmen zu vergüten. Das wären also „Sowieso-Kosten".

Hat der Auftragnehmer die Leistung zuvor selbst beschrieben und war dies nicht sachgemäß, so wird eine Vergütung für die mangelhafte Leistung ausscheiden und der Auftragnehmer ist verpflichtet, die vertraglich geschuldete Leistung mangelfrei zu erbringen. Werden zur Erreichung eines mangelfreien Zustands nun aufwändigere Leistungen erforderlich, so kommt es darauf an, ob die ursprüngliche Vergütungsvereinbarung nur die konkret beschriebene Leistung abdecken

[1] Vgl. BT-Drucks. 14/6040, 212.

sollte. Dann wären aufwändigere Maßnahmen zusätzlich (aber auch nur einmal) zu vergüten. War die Vergütung – was durch Auslegung aller Umstände und Unterlagen zu ermitteln ist und was wohl im Zweifel so sein soll – nicht auf die konkrete Leistung beschränkt, so stehen dem Auftragnehmer keine zusätzlichen Vergütungsansprüche zu. Dies dürfte insbesondere bei Bauträgerverträgen der Fall sein oder grundsätzlich bei sogenannten „Globalpauschalverträgen", bei denen der Auftragnehmer Planungsaufgaben übernommen hat.

Nichteinhaltung der anerkannten Regeln der Technik

Einleitung

Die anerkannten Regeln der Technik sind für jeden Bauvertrag – gleich ob er alleine nach den Regelungen des BGB oder auch auf der Grundlage der VOB/B geschlossen wird – von zentraler Bedeutung.

Diese haben Bedeutung für die Frage, welche Leistungen geschuldet sind und ob die Leistung eines Auftragnehmers/Unternehmers vertragsgemäß ist. Dabei geht es zumeist um die Behandlung von Sachmängelansprüchen. Die Frage kann aber auch Bedeutung für die Beurteilung zusätzlicher Vergütungsansprüche haben.

Welche Bedeutung die Regeln der Technik haben, wurde daher vor allem im Kapitel zum vereinbarten Leistungsumfang bereits diskutiert. Grundsätzlich ist darauf hinzuweisen, dass bei jedem Bauvertrag, also auch bei einem solchen, bei dem die VOB/B nicht vereinbart ist, der Auftraggeber im Zweifel auf die Einhaltung der Regeln der Technik vertrauen darf.[1]

Es ist zwar nicht ausgeschlossen, dass die Vertragsparteien eine Ausführung abweichend von den Regeln der Technik vereinbaren. Wichtig ist jedoch der Hinweis, dass eine solche Abweichung auch tatsächlich und nachweislich vereinbart sein muss. Hierfür genügt alleine die Festlegung einer bestimmten Ausführungsart nicht.[2] Genau dies wird zu Unrecht von vielen Auftragnehmern und auch von Baujuristen so angenommen!

Bei einem VOB/B-Vertrag gelten die anerkannten Regeln der Technik ohnehin als vereinbart. Dies ergibt sich unter anderem aus § 4 Nr. 2 Absatz 1 Satz 2 VOB/B, aus § 13 Nr. 1 VOB/B sowie auch aus § 13 Nr. 7 Abs. 2 b) VOB/B, nach Auffassung des BGH auch aus dem Hinweis auf die Allgemeinen Technischen Vertragsbedingungen in § 1 Nr. 1 Satz 2 VOB/B.

Wir haben bereits festgehalten, dass sich Nachteile für den Auftragnehmer, der seinen Pflichten zur Prüfung und Mitteilung von Bedenken ordnungsgemäß nachkommt, wohl in aller Regel nicht ergeben.

Einhaltung auch vor Abnahme

Sowohl nach § 13 Nr. 1 VOB/B wie auch nach § 633 BGB haftet der Auftragnehmer dafür, dass seine Leistung zum Zeitpunkt der Abnahme den anerkannten Regeln der Technik entspricht. Selbstverständlich besteht diese Verpflichtung auch schon vor Abnahme. Im VOB/B-Vertrag ergibt sich dies ausdrücklich aus § 4 Nr. 2 Abs. 1 Satz 2 („Dabei hat er die anerkannten Regeln der Technik und die gesetzlichen und behördlichen Bestimmungen zu beachten."). Ist dies nicht der Fall, kann der Auftraggeber nach § 4 Nr. 7 VOB/B vorgehen. Im BGB-Vertrag kann der Auftraggeber jedenfalls bei Fälligkeit der Bauleistung zu Sanktionen übergehen, in Ausnahmefällen auch vorher („auf Mangel muss zwingend aufgebaut werden", „besonders schwerwiegender Mangel").

Einhaltung der Regeln der Technik muss nicht genügen

Die bloße Befolgung der anerkannten Regeln der Technik schließt die Annahme eines Mangels nicht von vorneherein aus.[3]

---

1 Urteil vom 14.05.1998-VII ZR 184/97 -, BauR 1998, 872
2 BGH, Urteil vom 16.07.1998-VII ZR 350/96 -, BauR 1999, 37
3 BGH, BauR 2004, 1941

Beispiel

Die Parteien eines Bauvertrags vereinbaren bei bindigem Boden und nicht drückendem Wasser eine Bauwerksabdichtung mit Dichtungsbahnen. Der Auftragnehmer führt die Abdichtung in Übereinstimmung mit der DIN 18195 und den anerkannten Regeln der Technik fachgerecht mit einer Bitumendickbeschichtung aus.

Es soll an dieser Stelle unterstellt werden, dass die Bitumendickbeschichtung den anerkannten Regeln der Technik entspricht. Die Parteien haben vorliegend jedoch vertraglich etwas anderes vereinbart. Selbstverständlich ist bei einer solchen Ausführung grundsätzlich ein Mangel zu bejahen, weil eine Abweichung von der vereinbarten Beschaffenheit vorliegt. Welche Rechte hieraus resultieren, mag an dieser Stelle offen bleiben.

Grundsätzlich ist also festzuhalten. Der Unternehmer erfüllt nicht allein dadurch, dass er anerkannte Regeln der Technik einhält, seine Leistungspflicht, wenn vertraglich eine andere Beschaffenheit vereinbart ist.

Ist eine solche nicht ausdrücklich vereinbart, schuldet er aber jedenfalls – sozusagen als vom Besteller stillschweigend zu Recht erwarteter Mindeststandard – die Einhaltung der Regeln der Technik. Wenn aufgrund der Leistungsbeschreibung indes eine andere Beschaffenheit vereinbart sein sollte, also insbesondere eine Abweichung von den anerkannten Regeln der Technik, ist der Auftragnehmer gehalten, auf Abweichungen hinzuweisen. Dies ergibt sich aus § 4 Nr. 3 VOB/B. Auch im BGB-Vertrag ist dies eine Pflicht des Auftragnehmers.

Definition anerkannte Regeln der Technik

Es gibt zwei Gruppen der anerkannten Regeln der Technik. Neben denjenigen Regeln, die jedem Baubeteiligten ohne besondere Fachkenntnisse bekannt sein und daher von ihm eingehalten werden müssen, geht es auch um diejenigen anerkannten Regeln der Technik, die im speziellen Fach des Auftragnehmers im Rahmen seines technischen Tätigkeitsbereiches beachtet werden müssen.[1]

Allgemein lassen sich die anerkannten Regeln der Technik bestimmen als technische Regeln für den Entwurf und die Ausführung von Bauwerken, die zum einen in der Wissenschaft als theoretisch richtig anerkannt sind und feststehen sowie insbesondere in dem Kreise der für die Anwendung der betreffenden Regeln maßgeblichen, nach dem neuesten Erkenntnisstand vorgebildeten, Techniker durchweg bekannt und auf Grund fortdauernder praktischer Erfahrung als technisch geeignet, angemessen und notwendig anerkannt sind.[2]

11

DIN-Normen nicht zwingend allgemein anerkannte Regeln der Technik

Besonders relevant sind dabei DIN-Normen, denen nach allgemeiner Auffassung eine Vermutung dafür zukommt, dass sie die aktuellen allgemein anerkannten Regeln der Technik wiedergeben.[3] Diese Vermutung ist allerdings widerleglich, was insbesondere dann erfolgreich möglich ist, wenn sich die anerkannten Regeln der Technik aufgrund neuer technischer Entwicklungen wie z.B. neuer Bauweisen verändern, aber eine Überarbeitung der einschlägigen DIN-Normen noch nicht stattgefunden hat. Denkbar ist aber auch, dass eine neue DIN (noch) nicht die anerkannten Regeln der Technik widergibt. Entscheidend sind immer die tatsächlich anerkannten Regeln der Technik.

Der BGH[4] hat dies wie folgt formuliert:

„(3) Rechtsfehlerhaft sind auch die Erwägungen des Berufungsgerichts zu den anzuwendenden DIN-Normen. Es verkennt die Rechtsnatur und Bedeutung der DIN-Normen (a) sowie den Begriff der anerkannten Regeln der Technik (b).

---

[1] Leinemann-Schliemann, § 13 VOB/B, Rn. 13 (m.w.N.).
[2] Staudinger/Peters (2000), § 633 BGB, Rn. 41; Ing/Ko-Oppler, § 4 VOB/B, Rn. 151
[3] Kniffka/Koeble, Kompendium des Baurechts, 6. Teil, Rdn. 45
[4] BGH, BauR 1998, 872

a) Die DIN-Normen sind keine Rechtsnormen, sondern private technische Regelungen mit Empfehlungscharakter (BGH, Urteil vom 6. Juni 1991-I ZR 234/89 = NJW-RR 1991, 1445, 1447; Klein, Einführung in die DIN-Normen, 10. Aufl. 1989, S. 13; Dresenkamp, Die allgemeinen Regeln der Technik am Beispiel des Schallschutzes SchlHA 1994, 165, 166). Das Berufungsgericht entnimmt die Mangelfreiheit ohne weiteres einer DIN-Norm. Es legt damit DIN-Normen eine ihnen nicht zustehende Rechtsnormqualität bei.
b) Auch die Frage, was unter anerkannter Regel der Technik zu verstehen ist, beurteilt das Berufungsgericht ebenso unzutreffend wie schon der Sachverständige F. überwiegend danach, welche DIN-Norm aktuell ist.

Maßgebend ist nicht, welche DIN-Norm gilt, sondern ob die Bauausführung zur Zeit der Abnahme den anerkannten Regeln der Technik entspricht. DIN-Normen können die anerkannten Regeln der Technik wiedergeben oder hinter diesen zurückbleiben. (Hervorhebung Verfasser) Für den hier zu beurteilenden Bereich des Luftschallschutzes ist naheliegend, dass die bewerteten Schalldämm-Maße des Entwurfs von 1984 für Wohnungstrennwände und Wohnungstrenndecken, der den Werten der DIN 4109 Ausgabe 1962 entsprach, nicht mehr den anerkannten Regeln der Technik genügten. Dazu gibt es hinreichende Anhaltspunkte im veröffentlichten Schrifttum (Kötz, Der bauliche Schallschutz in der Praxis, ZSW 1988, 89; Ertel, Festschrift für Soergel, 1993, S. 315). In der DIN 4109 Ausgabe November 1989 (Seite 28) wird auch darauf hingewiesen, dass der Inhalt der DIN 4109 Ausgabe 1962 vollständig überarbeitet und dem Stand der Technik angepasst wurde.“

Gelingt einem Auftraggeber der Nachweis, dass die vom Auftragnehmer bei der Errichtung des Werkes beachteten einschlägigen DIN-Normen nicht mehr oder noch nicht den allgemeinen anerkannten Regeln der Technik entsprechen, kann im Einzelfall trotz der DIN-gerechten Ausführung ein Mangel vorliegen.[1] Dieser Nachweis wird allerdings – da es sich nicht um eine Rechtsfrage handelt – im Zweifel nur durch ein Sachverständigengutachten geführt werden können.

Altbausanierung und anerkannte Regeln der Technik

11

Entscheidend ist auch für alle Fälle der Altbausanierung, dass auch hier in aller Regel jedenfalls im Zweifel die aktuell geltenden anerkannten Regeln der Technik einzuhalten sind. Dies hat der BGH noch einmal jüngst klargestellt. Er hat wörtlich in der Entscheidung vom 16.12.2004 – Az. VII ZR 257/03 – ausgeführt:

„Verspricht der Veräußerer eines Altbauobjekts eine so weitgehende und umfassende Sanierung, darf der Erwerber dies grundsätzlich dahin verstehen, dass der Veräußerer zu diesem Zweck im Rahmen des technisch Möglichen die Maßnahmen angewandt hat, die erforderlich sind, um den Stand der anerkannten Regeln der Technik zu gewährleisten. Etwas anderes kann sich ergeben, wenn die berechtigte Erwartung des Erwerbers unter Berücksichtigung der gesamten Vertragsumstände, insbesondere des konkreten Vertragsgegenstands und der jeweiligen Gegebenheiten des Bauwerks, darauf nicht gerichtet ist.“

Immer dann, wenn eine umfassende oder gar vollständige Sanierung geschuldet ist, werden die aktuell geltenden Regeln der Technik geschuldet sein. Wir meinen, dass deren Einhaltung bei einem Vertrag über eine nachträgliche Bauwerksabdichtung grundsätzlich immer dann geschuldet ist. Sollte hier eine Unterschreitung von den Parteien gewollt sein, muss dies schon deutlich zum Ausdruck kommen. Die bloße Nennung oder Bezeichnung einer Ausführungsart wird angesichts der Erfolgshaftung nicht genügen, um eine Abweichung anzunehmen. Dies kann allerdings – je nach Ausgestaltung – dazu führen, dass sich die Vergütung hierauf erstreckte. Der BGH differenziert also einerseits zwischen dem geschuldeten Leistungserfolg einerseits und welche Vergütung hierfür geschuldet ist.

---

[1] OLG Hamm, NJW-RR 1998, 668; Staudinger/Peters (2000), § 633 BGB, Rn. 42

DIN-Normen und nachträgliche Bauwerksabdichtung

Bei der nachträglichen Bauwerksabdichtung kommt im Bereich der vertikalen Abdichtung maßgeblich die DIN 18195 in Betracht, sofern dort geregelte Stoffe und Verfahren angewandt werden.[1] Es ist davon auszugehen, dass DIN-Regelungen regelmäßig „Neubaufälle“ vor Augen haben und deshalb eine Anwendung auf Altbau kritisch zu untersuchen ist.[2]

Vorrangig vor der Frage nach der Anwendbarkeit einer DIN ist natürlich die konkrete Situation und die Frage, welche Maßnahmen konkret den anerkannten Regeln der Technik entsprechen. Die Frage nach der Anwendbarkeit der DIN 18195 kann auch rein theoretischer Natur sein, wenn die dort aufgeführten Maßnahmen auch ansonsten erforderlich sind.

Beispiel[3]

Ein Architekt wird mit dem Umbau einer ca. 100 Jahre alten nicht unterkellerten Gaststätte in Wohnungen beauftragt. Nach dem Bezug der Wohnungen kommt es in den Erdgeschossräumen zu aufsteigender Feuchtigkeit. Gerichtlich bestellte Sachverständige stellen als Ursache das Fehlen einer Horizontalsperre unterhalb der Außenwände sowie dem Estrich auf der Bodenplatte gemäß DIN 18195 fest. Der Auftraggeber verlangt vom Architekten die Mehrkosten für den nachträglichen Einbau der Horizontalsperre. Der Architekt meint, die DIN 18195 gelte nicht für Altbauten. Im Übrigen lagen bis zum Umbau keine Beschwerden über eingedrungene Feuchtigkeit vor, die auch im Zeitpunkt des Umbaus nicht festzustellen war.

Das OLG hat die Frage nach der Anwendbarkeit der DIN offen gelassen. Der Architekt schulde die Planung und Bauleitung für die Herstellung von zum Wohnen geeigneten Räumen in dem früheren Gaststättengebäude. Er habe seine Planung an dem auszurichten, was für einen diesen Anforderungen genügenden Umbau erforderlich ist. Unabhängig von einer einschlägigen DIN sei für die Wohnräume eine wirksame Abdichtung gegen Bodenfeuchtigkeit erforderlich gewesen. Jedenfalls bei einem 100 Jahre alten Haus müsse damit gerechnet werden, dass die Isolierung nicht vorhanden oder nicht mehr einwandfrei sei. Der Architekt sei deshalb verpflichtet, das Vorhandensein und die Wirksamkeit der Isolierung zu untersuchen, gegebenenfalls Abdichtungsmaßnahmen zu empfehlen und ihren ordnungsgemäßen Einbau zu beaufsichtigen.

Für die nachträgliche horizontale Abdichtung wird es einschlägige DIN-Regelungen überdies gar nicht geben. Hier geben möglicherweise WTA-Merkblätter die anerkannten Regeln der Technik wieder.

Zum Teil wird man hier von anerkannten Regeln der Technik vor dem Hintergrund der obigen Definition auch gar nicht sprechen können. Bei welcher Art der nachträglichen horizontalen Abdichtung außer den mechanisch Hergestellten kann schon behauptet werden, sie sei theoretisch als richtig bestätigt und in dem Kreise der für die Anwendung der betreffenden Regeln maßgeblichen, nach dem neuesten Erkenntnisstand vorgebildeten, Techniker durchweg bekannt und auf Grund fortdauernder praktischer Erfahrung als technisch geeignet, angemessen und notwendig anerkannt? Hier werden sich keine allgemeinen Aussagen treffen lassen. Vielmehr dürfte auf den konkreten Anwendungsfall abzustellen sein.

Prüfpflichten; sich während der Ausführung ändernde Regeln der Technik

Da die anerkannten Regeln der Technik einem ständigen Wandel unterliegen, muss sich der Auftragnehmer fortlaufend anhand einschlägiger Quellen wie Büchern, Fachzeitschriften, Fortbildungsveranstaltungen, etc., über den aktuellen Stand der Bautechnik generell sowie in seinem Fachgebiet informieren.

Wir meinen, dass ein Mangel bereits grundsätzlich zu bejahen ist, wenn gegen die anerkannten Regeln der Technik verstoßen wird. Eine andere Frage wäre bei einem möglichen Nachweis

---

1 Vgl. OLG Hamburg, IBR 2000, 598 (mit Anmerkung Kamphausen) zur Vorgängernorm DIN 4117

2 Kamphausen, IBR 2000, 598

3 OLG Düsseldorf, Urteil vom 05.03.2004-22 U 121/03, ibr-online

durch einen Auftragnehmer, dass ein Schadensrisiko nicht vorliegt, ob dann überhaupt Sachmängelansprüche greifen können (Unverhältnismäßigkeit der Nacherfüllung, kein Schaden, kein Minderwert). Nach anderer Auffassung soll ein Mangel nicht vorliegen, wenn dem Verstoß gegen die anerkannten Regeln der Technik kein Schadensrisiko für den Auftraggeber innewohne.

Relativ klar ist, zu welchem Zeitpunkt die Werkleistung den jeweils aktuellen anerkannten Regeln der Technik entsprechen muss. Hier ist auf den klaren Wortlaut des § 13 Nr. 1 VOB/B und damit auf die Abnahme abzustellen.[1] Daraus resultieren Probleme insbesondere bei längerfristig durchzuführenden Bauvorhaben, da sich die anerkannten Regeln der Technik während der Ausführung ändern können, die Leistung aber den zur Zeit der Abnahme gültigen anerkannten Regeln der Technik entsprechen muss.

Theoretisches Beispiel

Der Auftragnehmer führt beim Lastfall nicht drückendes Wasser die Bauwerksabdichtung entsprechend dem Leistungsverzeichnis teilweise mit einer Bitumendickbeschichtung aus. Vor oder auch während der Ausführung ändern sich nun die anerkannten Regeln der Technik dergestalt, dass die Bitumendickbeschichtung nicht mehr Regel der Technik ist. Der Auftraggeber verweigert die Abnahme.

Hinsichtlich der damit verbundenen Rechtsfolgen ist danach zu differenzieren, ob die Vertragsparteien und insbesondere der Auftragnehmer die Veränderung der anerkannten Regeln der Technik während der Ausführung bis zur Abnahme bemerkt haben.

Werden die während der Ausführung eintretenden Regeländerungen nicht bemerkt und baut der Auftragnehmer nach veralteten Regeln, so geht dies grundsätzlich allein zu Lasten des Auftragnehmers. Ein Wandel bei den anerkannten Regeln der Technik fällt ausschließlich auf der Leistungsseite in den Risikobereich des Auftragnehmers. Insoweit ist wiederum die Erfolgshaftung des Unternehmers angesprochen. Dieser Haftung kann er nur entgehen, indem er seiner Pflicht zur Prüfung der Sachlage nachkommt und gegebenenfalls Bedenken anmeldet. Es stellt sich dann die Frage, wie mit der bereits teilweise erstellten Leistung und deren Vergütung umzugehen wäre, wenn sich der Auftraggeber für eine Ausführung nach den aktuell geltenden Regeln entscheidet. Hier dürfte unseres Erachtens jedenfalls für den Fall, dass der Auftragnehmer seinen Pflichten zur Beobachtung der Entwicklung der Regeln der Technik nachgekommen ist, wieder der Gedanke des § 645 BGB zum Tragen kommen. Der Auftraggeber hat mit seiner Planungsvorgabe und Anordnung dafür gesorgt, dass die Leistung nicht brauchbar ist. Er muss sie dann auch vergüten.

Eine weitere im juristischen Schrifttum kaum diskutierte und hier auch nur kurz angesprochene Frage ist dann die, ob ein Unternehmer auch bei sich ändernden Regeln der Technik ohne Rücksprache mit dem Bauherrn etwa zusätzliche oder geänderte Maßnahmen durchführen kann und die hierfür entstehenden Mehrkosten verlangen kann. An und für sich wäre dies konsequent. Hier sollte man als Unternehmer allerdings vorsichtig sein und eine Klärung herbeiführen, weil allgemein eine Kooperationspflicht der Vertragsparteien angenommen wird, die in einer solchen Situation einschlägig sein könnte.

Für die Ausführung nach den geänderten neuen Regeln der Technik wird bei konsequenter Anwendung der BGH-Rechtsprechung[2] zur Festlegung der Ausführungsart dem Auftagnehmer ein zusätzlicher Vergütungsanspruch zustehen, wenn die neuen Regeln umgesetzt werden und zu Mehraufwand führen. Dies gilt allerdings auch nur dann, wenn tatsächlich wie in unserem Beispiel eine Ausführungsart eindeutig festgelegt wurde. Das ist wiederum durch Vertragsauslegung zu ermitteln.

Der Auftraggeber trägt die Beweislast für einen Verstoß gegen die anerkannten Regeln der Technik nach Abnahme, soweit es nur um diese geht. Hat der Auftragnehmer dabei nachweislich die

---

[1] BGH, BauR 1989, 462; Ing/Ko-Wirth, § 13 VOB/B, Rn. 136; N/W-Nicklisch, § 13 VOB/B, Rn. 31; H/R/R-Riedl, § 13 VOB/B, Rn. 21; Leinemann-Schliemann, § 13 VOB/B, Rn. 19.

[2] BGH, BauR 1999, 37

einschlägigen DIN-Normen eingehalten, muss der Auftraggeber nachweisen, dass die allgemeinen anerkannten Regeln der Technik nicht mehr oder noch nicht den DIN-Vorschriften entsprechen.

Gerichtlicher Umgang

In aller Regel wird ein Gericht die anerkannten Regeln der Technik nicht selbst feststellen können, sondern sich hierzu eines Sachverständigengutachtens bedienen.

Hierbei ist zu beachten, dass es selbstverständlich nicht auf die persönliche Auffassung des Sachverständigen ankommt, sondern dieser letztlich eine Aussage zu treffen hat, ob eine bestimmte Ausführung, eine bestimmte Technik, ein Baustoff von Wissenschaft und Lehre für richtig befunden wird und auch von der Mehrzahl der praktischen Anwender für angemessen, notwendig anerkannt wird.

Dass dies für die Abdichtung mit Bitumendickbeschichtung bei bindigen Böden und nicht drückendem Wasser von Gerichten unterschiedlich beurteilt wurde, sei hier erwähnt.

Das OLG Schleswig[1] hat diese Abdichtungsart als anerkannte Regel der Technik eingeordnet. Das OLG Bamberg hat dies mehrfach verneint.[2]

Abweichen von der vorgestellten und üblichen Beschaffenheit

Haben die Parteien die Beschaffenheit nicht vereinbart, so ist das Werk sowohl gemäß § 633 Abs. 2 Satz 2 BGB als auch nach § 13 Nr. 1 Satz 3 VOB/B frei von Sachmängeln, wenn es sich für die vertraglich vorausgesetzte Verwendung oder für die gewöhnliche Verwendung eignet und eine Beschaffenheit aufweist, die bei Werken der gleichen Art üblich ist und die der Besteller nach der Art des Werkes erwarten kann. Bei Fehlen einer Beschaffenheitsvereinbarung kommt es also in erster Linie auf die von den Parteien angenommene Eignung für die nach dem Vertrag vorausgesetzte Verwendung an. Es ist seit jeher Rechtsprechung des BGH, dass die Qualität des Werkes daran zu messen ist, ob es von der Beschaffenheit abweicht, die es für den vertraglich festgesetzten Gebrauch haben muss.[3] Erst wenn die Parteien nicht bestimmt haben, wie das Werk verwendet werden soll, kommt es auf die Eignung für die gewöhnliche Verwendung und zudem auf die übliche und vorgestellte Beschaffenheit an.

Bei der Frage der Eignung eines Werkes für die vertraglich vorausgesetzte bzw. gewöhnliche Verwendung wird regelmäßig nur durch Einholung von Sachverständigengutachten entschieden werden können.

Ausschluss der Mängelhaftung nach BGB und VOB/B durch erfolgte Prüfung und Bedenkenanzeige

Wer hat Planung zu erbringen?

Bevor man die Frage von Hinweis- und Prüfpflichten klärt, ist in jedem Einzelfall der Umfang der Planungspflichten zu klären, die die Beteiligten treffen.

Das Gelingen von Abdichtungsarbeiten hängt maßgeblich davon ab, ob im Vorfeld die Voraussetzungen und Grundlagen für die Abdichtung hinreichend geklärt wurden. Dies betrifft zum einen die bestehenden Boden- und Wasserverhältnisse des Umfeldes, die bei Unsicherheiten in aller Regel durch Sonderfachleute wie Baugrund- bzw. Bodengutachter ermittelt werden müssen. Dies betrifft zum anderen aber den Zustand des vorhandenen Gebäudes, also die Analyse des Gebäudes bzw. des Mauerwerks. Hierzu sind in aller Regel Untersuchungen erforderlich, die ohne besondere Absprache ein Auftragnehmer, der nur die Bauleistungen zur Abdichtung zu erbringen hat, nicht leisten muss.

---

[1] BauR 1998, 1100; ebenso OLG Hamm, IBR 1998, 337
[2] u. a. IBR 1999, 131
[3] BGH, BauR 1989, 462, 464 m.w.N.

Es sind Umstände betroffen, die üblicherweise ein Architekt im Rahmen der Grundlageermittlung (Vgl. § 15 Absatz 2 Nr. 1 HOAI) zu klären hat. Die Pflicht des Architekten besteht bei ungeklärten Verhältnissen darin, gegenüber dem Bauherren Bodenuntersuchungen, Baugrundbeurteilungen durch einen Fachingenieur anzuregen. Jedenfalls aber bei Leistungsphase zwei, also der Vorplanung, sind diese Punkte zu klären.[1]

Etwas anderes gilt jedoch bereits dann, wenn ein nicht durch einen Architekten beratener Bauherr vertraglich mit einem Unternehmer die Erstellung einer nachträglichen ordnungsgemäßen Bauwerksabdichtung vereinbart. Verspricht in einem solchen Fall ein Unternehmer die Erbringung der Abdichtung, kann er sich selbstverständlich nicht darauf zurückziehen, dass eine falsche beziehungsweise dass gar keine Planung vorliegt. In einem solchen Fall übernimmt ein Unternehmer selbst die planerischen Aufgaben und muss dann auch die Grundlage für die von ihm zu erbringende Leistung klären. Liegt ein Bodengutachten vor, muss der Unternehmer, der planerische Aufgaben erbringt, ebenso wie ein Architekt dieses nur mit seinen eigenen Fachkenntnissen überprüfen. Eine fachspezifische Untersuchung ist dagegen nicht erforderlich. Hinzuweisen ist dann auf „offenkundige Fehler".[2]

In aller Regel wird dem Auftragnehmer eine Planung zur Verfügung gestellt. In einem VOB/B-Vertrag sind dem Auftragnehmer die Ausführungsunterlagen zu übergeben. § 3 Nr. 1 VOB/B lautet wörtlich:

„Die für die Ausführung nötigen Unterlagen sind dem Auftragnehmer unentgeltlich und rechtzeitig zu übergeben."

Diese Planungsunterlagen hat der Unternehmer dann zu prüfen. Wegen der Anforderungen an diese Prüfung nehmen wir auf die nachfolgenden Ausführungen Bezug. So weit dem Unternehmer auch die eingangs erwähnten Voruntersuchungen, also insbesondere Baugrundgutachten und Bauwerksanalyse, zur Verfügung gestellt werden, hat er auch diese nach Maßgabe der nachfolgenden Ausführungen zu prüfen.

Grundsatz der Prüfpflicht

Der Mangelbeseitigungsanspruch wie auch alle weiteren Sachmängelansprüche sind ausgeschlossen, wenn dem Auftragnehmer die festgestellten Mängel nicht zurechenbar sind. Das ist nach der Regelung des § 13 Nr. 3 VOB/B der Fall, wenn ein Mangel zurückzuführen ist auf die Leistungsbeschreibung oder auf Anordnungen des Auftraggebers, auf die von diesem gelieferten oder vorgeschriebenen Stoffe oder Bauteile oder die Beschaffenheit der Vorleistung eines anderen Unternehmers. Der Ausschluss gilt nach der ausdrücklichen Regelung in § 13 Nr. 3 VOB/B nur, wenn er die ihm nach § 4 Nr. 3 VOB/B obliegende Mitteilung gemacht hat.

Eine Haftungsbefreiung kann auch bei einem reinen BGB-Vertrag in Betracht kommen, wenn Mangelerscheinungen ihre Ursache ausschließlich im Verantwortungsbereich des Bestellers haben. Das ist der Fall, soweit sie auf Anweisungen des Bestellers oder von ihm gelieferte Stoffe, auf ungeeignete Vorarbeiten anderer Unternehmer zurückzuführen sind.[3] Auch hier gilt die Haftungsbefreiung nur, wenn der Unternehmer seinen auch hier bestehenden Prüfung – und Hinweispflichten nachgekommen ist.[4] Hier gelten ähnliche Anforderungen wie in einem VOB/B-Vertrag, wobei hier Ausgangspunkt der rechtlichen Beurteilung der Grundsatz von Treu und Glauben ist.

[1] Vgl. Locher/Koeble/Frik, Kommentar zur HOAI, 8. Auflage, § 15 Rdn. 91
[2] Locher/Koeble/Frik, Kommentar zur HOAI, 8. Auflage, § 15 Rdn. 91
[3] Palandt-Sprau, 64. Aufl., § 633 Rdn. 4
[4] OLG Celle, NJW-RR 02, 594

Ausgangspunkt vertragliche Beschaffenheitsvereinbarung und Beachtung des Verwendungszwecks

Ausgangspunkt der Hinweispflichten ist § 4 Nr. 3 VOB/B. Dieser lautet wörtlich:

„Hat der Auftragnehmer Bedenken gegen die vorgesehene Art der Ausführung (auch wegen der Sicherung gegen Unfallgefahren), gegen die Güte der vom Auftraggeber gelieferten Stoffe oder Bauteile oder gegen die Leistungen anderer Unternehmer, so hat er sie dem Auftraggeber unverzüglich – möglichst schon vor Beginn der Arbeiten – schriftlich mitzuteilen; der Auftraggeber bleibt jedoch für seine Angaben, Anordnungen oder Lieferungen verantwortlich."

Der Wortlaut scheint nahe zu legen, dass keine gesonderte Prüfpflicht des Auftragnehmers besteht, sondern dieser zur Anzeige von Bedenken nur verpflichtet ist, wenn er solche auch tatsächlich hat. Das ist indes zu kurz gedacht. Die absolut herrschende Auffassung im Schrifttum und in der Rechtsprechung geht davon aus, dass der Pflicht zur Anzeige von Bedenken eine Prüfpflicht vorausgeht.[1]

Wir haben bereits mehrfach darauf hingewiesen, dass der geschuldete Leistungserfolg sich nicht alleine aus einem Leistungsverzeichnis ergeben muss, sondern unabhängig hiervon der erkennbare Verwendungszweck eine weitere bedeutende Rolle spielt, ebenso die anerkannten Regeln der Technik. Ein Unternehmer darf sich keineswegs darauf beschränken, die Vorgaben eines Leistungsverzeichnisses umzusetzen. Stellt er Widersprüche zwischen Leistungsverzeichnis und dem Verwendungszweck oder den anerkannten Regeln der Technik fest, muss er entsprechend § 4 Nr. 3 VOB/B reagieren und unverzüglich schriftlich Bedenken anzeigen. Es ist eben nicht so, dass der Leistungserfolg alleine durch das Leistungsverzeichnis definiert wird.

Allgemeine Grenzen der Prüfpflicht

Definiert und begrenzt wird die Prüfpflicht wie folgt. Maßgeblich ist die geschuldete vertragliche Leistung einerseits und die objektiv zu beurteilende Sachkenntnis des Auftragnehmers andererseits.[2] Im Hinblick auf Letztere gilt, dass das branchenübliche Fachwissen als gegeben unterstellt wird.[3] Darüber hinausgehende Spezialkenntnisse eines Sonderfachmanns sind nicht zu unterstellen.[4] Je weitergehend sich ein Unternehmer als Fachmann präsentiert, desto weiter gehen auch seine Hinweis- und Prüfpflichten. Dies gilt insbesondere, wenn neue beziehungsweise unerprobte Techniken angewandt werden.[5]

Wenn es auf das branchenübliche Fachwissen des Unternehmers ankommt, muss er auch auf sich ändernde anerkannte Regeln der Technik hinweisen. In der Rechtsprechung werden abweichend hiervon Anforderungen gestellt wie beispielsweise, dass der Unternehmer sich auf dem neuesten Stand der Technik befinden müsse, was sein Fachwissen angehe.[6] Dies dürfte in der Tat zu weit gehen; das OLG Bamberg könnte allerdings auch gemeint haben, dass ein Unternehmer ein Fachwissen auf dem Stand der anerkannte Regeln der Technik haben muss.

Vor diesem Hintergrund hat der Auftragnehmer die Planung des Auftraggebers beziehungsweise sämtliche Vorgaben des Auftraggebers zur Ausführung der Leistung zu prüfen, ebenso hat er vom Auftraggeber gelieferte Stoffe oder Bauteile zu prüfen. Gleiches gilt auch für Leistungen anderer Unternehmer. Immer ist dabei von dem branchenüblichen Fachwissen des Unternehmers auszugehen.

---

1 BGH, BauR 2000, 262, 264
2 Vgl. Franke/Kemper/Zanner/Grünhagen-Zanner, § 4 VOB/B, Rdn. 146
3 BGH, BauR 1991, 79, 80
4 Kniffka/Koeble, Kompendium des Baurechts, 6. Teil, Rdn. 58; OLG Düsseldorf, BauR 2001, 638; OLG Celle, BauR 1996, 259
5 BGH, BauR 1993, 79, 80
6 So OLG Bamberg, IBR 2001, 111

Begrenzung von Prüfungspflichten durch DIN-Regelungen?

Vielfach werden Prüfpflichten im Übrigen auch in den Allgemeinen Technischen Vertragsbedingungen formuliert, so auch in der DIN 18336, Abschnitt 3.1.2. Es ist jedoch ein Irrtum, wenn ein Auftragnehmer meint, dass hierdurch die Pflichten zur Prüfung von Planungen und Vorleistungen im Voraus begrenzt wären. Das ist nicht der Fall, wie der BGH ausdrücklich entschieden hat.[1] Ein Auftragnehmer hat im Übrigen auch das Umfeld für seine Leistung zu prüfen und auf Bedenken hinzuweisen, wenn aus diesem Umfeld nachteilige Wirkungen für seine Leistung zu erwarten sind.[2]

Form und Inhalt der Bedenkenanzeige, Reaktion des Auftraggebers

Die Bedenkenanzeige muss unverzüglich und schriftlich erfolgen. Unverzüglich bedeutet dabei, dass der Auftragnehmer, nachdem er den Mangel der Ausführungsunterlagen, Vorleistungen, erkannt hat beziehungsweise nachdem er ihn hätte erkennen müssen, ohne schuldhaftes Zögern die Bedenken auch äußert.

Die Bedenkenanzeige hat schriftlich zu erfolgen, wobei dies in einem BGB-Vertrag nicht geregelt ist. Ist die Bedenkenanzeige nicht schriftlich erfolgt, kommt es darauf an, ob der mündlich erteilte Hinweis klar, vollständig und erschöpfend erfolgt ist.[3]

Es wird immer wieder beobachtet, dass sich ein Auftragnehmer darauf beschränkt, auf einen Umstand hinzuweisen und hierbei nur das Wort „Bedenken“ verwendet.

Beispiel für eine völlig unzureichende Bedenkenanzeige wäre z.B., dass der Unternehmer ohne Angabe von Tatsachen „ auf mangelhafte Vorleistungen“ oder „ einen mangelhaften Untergrund“ verweist. Auch wenn dies völlig klar sein sollte, ist in der Praxis ganz überwiegend von unzureichenden Bedenkenanzeigen auszugehen.

Die Bedenkenanzeige muss inhaltlich so klar sein, dass der Auftraggeber erkennt, welche konkreten Gefahren mit einem bestimmten Zustand verbunden sind. Mit anderen Worten muss dem Auftraggeber die Tragweite der Nichtbefolgung klargemacht werden.[4] Angesichts der Rechtsfolgen, die mit einer ordnungsgemäßen Bedenkenanzeige verbunden sind, kann die Wichtigkeit gar nicht genug betont werden. Eigene Lösungsvorschläge muss der Unternehmer dabei nicht unterbreiten.[5]

11

In der Praxis werden Bedenkenanzeigen regelmäßig dem bauüberwachenden Architekten vorgelegt. Jedenfalls, wenn sich der Architekt den Bedenken verschließt, muss der Auftraggeber unmittelbar mit den Bedenken konfrontiert werden.[6]

Folgen unterlassener Bedenkenanzeige

In der Praxis wird insbesondere von Auftraggebern und Architekten angenommen, dass für den Fall, dass keine Bedenken angezeigt wurden, der Auftragnehmer nun alleine haften müsse. Das ist in der Allgemeinheit nicht zutreffend. Wir hatten bereits eingangs erwähnt, dass in aller Regel der Auftraggeber die Ausführungsunterlagen ordnungsgemäß zur Verfügung zu stellen hat. Dies stellt eine eigene Vertragspflicht des Auftraggebers dar. Kommt es nun infolge mangelhafter Ausführungsunterlagen zu einem Mangel, ist die Verletzung der Vertragspflicht, ordnungsgemäße Ausführungsunterlagen zur Verfügung zu stellen, zumindest auch eine Ursache für den Mangel. Hinzukommt dann die Verletzung der Vertragspflicht des Unternehmers, diese Ausführungsunterlagen zu prüfen und auf Bedenken hinzuweisen.

---

[1] BGH, BauR 2001, 1414 zu Fliesenarbeiten
[2] BGH , BauR 1995, 538
[3] Kniffka/Koeble, 6. Teil, Rdn. 59
[4] Kniffka/Koeble, 6. Teil, Rdn. 59
[5] Kniffka/Koeble, 6. Teil, Rdn. 59
[6] Kniffka/Koeble, 6. Teil, Rdn. 59

Grundsätzlich würde daher in einem solchen Fall zwar davon ausgegangen, dass der Unternehmer Sachmängelansprüche zu erfüllen hat (Nacherfüllung, Kostenerstattung bei Selbstvornahme, Minderung, Rücktritt, Schadensersatz), dass sich allerdings der Auftraggeber mit einer eigenen Quote an diesen Ansprüchen beteiligen muss. Bei der Nacherfüllung durch den Unternehmer führt dies dazu, dass der Auftraggeber einen Zuschuss zahlen muss, bei Geldansprüchen wird der Anspruch sogleich reduziert. Eine Ausnahme wird dann gemacht, wenn der Unternehmer vorsätzlich Bedenken nicht angezeigt, obwohl er die Mängel erkennt. In einem solchen Fall bleibt dem Unternehmer nur die Geltendmachung von Rückgriffsansprüchen gegenüber einem etwa beteiligten Architekten.

Bedient sich der Auftraggeber bei der Erstellung und Übergabe von Ausführungsunterlagen eines Architekten oder sonstigen Fachmanns, wird ihm dieser als Erfüllungsgehilfe zugerechnet. Auch und insbesondere in einem solchen Fall wird also der Anspruch gegen den Unternehmer regelmäßig nicht in voller Höhe bestehen.

Auch wenn von Unternehmern in Haftungsfällen oftmals eingewandt wird, der Bauherr oder der bauüberwachende Architekt hätten den Ausführungsfehler erkannt, ist eine mangelhafte Bauüberwachung alleine nicht geeignet, eine Kürzung von Sachmängelansprüchen herbeizuführen. Dies liegt schlicht daran, dass ein Bauherr eine Bauüberwachung anders als die Übergabe von Ausführungsunterlagen nicht schuldet.

11.11.4 Einwand des unverhältnismäßigen Aufwandes bei Abdichtung regelmäßig nicht gegeben

Bevor nun die Sachmängelansprüche im Einzelnen behandelt werden, soll kurz auf den Einwand des unverhältnismäßigen Mangelbeseitigungsaufwandes eingegangen werden. Dieser führt gemäß § 635 Abs. 3 BGB bzw. § 13 Nr. 6 VOB/B dazu, dass eine Nacherfüllung durch den Bauherrn bzw. Auftraggeber nicht verlangt werden kann. In einem solchen Fall kann der Auftraggeber auch keine Kostenerstattung für Ersatzvornahmen verlangen. Eine Minderung kann in diesem Fall nicht nach den Nacherfüllungskosten bemessen werden.[1] Beim Schadensersatz, der allerdings Verschulden voraussetzt, kann es allerdings doch wieder zur Berücksichtigung der Nachbesserungskosten kommen.[2]

Es darf nicht verkannt werden, dass der Einwand eines unverhältnismäßigen Aufwandes bei Arbeiten an der Bauwerksabdichtung kaum einmal in Betracht kommen kann. Allgemein wird Unverhältnismäßigkeit angenommen, wenn mit der Nacherfüllung erzielter Erfolg oder Teilerfolg bei Abwägung aller Umstände des Einzelfalls in keinem vernünftigen Verhältnis zur Höhe des dafür gemachten Geldaufwandes steht.[3] Das Interesse des Auftraggebers an vertragsgemäßer Erfüllung steht dabei im Vordergrund. Die Unverhältnismäßigkeit kann immer nur dann angenommen werden, wenn das Interesse des Auftraggebers an einer Mangelbeseitigung objektiv gering ist. Bereits dies wird man bei Abdichtungsarbeiten ganz grundsätzlich nicht annehmen können, weil es um die Funktionsfähigkeit des Werkes geht. Ist diese jedoch spürbar beeinträchtigt, kann eine Nachbesserung regelmäßig nicht wegen hoher oder auch extrem hoher Nachbesserungskosten verweigert werden.[4] Von daher kommt es bereits nicht mehr zur Verhältnismäßigkeitsprüfung, auch wenn im Einzelfall ein ganz erheblicher Nachbesserungsaufwand die Folge ist. Selbst der Umstand, dass die Nachbesserungskosten die vereinbarte Vergütung erreichen oder

[1] BGH, BauR 2003, 533
[2] Kniffka/Koeble, 6. Teil, Rdn. 54
[3] Kniffka/Koeble, 6. Teil, Rdn. 52; BGH, BauR 1997, 638; BGH, BauR 1995, 546
[4] Kniffka/Koeble, 6. Teil, Rdn. 53

aber auch deutlich übersteigen, ist in diesem Zusammenhang dann nicht mehr relevant.[1] Als Faustformel kann man festhalten, dass der Einwand der Unverhältnismäßigkeit regelmäßig wohl nur bei sogenannten Schönheitsfehlern in Betracht kommt.[2]

Liegen grobe Fahrlässigkeit oder Vorsatz vor, scheidet der Einwand der Unverhältnismäßigkeit der Nacherfüllung aus[3].

Beispiel

Es wird ein geringfügiger Mangel vom Auftraggeber festgestellt ohne funktionell erhebliche Auswirkungen. Der Auftraggeber zieht einen bestimmten Betrag von der Schlussrechnung ab mit dem Kommentar „Minderung".

Das ist nicht möglich. Auftraggeber verkennen, dass es sich um ein Recht des Auftragnehmers handelt, ob er eine Nachbesserung wegen unverhältnismäßigen Aufwandes ablehnt. Der Auftraggeber kann dies nicht entscheiden. Der Auftragnehmer kann allerdings dieser Minderung zustimmen. Dies sollte er immer dann, wenn klar ist, dass der Mangel von ihm verursacht wurde und ein erheblicher Nachbesserungsaufwand im Raum steht. Es besteht nämlich die Gefahr, dass zu Recht Nacherfüllung verlangt wird. Haben die Parteien einvernehmlich eine Minderung vereinbart, dürfte damit in aller Regel ein Nacherfüllungsanspruch ausgeschlossen sein. Hier ist dann auf die konkreten Umstände des Einzelfalls abzustellen.

11.11.5 Die Sachmängelansprüche nach dem BGB

Der Nacherfüllungsanspruch

Zeitpunkt der Sachmängelansprüche allgemein

Der Auftraggeber hat gemäß § 631 Abs. 1 BGB einen Anspruch auf Herstellung des versprochenen Werkes. Dieser Erfüllungsanspruch setzt sich bei Vorliegen eines Mangels fort im Nacherfüllungsanspruch gemäß den §§ 634 Nr. 1, 635 BGB.

11

Streitig ist, ab wann dieser Anspruch geltend gemacht werden kann. Wir hatten auf die gut vertretbare Auffassung hingewiesen, dass es auf den Eintritt der Fälligkeit der Herstellungsverpflichtung ankommt, also auf den Fertigstellungstermin.[4] Im VOB/B-Vertrag gilt vor Abnahme § 4 Nr. 7 VOB/B.

Die Geltendmachung des Nacherfüllungsanspruchs

Der Auftraggeber kann die Nacherfüllung außergerichtlich geltend machen und auch auf Beseitigung des Mangels klagen. Für beides ist es erforderlich, dass der Auftraggeber den Mangel hinreichend genau beschreibt. Erforderlich, aber auch ausreichend ist, wenn der Auftraggeber das äußere Erscheinungsbild des Mangels (Symptom) schildert.[5] Das gilt ganz grundsätzlich für alle Sachmängelansprüche.

Es ist irrelevant, wenn der Besteller nun eine unrichtige Mangelursache benennt und zur Beseitigung fordert, solange die Mangelerscheinung korrekt beschrieben ist. Die Mängelbeschreibung muss den Auftragnehmer nur in die Lage versetzen, zu erkennen, was ihm vorgeworfen wird und was von ihm als Abhilfe erwartet wird[6].

---

[1] Kniffka/Koeble, 6. Teil, Rdn. 53
[2] Kniffka/Koeble, 6. Teil, Rdn. 52
[3] OLG Düsseldorf, BauR 1993, 82; BauR 2001, 1922; zu einem weiteren Sonderfall OLG München, BauR 2003, 720
[4] Kniffka/Koeble, 6. Teil, Rdn. 150
[5] So der BGH in ständiger Rechtsprechung, z.B. BGH, BauR 2002, 784; BGH, BauR 1999, 899
[6] BGH, BauR 1998, 632

Diesen Nacherfüllungsanspruch kann der Auftraggeber nicht nur aktiv geltend machen, er kann ihn auch Ansprüchen des Auftragnehmers entgegenhalten, was in der Praxis sehr häufig – auch zu Unrecht – geschieht. Bis zur Abnahme kann sich der Auftraggeber auf die Einrede des nichterfüllten Vertrags nach § 320 Abs. 1 BGB berufen. Nach Abnahme steht dem Auftraggeber das Zurückbehaltungsrecht des § 641 Abs. 3 BGB zu, wonach er die Zahlung eines angemessen Teils der Vergütung verweigern kann, mindestens in Höhe des Dreifachen der notwendigen Mängelbeseitigungskosten. Einer Vergütungsklage wäre im Hinblick auf einen Mangel jedenfalls im Hinblick auf das Dreifache der Beseitigungskosten nur Zug um Zug gegen Mängelbeseitigung stattzugeben. Der Auftraggeber muss zur Höhe von Beseitigungskosten weder außergerichtlich noch gerichtlich eine Angabe machen. Meint der Auftragnehmer, es stehe ihm auch trotz des sogenannten „Druckzuschlags“ ein Anspruch zu, muss er dies im Prozess behaupten und beweisen.[1]

Der Inhalt des Nacherfüllungsanspruchs

Inhaltlich muss die Nacherfüllung dem Auftraggeber ein vertragsgemäßes Werk verschaffen. Wie der Auftragnehmer der Nacherfüllungspflicht nachkommt, ist ihm überlassen. Der Auftragnehmer kann entscheiden, ob er Nacherfüllung leistet durch Mangelbeseitigung oder durch Neuherstellung, § 635 Abs. 1 BGB. Art und Weise der Nacherfüllung bestimmt er.[2]

Eine von vorneherein erkennbar ungeeignete Maßnahme kann der Auftraggeber ablehnen[3]. Ebenso ablehnen kann der Erwerber eine Mängelbeseitigungslösung, durch die der Mangel nicht nachhaltig beseitigt wird.[4] Er muss sich insoweit auch nicht Vorschlägen beugen, die für den verbleibenden Minderwert einen finanziellen Ausgleich vorsehen.[5] Auch dies ist in der Praxis häufig, wobei oftmals wiederum der Einwand des unverhältnismäßigen Aufwandes im Hinblick auf die vollständige Mangelbeseitigung bemüht wird. Dieser Einwand geht zumeist fehl. In aller Regel wird ein Auftragnehmer unterliegen. Dies gilt auch in dem Fall, in dem eine nicht vollständig zur Nachbesserung führende Sanierung angeboten wird und im Übrigen ein finanzieller Ausgleich. Auch wenn dies wirtschaftlich im Einzelfall nicht sinnvoll erscheint oder vom Auftragnehmer als schikanös empfunden wird. Eine „Billiglösung“ lässt sich nur einvernehmlich erzielen.[6]

Verlangt ein Auftraggeber Maßnahmen, die untauglich oder unnötig sind, befreit dies den Auftragnehmer nicht von seiner Pflicht zur Nacherfüllung. Er hat vielmehr die nach seiner Auffassung taugliche Maßnahme der Mängelbeseitigung anzubieten[7].

Die Nachbesserungsverpflichtung umfasst nicht nur die Pflicht, die eigene mangelhafte Leistung nachträglich in einen mangelfreien Zustand zu versetzen. Sie umfasst auch alle anderen Arbeiten am eigenen Gewerk, die vorbereitend und im Nachgang erforderlich sind, um den Mangel an der eigenen Leistung zu beheben.

Soweit Schäden an anderen Bauteilen eintreten, die mit der eigentlichen Nacherfüllung nichts zu tun haben, haftet der Auftragnehmer bei Verschulden auf Schadensersatz. Mit der eigentlichen Nacherfüllung hat dies dann nichts zu tun.

Sowieso-Kosten, Zuschuss, Zurückbehaltungsrecht des Unternehmers wegen Vergütung?

Grundsätzlich zu berücksichtigen sein können beim Umfang des Nacherfüllungsanspruchs Sowieso-Kosten bei der Mängelbeseitigung.

---

1 BGH, BauR 1997, 133
2 BGH, BauR 1973, 317
3 Kniffka, ibr-online-Kommentar § 635 Rdn. 28
4 BGH, NJW-RR 97, 1106
5 BGH, BauR 2003, 1209
6 Kniffka/Koeble, 6. Teil, Rdn. 155
7 BGH, BauR 1998, 123

Dabei handelt es sich um solche Kosten, um die die Bauausführung von vornherein bei ordnungsgemäßer Ausführung für den Auftraggeber teuerer geworden wäre. Wurde z.B. eine konkrete Ausführungsart (Abdichtung gegen nicht drückendes Wasser) beschrieben, ist aber nunmehr eine gegen drückendes Wasser erforderlich, sind die reinen Mehrkosten im Wege des Vorteilsausgleichs auszugleichen. Zur Beurteilung von „Sowieso-Kosten" ist eine sehr genaue Analyse der vertraglichen Regelungen erforderlich. Nur durch die vertraglichen Regelungen lässt sich ermitteln, ob dem Auftraggeber nun ein Vorteil zukommt, den er ohne die Mangelbeseitigung nicht hätte.

Dieser Vorteilsausgleich ist bei allen Ansprüchen durchzuführen! Dies wird beim Nacherfüllungsanspruch nur mittels Zuschusszahlung zu bewerkstelligen sein, bei den anderen Ansprüchen reduziert sich dieser. Hat nun der Auftraggeber durch eine mangelhafte Planung zum Mangel beigetragen und haftet der Auftragnehmer nur, weil er Bedenken nicht geäußert hat, kommt eine weitere Beteiligung des Auftraggebers beim Nacherfüllungsanspruch in Betracht bzw. bei den weiteren Ansprüchen eine weitere Reduzierung.[1] Der Auftragnehmer ist auch bei Vorliegen von Sowieso-Kosten grundsätzlich zur Nacherfüllung verpflichtet und darf diese nicht von einer Zuzahlung abhängig machen. Allerdings wird er einen Anspruch auf Leistung einer Sicherheit haben.[2] Bei den sonstigen Ansprüchen wird der Zahlungsanspruch gekürzt. Dieses Recht muss der Auftragnehmer darlegen und beweisen. Er kann im Übrigen die Nacherfüllung außergerichtlich auch wegen ausstehender Vergütung wohl nicht verweigern, sondern er muss zunächst einmal nachbessern.[3]

Das Nacherfüllungsrecht des Unternehmers

Dir Nacherfüllungspflicht korrespondiert mit dem Nacherfüllungsrecht des Unternehmers. Das Recht zur Eigennachbesserung durch den Unternehmer erlischt nach der Auffassung des BGH mit Ablauf der angemessenen Frist im Sinne von § 637 BGB, ohne dass der Nacherfüllungsanspruch des Erwerbers deshalb erlischt.[4] Da die Rechtsprechung des BGH in der Rechtspraxis „das Maß aller Dinge" ist, hilft es dem Unternehmer in aller Regel auch nicht, dass es nach wie vor Oberlandesgerichte gibt, die vom BGH abweichend entscheiden, wie z.B. das OLG Hamm.[5]

Es ist dem Auftraggeber jedoch unbenommen, eine nach Fristablauf angestrengte Nachbesserung anzunehmen. Hierdurch rückt der Besteller von der gesetzten Frist ab und es werden hierdurch einvernehmlich die Folgen des Fristablaufs aufgehoben. Es ist den Parteien unbenommen, einvernehmlich die Folgen des Fristablaufs aufzuheben.[6] Geht der Besteller auf die angebotene Nacherfüllung ein, so wird das Rechtsverhältnis wohl wieder insgesamt in den Zustand zurückversetzt, in dem es sich vor Ablauf der zunächst gesetzten Frist zur Nacherfüllung befand. Zur Geltendmachung weitergehender Rechte als Nacherfüllung wird es dann einer erneuten Fristsetzung bedürfen.

Zeitliche Grenzen des Nacherfüllungsanspruchs? Unmöglichkeit, Unverhältnismäßigkeit

Der Nacherfüllungsanspruch des Auftraggebers geht durch Ablauf einer angemessen Frist zur Nacherfüllung nicht unter. Zwischen den einzelnen Mängelrechten besteht vielmehr ein Wahlrecht des Auftraggebers.[7]

---

1 Kniffka/Koeble, 6. Teil, Rdn. 165
2 BGH, BauR 1984, 395
3 So jedenfalls Kniffka/Koeble, 6. Teil, Rdn. 164 unter Hinweis auf BGH, BauR 1984, 310 (Ls.)=BauR 1984, 395 ff.
4 BGH, BauR 2003, 693
5 Urteil vom 01.02.2005-19 U 93/04 -, IBR 2005, 1161
6 OLG Stuttgart, IBR 2005, 422
7 Palandt-Sprau, § 637 BGB, Rdn. 5

Ist die Nacherfüllung objektiv unmöglich, ist der Nacherfüllungsanspruch nach § 635 Abs. 3 BGB i. V. m. § 275 Abs. 1 BGB ausgeschlossen. Dabei ist Unmöglichkeit nur anzunehmen, wenn der Mangel auch nicht durch Neuherstellung nachhaltig zu beseitigen ist, also in der Praxis ein kaum auftretender Fall.

Der Auftragnehmer kann die Nacherfüllung schließlich verweigern und damit den Anspruch des Unternehmers auf Nacherfüllung ausschließen, wenn die Nacherfüllung nur mit unverhältnismäßigen Kosten möglich ist, § 635 Abs. 3 BGB (s.o.). Dass es nach § 275 Abs. 2 und 3 BGB noch die Fälle des groben Missverhältnisses zum Leistungsinteresse des Gläubigers gibt, §275 Abs. 2 BGB, bzw., dass der Unternehmer die Nacherfüllung persönlich zu erbringen hatte und sie ihm unzumutbar wäre, § 275 Abs. 3 BGB, sei der Vollständigkeit halber erwähnt. In der Praxis spielen diese Leistungsverweigerungsrechte keine Rolle.

Das Recht zur Selbstvornahme

Einleitung

Besteht ein Nacherfüllungsanspruch, kann der Auftraggeber nach Ablauf einer angemessenen Frist zur Nacherfüllung den Mangel auf Kosten des Auftragnehmers selbst beseitigen. Die hierfür notwendigen Aufwendungen kann der Auftraggeber ersetzt verlangen, § 637 Abs. 1 BGB. Der Auftraggeber muss insoweit nicht in Vorlage gehen, sondern kann vom einstandspflichtigen Bauträger einen Vorschuss in Höhe der voraussichtlichen Mängelbeseitigungskosten verlangen, § 637 Abs. 3 BGB.

Voraussetzungen

Bestehen Nacherfüllungsanspruch, Exkurs Bauhandwerkersicherung

Erste Voraussetzung für ein Selbstbeseitigungsrecht nach § 637 Abs. 1 BGB ist das Bestehen eines durchsetzbaren Nacherfüllungsanspruchs. Ist die Nacherfüllung ausgeschlossen (Kein Mangel, keine Zurechnung wegen angezeigter Bedenken, Unmöglichkeit oder auch Unverhältnismäßigkeit), besteht kein Selbstbeseitigungsrecht.

Steht dem Auftragnehmer seinerseits ein Zurückbehaltungsrecht zu, kann es ebenfalls an einem durchsetzbaren Nacherfüllungsanspruch fehlen. Allerdings soll alleine der noch offene Vergütungsanspruch den Unternehmer nicht zur Leistungsverweigerung berechtigen.[1] Liegt dem Auftragnehmer daran, nicht ungesichert nachzubessern („Gutes Geld wird schlechtem nachgeworfen"), sollte er grundsätzlich rechtzeitig an sein Recht auf Sicherheit nach § 648 a BGB denken. Der Auftragnehmer ist nämlich berechtigt, wegen der sämtlichen ausstehenden Vergütung auch für bereits erbrachte Leistungen Sicherheit nach § 648 a BGB zu verlangen. Dies gilt auch nach Abnahme.[2] Auch das Vorliegen von Mängeln alleine ändert hieran nichts. Allerdings darf der Unternehmer die Mangelbeseitigung seinerseits erst verweigern, wenn eine von ihm gesetzte angemessene Frist zur Sicherheitsleistung verstrichen ist (i. d. R. 7- 10 Tage). Läuft die vom Auftraggeber gesetzte angemessene Frist vorher ab, hilft dem Auftragnehmer dieses Vorgehen natürlich nicht. Auch ist ergänzend in diesem Zusammenhang darauf hinzuweisen, dass der Auftraggeber seinerseits seinen Nacherfüllungsanspruch nicht verliert, nur weil er die Sicherheit nicht leistet. Es entsteht eine „Patt-Situation", die alleine der Auftragnehmer lösen kann, indem er eine weitere Nachfrist unter Hinweis darauf, dass er danach den Vertrag kündigt, setzt. Mit dem Ablauf dieser Frist ist der Vertrag beendet und wegen der Mängel werden Abzüge vom Vergütungsanspruch des Auftragnehmers vorgenommen, und zwar in Höhe der Nachbesserungskosten![3] Ein Auftragnehmer muss überlegen, ob er diesen Schritt geht, die „Patt-Situation" bestehen lässt oder auch zur Nacherfüllung schreitet, um den ungekürzten Vergütungsanspruch zu realisieren.

---

1 Kniffka/Koeble, 6. Teil, Rdn. 164

2 BGH, IBR 2004, 617; BGH, IBR 2005, 85

3 BGH, IBR 2005, 198

11

Fristablauf

Besteht ein fälliger Nacherfüllungsanspruch, kann der Auftraggeber einen Mangel selbst beseitigen lassen, wenn er dem Auftragnehmer eine angemessene Frist zur Nacherfüllung gesetzt hat und die Frist fruchtlos abgelaufen ist. Verzug ist im Gegensatz zur Rechtslage vor dem 01.01.2002 nicht erforderlich. Insbesondere auf ein Verschulden kommt es nicht an.

Angemessen ist die Frist, wenn der Auftragnehmer unter Aufwand auch großer Anstrengungen in der Lage sein kann, die Mängel zu beseitigen.[1] Sollte die Frist unangemessen kurz sein, ist diese nicht wirkungslos! Sie setzt vielmehr automatisch eine angemessene Frist in Gang. Auftragnehmer dürfen also selbst „absurde" Fristsetzungen nicht ignorieren.

Es muss allerdings eine klare und eindeutige Nacherfüllungsaufforderung verbunden mit Fristsetzung sein. In der Praxis finden sich zuweilen gestaffelte Fristsetzungen dergestalt, dass der Auftragnehmer in einer kurzen Frist die Nachbesserungspflicht anerkennen soll. Hierzu gibt es aber keinen Anspruch des Auftraggebers![2] In aller Regel lösen auch Fristsetzungen zu anderen Handlungen als der Nachbesserung (Unterbreitung Lösungsvorschläge usw.) kein Selbstvornahmerecht aus. Ausnahmsweise soll eine Fristsetzung zur Aufnahme der Arbeiten zulässig sein, wenn der Nachbesserungszeitraum schwer abschätzbar ist und es sich um umfangreiche Maßnahmen handelt. Hier kann das reaktionslose Verstreichenlassen der Frist zum Eindruck des Auftraggebers führen, der Auftragnehmer werde nicht innerhalb der Frist erfüllen.[3] Als Auftraggeber sollte man sich keinesfalls darauf verlassen, dass ein solcher Ausnahmefall vorliegt und im Zweifel (insbesondere wegen der nachfolgenden Ausführungen unter 5.2.3) den Fristablauf abwarten.

Anspruchsausschluss bei Nichtvorliegen der Selbstvornahmevoraussetzungen; Ausnahmen von Fristsetzungen

Beispiel

Es werden Mängel der Abdichtung gerügt. Nachdem diese nicht beseitigt werden, lässt der Auftraggeber diese – ohne eine Frist gesetzt zu haben – durch Drittunternehmer beseitigen.

Liegen die Voraussetzungen einer Selbstvornahme nicht vor, scheiden Erstattungsansprüche des Auftraggebers aus jedem denkbaren Gesichtspunkt aus. Das ist ständige Rechtsprechung des BGH.[4]

Es gibt gesetzlich geregelte und von der Rechtsprechung entschiedene Ausnahmefälle, bei denen eine Frist nicht gesetzt werden muss. Diese Fälle werden von Auftraggebern – oftmals als „letzter Strohhalm" – herangezogen.

Einer Fristsetzung bedarf es nicht, wenn

- die Nacherfüllung fehlgeschlagen oder dem Auftraggeber unzumutbar ist, § 637 Abs. 2 BGB oder
- der Auftragnehmer die Nacherfüllung ernsthaft und endgültig verweigert hat, § 323 Abs. 2 Nr. 1 BGB oder
- besondere Umstände vorliegen, die unter Abwägung der beiderseitigen Interessen eine sofortige Selbstvornahme rechtfertigen, § 323 Abs. 2 Nr. 3 BGB.

Der weitere Fall des § 323 Abs. 2 Nr. 2 BGB ist praktisch wenig relevant.

Unzumutbar im Sinne des § 637 Abs. 2 BGB ist die Fristsetzung nur in Ausnahmefällen, die der Auftraggeber zu beweisen hat. Dies kommt in Betracht, wenn der Auftraggeber zu Recht kein

---

[1] Kniffka/Koeble, 6. Teil, Rdn. 176
[2] BGH, BauR 2000, 98
[3] Kniffka/Koeble, 6. Teil, Rdn. 176
[4] z.B. BGH, BauR 1988, 208; Kniffka/Koeble, 6. Teil, Rdn. 185

Vertrauen mehr in die Leistungsfähigkeit des Auftragnehmers haben muss, was nur ausnahmsweise der Fall sein kann.[1]

Steht – vom Auftraggeber zu beweisen – fest, dass der Auftragnehmer die gesetzte Frist nicht einhalten wird, muss der Erwerber nicht länger zuwarten, da sich dies als bloße Förmelei darstellen würde.[2]

Die ernsthafte und endgültige Verweigerung kommt indes in der Praxis sehr häufig vor, wenn nämlich ein Auftragnehmer das Vorliegen von Mängeln bestreitet bzw. grundsätzlich zum Ausdruck bringt, er sei schon dem Grunde nach nicht nacherfüllungsverpflichtet.[3] Ob hierfür auch das Verhalten des Auftragnehmers nach Fristablauf herhalten kann, ist zumindest zweifelhaft. In aller Regel werden bei fehlender Fristsetzung oder bei Nachbesserungen vor Fristablauf seine Einlassungen dahingehen, dass ein Anspruch primär wegen der fehlenden Fristsetzung abgelehnt wird.

Der Aufwendungsersatzanspruch

Der Aufwendungsersatzanspruch nach § 637 Abs. 1 BGB ist unmittelbare Folge einer vom Auftraggeber berechtigt durchgeführten Selbstvornahme. Der Auftragnehmer muss dem Erwerber alle zur Nacherfüllung notwendigen Aufwendungen ersetzen.

Hierzu zählen die eigenen Aufwendungen des Auftraggebers, die Kosten für die Mängelbeseitigung durch Dritte, Kosten für die Mangelfeststellung.

Betroffen sind erforderliche Kosten. Dabei kommt dem Erwerber zugute, dass es um eine Prognoseentscheidung geht. Risiken hierbei gehen nicht zu seinen Lasten (Doppelter Vertragsbruch; Mangel + nicht erfolgte Nacherfüllung). Auch missglückte Nachbesserungen muss der Auftragnehmer bezahlen, wenn es sich um eine Maßnahme handelt, die der Auftraggeber im Zeitpunkt der Mängelbeseitigung als vernünftiger, wirtschaftlich denkender Bauherr auf Grund sachkundiger Beratung hätte aufwenden können und müssen, wobei es sich um vertretbare Maßnahmen der Mangelbeseitigung handeln muss[4]. Hier wird auf das Auftragsrecht zurückgegriffen.

Auch die Kosten einer objektiv fehlgeschlagenen Nacherfüllung können erforderlich oder notwendig sein im Sinne des § 637 Abs. 1 BGB[5]. Der fehlgeschlagene Nacherfüllungsversuch muss aus objektiver Sicht zumindest erfolgsversprechend erschienen haben. 11

Erstattungsfähig sind daher auch diejenigen Kosten, die für einen erfolglosen oder sich später als unverhältnismäßig teuer herausstellenden Versuch aufgewendet wurden. Ist die Leistung des mit der Nachbesserung beauftragten Drittunternehmers mangelhaft und hat der Auftraggeber deswegen gegen diesen Gewährleistungsansprüche, so muss er diese dann an den Auftragnehmer abtreten, wenn er von diesem Kostenersatz für die erfolglose Nachbesserung verlangt.[6]

Im Falle der Mängelbeseitigung durch den Erwerber selbst (Eigennachbesserung) gehören zu den zu erstattenden Aufwendungen auch die eigene Arbeitsleistung oder die von Angehörigen[7]. Die Höhe der Aufwendungen für die Eigenleistungen ist zu schätzen nach § 287 ZPO, wobei der Lohn zugrunde zu legen sein wird, der einem in beruflich abhängiger Stellung Tätigen zu zahlen wäre[8].

---

1 Vgl. OLG Koblenz, BauR 2002, 1110
2 BGH, BauR 2002, 1847
3 BGH, BauR 1990, 466
4 BGH, BauR 1991, 329
5 OLG Frankfurt, ZfBR 1992, 70
6 OLG Bamberg, Urteil vom 01.04.2005-6 U 42/04, abrufbar über ibr-online
7 BGH, NJW 1973, 46
8 BGH, NJW 1973, 46

Auch Kosten für Sachverständige, Architekten sind zu erstatten, wenn und weil in der Regel erforderlich.[1] Hierbei handelt es sich also um Nachbesserungsaufwendungen im engeren Sinne und nicht um einen Folgeschaden.

Der Vorschussanspruch

Der Auftraggeber kann gem. § 637 Abs. 3 BGB vom Auftragnehmer für die zur Beseitigung der Mängel erforderlichen Aufwendungen Vorschuss verlangen.

Der Vorschuss kann verlangt werden für die voraussichtlichen Kosten der Mängelbeseitigung.

Der Mangel darf zum Zeitpunkt der Vorschussforderung nicht bereits beseitigt worden sein. In diesem Fall ist der Auftraggeber nämlich gehalten, die entstandenen Aufwendungen zu beziffern anstatt einen nur geschätzten Vorschuss geltend zu machen.[2] Dies ist insbesondere dann relevant, wenn die Nachbesserung durchgeführt wurde, die Kosten jedoch noch nicht abschließend erfasst wurden.

Hinsichtlich der Höhe des Vorschusses gelten im Wesentlichen die Grundsätze wie beim Erstattungsanspruch, wobei die Anforderungen an die vorzunehmende Kostenschätzung aufgrund der ja ohnehin bestehenden Abrechnungspflicht nicht hoch sind. Hierüber hat prozessual letztlich ein Sachverständiger zu befinden[3].

Stellt sich später heraus, dass der erhaltene Vorschuss nicht ausreicht, kann nachgefordert werden.[4] Dies ergibt sich aus der Natur des Vorschusses.

Der erhaltene Kostenvorschuss muss binnen angemessener Frist abgerechnet werden. Erfolgt dies nicht, wird er zweckwidrig oder nur teilweise verbraucht, ist er sogar zurückzuzahlen[5]. Es kommt auf den Einzelfall an, in welcher Frist die Abrechnung zu erfolgen hat, wobei diese natürlich auch nachgeholt werden kann.

Minderung und Rücktritt

Einleitung

Das Rücktrittsrecht ergibt sich aus §§ 634 Nr. 3, 323 Abs. 1 BGB. Die Minderung ist in § 638 BGB geregelt. Der fruchtlose Ablauf einer angemessenen Frist zur Nacherfüllung ist ausreichend zur Geltendmachung.

Häufig wird sich für die Berechnung der Minderung der Minderwert nach dem Betrag bestimmen, der zur Beseitigung des Mangels aufgebracht werden muss. Dies gilt jedoch nicht, wenn die Nacherfüllung vom Bauträger zu Recht wegen Unverhältnismäßigkeit abgelehnt werden darf.[6]

Der Rücktritt

Der Rücktritt kann nach Fälligkeit des Leistungsanspruchs bereits bei fruchtlosem Ablauf einer angemessen Frist zur Nacherfüllung verlangt werden bzw. bei deren Entbehrlichkeit.

Eine Fristsetzung zur Nacherfüllung ist zur Geltendmachung des Rücktritts unter den gleichen Voraussetzungen entbehrlich wie bei der Selbstvornahme.

Ausgeschlossen ist ein Rücktritt unter den in § 323 Abs. 5, Abs. 6 BGB genannten Fällen.

Ist ein Mangel unerheblich, ist ein Rücktritt ausgeschlossen, § 323 Abs. 5 Satz 2 BGB. Hier soll Ähnliches gelten wie für die Beurteilung der Abnahmefähigkeit, also wäre ein Rücktritt nur bei

---

[1] BGH, BauR 1987, 97
[2] BGH, BauR 1982, 66
[3] BGH, BauR 1999, 631
[4] OLG München, NJW-RR 1994, 785
[5] BGH, BauR 1984, 406
[6] BGH, BauR 2003, 533, 534

wesentlichen Mängeln möglich.[1] Die Annahme nur unerheblicher Mängel ist bei Abdichtungsmängeln nur ausnahmsweise möglich.

Ist der Auftraggeber für den zum Rücktritt berechtigenden Umstand allein oder überwiegend verantwortlich, oder befindet sich der Besteller zum Zeitpunkt des Eintritts des vom Auftragnehmer nicht zu vertretenden Umstands in Annahmeverzug, ist auch hier der Rücktritt ausgeschlossen, § 323 Abs. 6 BGB. Überwiegend verantwortlich für einen Mangel kann der Auftraggeber sein, wenn Planungsfehler vorliegen und der Auftragnehmer nur Bedenken nicht angezeigt hat.

Die Rechtsfolgen des geltend gemachten Rücktritts ergeben sich aus den §§ 346 ff. BGB. Die ausgetauschten Leistungen sind zurückzugewähren, etwa gezogene Nutzungen herauszugeben. In der Praxis wird jedenfalls dann, wenn der Auftraggeber Grundstückseigentümer ist, der Rücktritt nur über Wertersatz nach § 346 Abs. 2 BGB bewerkstelligt werden können. Wegen dieser Schwierigkeiten der Rückabwicklung sieht die VOB/B ein Rücktrittsrecht nicht vor. Keine Schwierigkeiten gibt es beim Bauträgervertrag (Grundstück wird mit Bauleistungen verschafft), da hierbei ja die empfangenen Bauleistungen mit dem Grundstück ohne Zerstörung zurückgewährt werden können.

Die Minderung

Geltend gemacht werden kann der Minderungsanspruch erst, wenn der Auftragnehmer nicht mehr selbst zur Nachbesserung berechtigt ist, also mit fruchtlosem Ablauf der angemessenen Frist zur Nacherfüllung oder deren Entbehrlichkeit.

Minderung kann („statt zurückzutreten") erst verlangt werden, wenn sämtliche Voraussetzungen vorliegen, die auch zum Rücktritt berechtigen. Dabei kann allerdings Minderung – anders als der Rücktritt – auch für einen unerheblichen Mangel verlangt werden, § 638 Abs. 1 Satz 2 BGB.

Maßgebend für die Berechnung der Minderung ist der Zeitpunkt „des Vertragsschlusses", § 638 Abs. 3 Satz 1 BGB. Die Vergütung ist dann in dem Verhältnis herabzusetzen, in welchem der Wert des Werks in mangelfreiem Zustand zu dem wirklichen Wert gestanden haben würde.

In aller Regel entspricht die Höhe der Minderung den Kosten einer etwaigen Mängelbeseitigung zuzüglich eines merkantilen und/oder technischen Minderwerts.[2]

Dies gilt nicht, wenn der Bauträger die Nacherfüllung wegen Unverhältnismäßigkeit verweigern darf[3]. Ist die Werkleistung wertlos, kann im Wege der Minderung die Vergütung auf Null gesetzt werden und eine etwa gezahlte Vergütung zurückverlangt werden.[4]

Auch dem Minderungsanspruch kann der Auftraggeber dem Grunde nach Sowieso-Kosten und eine Mitverursachung des Mangels durch den Auftraggeber entgegenhalten.

Der Schadensersatzanspruch

Der Auftraggeber kann wegen Mängeln der Leistung Schadensersatz gem. §§ 634 Nr. 4, 280, 281 BGB geltend machen. Über § 634 Nr. 4 i. V. m. §§ 280 f. BGB werden sämtliche Schadensersatzansprüche abgewickelt.

Nach dem Gesetz sind zwei Schadensersatzansprüche zu unterscheiden, nämlich

– einmal der Schadensersatz **neben** der Leistung (§ 280 Abs. 1 BGB), der die Mangelfolgeschäden erfasst[5] und die reinen Mangelbeseitigungskosten nicht abdeckt und
– andererseits der Schadensersatz **statt** der Leistung (§§ 280 Abs. 3, 281 BGB), der als **kleiner** Schadensersatz (Differenzmethode) oder als **großer** Schadensersatz geltend gemacht werden kann.

11

---

[1] Vgl. Palandt-Sprau, § 636 BGB, Rdn. 6
[2] BGH, NJW-RR 97, 688
[3] OLG Celle, BauR 1998, 401; zwischenzeitlich durch BGH, BauR 2003, 533, 534, bestätigt
[4] Kniffka, ibr-online-Kommentar § 638 Rdn. 15
[5] Kniffka, ibr-online-Kommentar § 636 Rdn. 32

Schadensersatz neben der Leistung (§ 280 Abs. 1 BGB)

Die Mangelhaftigkeit der Werkleistung ist sowohl eine Pflichtverletzung im Sinne des § 280 BGB als auch eine Leistung „nicht wie geschuldet" im Sinne des § 281 BGB. Die Schadensersatzansprüche der §§ 280 ff. BGB sind in aller Regel auf Geld gerichtet. Dem Auftraggeber infolge eines Mangels entstehende Schäden, die durch eine Mängelbeseitigung nicht beseitigt werden können, werden nach § 280 BGB ohne weitere förmliche Voraussetzungen ersetzt, und zwar **neben** dem weiter bestehenden Leistungsanspruch. Das sind die Schäden, die durch Nachbesserung nicht verhindert werden können wie z.B. Verdienstausfall, Gutachterkosten, Rechtsanwaltskosten und Hotelkosten.[1]

Ersetzt werden hierüber die Schäden, die am Bauwerk als Folgeschäden eingetreten sind, z.B. weil sie zwangsläufig am sonstigen Eigentum des Bestellers entstehen. Das können bei mangelhafter Abdichtung Schäden am Wandanstrich, an Tapeten und an verlegten Teppichfußböden sein.[2]

Schadensersatz statt der Leistung aus § 281 BGB

Der Auftraggeber ist beim Schadensersatz statt der Leistung so zu stellen, als ob der Bauvertrag ordnungsgemäß erfüllt worden wäre.[3]

Den Mangelschaden selbst, d. h. den für die Mangelbeseitigung erforderlichen Betrag, kann der Auftraggeber einschließlich der mit der Nacherfüllung verbundenen Verzögerungsschäden unter den Voraussetzungen des § 281 BGB stets als Schadensersatz statt der Leistung ersetzt verlangen. Das ist der sogenannte **„kleine" Schadensersatz**, bei welchem der Auftraggeber die mangelhafte Leistung behält.[4] Verbleibt beim kleinen Schadensersatz nach der völligen und ordnungsgemäßen Mangelbeseitigung ein technischer oder merkantiler Minderwert, weil bei einem großen Teil des Publikums vor allem wegen des Verdachts verborgen gebliebener Schäden eine den Preis beeinflussende Abneigung gegen den Erwerb besteht, kann auch dieser ersetzt verlangt werden neben den Mangelbeseitigungskosten.[5]

Der Schadensersatzanspruch statt der ganzen Leistung aus § 281 BGB kann ebenfalls geltend gemacht werden. Hierbei will der Auftraggeber die Bauleistung nicht behalten und es wird berechnet, wie sich die Vermögenssituation bei ordnungsgemäßer Erfüllung entwickelt hätte. Das ist der sogenannte **„große" Schadensersatz**. Der Schaden wird nach der sogenannten Differenzmethode im Rahmen eines Abrechnugsverhältnisses berechnet, der Werklohnanspruch entfällt. Die Zahlung der Vergütung kann der Erwerber verweigern, die bereits gezahlte Vergütung zurückfordern. Zugunsten des Auftraggebers wird vermutet, dass die vom Auftragnehmer zu erbringende Leistung der vereinbarten Zahlung gleichwertig war. Geleistete Zahlungen kann er also als Mindestbetrag immer verlangen.[6]

Ferner hat der Erwerber Anspruch auf Ersatz sämtlichen Schadens, der ihm durch den Vertrag und seine Nichterfüllung entstanden ist. Einschränkungen ergeben sich aus § 281 Abs. 1 Satz 3 BGB. Danach kann der Auftraggeber Schadensersatz statt der ganzen Leistung nur bei erheblichen Mängeln verlangen.

Auch der Ersatz von entgangenen Gebrauchsvorteilen (Nutzungsausfall) ist von der höchstrichterlichen Rechtsprechung anerkannt, wenn der Wohnraum für den erwerbenden Selbstnutzer von zentraler Bedeutung ist.[7] Für Teile gibt es keine Nutzungsentschädigung.[8]

---

1 BGH, BauR 2000, 1190
2 BGH, BauR 1990, 466
3 Palandt-Sprau, § 636 BGB Rdn. 13
4 Palandt-Sprau, § 636 BGB Rdn. 13
5 BGH, BauR 1991, 744
6 Vgl. Palandt-Heinrichs, § 281 BGB Rdn. 23; BGH, NJW 1998, 2360, 2364
7 BGH, NJW 1992, 1500
8 BGH, NJW 1993, 1793

Eingeschränkt ist der Schadensersatzanspruch der Höhe nach durch etwa zu übernehmende Sowieso-Kosten. Auch ein etwaiges Mitverschulden wäre zu berücksichtigen.

11.11.6 Sachmängelansprüche nach § 13 VOB/B

Nach der Abnahme hat der Auftraggeber im Falle eines Mangels die nachfolgenden Mängelansprüche des § 13 VOB/B:

- Nachbesserung (Nr. 5 Abs. 1 Satz 1)
- Selbstvornahme und Kostenerstattung (Nr. 5 Abs. 2) sowie Kostenvorschuss
- Minderung (Nr. 6)
- Schadensersatz (Nr. 7 Abs. 1 – 3 VOB/B)

Entsprechend den Regelungen nach dem BGB genießt der Anspruch auf Nacherfüllung Vorrang vor den übrigen Mängelansprüchen.

In Abweichung zum BGB-Werkvertragsrecht sieht § 13 VOB/B kein Rücktrittsrecht vor! § 13 Nr. 3 VOB/B enthält die bereits dargelegte Haftungsfreistellung. Danach haftet der Auftragnehmer nicht, wenn ein Mangel auf die Leistungsbeschreibung oder auf Anordnungen des Auftraggebers, auf die von diesem gelieferten oder vorgeschriebenen Stoffe oder Bauteile oder die Beschaffenheit der Vorleistung eines anderen Auftragnehmers zurückzuführen ist **und** der Auftragnehmer gemäß § 4 Nr. 3 VOB/B Bedenken angezeigt hat.

Mängelbeseitigungsanspruch, § 13 Nr. 5 Abs. 1 S. 1 VOB/B

Gemäß § 13 Nr. 5 Abs. 1 S. 1 VOB/B ist der Auftragnehmer verpflichtet, alle während der Verjährungsfrist hervortretenden Mängel, die auf vertragswidrige Leistung zurückzuführen sind, auf seine Kosten zu beseitigen, wenn es der Auftraggeber vor Ablauf der Verjährungsfrist verlangt. Voraussetzung des Nachbesserungsanspruchs ist damit neben einem Mangel im Sinne des § 13 Nr. 1 VOB/B lediglich ein Mängelbeseitigungsverlangen des Auftraggebers, wobei eine mündliche Mängelrüge ausreicht. Verjährungsrelevante Wirkung (eigenständige 2-jährige Verjährung für Mangelbeseitigungsanspruch) hat jedoch nur die schriftliche Rüge.

Im Übrigen gelten keine Unterschiede zur gesetzlichen Ausgestaltung des Nacherfüllungsanspruchs, sodass auf die Ausführungen zu Ziffer 5.1 verwiesen werden kann.

Selbstvornahme und Kostenerstattung, § 13 Nr. 5 Abs. 2 VOB/B

Es ergeben sich keine Unterschiede zur gesetzlichen Regelung. Unerheblich ist insbesondere, ob der Auftragnehmer die Unterlassung der Mängelbeseitigung zu vertreten hat. Auch muss – obwohl der Wortlaut dies nahe legen könnte – keine Schriftform eingehalten werden, d. h. Mängelrüge und Fristsetzung können mündlich erfolgen. Beweisen muss die Fristsetzung allerdings der Auftraggeber. Schreitet der Auftraggeber zur Selbstvornahme, ohne dass die Voraussetzungen erfüllt sind, kann er die hieraus resultierenden Mehrkosten grundsätzlich nicht erstattet verlangen.

Zum Umfang der Kostenerstattung und zum Anspruch des Auftraggebers auf Zahlung eines Vorschusses auf die Kosten der Selbstvornahme wird auf die Ausführungen Ziffer 5.2 verwiesen.

Recht zur Minderung, § 13 Nr. 6 VOB/B

In Abweichung zum BGB-Bauvertrag kann der Auftraggeber bei Einbeziehung der VOB/B in den Vertrag gemäß § 13 Nr. 6 VOB/B die Minderung der Vergütung nur erklären, wenn die Beseitigung des Mangels für den Auftraggeber unzumutbar ist oder wenn der Auftragnehmer die Mängelbeseitigung verweigert, weil diese unmöglich ist oder einen unverhältnismäßig hohen Aufwand bedeuten würde.

Dies bedeutet, dass der Auftraggeber **nicht** mindern kann, wenn der Auftragnehmer den Mangel nicht beseitigt, obwohl dies mit verhältnismäßigem Aufwand möglich ist. Zur Berechnung der

Minderung ist die Vergütung in dem Verhältnis herabzusetzen, in welchem zur Zeit des Vertragsschlusses der Wert des Werkes in mangelfreiem Zustand zu dem wirklichen Wert gestanden haben würde, § 638 Abs. 3 BGB. In der Regel beläuft sich die Höhe der Minderung auf die Kosten der Mängelbeseitigung zuzüglich eines merkantilen bzw. technischen Minderwertes. Beruft sich der Auftraggeber zu Recht auf Unverhältnismäßigkeit, sind die Nachbesserungskosten kein Anhaltspunkt.[1]

Anspruch auf Schadensersatz, § 13 Nr. 7 VOB/B

Soweit der Auftragnehmer einen Mangel zu vertreten hat, also Verschulden vorliegt, kommt eine zusätzliche Haftung auf Schadensersatz in Betracht. Der Schadensersatzanspruch des Auftraggebers besteht dann neben den Ansprüchen auf Mängelbeseitigung, Kostenerstattung bzw. – vorschuss oder Minderung.

Nach der Vorschrift des § 309 Nr. 7 a) und b) BGB sind Haftungsausschlüsse und -begrenzungen für Schäden aus der Verletzung des Lebens, des Körpers oder der Gesundheit, die auf einer fahrlässigen Pflichtverletzung beruhen, sowie für sonstige Schäden, die auf einer grob fahrlässigen Pflichtverletzung beruhen, in AGB unwirksam. Nach § 13 Nr. 7 Abs. 2 VOB/B haftet der Auftragnehmer bei vorsätzlich oder grob fahrlässig verursachten Mängeln für alle Schäden und nach Abs. 1 bei fahrlässig verursachten Mängeln für die Schäden aus der Verletzung von Leben, Körper und Gesundheit.

Soweit und solange die Voraussetzungen für eine Haftung nach § 13 Nr. 7 Abs. 1 und 2 VOB/B nicht vorliegen, besteht ein Schadensersatzanspruch – in Abweichung zum BGB-Werkvertragsrecht – nach § 13 Nr. 7 Abs. 3 VOB/B nur bei wesentlichen Mängeln, die die Gebrauchsfähigkeit erheblich beeinträchtigen, sofern der Auftragnehmer schuldhaft gehandelt hat. Der Anspruch nach Abs. 3 ist dabei auf Ersatz solcher Schäden gerichtet, die einer Nachbesserung nicht zugänglich sind oder etwa andere Gewerke betreffen.[2] Über den Wortlaut hinaus betrifft § 13 Nr. 7 Abs. 3 Satz 1 VOB/B nicht nur den Schaden an der baulichen Anlage, zu deren Herstellung, Instandhaltung oder Änderung die Leistung dient, selbst, sondern auch den sogenannten engen Mangelfolgeschaden,[3] während der entferntere Mangelfolgeschaden über § 13 Nr. 7 Abs. 3 Satz 2 VOB/B ersetzt wird.

11

§ 13 Nr. 7 Abs. 3 Satz 1 VOB/B gewährt einen Anspruch auf Ersatz des Differenzschadens zwischen der tatsächlichen und der geschuldeten Vermögenslage (sog. „kleiner Schadensersatz"). Der Auftraggeber kann daher entweder den mangelbedingten Minderwert des Werkes oder die Kosten der Mängelbeseitigung verlangen. Zu den Mängelbeseitigungskosten können gegebenenfalls noch ein technischer oder merkantiler Minderwert, entgangener Gewinn[4] und mängelbedingte Mehraufwendungen,[5] Verdienstausfall und Gutachterkosten[6] sowie die Kosten einer Schadensminderung geltend gemacht werden. Nach der Rechtsprechung des BGH können zudem auch bloße entgangene Nutzungsmöglichkeiten ohne konkreten Schadensnachweis geltend gemacht werden, wenn der Auftraggeber infolge eines deliktischen Eingriffs in das Eigentum die Sache für die Dauer der Beseitigung eines behebbaren Mangels nicht nutzen kann. Dies gilt aber nur für solche Sachen, auf deren ständige Verfügbarkeit die eigenwirtschaftliche Lebenshaltung typischerweise angewiesen ist (s.o.).[7]

---

1 BGH, BauR 2003, 533, 534
2 BGH, NJW 1986, 922 f.
3 Vgl. BGH, BauR 1972, 311, 313; 1982, 489 f.
4 BGH, BauR 1978, 402 f.
5 BGH, BauR 1992, 504 f. (dauerhaft höhere Stromkosten).
6 BGH, BauR 1971, 51, 53; 1985, 83 f.
7 BGH (Großer Senat), BauR 1987, 312, 314. Der Nutzungsausfall eines privaten Schwimmbades gilt nicht als in diesem Sinne "kommerzialisiert", vgl. BGH (VII. Senat), BauR 1980, 271, 273; anders dagegen der Ausfall eines Tiefgaragenplatzes zu einer Eigentumswohnung, BGH (VII. Senat), NJW 1986, 427 f.

§ 13 Nr. 7 Abs. 3 Satz 2 a) – c) VOB/B regeln u.a. die besonderen Voraussetzungen für den Ersatz der sonstigen Schäden. Dieser Anspruch kommt in Betracht, wenn ein wesentlicher, vom Auftragnehmer zu vertretender und die Gebrauchsfähigkeit beeinträchtigender Mangel vorliegt und dieser auf einem Verstoß gegen die anerkannten Regeln der Technik beruht oder in dem Fehlen einer vertraglich vereinbarten Beschaffenheit besteht. Das gleiche gilt, wenn der Auftragnehmer den Schaden durch eine Haftpflichtversicherung abgedeckt hat oder dies hätte tun können.

Liegen diese besonderen Voraussetzungen vor, hat der Auftraggeber die Möglichkeit zu wählen, ob er die mangelhafte Leistung behält oder ablehnt: Behält er die Leistung, bleibt er zur Zahlung der vereinbarten Vergütung verpflichtet, kann aber den Ersatz des Minderwertes der Leistung sowie der sonstigen mangelbedingten Schäden beanspruchen (s.o.: „kleiner Schadensersatz"). Weist er das Werk zurück, kann er die Zahlung der Vergütung verweigern und den durch die Nichterfüllung des ganzen Vertrages eingetretenen Schaden ersetzt verlangen (s.o. „großer Schadensersatz"). Hat der Auftraggeber die Vergütung bereits (teilweise) geleistet, so stehen ihm diese und die mit dem Vertragsschluss verbundenen nutzlosen Aufwendungen als Mindestschaden zu. Der Anspruch erfasst die Kosten der Neuherstellung und die weiteren adäquat verursachten Schäden.

Die Schadensersatzansprüche aus § 13 Nr. 7 VOB/B verjähren grundsätzlich nach den Regelfristen des § 13 Nr. 4 VOB/B i. V. m. den Fristen des § 13 Nr. 5 Abs. 1 Satz 2 und 3 VOB/B. Allerdings gelten gemäß § 13 Nr. 7 Abs. 4 VOB/B die gesetzlichen Verjährungsfristen (§§ 634 a, 195, 852 BGB), soweit sich der Auftragnehmer durch eine Versicherung geschützt hat oder hätte schützen können oder soweit ein besonderer Versicherungsschutz vereinbart ist.

11.11.7 Haftung mehrerer und Mitverschulden

Sind für einen Mangel – was in der Praxis häufig vorkommt – mehrere Beteiligte verantwortlich, kann eine gesamtschuldnerische Haftung in Betracht kommen. Haben Mängel ihre Ursache in verschiedenen Gewerken und führt die allein mögliche Sanierungsmaßnahme zu einer Beseitigung des Mangels insgesamt, weil nicht nach Verursachungsbeiträgen unterschieden werden kann, besteht eine gesamtschuldnerische Haftung beider Unternehmer.[1] Gleiches gilt, wenn Mängel in wirtschaftlich sinnvoller Weise nur einheitlich beseitigt werden können.[2]

11

Zwischen Haupt- und Subunternehmer besteht im Verhältnis zum Auftraggeber kein Gesamtschuldverhältnis, da der Subunternehmer keine vertraglichen Beziehungen zu diesem hat. Der Hauptunternehmer kann den für den Mangel verantwortlichen Subunternehmer allerdings auf Haftungsfreistellung gegenüber dem Auftraggeber in Anspruch nehmen.

Nach der Rechtsprechung des BGH haften allerdings Architekt und Unternehmer gegebenenfalls als Gesamtschuldner.[3] Der Bauherr kann daher beide auf den **vollen Betrag** in Anspruch nehmen, etwa wenn der bauleitende Architekt wegen eines Bauaufsichtsfehlers und der Unternehmer wegen eines Mangels seines Gewerkes verantwortlich sind.

Eine Besonderheit gilt, wenn ein Planungs- oder Koordinationsfehler des Architekten vorliegt und der Unternehmer diesen Fehler nicht entdeckt bzw. den Bauherren nicht darauf hingewiesen hat. Der Bauherr kann dann entweder den Architekten auf den vollen Betrag in Anspruch nehmen, sodass sich dieser im Innenverhältnis an den Unternehmer halten muss, oder er kann den Unternehmer in Anspruch nehmen, muss sich dann aber das Verschulden des Architekten gemäß

---

1 OLG Frankfurt, Urteil vom 22.06.2004-14 U 76/99, BGH, Beschluss vom 23.06.2005-VII ZR 204/04 (Nichtzulassungsbeschwerde zurückgewiesen), ibr-online

2 OLG Stuttgart, Urteil vom 21.07.2004-3 U 19/04 -, BGH, Beschluss vom 31.03.2005-VII ZR 210/04 (Nichtzulassungsbeschwerde zurückgewiesen), ibr-online

3 BGH, NJW 1965, 1175, 1176 f.

den §§ 254, 278 BGB als eigenes Verschulden anrechnen lassen (s.o. Ziffer 3.4.7). Für ein Planungsverschulden des Architekten seines Auftraggebers muss auch der Hauptunternehmer im Verhältnis zu seinem Nachunternehmer einstehen.

Der Einwand des Mitverschuldens (§ 254 BGB) führt im Rahmen der Ansprüche auf Kostenerstattung und -vorschuss sowie Minderung und Schadensersatz von vornherein zur Kürzung des Anspruchs um den Mitverschuldensanteil des Auftraggebers. Im Rahmen des Anspruchs auf Mängelbeseitigung ist § 254 BGB eine Anspruchskürzung praktisch nicht umsetzbar. Hier steht dem Unternehmer gemäß § 242 BGB ein entsprechender Zuschuss zu den Mängelbeseitigungskosten zu. Um jedoch die Nachbesserung in der Praxis nicht zu blockieren, gewährt der BGH nur einen Anspruch auf entsprechende Sicherheitsleistung des Auftraggebers.[1]

11.12 Die Haftung des Architekten

Sanierungen, Umbauten und Modernisierungen von Altbauten bergen nicht nur für die bauausführenden Auftragnehmer und Bauträger besondere Haftungsrisiken. Auch für Architekten ist in diesen Fällen das Haftungsrisiko erhöht, weil dann gegenüber Neubauten regelmäßig eine intensivere Planung und Bauaufsicht erforderlich wird und häufig Probleme auftreten, die bei Baubeginn nicht vorhersehbar sind.

Werden Planungsleistungen oder die Bauüberwachung mangelhaft ausgeführt, stellt sich unmittelbar die Frage, welchen Ansprüchen sich der Architekt oder der Ingenieur ausgesetzt sieht. Dieses Kapitel soll auf besonders haftungsträchtige Problemkreise bei der Abdichtung im Rahmen der Altbausanierung aufmerksam machen und Möglichkeiten aufzeigen, welche Ansprüche der Auftraggeber des Architekten geltend machen kann, wenn der Mangelfall eingetreten ist.

11.12.1 mangelhafte Leistung

Ausgangspunkt einer Mangelhaftung des Architekten/Ingenieurs ist immer eine mangelhafte Leistung.

Nach dem früher geltenden Recht war eine Leistung dann mangelfrei, wenn sie die zugesicherten Eigenschaften hatte und nicht mit Fehlern behaftet war, die den Wert oder die Tauglichkeit zu dem gewöhnlichen oder dem nach dem Vertrage vorausgesetzten Gebrauch aufheben oder mindern, § 633 Abs. 1 BGB a.F.

Bei Verträgen, die nach dem 1.1.2002 geschlossen wurden, ist das Werk frei von Mängeln, wenn es die vereinbarte Beschaffenheit hat oder, soweit eine Beschaffenheit nicht vereinbart ist, sich das Werk für die nach dem Vertrag vorausgesetzte oder für die gewöhnliche Verwendung eignet und eine Beschaffenheit aufweist, die bei Werken der gleichen Art ü$blich ist und die der Besteller nach der Art des Werkes erwarten kann, § 633 Abs. 2 BGB n. F.

An diesen Maßstäben muss sich die Architektenleistung messen lassen.

Dabei ergeben sich in den einzelnen Leistungsphasen jeweils spezifische Haftungsrisiken, auf die im Folgenden näher einzugehen ist.

---

[1] BGH, BauR 1984, 395 ff.

11.12.2 Mängel in der Leistungsphase 1

Bereits in der Leistungsphase 1 kann es zu mangelhaften Architektenleistungen auch im Bereich der Abdichtungsplanung kommen. Im Rahmen der Leistungsphase 1 – Grundlagenermittlung – steht die Beratungs- und Aufklärungstätigkeit des Architekten im Vordergrund. Der Architekt muss die vom Auftraggeber geäußerten Wünsche aufnehmen. Die Wünsche müssen hinsichtlich ihrer Zweckmäßigkeit und der anfallenden Kosten geprüft werden und gegebenenfalls auf Vor- und Nachteile hingewiesen werden.

Beispiel:

Ein Architekt wurde mit den Arbeiten für den Bau eines Mehrfamilienhauses beauftragt. Dabei wusste der Architekt, dass der Baugrund mit Bauschutt aufgefüllt war. Das OLG Hamm[1] verlangte von dem Architekten, dass er bereits in der Leistungsphase 1 den Auftraggeber auf ein zu erstellendes Bodengutachten hinweisen muss, um dann die erforderlichen Kosten abschätzen zu können.

Der Architekt muss den wirtschaftlichen Rahmen des Auftraggebers klären und die wirtschaftlichen Möglichkeiten mit den Wünschen des Auftraggebers vergleichen. Der BGH hat entschieden, dass eine Planung bereits dann mangelhaft ist, wenn sie die wirtschaftlichen Belange des Auftraggebers außer Acht lässt.[2] Insbesondere bei Altbauten besteht die Gefahr der Kostenexplosion, wenn nicht bereits im Vorfeld geklärt ist, welche Sanierungsmaßnahmen tatsächlich erforderlich sind.

Bereits zu Beginn des Vertragsverhältnisses muss der Architekt auf das Risiko neuartiger, noch nicht erprobter Baustoffe hinweisen. Kommt er dieser Hinweispflicht nicht nach und zeigen sich im Verlaufe des Baus Mängel, die allein auf die neuen Baustoffe zurückzuführen sind, stellt dies bereits einen Mangel der Architektenleistungen dar. [3]

Der Architekt kann sich in solchen Fällen nur dann einer Haftung entziehen, wenn bewiesen wird, dass der eingesetzte Baustoff zur Zeit der Planung als unbedenklich galt und auch der Fachliteratur keine Anhaltspunkte für eine Ungeeignetheit zu entnehmen waren.

Beispiel:

Ein Architekt legt die Verwendung von ECB-Bahnen zur Dachabdichtung seiner Planung zugrunde. Diese ECB-Bahnen wurden ab 1970 häufig zur Dachabdichtung verwendet. Erst im Juli 1985 hatte es erste kritische Stimmen in der Fachliteratur zu diesem Baustoff gegeben. Das OLG Hamm (BauR 2003, 567) lehnte eine Haftung des Architekten wegen eines Planungsfehlers ab, da zum Zeitpunkt der Beratung Anfang 1985 der Baustoff noch als zuverlässig gelten durfte.

Die Entscheidung hätte auch zu Lasten des Architekten ausgehen können, wenn es bereits Stimmen in der Literatur gegeben hätte, die Bedenken gegen die Verwendung der ECB-Bahnen geäußert hätten.

Ähnliche Probleme wären so lange denkbar gewesen, wie die Bitumen-Dickbeschichtung noch nicht in der entsprechenden DIN beschrieben war und die Stimmen hinsichtlich deren Wirksamkeit noch überwogen.

11.12.3 Haftungsrisiken in der Leistungsphase 2

In der Leistungsphase 2 -Vorplanung- ergeben sich ähnliche Mangelrisiken wie in Leistungsphase 1. Auch hier spielen die wirtschaftlichen Interessen des Auftraggebers eine entscheidende Rolle und stellen ein erhebliches Haftungsrisiko dar.

---

[1] *NJW-RR 1997, 1310*
[2] BGH, BauR 1999, 1319; BGH BauR 1998, 354
[3] BGH, BauR 1976, 66

Insbesondere wurde in Rechtsprechung und Literatur darüber gestritten, ob den Architekten steuerliche Aufklärungs- und Beratungspflichten insbesondere über die Möglichkeiten der Nutzung von Steuervorteilen und Fördermitteln treffen.

Schon im Rahmen der Vorplanung treffen den Architekten Verpflichtungen, den Auftraggeber auf unsichere Boden- oder Grundwasserverhältnisse hinzuweisen. Nur so ist es dem Architekten möglich, die in der Leistungsphase 2 geschuldete Analyse der Grundlagen der Planung vorzunehmen.

11.12.4 Haftungsrisiken in der Leistungsphase 3

Der Architekt schuldet einen genehmigungsfähigen Entwurf. Dieser muss sich im Rahmen der bauordnungsrechtlichen und bauplanungsrechtlichen Vorschriften bewegen. Die Planung ist mangelhaft, wenn sie sich nicht im Einklang mit den Regelungen des Bauplanungs- und Bauordnungsrechts befindet[1].

Selbst wenn die Genehmigung zunächst erteilt wird und dann aufgrund eines Nachbarwiderspruchs wieder abgeändert oder zurückgenommen wird, haftet der Architekt für die Kosten etwa begonnener Arbeiten.

Die Architektenleistung ist auch dann mangelhaft, wenn die Baugenehmigung zwar erteilt wird, jedoch nur unter Auflagen, die auf eine vom Architektenvertrag wesentlich abweichende Bauausführung hinauslaufen[2].

Unmittelbar im Zusammenhang mit der Genehmigungsfähigkeit steht die Einhaltung der bauplanungs- und bauordnungsrechtlichen Vorschriften. Dies ist deshalb hervorzuheben, da diese Vorschriften je nach Bundesland unterschiedlich ausfallen können.

Zu ihren Aufgaben gehört, dass Abstandsflächen eingehalten werden und vor allem die Voraussetzungen des Schmalseitenprivilegs in der Planung Beachtung finden.

Der Architekt darf in jeder Leistungsphase nur diejenigen Leistungen erbringen, die nach dem Stand der Planung und des Bauvorhabens erforderlich sind. Bevor er mit der Anfertigung des Entwurfs beginnt, muss er die Bebauungsmöglichkeit bei der Baubehörde nachgefragt haben. Gegebenenfalls ist eine Bauvoranfrage einzureichen. Ihre Leistung kann mangelhaft werden, wenn sie Kosten auslösen, obwohl vorrangige Punkte nicht geklärt sind.

Ein weiteres gewichtiges Haftungsproblem stellen die Bodenverhältnisse dar. Die Entwurfsplanung muss auch die Grundwasserverhältnisse erfassen.[3]

Beispiel:

Der Architekt wurde mit der Planung und Durchführung einer Tiefgarage beauftragt. Als Abdichtung wurde eine Ringdrainage gelegt. Weder eine weiße noch eine schwarze Wanne wurden veranlasst. Nach Fertigstellung der Tiefgarage drang drückendes Wasser über die Bodenplatte ein. Die Leistung des Architekten stellt sich als mangelhaft dar.

Die Planung muss den nach Sachlage notwendigen Schutz gegen drückendes Wasser vorsehen. Dabei sind die Grundwasserstände zu berücksichtigen, die in langjähriger Beobachtung nur gelegentlich erreicht worden sind. Die Planung der Abdichtung eines Bauwerkes muss bei einwandfreier Ausführung zu einer fachlich richtigen, vollständigen und dauerhaften Abdichtung führen[4]. Hierbei muss der Architekt auch Grundwasserstände berücksichtigen, die in einem Zeitraum von 20 Jahren auch nur gelegentlich aufgetreten sind.[5]

---

[1] BGH, BauR 1999, 934; BauR 1999, 1195
[2] BGH, BauR 1998, 577
[3] BGH, BauR 2001, 823; OLG Düsseldorf, BauR 2000, 1358
[4] BGH, a.a.O.; BGH, BauR 2000, 1330, OLG Düsseldorf, BauR 2005, 442; OLG Rostock, BauR 2005, 441
[5] OLG Düsseldorf, BauR 2005, 442

Der Architekt ist gehalten, soweit er nicht in der Lage ist, die Feststellungen zu den Grundwasserverhältnissen selbst zu treffen, sich eines Sonderfachmanns zu bedienen.

Der Architekt sollte in die Ermittlung der Grundwasserverhältnisse besondere Sorgfalt legen, da nach der ständigen Rechtsprechung er haftet, wenn sich seine ursprünglichen Annahmen des Lastfalls und die sich daraus ergebende Auswahl der Abdichtungsmaßnahme als falsch herausstellen. Deshalb ist der Architekt auch gehalten, die Feststellungen des Sonderfachmanns auf ihre Plausibilität hin zu überprüfen.

An die Überprüfung der Sonderfachleute durch Architekten dürfen jedoch nicht zu hohe Anforderungen gestellt werden. Der Architekt haftet nur dann, wenn der Fehler des Sonderfachmanns mit einem normalerweise bei Architekten vorhandenen Wissen erkennbar war. Der Architekt muss nicht die spezifischen Kenntnisse eines Sonderfachmanns haben.

Nach der bereits zitierten Entscheidung des BGH[1] hatte sich der Architekt auf die Erkenntnisse eines renommierten Sachverständigen verlassen, die sich im Ergebnis jedoch als falsch herausstellten. Der BGH stellt zwar fest, dass die Leistung des Architekten mangelhaft war, da seine Planung eine nicht funktionstüchtige Abdichtung vorsah. Da in dem entschiedenen Fall der Bauherr Schadenersatz begehrte, konnte sich der Architekt befreien, da ein eigenes Verschulden nicht nachzuweisen war.

Jedoch kann auch dann eine Haftung in Betracht kommen, wenn der Architekt den Bauherrn vor Vorschlägen der Sachfachleute nicht warnt. In dem vom OLG Dresden[2] entschiedenen Fall sollte die herkömmliche Abdichtung durch eine thermische Trockenhaltung durch Verlegung von unisolierten Heizleitungen in den Außenwänden eingebaut werden. Die Abdichtung war undicht. Das OLG wies darauf hin, dass es eine Verpflichtung des Architekten sei, auf nicht erprobte Verfahren und deren Risiken hinzuweisen. Vorliegend hatte dies der Architekt getan, weshalb er für die Kosten der nun zu erstellenden „herkömmlichen" Abdichtung nicht haftete.

11.12.5 Mögliche mangelhafte Leistungen in Leistungsphase 4

Das Zusammenfassen der Pläne sowie der Beiträge der Sonderfachleute und das Stellen der Anträge ist insgesamt kaum haftungsträchtig. Entsprechendes gilt auch für das Einreichen des Baugesuchs. Die eigentlichen Haftungsfragen betreffen bereits die Entwurfsplanung, die Gegenstand des Baugesuchs wird.

11.12.6 Haftungsrisiken bei der Ausführungsplanung

Im Rahmen der Leistungsphase 5 ist der Architekt verpflichtet, die Ausführungsdetails umfassend zeichnerisch darzustellen. Das bedeutet, dass für alle Gewerke Ausführungspläne erstellt werden müssen. Bei zahlreichen Gewerken muss darüber hinaus bis ins Einzelne und in Kleinigkeiten geplant werden.

Aufgrund des Leistungsumfangs und der notwendigen Detailtiefe bestehen im Rahmen der Ausführungsplanung erhebliche Haftungsrisiken. Es können die selben Arten von Fehlern auftreten, wie dies bei der Vorplanung bzw. der Entwurfsplanung der Fall gewesen ist.

Zu den wichtigsten Teilen der Ausführungen gehört auch die Abdichtung gegen Feuchtigkeit, insbesondere bei drückendem Wasser oder bei hohem Grundwasserstand. In solchen Fällen bestehen besondere Planungspflichten gegenüber den Handwerkern. [3] Diese Planungspflichten sind

---

1 BGH, BauR 2001, 823
2 OLG Dresden, IBR 2003, 486
3 BGH, BauR 2000, 1330

nur dann erfüllt, wenn die Planung des Architekten durch ein im Leistungsverzeichnis detailliert, vollständig und nicht auslegungsbedürftig zu beschreibendes, in sich schlüssiges Abdichtungskonzept eine funktionstaugliche Abdichtung der unterirdischen Teile des Baukörpers gegen Grundwasser, Erdfeuchtigkeit und Oberflächenwasser gewährleistet[1]. Plant der Architekt eine Abdichtung mit einer Bitumendickbeschichtung, setzt dies in aller Regel eine auf die konkreten Boden- und Wasserverhältnisse abgestimmte planerische Darstellung der Mauerwerksabdichtung mittels Dickbeschichtung mit detaillierten Vorgaben für die Verarbeitung des Beschichtungsmaterials – insbesondere betreffend die Materialstärke – und für die Ausführung eventuell erforderlicher horizontaler und vertikaler Drainagemaßnahmen voraus.[2]

11.12.7 Die haftungsträchtige Bauüberwachung (Leistungsphase 8)

Sind die Planungsphase und die Vergabe abgeschlossen, bestehen Haftungsrisiken des Architekten vor allem in einer mangelhaften Bauüberwachung. Hierbei ist vorab darauf hinzuweisen, dass keineswegs immer der Architekt neben dem bauausführenden Handwerker für jede Art von Baumängeln haftet.

Bei einfachen und weniger wichtigen Arbeiten, die in der Regel von den bauausführenden Handwerkern ohne besondere Überwachung ordnungsgemäß und fachgerecht ausgeführt werden, bedarf es durch den Architekten keinesfalls einer ständigen oder permanenten Überwachung. Es reicht aus, wenn sie sich durch Stichproben von der fachgerechten Ausführung überzeugen. Zu solchen Arbeiten gehören Malerarbeiten, das Errichten einer Klärgrube, das Verlegen von Fußböden oder Platten oder allgemein übliche Holzarbeiten oder Fassadenanstricharbeiten.[3]

Treten jedoch schon im Bauablauf offensichtliche Mängel zu Tage, hat der BGH entschieden, dass es einer erhöhten Aufmerksamkeit des Architekten bedarf und er eine gesteigerte Überwachungspflicht auch bei einfacheren Arbeiten innehat.

Bei wichtigen und kritischen Bauabschnitten muss der Architekt die Bauüberwachung mit einer besonders intensiven Sorgfalt betreiben. Typische Gefahrenquellen müssen den Architekten zu besonders sorgfältiger Überwachungstätigkeit veranlassen.[4]

Als Bauleistungen, die besondere Gefahrenquellen mit sich bringen und damit eine verstärkte Überwachungstätigkeit des Architekten erfordern, sind vor allem sämtliche Abdichtung- und Isolierungsarbeiten[5], Ausschachtungsarbeiten, oder der Bestandsschutz beim Umbau zu nennen. Besonderer Aufmerksamkeit bedürfen auch die Anschlüsse von Dichtungsfolien sowie die Durchbrüche durch solche Folien und Beschichtungen. Unterlässt der Architekt in diesen beispielhaft genannten Fällen eine gesteigerte Bauüberwachung, stellt sich seine Architektenleistung als mangelhaft dar.

Neben den tatsächlich auf der Baustelle vorzunehmenden Bauüberwachungstätigkeiten haftet der bauüberwachende Architekt auch dann, wenn er die Ausführungsplanung eines anderen Architekten nicht überprüft und auf Fehler hinweist.[6]

Im Rahmen der Bauüberwachung haftet der Architekt immer auf Schadensersatz. Eine Nacherfüllung ist schon systematisch ausgeschlossen. Die Höhe des Schadensersatzes kann bei Fehlern in dieser Leistungsphase erheblich sein. Größere Mängel werden sich in der Regel nur durch aufwändige Sanierungen bzw. einen Rückbau beseitigen lassen. Die Kosten dafür bleiben beim Bauüberwacher.

---

[1] OLG Düsseldorf, BauR IBR 2004, 704
[2] OLG Düsseldorf, a.a.O., OLG Düsseldorf, BauR 2002, 652
[3] KG, NJW-RR 2001, 1167
[4] BGH, BauR 2000, 1513
[5] LG Berlin, IBR 2005, 228
[6] OLG Köln, IBR 2003, 485

11.12.8 Welche Rechte hat der Auftraggeber, wenn die Leistung mangelhaft ist?

Die Nacherfüllung

Der Auftraggeber kann als erstes Nacherfüllung verlangen. Der Architekt kann dann den Mangel beseitigen oder ein neues Werk, also eine neue Planung, erstellen.

Im Rahmen der Nacherfüllung trägt der Architekt sämtliche zum Zweck der Nacherfüllung notwendigen Aufwendungen, wie z.B. Wegekosten und Arbeitskosten. Gerade die Arbeitskosten schlagen bei einem Architekten ganz erheblich zu Buche, wenn er z.B. einen Teil der Genehmigungsplanung neu erstellen muss.

Die Nacherfüllung kann nur dann verweigert werden, wenn sie nur mit unverhältnismäßigen Kosten möglich ist. Ein Verweigerungsrecht soll dem Architekten dann zustehen, wenn die Folgen der Mangelbeseitigung in keinem Verhältnis zu den aufzuwendenden Kosten stehen.[1] Wann dies der Fall ist, richtet sich auch nach dem Verschulden des Architekten/Ingenieurs bei der Herbeiführung des Mangels.[2] Grobe Fehler führen zu einer erheblich geänderten Abwägung, welche Kosten noch verhältnismäßig sind.

Ebenfalls ausgeschlossen ist die Nacherfüllung, wenn diese unmöglich oder unzumutbar ist. Der Fall, dass die Nacherfüllung nicht mehr möglich ist, wird dem Architekten sehr häufig begegnen. Immer dann, wenn bereits mit der Bauausführung nach den Plänen begonnen worden ist, kommt eine Nacherfüllung nicht mehr in Frage. Der Architekt schuldet eine Ausführungsplanung, welche geeignet ist, einen den Vorschriften entsprechenden Bau errichten zu können. Diese Leistung ist bei bereits begonnener Bauausführung nicht mehr nachholbar, weil sie gerade vor derselben geschuldet gewesen war.

Dasselbe Problem stellt sich bei Mängeln in der Bauüberwachung. Die Leistung kann nur einmal erbracht werden. Ist die Bauüberwachung fehlerhaft und wird dadurch ein nicht den Vorschriften entsprechender Bau errichtet, lässt sich dieser Fehler nur durch einen Neubau beseitigen. Eine Nachholung der erstmaligen Bauüberwachung ist nicht möglich.

Bietet der Architekt den Rückbau auf eigene Kosten an und überwacht er dann den Bauablauf ordnungsgemäß, ist dies nicht mehr die vertraglich geschuldete Leistung. Es ist eine neue Leistung im Rahmen des Schadenersatzes.

Übrige Mängelrechte

Im Übrigen stehen dem Auftraggeber diesselben werkvertraglichen Mängelrechte zur Seite, wie sie in einem obenstehenden Kapitel erörtert worden sind.

11.13 Literatur

[1] **Kommentare/Kompendien/Handbücher**
Beck'scher VOB-Kommentar Verdingungsordnung für Bauleistungen Teil C, Verlag C.H. Beck und Beuth, 2003

[2] **Franke/Kemper/Zanner/Grünhagen**
VOB-Kommentar Bauvergaberecht, Bauvertragsrecht, Bauprozessrecht, von Horst Franke, Ralf Kemper, Christian Zanner, 2. Auflage 2005, Werner-Verlag, Neuwied.

---

[1] BGHZ 96, 111, 123

[2] OLG Düsseldorf, BauR 2001, 1922

[3] **Grziwotz/Koeble**
Handbuch Bauträgerrecht von Herbert Grziwotz, Wolfgang Koeble, Verlag C.H. Beck, München, 2004

[4] **Heimermann/Riedl/Rusam**
Handkommentar zur VOB, Teile A und B von Wolfgang Heiermann, Richard Riedl, Martin Rusam, 10. Auflage, vieweg-Verlag, Wiesbaden, 2003 (zit. H/R/R-Bearbeiter)

[5] **Ingenstau/Korbion**
VOB, Teile A und B, Kommentar, von Heinz Ingenstau, Hermann Korbion, Horst Locher, Klaus Vygen, 15. Auflage, Werner-Verlag, Neuwied, 2004

[6] **Kapellmann/Messerschmidt**
VOB, Teile A und B, Kommentar von Klaus D. Kapellmann, Burkhard Messerschmidt, Verlag C.H. Beck, München, 2003

[7] **Kapellmann/Schiffers**
Vergütung, Nachträge und Behinderungsfolgen beim Bauvertrag, Bd.2, Pauschalvertrag einschließlich Schlüsselfertigbau, von Klaus D. Kapellmann, Karl-Heinz Schiffers, 3. Auflage Werner-Verlag, Neuwied, 2000

[8] **Kleine-Möller/Merl**
Handbuch des privaten Baurechts. von Nils Kleine-Möller, Heinrich Merl, Winfried Oelmaier, Verlag C.H. Beck, München, 2005

[9] **Kniffka/Koeble**
Kompendium des Baurechts von Rolf Kniffka, Wolfgang Koeble, Verlag C.H. Beck, München, 2004

[10] **Prof. Dr. Rolf Kniffka**
Online-Kommentar zum gesetzlichen Bauvertragsrecht, www.ibr-online.de, Stand 12.09.2005

[11] **Leupertz/Merkens**
Handbuch Bauprozess von Stefan Leupertz, Dieter Merkens, Deutscher Anwaltsverlag, Bonn, 2004

[12] **Leinemann, Ralf**
Die Bezahlung der Bauleistung Von Ralf Leinemann, Carl Heymanns Verlag, Köln, u.a.

[13] **Leinemann**
VOB/B, Kommentar, 2. Auflage, Carl Heymanns Verlag, Köln, u.a., 2005

[14] **Palandt**
Bürgerliches Gesetzbuch (BGB), Kommentar von Otto Palandt, Peter Bassenge, Gerd Brudermüller, 64. Auflage, Verlag C.H. Beck, München 2004

[15] **Staudinger**
Kommentar zum Bürgerlichen Gesetzbuch mit Einführungsgesetz und Nebengesetzen, Internationales Gesellschaftsrecht von Julius von Staudinger, Bernhard Großfeld, de Gruyter, 1998

[16] **Werner/Pastor**
Der Bauprozess, von Ulrich Werner, Walter Pastor, 11. Auflage, Werner-Verlag, Neuwied, 2005

Kommentare/Kompendien/Handbücher

[17] **Beck'scher VOB-Kommentar**
Verdingungsordnung für Bauleistungen Teil C, Verlag C.H. Beck und Beuth, 2003

[18] **Franke/Kemper/Zanner/Grünhagen (F/K/Z/G-Bearbeiter)**
VOB-Kommentar Bauvergaberecht, Bauvertragsrecht, Bauprozessrecht, von Horst Franke, Ralf Kemper, Christian Zanner, 2. Auflage 2005, Werner-Verlag, Neuwied.

[19] **Grziwotz/Koeble**
Handbuch Bauträgerrecht
von Herbert Grziwotz, Wolfgang Koeble, Verlag C.H. Beck, München, 2004

[20] **Heiermann/Riedl/Rusam (H/R/R-Bearbeiter)**
Handkommentar zur VOB, Teile A und B von Wolfgang Heiermann, Richard Riedl, Martin Rusam, 10. Auflage, vieweg-Verlag, Wiesbaden, 2003 (zit. H/R/R-Bearbeiter)

[21] **Ingenstau/Korbion**
VOB, Teile A und B, Kommentar, von Heinz Ingenstau, Hermann Korbion, Horst Locher, Klaus Vygen, 15. Auflage, Werner-Verlag, Neuwied, 2004

[22] **Kapellmann/Messerschmidt (K/M-Bearbeiter)**
VOB, Teile A und B, Kommentar
von Klaus D. Kapellmann, Burkhard Messerschmidt, Verlag C.H. Beck, München, 2003

[23] **Kapellmann/Schiffers**
Vergütung, Nachträge und Behinderungsfolgen beim Bauvertrag, Bd.2, Pauschalvertrag einschließlich Schlüsselfertigbau, von Klaus D. Kapellmann, Karl-Heinz Schiffers, 3. Auflage Werner-Verlag, Neuwied, 2000

[24] **Kleine-Möller/Merl/Oelmaier**
Handbuch des privaten Baurechts. von Nils Kleine-Möller, Heinrich Merl, Winfried Oelmaier, Verlag C.H. Beck, München, 2005

[25] **Kniffka/Koeble**
Kompendium des Baurechts
von Rolf Kniffka, Wolfgang Koeble, 2. Auflage, Verlag C.H. Beck, München, 2004

[26] **Prof. Dr. Rolf Kniffka**
Online-Kommentar zum gesetzlichen Bauvertragsrecht, www.ibr-online.de, Stand 12.09.2005

[27] **Leupertz/Merkens**
Handbuch Bauprozess
von Stefan Leupertz, Dieter Merkens, Deutscher Anwaltsverlag, Bonn, 2004

[28] **Leinemann, Ralf**
Die Bezahlung der Bauleistung Von Ralf Leinemann, Carl Heymanns Verlag, Köln, u.a.

[29] **Leinemann**
VOB/B, Kommentar, 2. Auflage, Carl Heymanns Verlag, Köln, u.a., 2005

[30] **Palandt**
Bürgerliches Gesetzbuch (BGB), Kommentar von Otto Palandt, Peter Bassenge, Gerd Brudermüller, 65. Auflage, Verlag C.H. Beck, München 2006

[31] **Staudinger**
Kommentar zum Bürgerlichen Gesetzbuch mit Einführungsgesetz und Nebengesetzen, Internationales Gesellschaftsrecht
von Julius von Staudinger, Bernhard Großfeld, de Gruyter, 1998

[32] **Werner/Pastor**
Der Bauprozess,
von Ulrich Werner, Walter Pastor, 11. Auflage, Werner-Verlag, Neuwied, 2005

11

12 Checklisten

von Stefan Hemmann

Checkliste Bauwerksabdichtung – Teil 1
– Allgemeine Grundlagenklärung –

Bauvorhaben:	
Allgemeine Objektangaben:	
vorhandene Raumnutzung:	
geplante Raumnutzung:	
bauphysikalische Anforderungen:	
Geländeform:	
Bodenart:	
Bemessungswasserstand:	
Wasserangriffsart:	
Festlegung Lastfall :	
Dränage vorhanden:	
Dränage geplant:	

– Die Checkliste besteht aus Teil 1-5, die nicht den Anspruch auf Vollständigkeit erfüllt. Der Bearbeiter hat sich mit den Regelwerken selbst vertraut zu machen –

Checkliste Bauwerksabdichtung – Teil 2
– Mauerwerksdiagnostik gem. WTA-Merkblatt 4-5-99/D –

Bauvorhaben:	
Bauteil-/Raum Nr.:	
Datum / Bearbeiter:	
orientierende Bauwerksbesichtigung für Überblick	
Bestands- u. Schadensaufnahme mit Dokumentation	
Untersuchungsplan zur Vorgehensweise mit Festlegung der Untersuchungsarten u. – Methoden, Skizzen, Aufmasse, Untersuchungskosten	
Untersuchungen am Bauwerk u. im Labor zur Feuchtigkeit, Salzarten u. Salzgehalten, Gefügeaufbau, Mauerwerksart unter Beachtung WTA-Merkblatt 4-11-02/D (Messung der Feuchte von mineralischen Baustoffen)	
Auswertung der Untersuchungsergebnisse mit Festlegung der Instandsetzungsschritte, Technologien u. Materialien auf Grundlage der Gegebenheiten, Aufgabenstellung, Funktion u. Nutzung gem. Teil 2-5 der Checkliste	

– Die Checkliste besteht aus Teil 1-5, die nicht den Anspruch auf Vollständigkeit erfüllt. Der Bearbeiter hat sich mit den Regelwerken selbst vertraut zu machen –

Checkliste Bauwerksabdichtung – Teil 3
– Abdichtungsart gem. DIN 18195 –

Bauvorhaben:	
Bauteil-/Raum Nr.:	
Datum / Bearbeiter:	

Abdichtungen gem. DIN 18195-4:2000-08 an Vertikalflächen	x
Bit. Dachbahn mit Rohfilzeinlage nach DIN 52128	
Bit. Dachdichtungsbahn nach DIN 52130	
Kunststoff-Dichtungsbahn nach DIN 18195-2:2000-08, Tab. 5	
bit. verträgliche Kunststoff-Abdichtungsbahn nach DIN 16938, 16734, DIN 16735	
Deckaufstrichmittel nach DIN 18195-2:2000-08, Tab. 1-2	
Kunststoffmodifizierte Bitumendickbeschichtung (KMB) nach DIN 18195-2:2000-08, Tab. 9	
Bitumenbahnen nach DIN 18195-2:2000-08, Tab. 4, Zeilen 4-10 mit kalten Voranstrich nach DIN 18195-2:2000-08, Tab. 1	
kaltselbstklebende Bitumen-Dichtungsbahnen (KSK) mit kalten Voranstrich gem. DIN 18195-2:2000-08, Tab.1 und Tab. 10	
Kunststoff- u. Elastomer Dichtungsbahn nach DIN 18195-2:2000-08, Tab. 5 und 7	
Elastomer-Dichtungsbahn mit Selbstklebeschicht nach DIN 18195-2:2000-08, Tab. 6	
Abdichtungen gem. DIN 18195-4:2000-08 an Horizontalflächen	x
Kunststoffmodifizierte Bitumendickbeschichtung (KMB) nach DIN 18195-2:2000-08, Tab. 9	
Bitumenbahnen nach DIN 18195-2:2000-08, Tab. 4, Zeilen 4-10 mit kalten Voranstrich nach DIN 18195-2:2000-08, Tab. 1	
kaltselbstklebende Bitumen-Dichtungsbahnen (KSK) mit kalten Voranstrich gem. DIN 18195-2:2000-08, Tab.1 und Tab. 10	
Kunststoff- u. Elastomer Dichtungsbahn nach DIN 18195-2:2000-08, Tab. 5 und DIN 18195-3:2000-08, Pkt.7-4	
Elastomer-Dichtungsbahn mit Selbstklebeschicht nach DIN 18195-2:2000-08, Tab. 6	
Asphaltmix mit mind. 7 mm und max. 15 mm Schichtdicke nach DIN 18195-2:2000-08, Tab. 3	

– Die Checkliste besteht aus Teil 1-5, die nicht den Anspruch auf Vollständigkeit erfüllt. Der Bearbeiter hat sich mit den Regelwerken selbst vertraut zu machen –

Checkliste Bauwerksabdichtung – Teil 4
– Abdichtungsart nach WTA-Merkblätter –

Bauvorhaben:	
Bauteil-/Raum Nr.:	
Datum/Bearbeiter:	

Nachträglliches Abdichten erdberührter Bauteile nach WTA-Merkblatt 4-6-05/D	
Nachträgliche mechanische Horizontalsperrem nach WTA-Merkblatt 4-7-02/D	
Mauerwerksinjektion gegen kapillare Feuchtigkeit nach WTA-Merkblatt 4-4-04/D	

– Die Checkliste besteht aus Teil 1-5, die nicht den Anspruch auf Vollständigkeit erfüllt. Der Bearbeiter hat sich mit den Regelwerken selbst vertraut zu machen –

Checkliste Bauwerksabdichtung – Teil 5
– Alternative Abdichtungsarten –

Bauvorhaben:	
Bauteil-/Raum Nr.:	
Datum/Bearbeiter:	

Verbundabdichtungen mit Bekleidungen u. Belägen aus Fliesen u. Platten für den Innen- und Außenbereich nach ZDB Merkblatt Stand Jan.2005	
Zementgebundene starre u. flexible Dichtungsschlämmen nach Richtlinie für Planung u. Ausführung von Abdichtungen von Bauteilen mit mineral.Dichtungsschlämmen, 1. Ausgabe Stand Mai 2002 und ibh-Merkblatt 1993	
Kunststoffmodifizierte Bitumendickbeschichtungen (KMB) erdberührter Bauteile nach Richtlinie für die Planung u. Ausführung von Abdichtungen, Stand Nov. 2001 für drückendes Wasser in Vereinbarung mit AG	
Epoxidharzbeschichtungen mit bauaufsichtlicher Zulassung u. gem. DBV Merkblatt „Anwendung von Reaktionsharzen im Betonbau“	
Abdichtung von Außenwandfugen im Hochbau mit Fugendichtungsmassen nach DIN 18540	
Abdichtung von Ingenieurbauwerken gem. Anweisung DS 835 der Deutschen Bundesbahn	

– Die Checkliste besteht aus Teil 1-5, die nicht den Anspruch auf Vollständigkeit erfüllt. Der Bearbeiter hat sich mit den Regelwerken selbst vertraut zu machen –

Sachwortverzeichnis

S

S

S